ANÁLISIS DE ESTRUCTURAS CON CARGAS DINÁMICAS

TOMO II: SISTEMAS DE MÚLTIPLES GRADOS DE LIBERTAD

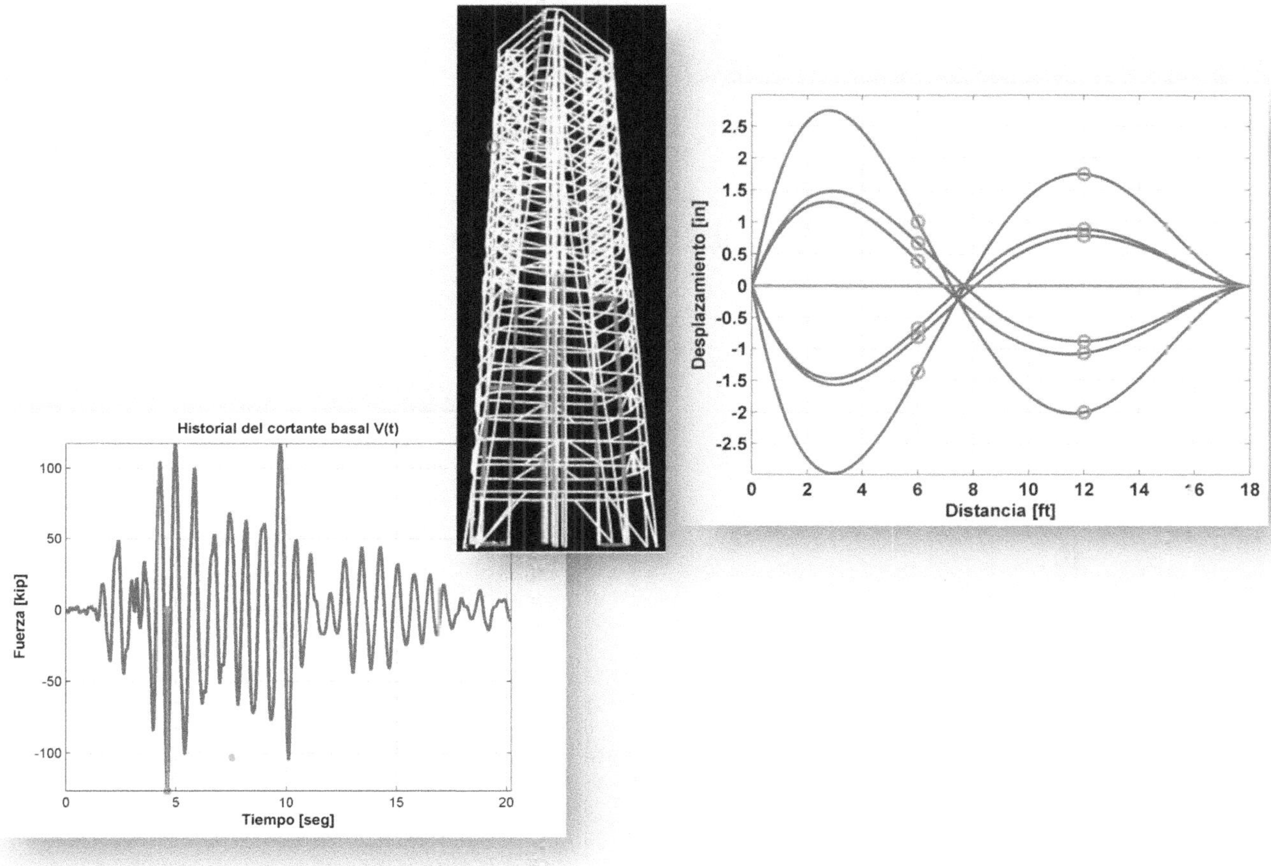

DR. LUIS E. SUÁREZ

Depto. de Ing. Civil y Agrimensura

Recinto Universitario de Mayagüez

Universidad de Puerto Rico

Análisis de Estructuras con Cargas Dinámicas

TOMO II: Sistemas de Múltiples Grados de Libertad

Luis E. Suárez

Departamento de Ingeniería Civil y Agrimensura

Universidad de Puerto Rico en Mayagüez

Mayagüez, Puerto Rico 00681-9000

Diseño de cubierta:

Johanna Guzmán Castillo

Dibujos:

Andrés Villarreal, Deimer Galván, Ulises Barajas, Delio Ramírez, Jairo Agudelo, Luis Suárez

ISBN-13: 978-1496023988 (CreateSpace-Assigned)

ISBN-10: 1496023986

Primera impresión: marzo de 2014

CreateSpace is a DBA of On-Demand Publishing LLC, part of the Amazon group of companies

PREFACIO

Sobre el análisis dinámico

Cada día más ingenieros deben efectuar análisis de estructuras sometidas a cargas dinámicas, ya sea porque se lo requieren los nuevos códigos o porque esto permite modelar mejor la situación a la que estarán sometidas estas estructuras en la vida real. Uno de los usos más frecuentes e importantes del análisis con cargas dinámicas es para modelar los efectos de terremotos en edificios y en otras estructuras de ingeniería civil. Este tipo de análisis permite además, modelar los efectos de las cargas repetidas o cíclicas causadas por motores y otros equipos, o por actividades humanas o de construcción, sobre las estructuras. Dentro de otras ramas de la ingeniería, en particular la ingeniería mecánica y la aeroespacial, tener en cuenta el efecto de las fuerzas dinámicas es posiblemente aún más frecuente y necesario. Si bien en este libro no se presentan muchos ejemplos de estas áreas, los métodos para modelar los sistemas mecánicos y aeroespaciales, las ecuaciones de movimiento y los procedimientos para su solución son idénticos (con algunas excepciones).

El uso de este tipo de análisis se vislumbra como un campo de crecimiento dado que cada día más profesionales toman conciencia que un análisis más refinado resulta en diseños más eficientes y económicos. La alta competitividad en la ingeniería en un mundo cada vez más globalizado, está obligando a los profesionales a utilizar las más modernas y mejores herramientas para su trabajo. Por consiguiente, sin duda el análisis de estructuras con cargas dinámicas tendrá cada día mayor demanda.

La situación actual es que no hay muchos libros en el mercado que expliquen en forma clara y fácil de entender la complejidad del análisis con cargas dinámicas, mucho menos en el idioma español (o castellano). El segundo tomo de libro que se presenta a continuación intenta lograr este objetivo empleando herramientas de programación disponibles para el estudiante y a través de una manera clara de presentar los temas que es el fruto de más de veinticinco años de experiencia del autor como docente e investigador en esta área. Se espera que este libro sea un factor importante en hacer accesible los métodos modernos de análisis para cargas dinámicas al profesional actual en el mercado hispano parlante.

Los tomos I y II del libro incluyen programas escritos en el lenguaje MATLAB. Estos programas se usaron para generar los resultados de muchos ejemplos a lo largo de ambos tomos. Seleccionar un lenguaje de programación para presentar ejemplos siempre es un proceso subjetivo, y está muy influenciado por la experiencia y formación del autor. Este es, por supuesto, el caso de quien escribe. No obstante, MATLAB se ha ido imponiendo como el lenguaje de programación de las ciencias y la ingeniería, por lo que es posible que muchos de los lectores estén familiarizados con el mismo. Si no fuese así, esto no debería causar dificultades porque solo se necesita cambiar unos pocos datos en los programas para correr los ejemplos, si se desea.

Los dos tomos del libro comenzaron en la forma de unas notas de clase preparadas para un curso graduado dictado en el Departamento de Estructuras de la Universidad Nacional de Córdoba, Argentina. Estas primeras notas se fueron adaptando de acuerdo a un nuevo enfoque para ser usadas en el Departamento de Ingeniería Civil y Agrimensura del Recinto Universitario de Mayagüez de la Universidad de Puerto Rico. Allí se usaron durante 20 años como material didáctico para el curso graduado introductorio de Dinámica de Estructuras y un par de capítulos para el curso Dinámica Estructural Avanzada. Durante este tiempo se fueron modificando hasta llegar al presente estado. Debido al abundante material se decidió dividir el contenido en dos tomos, usando como criterio el número de grados de libertad conque se modela la estructura.

Sobre el enfoque del libro

Enseñar un curso de Dinámica de Estructuras (y ser estudiante en uno de ellos) es siempre un desafío. Lo mismo ocurre al escribir un libro sobre este tema. La razón principal es que la Dinámica de Estructuras tiene un trasfondo matemático más avanzado que los de la gran mayoría de otras áreas de la Ingeniería Estructural. Esto se debe a la naturaleza de los problemas que se consideran. Cuando a una estructura que tiene masa m (y todas la tienen en mayor o menor grado) se le aplican fuerzas en forma dinámica (vale decir variable en el tiempo), ya no hay equilibrio estático, o sea que $\sum F \neq 0$. Ahora aplica la segunda ley de Newton, esto es $\sum F = m.a$, donde a es la aceleración de la masa (la derivada segunda de su desplazamiento). Al pasar $m.a$ al lado izquierdo, se obtiene una ecuación diferencial de segundo orden. Para empeorar las cosas, salvo en casos simples, las ecuaciones de movimiento que se obtienen son un sistema de ecuaciones diferenciales. Resolver las ecuaciones diferenciales (o peor aún, los sistemas) es, en buena parte, lo que complica el material.

Por esta razón es que generalmente la Dinámica Estructural se enseña en los cursos de postgrado. Sin embargo, si uno está dispuesto a sacrificar un poco la rigurosidad, por ejemplo a no presentar desarrollos complicados y largos de fórmulas o de métodos, es posible aprender los conceptos básicos y aplicar los procedimientos de cálculo de la Dinámica de Estructuras, aún a nivel de pregrado. Éste es el plan de acción que mayormente se intentó seguir en este libro. No obstante, hay un límite a este curso de acción, el que lo explica muy bien una frase que se le suele atribuir a Albert Einstein: "One should make everything as simple as possible, but not simpler" ("uno debería hacer todo lo más simple posible, pero no más simple"). Esto significa que no es aceptable llegar al extremo de simplemente seguir recetas y procedimientos sin razonar ni entenderlos. Y a su vez esto tiene como consecuencia que para apreciar y aprender de verdad el material los lectores y estudiantes posiblemente tengan que repasar algunos conceptos que se han estudiado en otros cursos, como por ejemplo en Mecánica Aplicada: Dinámica, en Mecánica de Materiales, y en Análisis Estructural. Los conceptos matemáticos mínimos que se necesitan (vale decir ecuaciones diferenciales, etc.) se van a cubrir en el libro.

Un lector o instructor experimentado reconocerá que en el libro no se cubren los llamados sistemas continuos, o sea elementos estructurales modelados con infinitos grados de libertad. Esto se omitió para poder cubrir con más detalle y ejemplos temas más elementales, dado el carácter introductorio del libro. Por la misma razón no se cubren otros temas especializados como sistemas con amortiguamiento no clásico, con excitación múltiple en los apoyos, matrices de masa consistente, estructuras con sistemas de protección pasiva (amortiguadores viscosos y visco-elásticos) y activa (sistemas de control activo), medición de vibraciones, etcétera. En el caso del Departamento de Ingeniería Civil y Agrimensura de la Universidad de Puerto Rico, Recinto Universitario de Mayagüez (UPR-M) al cual pertenezco, estos temas forman parte de un segundo curso más avanzado de Dinámica Estructural.

Si bien el libro enfatiza las cargas dinámicas causadas por movimientos sísmicos, no ha sido pensado como un texto de ingeniería de terremotos. Por lo tanto, temas como el origen de los movimientos sísmicos, la propagación de ondas sísmicas, aspectos del diseño antisísmico, medición de registros sísmicos y análisis de las señales y otros relacionados no están dentro del alcance del libro. Nuevamente tomando como ejemplo el caso del Departamento de

Ingeniería Civil de UPR-M, estos temas se cubren en tres cursos separados: Ingeniería de Terremotos, Ingeniería Sismológica e Ingeniería Sísmica Geotécnica.

También se considera a través de los dos tomos del libro que los sistemas estructurales tienen un comportamiento lineal y elástico. Como se sabe, cuando las estructuras diseñadas a base de los códigos sísmicos modernos son sometidas a un terremoto de fuerte intensidad van a incursionar en el rango inelástico. Nuevamente hubo que hacer aquí un compromiso y se optó por excluir este tema. Básicamente, en mi opinión, si se va a cubrir un determinado tema, se debe hacer comenzando desde lo más básico y con suficientes detalles y ejemplos para que los lectores sin conocimientos previos puedan aprovechar el material. Con mucha frecuencia se encuentran libros con capítulos dedicados a temas especializados presentados en forma resumida. El resultado es que el que el lector que sabe, no aprende nada nuevo de este resumen, y el que no conoce el tema, tampoco aprende nada por la misma razón, porque el material está demasiado resumido.

Muchos libros enfatizan la solución de las ecuaciones de movimiento usando como ejemplo estructuras aporticadas (o sea formadas por barras, vigas y columnas). Otros usan como ejemplos los ubicuos "masas con resortes", en particular los llamados edificios de corte ("shear buildings" en inglés). Cuando en estos textos se plantean las ecuaciones de movimiento de vigas o pórticos simplemente "aparecen" las matrices de masa "en forma natural". Esto puede ser satisfactorio para muchos lectores pero hay muchos otros (así lo espero) que quieren conocer porqué y de dónde es que aparecen estas ecuaciones de movimiento. Si bien, como debe ser, este texto cubre ampliamente la solución de las ecuaciones de movimiento, se dedican dos capítulos (10 y 11) a la derivación de las ecuaciones de movimiento para diversos sistemas estructurales y mecánicos. En el capítulo dedicado a estructuras de barras (Capítulo 10) se demuestra con varios ejemplos cómo es que aparecen las matrices de masa concentrada y las simplificaciones detrás de ellas.

Las ecuaciones de movimiento derivadas en el libro se obtienen usando las leyes de Newton. El texto no cubre formulaciones alternativas (i.e. métodos variacionales) como las ecuaciones de Lagrange. Este tema lo cubrimos en el segundo curso avanzado de Dinámica de Estructuras. Aquellos lectores que están familiarizados con las ecuaciones de Lagrange, saben que en general es más sencillo derivar las ecuaciones de movimiento con esta formulación. Sin embargo, se decidió no cubrirla porque no se deseaba presentar una "receta" que los estudiantes siguieran sin conocer nada más del tema.

La mayoría de los ejemplos y problemas sugeridos están formulados usando el sistema de unidades a veces llamado sistema inglés (también conocido en inglés como *fps* por las siglas de *feet, pound, second*). Estas unidades se adoptaron por conveniencia dado que este sistema se sigue usando frecuentemente en la ingeniería civil en Puerto Rico y Estados Unidos. Se está preparando una edición alternativa del libro con el sistema de unidades SI.

Como se adelantó, ambos tomos del libro contienen numerosos programas escritos en Matlab. Estos programas se usaron para resolver (computar y graficar) muchos de los ejemplos que se presentan en los capítulos dedicados al cálculo de la respuesta. Los programas usados en el presente tomo están listados en el Apéndice y también están disponibles en un portal de Internet (http://civil.uprm.edu/faculty.php). Si bien Matlab tiene la capacidad de crear interfaces gráficas (conocidas como GUI, por sus siglas en inglés) para facilitar el uso de los programas, no se intentó usar estas herramientas porque la idea era desarrollar programas simples donde se mostrase la implementación de los distintos métodos y no crear programas que lucieran "profesionales".

Otro programa que se usa en algunos capítulos de este segundo tomo es *Mathematica*. Este es uno de varios programas para manipulación simbólica que facilita los desarrollos matemáticos (por ejemplo la solución de integrales en forma analítica). Entre los programas que tienen capacidades similares como Maple y MathCad, se escogió Mathematica simplemente porque el autor estaba familiarizado con el mismo.

En los capítulos dedicados a la respuesta de estructuras de múltiples grados de libertad (15, 17 y 18) se explica el uso del programa de análisis estructural SAP2000 en la versión 15.0.1. Entre los numerosos programas profesionales para análisis dinámico de estructuras se ha escogido SAP2000 porque es muy usado en la práctica entre los ingenieros estructurales y es relativamente sencillo de usar. Si bien en el libro se explica cómo usar el programa para calcular la respuesta dinámica de estructuras, el objetivo no es explicar en forma general y exhaustiva el uso de SAP2000; más bien se supone que el lector está familiarizado con el análisis estático de estructuras usando el programa.

Sobre la organización del libro

Como se mencionó, debido a su extensión el libro se ha dividido en dos tomos. El primer tomo está dedicado a los llamados sistemas de un grado de libertad, vale a decir a estructuras en donde mediante una sola coordenada o parámetro se puede conocer la posición deformada de la estructura en todo instante de tiempo. Este segundo tomo está enfocado en los llamados sistemas de múltiples grados de libertad, similares a los que los lectores han estudiado en los cursos de Análisis Estructural. Si bien esta forma de representar los sistemas estructurales y mecánicos es más realista, también es más complicada. En principio puede llamar la atención dedicarle un tomo completo a los sistemas de un grado de libertad. Una de las razones es que, como resultará evidente en este segundo tomo, la respuesta de los sistemas de varios grados de libertad se obtiene como una suma ponderada de las respuestas de los de un grado de libertad. Además en el primer tomo se presentan por primera vez muchos conceptos importantes de la Dinámica de Estructuras que luego se usan en esta segunda parte.

Dependiendo de la longitud del curso de Dinámica Estructural, es probable que no sea posible cubrir todos los temas que se presentan en los dos tomos del libro. Hay algunos capítulos y temas que se pueden omitir sin pérdida de continuidad en el material. Por ejemplo, la segunda mitad del Capítulo 11 es una continuación del Capítulo 3 del tomo I pero dedicado al método de Rayleigh-Ritz. Esta técnica es equivalente al método de Ritz del Capítulo 3 pero el propósito es discretizar sistemas de varios grados de libertad (estos temas son de mucha utilidad si se desea presentar el método de elementos finitos para problemas de Dinámica). En un curso de un semestre puede ser difícil cubrir estos temas por la falta de tiempo (esa es mi experiencia en mis clases). En tal caso, estos temas pueden omitirse sin problemas de continuidad en la presentación del material.

Agradecimientos

Como en el primer volumen, son muchas las personas e instituciones a las cuales estoy muy agradecido por todo lo que me enseñaron y ayudaron. Nuevamente debo comenzar con mi primer profesor de Dinámica de Estructuras en la Universidad Nacional de Córdoba, Argentina, quien luego fuera mi mentor por dos años y me introdujera al mundo de la investigación, el Dr. Carlos A. Prato, un experto sin igual, y todavía mejor ser humano. El siguiente en la lista de agradecimientos es mi consejero graduado de maestría y doctorado, el Dr. Mahendra P. Singh del Departamento de Ciencias de la Ingeniería y Mecánica de Virginia Tech, en Blacksburg, Virgina, EE.UU.

Debo en especial reconocer y agradecer al Departamento de Ingeniería Civil y Agrimensura de la Universidad de Puerto Rico, Recinto de Mayagüez, quien a través del apoyo de su Director, el Prof. Ismael Pagán Trinidad me ha concedido el tiempo y el ambiente académico para preparar los dos tomos del libro.

El apoyo de nuestras familias siempre es importante para cualquier logro o proyecto de relevancia. Este es también mi caso, y debo por lo tanto agradecer a mi esposa, la Dra. Rosa F. Martínez Cruzado, profesora de Filosofía y Humanidades en UPR-M, tanto por su apoyo afectivo como por enseñarme a ser un "ingeniero humanista" (o al menos intentar serlo).

No puedo ni debo dejar de agradecer a los numerosos estudiantes graduados que pasaron por nuestras aulas y que contribuyeron con sus comentarios a mejorar la presentación del material, en la Universidad Nacional de Córdoba y en la Universidad de Puerto Rico en Mayagüez. He aprendido de ellos más de lo que ellos aprendieron de mí. Mencionar nombres específicos es siempre riesgoso por las omisiones; solo quisiera resaltar a los Dres. Juan Carlos Morales y Luis Zapata (ex-estudiantes doctorales de nuestro departamento), a los estudiantes doctorales Jairo Agudelo y Carlos Gaviria, y a los numerosos estudiantes que me ayudaron a preparar las múltiples figuras (reconocidos en la portada interior).

Sobre el autor

El Dr. Luis Edgardo Suárez se desempeña actualmente como catedrático (profesor titular) en el Departamento de Ingeniería Civil y Agrimensura de la Universidad de Puerto Rico, Recinto Universitario de Mayagüez (UPR-M). En este departamento dicta cursos de pregrado, maestría y doctorado en el área de Análisis Estructural, Mecánica Aplicada, Dinámica de Estructuras y Dinámica de Suelos. Además de las actividades docentes, el Dr. Suárez trabaja en investigación en las áreas de dinámica estructural, ingeniería de terremotos, métodos computacionales y vibraciones aleatorias. Como resultado de su trabajo, ha publicado más de 50 artículos en revistas técnicas internacionales con arbitraje y en más de 60 congresos técnicos, además de varios reportes técnicos. El Prof. Suárez se graduó como el mejor de su clase en la Universidad Nacional de Córdoba, Argentina, en 1981 con un diploma en Ingeniería Mecánica en un programa de 6 años. Luego de trabajar como instructor por dos años en la misma universidad, recibió su grado de maestría en 1984 y su grado doctoral en 1986, ambos en Mecánica Aplicada del Departamento de Ciencias de la Ingeniería y Mecánica Aplicada (Engineering Science & Mechanics, ESM) en Virginia Polytechnic Institute and State University (Virginia Tech). Su disertación doctoral consistió en el análisis sísmico de equipos mecánicos y componentes no estructurales de edificios. El Dr. Suárez se unió a la Universidad de Puerto Rico en 1989 como profesor asistente (catedrático auxiliar) en el Departamento de Ingeniería General. Anteriormente trabajó como profesor asistente en el Departamento ESM en Virginia Tech y como profesor de postgrado en el Departamento de Estructuras de la Universidad Nacional de Córdoba. El Dr. Suárez se ha distinguido como profesor e investigador. Fue seleccionado entre los 20 mejores profesores en enseñanza del Colegio de Ingeniería en Virginia Tech. Recibió el "Ph. D. Research Award" del Capítulo de VPI de Sigma Xi, una "Cunningham Fellowship" de VPI, el "PR-EPSCoR Productivity Award" por dos años consecutivos, y dos "Tau Beta Award" por excelencia en la enseñanza. El Dr. Suárez está dirigiendo y ha dirigido las tesis de 67 estudiantes de maestría y doctorado. Fue seleccionado como uno de los seis "Profesores Destacados" del Colegio de Ingeniería de la UPR-M en los años 1994, 1996, 1999 y 2004. El Dr. Suárez ha supervisado proyectos de investigación para el "US Army Research Office", la "National Science Foundation", el "US Army Corps of Engineers", NASA, y el "National Center for Earthquake Engineering Research", la "Federal Emergency Management Agency" y el "US Geological Survey". Además es Editor de la Revista Internacional de Infraestructura Civil, Accidentes y Desastres, miembro de la Junta Editorial de la revista técnica "Journal of Vibration and Control" y ex miembro de "Engineering Structures". Es revisor de artículos técnicos para catorce revistas técnicas internacionales. Fue el fundador y es el Consejero Académico del Capítulo Estudiantil de UPR-M del Earthquake Engineering Research Institute (EERI) desde el 2001. Es miembro de once sociedades científicas y profesionales, entre ellas la ASCE, ASME, AIAA, ASEE, EERI, SSA, Tau-Beta-Pi y Sigma Xi.

ANÁLISIS DE ESTRUCTURAS CON CARGAS DINÁMICAS

Teoría, comportamiento y métodos de cálculo

TOMO II: Sistemas de Múltiples Grados de Libertad

TABLA DE CONTENIDO

12 VIBRACIONES LIBRES DE SISTEMAS DE MÚLTIPLES GRADOS DE LIBERTAD

13 EL PROBLEMA DE AUTOVALORES MATRICIAL

14 RESPUESTA DE SISTEMAS DE MÚLTIPLES GRADOS DE LIBERTAD NO AMORTIGUADOS

15 RESPUESTA DE SISTEMAS AMORTIGUADOS DE MÚLTIPLES GRADOS DE LIBERTAD

16 RESPUESTA DE SISTEMAS DE MÚLTIPLES GRADOS DE LIBERTAD A FUERZAS ARMÓNICAS

17 RESPUESTA EN EL TIEMPO DE SISTEMAS DE MÚLTIPLES GRADOS DE LIBERTAD A MOVIMIENTOS SÍSMICOS

18 RESPUESTA DE SISTEMAS DE MÚLTIPLES GRADOS DE LIBERTAD CON EL MÉTODO DEL ESPECTRO DE RESPUESTA

APÉNDICE B: Programas en Matlab – Tomo II

Capítulo 10

Ecuaciones de movimiento de sistemas de múltiples grados de libertad

CAPÍTULO 10: Ecuaciones de movimiento de sistemas de múltiples grados de libertad

10.1 Introducción

Bajo ciertas condiciones, los modelos de un grado de libertad que estudiamos hasta ahora en el Tomo I son muy útiles para representar el comportamiento de estructuras o sistemas mecánicos reales sometidos a cargas dinámicas. Sin embargo en muchos casos, especialmente en sistemas estructurales complejos, estos modelos simples no pueden representar de forma adecuada el comportamiento de la estructura. Por ejemplo, consideremos la viga uniforme simplemente soportada sometida a una fuerza $P(t) = P_o \sin \Omega t$ en la mitad de su luz que se representa en la Figura 10.1. La viga tiene longitud L, rigidez flexional EI y masa por unidad de longitud ρA.

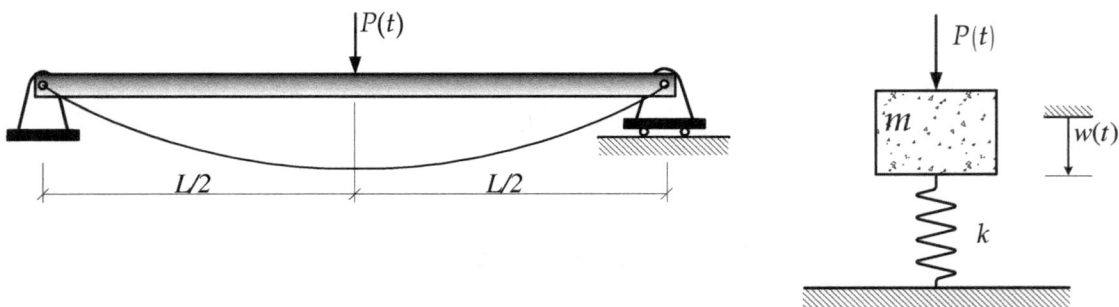

Figura 10.1 **Viga simplemente soportada y su modelo de 1-grado de libertad.**

Vimos que esta estructura se puede discretizar en forma muy sencilla usando, por ejemplo, el método del resorte equivalente. Se obtiene así la siguiente ecuación de movimiento para el modelo de un grado de libertad:

$$\left(\frac{\rho A L}{2}\right) \ddot{w}(t) + \left(48 \frac{EI}{L^3}\right) w(t) = P_o \sin \Omega t$$

Sin embargo, si además de (o en lugar de) haber una fuerza $P(t)$, hay en algún punto de la viga un momento $M(t)$, el modelo anterior es incapaz de predecir la respuesta en forma precisa.

Para casos como este último necesitamos usar modelos más complejos, de más de un grado de libertad. Estos modelos los vamos a denominar *sistemas de múltiples grados de libertad* y de ellos nos ocuparemos en los próximos capítulos. Es necesario tener presente que aún estos sistemas de múltiples grados de libertad son idealizaciones, o sea modelos simplificados de la situación real. Todo sistema estructural o mecánico real tiene *infinitos* grados de libertad, y por lo tanto para conocer su movimiento en cada instante de tiempo se necesitan infinitas coordenadas. Por ejemplo, consideremos una viga sostenida por dos resortes como se muestra en la Figura 10.2. Esta estructura tiene infinitos grados de libertad porque para conocer su deformación en un instante t, se requiere conocer la función $w(x,t)$, con $0 \leq x \leq L$, y hay "infinitos" valores de x entre 0 y L. Se podría suponer que la masa de la viga no está distribuida sobre toda la viga sino concentrada en algunos puntos a lo largo de la distancia L. Por ejemplo, si se supone que la masa de la viga está concentrada en cinco puntos, ahora basta con conocer el desplazamiento vertical y la rotación de cada una de las cinco masas. El sistema tendría diez grados de libertad (cinco desplazamientos verticales y cinco giros). Sin embargo, y sin entrar en detalles por ahora, es posible estudiar este sistema como si tuviese cinco grados de libertad (w_1, w_2, w_3, w_4 y w_5) condensando las rotaciones como vamos a ver más adelante. De este tipo de modelo nos vamos a ocupar en las próximas secciones de este capítulo.

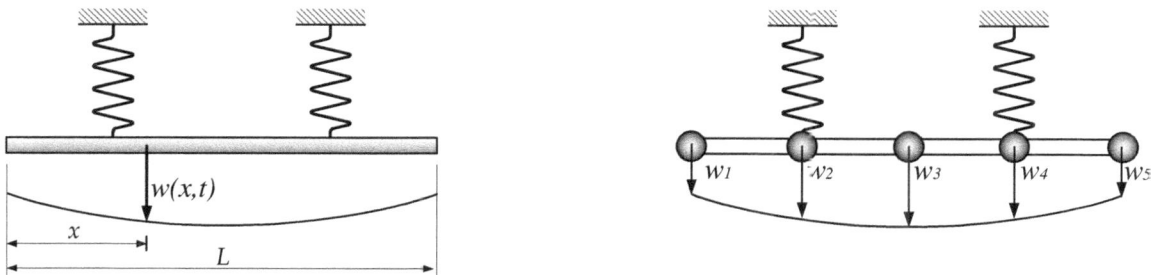

Figura 10.2 **Viga flexible con dos resortes y su modelo de 5-grados de libertad.**

Para ciertas aplicaciones es posible usar un sistema aún más simple que aquellos que se obtienen concentrando la masa de la viga en algunos puntos. Si tenemos en cuenta que, como suele ocurrir, la rigidez flexional EI de la viga es mucho mayor que la rigidez (axial) de los resortes, entonces se puede suponer que la viga es infinitamente rígida. Este caso se considera en la Figura 10.3, en donde se muestra el sistema deformado. Este modelo de viga rígida tiene dos grados de libertad dado que puede girar y trasladarse verticalmente. En la primera parte de este capítulo vamos a ver ejemplos de la derivación de las ecuaciones de movimientos de estos modelos formados por uno o varios cuerpos rígidos con elementos elásticos concentrados (representados por resortes). Existen varias situaciones en donde estos modelos son muy útiles, por ejemplo para estudiar la interacción suelo - estructura, para calcular la respuesta de fundaciones de máquinas, etc.

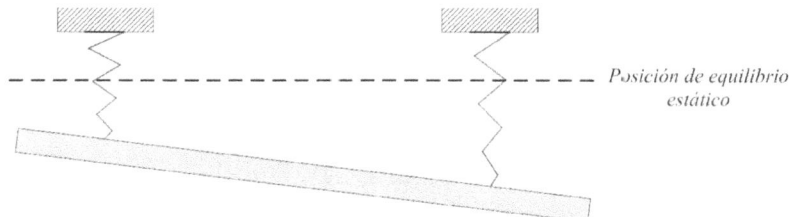

Figura 10.3 **Viga rígida con dos resortes y 2-grados de libertad.**

En el Capítulo 2 del Tomo I vimos que al aplicar la Segunda Ley de Newton a un cuerpo rígido que se mueve en un plano X-Y se obtienen las siguientes tres ecuaciones de movimiento:

$$\sum F_x = m_T (a_G)_x \tag{10.1}$$

$$\sum F_y = m_T (a_G)_y \tag{10.2}$$

$$\sum M_A = \sum (M_{efec})_A \tag{10.3}$$

en donde m_T es la masa total del cuerpo, $(a_G)_x$ y $(a_G)_y$ son los componentes de la aceleración del centro de masa G en las direcciones X y Y, A es un punto cualquiera en el plano y $\sum (M_{efec})_A$ es la suma de los momentos efectivos, o sea los momentos de las llamadas fuerzas efectivas $m_T (a_G)_x$ y $m_T (a_G)_y$ y del momento cinético $I_G \alpha$ respecto al punto A. Con I_G se representa el momento de inercia de masa respecto a un eje que pasa por G perpendicular al plano X-Y y α es la aceleración angular del cuerpo: la derivada segunda respecto al tiempo de la rotación $\theta(t)$. Para facilitar la aplicación de las Ecs. (10.1) a (10.3) es muy conveniente (o imprescindible) usar un Diagrama de Cuerpo Libre y un Diagrama Cinético. Se recuerda que en el Diagrama de Cuerpo Libre se deben colocar todas las fuerzas externas, momentos externos y reacciones que actúan sobre el cuerpo. En el Diagrama Cinético se deben colocar las fuerzas efectivas $m_T (a_G)_x$ y $m_T (a_G)_y$ aplicadas en el centro de masa G y el momento cinético $I_G \alpha$. La Figura 10.4 muestra un Diagrama de Cuerpo Libre y un Diagrama Cinético para un cuerpo plano genérico.

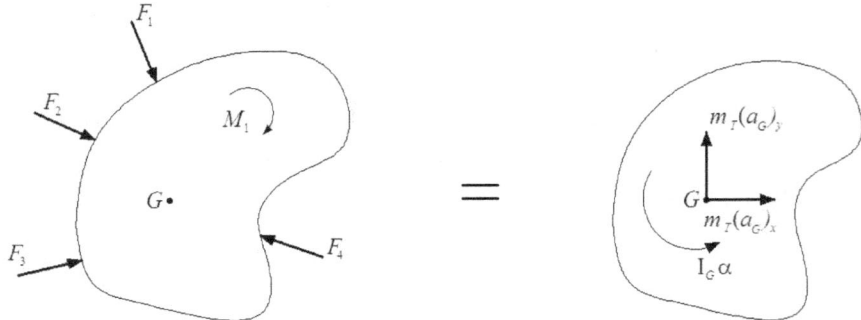

Figura 10.4 **Diagramas de Cuerpo Libre y Cinético para un cuerpo plano.**

A diferencia del caso mostrado en la Figura 10.4, muchos de los sistemas discretos consisten en más de un único cuerpo rígido con masa. En estos casos hay que aplicar las ecuaciones de movimiento (10.1) a (10.3) a cada uno de los cuerpos con masa.

Dependiendo de los casos, es posible que haya que trabajar más partiendo de las expresiones obtenidas para obtener las ecuaciones de movimiento finales. Esto quedará claro cuando se considere más adelante un ejemplo de un sistema formado por dos cuerpos.

10.2 Ejemplos de ecuaciones de movimiento de sistemas de múltiples grados de libertad

10.2.1 Ejemplo 10.1:

Consideremos un cuerpo rígido de masa m que está sostenido en el punto R por un resorte lineal de rigidez k_u y un resorte torsional de rigidez k_θ. El cuerpo, que se muestra en la Figura 10.5, tiene aplicado en su centro de masa G una fuerza vertical $F_a(t)$ y un momento $M_a(t)$. A la distancia e entre los puntos G y R se le suele llamar "excentricidad". Este modelo de dos grados de libertad podría usarse, por ejemplo, para un estudio simplificado de las vibraciones del tablero de un puente colgante o atirantado debido al viento soplando en dirección normal a la sección transversal de la estructura (el eje horizontal en la Figura 10.5). Como se estudiará en el próximo ejemplo, hay varios conjuntos de coordenadas que se pueden usar para estudiar el movimiento de un sistema como este. En este ejemplo vamos a usar el desplazamiento vertical $u(t)$ del centro de masa G y la rotación $\theta(t)$.

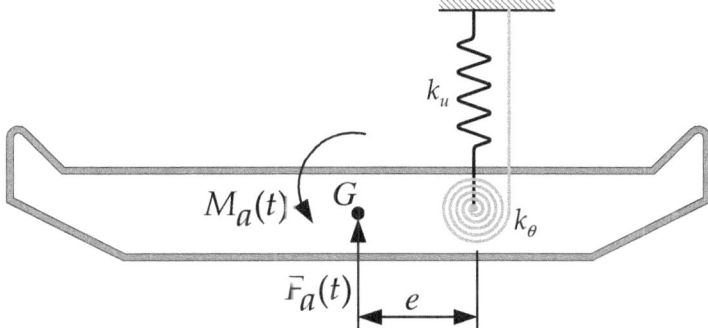

Figura 10.5 Modelo de 2-grados de libertad del tablero de un puente de cables.

Como lo hicimos con los sistemas de un grado de libertad, vamos a derivar las ecuaciones de movimiento a partir de la posición de equilibrio estático. Esto implica que vamos a suponer que el cuerpo ya está deformado bajo la acción de las fuerzas estáticas como su propio peso. El desplazamiento y la rotación se miden a partir de esta posición. Para simplificar el dibujo en el Diagrama de Cuerpo Libre, se considerará que esta posición de equilibrio es horizontal. En el Diagrama de Cuerpo Libre dibujamos el cuerpo en una posición deformada: por ejemplo, el tablero ha descendido y girado en forma antihoraria (en contra de las manecillas del reloj) como se muestra en la Figura 10.6. Nos interesa obtener las ecuaciones de movimiento *lineales* por lo que vamos a restringir el desplazamiento u y el giro θ a pequeñas amplitudes. En este caso, da lo mismo dibujar el cuerpo con un pequeño giro (como se hizo en la Figura 10.6) y luego usar el hecho de que el ángulo θ es pequeño para simplificar las ecuaciones, o directamente dibujar el cuerpo en posición horizontal.

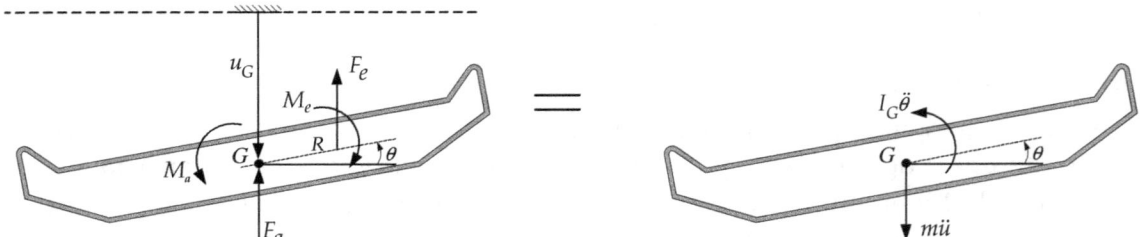

Figura 10.6 **Diagrama de Cuerpo Libre y Cinético del tablero del puente.**

Comenzamos sumando fuerzas en la dirección vertical. La ecuación de suma de fuerzas horizontales se satisface en forma trivial porque no hay fuerzas y aceleraciones en esta dirección. Establecemos una convención de signos para sumar fuerzas verticales, la cual es aplicable a los dos diagramas:

$$\uparrow (+) \sum F_y = m_T \left(a_G\right)_y : \qquad F_a + F_e = -m\ddot{u}(t) \tag{a}$$

La fuerza en el resorte, que se supone lineal, es proporcional a su deformación Δ. Esta debe expresarse en función de las coordenadas u y θ. Esto es fácil de hacer observando la construcción en la Figura 10.7.

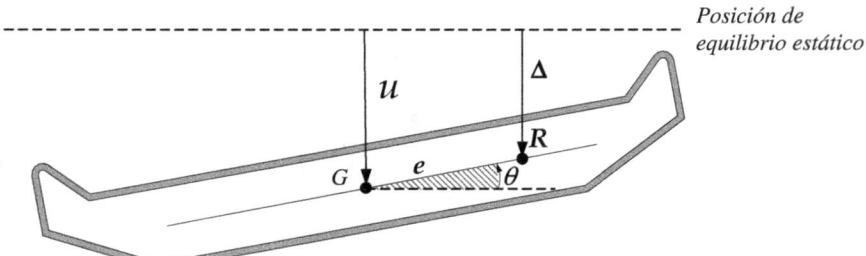

Figura 10.7 **Deformación del resorte en función del giro y desplazamiento.**

Es evidente que:

$$\Delta = u(t) - e \sin \theta(t) \simeq u(t) - e\,\theta(t) \tag{b}$$

Sustituyendo $F_e = k_u \Delta$ en la Ec. (a) con Δ dado por la Ec. (b) se obtiene la primera ecuación de movimiento:

$$m\ddot{u}(t) + k_u u(t) - k_u e\,\theta(t) = F_a(t) \tag{c}$$

La segunda ecuación de movimiento se obtiene aplicando la Ec. (10.3). Vamos a tomar momento de las fuerzas externas y efectivas respecto al punto G. Se obtiene así:

$$\circlearrowleft(+)\sum M_G = \sum (M_{efec})_G: \quad M_a - M_e + F_e e \cos\theta = I_G\ddot{\theta}(t) \tag{d}$$

El momento elástico M_e debido al resorte torsional es proporcional al giro θ, o sea $M_e = k_\theta\theta$. Reemplazando además $F_e = k_e(u - e\theta)$, tomando $\cos\theta \simeq 1$ y agrupando términos la suma de momentos resulta:

$$\begin{aligned}
I_G\ddot{\theta}(t) + k_\theta\theta(t) - k_u\left(u(t) - e\,\theta(t)\right)e &= M_a(t) \\
I_G\ddot{\theta}(t) + \left(k_\theta + k_u e^2\right)\theta(t) - k_u e\,u(t) &= M_a(t)
\end{aligned} \tag{e}$$

Las Ecs. (c) y (e) son las ecuaciones de movimiento buscadas. Para poder apreciar mejor su estructura matemática y luego resolverlas, es conveniente expresarlas *en forma matricial*. Para esto se agrupan el desplazamiento u y el giro θ en un vector, al igual que sus segundas derivadas, las aceleraciones. Observando las Ecs. (c) y (e) es fácil verificar que las ecuaciones de movimiento en forma matricial son:

$$\begin{bmatrix} m & 0 \\ 0 & I_G \end{bmatrix} \left\{ \begin{array}{c} \ddot{u}(t) \\ \ddot{\theta}(t) \end{array} \right\} + \begin{bmatrix} k_u & -k_u e \\ -k_u e & k_\theta + k_u e^2 \end{bmatrix} \left\{ \begin{array}{c} u(t) \\ \theta(t) \end{array} \right\} = \left\{ \begin{array}{c} F_a(t) \\ M_a(t) \end{array} \right\} \tag{f}$$

La matriz que multiplica al vector con el desplazamiento y giro es, por definición, una *matriz de rigidez* $[K]$:

$$[K] = \begin{bmatrix} k_u & -k_u e \\ -k_u e & k_\theta + k_u e^2 \end{bmatrix} \tag{g}$$

El vector que contiene las aceleraciones está multiplicado por una matriz que contiene la masa y el momento de inercia másico del cuerpo. Por definición, esta matriz se conoce como la *matriz de masa* $[M]$:

$$[M] = \begin{bmatrix} m & 0 \\ 0 & I_G \end{bmatrix} \tag{h}$$

Usando la siguiente notación para el vector con desplazamientos y giros, para el vector de aceleraciones y para el vector con la fuerza y el momento externo:

$$\{U(t)\} = \left\{ \begin{array}{c} u(t) \\ \theta(t) \end{array} \right\} \quad ; \quad \{\ddot{U}(t)\} = \left\{ \begin{array}{c} \ddot{u}(t) \\ \ddot{\theta}(t) \end{array} \right\} \quad ; \quad \{P(t)\} = \left\{ \begin{array}{c} F_a(t) \\ M_a(t) \end{array} \right\} \tag{i}$$

las ecuaciones de movimiento matriciales (f) se pueden escribir en forma compacta como:

$$[M]\left\{\ddot{U}(t)\right\} + [K]\left\{U(t)\right\} = \left\{P(t)\right\} \tag{j}$$

Vamos a tener oportunidad de verificar que las ecuaciones de movimiento de todos los sistemas estructurales lineales, en donde el amortiguamiento se desprecia, siempre tendrán la forma general (j). Este es un *sistema* de ecuaciones diferenciales ordinarias de segundo orden. La solución de este sistema de ecuaciones es mucho más complicada que resolver una única ecuación diferencial de movimiento, típica de los sistemas de un grado de libertad. Sin embargo, como veremos a partir del próximo capítulo, todas las técnicas que se han estudiado para hallar la respuesta de sistemas de un grado de libertad van a ser usadas para resolver las ecuaciones generales (j). En realidad, esta es una de las razones principales por la cual se estudiaron con tanto detalle los sistemas de un grado de libertad.

10.2.2 Ejemplo 10.2:

Vamos a estudiar las vibraciones de una barra rígida y de masa despreciable que contiene dos masas concentradas m_1 y m_2 en los extremos, como la que se representa en la Figura 10.8. La barra tiene un largo L y está soportada por dos resortes lineales de rigideces k_1 y k_2. Sobre la masa m_2 actúa una fuerza dinámica $F(t)$. Como de costumbre, se va a suponer que el movimiento es de pequeña amplitud.

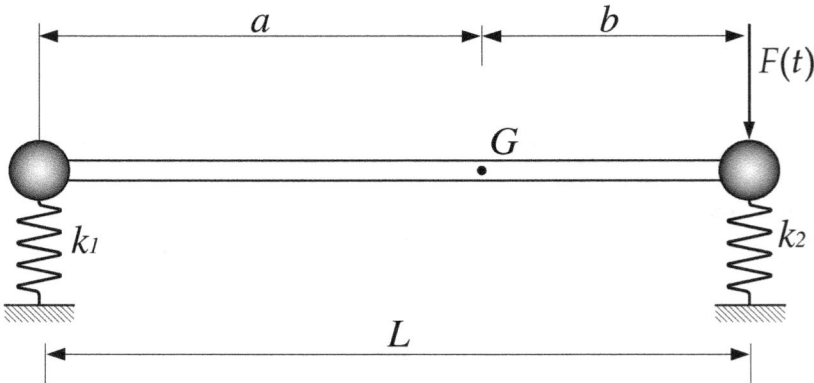

Figura 10.8 **Barra rígida con dos masas y resortes en los extremos.**

Lo primero que debemos establecer es el número de grados de libertad del sistema. Es evidente que la barra puede trasladarse verticalmente y girar. El movimiento horizontal no nos interesa (nótese que no hay restricciones al movimiento en esta dirección, pero como no hay fuerzas horizontales esto no causa problemas). Por lo tanto, la barra tiene dos grados de libertad.

A continuación debemos escoger las coordenadas que vamos a usar para describir el movimiento. Aquí hay varias opciones. Por ejemplo, podríamos usar el desplazamiento u_G del centro de masa G y la rotación θ de la barra respecto a un eje perpendicular a su plano. También podríamos escoger los desplazamientos verticales u_1 y u_2 de las dos masas concentradas.

Vamos a considerar tres ejemplos en los que en cada uno se usarán distintas coordenadas, comenzando en este ejemplo con la primera alternativa antes mencionada. En cada caso se va a considerar que todos los desplazamientos y giros se miden a partir de la posición deformada de equilibrio estático. Por lo tanto los pesos de las masas no van a aparecer en los diagramas y ecuaciones.

Dibujamos el Diagrama de Cuerpo Rígido para la barra fuera de equilibrio. Las fuerzas que actúan en la barra son las debidas a los resortes y la fuerza externa. Las fuerzas en los resortes son proporcionales a las deformaciones u_1 y u_2. El sentido positivo de las coordenadas u_i es el que aparece en el diagrama de la Figura 10.9.

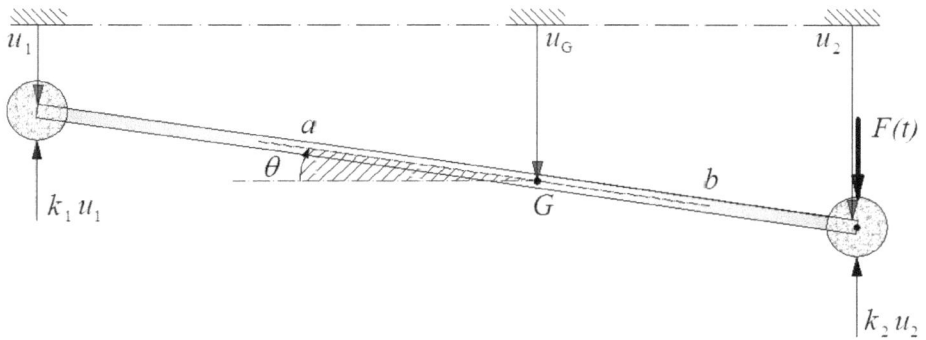

Figura 10.9 **Diagrama de Cuerpo Libre de la barra con masas y resortes.**

Sumando fuerzas en la dirección vertical se obtiene:

$$\uparrow (+) \sum F_y = k_1 u_1 + k_2 u_2 - F(t) \tag{a}$$

Como queremos derivar las ecuaciones de movimiento en términos del desplazamiento del centro de masa u_G y la rotación θ, necesitamos expresar u_1 y u_2 en términos de u_G y θ. Si el centro de masa G está a una distancia a del extremo izquierdo y b del derecho, es fácil comprobar (obsérvese la Figura 10.9) que para pequeños giros los dos conjuntos de coordenadas están relacionados de la siguiente manera:

$$
\begin{aligned}
u_1 &= u_G - a\theta \\
u_2 &= u_G + b\theta
\end{aligned}
\tag{b}
$$

Reemplazando u_1 y u_2 en la Ec. (a), la suma de fuerzas se puede escribir como:

$$\uparrow (+) \sum F_y = (k_1 + k_2)\, u_G + (k_2 b - k_1 a)\, \theta - F(t) \tag{c}$$

Para dibujar el Diagrama Cinético tenemos dos opciones. Podemos considerar directamente los productos de las masas m_1 y m_2 por sus respectivas aceleraciones como se muestra en la Figura 10.10 (recordemos que se mencionó que la masa de la barra sería despreciada).

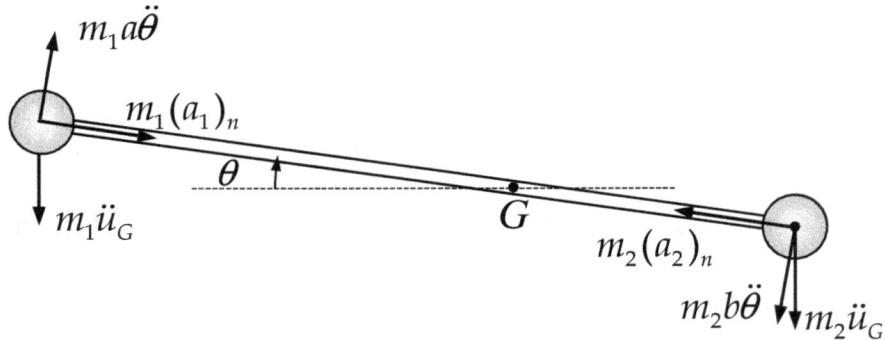

Figura 10.10 **Diagrama Cinético de la barra con masas y resortes.**

También podemos dibujar en el Diagrama Cinético el producto de la masa total del sistema multiplicada por la aceleración del centro de masa, o sea $(m_1 + m_2)\, \ddot{u}_G$, y el momento cinético $I_G \ddot{\theta}$. Este diagrama alternativo se muestra en la Figura 10.11. El momento de inercia I_G respecto a un eje que pasa por G se calcula como el producto de las masas por sus distancias al cuadrado:

$$I_G = m_1 a^2 + m_2 b^2 \tag{d}$$

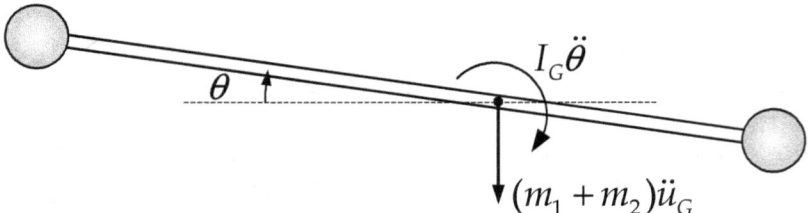

Figura 10.11 **Diagrama Cinético alternativo de la barra con dos masas.**

Cualquiera de los dos diagramas cinéticos nos debe llevar al mismo resultado. Vamos a usar el segundo diagrama (Figura 10.11). El lado derecho de la ley de Newton es:

$$\uparrow (+)\, m a_y = -(m_1 + m_2)\, \ddot{u}_G \tag{e}$$

Igualando las Ecs. (c) y (e) y trasponiendo términos se obtiene la primera ecuación de movimiento:

$$(k_1 + k_2)\, u_G + (k_2 b - k_1 a)\, \theta - F(t) = -(m_1 + m_2)\, \ddot{u}_G$$
$$(m_1 + m_2)\, \ddot{u}_G + (k_1 + k_2)\, u_G - (k_2 b - k_1 a)\, \theta = F(t) \tag{f}$$

Nota: Es interesante observar que si se usa la primera alternativa para sumar fuerzas (el diagrama en la Figura 10.10), va a aparecer un término $(m_1 a - m_2 b)\, \ddot{\theta}$ que se puede demostrar que es cero, porque a y b son las distancias al centro de masa (véanse las Ecs. (k) y (l) que se derivan más adelante). Se sugiere comprobarlo.

La segunda ecuación de movimiento se obtiene de la suma de momentos. Tomando momentos de las fuerzas en el Diagrama de Cuerpo Libre respecto al punto G se obtiene:

$$\circlearrowleft (+) \sum M_G = -k_1 u_1 a + k_2 u_2 b - F(t)b$$

Usando las relaciones en la Ec. (b), la suma de momentos resulta:

$$\circlearrowleft \;(+) \sum M_G = -k_1 a\, (u_G - a\theta) + k_2 b\, (u_G + b\theta) - F(t)b$$
$$\circlearrowleft \;(+) \sum M_G = (k_2 b - k_1 a)\, u_G + \left(k_1 a^2 + k_2 b^2\right) \theta - F(t)b \tag{g}$$

El lado derecho en la ley de Newton es la suma de los momentos efectivos respecto al mismo punto que las fuerzas. En este caso, del Diagrama Cinético de la Figura 10.11 se obtiene simplemente que,

$$\circlearrowleft (+) \sum (M_G)_{ef} = -I_G \ddot{\theta} \tag{h}$$

Para obtener la segunda ecuación de movimiento se igualan primero las Ecs. (g) y (h) y luego se trasponen las aceleraciones, desplazamientos y giros desconocidos al lado izquierdo. Se obtiene así:

$$(k_2 b - k_1 a)\, u_G + \left(k_1 a^2 + k_2 b^2\right) \theta - F(t)b = -I_G \ddot{\theta}$$
$$I_G \ddot{\theta} + (k_2 b - k_1 a)\, u_G + \left(k_1 a^2 + k_2 b^2\right) \theta = F(t)b \tag{i}$$

Vamos a escribir las Ecs. (f) e (i) en forma matricial. Además se va a expresar el momento de inercia I_G en términos de las masas y distancias.

$$\begin{bmatrix} m_1 + m_2 & 0 \\ 0 & m_1 a^2 + m_2 b^2 \end{bmatrix} \begin{Bmatrix} \ddot{u}_G(t) \\ \ddot{\theta}(t) \end{Bmatrix} + \begin{bmatrix} k_1 + k_2 & k_2 b - k_1 a \\ k_2 b - k_1 a & k_1 a^2 + k_2 b^2 \end{bmatrix} \begin{Bmatrix} u_G(t) \\ \theta(t) \end{Bmatrix}$$
$$= \begin{Bmatrix} F(t) \\ F(t)b \end{Bmatrix} \tag{j}$$

La posición del centro de masa G, vale decir la distancia a, se puede encontrar usando la definición de las coordenadas de centro de masa: estas son el cociente de la suma de los productos de las masas por sus distancias a un eje de referencia dividido por la suma de las masas. En este caso, tomando momentos respecto a un eje vertical en el extremo izquierdo de la barra, es fácil comprobar que:

$$a = \frac{m_2 L}{m_1 + m_2} \tag{k}$$

Y como $L = a + b$, la distancia b al apoyo derecho es simplemente:

$$b = L - a = \frac{m_1 L}{m_1 + m_2} \tag{l}$$

Las ecuaciones de movimiento (j) de la barra con resortes se pueden escribir en la siguiente forma compacta como:

$$[M]\left\{\ddot{U}(t)\right\} + [K]\left\{U(t)\right\} = \left\{P(t)\right\} \tag{m}$$

donde $\{U(t)\}$ es un vector de coordenadas y $\{P(t)\}$ es un vector de fuerzas:

$$\{U(t)\} = \left\{ \begin{array}{c} u_G(t) \\ \theta(t) \end{array} \right\} \quad ; \quad \{P(t)\} = \left\{ \begin{array}{c} F(t) \\ F(t)b \end{array} \right\} \tag{n}$$

$[M]$ es la matriz de masa y $[K]$ es la matriz de rigidez:

$$[M] = \left[\begin{array}{cc} m_1 + m_2 & 0 \\ 0 & m_1 a^2 + m_2 b^2 \end{array} \right] \quad ; \quad [K] = \left[\begin{array}{cc} k_1 + k_2 & k_2 b - k_1 a \\ k_2 b - k_1 a & k_1 a^2 + k_2 b^2 \end{array} \right] \tag{o}$$

Nótese que la matriz de rigidez es diagonal y la matriz de rigidez es llena (todos sus elementos son no nulos). Se dice entonces que el sistema está acoplado a través de la matriz de rigidez o que tiene *acoplamiento elástico*. Vamos a verificar en el siguiente ejemplo que el tipo de acoplamiento no es una propiedad intrínseca de cada sistema estructural sino de las coordenadas que se usen para describirlo. Por ejemplo, si se usan como coordenadas el mismo giro θ pero se reemplaza u_G por el desplazamiento del punto conocido como *centro de rigidez*, vamos a demostrar que el acoplamiento deja de ser elástico para ser *inercial*, vale decir a través de la matriz de masa.

10.2.3 Ejemplo 10.3:

Comenzamos definiendo las coordenadas del *centro de rigidez R*. El centro de rigidez es un punto tal que si se aplica allí una fuerza estática vertical a la barra, esta se desplaza en esta dirección sin girar. Las coordenadas de R se calculan en forma similar a las del centro de masa, pero ahora se usan los momentos de primer orden de los elementos elásticos (de los resortes en este ejemplo). La coordenada vertical del centro de rigidez es por supuesto cero. Para hallar la coordenada horizontal, a la que llamaremos c, sumamos los momentos de las rigideces k_i respecto a un eje vertical que pasa por el extremo izquierdo y dividimos el resultado por la suma de las rigideces:

$$c = \frac{k_2 L}{k_1 + k_2} \tag{a}$$

La distancia del punto R al extremo derecho vamos a llamarla d y es:

$$d = L - c = \frac{k_1 L}{k_1 + k_2} \tag{b}$$

Aunque rigurosamente no es necesario porque no cambiaron ni las fuerzas externas ni las fuerzas y momentos efectivos actuando sobre la barra, vamos a volver a dibujar los Diagramas de Cuerpo Libre y Cinético en la Figura 10.12. Es *muy importante* notar que el diagrama cinético sigue conteniendo la fuerza efectiva $(m_1 + m_2)\ddot{u}_G$ y el momento efectivo o cinético $I_G\ddot{\vartheta}$. Sería un **error** usar en el diagrama $(m_1 + m_2)\ddot{u}_R$ o $I_R\ddot{\theta}$, simplemente porque las leyes de Newton exigen que siempre se use la aceleración y el momento de inercia *respecto al centro de masa,* no importa qué coordenadas estemos usando.

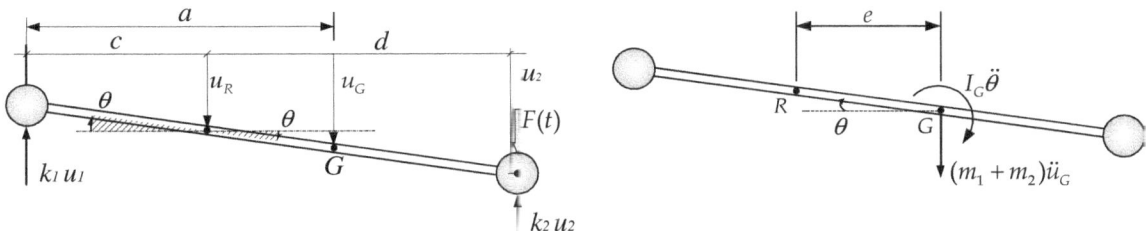

Figura 10.12 **Diagrama de Cuerpo Libre y Cinético de la barra del Ejemplo 10.3.**

Sumando las fuerzas verticales externas y efectivas y luego reordenando términos se obtiene:

$$\uparrow (+) \sum F_y = ma_y : \quad k_1 u_1 + k_2 u_2 - F(\text{t}) = - (m_1 + m_2)\ddot{u}_G$$

$$(m_1 + m_2)\ddot{u}_G + k_1 u_1 + k_2 u_2 = F(t) \tag{c}$$

Evidentemente tenemos el problema de que en esta ecuación no aparecen las coordenadas u_R y θ. Por lo tanto, debemos relacionar u_G, u_1 y u_2 con u_R y θ. Del Diagrama de Cuerpo Libre en la Figura 10.12 es evidente que:

$$\begin{aligned} u_1 &= u_R - c\theta \\ u_2 &= u_R + d\theta \end{aligned} \tag{d}$$

10-13

Además, para un ángulo θ pequeño se tiene que:

$$\theta = \frac{u_G - u_R}{e} \tag{e}$$

donde e es la distancia entre el centro de masa y de rigidez. Esta cantidad se conoce como la *excentricidad* y en este caso es:

$$e = a - c \tag{f}$$

Por lo tanto, de la Ec. (e):

$$u_G = u_R + e\,\theta \tag{g}$$

Reemplazando las Ecs. (d) y (g) en (c) y agrupando términos se obtiene:

$$(m_1 + m_2)\left(\ddot{u}_R + e\,\ddot{\theta}\right) + k_1\left(u_R - c\,\theta\right) + k_2\left(u_R + d\,\theta\right) = F(\mathrm{t})$$
$$(m_1 + m_2)\,\ddot{u}_R + (m_1 + m_2)\,e\,\ddot{\theta} + (k_1 + k_2)\,u_R + (k_2 d - k_1 c)\,\theta = F(\mathrm{t}) \tag{h}$$

Usando las Ecs. (a) y (b) es fácil demostrar que:

$$k_2 d - k_1 c = 0 \tag{i}$$

Por lo tanto, la primera ecuación de movimiento se reduce a:

$$(m_1 + m_2)\,\ddot{u}_R + (m_1 + m_2)\,e\,\ddot{\theta} + (k_1 + k_2)\,u_R = F(\mathrm{t}) \tag{j}$$

Vamos a usar ahora la ecuación de suma de momentos. El resultado debe ser el mismo para cualquier punto que se use para sumar momentos, por ejemplo el centro de masa G. No obstante, vamos a escoger el centro de rigidez R para tomar momentos:

$$\circlearrowleft (+) \sum M_R = \sum (M_R)_{efec} \tag{k}$$
$$-k_1 u_1 c + k_2 u_2 d - F(\mathrm{t}) = -(m_1 + m_2)\,\ddot{u}_G\,e - I_G \ddot{\theta}$$

Sustituyendo u_1, u_2 y u_G de las ecuaciones (d) y (g) y reordenando términos se obtiene:

$$-k_1 c\left(u_R - c\theta\right) + k_2 d\left(u_R + d\theta\right) - F(\mathrm{t})d = -(m_1 + m_2)\left(\ddot{u}_R + e\ddot{\theta}\right)e - I_G\ddot{\theta}$$

$$(m_1 + m_2)\,e\,\ddot{u}_R + \left[I_G + (m_1 + m_2)\,e^2\right]\ddot{\theta} + (k_2 d - k_1 c)\,u_R + \left(k_1 c^2 + k_2 d^2\right)\theta = F(\mathrm{t})d$$

Sabemos por la Ec. (i) que el término $(k_2 d - k_1 c)$ es cero por lo que la segunda ecuación de movimiento es:

$$(m_1 + m_2) e \, \ddot{u}_R + \left[I_G + (m_1 + m_2) e^2 \right] \ddot{\theta} + \left(k_1 c^2 + k_2 d^2 \right) \theta = F(t) d \qquad (1)$$

Las ecuaciones de movimiento (j) y (1) en forma matricial resultan:

$$\begin{bmatrix} m_1 + m_2 & (m_1 + m_2)\, e \\ (m_1 + m_2)\, e & I_G + (m_1 + m_2)\, e^2 \end{bmatrix} \left\{ \begin{array}{c} \ddot{u}_R(t) \\ \ddot{\theta}(t) \end{array} \right\} + \begin{bmatrix} k_1 + k_2 & 0 \\ 0 & k_1 c^2 + k_2 d^2 \end{bmatrix} \left\{ \begin{array}{c} u_R(t) \\ \theta(t) \end{array} \right\}$$

$$= \left\{ \begin{array}{c} F(t) \\ F(t) d \end{array} \right\} \qquad (m)$$

Es evidente que ahora el sistema está acoplado a través de la matriz de masa, por lo que se dice que tiene *acoplamiento inercial*. El hecho de que las ecuaciones de movimiento estén acopladas de una u otra manera no es una mera curiosidad. En los capítulos anteriores, cuando calculamos la respuesta de sistemas de un grado de libertad, hemos visto cómo resolver *una única* ecuación diferencial de movimiento. Las ecuaciones de movimiento de los sistemas de múltiples grados de libertad que hemos visto están todas acopladas, o sea que una depende de todas o varias de las otras. Por ende, todos los métodos que hemos aprendido en los capítulos anteriores para calcular la respuesta del sistema no son aplicables directamente. No obstante, si existiesen algunas coordenadas que hagan que el acoplamiento no sea ni inercial ni elástico, entonces podríamos aplicar las técnicas aprendidas. Se puede demostrar, y nos vamos a ocupar de esto más adelante, que siempre es posible encontrar tales coordenadas. Un problema, o más bien una característica de estas coordenadas, es que no suelen tener una representación física: la gran mayoría de las veces no son ni desplazamientos ni giros. Sin embargo, la barra rígida con dos masas y resortes de este ejemplo es uno de los pocos casos donde existen coordenadas físicas que desacoplan las ecuaciones de movimiento. Éstas son los desplazamientos u_1 y u_2 de las masas, como veremos en el siguiente ejemplo.

10.2.4 Ejemplo 10.4:

Para obtener las ecuaciones de movimiento en términos de u_1 y u_2 vamos a hacer uso de las ecuaciones del Ejemplo 10.2 e introducir una transformación de coordenadas. Partimos de la relación entre u_G y θ con u_1 y u_2 (Ecs. (b) del ejemplo citado):

$$\begin{aligned} u_1 &= u_G - a\theta \\ u_2 &= u_G + b\theta \end{aligned}$$

Restando la primera ecuación de la segunda se obtiene:

$$\theta = \frac{1}{L}\left(u_2 - u_1\right) \tag{a}$$

Multiplicando la primera ecuación que define a u_1 por b, la segunda que define a u_2 por a y sumándolas se llega a:

$$u_G = \frac{1}{L}\left(b\,u_1 + a\,u_2\right) \tag{b}$$

En forma matricial las ecuaciones (a) y (b) se pueden expresar como:

$$\left\{ \begin{array}{c} u_G \\ \theta \end{array} \right\} = \frac{1}{L}\left[\begin{array}{cc} b & a \\ -1 & 1 \end{array} \right]\left\{ \begin{array}{c} u_1 \\ u_2 \end{array} \right\} = [T]\left\{ \begin{array}{c} u_1 \\ u_2 \end{array} \right\} \tag{c}$$

Reemplazando la Ec. (c) en la ecuación de movimiento (j) del Ejemplo 10.2,

$$\frac{1}{L}\left[\begin{array}{cc} m_1 + m_2 & 0 \\ 0 & m_1 a^2 + m_2 b^2 \end{array} \right]\left[\begin{array}{cc} b & a \\ -1 & 1 \end{array} \right]\left\{ \begin{array}{c} \ddot{u}_1 \\ \ddot{u}_2 \end{array} \right\}$$

$$+\frac{1}{L}\left[\begin{array}{cc} k_1 + k_2 & k_2 b - k_1 a \\ k_2 b - k_1 a & k_1 a^2 + k_2 b^2 \end{array} \right]\left[\begin{array}{cc} b & a \\ -1 & 1 \end{array} \right]\left\{ \begin{array}{c} u_1 \\ u_2 \end{array} \right\} = \left\{ \begin{array}{c} F(\mathrm{t}) \\ F(\mathrm{t})b \end{array} \right\}$$

y efectuando los productos matriciales se obtiene:

$$\frac{1}{L}\left[\begin{array}{cc} (m_1 + m_2)\,b & (m_1 + m_2)\,a \\ -m_1 a^2 - m_2 b^2 & m_1 a^2 + m_2 b^2 \end{array} \right]\left\{ \begin{array}{c} \ddot{u}_1 \\ \ddot{u}_2 \end{array} \right\} + \left[\begin{array}{cc} k_1 & k_2 \\ -k_1 a & k_2 b \end{array} \right]\left\{ \begin{array}{c} u_1 \\ u_2 \end{array} \right\} = \left\{ \begin{array}{c} F(\mathrm{t}) \\ F(\mathrm{t})b \end{array} \right\} \tag{d}$$

Las Ecs. (d) se pueden también obtener sumado fuerzas verticales y sumando momentos respecto al centro de masa G. En cualquier caso, es obvio que estas ecuaciones no están desacopladas y las matrices de rigidez y masa ni siquiera son simétricas. Sin embargo, si pre-multiplicamos la Ec. (d) por la transpuesta de la matriz de transformación $[T]$ en la Ec. (c) se obtiene:

$$\frac{1}{L^2}\left[\begin{array}{cc} a^2 m_1 + b^2\left(m_1 + 2m_2\right) & (b - a)\left(a m_1 - b m_2\right) \\ (b - a)\left(a m_1 - b m_2\right) & b^2 m_2 + a^2\left(2m_1 + m_2\right) \end{array} \right]\left\{ \begin{array}{c} \ddot{u}_1 \\ \ddot{u}_2 \end{array} \right\}$$

$$+\left[\begin{array}{cc} k_1 & 0 \\ 0 & k_2 \end{array} \right]\left\{ \begin{array}{c} u_1 \\ u_2 \end{array} \right\} = \left\{ \begin{array}{c} 0 \\ F(\mathrm{t}) \end{array} \right\} \tag{e}$$

Si se usa la definición de la coordenada a del centro de masa y de la distancia b en las Ecs. (k) y (l) del Ejemplo 10.2, es fácil demostrar que las ecuaciones de movimiento se reducen a:

$$\left[\begin{array}{cc} m_1 & 0 \\ 0 & m_2 \end{array} \right]\left\{ \begin{array}{c} \ddot{u}_1(\mathrm{t}) \\ \ddot{u}_2(\mathrm{t}) \end{array} \right\} + \left[\begin{array}{cc} k_1 & 0 \\ 0 & k_2 \end{array} \right]\left\{ \begin{array}{c} u_1(\mathrm{t}) \\ u_2(\mathrm{t}) \end{array} \right\} = \left\{ \begin{array}{c} 0 \\ F(\mathrm{t}) \end{array} \right\} \tag{f}$$

Es evidente que las ecuaciones de movimiento (f) están desacopladas, vale decir que son dos ecuaciones con la forma:

$$
\begin{aligned}
m_1 \ddot{u}_1 + k_1 u_1 &= 0 \\
m_2 \ddot{u}_2 + k_2 u_2 &= F(t)
\end{aligned}
$$

lo que implica que se pueden resolver una por una en forma separada.

Para concluir, debemos resaltar que este ejemplo es un caso especial y en general, encontrar las coordenadas que desacoplan las ecuaciones de movimiento (o más bien la matriz de transformación $[T]$) no es una tarea trivial, como tendremos oportunidad de estudiar en un capítulo posterior.

10.2.5 Ejemplo 10.5:

Uno de los ejemplos más usado cuando se estudiaron los sistemas de un grado de libertad fue el de un edificio de corte de un piso. Este es un pórtico plano en donde la losa y viga son lo suficientemente rígidas para que las deformaciones en su plano puedan ignorarse. Lo mismo ocurre con las columnas en su dirección axial. Al no existir giros en las juntas de las uniones viga - columna, y como no se consideran las deformaciones axiales de las columnas, el único grado de libertad es el desplazamiento horizontal $u(t)$ en la dirección X por ejemplo. Para calcular el desplazamiento $v(t)$ de la estructura en la otra dirección horizontal Y, simplemente se usa la misma ecuación de movimiento con el momento de inercia I de las columnas en la dirección correspondiente. También se puede desarrollar un modelo de un grado de libertad en donde se considere el giro θ de la losa respecto a un eje vertical Z que pasa por su centro de masa G. Cada uno de estos tres movimientos se puede estudiar en forma separada usando modelos de un grado de libertad. El caso de un edificio de corte con múltiples pisos (y un grado de libertad por piso) se estudiará en un ejemplo posterior. Sin embargo, hay ocasiones en donde los dos movimientos horizontales y la rotación están *acoplados*. En este caso, el edificio de un piso tiene *tres* grados de libertad y para definir su respuesta a una excitación dinámica cualquiera es necesario calcular *simultáneamente* los desplazamientos $u(t)$ y $v(t)$ y el giro $\theta(t)$. Este modelo se lo suele identificar con distintos nombres como por ejemplo edificio torsional, edificio con excentricidades, etc. La razón para el último nombre y la causa que hace que se acoplen los movimientos de traslación con la rotación se explicarán más adelante.

Consideremos el edificio de un piso que se muestra en la Figura 10.13. Vamos a considerar que las columnas no tienen necesariamente la misma sección transversal ni altura. Aunque el edificio del dibujo tiene cuatro columnas, las ecuaciones que se van a derivar son válidas para n columnas. La única carga actuando sobre la estructura es una fuerza $P(t)$ en la dirección X aplicada en un extremo de la losa como se muestra en la Figura 10.13.

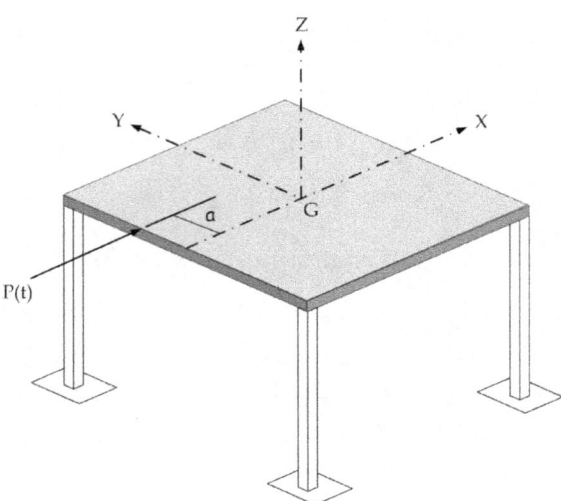

Figura 10.13 **Edificio de un piso con dos movimientos de traslación y movimiento de rotación.**

Si las columnas están empotradas en la base, los coeficientes de rigidez de la columna genérica "i" en las direcciones X, Y son:

$$k_{xi} = 12\frac{EI_{yi}}{h_i^3} \qquad ; \qquad k_{yi} = 12\frac{EI_{xi}}{h_i^3} \tag{a}$$

A diferencia del sistema de un grado de libertad, en el caso del modelo tri-dimensional es necesario definir específicamente a qué punto se refieren los desplazamientos u y v. En efecto, debido al acoplamiento con el giro todos los puntos de la losa tienen ahora *distintos* desplazamientos. Vamos a escoger como coordenadas para estudiar el modelo los desplazamientos del punto ubicado en el centro de masa G del sistema. En este punto vamos a ubicar el origen del sistema de ejes cartesianos X, Y, Z. Los desplazamientos u y v del centro de masa son positivos cuando tienen el sentido positivo de los ejes X-Y que se muestran en la figura. El giro θ es positivo en el sentido contrario a las manecillas del reloj visto desde el eje Z positivo que pasa por G. En otras palabras, el giro positivo sigue la llamada "regla de la mano derecha". La posición de cada columna está definida por sus coordenadas (x_i, y_i) respecto al sistema de ejes con origen en G.

Para simplificar las expresiones de las ecuaciones de movimiento y poder definir las condiciones que originan el acoplamiento, vamos a re-introducir el concepto de *centro de rigidez*. Este concepto, que ya se había presentado en el Ejemplo 10.2 para un modelo uni-dimensional, no es específico de la Dinámica Estructural, pero se va a revisar aquí dado que es importante para algunas aplicaciones en esta área.

En términos físicos el centro de rigidez es el punto de la losa donde al aplicar una fuerza horizontal, la losa se desplaza en la dirección de la fuerza sin girar. Las coordenadas del centro de rigidez se definen como la razón entre la suma de los momentos de primer orden de las rigideces en cada dirección respecto a los ejes coordenados y la suma de las rigideces en la misma dirección. Matemáticamente, el centro de rigidez es el punto con coordenadas:

$$e_x = \frac{\sum_i k_{yi}\, x_i}{\sum_i k_{yi}} \qquad ; \qquad e_y = \frac{\sum_i k_{xi}\, y_i}{\sum_i k_{xi}} \qquad \text{(b)}$$

Las distancias medidas a lo largo de las direcciones X y Y entre el centro de rigidez y de masa (o sea las diferencias entre sus coordenadas correspondientes) se conocen como las *"excentricidades"* e_x y e_y en las respectivas direcciones. En este ejemplo las coordenadas del centro de masa son cero porque el origen del sistema de ejes de referencia está ubicado en ese punto, lo que hace que las excentricidades e_x y e_y coincidan con las coordenadas del centro de rigidez.

Otra notación que se va a introducir para simplificar las derivaciones es la siguiente. Se llamará K_u y K_v a los coeficientes que resultan de sumar las rigideces en las direcciones de los ejes X-Y respectivamente:

$$K_u = \sum_{i=1}^{n} k_{xi} \qquad ; \qquad K_v = \sum_{i=1}^{n} k_{yi} \qquad \text{(c)}$$

Los Diagramas de Cuerpo Libre y Cinético van a mostrar al edificio en planta en una posición deformada que resulta de dos traslaciones u y v y un giro θ en los sentidos positivos (Figura 10.14). En cada columna en el Diagrama de Cuerpo Libre hay dos componentes F_{xi} y F_{yi} de las fuerzas de restitución elástica que tratan de hacer regresar el edificio a la posición original no deformada.

El Diagrama Cinético muestra las fuerzas efectivas $m\ddot{u}$ y $m\ddot{v}$ actuando en el centro de masa y el momento cinético $I_G\ddot{\theta}$. La masa m es la masa total de la losa (con sus vigas si las hubiese) y parte (usualmente la mitad) de las masas de las columnas. El momento de inercia de masa I_G debe calcularse respecto al centro de masa.

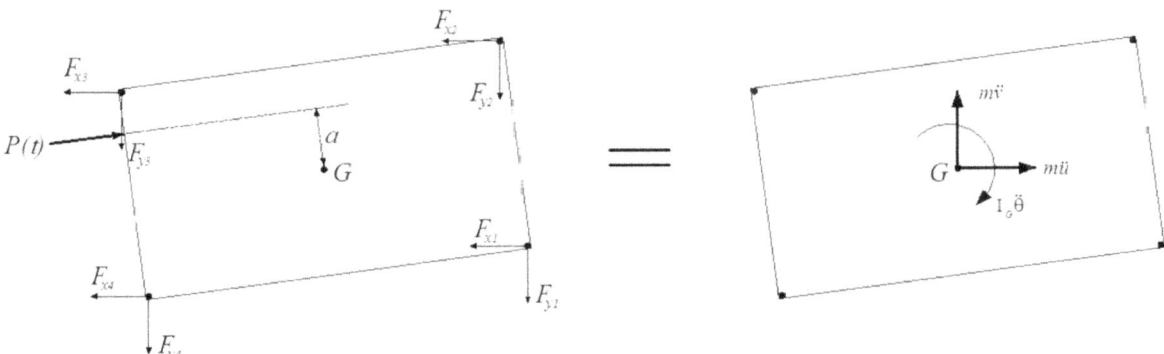

Figura 10.14 **Diagrama de Cuerpo Libre y Cinético de la losa del edificio.**

Aplicando la segunda ley de Newton en las dos direcciones horizontales se obtiene:

$$\longrightarrow \ (+) \sum F_x = ma_x : \quad -\sum_{i=1}^{n} F_{xi} + P(\mathrm{t}) = m\ddot{u}$$

$$\uparrow \ (+) \sum F_y = ma_y : \quad -\sum_{i=1}^{n} F_{yi} = m\ddot{v}$$

Transponiendo términos en las dos ecuaciones de movimiento para la traslación, estas se pueden escribir como:

$$m\ddot{u} + \sum_{i=1}^{n} F_{xi} = P(\mathrm{t}) \tag{d}$$

$$m\ddot{v} + \sum_{i=1}^{n} F_{yi} = 0 \tag{e}$$

Para aplicar la ecuación de momentos conviene referirse a la Figura 10.15. En ella se muestran los componentes F_{xi} y F_{yi} de la fuerza en una columna genérica "i" de la losa.

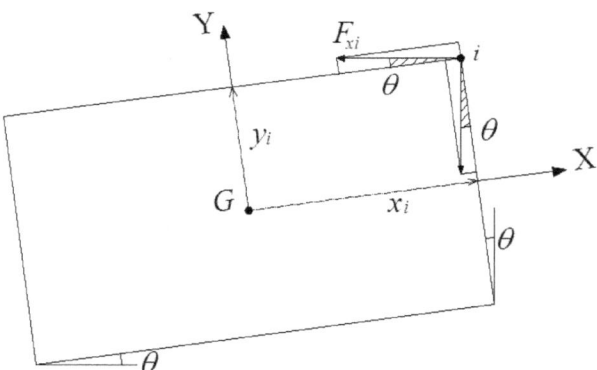

Figura 10.15 **Componentes de la fuerza elástica en la columna "i".**

Los momentos de las dos fuerzas respecto al punto G (que es además el origen del sistema de ejes) son:

$$\circlearrowleft (+) : M_{\mathrm{col}.i} = F_{xi}\cos\theta \, y_i + F_{xi}\sin\theta \, x_i - F_{y_i}\cos\theta \, x_i + F_{y_i}\sin\theta \, y_i$$

Considerando que el giro θ es de pequeña amplitud se puede escribir:

$$\circlearrowleft (+) : M_{\mathrm{col}.i} = F_{xi}\, y_i + F_{xi}\theta x_i - F_{y_i}\, x_i + F_{y_i}\,\theta y_i \simeq F_{xi}\, y_i - F_{y_i}\, x_i \tag{f}$$

10-20

Los términos multiplicados por θ se descartaron porque, como verificaremos más adelante, las fuerzas F_{xi} y F_{yi} son proporcionales a u, v, y θ lo que hace que $F_{xi}\theta$ y $F_{yi}\theta$ sean términos de segundo orden.

Usando el Diagrama de Cuerpo Libre de la Figura 10.14 y el resultado anterior, aplicamos ahora la ecuación de suma de momentos de la ley de Newton para obtener:

$$\circlearrowleft (+) \sum M_G = \sum (M_G)_{efec} : \qquad \sum_{i=1}^{n} (F_{xi}\,y_i - F_{yi}\,x_i) - P(\text{t})a = I_G\ddot{\theta}$$

donde a es la distancia entre la línea de acción de $P(\text{t})$ y el centro de masa G. Reordenando términos se tiene:

$$I_G\ddot{\theta} + \sum_{i=1}^{n} F_{yi}\,x_i - \sum_{i=1}^{n} F_{xi}\,y_i = -P(\text{t})a \qquad \text{(g)}$$

Debemos ahora expresar las fuerzas elásticas en las Ecs. (d), (e) y (g) en términos de los desplazamientos u y v y del giro θ. Para esto vamos a considerar que al edificio se le aplican las tres deformaciones en forma separada. La Figura 10.16 muestra las fuerzas de restitución en las columnas del edificio cuando experimenta secuencialmente el desplazamiento u, seguido por el desplazamiento v y por el giro θ. En cada caso las fuerzas en las columnas son proporcionales a las deformaciones a través de sus coeficientes de rigidez. En el caso de la rotación, las fuerzas en las columnas se van a expresar en sus dos componentes, cada una proporcional a las deformaciones respectivas Δ_x y Δ_y.

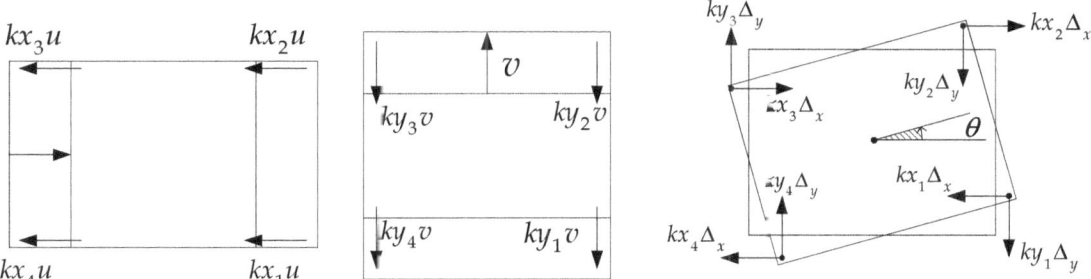

Figura 10.16 **Fuerzas en las columnas debido a los tres movimientos por separado.**

La fuerza total en cada columna es la suma de las fuerzas debido a cada deformación. Para sumar las fuerzas debemos considerar una columna específica, como por ejemplo la 2 que se muestra en la Figura 10.16. Para generalizar los resultados vamos a llamar "i" a esta columna. Del dibujo se obtiene que:

$$F_{xi} = k_{xi}(u - \Delta x) \qquad ; \qquad F_{yi} = k_{yi}(v + \Delta y) \qquad \text{(h)}$$

Nótese que en lo que a signos se refiere, las Ecs. (h) son estrictamente válidas para la columna 2. Sin embargo, como veremos a continuación, los desplazamientos Δx y Δy tienen un signo apropiado lo que hace que las Ecs. (h) sean aplicables a cualquiera de las columnas.

Debemos ahora expresar los desplazamientos Δx y Δy en función del giro θ que los causó. Para esto vamos a hacer uso de las dos construcciones gráficas en la Figura 10.17.

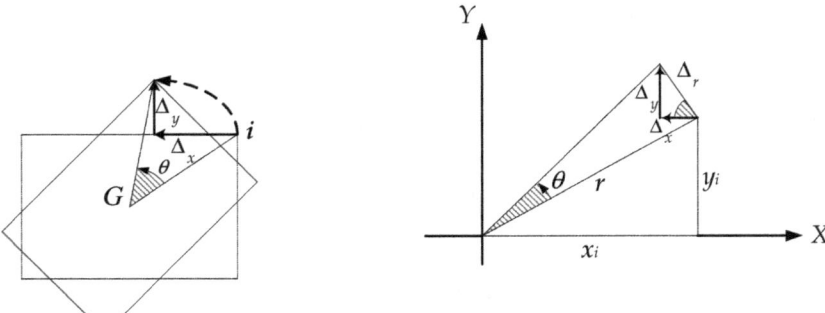

Figura 10.17 **Componentes del desplazamiento debido al giro de la losa.**

De la Figura 10.17 a la derecha es sencillo comprobar que:

$$\cos \alpha = \frac{\Delta x}{\Delta r} = \frac{y_i}{r}$$

de donde Δx es:

$$\Delta x = \frac{\Delta r}{r} y_i$$

Ahora bien, para una rotación θ pequeña, la cuerda Δr es aproximadamente igual al arco correspondiente, de modo que:

$$\theta \simeq \frac{\Delta r}{r}$$

y el desplazamiento Δx resulta aproximadamente igual a:

$$\Delta x \simeq y_i \theta \tag{i}$$

Procediendo de manera similar se obtiene que el desplazamiento Δy se puede expresar en términos de θ como:

$$\sin \alpha = \frac{\Delta y}{\Delta r} = \frac{x_i}{r}$$

$$\therefore \quad \Delta y = \frac{\Delta r}{r} x_i \simeq x_i \theta \tag{j}$$

Nótese que, como habíamos adelantado, los desplazamientos Δx y Δy pueden ser positivos o negativos dependiendo de las coordenadas (x_i, y_i) de las columnas.

Sustituyendo de las Ecs. (i) y (j) las fuerzas en la Ec. (h) resultan:

$$F_{xi} = k_{xi}u - k_{xi}y_i\theta \qquad ; \qquad F_{yi} = k_{yi}v + k_{yi}x_i\theta \tag{k}$$

Ahora podemos completar las ecuaciones de movimiento de traslación sustituyendo F_{xi} y F_{yi} en las Ecs. (d) y (e). De la Ec. (d) se obtiene

$$m\ddot{u} + \left(\sum_{i=1}^{n} k_{xi}\right) u - \left(\sum_{i=1}^{n} k_{xi}y_i\right) \theta = P(\mathrm{t})$$

y usando las definiciones en las Ecs. (b) y (c) podemos simplificar la ecuación anterior como sigue:

$$m\ddot{u} + K_u u - K_u e_y \theta = P(\mathrm{t}) \tag{l}$$

Procediendo de manera similar con la Ec. (e) se obtiene:

$$m\ddot{v} + \left(\sum_{i=1}^{n} k_{yi}\right) v + \left(\sum_{i=1}^{n} k_{yi}x_i\right) \theta = 0$$

y de acuerdo con las Ecs. (b) y (c) esta segunda ecuación de movimiento se reduce a:

$$m\ddot{v} + K_v v + K_v e_x \theta = 0 \tag{m}$$

Por último, sustituyendo los resultados de la Ec. (k) en la Ec. (g), la ecuación de momentos resulta:

$$I_G\ddot{\theta} + \sum_{i=1}^{n} \left(k_{yi}x_i v + k_{yi}x_i^2\theta\right) - \sum_{i=1}^{n} \left(k_{xi}y_i u - k_{xi}y_i^2\theta\right) = -P(\mathrm{t})a$$

$$I_G\ddot{\theta} - \left(\sum_{i=1}^{n} k_{xi}y_i\right) u + \left(\sum_{i=1}^{n} k_{yi}x_i\right) v + \left[\sum_{i=1}^{n} \left(k_{yi}x_i^2 + k_{xi}y_i^2\right)\right] \theta = -P(\mathrm{t})a \tag{n}$$

Usando la definición de excentricidad en la Ec. (b) e introduciendo un nuevo coeficiente de rigidez definido como

$$K_\theta = \sum_{i=1}^{n} \left(k_{yi}x_i^2 + k_{xi}y_i^2\right) \tag{c}$$

la Ec. (n) resulta

$$I_G\ddot{\theta} + -K_u e_y u + K_v e_x v + K_\theta \theta = -P(\mathrm{t})a \tag{p}$$

Para resumir, vamos a escribir las tres ecuaciones de movimiento (l), (m) y (p) en forma matricial, o sea con la forma $[M]\left\{\ddot{U}\right\} + [K]\left\{U\right\} = \left\{F\right\}$:

$$\begin{bmatrix} m & 0 & 0 \\ 0 & m & 0 \\ 0 & 0 & I_G \end{bmatrix} \left\{ \begin{array}{c} \ddot{u}(t) \\ \ddot{v}(t) \\ \ddot{\theta}(t) \end{array} \right\} + \begin{bmatrix} K_u & 0 & -K_u e_y \\ 0 & K_v & K_v e_x \\ -K_u e_y & K_v e_x & K_\theta \end{bmatrix} \left\{ \begin{array}{c} u(t) \\ v(t) \\ \theta(t) \end{array} \right\} = \left\{ \begin{array}{c} P(t) \\ 0 \\ -P(t)a \end{array} \right\} \tag{q}$$

10.2.5-a Casos especiales:

Es interesante examinar las ecuaciones de movimiento (q). Observemos primero que cuando las dos excentricidades e_x y e_y son cero, el sistema se desacopla. Para que ambas excentricidades sean cero, las posiciones del centro de masa y de rigidez deben coincidir. Este hecho se traduce matemáticamente en que para hallar los desplazamientos en las direcciones X e Y y el giro, las tres ecuaciones diferenciales de movimiento se pueden resolver en forma separada:

$$\begin{aligned} m\,\ddot{u}(t) + K_u\,u(t) &= P(t) \\ m\,\ddot{v}(t) + K_v\,v(t) &= 0 \\ I_G\,\ddot{\theta}(t) + K_\theta\,\theta(t) &= -P(t)a \end{aligned} \tag{r}$$

Por lo tanto, siempre que en la estructura de un edificio el centro de rigidez y de masa no coinciden, para calcular la respuesta se debe usar un modelo tri-dimensional como el que se estudió aquí debido al acoplamiento de las traslaciones con la rotación.

Supongamos a continuación que tenemos un edificio con una losa con dimensiones b x b soportada por cuatro columnas de altura h las cuales tienen una misma sección circular o cuadrada. Supongamos además que la losa tiene una apertura simétrica respecto al eje X, lo que hace que el centro de masa esté ubicado a una distancia c del centro geométrico de la losa. La vista en planta de esta losa se muestra en la Figura 10.18.

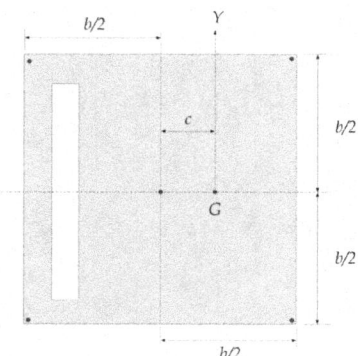

Figura 10.18 **Losa con excentricidad en una sola dirección.**

Los coeficientes K_u y K_v se reducen en este caso a:

$$K_u = K_v = 48\frac{EI}{h^3}$$

El coeficiente K_θ de la Ec. (o) resulta:

$$K_\theta = 12\frac{EI}{h^3}\left[4\left(\frac{b}{2}\right)^2 + 2\left(\frac{b}{2}+c\right)^2 + 2\left(\frac{b}{2}-c\right)^2\right] = 24\frac{EI}{h^3}\left(b^2 + 2c^2\right)$$

Las excentricidades definidas por la Ec. (b) se reducen a:

$$e_x = \frac{2\cdot 12\frac{EI}{h^3}\left(\frac{b}{2}-c\right) - 2\cdot 12\frac{EI}{h^3}\left(\frac{b}{2}+c\right)}{48\frac{EI}{h^3}} = -c \quad ; \quad e_y = 0$$

y las ecuaciones de movimiento son:

$$\begin{bmatrix} m & 0 & 0 \\ 0 & m & 0 \\ 0 & 0 & I_G \end{bmatrix}\begin{Bmatrix} \ddot{u} \\ \ddot{v} \\ \ddot{\theta} \end{Bmatrix} + K_u\begin{bmatrix} 1 & 0 & 0 \\ 0 & 1 & -c \\ 0 & -c & b^2/2+c^2 \end{bmatrix}\begin{Bmatrix} u \\ v \\ \theta \end{Bmatrix} = \begin{Bmatrix} P(\mathrm{t}) \\ 0 \\ -P(\mathrm{t})\cdot a \end{Bmatrix} \quad \text{(s)}$$

Observando estas ecuaciones concluimos que el movimiento en la dirección X está desacoplado del movimiento v en la dirección Y y del giro θ. Por lo tanto las Ecs. (s) son equivalentes a:

$$m\ddot{u} - K_u u = P(\mathrm{t}) \tag{t}$$

$$\begin{bmatrix} m & 0 \\ 0 & I_G \end{bmatrix}\begin{Bmatrix} \ddot{v} \\ \ddot{\theta} \end{Bmatrix} + K_u\begin{bmatrix} 1 & -c \\ -c & b^2/2+c^2 \end{bmatrix}\begin{Bmatrix} v \\ \theta \end{Bmatrix} = \begin{Bmatrix} 0 \\ -P(\mathrm{t})\cdot a \end{Bmatrix} \tag{u}$$

Si fuesen las coordenadas Y del centro de masa y de rigidez las que no coincidieran (o equivalentemente, si la excentricidad e_y no fuera cero con $e_x = 0$), sería el movimiento en la dirección X el que estaría acoplado con el giro.

10.2.5 Ejemplo 10.6:

Vamos a estudiar ahora un sistema estructural compuesto por más de una masa. Consideremos el sistema que se muestra en la Figura 10.19 formado por tres masas m_1, m_2 y m_3 unidas por resortes y amortiguadores. Los resortes tienen comportamiento lineal y los amortiguadores son viscosos ideales, o sea que reaccionan con una fuerza proporcional a la velocidad relativa de sus extremos. El sistema tiene una fuerza $P(t)$ aplicada en la masa superior. Las coordenadas para describir el movimiento son los desplazamientos verticales $x_1(t)$, $x_2(t)$ y $x_3(t)$ de cada masa medidos respecto a la posición de equilibrio estático. Seleccionamos como sentido positivo para estos desplazamientos el que va hacia abajo como se indica en la Figura 10.19.

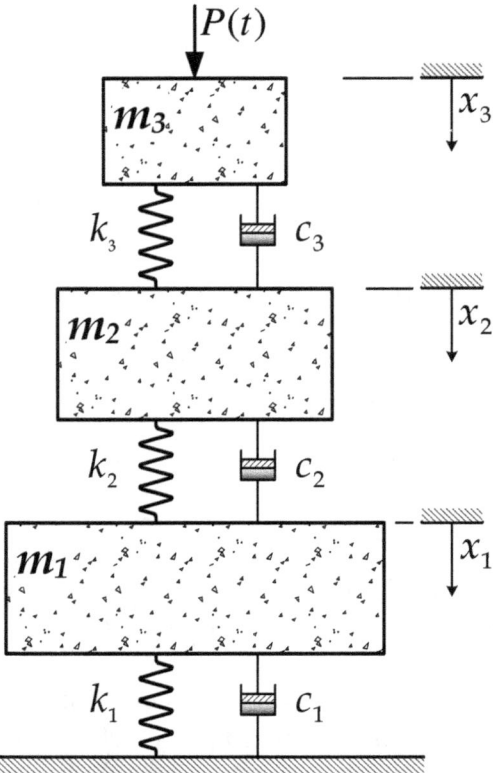

Figura 10.19 **Sistema de tres masas con resortes y amortiguadores.**

Este modelo se puede usar para representar varios sistemas reales, como por ejemplo para estudiar las vibraciones de fundaciones de máquinas de impacto. En efecto, la Figura 10.20 muestra una fundación para un martillo de forja. Para atenuar la transmisión de vibraciones, el yunque ("anvil" en inglés) se puede aislar del bloque de fundación mediante un cojín de un material elástico ("elastic pad" en inglés) y a su vez el bloque se separa de la pileta o fosa de fundación mediante otro cojín elástico. Las masas m_3, m_2 y m_1 representan, respectivamente, las masas del yunque, bloque y fosa de fundación. Los resortes con rigideces k_3 y k_2 representan la flexibilidad de los cojines aisladores entre yunque y bloque, y entre bloque y fosa, respectivamente. Los coeficientes de los amortiguadores c_3 y c_2 representan el amortiguamiento de estas capas. El resorte de rigidez k_1 y el amortiguador de coeficiente c_1 tienen en cuenta la flexibilidad y la disipación de energía en el suelo debajo de la fundación completa. La fuerza $P(t)$ es la que se origina debido al impacto del martillo de forja sobre el yunque.

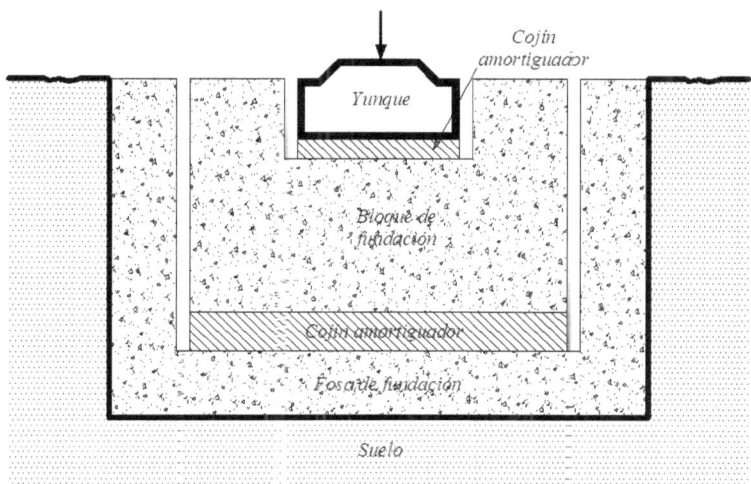

Figura 10.20 **Martillo de forja con bloque de fundación, fosa de fundación y suelo.**

En teoría, deberíamos aplicar las tres ecuaciones de movimiento (10.1), (10.2) y (10.3) a cada una de las tres masas. Sin embargo, es obvio que la ecuación de suma de fuerzas horizontales se satisface trivialmente. Además, como se supone que las masas no giran, también ocurre lo mismo con la ecuación de suma de momentos. Para que se puedan ignorar los giros de las masas, la rigidez de los cojines elásticos y del suelo debe ser uniforme (si bien por simplicidad en la Figura 10.19 los resortes se dibujan a un lado del eje de simetría). Además la línea de acción de la fuerza $P(t)$ debe pasar por el centro de gravedad del yunque. Vamos entonces a aplicar la ecuación de suma de fuerzas verticales (10.2) a cada masa. Escogeremos como sentido positivo para sumar fuerzas el que va hacia arriba (por supuesto, si elegimos una convención opuesta se obtendrían los mismos resultados):

$$\uparrow (+) \sum F_y = ma_y$$

Dibujamos un Diagrama de Cuerpo Libre y Cinético para cada masa, comenzando por la masa superior. Es importante definir correctamente el sentido y la expresión de las fuerzas en los resortes y en los amortiguadores. A riesgo de que algún lector considere trivial la siguiente aclaración, vamos a explicar cómo definir las fuerzas en los resortes. Consideremos para esto el caso de la masa m_3. Supongamos que la masa 3 se desplaza una distancia x_3 hacia abajo (que es el sentido *positivo* para x_3) mientras la masa 2 se mantiene estacionaria como se muestra en la Figura 10.21 a la izquierda. Aparece en el resorte una fuerza de compresión y *sobre la masa 3* actúa una fuerza hacia arriba igual a k_3x_3. Si ahora la masa 2 se mueve x_2 en la misma dirección *positiva* (hacia abajo) y la masa 3 se mantiene quieta (como se representa en la Figura 10.21 a la derecha), la nueva fuerza en el resorte es de tensión e igual a k_2x_2. La nueva fuerza *sobre la masa* 3 está dirigida hacia abajo.

Nota: no debe confundir al lector el hecho de que hemos escogido como sentido positivo para sumar fuerzas el que va hacia arriba ($\uparrow\,=\,+$) mientras que los desplazamientos positivos son los que van hacia abajo ($\downarrow\,=\,+$). Cuál es el sentido positivo no es importante siempre y cuando seamos consistentes.

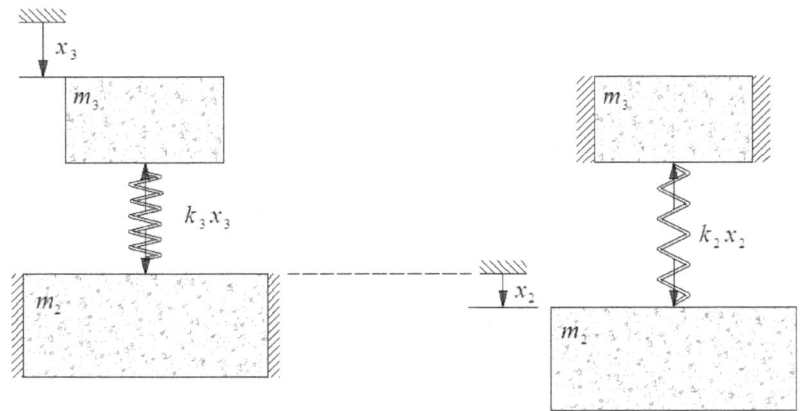

Figura 10.21 **Movimiento consecutivo de las masas 3 y 2.**

Si llamamos positiva a la primera fuerza que actúa sobre la masa 3 (o sea a $k_3 x_3 \uparrow$) , la segunda ($k_2 x_2 \downarrow$) es negativa y la fuerza resultante en la masa 3 es $k_3\,(x_3 - x_2)$. El mismo razonamiento nos dice que la fuerza en el amortiguador entre las masas 2 y 3 que actúa en la masa 3 es $c_3\,(\dot{x}_3 - \dot{x}_2)$. Ahora podemos dibujar estas fuerzas en el Diagrama de Cuerpo Libre para m_3 en la Figura 10.22.

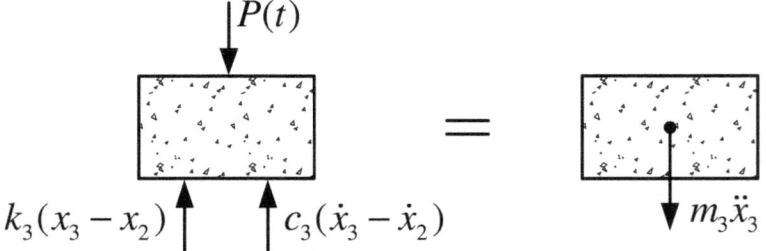

Figura 10.22 **Diagrama de Cuerpo Libre y Cinético de la masa 3.**

Del Diagrama de Cuerpo Libre y Cinético de la masa 3 se obtiene:

$$\uparrow (+): \quad k_3\,(x_3 - x_2) + c_3\,(\dot{x}_3 - \dot{x}_2) - P(t) = -m_3 \ddot{x}_3$$

Y llevando los desplazamientos, velocidades y aceleraciones a un misma lado de esta expresión se obtiene la primera ecuación de movimiento:

$$m_3 \ddot{x}_3 + k_3 x_3 - k_3 x_2 + c_3 \dot{x}_3 - c_3 \dot{x}_2 = P(t) \tag{a}$$

10-28

Por la Tercera Ley de Newton el Diagrama de Cuerpo Libre de la masa 2 las fuerzas que provienen del resorte y amortiguador 3 deben tener sentido opuesto al del diagrama previo. Las fuerzas debajo de la masa 2 provenientes del resorte y amortiguador 2 deben suponerse en forma consistente a como se hizo con la masa 3, como se muestra en el diagrama en la Figura 10.23.

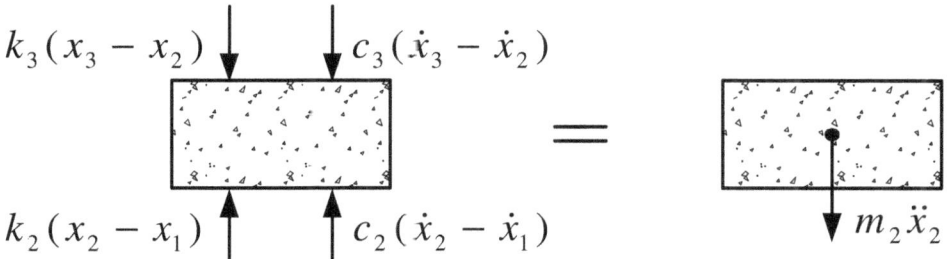

Figura 10.23 **Diagrama de Cuerpo Libre y Cinético de la masa 2.**

Sumando fuerzas verticales según una convención de signos e igualando el resultado a la fuerza efectiva $m\ddot{x}_2$ se llega a:

$$\uparrow (+): \quad k_2(x_2 - x_1) + c_2(\dot{x}_2 - \dot{x}_1) - k_3(x_3 - x_2) - c_3(\dot{x}_3 - \dot{x}_2) = -m_2\ddot{x}_2$$

Transponiendo términos se obtiene la segunda ecuación de movimiento:

$$m_2\ddot{x}_2 - k_2 x_1 + (k_2 + k_3)x_2 - k_3 x_3 - c_2\dot{x}_1 + (c_2 + c_3)\dot{x}_2 - c_3\dot{x}_3 = 0 \qquad (5)$$

Para el tercer Diagrama de Cuerpo Libre de la masa m_1 se deben tener en cuenta las mismas consideraciones anteriores. En este caso las fuerzas en el resorte y amortiguador 1 son simplemente $k_1 x_1$ y $c_1 \dot{x}_1$.

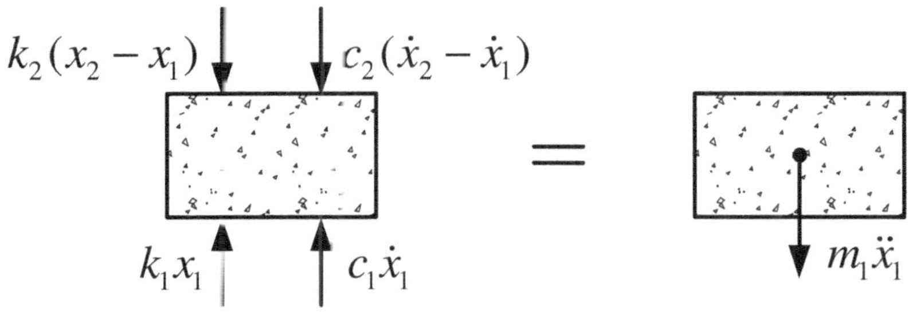

Figura 10.24 **Diagrama de Cuerpo Libre y Cinético de la masa 1.**

Aplicando la ley de Newton a base de la Figura 10.24 y reacomodando términos se consigue la tercera ecuación de movimiento:

$$\uparrow (+): \quad k_1 x_1 + c_1\dot{x}_1 - k_2(x_2 - x_1) - c_2(\dot{x}_2 - \dot{x}_1) = -m_1\ddot{x}_1$$

$$m_1\ddot{x}_1 + (k_1 + k_2)\, x_1 - k_2 x_2 + (c_1 + c_2)\, \dot{x}_1 - c_2 \dot{x}_2 = 0 \tag{c}$$

Para apreciar mejor su forma y luego resolverlas, conviene expresar las ecuaciones de movimiento (a), (b) y (c) en forma matricial. Observando los coeficientes de las aceleraciones, velocidades y desplazamientos, estas ecuaciones se pueden escribir como:

$$\begin{bmatrix} m_1 & 0 & 0 \\ 0 & m_2 & 0 \\ 0 & 0 & m_3 \end{bmatrix} \begin{Bmatrix} \ddot{x}_1(t) \\ \ddot{x}_2(t) \\ \ddot{x}_3(t) \end{Bmatrix} + \begin{bmatrix} c_1 + c_2 & -c_2 & 0 \\ -c_2 & c_2 + c_3 & -c_3 \\ 0 & -c_3 & c_3 \end{bmatrix} \begin{Bmatrix} \dot{x}_1(t) \\ \dot{x}_2(t) \\ \dot{x}_3(t) \end{Bmatrix}$$

$$+ \begin{bmatrix} k_1 + k_2 & -k_2 & 0 \\ -k_2 & k_2 + k_3 & -k_3 \\ 0 & -k_3 & k_3 \end{bmatrix} \begin{Bmatrix} x_1(t) \\ x_2(t) \\ x_3(t) \end{Bmatrix} = \begin{Bmatrix} 0 \\ 0 \\ P(t) \end{Bmatrix} \tag{d}$$

Estas ecuaciones tienen la forma compacta general:

$$[M]\left\{\ddot{X}(t)\right\} + [C]\left\{\dot{X}(t)\right\} + [K]\left\{X(t)\right\} = \{F(t)\} \tag{e}$$

donde los vectores de desplazamientos, velocidades, aceleraciones y fuerzas son:

$$\{X(t)\} = \begin{Bmatrix} x_1(t) \\ x_2(t) \\ x_3(t) \end{Bmatrix} \quad ; \quad \left\{\dot{X}(t)\right\} = \begin{Bmatrix} \dot{x}_1(t) \\ \dot{x}_2(t) \\ \dot{x}_3(t) \end{Bmatrix}$$

$$\left\{\ddot{X}(t)\right\} = \begin{Bmatrix} \ddot{x}_1(t) \\ \ddot{x}_2(t) \\ \ddot{x}_3(t) \end{Bmatrix} \quad ; \quad F(t) = \begin{Bmatrix} 0 \\ 0 \\ P(t) \end{Bmatrix} \tag{f}$$

La matriz de masa es diagonal y la matriz de rigidez es simétrica:

$$[M] = \begin{bmatrix} m_1 & 0 & 0 \\ 0 & m_2 & 0 \\ 0 & 0 & m_3 \end{bmatrix} \quad ; \quad [K] = \begin{bmatrix} k_1 + k_2 & -k_2 & 0 \\ -k_2 & k_2 + k_3 & -k_3 \\ 0 & -k_3 & k_3 \end{bmatrix} \tag{g}$$

En la Ec. (d) o (e) hay una nueva matriz que multiplica al vector de velocidades. Por analogía con el caso de un grado de libertad, vamos a denominarla *matriz de amortiguamiento* [C]:

$$[C] = \begin{bmatrix} c_1 + c_2 & -c_2 & 0 \\ -c_2 & c_2 + c_3 & -c_3 \\ 0 & -c_3 & c_3 \end{bmatrix} \tag{h}$$

Como ocurría con el coeficiente c de los amortiguadores en los modelos de un grado de libertad, en la práctica esta matriz $[C]$ es generalmente desconocida, excepto para aquellos sistemas donde realmente existen amortiguadores físicos. Además, aún si se conociera la matriz, el hecho de tener un término $[C]\left\{\dot{X}(t)\right\}$ en las ecuaciones de movimiento (d) o (e) introduce complicaciones en la solución. Para tener en cuenta el amortiguamiento usaremos técnicas similares a las que estudiamos para sistemas de un grado de libertad (introduciremos razones de amortiguamiento) lo cual se estudiará en un próximo capítulo.

10.2.6 Ejemplo 10.7:

La Figura 10.25 muestra un modelo discreto con dos masas. El bloque con masa m_1 tiene un resorte lineal de rigidez k_o. El bloque está unido a una barra de longitud ℓ por un pasador sin fricción en A en el cual hay un resorte torsional de rigidez k_t. La barra se supone que es rígida y sin masa. En el extremo de la barra hay una masa m_2. Sobre esta masa actúa una fuerza horizontal $P(t)$. El sistema posee dos grados de libertad porque si se conoce, por ejemplo, el desplazamiento del bloque y el giro de la barra, la posición del sistema está definida en cualquier instante.

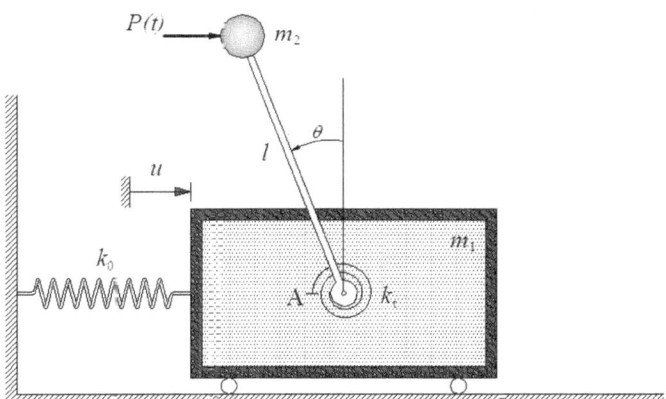

Figura 10.25 **Bloque con un péndulo unidos por un resorte torsional.**

Vamos a usar como coordenadas el desplazamiento del bloque $u(t)$ y el giro de la barra $\theta(t)$ medido respecto a la posición vertical. Para obtener las ecuaciones de movimiento podemos proceder de dos maneras. Primero vamos a separar las dos masas y aplicar las ecuaciones de la Segunda Ley de Newton a cada masa. Comenzamos con la masa m_1 y dibujamos los diagramas de Cuerpo Libre y Cinético que se presentan en la Figura 10.26. Vamos a llamar A_x y A_y a las reacciones en el pasador, M_t a la reacción debido al resorte torsional, $m_1\rho$ al peso del bloque y N a la resultante de las reacciones del suelo N_1 y N_2.

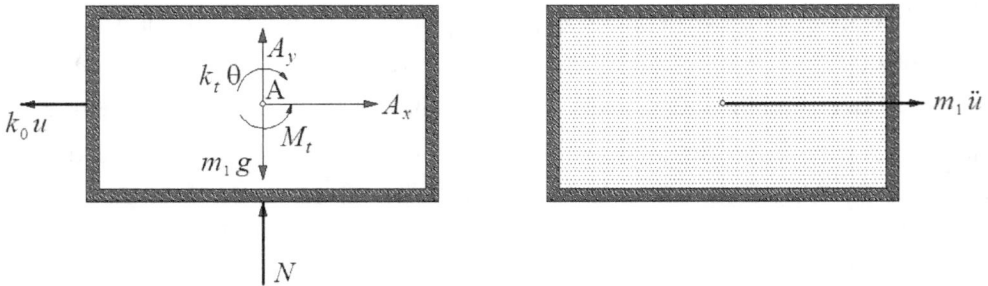

Figura 10.26 **Diagrama de Cuerpo Libre y Cinético del bloque.**

Sumando fuerzas horizontales se obtiene:

$$\underrightarrow{(+)} \sum F_x = ma_x: \quad A_x - k_o u = m_1 \ddot{u}$$

$$m_1 \ddot{u} + k_o u - A_x = 0 \tag{a}$$

Podemos usar la ecuación de suma de fuerzas verticales pero esta no nos interesa (el bloque no se mueve en esta dirección y no se desea calcular la reacción A_y ni la reacción del suelo). La ecuación de suma de momentos tampoco es de interés (se satisface trivialmente). Por lo tanto, debemos pasar a considerar el segundo cuerpo: la barra con la masa m_2. Los Diagramas de Cuerpo Libre y Cinético de este elemento se muestran en la Figura 10.27. Debe prestarse atención al hecho de que la aceleración *total* de la masa m_2 está compuesta por las aceleraciones normal $\ell\dot{\theta}^2$ y tangencial $\ell\ddot{\theta}$ debido al giro de la barra alrededor del punto A y a estas se le suma la aceleración $\ddot{u}$ debido a la traslación de todo el sistema. Es importante tener presente que en este caso es necesario incluir el peso $m_2 g$ de la masa del péndulo. Como se trata de un péndulo invertido, la fuerza $m_2 g$ tiende a alejar la barra de la posición de equilibrio (la vertical): trata de desestabilizar el sistema. Precisamente, el resorte torsional k_t contribuye a restituir el péndulo a la posición de equilibrio.

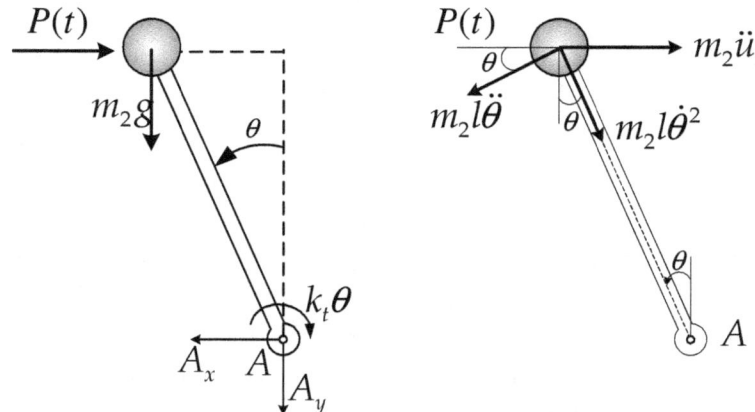

Figura 10.27 **Diagrama de Cuerpo Libre y Cinético del péndulo invertido.**

Sumando fuerzas horizontales en los diagramas de la Figura 10.27 se llega a:

$$\underrightarrow{(+)} \sum F_x = ma_x : \quad -A_x + P(t) = m_2\ddot{u} - m_2\ell\ddot{\theta}\cos\theta + m_2\ell\dot{\theta}^2\sin\theta$$

Considerando que el ángulo θ es pequeño y despreciando términos de segundo orden, se obtiene que la reacción horizontal es:

$$A_x = P(t) - m_2\ddot{u} + m_2\ell\ddot{\theta} \tag{b}$$

No es necesario aplicar la ecuación de suma de fuerzas verticales (serviría para hallar A_y). Apliquemos entonces la ecuación de suma de momentos respecto al punto A:

$$\overset{(+)}{\circlearrowright} \sum M_A = \sum (M_A)_{efec} : \quad k_t\theta - m_2g\ell\sin\theta + P(t)\ell\cos\theta = m_2\ddot{u}\ell\cos\theta - m_2\ell^2\ddot{\theta}$$

Transponiendo términos y reemplazando $\sin\theta \simeq \theta$, $\cos\theta \simeq 1$ se obtiene de aquí una de las ecuaciones de movimiento:

$$-m_2\ell\ddot{u} + m_2\ell^2\ddot{\theta} + (k_t - m_2g\ell)\,\theta = -P(t)\ell \tag{c}$$

Para hallar la otra ecuación de movimiento se debe reemplazar la Ec. (b) que define la reacción A_x en la Ec. (a):

$$m_1\ddot{u} + k_o u - P(t) + m_2\ddot{u} - m_2\ell\ddot{\theta} = 0$$

$$(m_1 + m_2)\,\ddot{u} - m_2\ell\ddot{\theta} + k_o u = P(t) \tag{d}$$

Como de costumbre, escribimos las ecuaciones de movimiento (c) y (d) en forma matricial. Usamos primero la Ec. (c) para que las matrices de rigidez y masa resulten simétricas:

$$\begin{bmatrix} m_1 + m_2 & -m_2\ell \\ -m_2\ell & m_2\ell^2 \end{bmatrix} \left\{ \begin{array}{c} \ddot{u}(t) \\ \ddot{\theta}(t) \end{array} \right\} - \begin{bmatrix} k_o & 0 \\ 0 & k_t - m_2g\ell \end{bmatrix} \left\{ \begin{array}{c} u(t) \\ \theta(t) \end{array} \right\} = \left\{ \begin{array}{c} P(t) \\ -P(t)\ell \end{array} \right\} \tag{e}$$

Nótese que el sistema de ecuaciones está acoplado a través de la matriz de masa.

Hay otra forma de aplicar la ley de Newton para obtener una de las ecuaciones de movimiento de manera más directa. Para esto no se separa el bloque de la barra. En el Diagrama Cinético se colocan los vectores masa × aceleración de cada masa por separado. Los dos diagramas resultantes se muestran en la Figura 10.28.

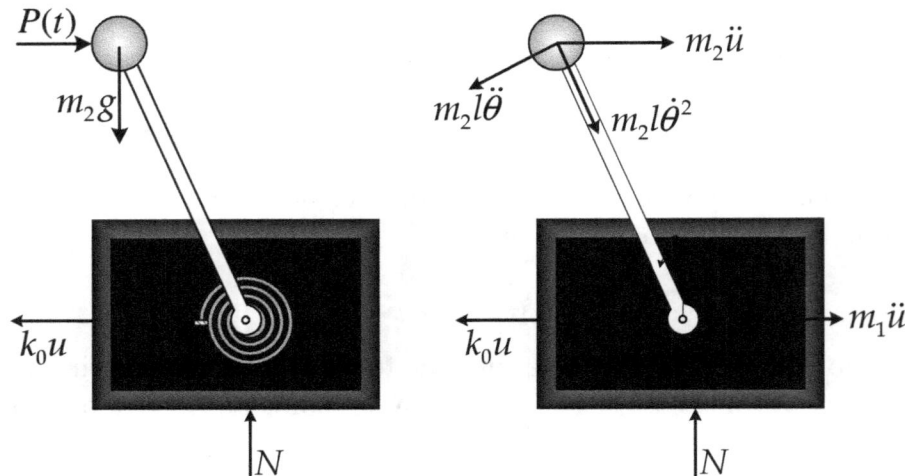

Figura 10.28 **Diagrama de Cuerpo Libre y Cinético del sistema combinado.**

Sumemos las fuerzas horizontales (externas y efectivas):

$$\underrightarrow{(+)}\sum F_x = ma_x: \quad P(\text{t}) - k_o u = m_1\ddot{u} + m_2\ddot{u} - m_2\ell\ddot{\theta}\cos\theta + m_2\ell\dot{\theta}^2\sin\theta$$

Si además se considera que el giro θ es pequeño ($\sin\theta \simeq \theta$, $\cos\theta \simeq 1$, $\dot{\theta}^2\theta \simeq 0$) se obtiene directamente la ecuación (d):

$$(m_1 + m_2)\ddot{u} - m_2\ell\ddot{\theta} + k_o u = P(\text{t}) \tag{d}$$

La otra ecuación se deriva como se hizo antes (tomando momentos respecto al punto A en la barra separada del bloque).

10.3 El modelo de edificio de corte

Vamos a estudiar un modelo idealizado de un edificio multipisos que se usa muchísimo en Dinámica Estructural e Ingeniería Sísmica. Este modelo se conoce como el *edificio de corte* ("shear building" en inglés). Para simplificar el desarrollo vamos a derivar las ecuaciones de movimiento para un edificio de dos pisos. De este edificio vamos a considerar uno de los pórticos planos que lo componen. Parte de la losa de cada piso se va a representar junto con las vigas a ese nivel. Vamos a suponer que el pórtico tiene sólo dos columnas. Sin embargo, si el edificio tiene más columnas, las ecuaciones de movimiento son las mismas cambiando apropiadamente la definición de unos coeficientes de rigidez, como se explicará más adelante. Al final vamos a generalizar las ecuaciones de movimiento para modelar edificios de n grados de libertad. Ignoraremos además el amortiguamiento. Vamos a considerar que la base o fundación del sistema estructural está sometida a una aceleración del suelo $\ddot{X}_g(\text{t})$

en la dirección horizontal.

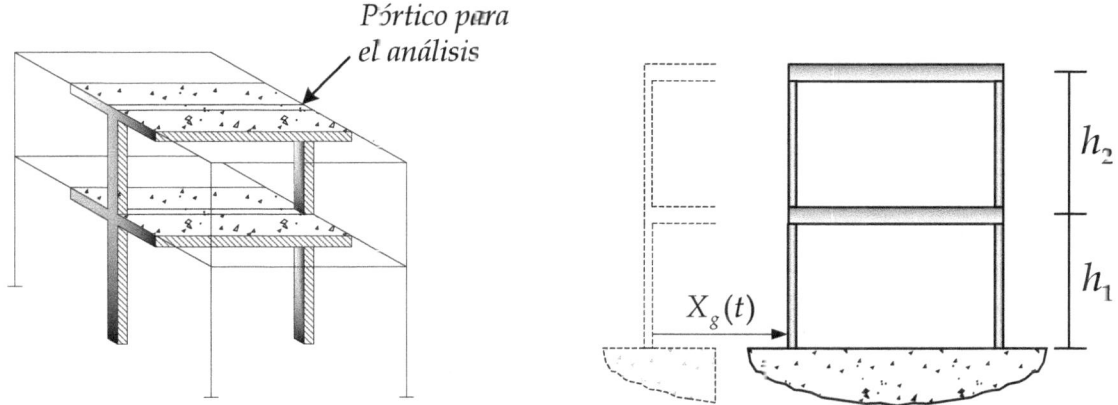

Figura 10.29 **Pórtico plano de un edificio de corte.**

El desarrollo de un edificio de corte conlleva una serie de aproximaciones que es necesario conocer y también entender sus limitaciones. Estas son las siguientes:

■ Como se puede comprobar de la observación el comportamiento de modelos experimentales y el patrón de deformaciones de pórticos planos en la simulación por computadoras, debido a la gran rigidez axial de las vigas, usualmente éstas se pueden considerar como rígidas en esa dirección. En este caso, los desplazamientos de los *extremos* de las columnas van a ser los mismos.

■ Se supone que la rigidez flexional de las vigas es más grande que la de las columnas. Las losas concentradas a nivel de las vigas contribuyen a incrementar la rigidez relativa de las vigas respecto a las columnas. Esto, junto con la primera simplificación, permite considerar las vigas/losas como completamente rígidas en y fuera de su plano.

■ Vamos a concentrar toda la masa de las columnas, vigas y (parte de las) losas a nivel de las vigas. Por ejemplo, la masa m_1 a nivel del primer piso será:

$$m_1 = \frac{1}{2}m_{col.1} + \frac{1}{2}m_{col.2} + m_{viga.1} + m_{losa.1} \tag{10.4}$$

donde:

$m_{col.1}$: masa de todas las columnas del piso 1,
$m_{col.2}$: masa de todas las columnas del piso 2,
$m_{viga.1}$: masa de la viga del piso 1,
$m_{losa.1}$: masa (tributaria) de la losa del piso 1.

Cambiando apropiadamente los subíndices, la expresión (10.4) es válida para todos los pisos, excepto para el último en donde el término correspondiente a $m_{col.2}$ es cero.

■ Usando el mismo argumento que para las vigas, podemos decir que dada la muy alta rigidez axial de las columnas, estas también pueden considerarse infinitamente rígidas en la dirección axial (vertical). Por lo tanto, ningún punto del edificio tiene

10-35

desplazamiento vertical. Como las vigas son rígidas, tampoco hay rotaciones en las uniones viga-columna. Esto implica que los únicos grados de libertad son los *desplazamientos horizontales* de cada masa. Al haber tantas masas como pisos, el número de grados de libertad del modelo de edificio de corte coincide con el número de pisos.

Debido a que las vigas/losas se consideran rígidas, no hay rotación en la unión viga-columna, y una columna típica se deforma como se muestra en la Figura 10.30. Si el desplazamiento relativo entre los extremos superior e inferior de la columna es Δ, se demuestra en Análisis Estructural que los cortantes y los momentos flectores son:

$$V = 12\frac{EI}{h^3}\Delta = \hat{k}\,\Delta \tag{10.5}$$

$$M = 6\frac{EI}{h^2}\Delta. \tag{10.6}$$

donde $\hat{k} = 12EI/h^3$ es el coeficiente de rigidez correspondiente a una columna de rigidez flexional EI y altura h.

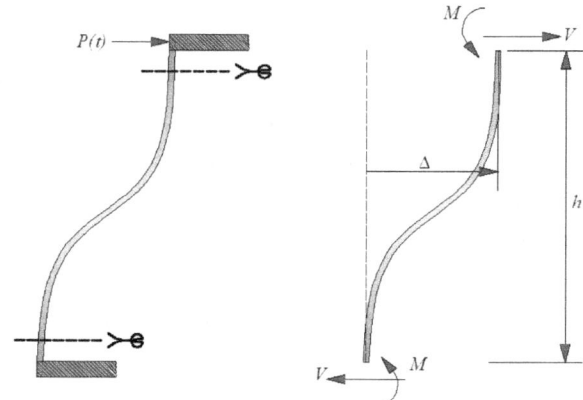

Figura 10.30 **Deformación típica de una columna y fuerzas internas en sus extremos.**

Antes de proceder a obtener las ecuaciones de movimiento debemos escoger cuáles van a ser las coordenadas (o grados de libertad) que se van a usar para describir el movimiento de la estructura. Tenemos las siguientes opciones:

1- Usar los desplazamientos absolutos o totales v_i de cada piso respecto a una posición de referencia fija: un eje vertical.

2- Usar los desplazamientos relativos u_i de cada piso respecto a la base.

3- Usar los desplazamientos relativos δ_i de cada piso respecto al piso inferior. Éstos también se conocen como derivas, deformaciones laterales, deformaciones de entrepisos o ladecs ("drifts" en inglés).

En la gran mayoría de los casos se acostumbra usar la segunda opción, vale decir que las ecuaciones de movimiento se expresan en término de los *desplazamientos relativos respecto a la base*.

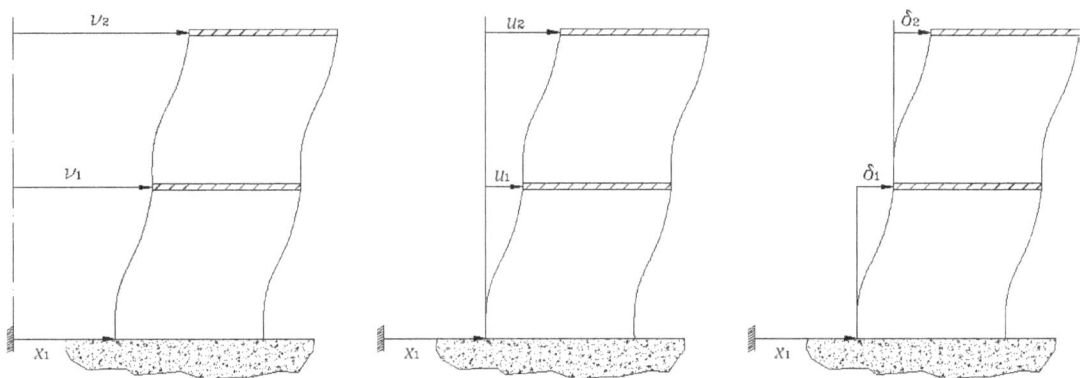

Figura 10.31 **Tres opciones de coordenadas para un edificio de corte.**

Ahora sí podemos obtener las ecuaciones de movimiento. Para esto vamos a cortar todas las columnas en las uniones con las vigas. Al cortar cada columna debemos colocar en el punto del corte las fuerzas *internas* (incluyendo los momentos). En este caso, como sólo nos interesa lo que ocurre en dirección horizontal, vamos a dibujar únicamente las fuerzas cortantes. Dibujamos los Diagramas de Cuerpo Libre **y** Cinético para cada una de las dos masas, y los Diagramas de Cuerpo Libre para las columnas (estas no tienen masa y por lo tanto no tienen Diagramas Cinéticos). Los diagramas se muestran en la Figura 10.32.

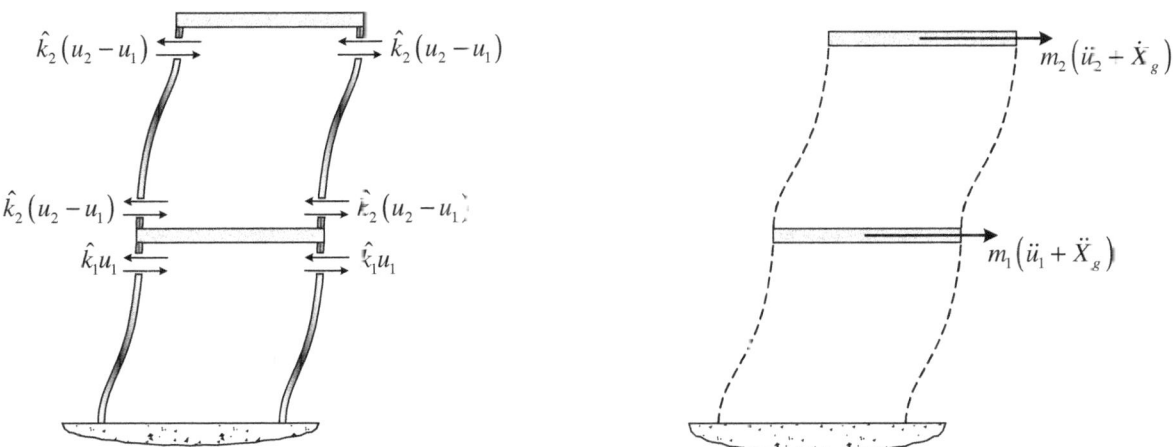

Figura 10.32 **Diagramas de Cuerpo Libre y Cinético del edificio de corte.**

Las únicas fuerzas actuando en cada masa son los cortantes que provienen de las columnas. Cada fuerza cortante se puede expresar en la forma de la Ec. (10.5), donde Δ es ahora el desplazamiento relativo del extremo superior de la columna respecto al extremo inferior. Por ejemplo, para el cortante en el extremo superior de una de las columnas del segundo piso, el cortante es: $\hat{V}_2 = \hat{k}_2(u_2 - u_1)$.

Vamos a aplicar la segunda ley de Newton: $\sum F_x = m.a_x$ a la masa del primer piso. Es importante recordar que la aceleración a_x en la ley de Newton debe ser la aceleración *absoluta*, o sea medida respecto a un sistema de referencia fijo. Si el desplazamiento total es $u_1 + X_g$, la aceleración total es $a_x = \ddot{u}_1 + \ddot{X}_g$: Entonces,

$$\overset{(+)}{\longrightarrow} \sum F_x = m \cdot a_x: \qquad 2\hat{k}_2(u_2 - u_1) - \hat{k}_1 u_1 = m_1 \left(\ddot{u}_1 + \ddot{X}_g \right)$$

Reordenando términos se obtiene:

$$m_1 \ddot{u}_1 + (2\hat{k}_1 + 2\hat{k}_2)u_1 - 2\hat{k}_2 u_2 = -m_1 \ddot{X}_g$$

$$m_1 \ddot{u}_1 + (k_1 + k_2)u_1 - k_2 u_2 = -m_1 \ddot{X}_g \qquad (10.7)$$

donde hemos introducido la notación: $k_1 = 2\hat{k}_1$ y $k_2 = 2\hat{k}_2$.

Aplicamos ahora la ley de Newton a la segunda masa. Observando los diagramas en la Figura 10.32 se puede escribir:

$$\overset{(+)}{\longrightarrow} \sum F_x = m \cdot a_x: \qquad -2\hat{k}_2(u_2 - u_1) = m_2 \left(\ddot{u}_2 + \ddot{X}_g \right)$$

Usando la notación $k_i = 2\hat{k}_i$ y transponiendo términos se tiene que la segunda ecuación de movimiento es:

$$m_2 \ddot{u}_2 - 2\hat{k}_2 u_1 + 2\hat{k}_2 u_2 = -m_2 \ddot{X}_g$$

$$m_2 \ddot{u}_2 - k_2 u_1 + k_2 u_2 = -m_2 \ddot{X}_g \qquad (10.8)$$

Las dos ecuaciones de movimiento son:

$$m_1 \ddot{u}_1 + (k_1 + k_2)u_1 - k_2 u_2 = -m_1 \ddot{X}_g \qquad (10.9.\text{a})$$

$$m_2 \ddot{u}_2 - k_2 u_1 + k_2 u_2 = -m_2 \ddot{X}_g \qquad (10.9.\text{b})$$

Queremos escribir estas ecuaciones en forma matricial. Si se observa cada una de las dos ecuaciones anteriores, es sencillo comprobar que estas se pueden escribir de la siguiente manera:

$$
\begin{bmatrix} m_1 & 0 \\ 0 & m_2 \end{bmatrix} \begin{Bmatrix} \ddot{u}_1 \\ \ddot{u}_2 \end{Bmatrix} + \begin{bmatrix} k_1 + k_2 & -k_2 \\ -k_2 & k_2 \end{bmatrix} \begin{Bmatrix} u_1 \\ u_2 \end{Bmatrix} = - \begin{Bmatrix} m_1 \\ m_2 \end{Bmatrix} \ddot{X}_g \tag{10.10}
$$

El término en el lado derecho se suele escribir de la siguiente forma, para que aparezca allí la matriz de masa de manera explícita:

$$
- \begin{Bmatrix} m_1 \\ m_2 \end{Bmatrix} \ddot{X}_g = - \begin{bmatrix} m_1 & 0 \\ 0 & m_2 \end{bmatrix} \begin{Bmatrix} 1 \\ 1 \end{Bmatrix} \ddot{X}_g \tag{10.11}
$$

Usando esta notación, las ecuaciones de movimiento del edificio de corte de dos pisos son:

$$
\begin{bmatrix} m_1 & 0 \\ 0 & m_2 \end{bmatrix} \begin{Bmatrix} \ddot{u}_1(t) \\ \ddot{u}_2(t) \end{Bmatrix} + \begin{bmatrix} k_1 + k_2 & -k_2 \\ -k_2 & k_2 \end{bmatrix} \begin{Bmatrix} u_1(t) \\ u_2(t) \end{Bmatrix} = - \begin{bmatrix} m_1 & 0 \\ 0 & m_2 \end{bmatrix} \begin{Bmatrix} 1 \\ 1 \end{Bmatrix} \ddot{X}_g(t) \tag{10.12}
$$

En forma compacta el sistema de ecuaciones diferenciales (10.12) que constituyen las ecuaciones de movimiento del edificio de corte se pueden escribir como:

$$
[M] \{\ddot{u}(t)\} + [K] \{u(t)\} = - [M] \{r\} \ddot{X}_g(t) \tag{10.13}
$$

Para escribir esta expresión hemos definido un vector de desplazamientos $\{u\}$ y otro de aceleraciones $\{\ddot{u}\}$:

$$
\{u(t)\} = \begin{Bmatrix} u_1(t) \\ u_2(t) \end{Bmatrix} \quad ; \quad \{\ddot{u}(t)\} = \begin{Bmatrix} \ddot{u}_1(t) \\ \ddot{u}_2(t) \end{Bmatrix} \tag{10.14}
$$

una matriz de masa $[M]$:

$$
[M] = \begin{bmatrix} m_1 & 0 \\ 0 & m_2 \end{bmatrix} \tag{10.15}
$$

y una matriz de rigidez $[K]$:

$$
[K] = \begin{bmatrix} k_1 + k_2 & -k_2 \\ -k_2 & k_2 \end{bmatrix} \tag{10.16}
$$

El vector $\{r\}$, al que se conoce como *vector de coeficientes de influencia*, es el siguiente vector unitario:

$$
\{r\} = \begin{Bmatrix} 1 \\ 1 \end{Bmatrix} \tag{10.17}
$$

10.3.1 Ecuaciones de movimiento para un edificio de n pisos

Las ecuaciones de movimiento para un edificio de n pisos son las mismas que las de la Ec. (10.13), cambiando las matrices de masa y rigidez y el vector $\{r\}$ como se indica a continuación. El vector $\{r\}$ será ahora un vector con n elementos, todos iguales a 1. La matriz de rigidez es una matriz n x n tri-diagonal, o sea tiene tres elementos distintos de cero a ambos lados de la diagonal principal, excepto en la primera y última fila. Los elementos fuera de la diagonal principal son todos negativos:

$$[K] = \begin{bmatrix} k_1 + k_2 & -k_2 & & & & \\ -k_2 & k_2 + k_3 & -k_3 & & & \\ & & \ddots & & & \\ & & -k_i & k_i + k_{i+1} & -k_{i+1} & \\ & & & & \ddots & \\ & & & & -k_n & k_n \end{bmatrix} \tag{10.18}$$

Si la estructura tiene nc columnas en el piso "i", el coeficiente de rigidez k_i debe calcularse sumando los coeficientes de cada una de las nc columnas, vale decir:

$$k_i = \frac{12}{h_i^3} \sum_{r=1}^{nc} (EI)_r \tag{10.19}$$

La matriz de masa es una matriz n x n diagonal que contiene las masas m_i asociadas a cada piso en la diagonal principal:

$$[M] = \begin{bmatrix} m_1 & & & & & \\ & m_2 & & & & \\ & & \ddots & & & \\ & & & m_i & & \\ & & & & \ddots & \\ & & & & & m_n \end{bmatrix} \tag{10.20}$$

El edificio de corte es el modelo más simple para estudiar el comportamiento dinámico de edificios multi-pisos durante un terremoto. Como se mencionó anteriormente, éste es también el modelo más usado. Siempre que para la estructura que queremos analizar sea razonable aplicar las simplificaciones y suposiciones que se explicaron, éste va a ser el modelo a escoger. El modelo puede aplicarse por separado a los pórticos en las dos direcciones perpendiculares del edificio. Para los pórticos en dirección perpendicular a la estudiada, la aceleración del suelo será el componente del sismo en esta otra dirección, $\ddot{Y}(t)$. También es posible analizar el edificio *completo* en una dirección (se incluyen aquí todos los pórticos planos en esa direccón). En tal caso la masa m_i en la Ec. (10.20) debe ser la masa total de la losa al nivel "i" incluyendo sus vigas más la mitad de las masas de todas las columnas por arriba y por debajo de este piso. En la sumatoria en la Ec. (10.19) para definir la rigidez k_i se deben incluir las columnas de todos los pórticos a este nivel.

No siempre es posible analizar el comportamiento dinámico de un edificio estudiando por separado los pórticos (o el edificio completo) a lo largo de dos direcciones perpendiculares, digamos X, Y. Para que esto sea posible, como vimos en el Ejemplo 10.4, el centro de masa de cada losa y sus vigas deben coincidir, al menos aproximadamente, con el centro de rigidez de las columnas que llegan a ese piso. Las diferencias entre las posiciones de estos centros, medidas a lo largo de dos ejes perpendiculares X, Y, se conocen como las *excentricidades*. Si estas son distintas de cero, y si se empuja el edificio en la dirección X (por un sismo o por una fuerza lateral), la estructura reacciona moviéndose en esta dirección, pero también gira y se mueve en la dirección Y (y viceversa). En este caso, puede usarse un modelo tri-dimensional equivalente al edificio de corte plano que estudiamos, y que a veces se conoce como *edificio torsional*. Este es una generalización del edificio de un piso del Ejemplo 10.4.

10.4 Problemas sugeridos.

Problema # 10.1:

Un sistema de dos grados de libertad está formado por dos barras rígidas unidas por un resorte de rigidez k. Las dos barras tienen la misma longitud L, masa m y momento de inercia másico I_G respecto a sus centros de masa G. Las barras están suspendidas mediante dos pasadores sin fricción A y B. Determine las ecuaciones de movimiento del sistema en vibraciones libres en términos de los giros θ_1 y θ_2 de las barras respecto a la posición vertical. Considere que las oscilaciones son de pequeña magnitud para obtener ecuaciones lineales.

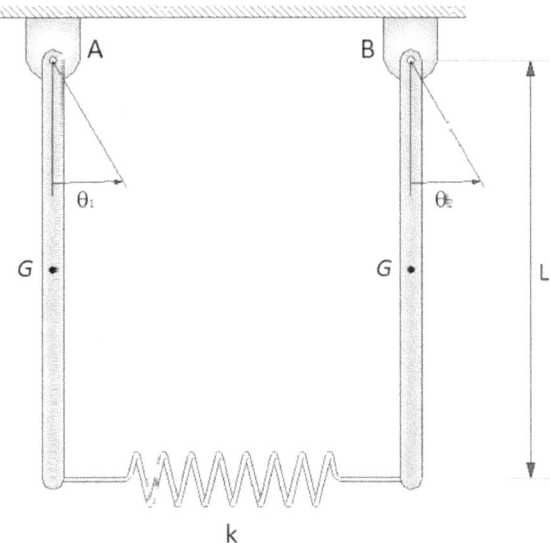

Figura del Problema 10.1

Problema # 10.2:

La figura del Problema 10.2 muestra un sistema de tres grados de libertad. La barra rígida de longitud L tiene dos masas concentradas m_1 y m_2 en sus extremos, siendo despreciable la masa de la barra misma. La barra está soportada por dos resortes lineales de rigideces k. El centro de masa de la barra con dos masas es el punto G. En este punto hay adherido un resorte lineal de rigidez k_o que a su vez sostiene una masa m_o. Sobre la masa m_o actúa una fuerza $P(t)$. Obtenga las ecuaciones de movimiento de este sistema aplicando la 2da Ley de Newton. Use como coordenadas para describir el movimiento el desplazamiento $u_G(t)$ del punto G, el giro $\theta(t)$ de la barra y el desplazamiento $u_o(t)$ de la masa m_o. Todos estos se miden a partir de la posición de equilibrio estático.

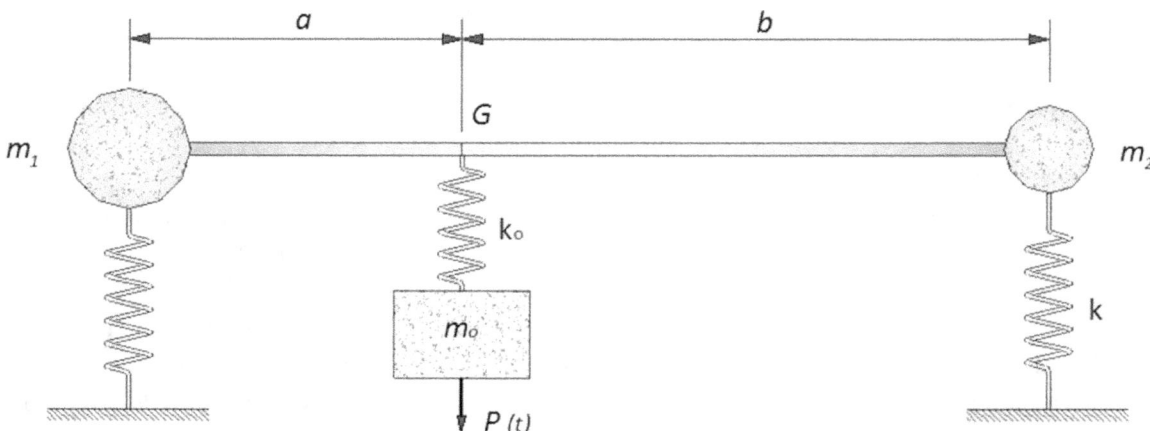

Figura del Problema 10.2

Problema # 10.3:

Para estudiar las vibraciones libres de un cable tenso se va a usar el modelo de tres grados de libertad que se muestra en la figura del Problema 10.3.

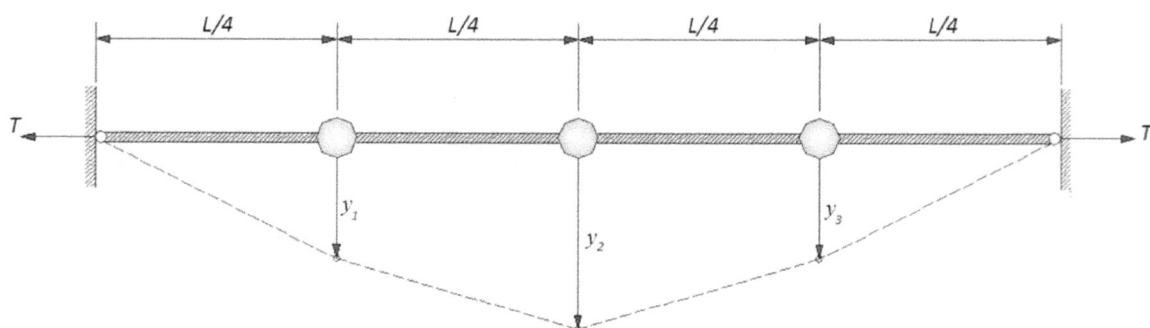

Figura del Problema 10.3

Si se restringe la amplitud del movimiento, se puede suponer que la tensión T es constante en el tiempo y a lo largo del cable. El cable tiene un área transversal A y el material tiene una densidad ρ. Derive las ecuaciones de movimiento en términos de los desplazamientos verticales y_1, y_2, y_3. Exprese las ecuaciones en forma matricial.

Problema # 10.4:

Una barra rígida sostiene en sus extremos dos bloques de masa m_1 y m_2. Los bloques están unidos a la barra por medio de cables elásticos de rigidez k_1 y k_2. La barra puede girar alrededor del punto A, en donde tiene conectado un resorte torsional de rigidez k_t. La barra es uniforme y tiene una longitud ℓ y masa total m. Derive las ecuaciones de movimiento para pequeñas oscilaciones usando como coordenadas el giro de la barra y los desplazamientos de los pesos. Incluya el efecto del peso de la barra y de los bloques.

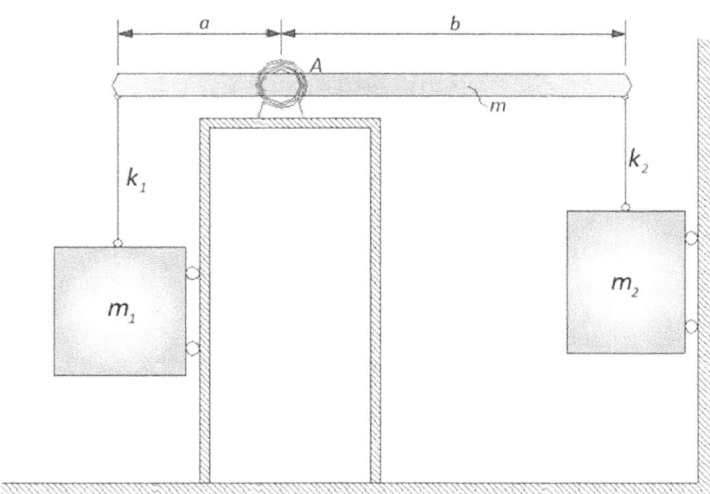

Figura del Problema 10.4

Problema # 10.5:

Para estudiar las vibraciones de fundaciones de máquinas se suele usar el modelo de dos grados de libertad que se muestra en la figura del Problema 10.5. El modelo incluye un bloque de hormigón de largo a y altura e, encima del cual está rígidamente montado el equipo. La masa del sistema bloque-equipo es m y el momento de inercia de masa respecto a un eje que pasa por el centro de masa C del sistema completo es I_c. El punto C está a una altura h respecto a la base del bloque de fundación. El efecto de la flexibilidad del suelo se representa por dos resortes: uno lineal con coeficiente de rigidez k_x aplicado a la base del bloque de fundación, y otro de rigidez k_t adherido a centro de masa C. La disipación de energía en el suelo se tiene en cuenta mediante un amortiguador con constante c_x aplicado en el mismo lugar que el resorte lineal. La excitación proviene de una fuerza armónica actuando en el centro de masa del equipo C_e ubicado a una altura d del bloque de fundación. Se pide demostrar que las ecuaciones de movimiento son las siguientes:

$$\begin{bmatrix} m & 0 \\ 0 & I_c \end{bmatrix} \left\{ \begin{array}{c} \ddot{u} \\ \ddot{\theta} \end{array} \right\} + \begin{bmatrix} c_x & c_x h \\ c_x h & c_x h^2 \end{bmatrix} \left\{ \begin{array}{c} \dot{u} \\ \dot{\theta} \end{array} \right\} + \begin{bmatrix} k_x & k_x h \\ k_x h & k_t + k_x h^2 \end{bmatrix} \left\{ \begin{array}{c} u \\ \theta \end{array} \right\} = \left\{ \begin{array}{c} F_x(t) \\ M_x(t) \end{array} \right\}$$

donde u es el desplazamiento horizontal del centro de masa C y θ es el giro del cuerpo rígido, y:

$$F_x(t) = F_o \sin \Omega t$$
$$M_x(t) = -F_x(t)(d + e - h)$$

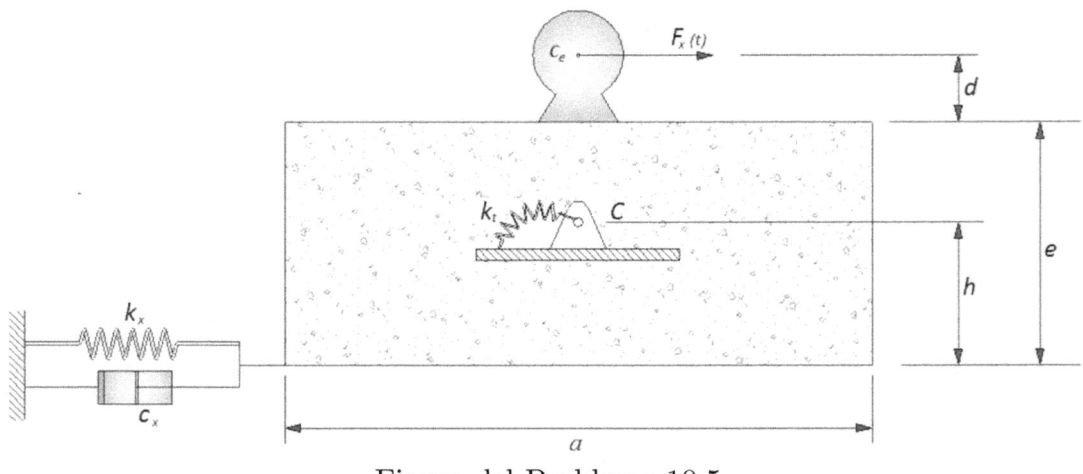

Figura del Problema 10.5

Problema # 10.6:

Obtenga las ecuaciones de movimiento para el pórtico del edificio de acero de dos pisos que se muestra en la figura del Problema 10.6. En el techo actúa una fuerza horizontal armónica $P(t) = P_o \sin \Omega t$ debido a un equipo mecánico. Las losas y vigas, al igual que las uniones columna-viga, son lo suficiente rígidas como para que se pueda modelar la estructura mediante un modelo de edificio de corte. Los momentos de inercia de las columnas del primer y segundo nivel son I_1 e I_2, respectivamente. Los pesos de las losas, vigas y parte del peso de las columnas asignados a cada nivel son W_1 y W_2.

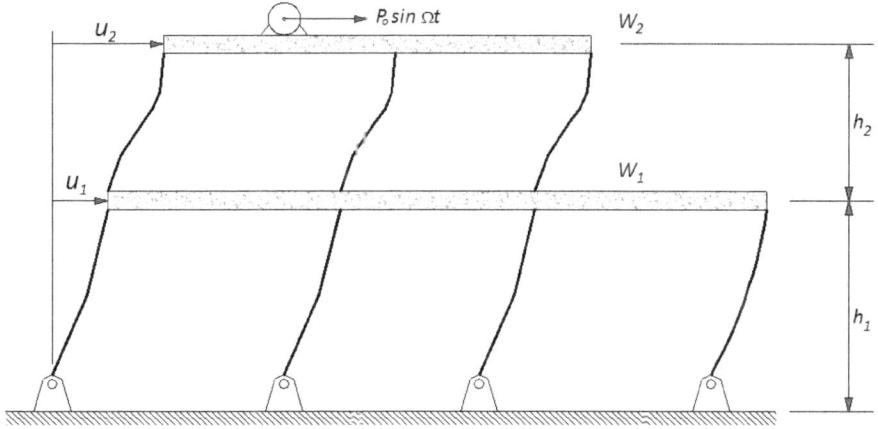

Figura del Problema 10.6

Problema # 10.7:

La figura del Problema 10.7 muestra un modelo de un pórtico en donde se desea considerar la rigidez axial de la viga. Las columnas tienen rigidez flexional EI_c y la viga tiene una rigidez axial EA_v. Se puede considerar que las uniones viga-columna son rígidas, o sea no hay rotación relativa entre ambas. La masa de las columnas y vigas se concentró en la uniones viga-columna. En tal caso, y si se ignora la deformación axial de las columnas, el sistema tiene dos grados de libertad. Sobre cada masa actúa una fuerza lateral $F(t)$. El largo de la viga es ℓ y la altura de las columnas es h. Determine las ecuaciones de movimiento en términos de los desplazamientos horizontales u_1 y u_2 de las masas.

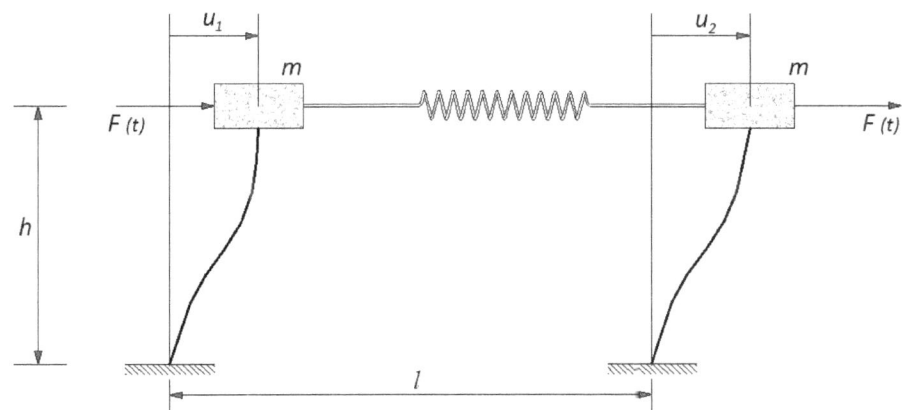

Figura del Problema 10.7

Problema # 10.8:

Un componente no estructural o equipo mecánico en un edificio se puede representar mediante un modelo de un grado de libertad de masa m_c conectado al piso en el que se encuentra mediante un resorte de rigidez k_c. Considere el caso de un edificio de dos pisos con un componente no estructural en el piso inferior como se muestra en la figura del Problema 10.8. El edificio está sometido a dos fuerzas dinámicas $F_1(t)$ y $F_2(t)$ actuando sobre las masas de los pisos. La suma de las rigideces de las columnas del primer y segundo nivel son k_1 y k_2, respectivamente. Obtenga las ecuaciones de movimiento de este sistema de tres grados de libertad. El movimiento de la masa m_c se describe mediante el desplazamiento lateral $u_3(t)$ medido respecto a la base fija.

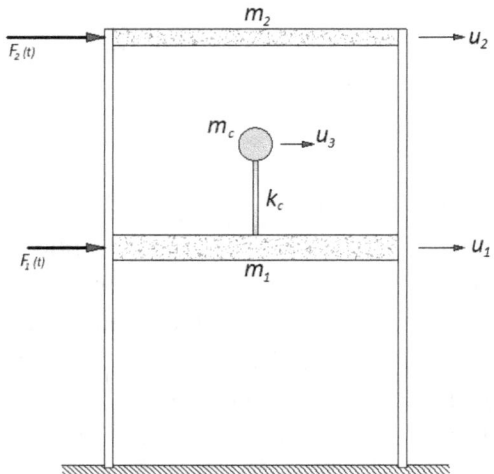

Figura del Problema 10.8

Problema # 10.9:

Ciertos componentes no estructurales o equipos en un edificio pueden estar conectados a dos pisos consecutivos. Para estudiar el caso de un componente no estructural en un edificio de dos pisos se va a usar el modelo que se muestra en la figura del Problema 10.9. La masa del componente no estructural es m_c y está conectado a los dos pisos del edificio mediante resortes de rigidez k_c. La coordenada para describir el movimiento de la masa m_c es el desplazamiento relativo $u_3(t)$ medido respecto a la base. Si el edificio está sometido a una aceleración horizontal de su base $\ddot{X}_g(t)$, demuestre que las ecuaciones de movimiento son:

$$\begin{bmatrix} m_1 & 0 & 0 \\ 0 & m_2 & 0 \\ 0 & 0 & m_c \end{bmatrix} \begin{Bmatrix} \ddot{u}_1 \\ \ddot{u}_2 \\ \ddot{u}_3 \end{Bmatrix} + \begin{bmatrix} k_1 + k_2 + k_c & -k_2 & -k_c \\ -k_2 & k_2 + k_c & -k_c \\ -k_c & -k_c & 2k_c \end{bmatrix} \begin{Bmatrix} u_1 \\ u_2 \\ u_3 \end{Bmatrix} = - \begin{Bmatrix} m_1 \\ m_2 \\ m_c \end{Bmatrix} \ddot{X}_g$$

donde k_1 y k_2 son, respectivamente, las rigideces laterales totales de las columnas del primer y segundo nivel.

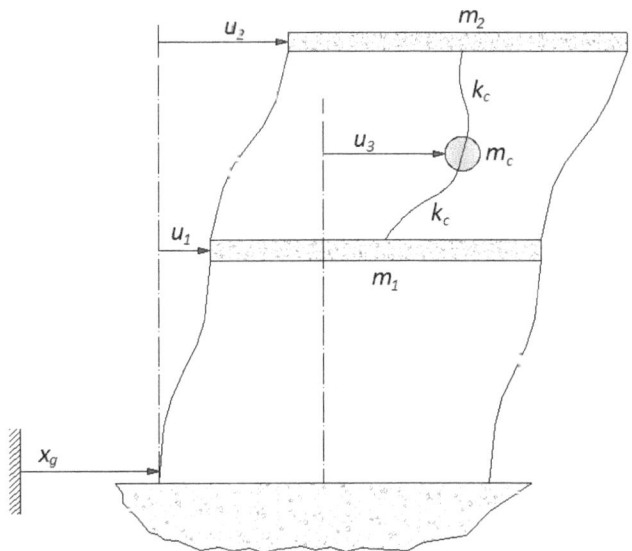

Figura del Problema 10.9

Capítulo 11

Discretización de estructuras de barras mediante el método de rigidez y de Rayleigh-Ritz

CAPÍTULO 11: Discretización de estructuras de barras mediante el método de rigidez y de Rayleigh-Ritz

11.1 Introducción al proceso de discretización

Consideremos la viga empotrada de longitud L rigidez flexional EI, y masa por unidad de longitud $\bar{m} = \rho A$ que se muestra en la Figura 11.1. Supongamos que sobre la viga actúa una única fuerza $P(t)$ en el extremo libre. Vimos que la manera más simple de obtener un sistema discreto de un grado de libertad era usar el método del resorte equivalente. Si nos interesa estudiar el desplazamiento transversal del extremo de la viga $u(t)$, de acuerdo a este método, se debe condensar la masa de la estructura en los dos extremos de la barra y reemplazar la viga elástica por un resorte de rigidez $k = 3EI/L^3$. La ecuación de movimiento para este modelo es:

$$m\ddot{u}(t) + ku(t) = P(t) \tag{11.1}$$

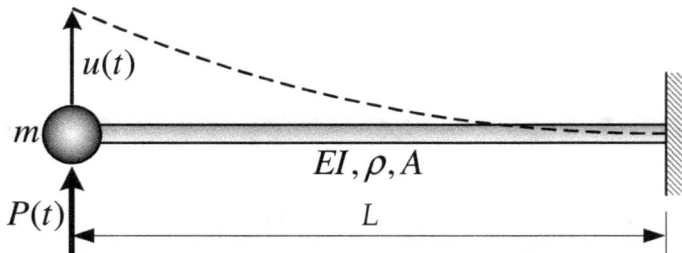

Figura 11.1 **Viga en voladizo modelada con un grado de libertad.**

Si queremos aumentar la precisión de los resultados, podríamos representar el sistema continuo mediante otro con más de un grado de libertad, por ejemplo mediante un sistema con dos grados de libertad. Supongamos entonces que dividimos la barra anterior en dos tramos o elementos iguales de longitud $\ell = L/2$ y empleamos dos grados de libertad en cada extremo, como se muestra en la Figura 11.2.

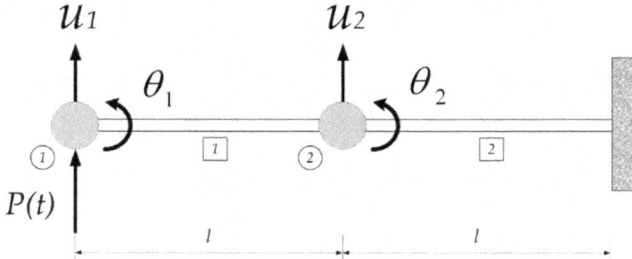

Figura 11.2 **Viga en voladizo modelada con dos grados de libertad.**

En este libro se presupone que el lector tiene conocimientos básicos del método de rigidez matricial. En este método la matriz de rigidez de la viga con dos elementos se obtiene directamente ensamblando las matrices de rigidez de cada barra individual:

$$[K_1] = \frac{EI}{\ell^3} \begin{bmatrix} 12 & 6\ell & -12 & 6\ell \\ 6\ell & 4\ell^2 & -6\ell & 2\ell^2 \\ -12 & -6\ell & 12 & -6\ell \\ 6\ell & 2\ell^2 & -6\ell & 4\ell^2 \end{bmatrix} \; ; \; [K_2] = \frac{EI}{\ell^3} \begin{bmatrix} 12 & 6\ell & -12 & 6\ell \\ 6\ell & 4\ell^2 & -6\ell & 2\ell^2 \\ -12 & -6\ell & 12 & -6\ell \\ 6\ell & 2\ell^2 & -6\ell & 4\ell^2 \end{bmatrix}$$
$$(11.2)$$

Nótese que como estamos usando elementos tipo viga, no estamos considerando los desplazamientos o grados de libertad axiales. El siguiente paso es ensamblar las matrices de rigidez en la matriz de rigidez total de dimensión (6 x 6). Aplicamos luego las condiciones de borde o de apoyo, es decir eliminamos las columnas asociadas a los desplazamientos y giros restringidos. En este caso se sabe que $u_3 = \theta_3 = 0$ y por lo tanto eliminamos la quinta y sexta columna de la matriz de (6 x 6). Además ignoramos las filas correspondientes porque sobran ecuaciones y porque no conocemos las reacciones. De esta manera el sistema de ecuaciones se reduce a:

$$\frac{EI}{\ell^3} \begin{bmatrix} 12 & 6\ell & -12 & 6\ell \\ 6\ell & 4\ell^2 & -6\ell & 2\ell^2 \\ -12 & -6\ell & 24 & 0 \\ 6\ell & 2\ell^2 & 0 & 8\ell^2 \end{bmatrix} \begin{Bmatrix} u_1 \\ \theta_1 \\ u_2 \\ \theta_2 \end{Bmatrix} = \begin{Bmatrix} P(t) \\ 0 \\ 0 \\ 0 \end{Bmatrix} \qquad (11.3)$$

Por supuesto, como la carga $P(t)$ es dinámica no podemos resolver este sistema de ecuaciones para hallar los desplazamientos y giros, a no ser que la masa de la viga sea despreciable o que $P(t)$ varíe lentamente con el tiempo. Necesitamos entonces considerar los efectos inerciales, en otras palabras la masa de la viga. Si queremos usar un modelo discreto para estudiar el comportamiento dinámico de la viga, la masa de la estructura debe estar concentrada en ciertos puntos y no distribuida como en el modelo continuo. Para concentrar la masa podemos usar un procedimiento similar al del caso de un grado de libertad. Concentremos la masa $\rho A\ell$ de cada uno de los dos tramos en sus respectivos extremos, dividiendo esta masa en dos como se muestra en la Figura 11.3.

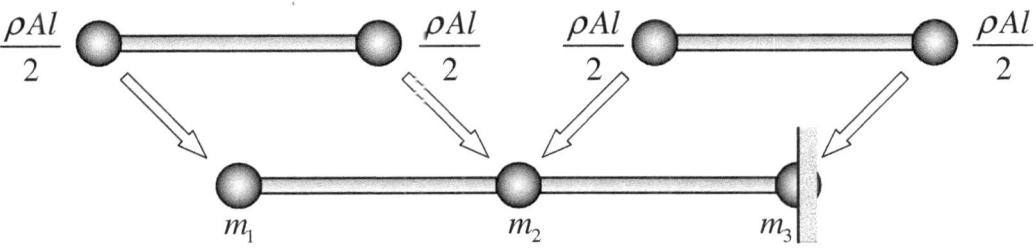

Figura 11.3 **Discretización de la masa en la viga en voladizo.**

Las masas concentradas en las juntas resultan así:

$$m_1 = \frac{\rho A \ell}{2} \quad ; \quad m_2 = \rho A \ell \quad ; \quad m_3 = \frac{\rho A \ell}{2} \tag{11.4}$$

La masa de la junta (3) no nos interesa porque está en un apoyo. ¿Qué hacemos ahora con estas masas? Intuitivamente, podríamos razonar de la siguiente manera. Se sabe que la ecuación de movimiento de un sistema de un grado de libertad es la Ec. (11.1). Para un análisis estático, el término $ku(t)$ se reemplaza por la expresión $[K]\{u(t)\}$ de la Ec. (11.3). Entonces, es razonable pensar que el término $m\ddot{u}(t)$ se puede reemplazar por uno de la forma $[M]\{\ddot{u}(t)\}$, donde $[M]$ es una matriz de masa. Si la masa está concentrada en tres nodos o juntas, entonces podríamos escribir el término $[M]\{\ddot{u}(t)\}$ como:

$$\begin{bmatrix} m_1 & 0 & 0 & 0 \\ 0 & 0 & 0 & 0 \\ 0 & 0 & m_2 & 0 \\ 0 & 0 & 0 & 0 \end{bmatrix} \begin{Bmatrix} \ddot{u}_1(t) \\ \ddot{\theta}_1(t) \\ \ddot{u}_2(t) \\ \ddot{\theta}_2(t) \end{Bmatrix} \tag{11.5}$$

y la ecuación de movimiento completa sería, sumando las Ecs. (11.3) y (11.5):

$$\begin{bmatrix} m_1 & 0 & 0 & 0 \\ 0 & 0 & 0 & 0 \\ 0 & 0 & m_2 & 0 \\ 0 & 0 & 0 & 0 \end{bmatrix} \begin{Bmatrix} \ddot{u}_1(t) \\ \ddot{\theta}_1(t) \\ \ddot{u}_2(t) \\ \ddot{\theta}_2(t) \end{Bmatrix} + \frac{EI}{\ell^3} \begin{bmatrix} 12 & 6\ell & -12 & 6\ell \\ 6\ell & 4\ell^2 & -6\ell & 2\ell^2 \\ -12 & -6\ell & 24 & 0 \\ 6\ell & 2\ell^2 & 0 & 8\ell^2 \end{bmatrix} \begin{Bmatrix} u_1(t) \\ \theta_1(t) \\ u_2(t) \\ \theta_2(t) \end{Bmatrix} = \begin{Bmatrix} P(t) \\ 0 \\ 0 \\ 0 \end{Bmatrix}$$

$$\tag{11.6}$$

Esta ecuación de movimiento es correcta, aunque no fue obtenida de una manera rigurosa sino usando analogías. No obstante, aplicando las leyes de Newton se puede demostrar la validez de la Ec. (11.6).

La ecuación de movimiento (11.6) tiene, sin embargo, un problema. El problema es la presencia de ceros en la diagonal principal de la matriz de masa. En efecto, a diferencia de los grados de libertad de traslación $u_1(t)$ y $u_2(t)$, los grados de libertad rotacionales $\theta_1(t)$ y $\theta_2(t)$ **no** tienen masa asociada. La presencia de ceros en la diagonal crea un serio problema al aplicar los métodos numéricos que habitualmente se usan para resolver el sistema de ecuaciones diferenciales y que estudiaremos más adelante. Para resolver este problema es necesario *condensar* o *reducir* los grados de libertad rotacionales y obtener un sistema de ecuaciones de la forma:

$$\begin{bmatrix} m_1 & 0 \\ 0 & m_2 \end{bmatrix} \begin{Bmatrix} \ddot{u}_1(t) \\ \ddot{u}_2(t) \end{Bmatrix} + \begin{bmatrix} k_{11} & k_{12} \\ k_{21} & k_{22} \end{bmatrix} \begin{Bmatrix} u_1(t) \\ u_2(t) \end{Bmatrix} = \begin{Bmatrix} P(t) \\ 0 \end{Bmatrix} \tag{11.7}$$

donde sólo aparecen las traslaciones o deflexiones de las masas $u_1(t)$ y $u_2(t)$. Para obtener la ecuación de movimiento en la forma (11.7) debemos implementar lo que se conoce como una *condensación estática* de los giros. Esta condensación estática implica obtener una matriz de rigidez reducida, en este caso de 2 x 2. En otras palabras, debemos obtener los coeficientes k_{11}, k_{22} y $k_{12} = k_{21}$. Hay dos maneras de obtener esta matriz reducida. Vamos a continuación a estudiar estos dos métodos.

11.2 La condensación estática

Por *condensación* (o reducción) se entiende un procedimiento por el cual unos grados de libertad (los giros en nuestro caso) se expresan en función de otros (los desplazamientos en nuestro caso). La condensación se dice que es *estática* cuando los grados de libertad que se quieren condensar (los giros para nosotros) no tienen masa asociada. Por el contrario, la condensación se llama *dinámica* si los grados de libertad a condensar tienen masa asociada (este procedimiento no será considerado en este texto introductorio)

Existen dos maneras de efectuar una condensación estática. A estas dos maneras las vamos a denominar como el método *indirecto* y el método *directo* por razones que serán evidentes cuando se expliquen ambos procedimientos. El método indirecto tiene la ventaja de que es más general y mecánico, resultando más apropiado para ser codificado en un programa de computadora para análisis dinámico. La desventaja es que es más largo y requiere más manipulaciones algebraicas que el directo. El método directo, del cual hay dos versiones, se puede aplicar "a mano" (en estructuras sencillas) o usando cualquier programa de análisis estructural que pueda calcular desplazamientos estáticos.

11.3 El método indirecto

Para presentar este método vamos a continuar usando el ejemplo de la viga en voladizo dividida en dos tramos o elementos. Supongamos que sólo queremos conocer los desplazamientos $u_1(t)$ y $u_2(t)$ y no nos interesan por ahora los giros de la viga con dos tramos. En este caso podemos reordenar las filas y columnas del sistema de ecuaciones (11.6) de la siguiente manera:

$$
\begin{bmatrix} m_1 & 0 & 0 & 0 \\ 0 & m_2 & 0 & 0 \\ 0 & 0 & 0 & 0 \\ 0 & 0 & 0 & 0 \end{bmatrix} \begin{Bmatrix} \ddot{u}_1 \\ \ddot{u}_2 \\ \ddot{\theta}_1 \\ \ddot{\theta}_2 \end{Bmatrix} + \frac{EI}{\ell^3} \begin{bmatrix} 12 & -12 & 6\ell & 6\ell \\ -12 & 24 & -6\ell & 0 \\ 6\ell & -6\ell & 4\ell^2 & 2\ell^2 \\ 6\ell & 0 & 2\ell^2 & 8\ell^2 \end{bmatrix} \begin{Bmatrix} u_1 \\ u_2 \\ \theta_1 \\ \theta_2 \end{Bmatrix} = \begin{Bmatrix} P(t) \\ 0 \\ 0 \\ 0 \end{Bmatrix}
$$

$$(11.8)$$

Nótese que el objetivo del reordenamiento es lograr que los grados de libertad que nos interesan aparezcan primero. Para hacer esto fue necesario intercambiar las filas 2 y

3 y para no perder la simetría hemos también intercambiado las respectivas columnas 2 y 3. El sistema reordenado de ecuaciones (11.8) puede escribirse en forma compacta como:

$$\begin{bmatrix} [M] & [0] \\ [0] & [0] \end{bmatrix} \left\{ \begin{array}{c} \{\ddot{u}\} \\ \{\ddot{\theta}\} \end{array} \right\} + \begin{bmatrix} [K_{uu}] & [K_{u\theta}] \\ [K_{\theta u}] & [K_{\theta\theta}] \end{bmatrix} \left\{ \begin{array}{c} \{u\} \\ \{\theta\} \end{array} \right\} = \left\{ \begin{array}{c} \{P\} \\ \{0\} \end{array} \right\} \tag{11.9}$$

donde se ha usado la siguiente notación:

$$[K_{uu}] = \frac{EI}{\ell^3} \begin{bmatrix} 12 & -12 \\ -12 & 24 \end{bmatrix} \quad ; \quad [K_{\theta\theta}] = \frac{EI}{\ell^3} \begin{bmatrix} 4\ell^2 & 2\ell^2 \\ 2\ell^2 & 8\ell^2 \end{bmatrix} \tag{11.10.a}$$

$$[K_{u\theta}] = [K_{\theta u}]^T = \frac{EI}{\ell^3} \begin{bmatrix} 6\ell & 6\ell \\ -6\ell & 0 \end{bmatrix} \tag{11.10.b}$$

$$\{u\} = \left\{ \begin{array}{c} u_1 \\ u_2 \end{array} \right\} \; ; \; \{\theta\} = \left\{ \begin{array}{c} \theta_1 \\ \theta_2 \end{array} \right\} \; ; \; \{P\} = \left\{ \begin{array}{c} P(\mathrm{t}) \\ 0 \end{array} \right\} \; ; \; [M] = \begin{bmatrix} m_1 & 0 \\ 0 & m_2 \end{bmatrix} \tag{11.11}$$

El sistema de ecuaciones (11.9) puede escribirse de la siguiente forma:

$$[M]\{\ddot{u}\} + [K_{uu}]\{u\} + [K_{u\theta}]\{\theta\} = \{P\} \tag{11.12.a}$$
$$[K_{\theta u}]\{u\} + [K_{\theta\theta}]\{\theta\} = \{0\} \tag{11.12.b}$$

De la Ec. (11.12.b) podemos expresar el vector de giros $\{\theta\}$ en función del vector de desplazamientos $\{u\}$ de la siguiente manera:

$$\{\theta\} = -[K_{\theta\theta}]^{-1}[K_{\theta u}]\{u\} \tag{11.13}$$

Reemplazando $\{\theta\}$ en la Ec. (11.12.a) y agrupando términos obtenemos:

$$[M]\{\ddot{u}\} + [K_{uu}]\{u\} - [K_{u\theta}][K_{\theta\theta}]^{-1}[K_{\theta u}]\{u\} = \{P\}$$

$$[M]\{\ddot{u}\} + \left[[K_{uu}] - [K_{u\theta}][K_{\theta\theta}]^{-1}[K_{u\theta}]^T\right]\{u\} = \{P\} \tag{11.14}$$

La matriz que multiplica a $\{u\}$ y que resulta del producto de tres matrices es la matriz de rigidez reducida $[K_{red}]$ que estábamos buscando:

$$[K_{red}] = [K_{uu}] - [K_{u\theta}][K_{\theta\theta}]^{-1}[K_{u\theta}]^T \tag{11.15}$$

Con esta notación el nuevo sistema de ecuaciones reducido (de tamaño 2 x 2 en este caso) de la Ec. (11.14) se puede escribir como:

$$[M]\{\ddot{u}\} + [K_{red}]\{u\} = \{P\} \tag{11.16}$$

Si se calcula la inversa de $[K_{\theta\theta}]$ y se efectúa el triple producto y la suma de matrices en la Ec. (11.15), se puede demostrar que para el ejemplo de la viga empotrada, la matriz de rigidez reducida es:

$$[K_{red}] = \frac{EI}{\ell^3}\begin{bmatrix} \frac{12}{7} & -\frac{30}{7} \\ -\frac{30}{7} & \frac{96}{7} \end{bmatrix} = \frac{EI}{L^3}\begin{bmatrix} \frac{96}{7} & -\frac{240}{7} \\ -\frac{240}{7} & \frac{768}{7} \end{bmatrix} \tag{11.17}$$

y la ecuación de movimiento (11.7), ahora en forma explícita, es:

$$\frac{\rho AL}{2}\begin{bmatrix} \frac{1}{2} & 0 \\ 0 & 1 \end{bmatrix}\begin{Bmatrix} \ddot{u}_1 \\ \ddot{u}_2 \end{Bmatrix} + \frac{EI}{L^3}\begin{bmatrix} \frac{96}{7} & -\frac{240}{7} \\ -\frac{240}{7} & \frac{768}{7} \end{bmatrix}\begin{Bmatrix} u_1 \\ u_2 \end{Bmatrix} = \begin{Bmatrix} P(t) \\ 0 \end{Bmatrix} \tag{11.18}$$

11.4 El método directo

Para aplicar el método anterior a una estructura de barras es necesario ensamblar la matriz de rigidez completa, reordenarla y luego efectuar las operaciones matriciales indicadas en la Ec. (11.15) para poder reducir la matriz. El método directo que veremos ahora es un procedimiento alternativo para obtener la matriz de rigidez reducida sin tener que armar las matrices de rigidez individuales, ensamblarlas y luego dividir la matriz completa.

En este método comenzamos escribiendo lo que deseamos obtener, o sea una matriz de rigidez reducida tal que nos relacione los desplazamientos con las fuerzas sin que aparezcan allí los giros. Para el ejemplo de la viga con dos elementos, el objetivo es hallar una matriz de rigidez tal que:

$$\begin{bmatrix} k_{11} & k_{12} \\ k_{21} & k_{22} \end{bmatrix}\begin{Bmatrix} u_1 \\ u_2 \end{Bmatrix} = \begin{Bmatrix} R_1 \\ R_2 \end{Bmatrix} \tag{11.19}$$

donde R_1 y R_2 son fuerzas estáticas que actúan en cada junta, en la dirección de u_1 y u_2 respectivamente.

Vamos a obtener los coeficientes k_{ij} de la matriz $[K_{red}]$ anterior *por columnas*. Para esto vamos a suponer que le imponemos a la masa m_1 o junta (1) de la viga, un desplazamiento unitario $u_1 = 1$ al mismo tiempo que mantenemos fija(s) a la(s) otra(s) masa(s), en este caso a m_2, o sea que vamos a exigir que $u_2 = 0$. Es conveniente pensar que en la junta (1) (que coincide con la masa m_1) hay un apoyo que tiene un *asentamiento vertical unitario* y que existe otro apoyo en la junta (2) (o sea en m_2) que *no* tiene asentamiento, tal como se muestra en la Figura 11.4. Tomando $u_1 = 1$ y $u_2 = 0$, la Ec. (11.19) resulta:

$$\begin{bmatrix} k_{11} & k_{12} \\ k_{21} & k_{22} \end{bmatrix} \begin{Bmatrix} 1 \\ 0 \end{Bmatrix} = \begin{Bmatrix} R_1 \\ R_2 \end{Bmatrix}$$

$$\begin{Bmatrix} k_{11} \\ k_{21} \end{Bmatrix} = \begin{Bmatrix} R_1 \\ R_2 \end{Bmatrix} \tag{11.20}$$

Llegamos a la conclusión que los coeficientes de la primera columna son: $k_{11} = R_1$ y $k_{21} = R_2$. Vale decir que en este caso los coeficientes en la primera columna de la matriz de rigidez son iguales a las reacciones en los apoyos R_1 y R_2 debido al desplazamiento $u_1 = 1$.

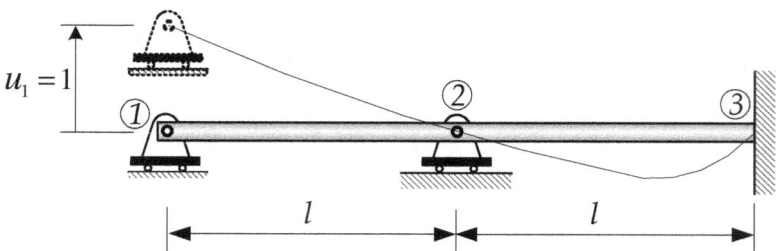

Figura 11.4 **Viga con desplazamiento unitario de la junta 1.**

Usando un programa de computadora si las queremos obtener en forma númerica, o un método analítico para definirlas con fórmulas, se puede demostrar que las reacciones son:

$$R_1 = \frac{12}{7}\frac{EI}{\ell^3} = k_{11} \quad ; \quad R_2 = -\frac{30}{7}\frac{EI}{\ell^3} = k_{21} \tag{11.21}$$

Una vez que conocemos k_{11} y k_{21} podemos calcular los coeficientes k_{12} y k_{22} de la segunda columna de la matriz $[K_{red}]$. Para esto procedemos de manera similar. Le damos ahora un desplazamiento unitario a la masa 2 o junta (2) mientras que mantenemos fija a la junta (1) como se muestra en la Figura 11.5. Matemáticamente, en la Ec. (11.19) tomamos $u_1 = 0$ y $u_2 = 1$ con lo que se obtiene:

$$\begin{bmatrix} k_{11} & k_{12} \\ k_{21} & k_{22} \end{bmatrix} \begin{Bmatrix} 0 \\ 1 \end{Bmatrix} = \begin{Bmatrix} R_1 \\ R_2 \end{Bmatrix}$$

$$\begin{Bmatrix} k_{12} \\ k_{22} \end{Bmatrix} = \begin{Bmatrix} R_1 \\ R_2 \end{Bmatrix} \tag{11.22}$$

Debemos notar que a pesar que usamos la misma notación, las reacciones R_1 y R_2 en los dos casos considerados no necesariamente van a ser iguales. En conclusión k_{12} y k_{21} son, respectivamente, iguales a las reacciones en las juntas (1) y (2) causadas por a un desplazamiento unitario del apoyo (2).

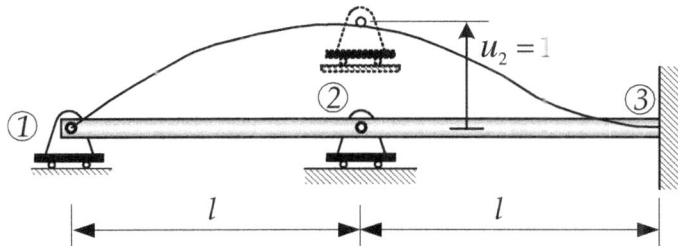

Figura 11.5 **Viga con desplazamiento unitario de la junta 2.**

Se puede demostrar que las reacciones debido al desplazamiento $u_2 = 1$ son:

$$R_1 = -\frac{30}{7}\frac{EI}{\ell^3} = k_{12} \quad ; \quad R_2 = \frac{96}{7}\frac{EI}{\ell^3} = k_{22} \tag{11.23}$$

Con los cuatro coeficientes k_{11}, k_{21}, k_{12} y k_{22} se obtiene la misma matriz de rigidez reducida presentada en la Ec. (11.17):

$$[K_{red}] = \frac{EI}{7\ell^3}\begin{bmatrix} 12 & -30 \\ -30 & 96 \end{bmatrix}$$

y en términos de la longitud total $L = 2\ell$ de la viga, la matriz reducida es:

$$[K_{red}] = \frac{EI}{7L^3}\begin{bmatrix} 96 & -240 \\ -240 & 768 \end{bmatrix}$$

Aunque para simplificar la presentación del tema se ha usado un sistema con sólo dos desplazamientos, este método directo se puede emplear para hallar los coeficientes de la matriz de rigidez de una estructura de barras con un número cualquiera de n grados de libertad. El método se basa simplemente en la definición del coeficiente k_{ij} de una matriz de rigidez. Para una matriz de rigidez n x n como la de la Ec. (11.24), si tomamos el *j-ésimo* desplazamiento (o giro en general) igual a 1 y todos los demás cero, podemos concluir que:

$$\begin{bmatrix} k_{11} & ... & k_{1j} & ... & k_{1n} \\ ... & ... & ... & ... & ... \\ k_{i1} & ... & k_{ij} & ... & k_{in} \\ ... & ... & ... & ... & ... \\ k_{n1} & ... & k_{nj} & ... & k_{nn} \end{bmatrix}\begin{Bmatrix} u_1 = 0 \\ ... \\ u_j = 1 \\ ... \\ u_n = 0 \end{Bmatrix} = \begin{Bmatrix} R_1 \\ ... \\ R_i \\ ... \\ R_n \end{Bmatrix} \tag{11.24}$$

El coeficiente k_{ij} es la fuerza o momento (una reacción) en el grado de libertad "i" cuando se aplica un desplazamiento o giro unitario al grado de libertad "j" y se mantienen fijos todos los restantes grados de libertad.

El cálculo de las reacciones R_i (vale decir, de los coeficientes k_{ij}) se puede hacer en forma manual en los casos simples o usando un programa de computadoras para análisis estructural estático en casos más complicados.

11.5 El método directo a base de la matriz de flexibilidad

En algunos casos, en particular si la estructura es estáticamente determinada, es más sencillo calcular los coeficientes de la matriz de rigidez reducida $[K_{red}]$ obteniendo primero la matriz de flexibilidad $[F]$. Una vez conocida la matriz $[F]$, usamos la conocida relación entre ambas; recuérdese que la matriz de flexibilidad es la inversa de la matriz de rigidez:

$$[F] = [K_{red}]^{-1} \tag{11.25}$$

Vamos a explicar este procedimiento usando el ejemplo anterior. De la Ec. (11.19) podemos escribir:

$$\left\{ \begin{array}{c} u_1 \\ u_2 \end{array} \right\} = \left[\begin{array}{cc} k_{11} & k_{12} \\ k_{21} & k_{22} \end{array} \right]^{-1} \left\{ \begin{array}{c} P_1 \\ P_2 \end{array} \right\}$$

$$\left\{ \begin{array}{c} u_1 \\ u_2 \end{array} \right\} = \left[\begin{array}{cc} f_{11} & f_{12} \\ f_{21} & f_{22} \end{array} \right] \left\{ \begin{array}{c} P_1 \\ P_2 \end{array} \right\} \tag{11.26}$$

Nótese que por conveniencia, para interpretar más fácilmente el proceso, hemos cambiado la notación de las fuerzas R_1 y R_2 por P_1 y P_2. Ahora estas fuerzas ya no serán reacciones de apoyo como antes.

Supongamos que a la viga empotrada con dos nodos o juntas y dos elementos que se muestra en la Figura 11.6 le aplicamos las siguientes fuerzas estáticas:

$$P_1 = 1 \qquad ; \qquad P_2 = 0$$

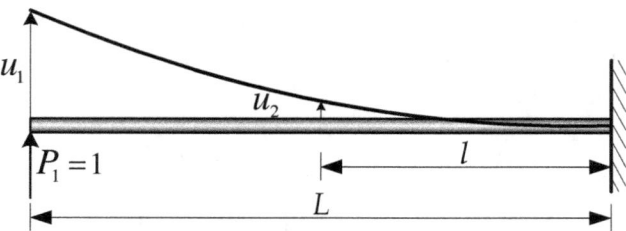

Figura 11.6 **Viga con carga unitaria en la junta 1.**

La Ec. (11.26) resulta:

$$\left\{ \begin{array}{c} u_1 \\ u_2 \end{array} \right\} = \left[\begin{array}{cc} f_{11} & f_{12} \\ f_{21} & f_{22} \end{array} \right] \left\{ \begin{array}{c} 1 \\ 0 \end{array} \right\}$$

$$\left\{ \begin{array}{c} u_1 \\ u_2 \end{array} \right\} = \left[\begin{array}{c} f_{11} \\ f_{21} \end{array} \right] \tag{11.27}$$

Por lo tanto, los coeficientes f_{11} y f_{21} son, respectivamente, los desplazamientos de los nodos o juntas (1) y (2) debido a una fuerza unitaria aplicada en (1). En el caso de la viga en voladizo o en "cantilever", éstos se pueden calcular fácilmente usando una tabla de desplazamientos de un libro de Mecánica de Materiales (o de un manual):

$$u_1 = \frac{1}{3} \frac{P_1.L^3}{EI} = \frac{L^3}{3EI} = f_{11} \quad ; \quad u_2 = \frac{5}{48} \frac{P_1.L^3}{EI} = \frac{5L^3}{48EI} = f_{21} \qquad (11.28)$$

En las fórmulas anteriores usadas para calcular los desplazamientos se reemplazó P_1 por su valor 1.

Para obtener los restantes coeficientes f_{12} y f_{22}, procedemos de manera similar. Ahora le aplicamos a la viga las siguientes cargas como se muestra en la Figura 11.7:

$$P_1 = 0 \quad ; \quad P_2 = 1$$

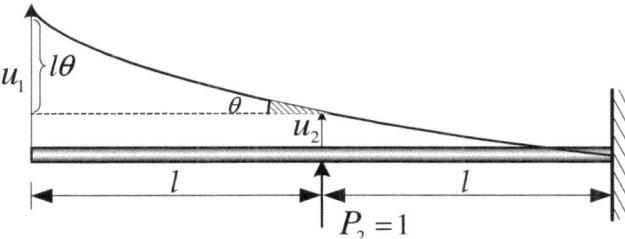

Figura 11.7 **Viga con carga unitaria en la junta 2.**

De la Ec. (11.26) se obtiene ahora:

$$\left\{ \begin{array}{c} u_1 \\ u_2 \end{array} \right\} = \left[\begin{array}{cc} f_{11} & f_{12} \\ f_{21} & f_{22} \end{array} \right] \left\{ \begin{array}{c} 0 \\ 1 \end{array} \right\}$$

$$\left\{ \begin{array}{c} u_1 \\ u_2 \end{array} \right\} = \left[\begin{array}{c} f_{12} \\ f_{22} \end{array} \right] \qquad (11.29)$$

Nuevamente usando una tabla de desplazamientos de Mecánica de Materiales podemos obtener los valores de u_1 y u_2:

$$u_2 = \frac{1}{24} \frac{P_2.L^3}{EI} = \frac{L^3}{24EI} = f_{22} \quad ; \quad u_1 = \frac{5L^3}{48EI} = f_{12} \qquad (11.30)$$

Con los cuatro coeficientes de flexibilidad f_{ij} podemos armar la matriz $[F]$:

$$[F] = \frac{L^3}{EI} \left[\begin{array}{cc} \frac{1}{3} & \frac{5}{48} \\ \frac{5}{48} & \frac{1}{24} \end{array} \right] = \frac{L^3}{48EI} \left[\begin{array}{cc} 16 & 5 \\ 5 & 2 \end{array} \right] \qquad (11.31)$$

El último paso es invertir esta matriz. Como la matriz es de 2 x 2 , la inversión es muy sencilla y se puede hacer usando la fórmula:

$$\begin{bmatrix} a & b \\ c & d \end{bmatrix}^{-1} = \frac{1}{\Delta} \begin{bmatrix} d & -b \\ -c & a \end{bmatrix} \tag{11.32}$$

donde Δ es el determinante de la matriz a invertir, es decir: $\Delta = a \cdot d - c \cdot b$. Usando la fómula previa, la inversa de $[F]$ es:

$$[F]^{-1} = \frac{48EI}{L^3} \begin{bmatrix} 2 & -5 \\ -5 & 16 \end{bmatrix} \frac{1}{16 \times 2 - 25}$$

$$[K_{red}] = [F]^{-1} = \frac{48EI}{7L^3} \begin{bmatrix} 2 & -5 \\ -5 & 16 \end{bmatrix} \tag{11.33}$$

y como era de esperar, esta expresión coincide con la matriz obtenida antes en la Ec. (11.17).

11.6 Ecuaciones de movimiento usando una matriz de masa concentrada

Si se efectúa una condensación estática de la matriz de rigidez, los únicos grados de libertad en las ecuaciones de movimiento serán los desplazamientos de las masas. Si se usa este procedimiento, las ecuaciones de movimiento de una estructura de barras siempre tendrán la siguiente forma:

$$\begin{bmatrix} m_1 & 0 & \cdots & 0 \\ 0 & m_2 & \cdots & 0 \\ \vdots & \vdots & \ddots & \vdots \\ 0 & 0 & \cdots & m_n \end{bmatrix} \begin{Bmatrix} \ddot{u}_1 \\ \ddot{u}_2 \\ \vdots \\ \ddot{u}_n \end{Bmatrix} + \begin{bmatrix} k_{11} & k_{12} & \cdots & k_{1n} \\ k_{21} & k_{22} & \cdots & k_{2n} \\ \vdots & \vdots & \ddots & \vdots \\ k_{n1} & k_{n2} & \cdots & k_{nn} \end{bmatrix} \begin{Bmatrix} u_1 \\ u_2 \\ \vdots \\ u_n \end{Bmatrix} = \begin{Bmatrix} P_1 \\ P_2 \\ \vdots \\ P_n \end{Bmatrix} \tag{11.34}$$

Nótese que la matriz de masa será siempre *diagonal* y la matriz de rigidez será, en general, *llena* y no bandeada como lo era la matriz de rigidez original (antes de la condensación). La matriz de masa como la de la Ec. (11.34) se conoce como "*matriz de masa concentrada*" ("*lumped mass matrix*" en inglés). Esta matriz de masa y esta forma de las ecuaciones de movimiento se usan mucho en Dinámica de Estructuras. Varios programas de análisis dinámico, como por ejemplo SAP2000, usan las ecuaciones de movimiento (11.34).

Como la Ec. (11.34) del modelo dinámico tiene como grados de libertad a u_1, u_2, ... , u_n mientras que el modelo que se usa para el análisis estático tiene como grados de libertad a u_1, θ_1, u_2, θ_2, ... , u_n, θ_n es necesario distinguir a ambos conjuntos. Se llaman grados de libertad *estáticos* a u_1, θ_1, u_2, θ_2, ... , u_n, θ_n, o sea a los que se usan para las ecuaciones *de equilibrio*. Se denominan grados de libertad *dinámicos* a u_1, u_2, ... , u_n, vale decir a los que aparecen en la ecuaciones *de movimiento*.

Resulta lógico hacerse la pregunta: ¿Existe otra manera de estudiar el comportamiento dinámico de estructuras de barras? ¿Es posible evitar la condensación estática y trabajar con los desplazamientos y los giros a la vez? ¿Es posible definir una matriz de masa en forma matemáticamente más rigurosa que simplemente concentrando "de manera juiciosa" la masa de la estructura en sus juntas? La respuesta a todas estas preguntas es: SI. Aunque no es el único camino posible, para poder implementar los temas en las preguntas anteriores debemos estudiar la aplicación del método de elementos finitos a problemas dinámicos. Este tema, no obstante, está fuera del alcance de este libro introductorio.

11.7 Ecuaciones de movimiento para estructuras de barras

En las secciones anteriores se presentaron las ecuaciones de movimiento para sistemas de múltiples grados de libertad formados por barras pero no se dió una justificación rigurosa. Simplemente se mencionó que al término $[K]\{u\}$ del método de rigidez matricial hay que sumarle un término $[M]\{\ddot{u}\}$ para tener en cuenta los efectos dinámicos. En las próximas secciones se van a presentar ejemplos en los cuales se derivan las ecuaciones de movimiento de manera formal aplicando las leyes de Newton.

11.7.1 Ejemplo 11.1:

Consideremos una viga en voladizo sometida a una fuerza P_1 en su extremo libre, como se muestra en la Figura 11.8. Primeramente, y a modo de repaso, vamos a considerar que la fuerza P_1 es estática y derivar las ecuaciones de *equilibrio* cuya solución permite conocer la deformación de la viga.

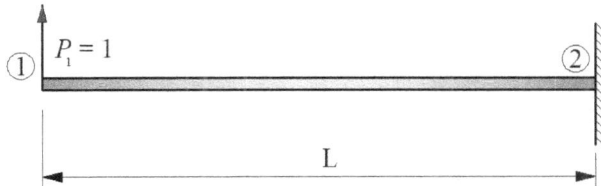

Figura 11.8 **Viga en voladizo con una fuerza estática en su extremo.**

El procedimiento más versátil para analizar estructuras de barras con cargas estáticas es el *método de rigidez matricial*. En este método se divide la estructura en elementos y se requiere satisfacer equilibrio en cada junta. Vamos a usar la siguiente notación:

$$V_{ij} = \text{fuerza cortante en la junta } (i) \text{ del elemento } i\text{-}j$$
$$M_{ij} = \text{momento flector en la junta } (i) \text{ del elemento } i\text{-}j$$

La Figura 11.9 muestra la viga cortada en las dos juntas. Los cortantes y momentos que se colocaron en los extremos *del elemento* se supone que actúan en las direcciones positivas: en el método de rigidez las direcciones positivas simplemente coinciden con los ejes coordenados positivos. Para establecer las direcciones positivas de los momentos se usa la "regla de la mano derecha": el pulgar debe apuntar en la dirección del eje positivo (el Z que sale de la hoja en este caso) y el movimiento posible de los otros dedos indica la dirección positiva. Las fuerzas y momentos *en las juntas* que quedaron separadas luego del corte tienen direcciones opuestas a las fuerzas y momentos en los elementos.

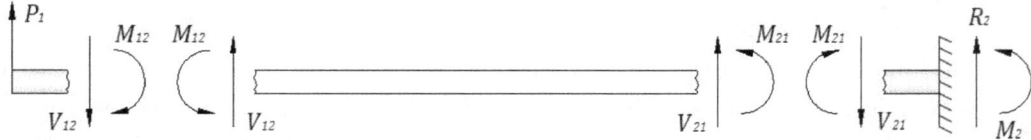

Figura 11.9 **Cortantes y momentos flectores en las juntas del elemento.**

Requiriendo que se satisfaga suma de fuerzas verticales y momentos en cada *junta*, de la Figura 11.9 se obtiene:

$$
\begin{aligned}
V_{12} &= P_1 \\
M_{12} &= 0 \\
V_{21} &= R_2 \\
M_{21} &= M_2
\end{aligned}
\tag{a}
$$

donde R_2 y M_2 son las reacciones (por ahora desconocidas) en el apoyo.

A continuación los cortantes y momentos se expresan en función de los desplazamientos u_1, u_2 y rotaciones θ_1, θ_2 de los extremos de la barra. La Figura 11.10 muestra los desplazamientos y rotaciones o giros positivos. La convención para establecer las direcciones positivas de los desplazamientos y giros es la misma que se explicó antes para las fuerzas y momentos (son positivos si coinciden con los ejes coordenados positivos).

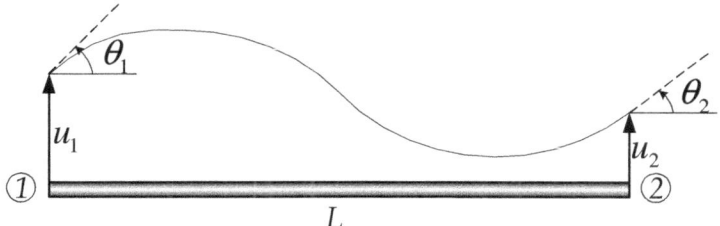

Figura 11.10 **Desplazamientos y giros positivos.**

Como se demuestra en los cursos de Análisis Matricial, el cortante en el extremo izquierdo se puede expresar en términos de los desplazamientos u_1, u_2 y giros θ_1, θ_2 de los dos extremos de la siguiente manera:

$$V_{12} = \left(\frac{12EI}{L^3}\right)u_1 + \left(\frac{6EI}{L^2}\right)\theta_1 + \left(-\frac{12EI}{L^3}\right)u_2 + \left(\frac{6EI}{L^2}\right)\theta_2$$

donde L es la longitud del elemento, I es el momento de inercia de área y E es el módulo de elasticidad del material.

Para las otras fuerzas internas se pueden obtener expresiones similares a la de V_{12}. Se puede demostrar que al escribir la expresión anterior más las otras tres ecuaciones que relacionan los cortantes y momentos en forma matricial se obtiene:

$$\begin{Bmatrix} V_{12} \\ M_{12} \\ V_{21} \\ M_{21} \end{Bmatrix} = \frac{EI}{L^3} \begin{bmatrix} 12 & 6L & -12 & 6L \\ 6L & 4L^2 & -6L & 2L^2 \\ -12 & -6L & 12 & -6L \\ 6L & 2L^2 & -6L & 4L^2 \end{bmatrix} \begin{Bmatrix} u_1 \\ \theta_1 \\ u_2 \\ \theta_2 \end{Bmatrix} \qquad (b)$$

Reemplazando las fuerzas internas de la Ec. (b) en la (a) se llega a:

$$\frac{EI}{L^3} \begin{bmatrix} 12 & 6L & -12 & 6L \\ 6L & 4L^2 & -6L & 2L^2 \\ -12 & -6L & 12 & -6L \\ 6L & 2L^2 & -6L & 4L^2 \end{bmatrix} \begin{Bmatrix} u_1 \\ \theta_1 \\ u_2 \\ \theta_2 \end{Bmatrix} = \begin{Bmatrix} P_1 \\ 0 \\ R_2 \\ M_2 \end{Bmatrix} \qquad (c)$$

Por último, se deben considerar las condiciones de apoyo en la estructura completa. En este caso, como el desplazamiento u_2 y giro θ_2 del extremo derecho están restringidos (son 0), se elimina la tercera y cuarta columna del sistema de ecuaciones (c):

$$\frac{EI}{L^3} \begin{bmatrix} 12 & 6L \\ 6L & 4L^2 \\ -12 & -6L \\ 6L & 2L^2 \end{bmatrix} \begin{Bmatrix} u_1 \\ \theta_1 \end{Bmatrix} = \begin{Bmatrix} P_1 \\ 0 \\ R_2 \\ M_2 \end{Bmatrix} \qquad (d)$$

Como hay sólo dos incógnitas nos sobran dos ecuaciones en el sistema (d). Conviene descartar las dos últimas ecuaciones (vale decir las filas 3 y 4) porque contienen reacciones desconocidas en el lado derecho. Se obtiene así el sistema reducido de ecuaciones de equilibrio que debe resolverse:

$$\frac{EI}{L^3} \begin{bmatrix} 12 & 6L \\ 6L & 4L^2 \end{bmatrix} \begin{Bmatrix} u_1 \\ \theta_1 \end{Bmatrix} = \begin{Bmatrix} P_1 \\ 0 \end{Bmatrix} \tag{e}$$

Vamos ahora a considerar que la fuerza $P_1(t)$ varía con el tiempo. La estructura tiene la masa *distribuida* a lo largo de toda la viga. Sin embargo, para derivar las ecuaciones de movimiento se va a suponer que la masa está solamente *concentrada en las juntas*. En este ejemplo es lógico suponer que la mitad m_1 de la masa está concentrada en el extremo izquierdo y la otra mitad m_2 está en la junta de la derecha. En este caso, $m_1 = m_2 = \rho AL/2$, donde ρ es la densidad y A el área transversal.

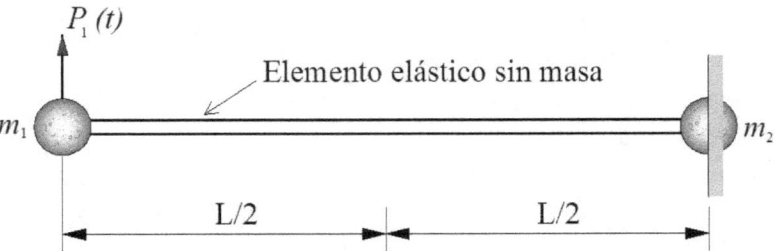

Figura 11.11 **Viga en voladizo con una fuerza dinámica en su extremo libre.**

Ahora debemos aplicar la segunda Ley de Newton a la junta con masa m_1. Llamemos $\ddot{u}_1$ a la aceleración de la junta (1) y supongamos que actúa en la dirección positiva, vale decir en la misma dirección que el desplazamiento u_1. Dibujemos un diagrama de Cuerpo Libre y Cinético para la masa m_1 como los que se presentan en la Figura 11.12. La aceleración debe ir hacia arriba para que sea consistente con el desplazamiento u_1 positivo (véase la Figura 11.10).

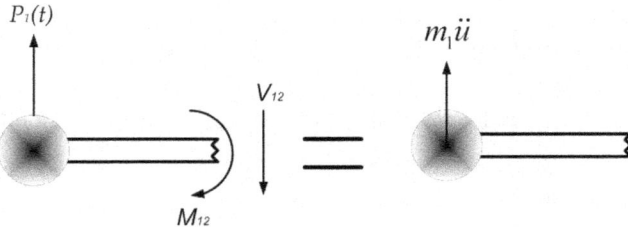

Figura 11.12 **Diagrama de Cuerpo Libre y Diagrama Cinético para la masa $\mathbf{m_1}$.**

De los diagramas en la Figura 11.12 se obtiene que:

$$(+) \uparrow \sum F_y = m\, a_y : \quad P_1 - V_{12} = m_1 \ddot{u}_1 \tag{f}$$

Reordenando términos, la primera ecuación de movimiento resulta:

$$m_1 \ddot{u}_1 + V_{12} = P_1 \tag{g}$$

Aunque por simplicidad no se indique explícitamente, tanto la aceleración $\ddot{u}_1$ como el cortante V_{12} y la fuerza externa P_1 son funciones del tiempo.

Apliquemos a continuación la ecuación de suma de momentos. Se supone que la aceleración angular α (o lo que es lo mismo, $\ddot{\theta}_1$) tiene la misma dirección que el giro positivo. En este caso la masa m_1 se supone que está concentrada en un punto, en otras palabras se considera que ésta es una partícula con dimensiones despreciables. Por consiguiente, el momento de inercia de masa I_p es cero. Además, como no hay un momento *externo* en la junta (1), al aplicar la ley de Newton se obtiene:

$$\overset{(+)}{\circlearrowleft} \sum M = I_p\, \alpha : \quad M_{12} = -\,(0)\,\ddot{\theta}_1 \tag{h}$$

Reordenando términos la segunda ecuación de movimiento es

$$(0)\,\ddot{\theta}_1 + M_{12} = 0 \tag{i}$$

Procediendo en forma similar con la junta (2) se obtienen otras dos ecuaciones de movimiento. Como diagrama de Cuerpo Libre se puede usar el gráfico a la derecha de la Figura 11.9.

$$m_2 \ddot{u}_2 + V_{21} = R_2 \tag{j}$$
$$(0)\,\ddot{\theta}_2 + M_{21} = M_2 \tag{k}$$

Las cuatro ecuaciones de movimiento (g), (i), (j) y (k) se pueden escribir en forma matricial. Se obtiene así:

$$\begin{bmatrix} m_1 & 0 & 0 & 0 \\ 0 & 0 & 0 & 0 \\ 0 & 0 & m_2 & 0 \\ 0 & 0 & 0 & 0 \end{bmatrix} \begin{Bmatrix} \ddot{u}_1 \\ \ddot{\theta}_1 \\ \ddot{u}_2 \\ \theta_2 \end{Bmatrix} + \begin{Bmatrix} V_{12} \\ M_{12} \\ V_{21} \\ M_{21} \end{Bmatrix} = \begin{Bmatrix} P_1 \\ 0 \\ R_2 \\ M_2 \end{Bmatrix} \tag{l}$$

Usemos a continuación la Ec. (b) para reemplazar los cortantes y momentos. Esto conduce a:

$$\begin{bmatrix} m_1 & 0 & 0 & 0 \\ 0 & 0 & 0 & 0 \\ 0 & 0 & m_2 & 0 \\ 0 & 0 & 0 & 0 \end{bmatrix} \begin{Bmatrix} \ddot{u}_1 \\ \ddot{\theta}_1 \\ \ddot{u}_2 \\ \theta_2 \end{Bmatrix} + \frac{EI}{L^3} \begin{bmatrix} 12 & 6L & -12 & 6L \\ 6L & 4L^2 & -6L & 2L^2 \\ -12 & -6L & 12 & -6L \\ 6L & 2L^2 & -6L & 4L^2 \end{bmatrix} \begin{Bmatrix} u_1 \\ \theta_1 \\ u_2 \\ \theta_2 \end{Bmatrix} = \begin{Bmatrix} P_1 \\ 0 \\ R_2 \\ M_2 \end{Bmatrix} \tag{m}$$

A continuación debemos aplicar las condiciones de borde, dicho de otra manera hay tener en cuenta que $u_2 = \ddot{u}_2 = 0$ y $\theta_2 = \ddot{\theta}_2 = 0$. Eliminando las filas y columnas 3 y 4 se obtiene el sistema de ecuaciones reducido en la Ec. (n).

$$\begin{bmatrix} m_1 & 0 \\ 0 & 0 \end{bmatrix} \left\{ \begin{array}{c} \ddot{u}_1 \\ \ddot{\theta}_1 \end{array} \right\} + \frac{EI}{L^3} \begin{bmatrix} 12 & 6L \\ 6L & 4L^2 \end{bmatrix} \left\{ \begin{array}{c} u_1 \\ \theta_1 \end{array} \right\} = \left\{ \begin{array}{c} P_1 \\ 0 \end{array} \right\} \tag{n}$$

Como se explicó anteriormente, este sistema de ecuaciones diferenciales tiene el inconveniente que tiene un cero en la diagonal principal de la matriz de masa. Por lo tanto, para poder resolverlo debemos condensar el grado de libertad θ_1(o sea eliminarlo en forma provisional). En este caso la "matriz" reducida es un escalar y es sencillo demostrar que al aplicar el método indirecto se obtiene:

$$K_{red} = \frac{3EI}{L^3}$$

Consideremos ahora la misma viga en voladizo o en "cantilever" pero supongamos que hay una placa rectangular con masa m_o, de ancho a y largo b en el extremo libre. Ahora el momento de inercia de la masa en la junta (1) ya **no** es despreciable. En efecto, el momento de inercia polar de masa I_p respecto a un eje que pasa por el centro de la placa (y es normal a la figura) es:

$$I_p = \frac{1}{12} m_o (a^2 + b^2)$$

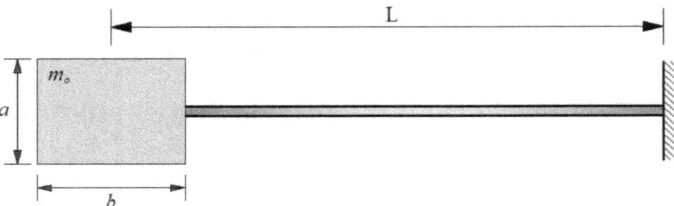

Figura 11.13 **Viga en voladizo con una placa con masa en su extremo libre.**

Como hay una masa adicional m_o, la Ec. (g) resulta ahora:

$$(m_1 + m_o)\,\ddot{u}_1 + V_{12} = P_1 \tag{o}$$

Además, al aplicar la ecuación de suma de momentos en la junta (1) esta vez se obtiene:

$$(+)\circlearrowleft \sum M = I_p\,\alpha: \quad M_{12} = -I_p\,\ddot{\theta}_1 \tag{p}$$

Y reordenando términos,

$$I_p\,\ddot{\theta}_1 + M_{12} = 0 \qquad\qquad \text{(q)}$$

Las otras dos ecuaciones de movimiento para la junta (2) son iguales a las del caso anterior. Por lo tanto, el sistema de ecuaciones de movimiento es:

$$\begin{bmatrix} m_1 + m_o & 0 \\ 0 & I_p \end{bmatrix} \left\{ \begin{array}{c} \ddot{u}_1 \\ \ddot{\theta}_1 \end{array} \right\} + \frac{EI}{L^3} \begin{bmatrix} 12 & 6L \\ 6L & 4L^2 \end{bmatrix} \left\{ \begin{array}{c} u_1 \\ \theta_1 \end{array} \right\} = \left\{ \begin{array}{c} P_1 \\ 0 \end{array} \right\} \qquad \text{(r)}$$

En este caso **no** es necesario realizar una condensación estática (no hay un cero en la diagonal de la matriz de masa). El sistema anterior puede resolverse sin inconvenientes usando el método que estudiaremos en un capítulo próximo.

11.7.2 Ejemplo 11.2:

Consideremos como siguiente ejemplo una cercha plana como la que se muestra en la Figura 11.14. Sobre la junta libre actúan dos fuerzas dinámicas $P_x(t)$ y $P_y(t)$ en las direcciones horizontal X y vertical Y. Se desea obtener las ecuaciones de movimiento para esta estructura con dos grados de libertad: los desplazamientos horizontal $u_c(t)$ y vertical $u_y(t)$ de la junta libre. La cercha se considera "ideal", vale decir que las barras están unidas por un pasador sin fricción.

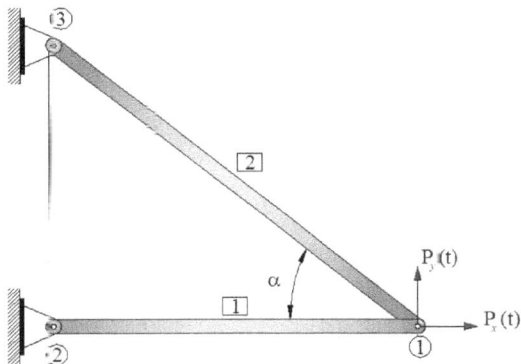

Figura 11.14 **Cercha con dos barras y dos grados de libertad.**

La masa distribuida de cada barra se supone que está concentrada ("lumped" en inglés) en cada una de las tres juntas. En el caso de la masa m_1 en la junta libre, ésta es la suma de la contribución de las masas de las dos barras que confluyen en la junta. Si todas las barras tienen igual área transversal A y el material tiene una densidad ρ, la masa m_1 es:

$$m_1 = \frac{1}{2}\rho A\,(L_1 + L_2) \qquad\qquad \text{(a)}$$

donde L_1 y L_2 son las longitudes de las dos barras. La Figura 11.15 muestra el modelo de la cercha con las masas concentradas en las tres juntas o nodos. Como de costumbre, las masas en los apoyos no nos conciernen.

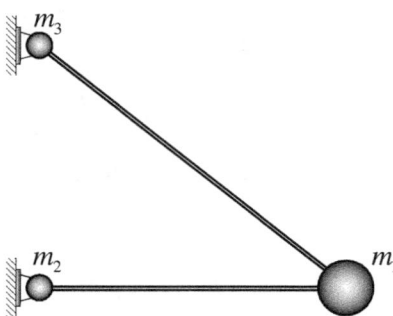

Figura 11.15 **Cercha con su masa concentrada en las juntas.**

Consideremos la junta (1) de la cercha en la Figura 11.15 y tracemos los diagramas de Cuerpo Libre y Cinético, los que se muestran en la Figura 11.16. Llamaremos N_i a la fuerza axial o normal en la barra $[i]$.

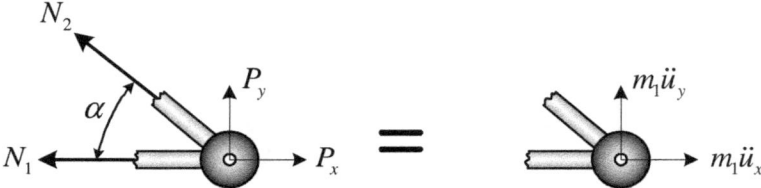

Figura 11.16 **Diagramas de cuerpo libre y cinético de la masa m$_1$ de la cercha.**

Apliquemos la segunda Ley de Newton primero en la dirección horizontal y luego en la vertical. De los diagramas de Cuerpo Libre y Cinético se obtiene:

$$(+) \longleftarrow \sum F_x = m\,a_x: \quad N_1 + N_2 \cos\alpha - P_x = -m_1\ddot{u}_x \tag{b}$$

Reordenando términos la ecuación de movimiento en la dirección X es

$$m_1\ddot{u}_x + N_1 + N_2\cos\alpha = P_x \tag{c}$$

Apliquemos a continuación la ley de Newton en la dirección vertical:

$$(+) \uparrow \sum F_y = m\,a_y: \quad N_2\sin\alpha + P_y = m_1\ddot{u}_y \tag{d}$$

11-20

Pasando las fuerzas externas al lado derecho, se obtiene la segunda ecuación de movimiento:

$$m_1 \ddot{u}_y - N_2 \sin \alpha = P_y \tag{e}$$

Las ecuaciones (c) y (e), agrupadas en forma matricial, resultan

$$\begin{bmatrix} m_1 & 0 \\ 0 & m_1 \end{bmatrix} \begin{Bmatrix} \ddot{u}_x \\ \ddot{u}_y \end{Bmatrix} + \begin{Bmatrix} N_1 + N_2 \cos \alpha \\ -N_2 \sin \alpha \end{Bmatrix} = \begin{Bmatrix} P_x \\ P_y \end{Bmatrix} \tag{f}$$

Queremos que en vez de las fuerzas axiales N_1 y N_2, aparezcan en estas ecuaciones los desplazamientos u_x y u_y de la junta libre. Como se demuestra en el Análisis Matricial de estructuras, las fuerzas se pueden relacionar con los dos desplazamientos a través de una matriz de rigidez:

$$\begin{Bmatrix} N_1 + N_2 \cos \alpha \\ -N_2 \sin \alpha \end{Bmatrix} = \begin{bmatrix} k_{11} & k_{12} \\ k_{12} & k_{22} \end{bmatrix} \begin{Bmatrix} u_x \\ u_y \end{Bmatrix} \tag{g}$$

Reemplazando la Ec. (g) en la (f) se obtiene el sistema de ecuaciones de movimiento buscado:

$$\begin{bmatrix} m_1 & 0 \\ 0 & m_1 \end{bmatrix} \begin{Bmatrix} \ddot{u}_x \\ \ddot{u}_y \end{Bmatrix} + \begin{bmatrix} k_{11} & k_{12} \\ k_{12} & k_{22} \end{bmatrix} \begin{Bmatrix} u_x \\ u_y \end{Bmatrix} = \begin{Bmatrix} P_x \\ P_y \end{Bmatrix} \tag{h}$$

La determinación de los coeficientes k_{11}, k_{22} y k_{12} está fuera del temario de este libro (el lector interesado puede consultar cualquier libro de Análisis Matricial de estructuras). No obstante, y a modo de repaso, a continuación se describe brevemente el procedimiento.

Se comienza determinando las matrices de rigidez para cada una de las barras siguiendo una "receta" apropiada (o sea la matriz para una barra genérica). Como la barra [1] está horizontal, su matriz de rigidez es muy sencilla:

$$[K_1] = \frac{AE}{L_1} \begin{bmatrix} 1 & 0 & -1 & 0 \\ 0 & 0 & 0 & 0 \\ -1 & 0 & 1 & 0 \\ 0 & 0 & 0 & 0 \end{bmatrix} \begin{matrix} u_1 \\ v_1 \\ u_2 \\ v_2 \end{matrix} \tag{i}$$

Si la junta inicial es la (**1**) y la final es la (**3**), la matriz de rigidez de la barra inclinada [2] es:

$$[K_2] = \frac{AE}{L_2} \begin{bmatrix} \cos^2 \alpha & -\sin \alpha \cos \alpha & -\cos^2 \alpha & \sin \alpha \cos \alpha \\ -\sin \alpha \cos \alpha & \sin^2 \alpha & \sin \alpha \cos \alpha & -\sin^2 \alpha \\ -\cos^2 \alpha & \sin \alpha \cos \alpha & \cos^2 \alpha & -\sin \alpha \cos \alpha \\ \sin \alpha \cos \alpha & -\sin^2 \alpha & -\sin \alpha \cos \alpha & \sin^2 \alpha \end{bmatrix} \begin{matrix} u_1 \\ v_1 \\ u_3 \\ v_3 \end{matrix} \tag{j}$$

Las dos matrices anteriores deben ensamblarse en una matriz de rigidez global (de 6 x 6 en este ejemplo). De esta matriz se eliminan las filas y columnas correspondientes a los desplazamientos ceros (en este caso se descartan las filas y columnas de la 3 a la 6). El resultado final es:

$$[K] = \begin{bmatrix} k_{11} & k_{12} \\ k_{12} & k_{22} \end{bmatrix} = AE \begin{bmatrix} 1/L_1 + \cos^2 \alpha/L_2 & -\sin \alpha \cos \alpha/L_2 \\ -\sin \alpha \cos \alpha/L_2 & \sin^2 \alpha/L_2 \end{bmatrix} \tag{k}$$

11.7.3 Ejemplo 11.3:

El último ejemplo a estudiar será el pórtico plano de la Figura 11.17 sometido a una fuerza $F(t)$ que forma un ángulo β con la horizontal. Se desea obtener las ecuaciones de movimiento en términos de los desplazamientos $u(t)$ y $v(t)$ de la junta (1).

La masa distribuida de cada barra se considera que está concentrada en cada una de las tres juntas. En el caso de la masa m_1 (en la junta libre), ésta es la suma de la contribución de las masas de las dos barras que confluyen en la junta. Si todas las barras tienen igual área transversal A, igual longitud L y el material tiene una densidad ρ, la masa m_1 es:

$$m_1 = \rho A \left(\frac{L}{2} + \frac{L}{2} \right) = \rho A L \tag{a}$$

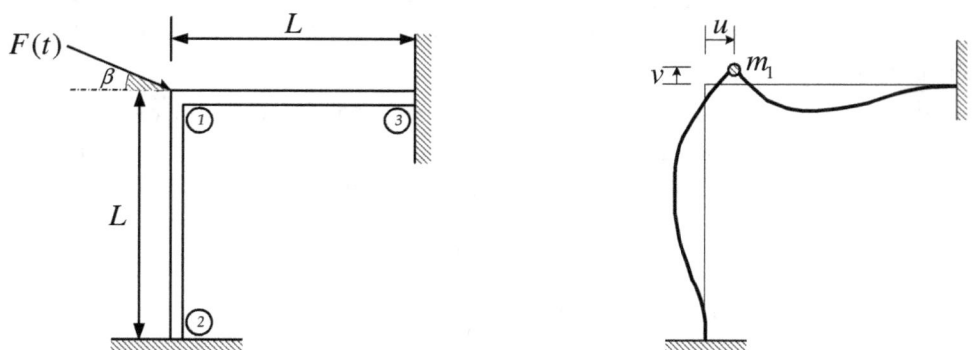

Figura 11.17 **Pórtico plano y su modelo de dos grados de libertad.**

Consideremos la junta (1) y tracemos los diagramas de Cuerpo Libre y Cinético. Llamemos N_{12} a la fuerza axial en la barra que va de la junta (1) a la (2) y N_{13} a la fuerza axial en la barra con juntas (1) y (3). Los diagramas se muestran en la Figura 11.18.

Apliquemos la segunda Ley de Newton en la dirección horizontal. Se obtiene así:

$$(+) \longrightarrow \sum F_x = m\,a_x : V_{12} - N_{13} + F\cos\beta = m_1\ddot{u} \qquad (b)$$

Reordenando términos la ecuación de movimiento en la dirección X es:

$$m_1\ddot{u} + N_{13} - V_{12} = F\cos\beta \qquad (c)$$

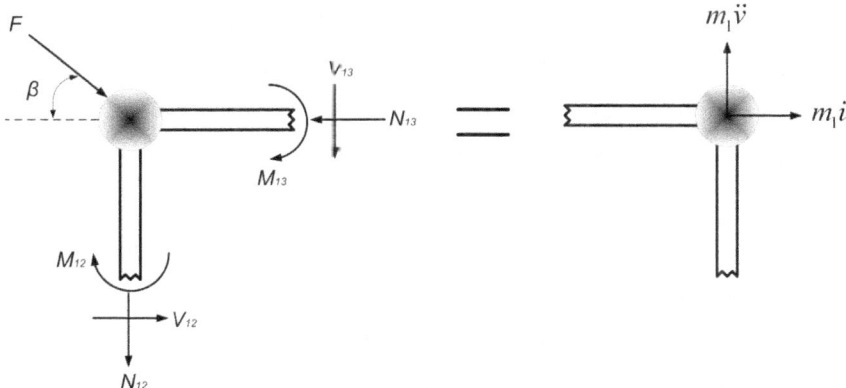

Figura 11.18 **Diagrama de cuerpo libre y cinético de la masa m_1 del pórtico.**

Apliquemos a continuación la ley de Newton en la dirección vertical. De acuerdo a la Figura 11.18 se obtiene:

$$(+)\uparrow \sum F_y = m\,a_y : -V_{13} - N_{12} - F\sin\beta = m_1\ddot{v} \qquad (d)$$

Pasando las fuerzas externas al lado derecho, se obtiene la segunda ecuación de movimiento:

$$m_1\ddot{v} + N_{12} + V_{13} = -F\sin\beta \qquad (e)$$

La tercera ecuación es la de suma de momentos en la junta (1):

$$\overset{(+)}{\circlearrowleft} \sum M_{(1)} = I_p\,\alpha : M_{12} + M_{13} = -(0)\,\ddot{\theta} \qquad (f)$$

El cero delante de $\ddot{\theta}$ es debido a que el momento de inercia polar másico de la masa m_1 se considera despreciable. Recordemos la ecuación:

$$(0)\,\ddot{\theta} + M_{12} + M_{13} = 0 \qquad (g)$$

Las ecuaciones (c), (e) y (g), agrupadas en forma matricial, son:

$$\begin{bmatrix} m_1 & 0 & 0 \\ 0 & m_1 & 0 \\ 0 & 0 & 0 \end{bmatrix} \left\{ \begin{array}{c} \ddot{u} \\ \ddot{v} \\ \ddot{\theta} \end{array} \right\} + \left\{ \begin{array}{c} N_{13} - V_{12} \\ N_{12} + V_{13} \\ M_{12} + M_{13} \end{array} \right\} = \left\{ \begin{array}{c} F\cos\beta \\ -F\sin\beta \\ 0 \end{array} \right\} \tag{h}$$

Queremos que en estas ecuaciones aparezcan los desplazamientos u, v y el giro θ de la junta libre, en vez de las fuerzas axiales, cortantes y momentos. Nuevamente recurrimos al Análisis Matricial de estructuras, en donde se demuestra que las fuerzas y momentos se pueden relacionar con los dos desplazamientos y el giro a través de una matriz de rigidez:

$$\left\{ \begin{array}{c} N_{13} - V_{12} \\ N_{12} + V_{13} \\ M_{12} + M_{13} \end{array} \right\} = \begin{bmatrix} k_{uu} & k_{uv} & k_{u\theta} \\ k_{uv} & k_{vv} & k_{v\theta} \\ k_{u\theta} & k_{v\theta} & k_{\theta\theta} \end{bmatrix} \left\{ \begin{array}{c} u \\ v \\ \theta \end{array} \right\} \tag{i}$$

Reemplazando la Ec. (i) en la (h) se obtiene el sistema de ecuaciones de movimiento buscado:

$$\begin{bmatrix} m_1 & 0 & 0 \\ 0 & m_1 & 0 \\ 0 & 0 & 0 \end{bmatrix} \left\{ \begin{array}{c} \ddot{u} \\ \ddot{v} \\ \ddot{\theta} \end{array} \right\} + \begin{bmatrix} k_{uu} & k_{uv} & k_{u\theta} \\ k_{uv} & k_{vv} & k_{v\theta} \\ k_{u\theta} & k_{v\theta} & k_{\theta\theta} \end{bmatrix} \left\{ \begin{array}{c} u \\ v \\ \theta \end{array} \right\} = \left\{ \begin{array}{c} F\cos\beta \\ -F\sin\beta \\ 0 \end{array} \right\} \tag{j}$$

La determinación de los coeficientes k_{uu}, k_{uv}, $k_{u\theta}$,..., $k_{\theta\theta}$ está más allá del alcance de este libro. No obstante, nuevamente como un repaso de los conceptos de Análisis Matricial, se describe brevemente a continuación el procedimiento para obtenerlos.

Se comienza determinando las matrices de rigidez para cada una de las barras siguiendo una "receta" apropiada (o sea la matriz para una barra genérica de un pórtico plano). La matriz de rigidez de una barra horizontal de un pórtico plano en donde la junta inicial es la de la izquierda es:

$$[K_1] = \begin{bmatrix} 12\,k_f & 0 & -6L\,k_f & -12\,k_f & 0 & -6L\,k_f \\ 0 & k_a & 0 & 0 & -k_a & 0 \\ -6L\,k_f & 0 & 4L^2\,k_f & -6L\,k_f & 0 & 2L^2\,k_f \\ -12\,k_f & 0 & 6L\,k_f & 12\,k_f & 0 & 6L\,k_f \\ 0 & -k_a & 0 & 0 & k_a & 0 \\ -6L\,k_f & 0 & 2L^2\,k_f & 6L\,k_f & 0 & 4L^2\,k_f \end{bmatrix} \tag{k}$$

en donde los coeficientes k_a y k_f son:

$$k_a = \frac{AE}{L}$$
$$k_f = \frac{EI}{L^3}$$

11-24

La matriz de rigidez de una barra vertical de un pórtico en donde la junta inicial es la inferior y al final la superior es:

$$
[K_2] = \begin{bmatrix}
k_a & 0 & 0 & -k_a & 0 & 0 \\
0 & 12\,k_f & 6L\,k_f & 0 & -12\,k_f & 6L\,k_f \\
0 & 6L\,k_f & 4L^2\,k_f & 0 & -6L\,k_f & 2L^2\,k_f \\
-k_a & 0 & 0 & k_a & 0 & 0 \\
0 & -12\,k_f & -6L\,k_f & 0 & 12\,k_f & -6L\,k_f \\
0 & 6L\,k_f & 2L^2\,k_f & 0 & -6L\,k_f & 4L^2\,k_f
\end{bmatrix}
\tag{1}
$$

Al ensamblar las matrices $[K_1]$ y $[K_2]$ se crea una matriz de rigidez global de 9 x 9. De esta matriz se eliminan las filas y columnas correspondientes a los desplazamientos y giros restringidos: los correspondientes a las juntas (2) y (3). Eliminando entonces las filas 1 a la 3 y 7 a la 9 se obtiene la matriz de rigidez final:

$$
[K] = \begin{bmatrix}
k_{uu} & k_{uv} & k_{u\theta} \\
k_{uv} & k_{vv} & k_{v\theta} \\
k_{u\theta} & k_{v\theta} & k_{\theta\theta}
\end{bmatrix} = \begin{bmatrix}
k_a + 12\,k_f & 0 & 6L\,k_f \\
0 & k_a + 12\,k_f & 6L\,k_f \\
6L\,k_f & 6L\,k_f & 8L^2\,k_f
\end{bmatrix}
\tag{m}
$$

En términos de las propiedades del pórtico la matriz es:

$$
[K] = \frac{EI}{L^3} \begin{bmatrix}
12 + \frac{AL^2}{I} & 0 & 6L \\
0 & 12 + \frac{AL^2}{I} & 6L \\
6L & 6L\,k_f & 8L^2
\end{bmatrix}
\tag{n}
$$

11.8 El método de Rayleigh-Ritz para discretización de sistemas continuos.

En el Capítulo 3 estudiamos el método de Ritz y vimos que era una técnica racional y mecánica que permitía obtener un sistema de un grado de libertad que representaba a un sistema estructural continuo, o en otras palabras era un método para discretización de modelos continuos. Resultaba evidente que la exactitud de la solución obtenida en el método de Ritz dependía de la función de forma usada. La exactitud también depende de las características de la excitación que actúa sobre la estructura: el número de cargas, el tipo de carga (concentrada o distribuida), su variación en el tiempo, su punto de aplicación, etc. Por ejemplo, consideremos una viga uniforme simplemente soportada sometida a una carga concentrada en $x = L/2$ que varía como $P_o \sin \Omega t$. La solución obtenida usando $\psi(x) = \sin \frac{\pi x}{L}$ puede ser muy buena o muy pobre, dependiendo del valor de Ω. En general, a partir de cierto valor de Ω, a medida que Ω crece la exactitud disminuye.

Es razonable pensar que la aproximación mejoraría si usáramos una función de forma más compleja y versátil. Esto se puede hacer de manera relativamente sencilla combinando linealmente funciones de forma elementales. Tomemos por ejemplo dos funciones de forma y combinemos las mismas como:

$$w(x,t) = \psi_1(x)\,q_1(t) + \psi_2(x)\,q_2(t) \tag{11.35}$$

En la Ec. (11.35), $q_1(t)$ y $q_2(t)$ son coordenadas generalizadas que, en general, no están asociadas a desplazamientos físicos de la estructura. Las funciones de forma $\psi_1(x)$ y $\psi_2(x)$ deben satisfacer las condiciones de borde esenciales o geométricas.

Para claridad en la presentación del método adoptemos un ejemplo específico: la viga simplemente apoyada que se muestra en la Figura 11.19 por la que circula una carga móvil. Este sistema lo estudiamos anteriormente en el Capítulo 3 pero representando el campo de desplazamiento mediante una sola función de forma, o sea como $w(x,t) = \psi(x)\,q(t)$ donde $\psi(x) = \sin(\pi x/L)$.

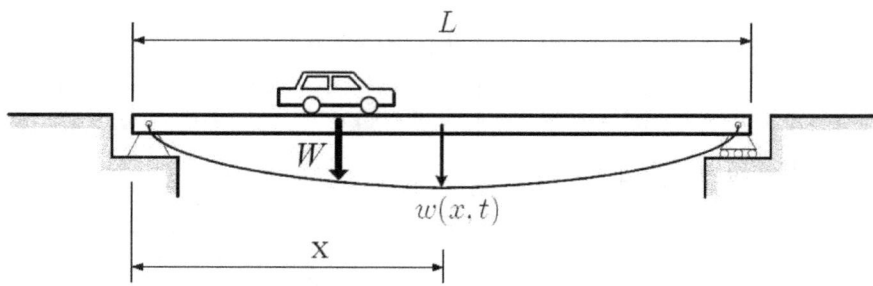

Figura 11.19 **Viga simplemente soportada con una carga móvil.**

Mantengamos la misma función de forma que usamos en el ejemplo del Capítulo 3 para $\psi_1(x)$:

$$\psi_1(x) = \sin\frac{\pi x}{L} \tag{11.36}$$

y tomemos para $\psi_2(x)$ la siguiente función:

$$\psi_2(x) = \sin\frac{2\pi x}{L} \tag{11.37}$$

Es claro que ambas funciones satisfacen las dos condiciones del borde geométricas en cada extremo, o sea:

$$w(0,t) = w(L,t) = 0 \tag{11.38}$$

La Ec. (11.35) se puede interpretar gráficamente de la manera que se muestra en la Figura 11.20.

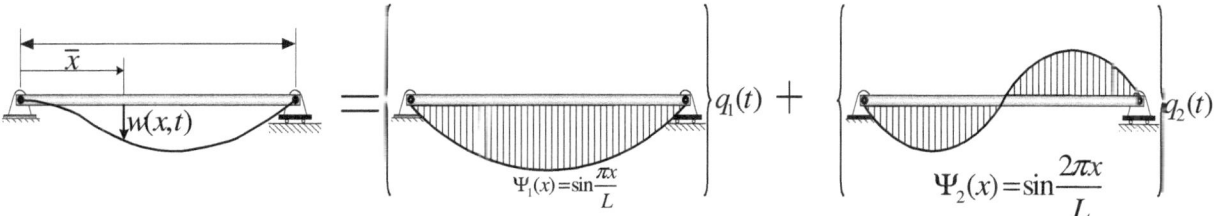

Figura 11.20 **Representación gráfica del método de Rayleigh-Ritz.**

Usaremos el principio de los Trabajos Virtuales para obtener las ecuaciones de movimiento de la viga. Debemos entonces calcular los trabajos virtuales (T.V.) usando la expresión (11.35) para describir el campo de desplazamiento. Comenzamos por el T.V. de las fuerzas conservativas δW_c. Como vimos en el Capítulo 3, éste puede calcularse como la variación de la energía potencial con signo cambiado. La energía potencial elástica de la viga (energía de deformación debido a la flexión) para una viga uniforme es:

$$V = \frac{1}{2} EI \int_o^L [w''(x,t)]^2 \, dx \tag{11.39}$$

Usando la Ec. (11.35) derivada dos veces respecto a x para obtener $w''(x,t)$, la energía potencial V puede escribirse como:

$$V = \frac{EI}{2} \int_o^L \left[\psi_1''(x)\, q_1(t) + \psi_2''(x)\, q_2(t) \right]^2 dx = \frac{EI}{2} \int_o^L \left(\psi_1''^2 q_1^2 + \psi_2''^2 q_2^2 + 2\psi_1'' \psi_2'' q_1 q_2 \right) dx$$

$$V = \frac{EI}{2} \left(\int_o^L \psi_1''^2 dx \right) q_1^2 - \frac{EI}{2} \left(\int_o^L \psi_2''^2 dx \right) q_2^2 + \frac{EI}{2} \left(2\int_o^L \psi_1'' \psi_2'' dx \right) q_1 q_2 \tag{11.40}$$

La variación δV de la energía potencial cuando el sistema experimenta desplazamientos virtuales (pequeños) se obtiene diferenciando V:

$$\delta V = (EI \int_o^L \psi_1''^2 dx) q_1 \delta q_1 + (EI \int_o^L \psi_2''^2 dx) q_2 \, \delta q_2 + (EI \int_o^L \psi_1'' \psi_2'' dx) q_2 \, \delta q_1$$
$$+ (EI \int_o^L \psi_1'' \psi_2'' dx) q_1 \, \delta q_2 \tag{11.41}$$

Para simplificar la notación introduciremos cuatro coeficientes: k_{11}, k_{21}, k_{12}, k_{22}, definidos como:

$$k_{ij} = EI \int_o^L \psi_i''(x) \, \psi_j''(x) \, dx \qquad ; \quad i,j = 1,2 \qquad (11.42)$$

La Ec. (11.41) se puede escribir ahora de forma más sencilla como:

$$\begin{aligned}
\delta V &= k_{11}q_1\delta q_1 + k_{22}q_2 \, \delta q_2 + k_{12}q_2 \, \delta q_1 + k_{21}q_1 \, \delta q_2 \\
\delta V &= (k_{11}q_1 + k_{12}q_2) \, \delta q_1 + (k_{22}q_2 + k_{21}q_1) \, \delta q_2 \qquad (11.43)
\end{aligned}$$

Para calcular las expresiones explícitas de los coeficientes k_{ij} recordemos el siguiente resultado, válido para m y n enteros:

$$\int_o^L \sin\frac{m\pi x}{L} \sin\frac{n\pi x}{L} dx = \left\{ \begin{array}{ll} 0 & : para \; m \neq n \\ \frac{L}{2} & : para \; m = n \end{array} \right. \qquad (11.44)$$

Usando las Ecs. (11.36), (11.37), (11.42) y (11.44) obtenemos los coeficientes k_{ij}:

$$\begin{aligned}
k_{11} &= \frac{\pi^4}{2L^3}EI \\
k_{22} &= \frac{8\pi^4}{L^3} \\
k_{12} &= k_{21} = 0
\end{aligned} \qquad (11.45)$$

Calculemos a continuación el T.V. de las fuerzas de inercia. El trabajo virtual de las fuerzas de inercia (la masa por la aceleración con signo cambiado) para una viga con masa por unidad de longitud $\bar{m}(x)$ es:

$$\delta W_{Finer} = -\int_o^L \bar{m}(x) \, \ddot{w}(x,t) \, \delta w(x,t) \, dx \qquad (11.46)$$

Los desplazamientos virtuales $\delta w(x,t)$ se pueden obtener a partir de la Ec. (11.35):

$$\delta w(x,t) = \psi_1(x) \, \delta q_1 + \psi_2(x) \, \delta q_2 \qquad (11.47)$$

Reemplazando la aceleración $\ddot{w}(x,t)$ obtenida derivando dos veces la Ec. (11.35) y los desplazamientos virtuales $\delta w(x,t)$ en la Ec. (11.46) el T.V. de las fuerzas de inercia para una viga con masa por unidad de longitud constante e igual a ρA resulta:

11-28

$$\delta W_{Finer} = -\rho A \int_o^L (\psi_1 \ddot{q}_1 + \psi_2 \ddot{q}_2) (\psi_1 \delta q_1 + \psi_2 \delta q_2) \, dx$$

$$\delta W_{Finer} = -\left(\rho A \int_o^L \psi_1^2(x) dx \right) \ddot{q}_1 \delta q_1 - \left(\rho A \int_o^L \psi_2^2(x) \, dx \right) \ddot{q}_2 \delta q_2$$

$$-\left(\rho A \int_o^L \psi_1(x)\psi_2(x) \, dx \right) \ddot{q}_2 \, \delta q_1 - \left(\rho A \int_o^L \psi_2(x)\psi_1(x) dx \right) \ddot{q}_1 \delta q_2 \qquad (11.48)$$

Para simplificar la notación introduciremos los siguientes coeficientes:

$$m_{ij} = \rho A \int_o^L \psi_i(x)\psi_j(x) \, dx \qquad ; \quad i, j = 1, 2 \qquad (11.49)$$

El T.V. de las fuerzas de inercia puede escribirse ahora como:

$$\delta W_{Finer} = -m_{11}\ddot{q}_1 \delta q_1 - m_{22}\ddot{q}_2\delta q_2 - m_{12}\ddot{q}_2\delta q_1 - m_{21}\ddot{q}_1\delta q_2$$
$$\delta W_{Finer} = -(m_{11}\ddot{q}_1 + m_{12}\ddot{q}_2)\,\delta q_1 - (m_{22}\ddot{q}_2 + m_{21}\ddot{q}_1)\,\delta q_2 \qquad (11.50)$$

Las expresiones explícitas de los coeficientes m_{ij} se pueden obtener reemplazando las funciones de forma (11.36) y (11.37) en la Ec. (11.49) y teniendo en cuenta la Ec. (11.44). Se obtiene así que los coeficientes m_{ij} resultan:

$$
\begin{aligned}
m_{11} &= \frac{\rho A L}{2} \\
m_{22} &= \frac{\rho A L}{2} \\
m_{12} &= m_{21} = 0
\end{aligned}
\qquad (11.51)
$$

Por último, debemos calcular el T. V. $\delta W_{n.c.}$ de las fuerzas no conservativas, en este caso la carga móvil W. Este trabajo es simplemente:

$$\delta W_{n.c.} = W \, \delta w(x, t) \qquad (11.52)$$

Sustituyendo los desplazamientos virtuales $\delta w(x, t)$ de la Ec. (11.47):

$$\delta W_{n.c.} = W \, \psi_1(x) \, \delta q_1 + W \, \psi_2(x) \, \delta q_2 \qquad (11.52)$$

e introduciendo las funciones de forma adoptadas se obtiene:

$$\delta W_{n.c.} = W \sin \frac{\pi}{L} x \; \delta q_1 + W \sin \frac{2\pi}{L} x \; \delta q_2 \tag{11.53}$$

Si la carga W se mueve con velocidad V_o constante, entonces la posición de la carga es $x = V_o t$, y por lo tanto:

$$\delta W_{n.c.} = W \sin \frac{\pi V_o}{L} t \; \delta q_1 + W \sin \frac{2\pi V_o}{L} t \; \delta q_2 \tag{11.54}$$

Introduciendo dos funciones del tiempo $f_1(t)$ y $f_2(t)$ definidas como:

$$f_1(t) = W \sin \frac{\pi V_o}{L} t \qquad ; \qquad f_2(t) = W \sin \frac{2\pi V_o}{L} t \tag{11.55}$$

la Ec. (11.54) puede escribirse como:

$$\delta W_{n.c.} = f_1(t) \, \delta q_1 + f_2(t) \, \delta q_2 \tag{11.56}$$

Vimos en el Capítulo 3 que la expresión del Principio de los Trabajos Virtuales o de D' Alembert generalizado tenía la forma:

$$\delta W_{Finer} - \delta V + \delta W_{n.c.} = 0 \tag{11.57}$$

Reemplazando aquí los trabajos virtuales de las Ecs. (11.43), (11.50) y (11.56) se obtiene la siguiente expresión escalar:

$$\begin{aligned} -(m_{11}\ddot{q}_1 + m_{12}\ddot{q}_2) \, \delta q_1 - (m_{21}\ddot{q}_1 + m_{22}\ddot{q}_2) \, \delta q_2 \\ -(k_{11}q_1 + k_{12}q_2) \, \delta q_1 - (k_{21}q_1 + k_{22}q_2) \, \delta q_2 + f_1 \, \delta q_1 + f_2 \, \delta q_2 = 0 \end{aligned} \tag{11.58}$$

Dado que δq_1 y δq_2 son arbitrarios, se puede elegir $\delta q_1 \neq 0$ y $\delta q_2 = 0$, obteniéndose así una primera ecuación de movimiento:

$$m_{11}\ddot{q}_1 + m_{12}\ddot{q}_2 + k_{11}q_1 + k_{12}q_2 = f_1 \tag{11.59}$$

Por el contrario, si se escoge $\delta q_2 \neq 0$ y $\delta q_1 = 0$, para satisfacer la Ec. (11.58) debe cumplirse que:

$$m_{21}\ddot{q}_1 + m_{22}\ddot{q}_2 + k_{21}q_1 + k_{22}q_2 = f_2 \tag{11.60}$$

Es conveniente, como siempre, escribir las ecuaciones de movimiento (11.59) y (11.60) en forma matricial:

$$\begin{bmatrix} m_{11} & m_{12} \\ m_{21} & m_{22} \end{bmatrix} \left\{ \begin{array}{c} \ddot{q}_1 \\ \ddot{q}_2 \end{array} \right\} + \begin{bmatrix} k_{11} & k_{12} \\ k_{21} & k_{22} \end{bmatrix} \left\{ \begin{array}{c} q_1 \\ q_2 \end{array} \right\} = \left\{ \begin{array}{c} f_1 \\ f_2 \end{array} \right\} \tag{11.61}$$

Es evidente que los coeficientes k_{ij} y m_{ij} son, respectivamente, los coeficientes de rigidez y masa. Además, de las definiciones de k_{ij} y $m_{i,}$, Ecs. (11.42) y (11.49), se tiene que las matrices de rigidez y masa deben ser **simétricas** dado que $k_{ij} = k_{ji}$ y $m_{ij} = m_{ji}$.

Debido a las funciones de forma elegidas, las ecuaciones de movimiento (11.61) tienen en este ejemplo una forma especial. En efecto, de acuerdo a las Ecs.(11.45), (11.51) y (11.55), las ecuaciones de movimiento tienen la siguiente forma explícita:

$$\rho \frac{AL}{2} \begin{bmatrix} 1 & 0 \\ 0 & 1 \end{bmatrix} \left\{ \begin{array}{c} \ddot{q}_1 \\ \ddot{q}_2 \end{array} \right\} + \frac{\pi^4}{2} \frac{EI}{L^3} \begin{bmatrix} 1 & 0 \\ 0 & 16 \end{bmatrix} \left\{ \begin{array}{c} q_1 \\ q_2 \end{array} \right\} = W \left\{ \begin{array}{c} \sin \frac{\pi V_o}{L} t \\ \sin \frac{2\pi V_o}{L} t \end{array} \right\} \qquad (11.62)$$

o sea que las ecuaciones de movimiento, *en este caso*, están **desacopladas.** Estas ecuaciones desacopladas se pueden resolver en forma separada, lo cual hace que obtener una solución sea una tarea más sencilla. Se debe tener presente que éste es una situación muy especial, y que ocurrió porque las funciones de forma elegidas (y sus derivadas segundas) son ortogonales entre sí, vale decir que se cumple que:

$$\int_o^L \psi_1(x)\, \psi_2(x)\, dx = 0 \qquad (11.63.\text{a})$$

$$\int_o^L \psi_1''(x)\, \psi_2''(x)\, dx = 0 \qquad (11.63.\text{b})$$

Aquellas coordenadas que desacoplan las ecuaciones de movimiento se conocen como "coordenadas normales o principales". Las ecuaciones de movimiento de cualquier sistema estructural pueden escribirse en términos de coordenadas normales, lo cual facilita de gran manera su solución. El problema consiste en hallar estas coordenadas: de ésto nos ocuparemos más adelante, en el próximo capítulo.

El método que acabamos de ver, que consiste en expresar el campo de desplazamientos como la superposición de funciones de forma multiplicadas por coordenadas generalizadas, o sea:

$$w(x,t) = \sum_{i=1}^{N} \psi_i(x)\, q_i(t) \qquad (11.64)$$

se conoce como el **"método de Rayleigh-Ritz"**. Dependiendo de las funciones de forma elegidas, el método puede dar resultados excelentes. El inconveniente con este método es la selección de las funciones $\psi_i(x)$. Dado que éstas deben satisfacer las condiciones de borde geométricas y además deben estar definidas sobre todo el dominio de la estructura, encontrar las funciones de forma apropiadas puede ser una tarea muy complicada, o directamente imposible. Por ejemplo, aún para estructuras relativamente simples, como la viga continua que se muestra en la Figura 11.21, encontrar una función de forma no es un proceso trivial. Además, el método no se presta para la <u>automatización</u>: sería mucho más conveniente un método donde la obtención de las ecuaciones de movimiento pueda hacerse en forma automática mediante una computadora. Existe tal método, mucho más versátil y mecánico que el de Rayleigh-Ritz: se basa en una aplicación del método anterior a **tramos** de la estructura y se conoce como el "**método de los elementos finitos**".

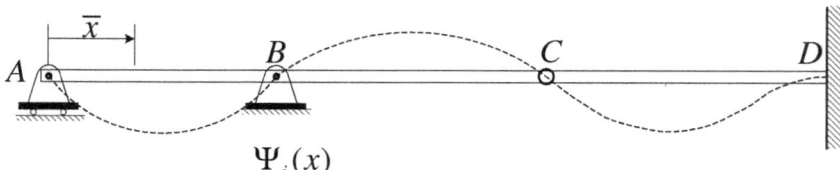

Figura 11.21 **Función de forma para una viga continua de dos tramos.**

11.9 Formulación matricial del método de Rayleigh-Ritz

Introduciendo notación matricial es posible generalizar la demostración y las expresiones del método de Rayleigh-Ritz obtenidas anteriormente para el ejemplo de la viga con una carga móvil. Vamos a considerar el caso de una estructura unidimensional con rigidez flexional (una estructura tipo viga) como la que se muestra en la Figura 11.22. No obstante, la formulación se puede adaptar con pocos cambios a estructuras con deformación axial, torsional o a sistemas bi-dimensionales (membranas y placas).

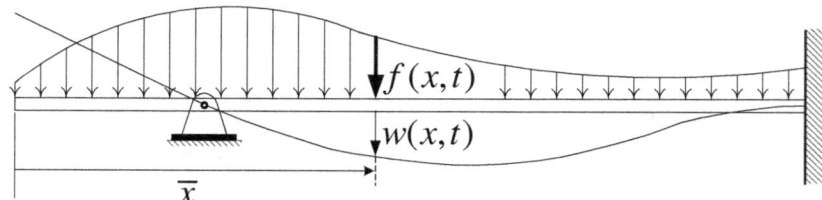

Figura 11.22 **Viga genérica para aplicar el método de Rayleigh-Ritz.**

Vimos que la clave del método de Rayleigh Ritz, y su expresión fundamental, consistía en expresar el campo de desplazamientos ($w(x,t)$ en nuestro caso) como la suma del producto de funciones de forma que dependen de la coordenada espacial por coordenadas generalizadas $q_i(t)$ que tienen en cuenta la variación en el tiempo. Vamos a cambiar un poco la notación: a las funciones de forma las vamos a llamar $N_i(x)$ en vez de $\psi_i(x)$. Supongamos que queremos usar "n" coordenadas generalizadas. Definiendo una matriz de funciones de forma $[N(x)]$ de dimensión $1 \times n$:

$$[N(x)] = \begin{bmatrix} N_1(x) & |N_2(x)| & \cdots & |N_n(x) \end{bmatrix} \tag{11.65}$$

y un vector $\{q(t)\}$ de coordenadas generalizadas con n elementos:

$$\{q(t)\} = \left\{ \begin{array}{c} q_1(t) \\ q_2(t) \\ \vdots \\ q_n(t) \end{array} \right\} \tag{11.66}$$

el campo de desplazamientos $w(x,t)$ se puede expresar en forma matricial como

$$w(x,t) = \sum_{i=1}^{n} N_i(x)\, q_i(t) = [N(x)]\,\{q(t)\} \tag{11.67}$$

Recordemos que como $w(x,t)$ debe satisfacer las condiciones de borde geométricas o esenciales, esto implica que las funciones $N_i(x)$ deben de escogerse en forma tal que también satisfagan estas mismas condiciones.

Consideremos primero la expresión de la energía potencial o energía de deformación V. Para una viga con rigidez flexional variable $EI(x)$ y largo L, ésta tiene la forma:

$$V = \frac{1}{2} \int_0^L EI(x)\, \{w''(x,t)\}^2\, dx \tag{11.68}$$

Necesitamos la primera variación δV de la energía potencial. Matemáticamente, esta variación puede calcularse como el diferencial dV. Por lo tanto,

$$\delta V = \frac{1}{2} \int_0^L EI(x)\, 2\, w''(x,t)\, \delta w''(x,t)\, dx = \int_0^L EI(x)\; w''(x,t)\, \delta w''(x,t)\, dx \tag{11.69}$$

La segunda derivada de $w(x,t)$ respecto a x puede obtenerse, de acuerdo a la Ec. (11.67), como:

$$w''(x,t) = \sum_{i=1}^{n} N_i''(x)\, q_i(t) = [N''(x)]\,\{q(t)\} \tag{11.70}$$

El término $\delta w''(x,t)$ se puede obtener de esta expresión recordando que son las coordenadas generalizadas $q_i(t)$ a las que se les puede dar una variación o desplazamiento virtual. Por lo tanto,

$$\delta w''(x,t) = \sum_{i=1}^{n} N_i''(x)\, \delta q_i(t) = [N''(x)]\,\{\delta q(t)\}$$

Ahora vamos a introducir un artificio que usaremos en varias ocasiones durante el presente desarrollo. Como $\delta w''(x,t)$ es un escalar, es igual a su transpuesta, y además como está expresado como el producto de dos matrices (o una matriz por un vector), podemos escribirlo como:

$$\delta w"(x,t) = \sum_{i=1}^{n} \delta q_i(t)\, N_i"(x) = \{\delta q(t)\}^T\, [N"(x)]^T \qquad (11.71)$$

El producto $w"(x,t)\,\delta w"(x,t)$ en la Ec. (11.69) se puede expresar entonces como:

$$w"(x,t)\,\delta w"(x,t) = \delta w"(x,t)\, w"(x,t) = \{\delta q(t)\}^T\, [N"(x)]^T\, [N"(x)]\, \{q(t)\} \qquad (11.72)$$

Reemplazando la Ec. (11.72) en la (11.69) se obtiene:

$$\delta V = \int_0^L EI(x)\, \{\delta q(t)\}^T\, [N"(x)]^T\, [N"(x)]\, \{q(t)\}\, dx$$

Dado que ninguno de los vectores $\{\delta q(t)\}$ y $\{q(t)\}$ depende de la variable de integración x, δV se puede escribir como:

$$\delta V = \{\delta q(t)\}^T \left(\int_0^L EI(x)\, [N"(x)]^T\, [N"(x)]\, dx \right) \{q(t)\} \qquad (11.73)$$

Como $[N"(x)]^T$ tiene dimensiones $n \times 1$ y $[N"(x)]$ es una matriz $1 \times n$, el término entre paréntesis en la Ec. (11.73) es una matriz $n \times n$. Por definición, esta matriz se conoce como la matriz de rigidez $[K]$ del sistema discretizado:

$$[K] = \int_0^L EI(x)\, [N"(x)]^T\, [N"(x)]\, dx \qquad (11.74)$$

Un elemento genérico en la fila "i" y columna "j" de esta matriz es:

$$k_{ij} = \int_0^L EI(x)\, N_i"(x)\, N_j"(x)\, dx \qquad (11.75)$$

Por lo tanto, intercambiando los subíndices "i" por "j", es evidente que la matriz de rigidez es simétrica. Además, los términos k_{ii} de la diagonal deben ser positivos no nulos, dado que tanto EI como $(N_i")^2$ son funciones positivas.
Con la Ec. (11.74) la variación de la energía potencial resulta:

$$\delta V = \{\delta q(t)\}^T\, [K]\, \{q(t)\} \qquad (11.76)$$

Vamos ahora a concentrar la atención en el trabajo virtual de las fuerzas de inercia. Sabemos que para el tipo de estructura que estamos analizando, el T.V. de estas fuerzas tiene la forma

$$\delta W_{iner} = -\int_0^L m(x)\; \ddot{w}(x,t)\, \delta w(x,t)\, dx \qquad (11.77)$$

donde $m(x)$ es la masa por unidad de longitud, igual a $\rho A(x)$. De la Ec. (11.67) se obtiene que la aceleración de los puntos de la estructura en una sección a una distancia x se puede escribir como

$$\ddot{w}(x,t) = \sum_{i=1}^{n} N_i(x)\,\ddot{q}_i(t) = [N(x)]\,\{\ddot{q}(t)\} \qquad (11.78)$$

Partiendo de la misma expresión (11.67), el campo de desplazamientos virtuales $\delta w(x,t)$ se puede expresar en términos de los desplazamientos virtuales de las coordenadas generalizadas $\delta q_i(t)$:

$$\delta w(x,t) = \sum_{i=1}^{n} N_i(x)\,\delta q_i(t) = [N(x)]\,\{\delta q(t)\} \qquad (11.79)$$

Como lo hicimos anteriormente, por conveniencia vamos a expresar el escalar $\delta w(x,t)$ de la forma:

$$\delta w(x,t) = \{\delta q(t)\}^T\,[N(x)]^T \qquad (11.80)$$

Con las Ecs. (11.78) y (11.80), el término $\ddot{w}(x,t)\,\delta w(x,t)$ en el integrando de la Ec. (11.77) resulta:

$$\ddot{w}(x,t)\,\delta w(x,t) = \delta w(x,t)\,\ddot{w}(x,t) = \{\delta q(t)\}^T\,[N(x)]^T\,[N(x)]\,\{\ddot{q}(t)\} \qquad (11.81)$$

Y sustituyendo este término en la expresión del T.V. de las fuerzas de inercia, δW_{iner} se puede escribir como:

$$\delta W_{iner} = -\int_0^L m(x)\,\{\delta q(t)\}^T\,[N(x)]^T\,[N(x)]\,\{\ddot{q}(t)\}\,dx$$

$$\delta W_{iner} = -\{\delta q(t)\}^T\left(\int_0^L m(x)\,[N(x)]^T\,[N(x)]\,dx\right)\{\ddot{q}(t)\} \qquad (11.82)$$

La expresión entre paréntesis es una matriz de dimensiones $n \times n$. Por definición, llamaremos a esta matriz la *matriz de masa* $[M]$:

$$[M] = \int_0^L \rho A(x)\,[N(x)]^T\,[N(x)]\,dx \qquad (11.83)$$

Un término genérico en la fila "i" y columna "j" de esta matriz es:

$$m_{ij} = \int_0^L \rho A(x)\,N_i(x)\,N_j(x)\,dx \qquad (11.84)$$

Aquí también se verifica que la matriz de masa es simétrica dado que $m_{ji} = m_{ij}$. Además, los elementos en la diagonal de la matriz de masa deben ser positivos no nulos porque para este caso el integrando $\rho A N_i^2$ es una función positiva no nula.

Con la Ec. (11.83), el T.V. de las fuerzas de inercia resulta finalmente

$$\delta W_{iner} = -\{\delta q(t)\}^T [M] \{\ddot{q}(t)\} \qquad (11.85)$$

Sólo nos falta calcular el T.V. de las fuerzas externas (o fuerzas no conservativas). Supongamos que sobre todo el dominio de la estructura actúa una fuerza distribuida genérica $f(x,t)$. El trabajo virtual δW_{nc} durante un desplazamiento virtual $\delta w(x,t)$ de la estructura se obtiene integrando el trabajo $f(x,t)dx\,\delta w(x,t)$ en un elemento diferencial de la viga:

$$\delta W_{nc} = \int_0^L f(x,t)\,\delta w(x,t)\,dx \qquad (11.86)$$

Reemplazando $\delta w(x,t)$ en términos de $\{\delta q\}$ según la Ec. (11.80) se obtiene

$$\delta W_{nc} = \int_0^L f(x,t)\,\{\delta q(t)\}^T [N(x)]^T\,dx$$

$$\delta W_{nc} = \{\delta q(t)\}^T \left(\int_0^L f(x,t)\,[N(x)]^T\,dx \right) \qquad (11.87)$$

El término entre paréntesis es un vector con n filas o elementos. A este vector lo vamos a identificar como el *vector de fuerzas externas equivalentes* $\{F(t)\}$:

$$\{F(t)\} = \int_0^L f(x,t)\,[N(x)]^T\,dx \qquad (11.88)$$

Un término genérico en la fila "i" del vector $\{F(t)\}$ es:

$$F_i(t) = \int_0^L f(x,t)\,N_i(x)\,dx \qquad (11.89)$$

Con la Ec. (11.88), el trabajo virtual de las fuerzas externas (11.87) se puede escribir como:

$$\delta W_{nc} = \{\delta q(t)\}^T \{F(t)\} \qquad (11.90)$$

Reemplacemos los tres términos δW_{iner}, δV y δW_{nc} dados, respectivamente, por las Ecs. (11.76), (11.85) y (11.90) en la expresión del Principio de los Trabajos Virtuales:

$$\delta W_{iner} - \delta V + \delta W_{nc} = 0$$

Se obtiene así:

$$-\{\delta q(t)\}^T [M] \{\ddot{q}(t)\} - \{\delta q(t)\}^T [K] \{q(t)\} + \{\delta q(t)\}^T \{F(t)\} = 0$$

El vector de desplazamientos virtuales se puede extraer como factor común:

$$\{\delta q(t)\}^T \left([M]\{\ddot{q}(t)\} + [K]\{q(t)\} - \{F(t)\}\right) = 0 \tag{11.91}$$

Argumentando que los desplazamientos virtuales en $\{\delta q(t)\}$ son arbitrarios (y por lo tanto pueden ser distintos de cero), la única posibilidad de que se cumpla la igualdad anterior es que el vector entre paréntesis sea el vector nulo, o sea que:

$$\{\delta q(t)\}^T \left([M]\{\ddot{q}(t)\} + [K]\{q(t)\} - \{F(t)\}\right) = \{\delta q(t)\}^T \{0\} = 0$$

Lo cual requiere que:

$$[M]\{\ddot{q}(t)\} + [K]\{q(t)\} = \{F(t)\} \tag{11.92}$$

que es la ecuación de movimiento del sistema discretizado.

En lo sucesivo, para obtener mediante el método de Rayleigh-Ritz un modelo discreto de n grados de libertad de un sistema estructural sólo se necesita seguir los siguientes pasos:

1. Escoger las n funciones de forma $N_i(x)$ que satisfagan las condiciones de borde esenciales.

2. Calcular la matriz de rigidez $[K]$ con la Ec. (11.74) o con la Ec. (11.75).

3. Calcular la matriz de masa $[M]$ con la Ec. (11.83) o con la Ec. (11.84).

4. Calcular el vector de fuerzas externas $\{F(t)\}$ con la Ec. (11.88) o con la Ec. (11.89).

Si sobre la estructura actúa una fuerza concentrada $P(t)$ a una distancia "a" del origen del sistema de coordenadas x, el T.V. de esta fuerza sería:

$$\delta W_{nc} = P(t)\,\delta w(a, t) \tag{11.93}$$

Usando la Ec. (11.80) el desplazamiento virtual $\delta w(a, t)$ es:

$$\delta w(a, t) = \{\delta q(t)\}^T [N(a)]^T$$

Reemplazándolo en la Ec. (11.93) el T.V. se puede escribir como

$$\begin{aligned} \delta W_{nc} &= P(t)\,\{\delta q(t)\}^T [N(a)]^T \\ \delta W_{nc} &= \{\delta q(t)\}^T \left(P(t)\,[N(a)]^T\right) \end{aligned} \tag{11.94}$$

Y por lo tanto en este caso el vector de fuerzas externas equivalentes es:

$$\{F(t)\} = P(t)\,[N(a)]^T \tag{11.95}$$

En forma similar, para considerar la presencia de una masa concentrada se debe modificar el trabajo virtual de las fuerzas de inercia (véase el Ejemplo 11.5 más adelante). Asimismo, para tener en cuenta la presencia de un resorte en la estructura, se debe agregar un término a la energía potencial.

Si se desea derivar un modelo discreto para otro tipo de estructura debe modificarse apropiadamente la expresión de la energía de deformación V y si hace falta, también el trabajo virtual de las fuerzas de inercia. Por ejemplo, para una barra en vibración axial con rigidez axial $EA(x)$, la Ec. (11.68) se reemplaza por

$$V = \frac{1}{2} \int_0^L EA(x) \left\{ u'(x,t) \right\}^2 dx \tag{11.96}$$

donde $u(x,t)$ es el campo de desplazamientos axiales. La correspondiente matriz de rigidez es:

$$[K] = \int_0^L EA(x) \left[N'(x) \right]^T \left[N'(x) \right] dx \tag{11.97}$$

La matriz de masa tiene la misma forma que la de la Ec. (11.83).

11.9.1 Ejemplo 11.4:

Consideremos una columna uniforme de altura h con rigidez flexional EI y masa por unidad de longitud ρA, sometida a una fuerza dinámica constante a lo largo de su altura $f(x,t) = f_o \sin \Omega t$ como la que se muestra en la Figura 11.22. Vamos a derivar para este sistema estructural un modelo discreto de dos grados de libertad usando el método de Rayleigh-Ritz y las Ecs. (11.74), (11.85) y (11.89).

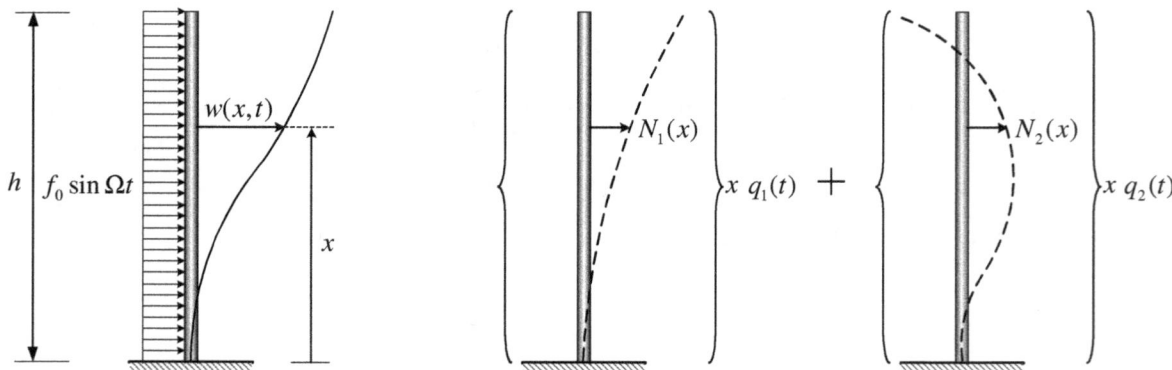

Figura 11.22 **Columna discretizada como un sistema de 2-grados de libertad.**

Vamos a escoger como funciones de forma las siguientes:

11-38

$$N_1(x) = \frac{3}{2}\left(\frac{x}{h}\right)^2 - \frac{1}{2}\left(\frac{x}{h}\right)^3 \tag{a}$$

$$N_2(x) = -5\left(\frac{x}{h}\right)^2 + 6\left(\frac{x}{h}\right)^3 \tag{b}$$

Ambas funciones satisfacen las dos condiciones de borde geométricas (también llamadas esenciales), o sea se verifica que:

$$\begin{cases} w(0,t) = 0 \\ w'(0,t) = 0 \end{cases} \tag{c}$$

La Figura 11.23 muestra las dos funciones de forma. Aunque no es un requisito, ambas funciones han sido además escogidas en forma tal que $N_1(h) = N_2(h) = 1$.

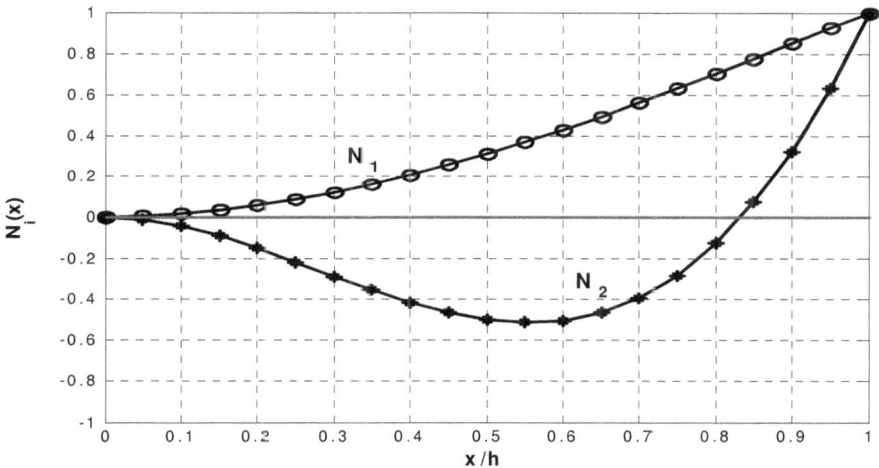

Figura 11.23 **Funciones de forma para discretizar la columna.**

Las segundas derivadas de la funciones de forma son:

$$N_1''(x) = \frac{3}{h^2}\left(1 - \frac{x}{h}\right) \tag{d}$$

$$N_2''(x) = -\frac{5}{h^2}\left(2 - 18\frac{x}{h}\right) \tag{e}$$

De acuerdo a la Ec. (11.75), los coeficientes de la matriz de rigidez son:

$$k_{11} = \frac{9}{h^4}EI\int_0^h \left(1 - \frac{x}{h}\right)^2 dx = \frac{3EI}{h^3}$$

$$k_{22} = \frac{25}{h^4} EI \int_0^h \left(2 - 18\frac{x}{h}\right)^2 dx = \frac{172EI}{h^3}$$

$$k_{12} = k_{21} = -\frac{15}{h^4} EI \int_0^h \left(1 - \frac{x}{h}\right)\left(2 - 18\frac{x}{h}\right) dx = \frac{3EI}{h^3}$$

Usando la Ec. (11.84), los coeficientes de la matriz de masa son:

$$m_{11} = \rho A \int_0^h \left[\frac{3}{2}\left(\frac{x}{h}\right)^2 - \frac{1}{2}\left(\frac{x}{h}\right)^3\right]^2 dx = \frac{33\rho Ah}{140}$$

$$m_{22} = \rho A \int_0^h \left[-5\left(\frac{x}{h}\right)^2 + 6\left(\frac{x}{h}\right)^3\right]^2 dx = \frac{\rho Ah}{7}$$

$$m_{12} = m_{21} = \rho A \int_0^h \left[\frac{3}{2}\left(\frac{x}{h}\right)^2 - \frac{1}{2}\left(\frac{x}{h}\right)^3\right]\left[-5\left(\frac{x}{h}\right)^2 + 6\left(\frac{x}{h}\right)^3\right] dx = -\frac{\rho Ah}{84}$$

Según la Ec. (11.89), los elementos del vector de fuerzas equivalentes son:

$$F_1(t) = f_o \sin\Omega t \int_0^h \left[\frac{3}{2}\left(\frac{x}{h}\right)^2 - \frac{1}{2}\left(\frac{x}{h}\right)^3\right] dx = \frac{3f_o h}{8} \sin\Omega t$$

$$F_2(t) = f_o \sin\Omega t \int_0^h \left[-5\left(\frac{x}{h}\right)^2 + 6\left(\frac{x}{h}\right)^3\right] dx = -\frac{f_o h}{6} \sin\Omega t$$

Y las ecuaciones de movimiento completas resultan:

$$\rho Ah \begin{bmatrix} 33/140 & -1/84 \\ -1/84 & 1/7 \end{bmatrix} \begin{Bmatrix} q_1 \\ q_2 \end{Bmatrix} + \frac{EI}{h^3} \begin{bmatrix} 3 & 3 \\ 3 & 172 \end{bmatrix} \begin{Bmatrix} q_1 \\ q_2 \end{Bmatrix} = \begin{Bmatrix} 3/8 \\ -1/6 \end{Bmatrix} f_o h \sin\Omega t \tag{f}$$

Como puede verse, una vez escogidas las funciones de forma apropiadas, obtener el modelo discreto es un proceso muy sencillo. Sólo hay que resolver unas integrales, para lo que se puede usar un programa que permita el manejo de álgebra simbólica, como MATHEMATICA, MAPLE o MATHCAD. En este ejemplo se usó MATHEMATICA para resolver el problema. El programa usado para este fin con los resultados se lista a continuación.

```
Definición de las funciones de forma:

N1 = 3/2 (x/h)²-1/2 (x/h)³

N2 = -5(x/h)² + 6(x/h)³
```

Cálculo de los coeficientes de la matriz de rigidez:

$$k11 = EI \int_0^h D[N1,\{x,2\}]^2 dx$$

$$\frac{3\ EI}{h^3}$$

$$k22 = EI \int_0^h D[N2,\{x,2\}]^2 dx$$

$$\frac{172\ EI}{h^3}$$

$$k12 = EI \int_0^h D[N1,\{x,2\}] D[N2,\{x,2\}] dx$$

$$\frac{3\ EI}{h^3}$$

Cálculo de los coeficientes de la matriz de masa de la columna:

$$m11 = \rho A \int_0^h N1^2\ dx$$

$$\frac{33\ \rho A\ h}{140}$$

$$m22 = \rho A \int_0^h N2^2\ dx$$

$$\frac{\rho A\ h}{7}$$

$$m12 = \rho A \int_0^h N1\ N2\ dx$$

$$-\frac{\rho A\ h}{84}$$

Cálculo de los coeficientes del vector de fuerzas:

$$F1 = fo\ Sin[\Omega\ t] \int_0^h N1\ dx$$

$$\frac{3\ fo\ Sin[\Omega\ t]\ h}{8}$$

$$F2 = fo\ Sin[\Omega\ t] \int_0^h N2\ dx$$

$$-\frac{fo\ Sin[\Omega\ t]\ h}{6}$$

11.9.2 Ejemplo 11.5:

Para mostrar un ejemplo de cómo se debe modificar el procedimiento anterior para considerar la presencia de una masa concentrada, supongamos que a una distancia $h/2$ de la base de la columna hay una masa m_o. Como se mencionó anteriormente, en este caso se debe modificar el término del T.V. de las fuerzas de inercia. La Figura 11.24 muestra la fuerza de inercia actuando en la masa m_o y el desplazamiento virtual $\delta w(h/2, t)$ de ese punto.

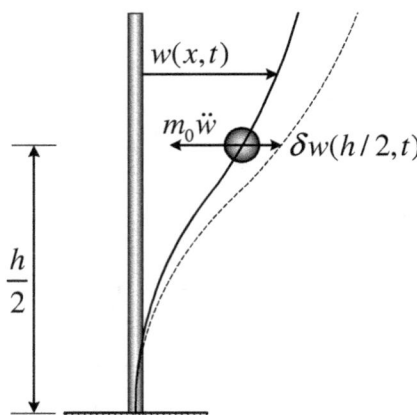

Figura 11.24 **Trabajo virtual de la fuerza de inercia de la masa m_o.**

El T.V. de esta fuerza es:

$$\delta W_{m_o} = -m_o \, \ddot{w}(h/2, t) \, \delta w(h/2, t) \tag{g}$$

Tomando $x = h/2$ en las Ecs. (11.78) y (11.80) tenemos que:

$$\ddot{w}(h/2, t) = [N(h/2)] \{\ddot{q}(t)\}$$
$$\delta w(h/2, t) = \{\delta q(t)\}^T [N(h/2)]^T$$

Por lo tanto, reemplazando este resultado en la Ec. (g), δW_{m_o} resulta:

$$\delta W_{m_o} = -m_o \, \delta w(h/2, t) \, \ddot{w}(h/2, t) = -m_o \{\delta q(t)\}^T [N(h/2)]^T [N(h/2)] \{\ddot{q}(t)\}$$

Rescribiendo esta expresión como:

$$\delta W_{m_o} = -\{\delta q(t)\}^T \left(m_o [N(h/2)]^T [N(h/2)] \right) \{\ddot{q}(t)\} \tag{h}$$

vemos que el término entre paréntesis es otra matriz de masa, que tiene en cuenta la contribución de la masa concentrada m_o. Si llamamos $[M_o]$ a esta matriz,

$$[M_o] = m_o [N(h/2)]^T [N(h/2)] \tag{i}$$

el trabajo virtual δW_{m_o} se puede expresar como:

$$\delta W_{m_o} = -\{\delta q(t)\}^T [M_o] \{\ddot{q}(t)\} \tag{j}$$

El trabajo virtual total es el debido a la masa distribuida y dado por la Ec. (11.85), más el nuevo término δW_{m_o}

$$\begin{aligned}
\delta W_{iner} &= -\{\delta q(t)\}^T [M] \{\ddot{q}(t)\} - \{\delta q(t)\}^T [M_o] \{\ddot{q}(t)\} \\
\delta W_{iner} &= -\{\delta q(t)\}^T ([M] + [M_o]) \{\ddot{q}(t)\}
\end{aligned} \tag{k}$$

Por lo tanto, la matriz de masa total es el término entre paréntesis en la Ec. (k), o sea la suma de la matriz $[M]$ debida a la masa distribuida más la debida a la masa concentrada $[M_o]$ definida por la Ec. (i).

Si se usan las mismas funciones de forma de las Ecs. (a) y (b) es fácil demostrar que:

$$[N(h/2)] = [N_1(h/2) \,|\, N_2(h/2)] = \left[\begin{array}{cc} \frac{5}{13} & |-\frac{1}{2} \end{array}\right]$$

y la matriz de masa $[M_o]$ debido a la contribución de la masa concentrada es

$$[M_o] = m_o \left[\begin{array}{c} \left|\frac{5}{16}\right| \\ \left|-\frac{1}{2}\right| \end{array}\right] \left[\begin{array}{cc} \frac{5}{16} & |-\frac{1}{2} \end{array}\right] = m_o \left[\begin{array}{cc} \frac{25}{256} & -\frac{5}{32} \\ -\frac{5}{32} & \frac{1}{4} \end{array}\right] \tag{l}$$

11.10 Problemas sugeridos

Problema # 11.1:

La figura del Problema 11.1 muestra una viga uniforme simplemente soportada de longitud total L. Se desea crear un modelo de dos grados de libertad para estudiar las vibraciones laterales de la viga. Los grados de libertad dinámicos serán los desplazamientos verticales u_1 y u_2 de los dos puntos donde se han ubicado las masas concentradas m, las que representan parte de la masa de la viga. Las ecuaciones de movimiento de vibraciones libres son:

$$\begin{bmatrix} m & 0 \\ 0 & m \end{bmatrix} \left\{\begin{array}{c} \ddot{u}_1 \\ \ddot{u}_2 \end{array}\right\} + \begin{bmatrix} k_{11} & k_{12} \\ k_{21} & k_{22} \end{bmatrix} \left\{\begin{array}{c} u_1 \\ u_2 \end{array}\right\} = \left\{\begin{array}{c} 0 \\ 0 \end{array}\right\}$$

donde las masas concentradas m son:

$$m = \frac{\rho A L}{3}$$

en la cual A es la sección transversal y ρ es la densidad. Las cuatro constantes k_{11}, k_{12}, k_{21} y k_{22} son los coeficientes de la matriz de rigidez $[K]$ reducida (o sea, aquella en la cual se han condensado los giros). Calcule los coeficientes de la matriz de rigidez ensamblando las matrices de rigidez de cada elemento y aplicando el método indirecto de la condensación estática.

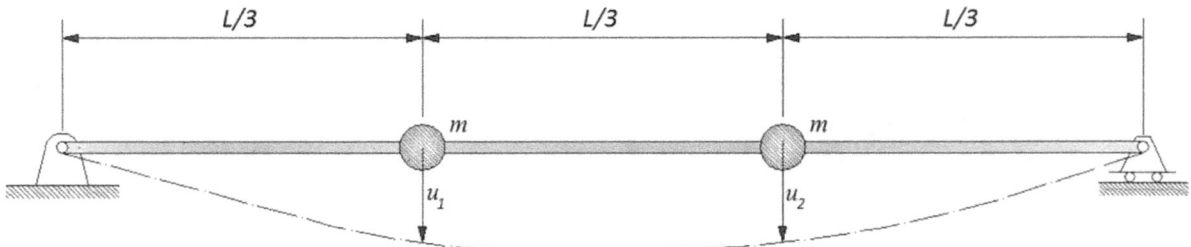

Problema # 11.2:

Considere la viga simplemente soportada del problema anterior. Usando las mismas propiedades, obtenga los coeficientes de la matriz de rigidez reducida $[K]$ calculando los coeficientes f_{11}, f_{12}, f_{21} y f_{22} de la matriz de flexibilidad $[F]$ e invirtiendo esta matriz.

Sugerencia: sólo necesita usar una fórmula de Mecánica de Materiales que permita calcular la deflexión estática $w(x)$ de un punto cualquiera de una viga simplemente soportada con una carga concentrada aplicada a una distancia arbitraria de uno de los apoyos.

Problema # 11.3:

La figura del Problema 11.3 muestra una viga de sección uniforme doblemente empotrada con momento de inercia I, área transversal A y largo total $L = 3\ell$. La viga está construida con un material con módulo de elasticidad E y densidad ρ. Se desea modelar la estructura como un sistema de dos grados de libertad: los desplazamientos transversales $u_1(t)$ y $u_2(t)$ de las masas concentradas.

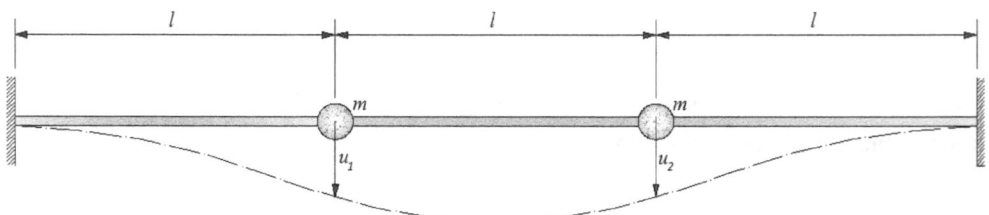

Figura del Problema 11.3

Determine las masas m_1 y m_2 de la matriz de masa concentrada y los coeficientes k_{11}, k_{22} y k_{12} de la matriz de rigidez que se obtiene al condensar los grados de libertad rotacionales. Use el método indirecto para la condensación.

$$[M] = \begin{bmatrix} m_1 & 0 \\ 0 & m_2 \end{bmatrix} \quad ; \quad [K] = \begin{bmatrix} k_{11} & k_{12} \\ k_{21} & k_{22} \end{bmatrix}$$

Problema # 11.4:

La figura del Problema 11.4 muestra una viga uniforme con dos voladizos, en donde la masa se ha concentrado en cinco juntas: los extremos libres, los apoyos y el punto medio del tramo central. El sistema tiene así ocho grados de libertad: los desplazamientos verticales u_1, u_3 y u_5 y los giros θ_1, θ_2, θ_3, θ_4 y θ_5. Las ecuaciones de movimiento del sistema en vibraciones libres y cuando se incluyen las rotaciones como grados de libertad se incluyen a continuación.

Determine las matrices de masa y de rigidez del sistema reducido, o sea aquel definido por los grados de libertad dinámicos u_1, u_3 y u_5. Puede usar el método indirecto y un programa de computadora con capacidad de manipulación simbólica, o calcular los coeficientes de la matriz de flexibilidad obteniendo las deflexiones de uno de los extremos y del punto medio.

$$\begin{bmatrix} m_1 & 0 & 0 & 0 & 0 & 0 & 0 & 0 \\ 0 & 0 & 0 & 0 & 0 & 0 & 0 & 0 \\ 0 & 0 & 0 & 0 & 0 & 0 & 0 & 0 \\ 0 & 0 & 0 & m_3 & 0 & 0 & 0 & 0 \\ 0 & 0 & 0 & 0 & 0 & 0 & 0 & 0 \\ 0 & 0 & 0 & 0 & 0 & 0 & 0 & 0 \\ 0 & 0 & 0 & 0 & 0 & 0 & m_5 & 0 \\ 0 & 0 & 0 & 0 & 0 & 0 & 0 & 0 \end{bmatrix} \begin{Bmatrix} \ddot{u}_1 \\ \ddot{\theta}_1 \\ \ddot{\theta}_2 \\ \ddot{u}_3 \\ \ddot{\theta}_3 \\ \ddot{\theta}_4 \\ \ddot{u}_5 \\ \ddot{\theta}_5 \end{Bmatrix} +$$

$$\begin{bmatrix} a & b & b & 0 & 0 & 0 & 0 & 0 \\ b & c & c/2 & 0 & 0 & 0 & 0 & 0 \\ b & c/2 & 2c & -b & c/2 & 0 & 0 & 0 \\ 0 & 0 & -b & 2a & 0 & b & 0 & 0 \\ 0 & 0 & c/2 & 0 & 2c & c/2 & 0 & 0 \\ 0 & 0 & 0 & b & c/2 & 2c & -b & c/2 \\ 0 & 0 & 0 & 0 & 0 & -b & a & -b \\ 0 & 0 & 0 & 0 & 0 & c/2 & -b & c \end{bmatrix} \begin{Bmatrix} u_1 \\ \theta_1 \\ \theta_2 \\ u_3 \\ \theta_3 \\ \theta_4 \\ u_5 \\ \theta_5 \end{Bmatrix} = \begin{Bmatrix} 0 \\ 0 \\ 0 \\ 0 \\ 0 \\ 0 \\ 0 \\ 0 \end{Bmatrix}$$

donde los coeficientes a, b y c son:

$$a = 12k_f \quad ; \quad b = 6Lk_f \quad ; \quad c = 4L^2k_f$$

$$k_f = \frac{EI}{L^3}$$

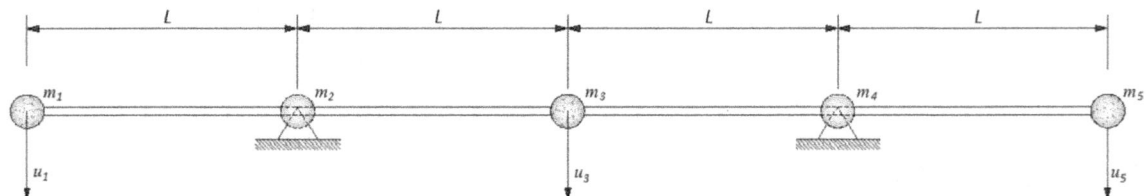

Figura del Problema 11.4

Problema # 11.5:

El emparrillado o enrejado plano que se muestra en la figura del Problema 11.5 está formado por la barra [1] con sección circular de 3 cm de diámetro y la barra [2] con sección rectangular de ancho 2 *cm* y altura 4 *cm*. La barra es de acero con módulo elástico $E = 210\ GPa$ y densidad $\rho = 7,850\ kg/m^3$. En la unión de las dos barras hay aplicada una fuerza vertical P. La estructura tiene *tres* grados de libertad estáticos (el desplazamiento u en dirección Z y los giros ϕ_x y ϕ_y de la junta libre). Para el caso estático se puede demostrar que las ecuaciones de equilibrio son:

$$\begin{bmatrix} 1344.6 & 5008.5 & 37334.5 \\ 5008.5 & 436380 & 0 \\ 37334.5 & 0 & 1560.178 \end{bmatrix} \begin{Bmatrix} u \\ \phi_x \\ \phi_y \end{Bmatrix} = \begin{Bmatrix} -P \\ 0 \\ 0 \end{Bmatrix}$$

en unidades de *kN* y *metros*. Al concentrar la masa de las barras en la junta libre, el sistema tiene *un* grado de libertad dinámico: el desplazamiento $u(t)$. Para el caso dinámico la ecuación de movimiento es:

$$m\ddot{u}(t) + ku(t) = -P(t)$$

Determine el valor de la masa concentrada m y del coeficiente de rigidez k condensando los grados de libertad estáticos ϕ_x y ϕ_y.

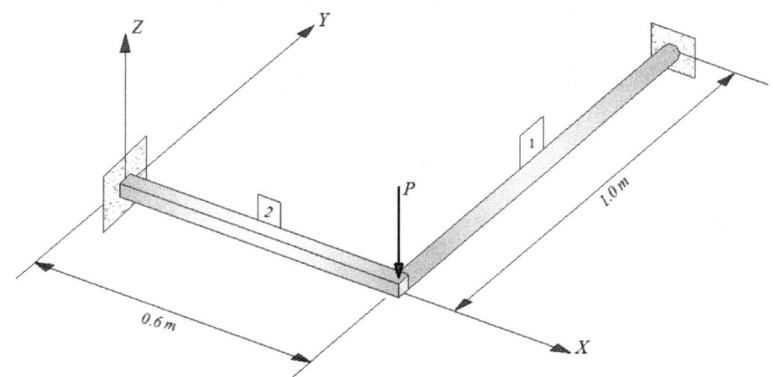

Figura del Problema 11.5

Problema # 11.6:

Una viga uniforme con rigidez flexional EI, longitud total L y masa por unidad de longitud $\bar{m} = \rho A$ está empotrada en su extremo izquierdo y tiene un apoyo tipo pasador en el extremo derecho. En el punto medio del vano actúa una fuerza dinámica $P(t)$ como se muestra en la figura del Problema 11.6. Use el método de Rayleigh-Ritz con las siguientes funciones de forma,

$$\psi_1(x) = 5\left(\frac{x}{L}\right)^2 - 13\left(\frac{x}{L}\right)^3 + 8\left(\frac{x}{L}\right)^4 \qquad ; \qquad \psi_2(x) = \left(\frac{x}{L}\right)^2 - \left(\frac{x}{L}\right)^3$$

para derivar un modelo discreto de dos grados de libertad del sistema. Provea las formas explícitas de la matriz de masa $[M]$, la matriz de rigidez $[K]$ y el vector de fuerzas $\{F(t)\}$. Dibuje las funciones de forma.

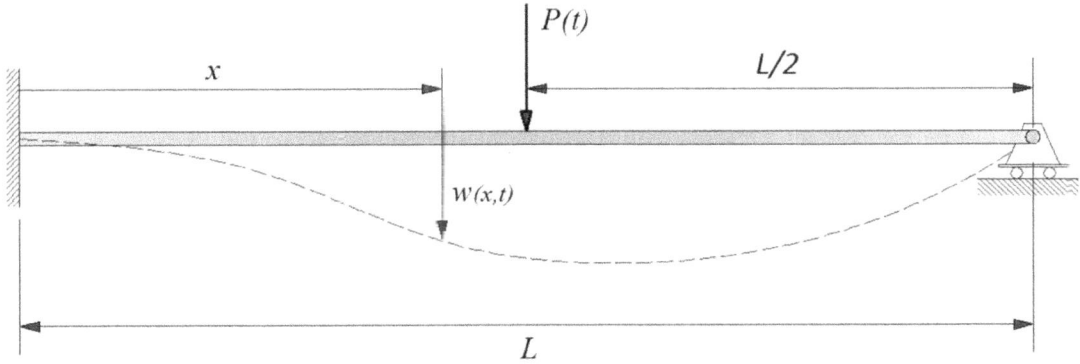

Figura del Problema 11.6

Problema # 11.7:

Una viga de sección uniforme con rigidez flexional EI y masa por unidad de longitud $\bar{m} = \rho A$ está soportada por dos apoyos articulados en sus extremos y por dos resortes lineales como se indica en la figura del Problema 11.7. Los resortes tienen el mismo coeficiente de rigidez k. En la mitad del tramo de la viga hay una fuerza dinámica $P(t)$. Utilice el método de Rayleigh-Ritz y las siguientes funciones de forma:

$$\psi_1(x) = \sin\left(\frac{\pi x}{L}\right) \qquad ; \qquad \psi_2(x) = \sin\left(\frac{2\pi x}{L}\right)$$

para discretizar el sistema continuo en uno de dos grados de libertad. Debe obtener la matriz de masa $[M]$, la matriz de rigidez $[K]$ y el vector de fuerzas $\{F(t)\}$.

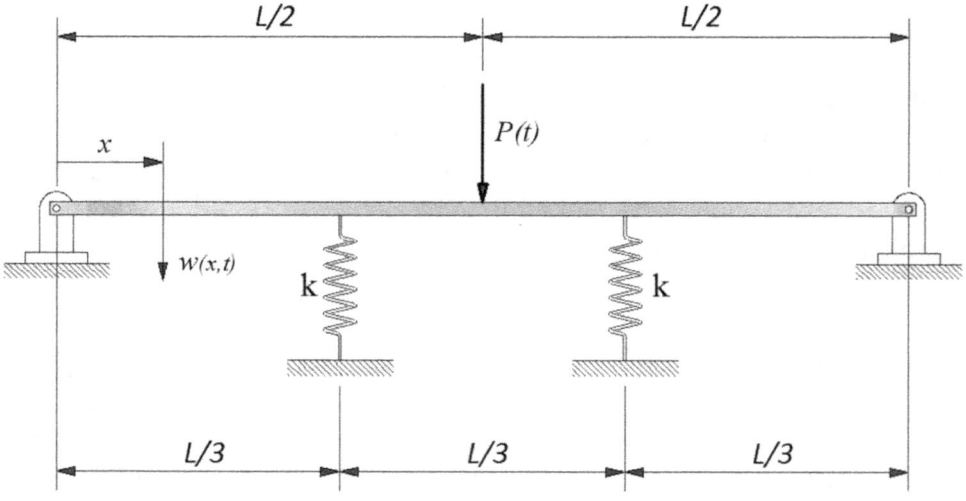

Figura del Problema 11.7

Problema # 11.8:

Una viga de sección uniforme está soportada por un apoyo articulado en su extremo izquierdo y por un tirante inclinado (una barra articulada en ambos extremos) en su extremo derecho, como se muestra en la figura del Problema 11.8 a la izquierda. La viga tiene rigidez flexional EI y masa por unidad de longitud $\bar{m} = \rho A$. En el extremo derecho de la viga hay aplicada una fuerza dinámica $P(t)$. El tirante tiene área transversal A_t, longitud ℓ_t y el módulo elástico del material es E. Si se desprecia la masa del tirante y suponiendo que no se pandea, éste se puede reemplazar por un resorte con rigidez k como se indica en la figura a la derecha.

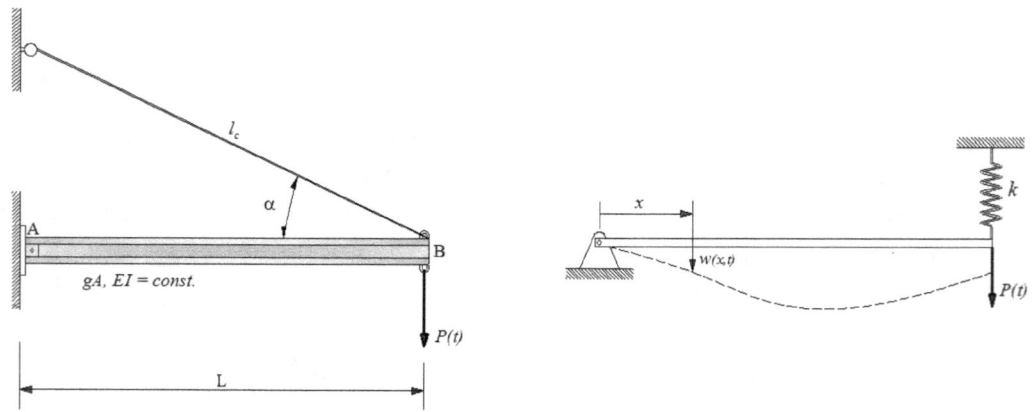

Figura del Problema 11.8

Utilice el método de Rayleigh-Ritz y las siguientes funciones de forma:

$$\psi_1(x) = 3\left(\frac{x}{L}\right) - 2\left(\frac{x}{L}\right)^2 \quad ; \quad \psi_2(x) = 5\left(\frac{x}{L}\right) - 6\left(\frac{x}{L}\right)^2$$

para discretizar el sistema continuo con un modelo de dos grados de libertad. Debe obtener la matriz de masa $[M]$, la matriz de rigidez $[K]$ y el vector de fuerzas $\{F(t)\}$. Exprese k en función de las propiedades del tirante.

Problema # 11.9:

Una viga no prismática de longitud L, rigidez flexional $EI(x)$ y masa por unidad de longitud $\bar{m} = \rho A(x)$ está sometida a una fuerza concentrada armónica $P(t) = P_o \sin\Omega t$ aplicada en el extremo libre. La viga tiene un ancho constante e igual a b. El momento de inercia y el área transversal a una distancia x medida desde el extremo fijo están dados por las siguientes expresiones:

$$I(x) = \frac{b}{12}\left[-\left(\frac{h_1 - h_2}{L}\right)x + h_1\right]^3$$

$$A(x) = b\left[-\left(\frac{h_1 - h_2}{L}\right)x + h_1\right]$$

Aplicando el método de Rayleigh-Ritz junto con las siguientes funciones de forma,

$$\psi_1(x) = \left(\frac{x}{L}\right)^2$$
$$\psi_2(x) = \left(\frac{x}{L}\right)^3$$

obtenga un modelo discreto de dos grados de libertad que aproxime el sistema continuo. Solamente debe obtener las matrices de masa $[M]$, de rigidez $[K]$ y el vector de fuerzas $\{F(t)\}$.

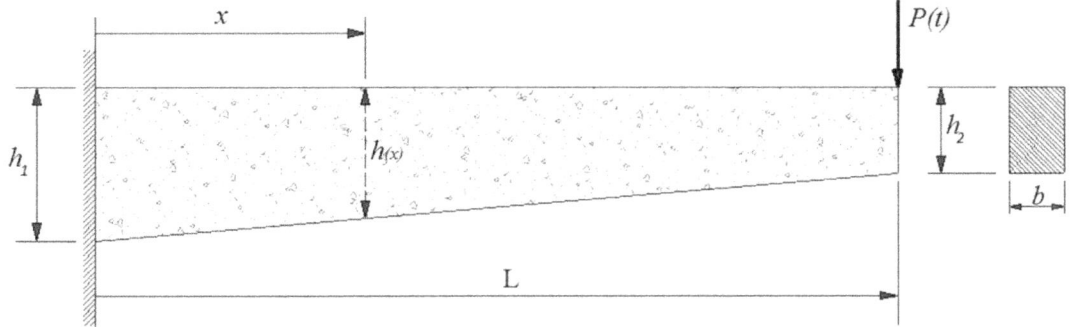

Figura del Problema 11.9

Problema # 11.10:

Una viga continua de dos tramos idénticos está sometida a una fuerza uniformemente distribuida de intensidad $p(t)$ sobre el tramo izquierdo, como se muestra en la figura del Problema 11.10. La viga tiene una sección uniforme con longitud total L, rigidez flexional EI y masa por unidad de longitud $\bar{m} = \rho A$. Use las siguientes funciones de forma para el método de Rayleigh-Ritz,

$$\psi_1(x) = \sin\frac{2\pi x}{L} \quad ; \quad \psi_2(x) = \sin\frac{4\pi x}{L}$$

y obtenga las matrices de rigidez y masa y el vector de fuerzas de un sistema discreto de dos grados de libertad que represente la viga continua.

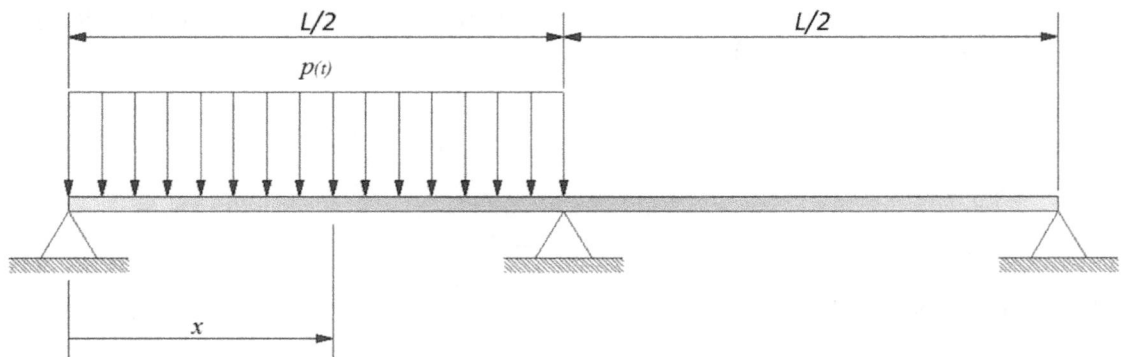

Figura del Problema 11.10

Problema # 11.11:

La torre arriostrada de la figura del Problema 11.11 está sometida a oscilaciones debido a ráfagas de viento. La torre se pueden modelar como una viga articulada en un extremo y con un resorte lineal en el otro. La viga tiene rigidez flexional EI y masa por unidad de longitud ρA. Se va a considerar que la fuerza debido al viento crece linealmente y que tiene una intensidad máxima $P_o f(t)$. Si se supone que los cables no tienen ninguna pretensión, cuando la estructura oscile sólo uno de ellos va a trabajar y por lo tanto se pueden reemplazar por un único resorte como se muestra en la figura de la derecha. Se puede demostrar que la rigidez en tensión del resorte k que representa a un cable es:

$$k = \frac{A_c E_c}{l_c} \sin^2\alpha$$

en donde A_c, E_c y l_c son, respectivamente, el área transversal, el módulo de elasticidad y la longitud del cable, y α es el ángulo que forma la torre con el cable. Derive un modelo discreto de dos grados de libertad mediante el método de Rayleigh-Ritz.

Específicamente, derive las matrices de rigidez, de masa y el vector de fuerzas de las ecuaciones de movimiento. Emplee las siguientes funciones de forma:

$$\psi_1(x) = \left(\frac{x}{L}\right)^2 - 2\left(\frac{x}{L}\right)$$

$$\psi_2(x) = 2\left(\frac{x}{L}\right)^2 - \left(\frac{x}{L}\right)$$

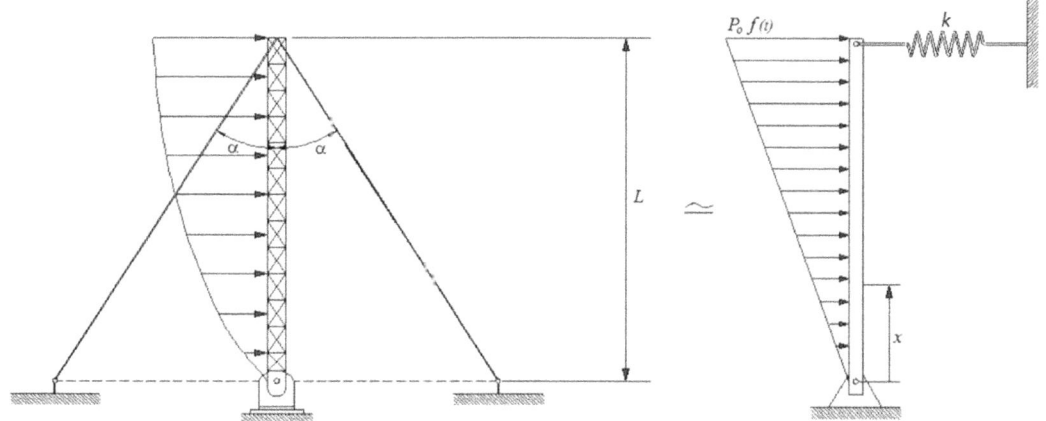

Figura del Problema 11.11

Capítulo 12

Vibraciones libres de sistemas de múltiples grados de libertad

Capítulo 12: Vibraciones libres de sistemas de múltiples grados de libertad

12.1 Respuesta de una estructura no amortiguada a condiciones iniciales

En los próximos capítulos vamos a estudiar la solución de las ecuaciones de movimiento de sistemas de múltiples grados de libertad. Comenzaremos considerando el caso en que el sistema está vibrando libremente, o sea que no tiene ninguna fuerza externa aplicada. Además, no se considerará en este momento el amortiguamiento. Una vez que se presenten los conceptos y fórmulas generales, inmediatamente se aplicarán los mismos a un ejemplo específico. Se va a suponer que el sistema tiene n grados de libertad y las n coordenadas están agrupadas en un vector de desplazamientos $\{u(t)\}$. Las ecuaciones de movimiento tienen entonces la forma genérica:

$$[M]\{\ddot{u}(t)\} + [K]\{u(t)\} = \{0\} \tag{12.1}$$

Evidentemente, para que el sistema esté en movimiento tiene que de alguna manera haber salido de su posición de equilibrio estático, debido por ejemplo, a una fuerza que ya no está actuando. En todo caso, el sistema estructural tiene que tener desplazamientos o velocidades iniciales. Si se supone que estas llamadas *condiciones iniciales* ocurren en un tiempo inicial $t = 0$, tenemos que conocer los vectores $\{u_o\}$ y $\{\dot{u}_o\}$ con los desplazamientos y las velocidades en ese instante de tiempo:

$$\{u(0)\} = \{u_o\}$$

$$\{\dot{u}(0)\} = \{\dot{u}_o\} \tag{12.2}$$

Para ayudar a visualizar y asimilar mejor la teoría que se presentará, se va a considerar un ejemplo concreto a lo largo de todo el desarrollo. El procedimiento que vamos a seguir es similar al que se usó para obtener la respuesta de sistemas de un grado de libertad. Por lo tanto, vamos a proponer una solución y verificar si ésta satisface las ecuaciones de movimiento. Como se hizo para sistemas de un grado de libertad, la solución propuesta va a ser armónica. Por lo tanto, se supone que los desplazamientos tienen la forma:

$$\{u(t)\} = \{\phi\}\sin(\omega t + \theta) \tag{12.3}$$

En esta solución propuesta $\{\phi\}$ es un vector con n filas que contienen coeficientes o elementos por ahora desconocidos. Asimismo ω y θ son dos constantes también desconocidas. Si esta solución existe, se dice que el sistema estructural tiene un *"movimiento sincrónico"*; esto quiere decir que todos los puntos de la estructura o grados de libertad se mueven de la misma manera en el tiempo pero cada uno con distintas amplitudes dadas por los coeficientes del vector $\{\phi\}$.

12.1.1 Ejemplo 12.1

Consideremos el caso de una viga uniforme de longitud L empotrada en un extremo y libre en el otro, con rigidez flexional EI, área transversal A y densidad ρ. Por simplicidad, vamos a modelar la estructura con un modelo discreto de $n = 2$ grados de libertad: los desplazamientos transversales u_1 y u_2 del extremo y del punto medio de la viga que se muestran en la Figura 12.1.

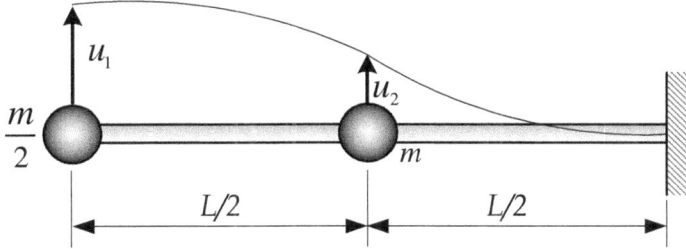

Figura 12.1 **Modelo de viga empotrada con dos grados de libertad.**

Como se demostró en un capítulo anterior, las ecuaciones de movimiento de este modelo de dos grados de libertad son:

$$\begin{bmatrix} \frac{m}{2} & 0 \\ 0 & m \end{bmatrix} \left\{ \begin{array}{c} \ddot{u}_1(t) \\ \ddot{u}_2(t) \end{array} \right\} + \frac{EI}{7L^3} \begin{bmatrix} 96 & -240 \\ -240 & 768 \end{bmatrix} \left\{ \begin{array}{c} u_1(t) \\ u_2(t) \end{array} \right\} = \left\{ \begin{array}{c} 0 \\ 0 \end{array} \right\} \qquad \text{(a)}$$

donde:

$$m = \frac{\rho A L}{2}$$

En este caso la solución propuesta, Ec. (12.3), es:

$$\left\{ \begin{array}{c} u_1(t) \\ u_2(t) \end{array} \right\} = \left\{ \begin{array}{c} \phi_1 \\ \phi_2 \end{array} \right\} \sin\left(\omega t + \theta\right) \qquad \text{(b)}$$

Supongamos que a la viga se le imponen desplazamientos iniciales u_{1_0} y u_{2_0}. De acuerdo a la Ec. (b) el movimiento sincrónico en los instantes de tiempo posteriores tendría la forma que se muestra en la Figura 12.2. Nótese que las constantes por ahora desconocidas ϕ_1, ϕ_2 y θ deben ser tales que el máximo valor de $u_1(t)$ y $u_2(t)$ debe ser u_{1_0} y u_{2_0}, respectivamente.

12.2 El polinomio característico

Para continuar con el desarrollo teórico, debemos averiguar si la solución propuesta, la Ec. (12.3), satisface las ecuaciones de movimiento (12.1). Reemplazando $\{u(t)\}$ y su derivada segunda,

$$\{\ddot{u}(t)\} = -\omega^2 \{\phi\} \sin\left(\omega t + \theta\right) \qquad \text{(12.4)}$$

en la Ec. (12.1) se obtiene:

$$-\omega^2 [M] \{\phi\} \sin(\omega t + \theta) + [K] \{\phi\} \sin(\omega t + \theta) = \{0\}$$

Cancelando la función del tiempo y sacando como factor común el vector $\{\phi\}$ se llega a:

$$[[K] - \omega^2 [M]] \{\phi\} = \{0\} \tag{12.5}$$

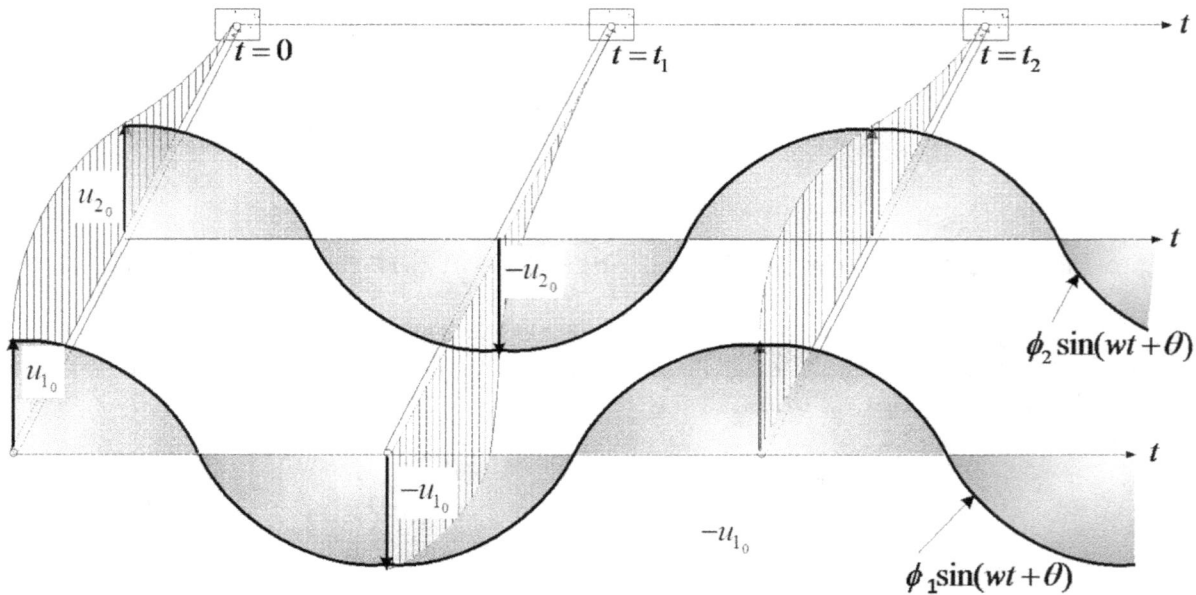

Figura 12.2 **Movimiento sincrónico de la viga empotrada.**

Vamos a introducir una nueva notación. Al coeficiente ω^2 vamos a identificarlo con la letra griega *"lambda"* minúscula:

$$\lambda = \omega^2 \tag{12.6}$$

Por lo tanto, la Ec. (12.5) resulta:

$$[[K] - \lambda [M]] \{\phi\} = \{0\} \tag{12.7}$$

O bien,

$$[K] \{\phi\} = \lambda [M] \{\phi\} \tag{12.8}$$

Las ecuaciones (12.5), (12.7) o (12.8) definen un problema matemático que se conoce como el "*problema de autovalores matricial*" ", o "*problema de valores propios matricial*" ("matrix eigenvalue problem" en inglés). El vector de coeficientes $\{\phi\}$ se conoce como el "*autovector*" o "*vector propio*" ("eigenvector" en inglés). El coeficiente λ se conoce como el "*autovalor*" o "*valor propio*" ("eigenvalue" en inglés).

La conclusión a la que hemos llegado es que la solución propuesta (12.3) satisface las ecuaciones de movimiento *siempre y cuando* el vector $\{\phi\}$ y el coeficiente ω satisfagan el problema de autovalores (12.5), (12.7) o (12.8).

En principio, el vector $\{\phi\}$ se podría calcular de una de estas tres ecuaciones. No obstante, es importante notar que para un valor determinado de λ (o de ω), las Ecs. (12.5), (12.7) y (12.8) representan un sistema de *ecuaciones algebraicas homogéneo* (con término independiente nulo). Por consiguiente, es evidente que si de una de las ecuaciones, por ejemplo de la Ec. (12.7) despejamos el vector $\{\phi\}$ obtendríamos:

$$\{\phi\} = [[K] - \lambda [M]]^{-1} \{0\} = \{0\} \tag{12.9}$$

o sea, se obtiene una solución trivial $\{\phi\} = \{0\}$. Sólo se podría obtener una solución distinta de la trivial si la inversa de la matriz $[[K] - \lambda [M]]$ no existiese. Sabemos que la inversa de una matriz no existe (o sea no está definida) cuando su determinante se anula. En nuestro caso, se requeriría que:

$$|[K] - \lambda [M]| = 0 \tag{12.10}$$

Como no conocemos aún el coeficiente λ (el autovalor), podríamos obtenerlo en forma tal que se satisfaga la Ec. (12.10). Desarrollando el determinante de la Ec. (12.10) se obtiene un polinomio $p(\lambda)$ de grado n en λ:

$$p(\lambda) = a_n \lambda^n + a_{n-1} \lambda^{n-1} + a_{n-2} \lambda^{n-2} + \ldots + a_1 \lambda + a_o = 0 \tag{12.11}$$

La función de λ en la Ec. (12.11) se conoce como la "*ecuación característica*" o el "*polinomio característico*".

El polinomio característico $p(\lambda)$ tiene n raíces: hay n valores de λ que satisfacen la Ec. (12.1). Por lo tanto, hay n autovalores $\lambda_1, \lambda_2, \ldots, \lambda_n$ que satisfacen el problema de valores propios (12.7) o (12.8).

12.3 Las frecuencias naturales

Una vez que se conocen los autovalores se puede obtener el parámetro ω que aparecía en la solución propuesta (12.3). El autovalor λ y el parámetro ω están relacionados por la Ec. (12.3). Es obvio que también existen n valores posibles de ω:

$$\omega_1 = \sqrt{\lambda_1} \quad ; \quad \omega_2 = \sqrt{\lambda_2} \quad ; \quad \ldots \quad ; \quad \omega_n = \sqrt{\lambda_n} \tag{12.12}$$

Si se observa la respuesta de la estructura dada por la Ec. (12.3) (y el gráfico del movimiento sincrónico en la Figura 12.2), es evidente que la solución propuesta (y ahora verificada) representa una estructura vibrando con una frecuencia ω. Por lo tanto, el parámetro ω es una *frecuencia natural* de la estructura. Además, como hemos hallado varios valores posibles para ω, llegamos a la siguiente conclusión:

Un modelo discreto de n grados de libertad de una estructura tiene n frecuencias naturales.

Las frecuencias naturales de un sistema de múltiples grados de libertad se deben calcular a partir de los autovalores de acuerdo a la Ec. (12.12). A su vez, los autovalores se obtienen de resolver un problema de valores propios en términos de las matrices de rigidez $[K]$ y de masa $[M]$ de la estructura. Para los sistemas estructurales y mecánicos que se estudiarán en este libro, los autovalores siempre serán números *reales y positivos*, y ocasionalmente pueden tener valor nulo. Esta propiedad se discutirá con más detalle más adelante.

Los autovalores λ_j y las correspondientes frecuencias naturales ω_j siempre se deben ordenar *de menor a mayor*, de manera que la primera frecuencia natural ω_1 sea la de valor más bajo y la última ω_n sea la más alta. Vale decir:

$$\lambda_1 \;<\; \lambda_2 < \lambda_3 < \ldots < \lambda_n$$
$$\omega_1 \;<\; \omega_2 < \omega_3 < \ldots < \omega_n$$

El problema de valores propios en la Ec. (12.8) es equivalente a la expresión que vimos antes $k = \omega_n^2\, m$ con la cual se calculaban las frecuencias naturales de los sistemas de un grado de libertad. Aquí en vez de un coeficiente k tenemos una matriz de rigidez $[K]$, en lugar de la masa m aparece la matriz de masa $[M]$, y en vez de simplemente despejar ω_n hay que resolver un problema de autovalores matricial.

Si bien de acuerdo al desarrollo teórico, los autovalores λ_j son las raíces del polinomio característico, en la práctica éstos **no** se calculan de esta manera. Esto se debe a que el cálculo de raíces de polinomios es un problema matemáticamente *mal condicionado*. En nuestro contexto, el problema mal condicionado debe entenderse como que pequeños errores o perturbaciones en los coeficientes del polinomio característico tienden a ser amplificados cuando se calculan sus raíces, aún si el cómputo de las raíces se hiciera con una gran precisión. No obstante, en el ejemplo que sigue, y en ejemplos subsiguientes de sistemas de dos grados de libertad, por simplicidad se van a calcular los autovalores como las raíces del polinomio característico. Aún así, es importante tener presente que en casos más complicados se debe usar un algoritmo numérico especializado. Todos los programas que uno podría usar para resolver problemas de dinámica estructural, como MATLAB, MATHCAD, MATHEMATICA, MAPLE, etc., tienen implementados estos algoritmos. Más adelante retornaremos a este tema.

En forma similar al caso de sistemas de un grado de libertad, la inversa de la frecuencia de ω multiplicado por 2π nos da un tiempo en segundos: el *periodo natural*. Como en este caso hay "n" frecuencias naturales, una estructura de múltiples grados de libertad tiene "n" periodos naturales correspondientes:

$$T_1 = \frac{2\pi}{\omega_1} \quad ; \quad .... ; \quad T_j = \frac{2\pi}{\omega_j} ; \quad ... ; \quad T_n = \frac{2\pi}{\omega_n}$$

Si se ordenaron las frecuencias de menor a mayor, los periodos naturales son tales que:

$$T_1 > T_2 > ... < T_j > ... T_n$$

12.3.1 Ejemplo 12.2

Continuamos con el ejemplo de la viga empotrada con dos grados de libertad. Para este modelo de la estructura el problema de autovalores (12.7) es

$$\left[\frac{EI}{7L^3} \begin{bmatrix} 96 & -240 \\ -240 & 768 \end{bmatrix} - \lambda \frac{\rho AL}{2} \begin{bmatrix} \frac{1}{2} & 0 \\ 0 & 1 \end{bmatrix} \right] \left\{ \begin{array}{c} \phi_1 \\ \phi_2 \end{array} \right\} = \left\{ \begin{array}{c} 0 \\ 0 \end{array} \right\} \tag{c}$$

Antes de continuar, y para simplificar las expresiones que se obtienen, vamos a usar datos numéricos. Supongamos que la viga tiene las siguientes longitud L, rigidez flexional EI y masa por unidad de longitud ρA:

$$L = 12 \ ft \quad ; \quad EI = 119,700 \ lb.ft^2 \quad ; \quad \rho A = 0.05 \ \frac{lb.s^2}{ft^2}$$

La Ec. (c) resulta ahora:

$$\left[\begin{bmatrix} 950 & -2,375 \\ -2,375 & 7,600 \end{bmatrix} - \lambda \begin{bmatrix} 0.15 & 0 \\ 0 & 0.3 \end{bmatrix} \right] \left\{ \begin{array}{c} \phi_1 \\ \phi_2 \end{array} \right\} = \left\{ \begin{array}{c} 0 \\ 0 \end{array} \right\} \tag{d}$$

Igualando a cero el determinante de la matriz en la Ec. (d):

$$\det \begin{bmatrix} 950 - 0.15\lambda & -2,375 \\ -2,375 & 7,600 - 0.3\lambda \end{bmatrix} = 0 \tag{e}$$

y desarrollando el determinante se obtiene el polinomio característico $p(\lambda)$:

$$p(\lambda) = (950 - 0.15\lambda)(7,600 - 0.3\lambda) - 2,375^2 = 0$$

Efectuando los productos y agrupando términos se obtiene el polinomio característico en la forma de la Ec. (11):

$$p(\lambda) = 0.045 \, \lambda^2 - 1,425 \, \lambda + 1,579,375 = 0 \tag{f}$$

La Figura 12.3 muestra un gráfico de este polinomio de segundo orden. Es interesante observar que el polinomio varía muy rápidamente. Esto confirma una observación anterior de que las raíces del polinomio característico son muy sensibles a los valores de los coeficientes del mismo (pequeñas variaciones en los coeficientes suelen producir grandes variaciones en las raíces).

En este caso simple los dos autovalores se pueden obtener calculando en forma cerrada las raíces del polinomio (f):

$$
\begin{matrix} \lambda_1 \\ \lambda_2 \end{matrix} = \frac{1}{2 \cdot 0.045} \left(1,425 \pm \sqrt{1,425^2 - 4 \cdot 0.045 \cdot 1,579,375} \right) \tag{g}
$$

Dijimos que se deben ordenar los autovalores de menor a mayor, y por lo tanto:

$$
\lambda_1 = 1,150.1 \, \frac{rad}{s^2} \quad ; \quad \lambda_2 = 30,516.6 \, \frac{rad}{s^2} \tag{h}
$$

Las dos frecuencias naturales de la viga son simplemente las raíces cuadradas de los autovalores:

$$
\omega_1 = \sqrt{\lambda_1} = 33.913 \, \frac{rad}{s} \tag{i}
$$

$$
\omega_2 = \sqrt{\lambda_2} = 174.690 \, \frac{rad}{s} \tag{j}
$$

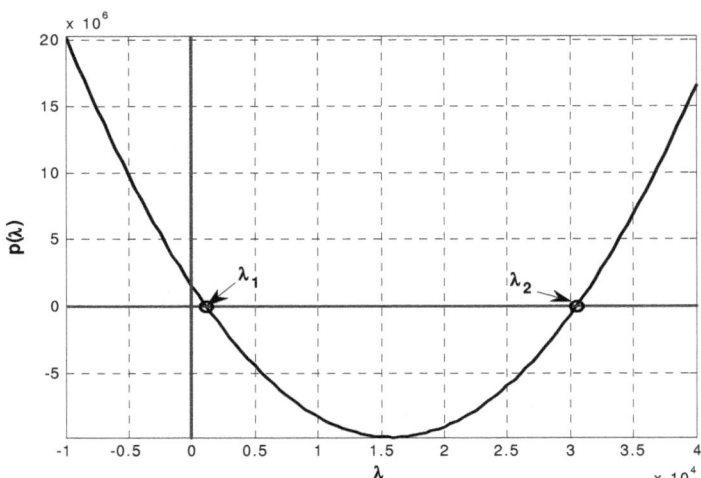

Figura 12.3 **Polinomio característico para la viga empotrada de 2 grados de libertad.**

12.4 Cálculo de los autovectores

Una vez que se conocen los autovalores λ_j, vamos a calcular el vector de coeficientes $\{\phi\}$, el llamado autovector. Los elementos ϕ_i del autovector $\{\phi\}$ se pueden obtener de la Ec. (12.7). Sin embargo, como encontramos n autovalores λ_j, para cada uno de éstos podemos determinar un autovector $\{\phi\}$. Esto significa que también debemos agregar otro subíndice al autovector para identificar a qué autovalor corresponde: los elementos serán ahora ϕ_{ij}. Tendremos entonces n autovectores $\{\phi_j\}$ con $j = 1, \ldots, n$. Con esto presente, ahora podemos rescribir la Ec. (12.7) como sigue:

$$[[K] - \lambda_j [M]] \{\phi_j\} = \{0\} \tag{12.13}$$

El vector $\{\phi_j\}$ es el j-ésimo autovector asociado al j-ésimo autovalor λ_j. Si el sistema estructural tiene n grados de libertad, $\{\phi_j\}$ tendrá n filas o elementos. Si llamamos ϕ_{1j}, ϕ_{2j}, $\ldots$, ϕ_{nj} a los n elementos de $\{\phi_j\}$, el vector resulta:

$$\{\varphi_j\} = \left\{ \begin{array}{c} \phi_{1j} \\ \phi_{2j} \\ \vdots \\ \phi_{ij} \\ \vdots \\ \phi_{nj} \end{array} \right\} \tag{12.14}$$

Nótese que el primer subíndice (i) de cada elemento ϕ_{ij} indica el grado de libertad y el segundo subíndice (j) denota a qué autovalor λ_j está asociado el autovector.

Una vez que se conocen los autovalores λ_j, la Ec. (12.13) es un sistema de ecuaciones simultáneas donde los coeficientes ϕ_{ij} son las incógnitas. Por lo tanto, en principio podríamos resolver este sistema de ecuaciones para así hallar el vector $\{\phi_j\}$. Sin embargo, el sistema de ecuaciones (12.13) no puede resolverse directamente porque sabemos que la matriz $[[K] - \lambda_j [M]]$ tiene determinante nulo por lo que su inversa no existe. Recuérdese que los λ_j se obtuvieron a partir de la condición en la Ec. (12.10). Debemos notar además que, si de alguna manera pudiésemos obtener un vector $\{\phi_j\}$, otro vector $\{\psi_j\}$ con sus elementos proporcionales al primero, por ejemplo $\{\psi_j\} = \alpha_j \{\phi_j\}$, donde α_j es una constante cualquiera no nula, también satisface el sistema de ecuaciones (12.13):

$$[[K] - \lambda_j [M]] \{\psi_j\} = \{0\} \Rightarrow \alpha_j [[K] - \lambda_j [M]] \{\phi_j\} = \{0\}$$

Esto significa que los elementos de $\{\phi_j\}$ **no** pueden definirse de forma unívoca. Es necesario entonces asignar un valor arbitrario a uno de ellos, y luego calcular los otros elementos. Por ejemplo, podríamos asignar el valor **1** al primer elemento ϕ_{1j} y calcular los restantes ϕ_{2j}, ϕ_{3j}, $\ldots$, ϕ_{nj}, o sea tomar:

$$\left\{\phi_j\right\} = \left\{\begin{array}{c} 1 \\ \phi_{2j} \\ \vdots \\ \phi_{nj} \end{array}\right\} = \left\{\begin{array}{c} 1 \\ \left\{\hat{\phi}_j\right\} \end{array}\right\} \tag{12.15}$$

El subvector $\left\{\hat{\phi}_j\right\}$ contiene los n-1 elementos de $\left\{\phi_j\right\}$ que queremos calcular. Con la notación de la Ec. (12.15), el sistema de ecuaciones (12.13) puede particionarse como sigue:

$$\left[\begin{array}{cccc} k_{11} - \lambda_j m_{11} & k_{12} - \lambda_j m_{12} & \cdots & k_{1n} - \lambda_j m_{1n} \\ k_{21} - \lambda_j m_{21} & & & \\ \vdots & & \left[\left[\hat{K}\right] - \lambda_j \left[\hat{M}\right]\right] & \\ k_{n1} - \lambda_j m_{n1} & & & \end{array}\right] \left\{\begin{array}{c} 1 \\ \left\{\hat{\phi}_j\right\} \end{array}\right\} = \left\{\begin{array}{c} 0 \\ \{0\} \end{array}\right\} \tag{12.16}$$

En esta ecuación $k_{11} - \lambda_j m_{11}$ es el elemento de la primera fila y columna de la matriz $[[K] - \lambda_j [M]]$, $k_{12} - \lambda_j m_{12}$ es el elemento de la primera fila y segunda columna, etc. La matriz $\left[\left[\hat{K}\right] - \lambda_j \left[\hat{M}\right]\right]$ contiene los elementos de $[[K] - \lambda_j [M]]$ a partir de su segunda fila y columna. Para simplificar la notación vamos a llamar $\{a_j\}$ al vector de n-1 elementos que contiene los siguientes coeficientes:

$$\{a_j\} = \left\{\begin{array}{c} k_{21} - \lambda_j m_{21} \\ \vdots \\ k_{n1} - \lambda_j m_{n1} \end{array}\right\} \tag{12.17}$$

Usando esta notación, y como debido a la simetría de la matriz de masa y rigidez, $k_{12} - \lambda_j m_{12} = k_{21} - \lambda_j m_{21}$, etc., la Ec. (12.16) se puede escribir como:

$$\left[\begin{array}{cc} k_{11} - \lambda_j m_{11} & \{a_j\}^T \\ \{a_j\} & \left[\left[\hat{K}\right] - \lambda_j \left[\hat{M}\right]\right] \end{array}\right] \left\{\begin{array}{c} 1 \\ \left\{\hat{\phi}_j\right\} \end{array}\right\} = \left\{\begin{array}{c} 0 \\ \{0\} \end{array}\right\} \tag{12.18}$$

Observando las n-1 filas inferiores de este sistema de ecuaciones se obtiene la siguiente expresión:

$$\{a_j\} + \left[\left[\hat{K}\right] - \lambda_j \left[\hat{M}\right]\right] \left\{\hat{\phi}_j\right\} = \{0\}$$

Y por lo tanto el subvector $\left\{\hat{\phi}_j\right\}$ se puede obtener resolviendo el sistema de ecuaciones *no* homogéneo:

$$\left[\left[\hat{K}\right] - \lambda_j \left[\hat{M}\right]\right] \left\{\hat{\phi}_j\right\} = -\{a_j\} \tag{12.19}$$

El autovector completo $\left\{\phi_j\right\}$ correspondiente al autovalor λ_j se obtiene con la Ec. (12.15).

12.4.1 Ejemplo 12.3

Continuemos con el ejemplo de la viga empotrada. Vamos a calcular el autovector $\{\phi_1\}$ correspondiente al primer autovalor λ_1. Para esto reemplacemos $\lambda_1 = 1,150$ 10 rad/s^2 en la Ec. (d) de la sección 12.3.1, equivalente a la Ec. (12.13) en la teoría. Se obtiene así:

$$[[K] - \lambda_1 [M]] \{\phi_1\} = \begin{bmatrix} 777.4844 & -2375 \\ -2375 & 7254.9689 \end{bmatrix} \begin{Bmatrix} \phi_{11} \\ \phi_{21} \end{Bmatrix} = \begin{Bmatrix} 0 \\ 0 \end{Bmatrix} \tag{j}$$

Debemos notar que si se calcula el determinante de la matriz $[[K] - \lambda_1 [M]]$, éste es (aproximadamente) cero. Vamos a verificar esto. Evidentemente, el hecho de que el determinante no sea exactamente cero es debido a la truncación de las cifras decimales:

$$\begin{vmatrix} 777.4844 & -2,375 \\ -2,375 & 7,254.9689 \end{vmatrix} = 777.4844 \times 7,254.9689 - 2,375^2 = 0.14 \simeq 0$$

Para resolver el sistema de ecuaciones (j) debemos tomar uno de los elementos ϕ_{11} o ϕ_{21} de $\{\phi_1\}$ igual a un valor arbitrario. Siguiendo el desarrollo teórico anterior, vamos a igualar el primer elemento del autovector a 1. La Ec. (j) resulta así,

$$\begin{bmatrix} 777.4844 & -2,375 \\ -2,375 & 7,254.9689 \end{bmatrix} \begin{Bmatrix} 1 \\ \phi_{21} \end{Bmatrix} = \begin{Bmatrix} 0 \\ 0 \end{Bmatrix} \tag{k}$$

En este caso el "vector" $\{a_1\}$ de la Ec. (12.17) es el escalar -2375. Multiplicando la primera columna de la matriz en la Ec. (k) por $\phi_{11} = 1$ se obtiene:

$$\begin{Bmatrix} 777.4844 \\ -2,375 \end{Bmatrix} + \begin{Bmatrix} -2,375 \\ +7,254.9689 \end{Bmatrix} \{\phi_{21}\} = \begin{Bmatrix} 0 \\ 0 \end{Bmatrix}$$

Pasando al lado derecho el primer vector de constantes, se obtiene que la única incógnita o desconocida del sistema de ecuaciones, ϕ_{21}, se puede calcular de cualquiera de las dos ecuaciones:

$$2,375 \, \phi_{21} = 777.4844 \tag{l}$$
$$7,254.9689 \, \phi_{21} = 2,375$$

De cualquiera de éstas se obtiene que:

$$\phi_{21} = 0.32736$$

Como se tomó $\phi_{11} = 1$, el primer autovector resulta:

$$\{\phi_1\} = \begin{Bmatrix} \phi_{11} \\ \phi_{21} \end{Bmatrix} = \begin{Bmatrix} 1 \\ 0.32736 \end{Bmatrix} \tag{m}$$

Vamos ahora a calcular el segundo autovector. Reemplazando $\lambda_2 = 30,516.56 \, rad/seg^2$ en la Ec. (d) se obtiene:

$$[[K] - \lambda_2 [M]] \{\phi_2\} = \begin{bmatrix} -3,627.484 & -2,375 \\ -2,375 & -1,554.969 \end{bmatrix} \begin{Bmatrix} \phi_{12} \\ \phi_{22} \end{Bmatrix} = \begin{Bmatrix} 0 \\ 0 \end{Bmatrix} \qquad (n)$$

Tomando $\phi_{12} = 1$ se obtienen dos ecuaciones en términos de ϕ_{22}:

$$\begin{bmatrix} -3,627.484 & -2,375 \\ -2,375 & -1,554.969 \end{bmatrix} \begin{Bmatrix} 1 \\ \phi_{22} \end{Bmatrix} = \begin{Bmatrix} -3,627.484 - 2,375\,\phi_{22} \\ -2,375 - 1,554.969\,\phi_{22} \end{Bmatrix} = \begin{Bmatrix} 0 \\ 0 \end{Bmatrix}$$

$$\begin{aligned} 2,375\,\phi_{22} &= -3,627.484 \\ 1,554.969\,\phi_{22} &= -2,375 \end{aligned} \qquad (o)$$

De cualquiera de estas ecuaciones se puede despejar ϕ_{22}:

$$\phi_{22} = -1.52736$$

El segundo autovector completo $\{\phi_2\}$ es entonces:

$$\{\phi_2\} = \begin{Bmatrix} \phi_{12} \\ \phi_{22} \end{Bmatrix} = \begin{Bmatrix} 1 \\ -1.52736 \end{Bmatrix} \qquad (p)$$

12.5 Interpretación física de los autovectores

En Dinámica Estructural se le puede dar una interpretación física a los autovectores, la cual es muy útil para entender mejor el comportamiento dinámico de una estructura. Para explicar este concepto vamos a usar el ejemplo de dos grados de libertad. Hemos verificado que la respuesta en vibraciones libres está dada por la expresión (b) de la sección 12.1.1:

$$\begin{Bmatrix} u_1(t) \\ u_2(t) \end{Bmatrix} = \begin{Bmatrix} \phi_1 \\ \phi_2 \end{Bmatrix} \sin\left(\omega t + \theta\right)$$

Ahora sabemos que existe más de un valor de la constante ω y del vector $\{\phi\}$, los que identificamos como una frecuencia natural y su correspondiente autovector. Además, aunque no lo demostramos, también la constante θ tiene n valores. Supongamos que $\omega = \omega_1$, $\theta = \theta_1$ y $\{\phi\} = \{\phi_1\}$. Usando los valores de la primera frecuencia natural y el primer autovector, la Ec. (b) es:

$$\begin{Bmatrix} u_1(t) \\ u_2(t) \end{Bmatrix} = \begin{Bmatrix} \phi_{11} \\ \phi_{21} \end{Bmatrix} \sin\left(\omega_1 t + \theta_1\right) = \begin{Bmatrix} 1 \\ 0.32736 \end{Bmatrix} \sin\left(1150.10 t + \theta_1\right) \qquad (q)$$

Grafiquemos en la Figura 12.4 los desplazamientos $u_1(t) = \phi_{11} \sin(\omega_1 t + \theta_1)$ y $u_2(t) = \phi_{21} \sin(\omega_1 t + \theta_1)$ para un tiempo tal que $\sin(\omega_1 t + \theta_1) = 1$. El gráfico que se obtiene es un esquema del primer autovector de la viga. Notemos que como sólo conocemos los desplazamientos de las dos masas concentradas (y no los giros), sólo tendríamos derecho a dibujar las masas desplazadas unas cantidades ϕ_{11} y ϕ_{21} unidas entre sí por una línea recta.

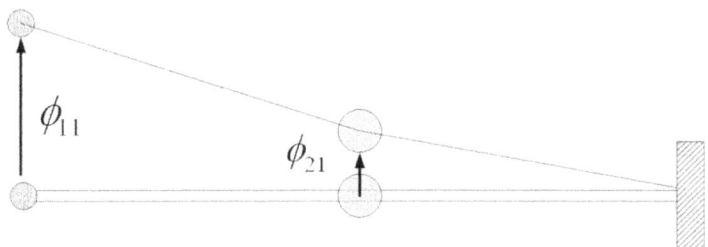

Figura 12.4 **Primer autovector de la viga empotrada con dos grados de libertad.**

Sin embargo, sabemos que ésta no es una deformación correcta para una viga: ésta debería ser una función continua sin quiebres en la pendiente, por ejemplo una función como la que muestra la Figura 12.5. En una nota subsiguiente se explica cómo obtener la forma exacta de esta deformada continua.

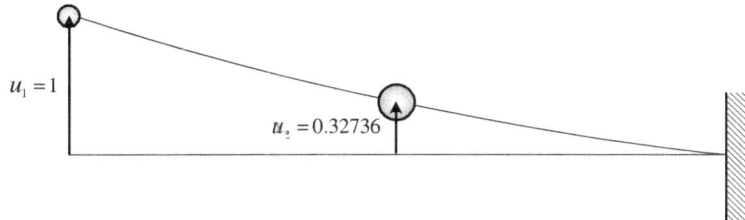

Figura 12.5 **Desplazamientos en vibración libre de los nodos de la viga.**

Para otro instante de tiempo la función $\sin(\omega_1 t + \theta_1)$ puede valer $1/2$, 0, -1, etc., y en estos casos la deformación de la viga tendría las formas que se muestran en la Figura 12.6.

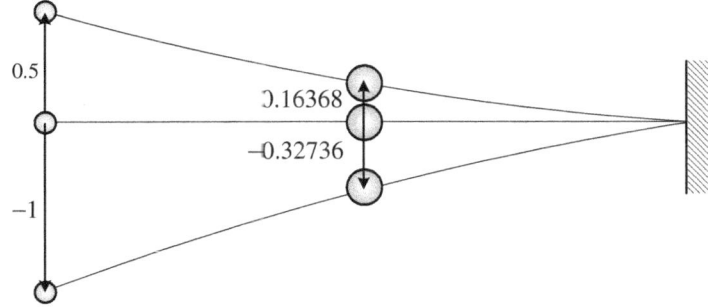

Figura 12.6 **Viga en voladizo vibrando en el primer modo.**

Por lo tanto podemos concluir que en todo instante los elementos ϕ_{11} y ϕ_{21} del autovector $\{\phi_1\}$ nos permiten conocer la forma cómo está vibrando la viga, o en otras palabras las amplitudes relativas del movimiento de las dos masas. Por esta razón en Dinámica Estructural a los autovectores $\{\phi_j\}$ se los conoce con el nombre más común de "*modos de vibración*" ("vibration modes" en inglés), *formas modales* ("mode shapes"), o simplemente "*modos*" ("modes"). En este caso, $\{\phi_1\}$ es el primer modo de vibración, primera forma modal o primer modo de la viga en voladizo.

La misma idea se puede aplicar a la segunda frecuencia natural y al segundo autovector. En este caso la Ec. (b) es:

$$\left\{ \begin{array}{c} u_1(t) \\ u_2(t) \end{array} \right\} = \left\{ \begin{array}{c} \phi_{12} \\ \phi_{22} \end{array} \right\} \sin(\omega_2 t + \theta_2) = \left\{ \begin{array}{c} 1 \\ -1.52736 \end{array} \right\} \sin(30516.56t + \theta_2) \qquad (q)$$

Si dibujamos los valores de $u_1(t) = 1 \times \sin(30516.56t + \theta_2)$ y $u_2(t) = -1.52736 \times \sin(30516.56t + \theta_2)$ cuando el seno toma por ejemplo los valores 1, $1/2$ y -1, obtendríamos las deformaciones de la viga representadas en la Figura 12.7.

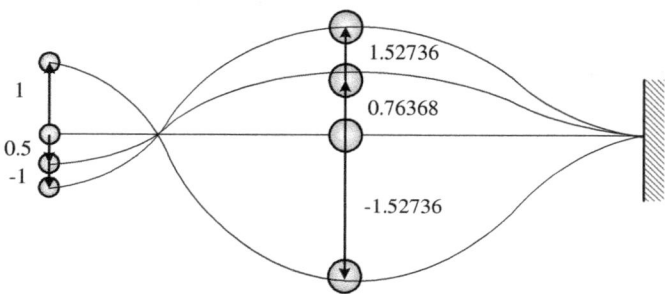

Figura 12.7 **Viga en voladizo vibrando en el segundo modo.**

Por las mismas razones antes explicadas, al vector $\{\phi_2\}$ se lo conoce como el *segundo modo de vibración*, la *segunda forma modal* o simplemente el *segundo modo* de la viga.

Nótese que no aún conocemos los valores de las constantes θ_1 y θ_2: éstas dependen de las condiciones iniciales del movimiento, o sea de las Ecs. (12.2).

Vimos que los modos de vibración (o autovectores) no se podían definir de una única manera. Si multiplicamos los modos de la viga en las Ecs. (12.7) o (j) y (n) del Ejemplo 12.3 por una constante α cualquiera, digamos $\alpha = 10$, los nuevos vectores resultantes:

$$\{\phi_1\} = 10 \times \left\{ \begin{array}{c} 1 \\ 0.32736 \end{array} \right\} \qquad ; \qquad \{\phi_2\} = 10 \times \left\{ \begin{array}{c} 1 \\ -1.52736 \end{array} \right\} \qquad (r)$$

12-14

son también modos o autovectores de la estructura (porque satisfacen el problema de valores propios). Surge entonces la pregunta si esta indefinición puede traer algún problema, o si no hay manera de definir los modos de vibración de una única forma. Estos interrogantes serán contestados más adelante.

También queda aún otra pregunta sin contestar. Como hay más de una forma en la que puede vibrar la viga en vibraciones libres (porque hay más de una frecuencia natural y un modo de vibración), para un caso dado: ¿en cuál forma va a vibrar? y ¿qué debe hacerse para que vibre en una de las formas vistas? Estas preguntas también serán respondidas más adelante.

NOTA: las dos deformadas de la viga que se dibujaron antes se trazaron "a ojo": una vez que se ubicaron los dos valores de u_1 y u_2, se completó el dibujo uniendo los nodos con una curva razonable. Si se desea conocer la forma "exacta", por ejemplo para dibujar los modos con un programa de computadora, se podría proceder como sigue. El modelo discreto de dos grados de libertad de la viga empotrada se derivó condensando las rotaciones. Una vez que se conocen u_1 y u_2, las rotaciones θ_1 y θ_2 de los nodos se pueden recuperar usando la matriz de transformación que se usó para condensarlas. De acuerdo a un ejemplo que se estudió en el capítulo anterior, la relación entre ambos conjuntos de coordenadas para la viga en voladizo estaba definida por la Ec. (11.13):

$$\left\{ \begin{array}{c} \theta_1 \\ \theta_2 \end{array} \right\} = -\left[K_{\theta\theta} \right]^{-1} \left[K_{\theta u} \right] \left\{ \begin{array}{c} u_1 \\ u_2 \end{array} \right\} \tag{s}$$

donde para la viga en voladizo las matrices y son las de las de las Ecs. (11.10):

$$\left[K_{\theta\theta} \right] = \frac{EI}{\ell^3} \left[\begin{array}{cc} 4\ell^2 & 2\ell^2 \\ 2\ell^2 & 8\ell^2 \end{array} \right] \quad ; \quad \left[K_{\theta u} \right] = \frac{EI}{\ell^3} \left[\begin{array}{cc} 6\ell & -6\ell \\ 6\ell & 0 \end{array} \right] \tag{t}$$

Luego de efectuar los productos matriciales indicados en la Ec. (s) se obtiene:

$$\left\{ \begin{array}{c} \theta_1 \\ \theta_2 \end{array} \right\} = \frac{12}{7\ell^2} \left[\begin{array}{cc} -3 & 4 \\ -1 & -1 \end{array} \right] \left\{ \begin{array}{c} u_1 \\ u_2 \end{array} \right\} \tag{u}$$

Una vez que se conocen para cada elemento los desplazamientos y rotaciones de sus juntas, la deflexión $w(x)$ en un punto interior x cualquiera se puede obtener usando las llamadas funciones de forma del elemento. Por ejemplo, para el primer elemento,

$$w(x) = \left[N_1(x) | N_2(x) | N_3(x) | N_4(x) \right] \left\{ \begin{array}{c} u_1 \\ \theta_1 \\ u_2 \\ \theta_2 \end{array} \right\} \tag{v}$$

donde para un elemento de viga con longitud ℓ las funciones de forma son polinomios cúbicos con la forma:

$$N_1(x) = 1 - 3\left(\frac{x}{\ell}\right)^2 + 2\left(\frac{x}{\ell}\right)^3 \qquad ; \qquad N_2(x) = \ell\left[\left(\frac{x}{\ell}\right) - 2\left(\frac{x}{\ell}\right)^2 + \left(\frac{x}{\ell}\right)^3\right]$$

$$N_3(x) = 3\left(\frac{x}{\ell}\right)^2 - 2\left(\frac{x}{\ell}\right)^3 \qquad ; \qquad N_4(x) = \ell\left[-\left(\frac{x}{\ell}\right)^2 + \left(\frac{x}{\ell}\right)^3\right] \qquad \text{(w)}$$

En la Figura 12.8 está representada la deflexión $w(x)$ de la viga y los desplazamientos y giros nodales. Por supuesto, para el caso dinámico tanto la deflexión como u_1, θ_1, u_2 y θ_2 son funciones del tiempo.

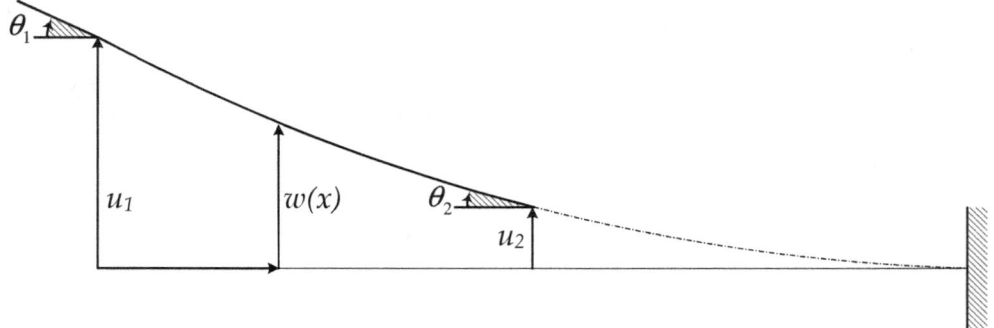

Figura 12.8 **Viga con la deflexión definida por los desplazamientos y coordenadas nodales.**

12.6 Ejemplo del cálculo de frecuencias naturales y modos de vibración

En los dos ejemplos siguientes se presenta el cálculo de los autovalores, frecuencias naturales y modos de vibración (o autovectores). Se considerarán dos casos sencillos para poder de esta manera calcular los autovalores y autovectores "a mano". En la práctica para sistemas más complejos es necesario recurrir a algún programa de computadora: estos casos se estudiarán en el siguiente capítulo.

12.6.1 Ejemplo 12.4

Consideremos una cuerda tensa con pretensión T, longitud L, área transversal A y de un material de densidad ρ. Si se supone que el estiramiento de la cuerda cuando vibra es tal que puede despreciarse, entonces la pretensión T es constante. De otra manera, habría que considerar la rigidez axial $\frac{AE}{L}$ de la cuerda, y el problema sería más complejo. La masa del cable se concentró en cuatro puntos igualmente espaciados. Como los extremos están fijos, se obtiene así el sistema de dos grados de libertad que se muestra en la Figura 12.9. Se desea calcular las frecuencias naturales y los modos de vibración (o autovectores) del sistema.

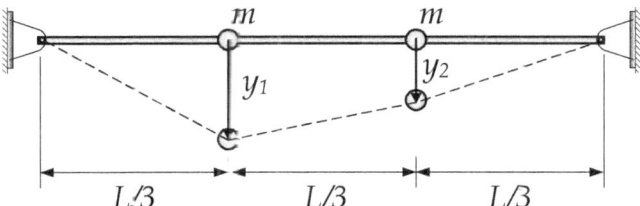

Figura 12.9 **Cuerda tensa con dos grados de libertad.**

Las ecuaciones de movimiento en términos de los desplazamientos y_1 y y_2 de las dos masas interiores son:

$$\begin{bmatrix} m & 0 \\ 0 & m \end{bmatrix} \begin{Bmatrix} \ddot{y}_1 \\ \ddot{y}_2 \end{Bmatrix} + \frac{T}{\ell} \begin{bmatrix} 2 & -1 \\ -1 & 2 \end{bmatrix} \begin{Bmatrix} y_1 \\ y_2 \end{Bmatrix} = \begin{Bmatrix} 0 \\ 0 \end{Bmatrix} \tag{a}$$

donde $\ell = L/3$ y la masa concentrada es:

$$m = \frac{\rho A L}{3} \tag{b}$$

▶ Cálculo de las frecuencias naturales

El problema de autovalores asociado a las ecuaciones de movimiento (a) es:

$$\frac{T}{\ell} \begin{bmatrix} 2 & -1 \\ -1 & 2 \end{bmatrix} \begin{Bmatrix} \phi_{1j} \\ \phi_{2j} \end{Bmatrix} = \lambda_j \begin{bmatrix} m & 0 \\ 0 & m \end{bmatrix} \begin{Bmatrix} \phi_{1j} \\ \phi_{2j} \end{Bmatrix} \tag{c}$$

Nótese que hemos colocado el subíndice "j" al autovalor y a los elementos del autovector para indicar que existen dos de estas cantidades. Los autovalores se obtienen igualando a cero el siguiente determinante:

$$\det \left[\frac{T}{\ell} \begin{bmatrix} 2 & -1 \\ -1 & 2 \end{bmatrix} - \lambda_j \begin{bmatrix} m & 0 \\ 0 & m \end{bmatrix} \right] = \begin{vmatrix} 2T/\ell - \lambda_j m & -T/\ell \\ -T/\ell & 2T/\ell - \lambda_j m \end{vmatrix} = 0 \tag{d}$$

y luego desarrollándolo para obtener el polinomio característico:

$$(2T/\ell - \lambda_j m)^2 - (T/\ell)^2 = 0$$

$$\lambda_j^2 - 4 \left(\frac{T}{m\ell} \right) \lambda_j + 3 \left(\frac{T}{m\ell} \right)^2 = 0 \tag{e}$$

Aplicando la fórmula de la ecuación cuadrática las dos raíces resultan:

$$\left. \begin{matrix} \lambda_1 \\ \lambda_2 \end{matrix} \right\} = \frac{1}{2} \left[4 \left(\frac{T}{m\ell} \right) \pm \sqrt{ 16 \left(\frac{T}{m\ell} \right)^2 - 12 \left(\frac{T}{m\ell} \right)^2 } \right] = (2 \pm 1) \left(\frac{T}{m\ell} \right)$$

12-17

Los autovalores (como siempre, *ordenados de menor a mayor*) son:

$$\lambda_1 = \frac{T}{m\ell} \tag{f}$$

$$\lambda_2 = 3\frac{T}{m\ell} \tag{g}$$

Las dos frecuencias naturales del cable tenso son:

$$\omega_1 = \sqrt{\frac{T}{m\ell}} \quad ; \quad \omega_2 = \sqrt{\frac{3T}{m\ell}}$$

Es conveniente expresar estas frecuencias en términos del área A, densidad ρ y de la longitud total del cable L. Reemplazando m de la Ec. (b) y ℓ por $\frac{L}{3}$ se obtiene:

$$m\ell = \frac{\rho A L}{3}\frac{L}{3} = \frac{\rho A L^2}{9}$$

y sustituyendo en las expresiones anteriores de ω_1 y ω_2 se obtiene:

$$\omega_1 = 3\sqrt{\frac{T}{\rho A L^2}} \tag{h}$$

$$\omega_2 = \sqrt{27}\sqrt{\frac{T}{\rho A L^2}} = 5.196\sqrt{\frac{T}{\rho A L^2}} \tag{i}$$

Para un sistema simple como el del cable tenso, es posible calcular las frecuencias naturales usando un modelo continuo. Con este modelo se pueden obtener las infinitas frecuencias naturales del cable y se puede demostrar que estas frecuencias, a las que llamaremos "*exactas*", son:

$$(\omega_j)_{exac} = j\,\pi\sqrt{\frac{T}{\rho A L^2}} \quad ; \quad j = 1, 2, 3, \ldots \tag{j}$$

En este sistema estructural las frecuencias superiores son múltiplos enteros de la frecuencia fundamental (la más baja):

$$\omega_2 = 2\omega_1 \quad ; \quad \omega_3 = 3\omega_1 \quad ; \quad \omega_4 = 4\omega_1 \quad ; \quad etc.$$

Por esta razón a estas frecuencias superiores se les llama "armónicas" ("harmonics", en inglés). Los osciladores como la cuerda tensa que tienen la propiedad que $\omega_j = j\,\omega_1$ producen sonidos que se consideran agradables desde un punto de vista musical.

Vamos a calcular los errores relativos en las frecuencias del sistema discreto de dos grados de libertad:

$$e_1 = \frac{(\omega_1)_{exac} - \omega_1}{\omega_1} \times 100 = \frac{3.1416 - 3}{3.1416} \times 100 = 4.5\%$$

$$e_2 = \frac{(\omega_2)_{exac} - \omega_2}{\omega_2} \times 100 = \frac{6.2832 - 5.196}{6.2832} \times 100 = 17.3\%$$

El error en la primera frecuencia es aceptable, pero el error en la segunda es grande. Estos resultados son característicos de los que se obtienen al discretizar sistemas continuos: los errores aumentan a medida que se consideran las frecuencias más altas.

Si se hubiese usado el modelo más simple posible de un grado de libertad, en el cual $m = \rho A L/2$ y $k = 4T/L$, la frecuencia natural sería

$$\omega_n = \sqrt{\frac{k}{m}} = \sqrt{\frac{8T}{\rho A L^2}} = 2.828\sqrt{\frac{T}{\rho A L^2}}$$

En este caso el error en la frecuencia natural es de aproximadamente 10%.

Como regla general, se suele decir que si un sistema discreto tiene "n" grados de libertad, sólo las primeras "$n/2$" frecuencias naturales tienen valores suficientemente exactos para propósitos de ingeniería. Por supuesto, esta recomendación debe tomarse como una regla general dado que, en general, el objetivo final para calcular las frecuencias naturales de una estructura es obtener su respuesta dinámica. La exactitud de la respuesta de la estructura va a depender de varios factores, entre ellos del tipo de carga, del método de discretización usado, etcétera.

▶ Cálculo de los modos de vibración

Para obtener el primer modo (o autovector) del cable reemplacemos λ_1 de la Ec. (i) en el problema de autovalores (c) escrito de la forma $[[K] - \lambda [M]] \{\phi\} = \{0\}$:

$$\left[\frac{T}{\ell} \begin{bmatrix} 2 & -1 \\ -1 & 2 \end{bmatrix} - \frac{T}{m\ell} \begin{bmatrix} m & 0 \\ 0 & m \end{bmatrix} \right] \left\{ \begin{array}{c} \phi_{11} \\ \phi_{21} \end{array} \right\} = \left\{ \begin{array}{c} 0 \\ 0 \end{array} \right\}$$

Cancelando el término T/ℓ se obtiene

$$\begin{bmatrix} 1 & -1 \\ -1 & 1 \end{bmatrix} \left\{ \begin{array}{c} \phi_{11} \\ \phi_{21} \end{array} \right\} = \left\{ \begin{array}{c} 0 \\ 0 \end{array} \right\} \tag{k}$$

Aquí es evidente que el determinante de la matriz de coeficientes es nulo. Además, de cualquiera de las dos ecuaciones se obtiene la relación:

$$\phi_{11} = \phi_{21}$$

Por lo tanto, como se explicó anteriormente, sólo es posible obtener el autovector completo dando un valor arbitrario a uno de sus elementos. Por ejemplo, si tomamos $\phi_{11} = 1$, ϕ_{21} tiene el mismo valor y el primer modo de vibración es:

$$\{\phi_1\} = \left\{ \begin{array}{c} \phi_{11} \\ \phi_{21} \end{array} \right\} = \left\{ \begin{array}{c} 1 \\ 1 \end{array} \right\} \tag{1}$$

Calculemos ahora el segundo modo. Sustituyendo el segundo autovalor de la Ec. (g) en el problema de autovalores (c) se obtiene,

$$\left[\frac{T}{\ell} \begin{bmatrix} 2 & -1 \\ -1 & 2 \end{bmatrix} - \frac{3T}{m\ell} \begin{bmatrix} m & 0 \\ 0 & m \end{bmatrix} \right] \left\{ \begin{array}{c} \phi_{12} \\ \phi_{22} \end{array} \right\} = \left\{ \begin{array}{c} 0 \\ 0 \end{array} \right\}$$

lo que se reduce a:

$$\begin{bmatrix} -1 & -1 \\ -1 & -1 \end{bmatrix} \left\{ \begin{array}{c} \phi_{12} \\ \phi_{22} \end{array} \right\} = \left\{ \begin{array}{c} 0 \\ 0 \end{array} \right\} \tag{m}$$

Nuevamente, de cualquiera de las dos filas de este sistema de ecuaciones homogéneo se obtiene la siguiente relación entre los elementos de $\{\phi_2\}$:

$$\phi_{12} = -\phi_{22}$$

Si se escoge $\phi_{12} = 1$, el segundo modo de vibración del cable es:

$$\{\phi_2\} = \left\{ \begin{array}{c} \phi_{12} \\ \phi_{22} \end{array} \right\} = \left\{ \begin{array}{c} 1 \\ -1 \end{array} \right\} \tag{n}$$

Vamos a dibujar los dos modos obtenidos para el cable tenso. El primer modo de vibración tiene la forma que se muestra en la Figura 12.10.

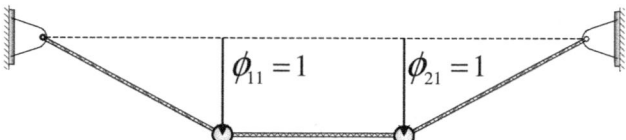

Figura 12.10 **Primer modo de vibración del cable tenso.**

Debido a la forma deformada del cable se dice que éste es un modo *"simétrico"*. Como se hizo con el ejemplo de la viga en voladizo, si se quiere representar en forma más realista al resto de la cuerda, podríamos dibujar una curva continua entre los valores de ϕ_{11} y ϕ_{21} como se hizo en la Figura 12.11.

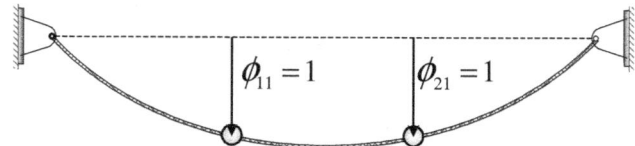

Figura 12.11 **Forma continua del 1er modo del cable tenso.**

En otro instante, el cable estaría vibrando con la misma forma general anterior pero las amplitudes de los desplazamientos de las dos masas serían proporcionales a los valores $\phi_{11} = 1$ y $\phi_{21} = 1$.

El segundo modo del cable se muestra en la Figura 12.12: a la izquierda en la versión original y a la derecha usando una deformada continua.

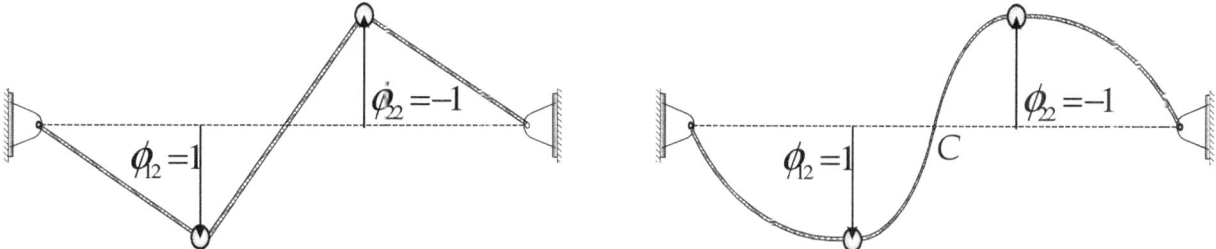

Figura 12.12 **Segundo modo de vibración del cable tenso.**

Un modo de vibración con la forma del segundo modo del cable que se representa en la Figura 12.12 se dice que es "*antisimétrico*" (los desplazamientos de los puntos a distancias equidistantes del eje de simetría tienen igual valor absoluto y signo opuesto).

Observemos que a partir del segundo modo (y en los modos superiores a éste si se hubiesen usado más grados de libertad) hay puntos de la estructura que tienen desplazamiento cero. Éste es el caso del punto C en la Figura 12.12. Estos puntos se conocen como "*nodos*" ("*nodes*" en inglés). A pesar de que tengan el mismo nombre, no deben confundirse los nodos de un modo de vibración con los *nodos* de un modelo estructural, o sea con los puntos en los extremos de los elementos (de barra, elementos finitos, etc.) con los cuales se divide una estructura (también llamados *juntas*).

Para concluir con el ejemplo, es instructivo mencionar que así como se pueden obtener frecuencias naturales exactas usando un modelo continuo del cable, también se pueden obtener modos de vibración continuos o "*exactos*". En los modelos continuos, los modos se conocen como "*autofunciones*". En el caso de un cable tenso uniforme, se puede demostrar que las cuatro primeras autofunciones son:

$$\varphi_1(x) = \sin\left(\frac{\pi x}{L}\right)$$
$$\varphi_2(x) = \sin\left(\frac{2\pi x}{L}\right)$$
$$\varphi_3(x) = \sin\left(\frac{3\pi x}{L}\right)$$

$$\varphi_4(x) = \sin\left(\frac{4\pi x}{L}\right)$$

En las Figuras 12.13 y 12.14 se grafican las cuatro primeras autofunciones o modos de la cuerda tensa. Si se aumenta el número de grados de libertad con el cual se discretiza el cable tenso, las formas modales que se obtendrían tenderían a estos modos exactos.

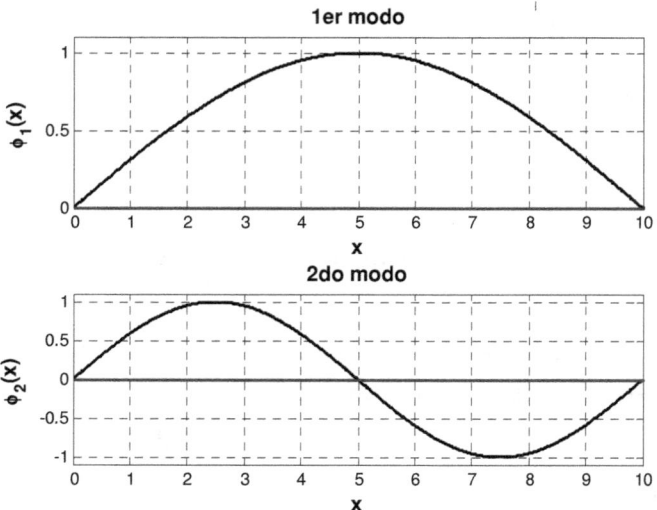

Figura 12.13 **Primer y segundo modo de vibración exacto del cable tenso.**

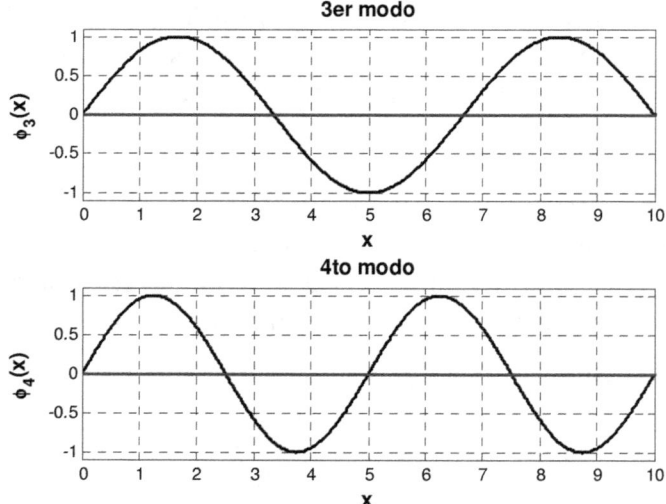

Figura 12.14 **Tercer y cuarto modo de vibración exacto del cable tenso.**

12.6.2 Ejemplo 12.5

Consideremos un pilote o columna uniforme para el cual nos interesa estudiar las vibraciones en su dirección axial. La columna tiene área transversal A, altura total L, y el material tiene módulo de Young E y densidad ρ. La estructura se ha dividido en tres elementos de igual longitud y la masa se ha concentrado en los cuatro nodos como se muestra en la Figura 12.15. Como un nodo está fijo, el sistema tiene tres grados de libertad. Se desea calcular las frecuencias naturales, los periodos naturales y sus correspondientes modos de vibración.

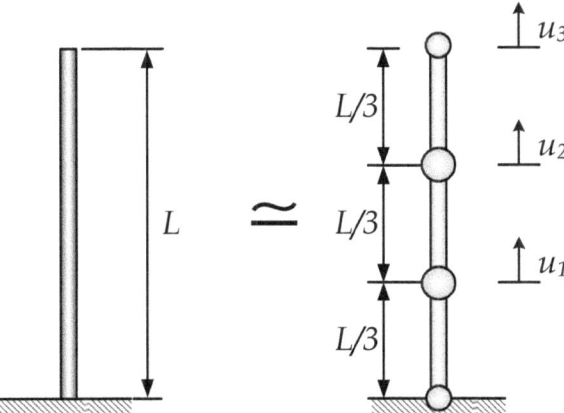

Figura 12.15 **Columna representada con un modelo de 3 grados de libertad.**

En este caso sólo se proveyó una descripción del modelo a usar y por lo tanto, como primer paso se deben obtener las matrices de rigidez y de masa. La matriz de rigidez se obtiene de la forma habitual ensamblando las matrices de los tres elementos de barra:

$$[K_e] = \frac{AE}{L/3} \begin{bmatrix} 1 & -1 \\ -1 & 1 \end{bmatrix}$$

La matriz de masas concentradas se obtiene agrupando la masa en los cuatro nodos. Es sencillo verificar que procediendo de esta manera las ecuaciones de movimiento resultan,

$$\frac{m_t}{3} \begin{bmatrix} 1 & 0 & 0 \\ 0 & 1 & 0 \\ 0 & 0 & 1/2 \end{bmatrix} \begin{Bmatrix} \ddot{u}_1 \\ \ddot{u}_2 \\ \ddot{u}_3 \end{Bmatrix} + k \begin{bmatrix} 2 & -1 & 0 \\ -1 & 2 & -1 \\ 0 & -1 & 1 \end{bmatrix} \begin{Bmatrix} u_1 \\ u_2 \\ u_3 \end{Bmatrix} = \begin{Bmatrix} 0 \\ 0 \\ 0 \end{Bmatrix} \qquad \text{(a)}$$

donde:

$$m_t = \rho A L \qquad ; \qquad k = \frac{3AE}{L} \qquad \text{(b)}$$

► Cálculo de las frecuencias naturales:

El problema de autovalores matricial asociado a las Ecs. (a) es:

$$
\left[k \begin{bmatrix} 2 & -1 & 0 \\ -1 & 2 & -1 \\ 0 & -1 & 1 \end{bmatrix} - \lambda_j \frac{m_t}{3} \begin{bmatrix} 1 & 0 & 0 \\ 0 & 1 & 0 \\ 0 & 0 & 1/2 \end{bmatrix} \right] \left\{ \begin{matrix} \phi_{1j} \\ \phi_{2j} \\ \phi_{3j} \end{matrix} \right\} = \left\{ \begin{matrix} 0 \\ 0 \\ 0 \end{matrix} \right\}
\tag{c}
$$

Para simplificar los desarrollos es conveniente transformar el problema anterior de la siguiente manera. Dividiendo la expresión (c) por k y definiendo un parámetro $\bar{\lambda}_j$ que reemplaza a λ_j,

$$
\bar{\lambda}_j = \lambda_j \frac{m_t}{3k}
\tag{d}
$$

la Ec. (c) resulta:

$$
\begin{bmatrix} 2 - \bar{\lambda}_j & -1 & 0 \\ -1 & 2 - \bar{\lambda}_j & -1 \\ 0 & -1 & 1 - \frac{\bar{\lambda}_j}{2} \end{bmatrix} \left\{ \begin{matrix} \phi_{1j} \\ \phi_{2j} \\ \phi_{3j} \end{matrix} \right\} = \left\{ \begin{matrix} 0 \\ 0 \\ 0 \end{matrix} \right\}
\tag{e}
$$

De esta manera no aparecen los coeficientes k y m_t por lo que la expresión (e) es adimensional. Una vez que se calculen los autovalores modificados (adimensionales) $\bar{\lambda}_j$ los autovalores originales se recuperan con la Ec. (d). Los autovalores $\bar{\lambda}_j$ se obtienen igualando a cero el determinante de la matriz de coeficientes de la Ec. (e),

$$
\det \begin{bmatrix} 2 - \bar{\lambda} & -1 & 0 \\ -1 & 2 - \bar{\lambda} & -1 \\ 0 & -1 & 1 - \bar{\lambda}/2 \end{bmatrix} = 0
\tag{f}
$$

Expandiendo este determinante se llega a:

$$
\left(2 - \bar{\lambda}\right)^2 \left(1 - \frac{\bar{\lambda}}{2}\right) - \left(2 - \bar{\lambda}\right) - \left(1 - \frac{\bar{\lambda}}{2}\right) = 0
$$

para finalmente obtener un polinomio característico de la forma:

$$
p(\bar{\lambda}) = \bar{\lambda}^3 - 6\bar{\lambda}^2 + 9\bar{\lambda} - 2 = 0
\tag{g}
$$

En este caso necesitamos calcular las raíces de un polinomio cúbico. Existen fórmulas para calcular en forma exacta estas raíces. Por supuesto, también se puede usar un método numérico. La Figura 12.16 muestra la variación del polinomio $p(\bar{\lambda})$ con sus tres raíces.

Las tres raíces del polinomio (g) son:

$$
\bar{\lambda}_1 = 2 - \sqrt{3} \quad ; \quad \bar{\lambda}_2 = 2 \quad ; \quad \bar{\lambda}_3 = 2 + \sqrt{3}
\tag{h}
$$

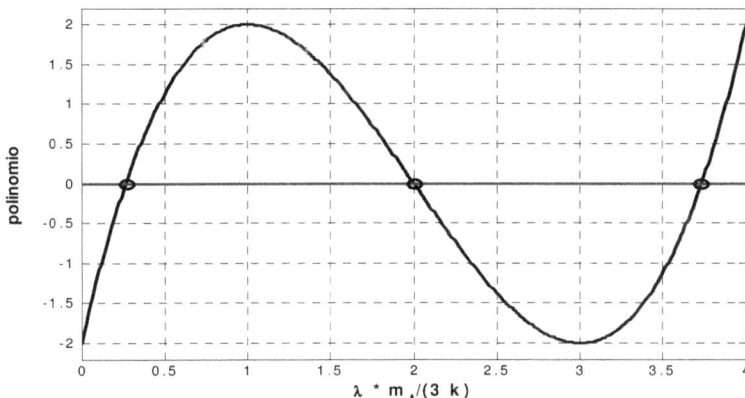

Figura 12.16 **Polinomio característico de la barra en vibración axial.**

Los autovalores originales (dimensionales) se obtienen despejando λ_j de la Ec. (d). Usando además la Ec. (b) se obtiene:

$$\lambda_j = \bar{\lambda}_j \frac{3k}{m_t} = \bar{\lambda}_j\, 9\frac{E}{\rho L^2} \qquad ; \qquad j = 1,\, 2,\, 3 \tag{i}$$

y los tres autovalores de la columna, ordenados de menor a mayor, son:

$$\lambda_1 = 9\left(2 - \sqrt{3}\right)\frac{E}{\rho L^2} \quad ; \quad \lambda_2 = 18\frac{E}{\rho L^2} \quad ; \quad \lambda_3 = 9\left(2 + \sqrt{3}\right)\frac{E}{\rho L^2} \tag{j}$$

Las tres primeras frecuencias naturales son:

$$\omega_1 = 1.5529\sqrt{\frac{E}{\rho L^2}} \quad ; \quad \omega_2 = 4.2426\sqrt{\frac{E}{\rho L^2}} \quad ; \quad \omega_3 = 5.7956\sqrt{\frac{E}{\rho L^2}} \tag{k}$$

Los periodos naturales son simplemente las inversas de las frecuencias en rad/seg multiplicadas por 2π:

$$T_1 = \frac{2\pi}{\omega_1} = 4.0461\sqrt{\frac{\rho L^2}{E}} \; ; \; T_2 = \frac{2\pi}{\omega_2} = 1.4810\sqrt{\frac{\rho L^2}{E}} \; ; \; T_3 = \frac{2\pi}{\omega_3} = 1.0841\sqrt{\frac{\rho L^2}{E}} \tag{l}$$

▶ Cálculo de los modos de vibración:

Para calcular los autovectores o modos conviene usar los autovalores en forma adimensional $\bar{\lambda}_j$. Es importante notar que los autovectores no se modificaron, o sea son los mismos para $\bar{\lambda}_j$ que para λ_j. Por lo tanto, comencemos reemplazando $\bar{\lambda}_j$ en la Ec. (e) por $\bar{\lambda}_1 = 2 - \sqrt{3}$. Se obtiene así:

$$
\begin{bmatrix} \sqrt{3} & -1 & 0 \\ -1 & \sqrt{3} & -1 \\ 0 & -1 & \frac{\sqrt{3}}{2} \end{bmatrix} \left\{ \begin{array}{c} \phi_{11} \\ \phi_{21} \\ \phi_{31} \end{array} \right\} = \left\{ \begin{array}{c} 0 \\ 0 \\ 0 \end{array} \right\} \tag{m}
$$

Para poder resolver este sistema de ecuaciones debemos asignar un valor arbitrario a una de las tres incógnitas. En los ejemplos anteriores habíamos tomado el primer elemento del autovector igual a 1. En este caso, y sólo para practicar, vamos a asignarle este valor al último elemento, o sea tomaremos $\phi_{31} = 1$. La Ec. (m) resulta así:

$$
\begin{bmatrix} \sqrt{3} & -1 \\ -1 & \sqrt{3} \\ 0 & -1 \end{bmatrix} \left\{ \begin{array}{c} \phi_{11} \\ \phi_{21} \end{array} \right\} + \left\{ \begin{array}{c} 0 \\ -1 \\ \frac{\sqrt{3}}{2} \end{array} \right\} = \left\{ \begin{array}{c} 0 \\ 0 \\ 0 \end{array} \right\}
$$

$$
\begin{bmatrix} \sqrt{3} & -1 \\ -1 & \sqrt{3} \\ 0 & -1 \end{bmatrix} \left\{ \begin{array}{c} \phi_{11} \\ \phi_{21} \end{array} \right\} = \left\{ \begin{array}{c} 0 \\ 1 \\ -\frac{\sqrt{3}}{2} \end{array} \right\} \tag{n}
$$

Para hallar ϕ_{11} y ϕ_{21} podemos tomar dos ecuaciones cualesquiera de este sistema de tres ecuaciones con dos variables. Por ejemplo, usando las dos primeras ecuaciones,

$$
\begin{bmatrix} \sqrt{3} & -1 \\ -1 & \sqrt{3} \end{bmatrix} \left\{ \begin{array}{c} \phi_{11} \\ \phi_{21} \end{array} \right\} = \left\{ \begin{array}{c} 0 \\ 1 \end{array} \right\} \tag{o}
$$

y resolviendo se obtiene:

$$
\left\{ \begin{array}{c} \phi_{11} \\ \phi_{21} \end{array} \right\} = \left\{ \begin{array}{c} \frac{1}{2} \\ \frac{\sqrt{3}}{2} \end{array} \right\}
$$

Como se tomó $\phi_{31} = 1$, el primer modo de vibración (o autovector) es:

$$
\{\phi_1\} = \left\{ \begin{array}{c} \frac{1}{2} \\ \frac{\sqrt{3}}{2} \\ 1 \end{array} \right\} = \left\{ \begin{array}{c} 0.500 \\ 0.866 \\ 1 \end{array} \right\} \tag{p}
$$

A continuación reemplazamos $\bar{\lambda}_2 = 2$ en la Ec. (e):

$$
\begin{bmatrix} 0 & -1 & 0 \\ -1 & 0 & -1 \\ 0 & -1 & 0 \end{bmatrix} \left\{ \begin{array}{c} \phi_{12} \\ \phi_{22} \\ \phi_{32} \end{array} \right\} = \left\{ \begin{array}{c} 0 \\ 0 \\ 0 \end{array} \right\} \tag{q}
$$

Nuevamente tomamos el último elemento ϕ_{32} igual a 1 para obtener:

$$
\begin{bmatrix} 0 & -1 \\ -1 & 0 \\ 0 & -1 \end{bmatrix} \left\{ \begin{array}{c} \phi_{12} \\ \phi_{22} \end{array} \right\} = \left\{ \begin{array}{c} 0 \\ 1 \\ 0 \end{array} \right\}
$$

Resolviendo las dos primeras ecuaciones,

$$\begin{bmatrix} 0 & -1 \\ -1 & 0 \end{bmatrix} \begin{Bmatrix} \phi_{12} \\ \phi_{22} \end{Bmatrix} = \begin{Bmatrix} 0 \\ 1 \end{Bmatrix} \tag{r}$$

se obtiene:

$$\begin{Bmatrix} \phi_{12} \\ \phi_{22} \end{Bmatrix} = \begin{Bmatrix} -1 \\ 0 \end{Bmatrix}$$

El segundo autovector completo de la columna en vibración axial es:

$$\{\phi_2\} = \begin{Bmatrix} -1 \\ 0 \\ 1 \end{Bmatrix} \tag{s}$$

Por último, usando $\bar{\lambda}_3 = 2 + \sqrt{3}$ en la Ec. (e) se obtiene el siguiente sistema de ecuaciones:

$$\begin{bmatrix} -\sqrt{3} & -1 & 0 \\ -1 & -\sqrt{3} & -1 \\ 0 & -1 & -\frac{\sqrt{3}}{2} \end{bmatrix} \begin{Bmatrix} \phi_{13} \\ \phi_{23} \\ \phi_{33} \end{Bmatrix} = \begin{Bmatrix} 0 \\ 0 \\ 0 \end{Bmatrix} \tag{t}$$

Tomando $\phi_{33} = 1$ para resolver este sistema se llega a:

$$\begin{bmatrix} -\sqrt{3} & -1 \\ -1 & -\sqrt{3} \\ 0 & -1 \end{bmatrix} \begin{Bmatrix} \phi_{13} \\ \phi_{23} \end{Bmatrix} = \begin{Bmatrix} 0 \\ 1 \\ \frac{\sqrt{3}}{2} \end{Bmatrix}$$

Resolviendo las dos primeras ecuaciones,

$$\begin{bmatrix} -\sqrt{3} & -1 \\ -1 & -\sqrt{3} \end{bmatrix} \begin{Bmatrix} \phi_{13} \\ \phi_{23} \end{Bmatrix} = \begin{Bmatrix} 0 \\ 1 \end{Bmatrix} \tag{u}$$

se obtiene:

$$\begin{Bmatrix} \phi_{13} \\ \phi_{23} \end{Bmatrix} = \begin{Bmatrix} \frac{1}{2} \\ -\frac{\sqrt{3}}{2} \end{Bmatrix}$$

El tercer autovector resulta entonces:

$$\{\varphi_3\} = \begin{Bmatrix} \frac{1}{2} \\ -\frac{\sqrt{3}}{2} \\ 1 \end{Bmatrix} = \begin{Bmatrix} 0.500 \\ -0.863 \\ 1 \end{Bmatrix} \tag{v}$$

Ahora podemos dibujar la forma de los modos. Se debe tener presente que el primer subíndice "i" de los elementos de un modo $\{\phi_j\}$ indica el grado de libertad y el segundo subíndice "j" el modo al cual corresponde:

$$\phi_{i,j} \Rightarrow \begin{cases} i = \text{grado de libertad } i \\ j = \text{modo } j \end{cases}$$

Además debemos notar que en este caso los desplazamientos modales ϕ_{ij}, están dirigidos en la dirección del eje de la columna. Por lo tanto, la forma del primer modo colocando la columna horizontal sería la que se muestra en la Figura 12.17.

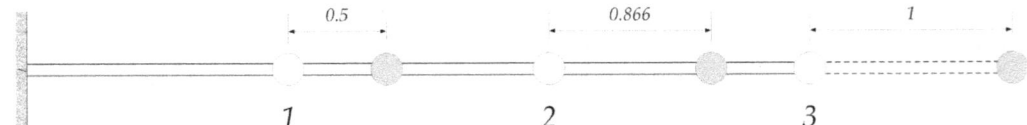

Figura 12.17 **Masas de la barra vibrando en el 1er modo.**

Para facilitar la visualización a veces se acostumbra dibujar los elementos ϕ_{11}, ϕ_{21}, ϕ_{31} en dirección perpendicular al eje de la barra (como se muestra en la Figura 12.18), pero sobreentendiéndose que los verdaderos desplazamientos son axiales.

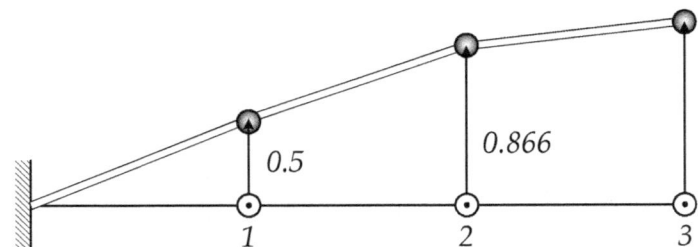

Figura 12.18 **Primer modo de vibración de la barra.**

Los otros dos modos tienen las formas que se enseñan en la Figura 12.19. A la izquierda se muestran las masas moviéndose en la dirección axial y a la derecha se representan los elementos ϕ_{ij} de los modos en la dirección transversal para facilitar su visualización.

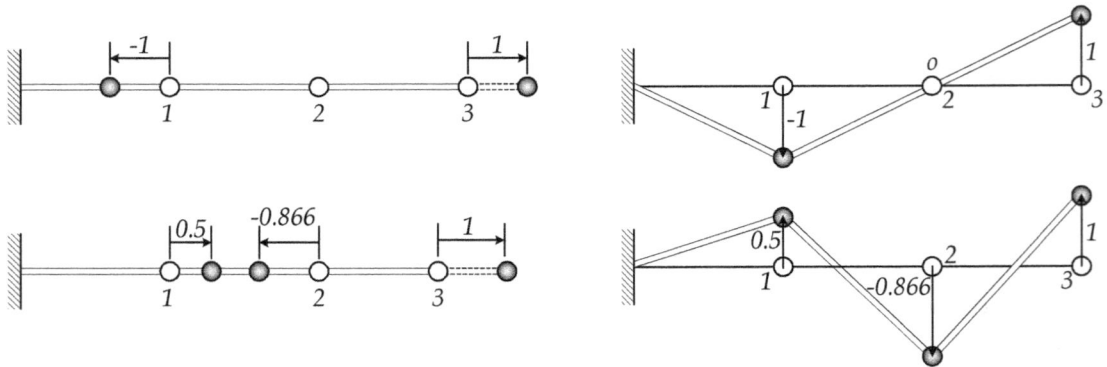

Figura 12.19 **Segundo y tercer modo de vibración de la barra.**

Más adelante retornaremos a este ejemplo, cuando veamos cómo considerar la indefinición en los valores de los modos, mediante un proceso que se conoce como "normalización".

12.7 Propiedades de ortogonalidad de los modos de vibración

En una sección anterior comenzamos a estudiar el cálculo de la respuesta de un sistema de múltiples grados de libertad en vibraciones libres, esto es cuando no hay ninguna carga externa dinámica aplicada. La solución propuesta nos condujo al concepto de frecuencias naturales y modos de vibración. Estos dos conceptos son esenciales para calcular la respuesta estructural cuando el sistema tiene fuerzas externas. La razón de la importancia de los modos es porque tienen una propiedad muy útil conocida como "*ortogonalidad*", la cual estudiaremos en esta sección. Antes de esto, y para apreciar y entender mejor esta importante idea, vamos a repasar el concepto de ortogonalidad entre dos vectores.

Consideremos dos vectores $\vec{A}$ y $\vec{B}$ en un plano X-Y (por ejemplo, dos fuerzas) definidos por sus componentes cartesianas:

$$\begin{aligned} \vec{A} &= A_x\hat{\imath} + A_y\hat{\jmath} \\ \vec{B} &= B_x\hat{\imath} + B_y\hat{\jmath} \end{aligned}$$

Dos vectores se dice que son ortogonales si su *producto punto o interior* ("dot or inner product" en inglés) es cero:

$$\vec{A} \bullet \vec{B} = 0 \qquad (12.20)$$

Geométricamente esto implica que los dos vectores son perpendiculares entre sí. Aplicando la definición de producto punto, la condición de ortogonalidad se puede expresar de la forma:

$$\vec{A} \bullet \vec{B} = \left|\vec{A}\right| \left|\vec{B}\right| \cos\theta = A_x B_x + A_y B_y = 0$$

Si se expresan las componentes de los vectores como un arreglo matricial de dos filas y una columna,

$$\vec{A} = \left\{ \begin{array}{c} A_x \\ A_y \end{array} \right\} \qquad ; \qquad \vec{B} = \left\{ \begin{array}{c} B_x \\ B_y \end{array} \right\} \qquad (12.21)$$

la condición en la Ec. (12.20) se puede escribir como sigue:

$$\vec{A} \bullet \vec{B} = \{A\}^T \{B\} = 0 \qquad (12.22)$$

Ahora vamos a extender este concepto a "vectores multidimensionales", con la forma de la Ec. (12.21) pero en donde el número de filas es "n". Estos vectores serán los autovectores o modos de vibración $\{\phi_i\}$. Además existe otra diferencia: la ortogonalidad de los modos **no** tiene la forma $\{\phi_i\}^T\{\phi_j\}$, como en la Ec. (12.22), sino que son ortogonales respecto a la matriz de masa $[M]$ y de rigidez $[K]$. Cada una de estas condiciones (la ortogonalidad respecto a una matriz) se expresa a través de un triple producto matricial: consideremos dos modos *distintos* $\{\phi_i\}$ y $\{\phi_j\}$. Se puede demostrar que:

$$\{\phi_i\}^T [M] \{\phi_j\} = 0 \qquad ; \qquad i, j = 1, 2, \ldots, n \ \text{ si } i \neq j \qquad (12.23)$$

$$\{\phi_i\}^T [K] \{\phi_j\} = 0 \qquad ; \qquad i, j = 1, 2, \ldots, n \ \text{ si } i \neq j \qquad (12.24)$$

La propiedad de los modos o autovectores en la Ec. (12.23) se conoce como *ortogonalidad respecto a la matriz de masa*. En forma similar, la Ec. (12.24) define la *ortogonalidad respecto a la matriz de rigidez*. Éstas son las propiedades fundamentales de los modos de vibración en la que se basan los métodos de cálculo que vamos a ver en el resto del libro.

12.7.1 Ejemplo 12.6:

Vamos a comprobar que se cumple la propiedad de ortogonalidad para los modos de vibración de la viga en voladizo que comenzamos a considerar en el Ejemplo 12.1. Como sólo hay dos modos, hay un único triple producto de la forma de la Ec. (12.23):

$$\{\phi_1\}^T [M] \{\phi_2\} = \{\phi_2\}^T [M] \{\phi_1\} = 0 \qquad (a)$$

Armemos este producto usando los modos y la matriz de masa antes calculados. Calculemos primeramente $\{\phi_1\}^T [M]$:

$$\{\phi_1\}^T [M] = \begin{bmatrix} 1 & 0.32736 \end{bmatrix} \begin{bmatrix} 1.5 & 0 \\ 0 & 3 \end{bmatrix} = \begin{bmatrix} 0.15 & 0.0982 \end{bmatrix} \qquad (b)$$

Ahora multiplicamos a la derecha de ambas expresiones por el otro modo $\{\phi_2\}$ para obtener:

$$\{\phi_1\}^T [M] \{\phi_2\} = \begin{bmatrix} 0.3515 & 0.2301 \end{bmatrix} \begin{bmatrix} 1 \\ -1.52736 \end{bmatrix} = 0.000 \qquad (c)$$

Usemos a continuación la matriz de rigidez $[K]$ para verificar la ortogonalidad en la Ec. (12.24):

$$\{\phi_1\}^T [K] = \begin{bmatrix} 1 & 0.32736 \end{bmatrix} \begin{bmatrix} 950 & -2375 \\ -2375 & 7600 \end{bmatrix} = \begin{bmatrix} 172.52 & 112.936 \end{bmatrix}$$

$${\{\phi_1\}}^T [K] {\{\phi_2\}} = \begin{bmatrix} 172.52 & 112.936 \end{bmatrix} \begin{bmatrix} 1 \\ -1.52736 \end{bmatrix} = 0.026 \simeq 0 \qquad \text{(c)}$$

Por supuesto, el resultado no es exactamente cero porque se han redondeado decimales al definir los autovectores.

12.8 La masa y rigidez modal

Vamos a ver qué ocurre si en vez de usar dos modos distintos en las Ecs. (12.23) y (12.24) usamos un mismo modo, digamos $\{\phi_j\}$. Si procedemos de esta manera obtendríamos que:

$$\{\phi_j\}^T [M] \{\phi_j\} \neq 0 \qquad ; \qquad j = 1, 2, \ldots, n \qquad (12.25)$$

$$\{\phi_j\}^T [K] \{\phi_j\} \neq 0 \qquad ; \qquad j = 1, 2, \ldots, n \qquad (12.26)$$

Los dos triples productos nos dan unas constantes positivas no nulas. Esto es fácil de comprobar para el primer caso: como la matriz de masa es diagonal, el triple producto en la Ec. (12.25) es una constante escalar con la forma: $(\phi_{1j})^2 m_1 + (\phi_{2j})^2 m_2 + \ldots + (\phi_{nj})^2 m_n$. Esta constante se conoce como la *masa modal* del modo "j" y la identificaremos como m_j^*:

$$m_j^* = \{\phi_j\}^T [M] \{\phi_j\} \qquad ; \qquad j = 1, 2, \ldots, n \qquad (12.27)$$

Para el segundo caso, cuando se usa la matriz de rigidez $[K]$ en la Ec. (12.26), la constante que se obtiene se conoce como la *rigidez modal* del modo "j", la que se denota como k_j^*:

$$k_j^* = \{\phi_j\}^T [K] \{\phi_j\} \qquad ; \qquad j = 1, 2, \ldots, n \qquad (12.28)$$

Vamos a demostrar una relación interesante entre la masa y la rigidez modal. Escribamos el problema de autovalores para el modo o autovector "j" de la forma:

$$[K] \{\phi_j\} = \lambda_j [M] \{\phi_j\} \qquad (12.29)$$

Multipliquemos ambos lados de esta ecuación por el vector $\{\phi_j\}$ transpuesto:

$$\{\phi_j\}^T [K] \{\phi_j\} = \lambda_j \{\phi_j\}^T [M] \{\phi_j\}$$

Usando las Ecs. (12.27) y (12.28), se tiene que:

$$k_j^* = \lambda_j m_j^* = \omega_j^2 m_j^* \qquad (12.30)$$

de donde se obtiene que la frecuencia natural ω_j del modo de vibración "j" se puede definir como:

$$\omega_j = \sqrt{\frac{k_j^*}{m_j^*}} = \sqrt{\frac{\{\phi_j\}^T [K] \{\phi_j\}}{\{\phi_j\}^T [M] \{\phi_j\}}} \qquad ; \qquad j = 1, 2, \ldots, n \qquad (12.31)$$

Esta es una expresión muy útil en la práctica. Se puede pensar que es una *generalización* de la definición de frecuencia natural para un sistema de un grado de libertad, o sea $\omega_n = \sqrt{k/m}$. La Ec. (12.31) también nos permite concluir que, al igual que para un oscilador de un grado de libertad, si aumentamos la rigidez o disminuimos la masa de una estructura, sus frecuencias naturales van a aumentar, y viceversa. Además, vamos a ver más adelante que la Ec. (12.31) es la base de lo que se conoce como la "*fórmula de Rayleigh*" en los códigos sísmicos.

12.8.1 Ejemplo 12.7:

Vamos a calcular la masa y rigidez modal para la viga en voladizo con dos grados de libertad que estábamos considerando. Comenzamos calculendo la masa modal del primer modo usando la Ec. (12.27):

$$\{\phi_1\}^T [M] \{\phi_1\} = \begin{bmatrix} 1 & 0.32736 \end{bmatrix} \begin{bmatrix} 0.15 & 0 \\ 0 & 0.30 \end{bmatrix} \begin{bmatrix} 1 \\ 0.32736 \end{bmatrix}$$

$$\{\phi_1\}^T [M] \{\phi_1\} = \begin{bmatrix} 0.15 & 0.0982 \end{bmatrix} \begin{bmatrix} 1 \\ 0.32736 \end{bmatrix} = 0.1821 \qquad (a)$$

Por lo tanto la masa modal del primer modo de la viga es:

$$m_1^* = 0.1821 \, \frac{lb.s^2}{ft} \qquad (b)$$

Debemos comentar aquí sobre las unidades de la masa modal m_j^*. Los modos de vibración $\{\phi_1\}$ y $\{\phi_2\}$ que calculamos son adimensionales. La matriz de masa que calculamos tenía unidades de $lb/(ft/s^2)$. Por lo tanto, la masa modal tiene estas mismas unidades.

Calculemos a continuación la rigidez modal del primer modo definida como el producto $\{\phi_1\}^T [K] \{\phi_1\}$:

$$\{\phi_1\}^T [K] \{\phi_1\} = \begin{bmatrix} 1 & 0.32736 \end{bmatrix} \begin{bmatrix} 950 & -2375 \\ -2375 & 7600 \end{bmatrix} \begin{bmatrix} 1 \\ 0.32736 \end{bmatrix}$$

$$\{\phi_1\}^T [K] \{\phi_1\} = \begin{bmatrix} 172.52 & 112.936 \end{bmatrix} \begin{bmatrix} 1 \\ 0.32736 \end{bmatrix} = 209.4907 \qquad (c)$$

Por lo tanto la rigidez modal del primer modo de la viga es:

$$k_1^* = 209.4907 \, \frac{lb}{ft} \tag{d}$$

En forma similar al caso de la masa modal, como los modos son adimensionales la rigidez modal k_1^* tiene las mismas unidades que los coeficientes de la matriz de rigidez: lb/ft en este ejemplo.

Comprobemos que la raíz cuadrada del cociente entre la rigidez k_1^* y masa modal m_1^* es la primera frecuencia natural. Por supuesto, para que nos de exactamente igual que antes ($\omega_1 = 33.913 \, rad/s$ en el Ejemplo 12.2) habría que usar suficientes decimales:

$$\omega_1 = \sqrt{\frac{k_1^*}{m_1^*}} = \sqrt{\frac{209.4907}{0.18215}} = 33.9\_ \, \frac{rad}{seg} \tag{e}$$

Los mismos cálculos se pueden repetir esta vez usando el segundo modo. Se deja en manos del lector verificar los siguientes resultados:

$$\{\phi_2\}^T [M] \{\phi_2\} = m_2^* = 0.84985 \, \frac{lb.s^2}{ft} \tag{f}$$

$$\{\phi_2\}^T [K] \{\phi_2\} = k_2^* = 25,934.5 \, \frac{lb}{ft} \tag{g}$$

$$\omega_2 = \sqrt{\frac{25,934.5}{0.84985}} = 174.69 \, \frac{rad}{seg} \tag{h}$$

12.9 Normalización de los modos de vibración

Recordemos que cuando calculamos los modos de vibración $\{\phi_j\}$ de la viga en voladizo sólo fue posible definirlos dándole un valor arbitrario (1 por conveniencia) a uno de los elementos de $\{\phi_j\}$ (usualmente al primer elemento, ϕ_{1j}). Recordando la ecuación que usamos para calcular los modos, por ejemplo el primero:

$$[[K] - \lambda_1 [M]] \{\phi_1\} = 0$$

vemos que si multiplicamos el modo por una constante cualquiera, digamos α_1, el nuevo vector $\{\alpha_1\phi_1\}$ también satisface la ecuación:

$$[[K] - \lambda_1 [M]] \{\alpha_1\phi_1\} = 0$$

$$[[K] - \lambda_1 [M]] \{\phi_1\}_{nor} = 0$$

donde hemos llamado $\{\phi_1\}_{nor}$ al vector $\{\alpha_1\phi_1\}$. Por lo tanto, $\{\phi_1\}_{nor}$ también califica como un modo de vibración o autovector. En realidad, el multiplicar α_1 por $\{\phi_1\}$ es equivalente a tomar $\phi_{11} = \alpha_1$ en lugar de $\phi_{11} = 1$ para hallar los otros valores ϕ_{1j}.

Sobre la base de lo anterior podemos establecer la conclusión:

> *Los modos de vibración o autovectores sólo se pueden definir en forma relativa, y a través de una constante arbitraria.*

Esto nos puede crear un problema en la práctica cuando queremos comparar los modos calculados por distintas personas o programas de computadora, pues muy probablemente sus valores van a diferir por una constante. Por lo tanto, es común asignarle un valor determinado a la constante α anterior siguiendo alguna regla previamente determinada.

Si se multiplican cada uno de los modos originales por constantes α_j calculadas siguiendo una determinada regla, se dice que ahora el "*modo está normalizado*". El proceso de calcular las constantes α_j y multiplicar α_j por $\{\phi_j\}$ se conoce como "*normalización*". Para distinguir los modos normalizados y no normalizados hemos agregado el subíndice *nor* a $\{\phi_j\}$.

Hay diversas reglas que se pueden escoger para definir las constantes α_j y normalizar así los modos. Vamos a ver las dos formas más comunes:

1. Se puede escoger α_j tal que el mayor elemento de $\{\phi_j\}$ en valor absoluto sea unitario. Esto se logra simplemente escogiendo α_j tal que:

$$\alpha_j = \frac{1}{\max|\phi_{ij}|} \tag{12.32}$$

12.9.1 Ejemplo12.8:

Vamos a normalizar los modos de vibración de la viga en voladizo con dos masas concentradas siguiendo este primer criterio. El segundo modo sin normalizar de la viga era:

$$\{\phi_2\} = \left\{ \begin{array}{c} 1 \\ -1.52736 \end{array} \right\} \tag{a}$$

Por lo tanto de acuerdo a la Ec. (12.32) la constante α_2 es:

$$\alpha_2 = \frac{1}{1.52736} \tag{b}$$

y el segundo modo de vibración *normalizado* es:

$$\{\phi_2\}_{nor} = \{\alpha_2\phi_2\} = \frac{1}{1.52736} \left\{ \begin{array}{c} 1 \\ -1.52736 \end{array} \right\} = \left\{ \begin{array}{c} 0.6547 \\ -1 \end{array} \right\} \qquad \text{(c)}$$

Notemos además que si normalizamos según este criterio el primero modo $\{\phi_1\}$ de la viga:

$$\{\phi_1\} = \left[\begin{array}{c} 1 \\ 0.32736 \end{array} \right]$$

éste no va a cambiar porque en este caso la constante $\alpha_1 = 1/\max|\phi_{i1}|$ es 1, y por lo tanto en este caso $\{\phi_1\}_{nor} = \{\phi_1\}$.

2. La forma más común de normalizar los modos (o escoger la constante α_j) es la siguiente. Vamos a escoger α_j tal que la masa modal m_j^* de cada modo sea 1. En otras palabras, el triple producto $\{\phi_j\}_{nor}^T [M] \{\phi_j\}_{nor}$ con los modos ya normalizados $\{\phi_j\}_{nor}$ debe ser igual a 1. Para una estructura con n modos se va a requerir que se cumpla:

$$\{\phi_j\}_{nor}^T [M] \{\phi_j\}_{nor} = 1 \qquad ; \qquad j = 1, 2, \ldots, n \qquad (12.33)$$

Los modos $\{\phi_j\}_{nor}$ normalizados tal que se cumpla la condición definida por la Ec. (12.33) se dicen que están *normalizados respecto a la matriz de masa* (o más brevemente, respecto a la masa).

Como esta manera de normalizar los modos o autovectores no es tan sencilla como la primera, vamos a ver un ejemplo concreto antes de continuar.

12.9.2 Ejemplo 12.9:

Nuevamente vamos a usar el primer modo de la viga en voladizo que estábamos considerando. En el Ejemplo 12.7 vimos que la masa modal calculada con los modos sin normalizar era:

$$m_1^* = \{\phi_1\}^T [M] \{\phi_1\} = \left[\begin{array}{cc} 1 & 0.32736 \end{array} \right] \left[\begin{array}{cc} 0.15 & 0 \\ 0 & 0.30 \end{array} \right] \left[\begin{array}{c} 1 \\ 0.32736 \end{array} \right] = 0.18215 \frac{lb.s^2}{ft}$$
$$\text{(a)}$$

Por supuesto, el resultado que se obtuvo no es 1 porque el modo no está todavía normalizado. Surge entonces la pregunta: ¿cómo podemos hacer para que el producto en la Ec. (a) sea igual a 1?. La respuesta es: multiplicando $\{\phi_1\}$ por una constante α_1 apropiada. Pero, ¿cuánto debe valer esta constante?

Para responder esta segunda pregunta multipliquemos $\{\phi_1\}$ por la constante α_1 (aún desconocida), escribamos el triple producto en la Ec. (12.33) y tengamos en cuenta la definición de la masa modal en la Ec. (a):

$$\{\alpha_1\phi_1\}^T [M] \{\alpha_1\phi_1\} = \alpha_1^2 \{\phi_1\}^T [M] \{\phi_1\} = \alpha_1^2 \, m_1^* = 1 \qquad \text{(b)}$$

de donde podemos despejar la constante α_1. Se obtiene así que:

$$\alpha_1 = \frac{1}{\sqrt{m_1^*}} \qquad \text{(c)}$$

y reemplazando el valor de la masa modal la constante de normalización para el primer modo es:

$$\alpha_1 = \frac{1}{\sqrt{0.18215}} = 2.34307 \sqrt{\frac{ft}{lb.s^2}} \qquad \text{(d)}$$

Hemos obtenido la constante de normalización que hace que se satisfaga la Ec. (12.33). Por consiguiente, el primer modo normalizado de la viga en voladizo es:

$$\{\phi_1\}_{nor} = \{\alpha_1\phi_1\} = 2.34307 \left\{ \begin{array}{c} 1 \\ 0.32736 \end{array} \right\} = \left\{ \begin{array}{c} 2.3434 \\ 0.7671 \end{array} \right\} \sqrt{\frac{ft}{lb.s^2}} \qquad \text{(e)}$$

Notemos que el modo normalizado respecto a la matriz de masa ahora sí *tiene unidades*: son las mismas que las de la constante α_1, o sea $1/\sqrt{masa}$.

Para el segundo modo, la constante de normalización es:

$$\alpha_2 = \frac{1}{\sqrt{m_2^*}} \qquad \text{(f)}$$

Reemplazando la masa modal del segundo modo (obtenida en el Ejemplo 12.7) se obtiene:

$$\alpha_2 = \frac{1}{\sqrt{0.84985}} = 1.08475 \sqrt{\frac{ft}{lb.s^2}} \qquad \text{(g)}$$

y el segundo modo normalizado respecto a la matriz de masa es:

$$\{\phi_2\}_{nor} = \{\alpha_2\phi_2\} = 1.08475 \left\{ \begin{array}{c} 1 \\ -1.52736 \end{array} \right\} = \left\{ \begin{array}{c} 1.0848 \\ -1.6568 \end{array} \right\} \sqrt{\frac{ft}{lb.s^2}} \qquad \text{(h)}$$

Continuemos ahora con la explicación de proceso de normalización respecto a la masa. Basándonos en el ejemplo recién presentado, es evidente que si se desean normalizar respecto a la matriz de masa los modos de vibración de una estructura con "n" modos de vibración, la constante de normalización debe calcularse como:

$$\alpha_j = \frac{1}{\sqrt{m_j^*}} \qquad ; \qquad j = 1,\, 2, \ldots, n \qquad \text{(12.34)}$$

y en términos de la definición de la masa modal m_j^*, la constante α_j también se puede calcular como:

$$\alpha_j = \frac{1}{\sqrt{\{\phi_j\}^T [M] \{\phi_j\}}} \qquad ; \qquad j = 1, 2, \ldots, n \qquad (12.35)$$

Observando la Ec. (12.33), vemos que si calculamos la nueva masa modal (a la que llamaremos $\hat{m}_j^*$ para evitar confusiones) usando los modos normalizados respecto a $[M]$, ésta será ahora **unitaria** ($\hat{m}_j^* = 1$). Además, de acuerdo a la propiedad descrita en la Ec. (12.31), la nueva rigidez modal de los modos normalizados (denotada como $\hat{k}_j^*$) es:

$$\hat{k}_j^* = \omega_j^2 \, \hat{m}_j^* = \omega_j^2 = \lambda_j$$

Por lo tanto, concluimos que los modos normalizados respecto a la matriz de masa:

1) tienen masa modal unitaria.

2) tienen una rigidez modal igual a su frecuencia natural al cuadrado (o autovalor).

12.10 Matriz modal o matriz de autovectores.

Habíamos visto que una estructura que tiene n grados de libertad dinámicos tiene n modos o autovectores $\{\phi_j\}$; $j = 1, 2, \ldots, n$. Cada uno de estos autovectores tiene a su vez n filas o elementos ϕ_{ij} ; $i = 1, 2, \ldots, n$. Si colocamos los n modos de vibración o autovectores $\{\phi_j\}$ en columnas uno al lado del otro, éstos forman una matriz cuadrada (o sea con igual número de filas n que columnas n) a la que llamaremos $[\Phi]$:

$$[\Phi] = \left[\{\phi_1\} \mid \{\phi_2\} \mid \ldots \mid \{\phi_j\} \mid \ldots \mid \{\phi_n\} \right] \qquad (12.36)$$

Esta matriz $[\Phi]$ se conoce como la *matriz modal* o *matriz de autovectores*.

12.10.1 Ejemplo 12.10:

Para la viga en voladizo que estábamos considerando donde $n = 2$, la matriz modal es:

$$[\Phi] = \left[\{\phi_1\} \mid \{\phi_2\} \right] \qquad (\varepsilon)$$

Esta matriz de autovectores se puede crear usando los modos sin normalizar:

$$[\Phi] = \begin{bmatrix} 1 & 1 \\ 0.32736 & -1.52736 \end{bmatrix} \qquad (b)$$

o también usando los modos normalizados:

$$[\Phi] = \begin{bmatrix} 2.3434 & 1.0848 \\ 0.7671 & -1.6568 \end{bmatrix} \sqrt{\frac{ft}{lb.s^2}} \qquad (c)$$

12.11 Forma matricial de las propiedades de ortogonalidad

Para las formulaciones que vamos a ver más adelante es conveniente expresar en forma matricial la propiedad fundamental de los modos de vibración: la ortogonalidad respecto a la matriz de masa y rigidez. Para entender mejor este tema vamos a considerar una estructura con sólo dos grados de libertad dinámicos. En este caso, la matriz modal es:

$$[\Phi] = [\{\phi_1\} \,|\, \{\phi_2\}] \tag{12.37}$$

Vamos a transponer la matriz $[\Phi]$, lo que equivale a transponer cada columna de ella, o sea cada modo:

$$[\Phi]^T = \left[\begin{array}{c} \{\phi_1\}^T \\ \{\phi_2\}^T \end{array} \right] \tag{12.38}$$

Formemos el siguiente triple producto usando la matriz modal y la matriz de masa:

$$[\Phi]^T [M] [\Phi] = \left[\begin{array}{c} \{\phi_1\}^T \\ \{\phi_2\}^T \end{array} \right] [M] [\{\phi_1\} \,|\, \{\phi_2\}]$$

$$[\Phi]^T [M] [\Phi] = \left[\begin{array}{cc} \{\phi_1\}^T [M] \{\phi_1\} & \{\phi_1\}^T [M] \{\phi_2\} \\ \{\phi_2\}^T [M] \{\phi_1\} & \{\phi_2\}^T [M] \{\phi_2\} \end{array} \right] \tag{12.39}$$

y teniendo en cuenta las propiedades en la Ecs. (12.25) y (12.26) en cada uno de los cuatro casilleros de la última matriz se obtiene:

$$[\Phi]^T [M] [\Phi] = \left[\begin{array}{cc} m_1^* & 0 \\ 0 & m_2^* \end{array} \right] \tag{12.40}$$

O sea que el triple producto entre la matriz modal y la de masa lleva a una matriz diagonal con las masas modales en la diagonal.

Si se usa la matriz de autovectores con los modos normalizados respecto a la matriz de masa, las masas modales son unitarias. En tal caso, y si llamamos $[I]$ a la matriz identidad (una matriz diagonal con *unos* en su diagonal), la expresión anterior resulta:

$$[\Phi]^T [M] [\Phi] = [I] \tag{12.41}$$

Aunque lo hemos demostrado para un sistema con 2 grados de libertad, las Ecs. (12.40) y (12.41) son válidas para un sistema con n grados de libertad. Por supuesto, en este caso la matriz diagonal con las masas modales y la matriz identidad $[I]$ tendrán una dimensión n x n. La propiedad de los modos o autovectores descrita por la expresión (12.41) se conoce a veces como *ortonormalidad* porque tiene en cuenta en forma simultánea las propiedades de ortogonalidad y el hecho de que los modos están normalizados.

En forma similar se puede demostrar que las Ecs. (12.24) y (12.28) se pueden escribir en forma matricial como:

$$[\Phi]^T [K] [\Phi] = \begin{bmatrix} \ddots & & \\ & k_j^* & \\ & & \ddots \end{bmatrix} \tag{12.42}$$

La matriz en el lado derecho de la Ec. (12.42) es una matriz diagonal que contiene las rigideces modales $k_1^*, k_2^*, \ldots, k_n^*$. Si los modos de vibración en la matriz $[\Phi]$ están normalizados respecto a la matriz de masa, el triple producto $[\Phi]^T [K] [\Phi]$ resulta

$$[\Phi]^T [K] [\Phi] = \begin{bmatrix} \ddots & & \\ & \lambda_j & \\ & & \ddots \end{bmatrix} \tag{12.43}$$

Si llamamos $[\Lambda]$ a la matriz con los autovalores $\lambda_j = \omega_j^2$ en su diagonal, podemos escribir la Ec. (12.43) en forma compacta como:

$$[\Phi]^T [K] [\Phi] = [\Lambda] \tag{12.44}$$

Ahora que conocemos y entendemos las propiedades de ortonormalidad de los modos de vibración, estamos en condiciones de estudiar el método para calcular la respuesta dinámica de sistemas estructurales de múltiples grados de libertad. Antes de esto vamos a ver un ejemplo de las propiedades de ortogonalidad en su versión matricial.

12.11.1 Ejemplo 12.11:

Vamos a verificar las propiedades de ortogonalidad en forma matricial para la viga en voladizo con dos masas concentradas. La matriz modal y su transpuesta usando modos normalizados respecto a $[M]$ son:

$$[\Phi] = \begin{bmatrix} 2.3434 & 1.0848 \\ 0.7671 & -1.6568 \end{bmatrix} \quad ; \quad [\Phi]^T = \begin{bmatrix} 2.3434 & 0.7671 \\ 1.0848 & -1.6568 \end{bmatrix} \tag{a}$$

Calculemos por partes el triple producto de la Ec. (12.40):

$$[\Phi]^T [M] = \begin{bmatrix} 2.3434 & 0.7671 \\ 1.0848 & -1.6568 \end{bmatrix} \begin{bmatrix} 0.15 & 0 \\ 0 & 0.30 \end{bmatrix} = \begin{bmatrix} 2.3434 & 1.0848 \\ 0.7671 & -1.6568 \end{bmatrix}$$

$$[\Phi]^T [M] [\Phi] = \begin{bmatrix} 0.35147 & 0.2301 \\ -0.1627 & 0.49704 \end{bmatrix} \begin{bmatrix} 2.3434 & 1.0848 \\ 0.7671 & -1.6568 \end{bmatrix} = \begin{bmatrix} 1.00 & 0.00 \\ 0.00 & 1.00 \end{bmatrix} \tag{b}$$

Este resultado comprueba que ahora las masas modales de los modos normalizados son iguales a 1.

Al efectuar el triple producto entre la matriz modal y la de rigidez según la Ec. (12.43) se obtiene:

$$[\Phi]^T[K][\Phi] = \left[\begin{array}{c|c} 2.3434 & 0.7671 \\ 1.0848 & -1.6568 \end{array}\right] \left[\begin{array}{cc} 950 & -2,375 \\ -2,375 & 7,600 \end{array}\right] \left[\begin{array}{c|c} 2.3434 & 1.0848 \\ 0.7671 & -1.6568 \end{array}\right]$$

$$[\Phi]^T[K][\Phi] = \left[\begin{array}{cc} 1,150.4 & -0.62 \\ -0.62 & 30,517 \end{array}\right] \tag{c}$$

Se puede comprobar que $\omega_1 = \sqrt{1,150.4}$ y $\omega_2 = \sqrt{30,517}$. Nótese que por el redondeo de decimales en los modos, los términos fuera de la diagonal principal en (c) no son cero; sin embargo son muy pequeños comparados con los valores de λ_1 y λ_2 en la diagonal principal.

12.12 Problemas sugeridos

Problema # 12.1:

La figura del Problema 12.1 muestra una viga simplemente soportada de concreto reforzado con longitud total $L = 12$ ft y módulo $E = 3,600$ ksi. La viga está construida usando una sección transversal cuadrada de 12-in x 12-in. Para estudiar las vibraciones laterales de la viga se decidió usar un modelo con dos grados de libertad dinámicos: los desplazamientos verticales u_1 y u_2 de los dos puntos donde se han ubicado las masas concentradas m que representan parte de la masa de la viga. Las ecuaciones de movimiento para vibraciones libres son:

$$\left[\begin{array}{cc} m & 0 \\ 0 & m \end{array}\right] \left\{\begin{array}{c} \ddot{u}_1 \\ \ddot{u}_2 \end{array}\right\} + \left[\begin{array}{cc} k_{11} & k_{12} \\ k_{21} & k_{22} \end{array}\right] \left\{\begin{array}{c} u_1 \\ u_2 \end{array}\right\} = \left\{\begin{array}{c} 0 \\ 0 \end{array}\right\}$$

donde:

$$m = \frac{\rho AL}{3} \quad ; \quad k_{11} = \frac{1296}{5}\frac{EI}{L^3} \quad ; \quad k_{12} = k_{21} = -\frac{1134}{5}\frac{EI}{L^3} \quad ; \quad k_{22} = \frac{1296}{5}\frac{EI}{L^3}$$

Se pide:

1) Obtener el polinomio característico asociado al problema de valores propios.

2) Calcular los autovalores resolviendo este polinomio, las frecuencias naturales ω_j en rad/s y los periodos naturales T_j.

Sugerencia: usar suficientes decimales para no perder precisión hasta calcular las raíces del polinomio.

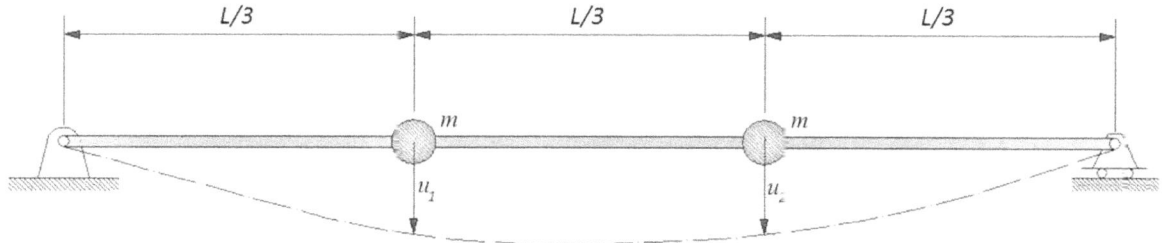

Figura del Problema 12.1

Problema # 12.2:

Considere la viga simplemente soportada de dos grados de libertad del problema anterior. Usando los mismos datos:

1) Calcule en forma manual los modos de vibración o autovectores $\{\phi_j\}$.

2) Normalice los modos de vibración respecto a la matriz de masa.

3) Compruebe que los modos de vibración son ortogonales respecto a las matrices de masa y rigidez.

Problema # 12.3:

Una viga doblemente empotrada con momento de inercia I y área transversal A está construida con un material con módulo de elasticidad E y densidad ρ. La viga se ha modelado como un sistema de dos grados de libertad concentrando la masa en cuatro nodos. Una vez que se han condensado los grados de libertad rotacionales, las ecuaciones de movimiento (para vibraciones libres) son:

$$\rho A\ell \begin{bmatrix} 1 & 0 \\ 0 & 1 \end{bmatrix} \left\{ \begin{array}{c} \ddot{u}_1 \\ \ddot{u}_2 \end{array} \right\} + \frac{EI}{5\ell^3} \begin{bmatrix} 96 & -66 \\ -66 & 96 \end{bmatrix} \left\{ \begin{array}{c} u_1 \\ u_2 \end{array} \right\} = \left\{ \begin{array}{c} 0 \\ 0 \end{array} \right\}$$

en donde ℓ es la longitud de cada tramo. Suponga que la viga es de acero con sección normalizada W 12 x 87 y de longitud total $L = 24$ ft. Calcule "a mano" las frecuencias naturales en rad/s y en $Hertz$, y los periodos naturales.

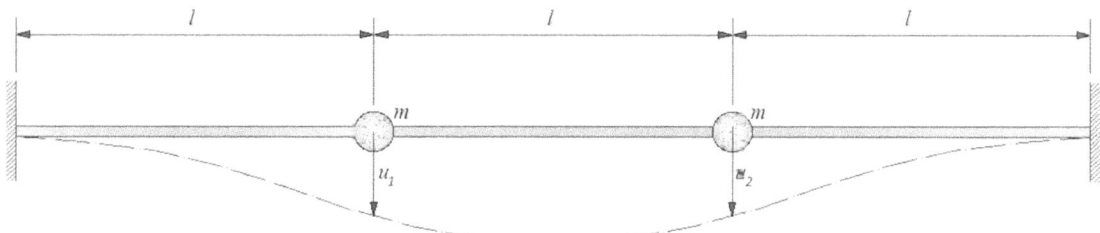

Figura del Problema 12.3

Problema # 12.4:

Considere nuevamente la viga doblemente empotrada del problema anterior. Usando los mismos datos:

1) Calcule los modos de vibración.

2) Compruebe que los modos de vibración son ortogonales respecto a la matriz de masa.

3) Grafique los modos normalizándolos tal que el mayor desplazamiento modal sea 1.

4) Normalice luego los modos respecto a la matriz de masa.

Problema # 12.5:

El pórtico plano que se muestra en la figura se modeló como un sistema de dos grados de libertad usando como coordenadas o grados de libertad las componentes horizontal $u_1(t)$ y vertical $u_2(t)$ del desplazamiento de la junta libre de la estructura. Se puede demostrar que las ecuaciones de movimiento del pórtico sin amortiguamiento son las siguientes:

$$\frac{\bar{m}L}{2}\begin{bmatrix} 3 & 0 \\ 0 & 1 \end{bmatrix}\begin{Bmatrix} \ddot{u}_1 \\ \ddot{u}_2 \end{Bmatrix} + \frac{6}{7}\frac{EI}{L^3}\begin{bmatrix} 8 & -3 \\ -3 & 2 \end{bmatrix}\begin{Bmatrix} u_1 \\ u_2 \end{Bmatrix} = \begin{Bmatrix} 0 \\ 0 \end{Bmatrix}$$

en donde $\bar{m}$, EI y L son, respectivamente, la masa por unidad de longitud, la rigidez flexional y la longitud de cada elemento del pórtico plano. Calcule "a mano" las frecuencias naturales. Puede trabajar en forma simbólica o usando los siguientes valores numéricos de los parámetros: *peso* por unidad de longitud $\bar{w} = 1.61\ lb/ft$, rigidez flexional $EI = 80.64\ kip.ft^2$ y longitud $L = 12\ ft$.

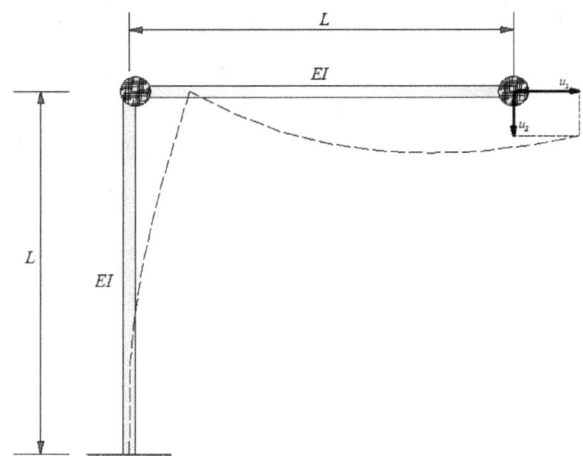

Figura del Problema 12.5

Problema # 12.6:

Determine los modos de vibración (o autovectores) del pórtico del Problema # 12.5 Normalice los modos de vibración respecto a la matriz de masa. Puede trabajar en forma simbólica o usar los valores numéricos dados en el problema.

Problema # 12.7:

En la figura del Problema 12.7 se muestra un modelo dinámico consistente en un cuerpo rígido sostenido por dos resortes lineales. Este modelo podría ser útil para estudiar las vibraciones de una máquina montada en resortes o de un automóvil, o las vibraciones verticales de un edificio de un piso con losa rígida. Es posible demostrar que las ecuaciones de movimiento de este sistema para el caso de vibraciones libres, expresadas en términos de los desplazamientos verticales $u_1(t)$ y $u_2(t)$ de los extremos del cuerpo, son las siguientes:

$$\frac{1}{L^2}\begin{bmatrix} I_G + m\,b^2 & -I_G + m\,a\,b \\ -I_G + m\,a\,b & I_G + m\,a^2 \end{bmatrix}\begin{Bmatrix} \ddot{u}_1 \\ \ddot{u}_2 \end{Bmatrix} + \begin{bmatrix} k_1 & 0 \\ 0 & k_2 \end{bmatrix}\begin{Bmatrix} u_1 \\ u_2 \end{Bmatrix} = \begin{Bmatrix} 0 \\ 0 \end{Bmatrix}$$

en donde I_G es el momento de inercia de masa del cuerpo respecto a un eje que pasa por su centro de masa G, m es la masa total del cuerpo y L es la distancia entre los dos apoyos elásticos. Los coeficientes de rigidez de los resortes son k_1 y k_2, y las distancias desde los resortes al centro de masa son a y b.

Calcule "a mano" las frecuencias naturales y los vectores de formas modales (o autovectores) del modelo. Normalice los autovectores respecto a la matriz de masa. Use los siguientes valores numéricos para los parámetros: $m = 4,000 \ kg$, $I_G = 2,560 \ kg.m^2$, $k_1 = k_2 = 20,000 \ N/m$, y $a = 0.9 \ m$, $b = 1.4 \ m$.

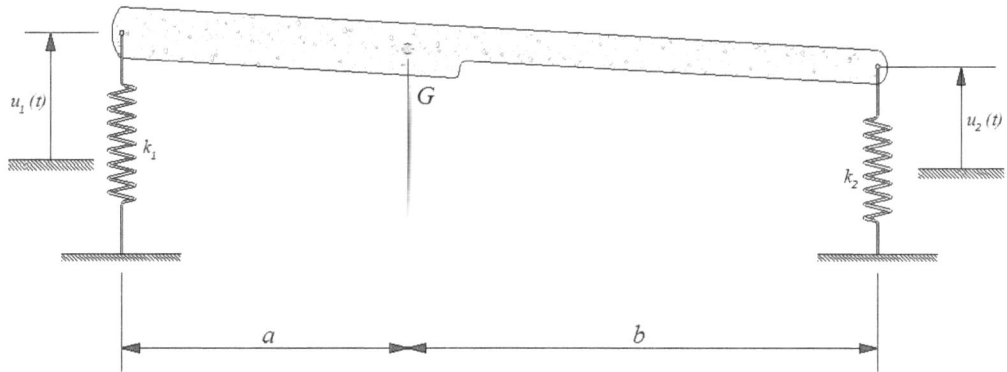

Figura del Problema 12.7

Problema # 12.8:

Las ecuaciones de movimiento de una cuerda tensa vibrando libremente con tensión constante T y longitud total L modelada como un sistema de tres masas concentradas son:

$$\bar{m} \begin{bmatrix} 1 & 0 & 0 \\ 0 & 1 & 0 \\ 0 & 0 & 1 \end{bmatrix} \begin{Bmatrix} \ddot{y}_1 \\ \ddot{y}_2 \\ \ddot{y}_3 \end{Bmatrix} + \frac{T}{L} \begin{bmatrix} 8 & -4 & 0 \\ -4 & 8 & -4 \\ 0 & -4 & 8 \end{bmatrix} \begin{Bmatrix} y_1 \\ y_2 \\ y_3 \end{Bmatrix} = \begin{Bmatrix} 0 \\ 0 \\ 0 \end{Bmatrix}$$

donde y_1, y_2, y_3 son los desplazamientos transversales de las tres masas y:

$$\bar{m} = \frac{\rho A L}{4}$$

Demuestre que el polinomio característico del problema de autovalores es:

$$\bar{\lambda}^3 - 24\bar{\lambda}^2 + 160\bar{\lambda} - 256 = 0$$

donde $\bar{\lambda}$ es un parámetro adimensional proporcional a los autovalores λ y definido como:

$$\bar{\lambda} = \frac{\bar{m}L}{T}\lambda$$

Verifique que las raíces λ_j del polinomio característico son:

$$\bar{\lambda}_1 = 8 - 4\sqrt{2} \quad ; \quad \bar{\lambda}_2 = 8 \quad ; \quad \bar{\lambda}_3 = 8 + 4\sqrt{2}$$

Calcule las tres frecuencias naturales del modelo discreto. Compare estas frecuencias con las frecuencias naturales "exactas" (o sea las de un modelo continuo) calculando el error porcentual. Las frecuencias del modelo continuo son:

$$(\omega_{exacta})_j = j\pi\sqrt{\frac{T}{\rho A L^2}} \quad ; \quad j = 1, 2, 3, \dots$$

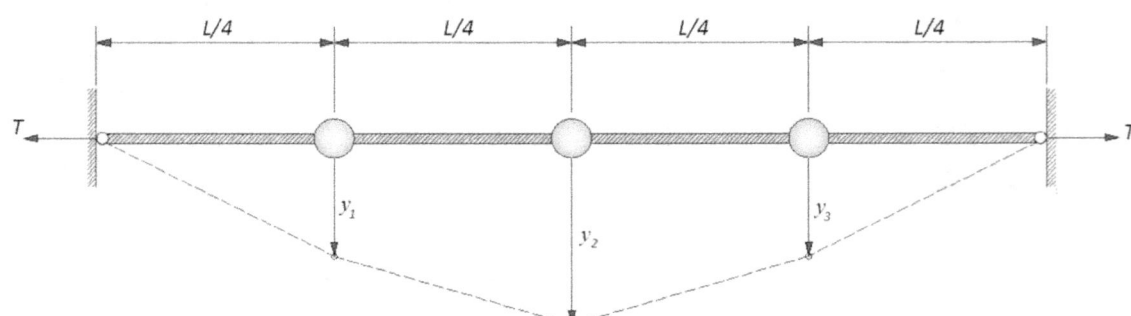

Figura del Problema 12.8

Problema # 12.9:

Considere una viga simple uniforme con dos voladizos como la que se muestra en la figura del Problema 12.9. La masa de la viga se ha concentrado en tres nodos o juntas como se indica. El sistema tiene ahora tres grados de libertad dinámicos: los desplazamientos verticales de las masas. Las ecuaciones de movimiento para la viga sin amortiguamiento y vibrando libremente son:

$$\rho AL \begin{bmatrix} \frac{1}{2} & 0 & 0 \\ 0 & 1 & 0 \\ 0 & 0 & \frac{1}{2} \end{bmatrix} \begin{Bmatrix} \ddot{u}_1 \\ \ddot{u}_2 \\ \ddot{u}_3 \end{Bmatrix} + \frac{EI}{28L^3} \begin{bmatrix} 45 & 72 & 3 \\ 72 & 384 & 72 \\ 3 & 72 & 45 \end{bmatrix} \begin{Bmatrix} u_1 \\ u_2 \\ u_3 \end{Bmatrix} = \begin{Bmatrix} 0 \\ 0 \\ 0 \end{Bmatrix}$$

Verifique que el polinomio característico asociado al problema de autovalores es:

$$\frac{1}{4}\hat{\lambda}^3 - \frac{141}{28}\hat{\lambda}^2 + 18\hat{\lambda} - \frac{108}{7} = 0$$

donde $\hat{\lambda}$ es un parámetro adimensional relacionado a los autovalores λ:

$$\hat{\lambda} = \frac{\rho AL^4}{EI}\lambda$$

Verifique que las raíces del polinomio característico son:

$$\hat{\lambda}_1 = \frac{12}{7}\left(5 - 3\sqrt{2}\right) \quad ; \quad \hat{\lambda}_2 = 3 \quad ; \quad \hat{\lambda}_1 = \frac{12}{7}\left(5 + 3\sqrt{2}\right)$$

y calcule las tres frecuencias naturales ω_1, ω_2 y ω_3.

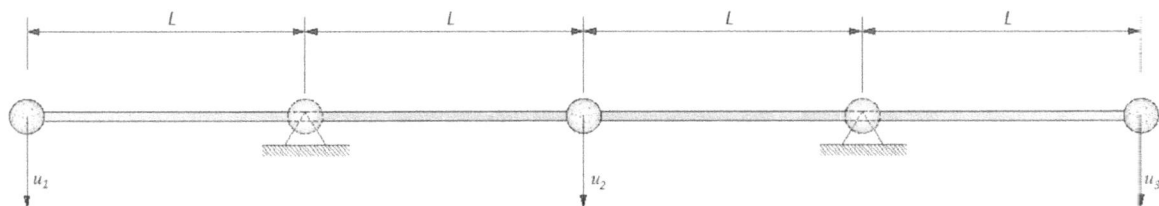

Figura del Problema 12.9

Problema # 12.10:

Considere nuevamente la viga con voladizos del problema anterior. El problema de autovalores asociado a las ecuaciones de movimiento se puede escribir como:

$$\left[\frac{1}{28}\begin{bmatrix} 45 & 72 & 3 \\ 72 & 384 & 72 \\ 3 & 72 & 45 \end{bmatrix} - \lambda_j \frac{\rho AL^4}{EI}\begin{bmatrix} \frac{1}{2} & 0 & 0 \\ 0 & 1 & 0 \\ 0 & 0 & \frac{1}{2} \end{bmatrix}\right]\begin{Bmatrix} \phi_{1j} \\ \phi_{2j} \\ \phi_{3j} \end{Bmatrix} = \begin{Bmatrix} 0 \\ 0 \\ 0 \end{Bmatrix}$$

Calcule y grafique los modos de vibración del sistema de tres grados de libertad. Normalice los modos respecto a la matriz de masa.

Problema # 12.11:

Considere el enrejado o emparrillado plano en forma de T que se muestra en la figura del Problema 12.11 formado por tres barras idénticas con longitud L. Las barras tienen momento de inercia I respecto al eje neutro, momento polar de inercia J y área transversal A. Este modelo se usa para estudiar las vibraciones fuera del plano de la estructura. El enrejado tiene 9 grados de libertad estáticos (un desplazamiento en dirección Z y dos giros alrededor de los ejes X y Y en cada junta). Si se concentra la masa de las barras en las juntas se obtiene un sistema discreto con tres grados de libertad dinámicos: los desplazamientos w_1, w_2 y w_3. Una vez que se condensan los giros se obtiene que la matriz de rigidez es:

$$[K] = \frac{3}{6+\alpha} \frac{EI}{L^3} \begin{bmatrix} 3+\alpha & -(6+\alpha) & 3 \\ -(6+\alpha) & 3(6+\alpha) & -(6+\alpha) \\ 3 & -(6+\alpha) & 3+\alpha \end{bmatrix}$$

donde α es la razón entre las rigideces flexionales y rotacionales:

$$\alpha = \frac{GJ}{EI}$$

Las ecuaciones de movimiento para vibraciones libres son::

$$\begin{bmatrix} m & 0 & 0 \\ 0 & 3m & 0 \\ 0 & 0 & m \end{bmatrix} \begin{Bmatrix} \ddot{w}_1 \\ \ddot{w}_2 \\ \ddot{w}_3 \end{Bmatrix} + k \begin{bmatrix} 3+\alpha & -(6+\alpha) & 3 \\ -(6+\alpha) & 3(6+\alpha) & -(6+\alpha) \\ 3 & -(6+\alpha) & 3+\alpha \end{bmatrix} \begin{Bmatrix} w_1 \\ w_2 \\ w_3 \end{Bmatrix} = \begin{Bmatrix} 0 \\ 0 \\ 0 \end{Bmatrix}$$

donde:

$$m = \frac{\rho AL}{2} \quad ; \quad k = \frac{3}{6+\alpha} \frac{EI}{L^3}$$

Se puede demostrar que las frecuencias naturales del modelo son:

$$\omega_1 = \sqrt{2\left(3-\sqrt{6}\right)}\sqrt{\frac{EI}{\rho AL^4}} \; ; \quad \omega_2 = \sqrt{\frac{6\alpha}{6+\alpha}}\sqrt{\frac{EI}{\rho AL^4}} \; ; \quad \omega_3 = \sqrt{2\left(3+\sqrt{6}\right)}\sqrt{\frac{EI}{\rho AL^4}}$$

Demuestre primero que para un material con una razón de Poisson $\nu = 1/3$ y para una sección circular sólida, el coeficiente α es $3/4$. Para este caso, calcule los correspondientes modos de vibración y grafique los mismos. Normalice los modos respecto a la matriz de masa $[M]$. Puede trabajar en forma simbólica o usando los siguientes valores numéricos de los parámetros: masa por unidad de longitud $\rho A = 6\ kg/m$, rigidez flexional $EI = 4000\ N.m^2$ y longitud $L = 1.5\ m$.

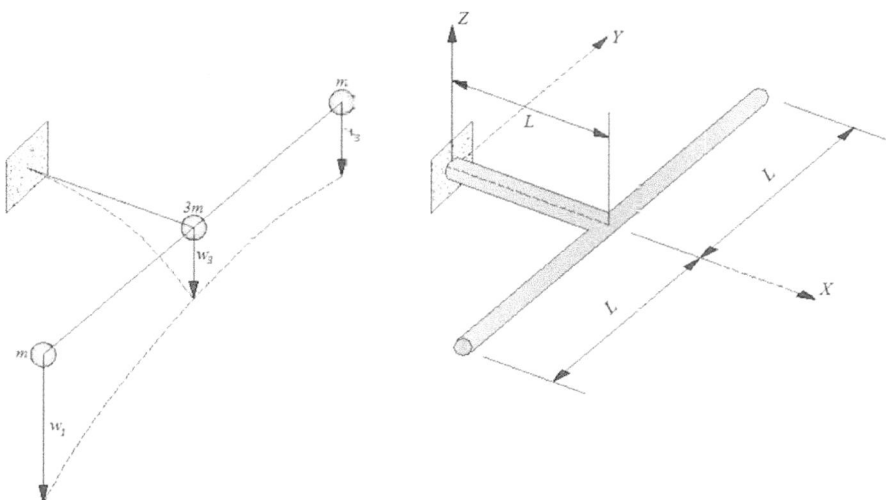

Figura del Problema 12.11

Capítulo 13

El problema de autovalores matricial

CAPÍTULO 13: El problema de autovalores matricial

13.1 El problema de valores propios

En el capítulo anterior vimos que la solución propuesta para la respuesta de una estructura en vibraciones libres nos condujo a un "problema de autovalores o de valores propios". De la solución de este problema se obtenían las frecuencias naturales y los modos de vibración (o autovectores). Para concentrarnos en el aspecto físico, en el pasado capítulo no abundamos en los detalles matemáticos del problema de autovalores. En esta sección vamos a presentar algunos conceptos matemáticos junto con más información sobre este problema. Si bien no es imprescindible conocer estos conceptos, pueden ser de mucha ayuda para aquellos lectores que quieren profundizar sus conocimientos de Dinámica Estructural.

Un problema de autovalores algebraico en la llamada *forma estándar* tiene la forma:

$$[A]\{\phi\} = \lambda\{\phi\} \tag{13.1}$$

donde λ es un autovalor o valor propio ("eigenvalue" en inglés) y $\{\phi\}$ es el correspondiente autovector o vector propio ("eigenvector" en inglés).

Este problema de autovalores tiene, entre muchas otras propiedades, dos que debemos conocer:

- Si $[A]$ es una matriz real y no simétrica, los autovalores (y autovectores) son, *en general,* complejos.

- Si $[A]$ es simétrica, los autovalores (y autovectores) son necesariamente reales.

En Dinámica Estructural nos interesa más la llamada *forma generalizada* del problema de autovalores, la que se define en términos de dos matrices de la forma:

$$[A]\{\phi\} = \lambda[B]\{\phi\} \tag{13.2}$$

Para las aplicaciones en Dinámica Estructural la matriz $[A]$ será la matriz de rigidez $[K]$ y la matriz $[B]$ se identificará con la matriz de masa $[M]$. El problema de autovalores *estructural* es entonces:

$$[K]\{\phi\} = \lambda[M]\{\phi\} \tag{13.3}$$

Las matrices de masa $[M]$ y rigidez $[K]$ tiene ciertas propiedades que hacen que el problema de autovalores (13.3) tenga propiedades especiales muy importantes y útiles. Para explicar las propiedades de $[K]$ y $[M]$ debemos recordar antes algunos conceptos del álgebra lineal.

13.2 Formas cuadráticas

Una forma cuadrática es una expresión de la forma:

$$f = a_{11}x_1^2 + a_{22}x_2^2 - a_{12}x_1x_2 + a_{21}x_2x_1 + \ldots + a_{nn}x_n^2 \qquad (13.4)$$

Definiendo un vector $\{x\}$ como:

$$\{x\} = \left\{ \begin{array}{c} x_1 \\ x_2 \\ \vdots \\ x_n \end{array} \right\} \qquad (13.5)$$

y una matriz $[A]$ con elementos a_{ij}:

$$[A] = \left[\begin{array}{ccc} a_{11} & \cdots & a_{1n} \\ \vdots & \ddots & \vdots \\ a_{n1} & \cdots & a_{nn} \end{array} \right] \qquad (13.6)$$

es fácil comprobar que la forma cuadrática f puede escribirse como:

$$f = \{x\}^T [A] \{x\} \qquad (13.7)$$

13.3 Formas cuadráticas y matrices positivas definidas

Por definición: Una forma cuadrática de n variables se dice que es *positiva definida* si es siempre mayor que cero y sólo es cero si todas las n variables son cero.

Consideremos por ejemplo la energía cinética T de un sistema estructural o mecánico discretizado como un sistema con n grados de libertad. Las coordenadas que describen el movimiento del sistema se agrupan en un vector $\{q\}$ con n filas y $[M]$ es su matriz de masa. Si el sistema es lineal y no hay efectos giroscópicos, la energía cinética tiene la forma:

$$T = \frac{1}{2} \{\dot{q}\}^T [M] \{\dot{q}\} \qquad (13.8)$$

donde $\{\dot{q}\}$ es el vector de velocidades. Esta forma cuadrática es positiva definida porque es > 0 y es sólo 0 si $\dot{q}_1 = \dot{q}_2 = \ldots \dot{q}_n = 0$. Para comprobar con un ejemplo esta afirmación, consideremos el sistema formado por dos masas m_1 y m_2 unidas por un resorte de rigidez k que se muestra en la Figura 13.1.

La energía cinética del sistema de dos masas es:

$$T = \frac{1}{2} \left\{ \begin{array}{c} \dot{u}_1 \\ \dot{u}_2 \end{array} \right\}^T \left[\begin{array}{cc} m_1 & 0 \\ 0 & m_2 \end{array} \right] \left\{ \begin{array}{c} \dot{u}_1 \\ \dot{u}_2 \end{array} \right\} = \frac{1}{2} m_1 \dot{u}_1^2 + \frac{1}{2} m_2 \dot{u}_2^2$$

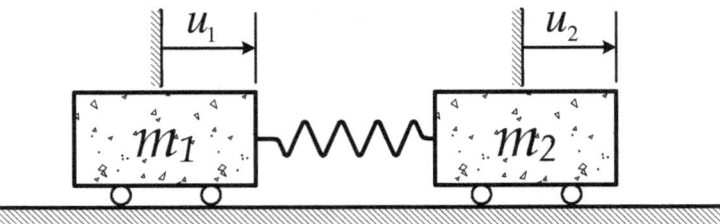

Figura 13.1 **Sistema de dos masas libres unidas por un resorte.**

Es evidente de la expresión anterior que la energía cinética T nunca puede tomar un valor 0, salvo si $\dot{u}_1 = \dot{u}_2 = 0$. Por lo tanto, T es una forma cuadrática positiva definida.

Por definición: Una matriz se dice que es *positiva definida* si sus elementos son los coeficientes de una forma cuadrática positiva definida.

Por lo tanto, como la energía cinética T es una forma cuadrática positiva definida, **la matriz de masa $[M]$ es una matriz positiva definida.**

Por definición: Una forma cuadrática de n variables se dice que es *positiva semi-definida* si no es nunca negativa, pero puede ser cero sin que todas las n variables sean cero.

Un ejemplo de una forma cuadrática positiva semidefinida es la energía potencial V. Si consideramos nuevamente un sistema estructural discretizado como un sistema de n grados de libertad, la energía potencial (o energía de deformación) se puede expresar de la siguiente forma:

$$V = \frac{1}{2} \{q\}^T [K] \{q\} \tag{13.9}$$

Esta forma cuadrática, a diferencia de la energía cinética, puede ser cero sin que todos los grados de libertad sean $q_1 = q_2 = \ldots = q_n = 0$. Por ejemplo, en el caso del sistema de dos masas unidas por un resorte de la Figura 13.1, la energía potencial es:

$$V = \frac{1}{2} \left\{ \begin{array}{c} u_1 \\ u_2 \end{array} \right\}^T \left[\begin{array}{cc} k & -k \\ -k & k \end{array} \right] \left\{ \begin{array}{c} u_1 \\ u_2 \end{array} \right\} = \frac{1}{2} k \, (u_2 - u_1)^2 = \frac{1}{2} k \, u_1^2 + \frac{1}{2} k \, u_1^2 - k \, u_1 u_2$$

Debido al término $(u_2 - u_1)^2$ en la expresión de V, es evidente que si el sistema de dos masas se desplaza en forma tal que $u_1 = u_2$, la energía potencial V será cero, sin que u_1 y u_2 deban ser cero. Por consiguiente, la energía potencial o de deformación es una forma cuadrática positiva semidefinida.

La energía potencial resulta cero en sistemas como el del ejemplo anterior de las dos masas porque estos sistemas son *inestables* o mejor dicho, porque tienen un *movimiento de cuerpo rígido*. En sistemas estables, ya sean estáticamente determinados o indeterminados, la energía potencial será siempre mayor que cero. Por ejemplo, si unimos con otro resorte de rigidez k la masa m_1 a un punto fijo, V es ahora:

$$V = \frac{1}{2} \left\{ \begin{array}{c} u_1 \\ u_2 \end{array} \right\}^T \left[\begin{array}{cc} 2k & -k \\ -k & k \end{array} \right] \left\{ \begin{array}{c} u_1 \\ u_2 \end{array} \right\} \frac{1}{2} k \, u_1^2 + \frac{1}{2} k \, (u_2 - u_1)^2 > 0$$

Por definición: Una matriz se dice que es *positiva semidefinida* si sus elementos son los coeficientes de una forma cuadrática positiva semidefinida.

Dado que vimos que la energía potencial es una forma cuadrática positiva *semidefinida* para sistemas *inestables*, **la matriz $[K]$ es una matriz positiva semidefinida** para estos sistemas. Para sistemas o estructuras estables, como prácticamente todas las estructuras de interés en ingeniería civil, la matriz $[K]$ es una matriz positiva *definida*.

13.4 Propiedades del problema de autovalores estructural

Las siguientes son las propiedades más importantes para las aplicaciones que nos interesan del problema de autovalores de Dinámica Estructural.

1. Los autovalores λ_j del problema $[K]\{\phi_j\} = \lambda_j [M]\{\phi_j\}$ con $[K]$ y $[M]$ reales y simétricas y $[M]$ positiva definida son REALES.

2. Los autovalores λ_j del problema $[K]\{\phi_j\} = \lambda_j [M]\{\phi_j\}$ con $[K]$ y $[M]$ reales y simétricas y $[M]$ positiva definida son POSITIVOS y sólo pueden ser cero si $[K]$ es positiva semidefinida.

3. Los autovectores $\{\phi_j\}$ del problema $[K]\{\phi_j\} = \lambda_j [M]\{\phi_j\}$ con $[K]$ y $[M]$ reales y simétricas son ortogonales respecto a la matriz $[M]$ y $[K]$, o sea:

$$\{\phi_i\}^T [M] \{\phi_j\} = 0 \quad \text{si } i \neq j \qquad (13.10.a)$$

$$\{\varphi_i\}^T [K] \{\phi_j\} = 0 \quad \text{si } i \neq j \qquad (13.10.b)$$

4. Si los autovectores $\{\phi_j\}$ del problema $[K]\{\phi_j\} = \lambda_j [M]\{\phi_j\}$ están normalizados respecto a la matriz $[M]$:

$$\{\phi_j\}^T [M] \{\phi_j\} = 1 \quad ; \quad j = 1, \ldots, n \qquad (13.11.a)$$

se cumple que:

$$\left\{\phi_j\right\}^T [K] \left\{\phi_j\right\} = \lambda_j \qquad ; \qquad j = 1, \ldots, n \qquad (13.11.b)$$

5. Los autovectores $\left\{\phi_j\right\}$ del problema $[K]\left\{\phi_j\right\} = \lambda_j [M]\left\{\phi_j\right\}$ con $[K]$ y $[M]$ reales y simétricas son *linealmente independientes*.

6. Culaquier vector arbitrario $\{u\}$ puede ser expresado como una combinación lineal de los autovectores del problema. $[K]\left\{\phi_j\right\} = \lambda_j [M]\left\{\phi_j\right\}$. Esto se conoce como el "Teorema de la Expansión" y se puede expresar como:

$$\{u\} = \sum_{j=1}^{n} c_j \left\{\phi_j\right\} = [\Phi]\{c\} \qquad (13.12)$$

13.5 Solución del problema de autovalores con MATLAB

En el Capítulo 12 vimos cómo resolver el problema de autovalores "a mano", escribiendo el llamado determinante característico y desarrollando el mismo para obtener el polinomio característico. Las raíces de este polinomio eran los autovalores. Los autovectores se obtenían resolviendo un sistema de ecuaciones lineales homogéneo. Esta manera de proceder sólo se puede aplicar en la práctica para sistemas con pocos grados de libertad (por ejemplo, 2 o 3). Para sistemas con más grados de libertad el procedimiento es muy tedioso y poco práctico. Además hay problemas numéricos debido a la sensibilidad de las raíces del polinomio a pequeños cambios en los valores de los coeficientes del mismo.

Hay toda un área de la Matemática Aplicada dedicada a la solución de problemas de autovalores. También hay numerosos algoritmos propuestos para resolver este tipo de problemas. Algunos libros de texto de Vibraciones o Dinámica Estructural incluyen explicaciones detalladas sobre estos métodos. No obstante, en la opinión del autor, esto no tiene mucho sentido. Los mejores algoritmos son muy complicados y existen abundantes programas ya desarrollados que resuelven de manera muy eficiente y robusta (esto es, capaz de producir resultados precisos bajo una gran variedad de condiciones) los problemas de autovalores. Por lo tanto, sólo vamos a presentar cómo resolver este tipo de problemas usando el programa *Matlab*. Este programa tiene incorporado los mejores y más modernos algoritmos para su solución.

Para resolver en *Matlab* un problema de autovalores estándar, vale decir uno con la forma:

$$[A]\{\phi_j\} = \lambda_j \{\phi_j\} \qquad ; j = 1, \cdots, n \qquad (13.13)$$

donde $[A]$ es una matriz $(n \times n)$ real arbitraria, podemos usar la instrucción:

$eig(A)$

o también la instrucción:

$lam = eig(A)$

La primera instrucción calcula los autovalores de $[A]$ y la segunda los guarda en el vector "lam".

Si queremos calcular ambos, los autovalores **y** los autovectores, debemos usar una instrucción de la forma:

$[Phi,lam] = eig(A)$

Aquí los autovalores se guardan en la diagonal principal de la **matriz** diagonal $[lam]$ y los autovectores se guardan en la matriz $[Phi]$. Por supuesto, el usuario puede usar cualquier otro nombre que desee para las variables Phi y lam.

En Dinámica Estructural estamos interesados en el llamado problema de autovalores generalizado. Este tiene la forma:

$$[A]\{\phi_j\} = \lambda_j [B]\{\phi_j\} \qquad ; \qquad j = 1, \cdots, n \qquad (13.14)$$

Dependiendo si queremos guardar los autovalores o no, para calcularlos usamos una de las siguientes instrucciones. Con la primera se calculan los autovalores y se guardan en una variable temporaria llamada ans:

$eig(A,B)$

o la siguiente instrucción se almacenan en la variable en el lado izquierdo:

$lam = eig(A,B)$

Para calcular los autovalores **y** autovectores y guardarlos en las matrices $[lam]$ y $[Phi]$ se usa la instrucción:

$[Phi,lam] = eig(A,B)$

Aunque no es usualmente necesario, si se desea, es sencillo pasar de un problema generalizado a uno estándar escribiendo a partir de la Ec. (13.14):

$$[B]^{-1}[A]\{\phi_j\} = \lambda_j \{\phi_j\} \qquad ; \qquad j = 1, \cdots, n$$

y llamando $[C] = [B]^{-1}[A]$, obtenemos:

$$[C]\{\phi_j\} = \lambda_j \{\phi_j\} \qquad ; \qquad j = 1, \cdots, n \qquad (13.15)$$

En *Matlab* esto se puede hacer de la siguiente manera:

$C = inv(B) * A$
$[Phi,lam] = eig(C)$

Debe tenerse presente que en Dinámica Estructural, las matrices $[A]$ y $[B]$ son simétricas porque están asociadas a las matrices de rigidez $[K]$ y de masa $[M]$, respectivamente. La matriz $[C]$ en la Ec. (13.15) **no** es simétrica y sin embargo, los autovalores y autovectores serán reales.

En general, los autovectores calculados mediante *Matlab* están normalizados respecto a la matriz en el lado derecho del problema de autovalores. Por lo tanto se cumple que:

$$\{\phi_j\}^T[B]\{\phi_j\} = 1 \qquad ; \qquad j = 1, \cdots, n \qquad (13.16)$$

Como vimos en el Capítulo 12, nos interesa normalizar los autovectores o modos de vibración con respecto a la matriz $[B]$ (o matriz de masa $[M]$). Si nos interesara programar esta manera de normalizarlos , esto se puede hacer mediante las siguientes instrucciones:

$alf = 1 ./ sqrt(diag(Phi' * B * Phi))$
$Phi = Phi * diag(alf)$

Si se usa el comando *eig* y si los los autovalores son reales, *Matlab* los ordena de menor a mayor. Además *Matlab* los normaliza de acuerdo a la Ec. (13.16). Hay que alertar que si se usa alguna de las opciones disponibles para el comando *eig*, por ejemplo *eig(A,B, 'qz')*, *Matlab* no los va a ordenar ni normalizar.

Si los autovalores (y las frecuencias naturales) no estuvieran ordenados según un orden de magnitud creciente, como nos interesa, para ordenar las frecuencias naturales $\omega_j = \sqrt{\lambda_j}$ y los modos de vibración correspondientes de menor a mayor podemos usar las siguientes tres instrucciones de *Matlab* que se proveen a continuación. El primer comando recupera la diagonal de la matriz *lam* (obtiene λ_1, λ_2,..., λ_n) y luego le saca la raíz cuadrada para determinar así las frecuencias naturales en *rad/seg* que se guardan en el vector *w*. El segundo comando ordena de menor a mayor las frecuencias naturales y guarda los índices que indican dónde estaban originalmente.

El tercer comando reordena los autovectores o modos (en la matriz Phi) siguiendo el mismo patrón que las frecuencias naturales. Para saber en qué columna deben ir los modos reordenados se usan los índices guardados en el vector id.

$w = sqrt(\ diag(\ lam \ ) \ )$

$[w,id] \ = \ sort(\ w \ )$

$Phi \ = \ Phi(:,id)$

13.5.1 Ejemplo 13.1:

Consideremos un modelo de un bloque de fundación para una máquina montado sobre una fundación elástica como se muestra en la Figura 13.2. El centro de masa del sistema bloque-máquina G está ubicado a una distancia a y b de los extremos izquierdo y derecho del bloque, respectivamente. La profundidad del bloque (la dimensión en la dirección normal al plano del papel) es c. El bloque y la máquina tienen una masa m y un momento de inercia másico respecto al centro de masa I_G. El suelo se representa por resortes uniformemente distribuidos debajo del bloque de rigidez $\bar{k}$ en (kip/in^3). Ese valor $\bar{k}$ se conoce en Mecánica de Suelos como el módulo de reacción de la subrasante ("modulus of subgrade reaction" en inglés). Las ecuaciones de movimiento se obtuvieron usando como coordenadas el desplazamiento vertical $u(t)$ del centro de masa y la rotación $\theta(t)$ del sistema bloque-máquina. Se puede demostrar que las ecuaciones de movimiento para vibraciones libres usando estas coordenadas son:

$$\begin{bmatrix} m & 0 \\ 0 & I_G \end{bmatrix} \left\{ \begin{array}{c} \ddot{u}(t) \\ \ddot{\theta}(t) \end{array} \right\} + \begin{bmatrix} \bar{k}\,cL & \frac{1}{2}\bar{k}c(a^2 - b^2) \\ \frac{1}{2}\bar{k}c(a^2 - b^2) & \frac{1}{3}\bar{k}c(a^3 + b^3) \end{bmatrix} \left\{ \begin{array}{c} u(t) \\ \theta(t) \end{array} \right\} = \left\{ \begin{array}{c} 0 \\ 0 \end{array} \right\} \qquad (\varepsilon)$$

donde $L = a + b$. Es interesante notar que si $a = b$ las dos ecuaciones se desacoplan; en otras palabras el desplazamiento y el giro se pueden calcular en forma separada

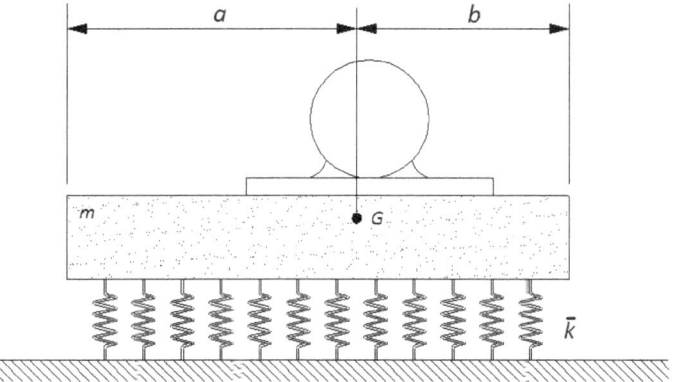

Figura 13.2 **Bloque de fundación de una máquina sobre fundación elástica**

Usando los siguientes datos, calcule las frecuencias naturales en rad/s, en $Hertz$, los periodos naturales y los modos de vibración normalizados respecto a la matriz de masa usando $Matlab$.

$$a = 9 \ ft \quad ; \ b = 6 \ ft \quad ; \ c = 10 \ ft \quad ; \ W = 88 \ k \quad ; \ I_G = 48 \ k.ft.s^2 \quad ; \ \bar{k} = 0.150 \ \frac{k}{in^3}$$

(b)

donde W es el peso del sistema bloque-máquina. Vamos a escribir un pequeño programa en $Matlab$ muy sencillo.

Primero se ingresan los datos dados en la Ec. (b) al programa (la masa m se calcula a partir del peso W), luego se definen las matrices de masa y rigidez dadas en la Ec. (a). A continuación se resuelve el problema de autovalores usando el comando eig antes explicado. No fue necesario ordenar las frecuencias naturales y modos porque los autovalores se entregaron ordenados. Los modos de vibración están normalizados respecto a la matriz de masa (se puede comprobar escribiendo el comando $Phi' * M * Phi$).

```
% Programa para calcular las propiedades dinámicas de un sistema de  %
% dos grados de libertad formado por un bloque de fundación y una    %
% máquina.   %
clc; clear all              % limpia la pantalla y borra variables

g = 32.2;                   % aceleración de la gravedad en ft/s^2
a = 9;                      % distancia izquierda del C. de M. en ft
b = 6;                      % distancia derecha del C. de M. en ft
c = 10;                     % profundidad del bloque en ft
W = 88;                     % peso del bloque + máquina en kip
Ig = 48;                    % momento de inercia másico en k.ft.s^2
kb = 0.15;                  % rigidez de resortes distrib.  en k/in^3
m = W/g;                    % masa total del sistema en k.s^2/ft
kb = kb*12^3;               % cambia la cte.  kb a k/ft^3
L = a + b;                  % largo en dirección horizontal en ft

M = diag([m Ig]);
K = [kb*c*L kb*c/2*(a^2-b^2); kb*c/2*(a^2-b^2) kb*c/3*(a^3+b^3)];

[Phi,lam] = eig(K,M);       % solución del prob.de autovalores
w = sqrt(diag( lam ));      % calcula las frec.  naturales en rad/s
f = w/(2*pi);               % calcula las frec.  naturales en Hertz
T = 1./f;                   % calcula los periodos naturales en s
```

```
disp('*** La matriz de masa en k y ft es :'); disp(' ');
disp(M); disp(' ');
disp('*** La matriz de rigidez en k/ft es :'); disp(' ');
disp(K); disp(' ');
disp('*** Los autovalores en rad/s^2 son :'); disp(' ');
disp( diag(lam)' ); disp(' ');
disp('*** Las frecuencias naturales en rad/seg son :'); disp(' ');
disp(w'); disp(' ');
disp('*** Las frecuencias naturales en ciclos/seg son :'); disp(' ');
disp(f'); disp(' ');
disp('*** Los periodos naturales en seg son :'); disp(' ');
disp(T'); disp(' ');
disp('*** Los modos normalizados respecto a [M]son :')  ; disp(' ');
disp(Phi); disp(' ');
```

La salida del programa es la siguiente:

```
   *** La matriz de masa en k y ft es :

    2.7329    0
        0    48

   *** La matriz de rigidez en k/ft es :

    38880    58320
    58320    816480

   *** Los autovalores en rad/s^2 son :

    10340    20897

   *** Las frecuencias naturales en rad/seg son :

    101.68    144.56

   *** Las frecuencias naturales en ciclos/seg son :

    16.183    23.007

   *** Los periodos naturales en seg son :
```

0.061792   0.043465

*** Los modos de vibración normalizados respecto [M] son :

-0.48082   0.36704
 0.08758   0.11473

13.6 El cociente de Rayleigh

Consideremos un sistema de n grados de libertad en vibraciones libres. La ecuación de movimiento de este sistema es:

$$[M]\{\ddot{q}(t)\} + [K]\{q(t)\} = \{0\} \tag{13.17}$$

Sabemos que la solución (los desplazamientos) de las ecuaciones diferenciales (13.17) viene dada por:

$$\{q(t)\} = \{u\}\sin(\Omega t + \theta) \tag{13.18}$$

donde $\{u\}$ es un vector con las amplitudes de las coordenadas. Reemplazando la solución propuesta en la Ec. (13.17) se obtiene:

$$\left(-\Omega^2[M]\{u\} + [K]\{u\}\right)\sin(\Omega t + \theta) = \{0\} \tag{13.19}$$

Y para que esta expresión se satisfaga para todo tiempo t, se debe cumplir que:

$$[K]\{u\} = \Omega^2[M]\{u\} \tag{13.20}$$

Introduzcamos la siguiente notación:

$$\rho \equiv \Omega^2 \tag{13.21}$$

Usando la notación anterior, premultiplicando la Ec. (13.20) por $\{u\}^T$ y despejando ρ se obtiene:

$$\rho = \frac{\{u\}^T[K]\{u\}}{\{u\}^T[M]\{u\}} \tag{13.22}$$

Este cociente que define al parámetro ρ se conoce como el "*cociente de Rayleigh*". Es evidente que si tomamos como vector $\{u\}$ a uno de los autovectores o modos del sistema, vale decir si $\{u\} = \{\phi_j\}$, entonces ρ coincide con el correspondiente autovalor λ_j. En particular, si se usa el primer modo (tomando $j = 1$), se obtendría:

$$\rho = \lambda_1 = \frac{\{\phi_1\}^T[K]\{\phi_1\}}{\{\phi_1\}^T[M]\{\phi_1\}} \tag{13.23}$$

Si $\{u\} \neq \{\phi_1\}$, obviamente $\rho \neq \lambda_1$. Sin embargo, se podría pensar que si $\{u\}$ es un vector "*lo suficientemente próximo*" a $\{\phi_1\}$, podríamos estimar aproximadamente el valor de λ_1 usando la Ec. (13.23). Comprobemos esto con un ejemplo concreto.

13.6.1 Ejemplo 13.2:

Vamos a estimar el primer autovalor de la estructura de dos grados de libertad que se muestra en la Figura 13.3 usando distintos vectores de prueba.

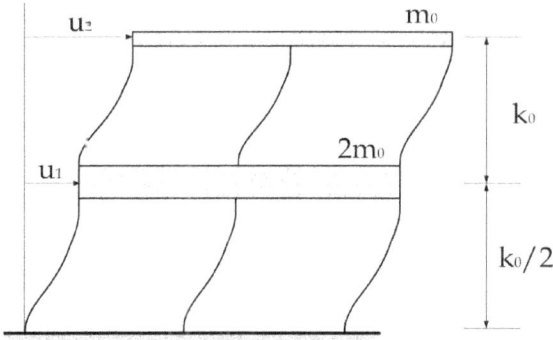

Figura 13.3 **Modelo de edificio de corte de dos pisos.**

Las matrices de rigidez y masa son:

$$[K] = k_o \begin{bmatrix} 3 & -1 \\ -1 & 1 \end{bmatrix} \qquad ; \qquad [M] = m_o \begin{bmatrix} 2 & 0 \\ 0 & 1 \end{bmatrix} \tag{a}$$

Llamemos $\{u\}^T = [u_1 \,|\, u_2]$ al vector de prueba. El numerador del cociente de Rayleigh en este caso es:

$$\{u\}^T [K] \{u\} = k_o [u_1 \,|\, u_2] \begin{bmatrix} 3 & -1 \\ -1 & 1 \end{bmatrix} \begin{Bmatrix} u_1 \\ u_2 \end{Bmatrix}$$

$$\{u\}^T [K] \{u\} = \left(3u_1^2 - 2u_1 u_2 + u_2^2\right) k_o \tag{b}$$

El denominador del cociente de Rayleigh es:

$$\{u\}^T [M] \{u\} = m_o [u_1 \,|\, u_2] \begin{bmatrix} 2 & 0 \\ 0 & 1 \end{bmatrix} \begin{Bmatrix} u_1 \\ u_2 \end{Bmatrix}$$

$$\{u\}^T [M] \{u\} = \left(2u_1^2 + u_2^2\right) m_o \tag{c}$$

Usando las expresiones (b) y (c) el cociente de Rayleigh resulta:

$$\rho = \frac{\{u\}^T [K] \{u\}}{\{u\}^T [M] \{u\}} = \frac{3u_1^2 - 2u_1 u_2 - u_2^2}{2u_1^2 + u_2^2} \frac{k_o}{m_o} \tag{d}$$

I. Comencemos usando el siguiente vector de prueba:

$$\{u\} = \left\{ \begin{array}{c} 1 \\ 1 \end{array} \right\}$$

Reemplazando $u_1 = 1$ y $u_2 = 1$ en la Ec. (d) se obtiene:

$$\rho = \frac{3 - 2 + 1}{2 + 1} \frac{k_o}{m_o} = 0.667 \frac{k_o}{m_o}$$

II. Usemos ahora con el siguiente vector:

$$\{u\} = \left\{ \begin{array}{c} 2 \\ 1 \end{array} \right\}$$

El cociente de Rayleigh es ahora:

$$\rho = \frac{12 - 4 + 1}{8 + 1} \frac{k_o}{m_o} = 1.000 \frac{k_o}{m_o}$$

III. Hasta ahora hemos escogido en forma arbitraria al vector de prueba. No obstante, sabemos que si el vector $\{u\}$ coincide con el primer autovector, el resultado es el primer autovalor exacto. Entonces, usemos como vector de prueba uno que tenga la forma aproximada de lo que creemos puede ser el primer modo de la estructura. Por ejemplo, tratemos con el siguiente vector de prueba:

$$\{u\} = \left\{ \begin{array}{c} 1 \\ 3 \end{array} \right\}$$

Usando $u_1 = 1$ y $u_2 = 3$, el valor estimado del autovalor es ahora:

$$\rho = \frac{3 - 6 + 9}{2 + 9} \frac{k_o}{m_o} = 0.545 \frac{k_o}{m_o}$$

V. Por último, comprobemos que si usamos como vector de prueba el primer autovector, o sea si:

$$\{u\} = \{\phi_1\} = \left\{ \begin{array}{c} 1 \\ 2 \end{array} \right\}$$

el cociente de Rayleigh nos da el primer autovalor:

$$\rho = \frac{3 - 4 + 4}{2 + 4} \frac{k_o}{m_o} = 0.500 \frac{k_o}{m_o}$$

Para terminar de entender el concepto, vamos a preparar un gráfico para observar cómo varía ρ y cuando se hace igual al primer autovalor de la estructura. Como ρ es función de dos parámetros (u_1 y u_2) para generar un gráfico bidimensional debemos fijar uno de los dos; por ejemplo tomemos $u_1 = 1$. En este caso graficando la expresión en la Ec. (d) (multiplicada por m_o/k_o) se obtiene el gráfico en la Figura 13.4.

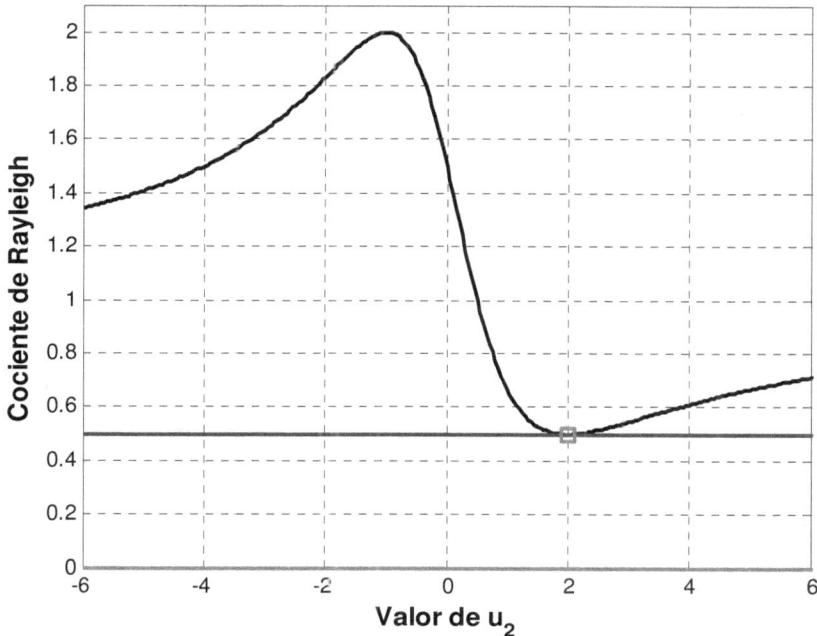

Figura 13.4 **Variación del cociente de Rayleigh con $u_1 = 1$.**

Notemos que, en efecto, cuando $u_2 = 2$, el valor de ρ, o sea el cociente de Rayleigh, se hace igual al primer autovalor $\lambda_1 = 0.5$. Además, es importante observar que en este punto ρ es mínimo.

Fijemos ahora el segundo elemento de $\{u\}$. Si tomamos $u_2 = 2$ y graficamos o x m_o/k_o con ρ dado por la Ec. (d), el resultado es el que se muestra en la Figura 13.5. Cuando $u_1 = 1$ el valor de ρ es igual a λ_1. Nuevamente, el cociente de Rayleigh presenta un mínimo en este punto.

Para una estructura con dos grados de libertad como la de este ejemplo, es posible graficar el cociente de Rayleigh ρ en función de las dos componentes del vector de prueba u_1 y u_2. Esto se ha hecho en la Figura 13.6. Nótese que el cociente de Rayleigh no sólo tiene un mínimo para $u_1 = 1$ y $u_2 = 2$, sino para todos los puntos en donde se cumple que $u_2/u_1 = 2$. Esto se debe a que, como habíamos aprendido antes, los autovectores no se pueden definir en forma única. En otras palabras, si $\left\{u^T\right\} = [1 \mid 2]$ es un autovector y si α es una constante cualquiera, entonces $\alpha [1 \mid 2]$ también es un autovector.

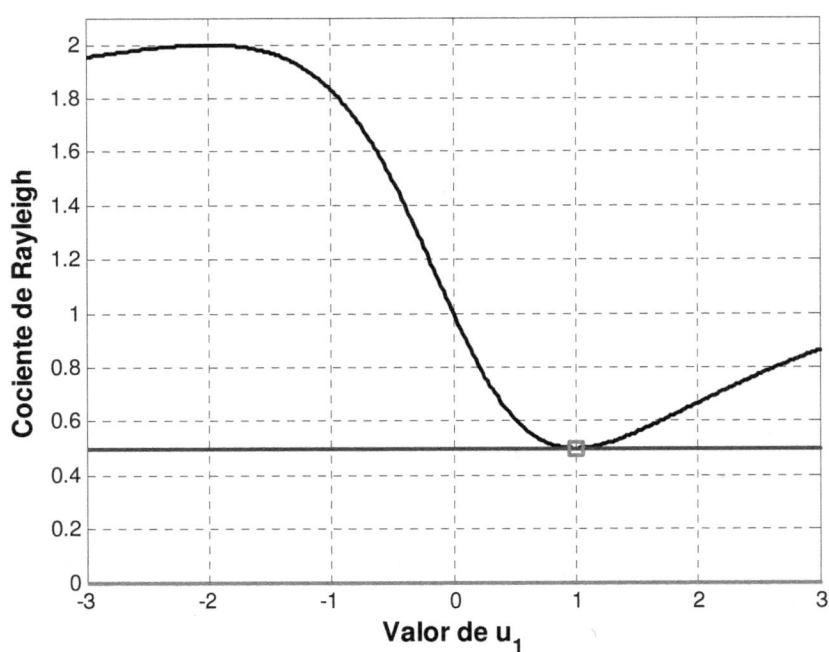

Figura 13.5 **Variación del cociente de Rayleigh con** $u_2 = 2$.

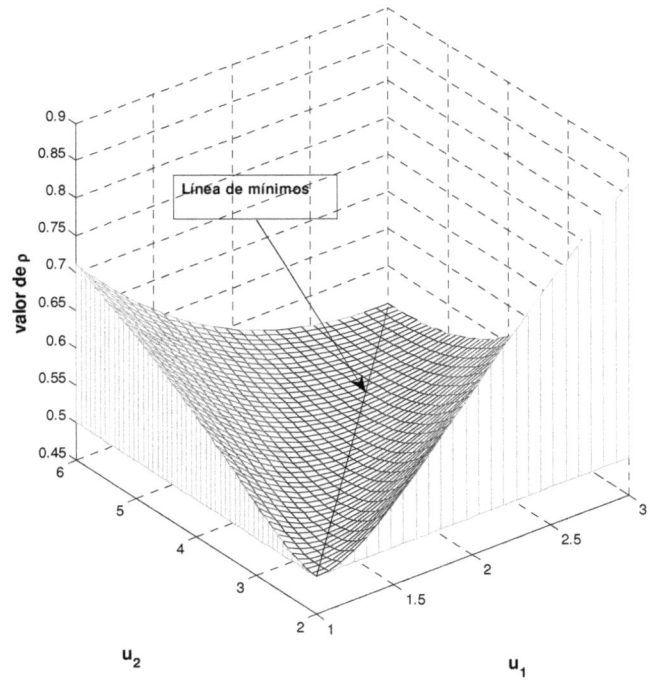

Figura 13.6 **Variación del cociente de Rayleigh en función de** u_1 **y** u_2.

13.7 El Principio de Rayleigh

Vimos en el ejemplo anterior que el *mínimo* valor que tomó el cociente de Rayleigh correspondió al caso en que $\{u\} = \{\phi_1\}$. El hecho de que el mínimo valor del cociente de Rayleigh coincida con el autovalor no es un caso especial de ese ejemplo. Por el contrario, es una manifestación de lo que se conoce como el *Principio de Rayleigh*. Este dice que:

"El mínimo valor que puede asumir el cociente de Rayleigh ρ es el primer autovalor λ_1, y el vector de prueba $\{u\}$ que minimiza a ρ es el primer autovector":

$$\lambda_1 = \min \left(\frac{\{u\}^T [K] \{u\}}{\{u\}^T [M] \{u\}} \right) \tag{13.24}$$

Como veremos a continuación, este principio es muy útil para estimar el valor de la frecuencia o periodo fundamental de una estructura sin tener que resolver un problema de autovalores. Esto se debe a que se puede demostrar que si el vector de prueba $\{u\}$ difiere de $\{\phi\}$ en una cantidad de *primer* orden, el valor aproximado ρ difiere del autovalor exacto λ en una cantidad de *segundo* orden. A su vez, esto implica que la selección del vector de prueba no es crítica y basta con que se aproxime a la forma estimada del primer modo.

13.7.1 Ejemplo 13.3:

Veamos un breve ejemplo de la propiedad recién enunciada. Al usar el vector de prueba $\{u\}^T = [1 \mid 3]$ como aproximación al primer modo $\{\phi_1\}$, el error que se comete se puede calcular mediante una *norma*. Por ejemplo, usando la llamada *norma 2*,

$$error \ en \ \phi_1 = \frac{\|\{\phi_1\} - \{u\}\|_2}{\|\{\phi_1\}\|_2} \cdot 100 \tag{a}$$

donde:

$$\|\{\phi_1\} - \{u\}\|_2 = \sqrt{\sum_i |\phi_{i1} - u_i|^2} \quad ; \quad \|\{\phi_1\}\| = \sqrt{\sum_i |\phi_{i1}|^2} \tag{b}$$

Reemplazando los valores numéricos,

$$\|\{\phi_1\} - \{u\}\| = \sqrt{|1-1|^2 + |2-3|^2} = 1 \quad ; \quad \|\{\phi_1\}\| = \sqrt{|1|^2 + |2|^2} = \sqrt{5} \tag{c}$$

El error relativo en porciento en el primer modo o autovector es:

$$error\ en\ \phi_1 = \frac{1}{\sqrt{5}}100 = 44.7\% \qquad (d)$$

Calculemos ahora el error en el autovalor correspondiente. Al usar $\{u\}$ en el cociente de Rayleigh se obtuvo un valor estimado para λ_1 igual 0.545 k_o/m_o. El error relativo en el primer autovalor es:

$$error\ en\ \lambda_1 = \left| \frac{0.500 - 0.545}{0.500} \right| \cdot 100 = 9\% \qquad (e)$$

lo cual verifica la propiedad que mencionamos antes sin demostración.

13.8 La fórmula de Rayleigh

Los códigos sísmicos suelen usar los conceptos antes presentados para calcular en forma aproximada el periodo fundamental T de un edificio regular mediante la siguiente fórmula:

$$T = 2\pi \sqrt{\frac{\sum_{i=1}^{n} W_i u_i^2}{g \sum_{i=1}^{n} F_i u_i}} \qquad (13.25)$$

donde n es el número de pisos, W_i son los pesos de los pisos, F_i son fuerzas estáticas laterales aplicadas a cada piso, y u_i los desplazamientos producidos por estas fuerzas. Vamos a demostrar esta fórmula mediante el cociente de Rayleigh.

Consideremos un edificio de n pisos modelado como un sistema discreto donde los grados de libertad son los n desplazamientos laterales de los pisos. Si queremos que la estructura tenga un patrón de desplazamientos $\{u\}$ las fuerzas que hay que aplicar se pueden calcular como:

$$[K]\{u\} = \{F\} \qquad (13.26)$$

Por lo tanto, el numerador del cociente de Rayleigh puede expresarse como:

$$\{u\}^T [K]\{u\} = \{u\}^T \{F\} = \sum_{i=1}^{n} F_i u_i \qquad (13.27)$$

Calculemos ahora el denominador. En este modelo la matriz de masa es diagonal con las masas m_i de los pisos en la diagonal. Por lo tanto,

$$\{u\}^T [M]\{u\} = \{u\}^T \begin{bmatrix} \ddots & & \\ & m_i & \\ & & \ddots \end{bmatrix} \{u\} = \sum_{i=1}^{n} m_i u_i^2 \qquad (13.28)$$

Esta expresión se puede escribir esta expresión en términos de los pesos de los pisos W_i como:

$${u}^T [M] {u} = \frac{1}{g} \sum_{i=1}^{n} W_i u_i^2 \qquad (13.29)$$

Usando las Ecs. (13.27) y (13.29) el cociente de Rayleigh resulta:

$$\rho = \frac{\sum_{i=1}^{n} F_i u_i}{\frac{1}{g} \sum_{i=1}^{n} W_i u_i^2} \qquad (13.30)$$

Si el vector de prueba, en este caso el vector de desplazamientos ${u}$, se asemeja al primer modo, la expresión anterior permite calcular de manera aproximada el primer autovalor λ_1. Con este se puede calcular la primera frecuencia natural $\omega_1 = \sqrt{\lambda_1}$ y el primer periodo natural de la estructura $T = 2\pi/\omega_1$. La primera frecuencia natural es, aproximadamente,

$$\omega_1 = \frac{2\pi}{T} \simeq \sqrt{\frac{g \sum_{i=1}^{n} F_i u_i}{\sum_{i=1}^{n} W_i u_i^2}} \qquad (13.31)$$

Despejando T de la expresión anterior se obtiene la Ec. (13.25) conocida como la fórmula de Rayleigh.

Para usar la fórmula de Rayleigh se debe conocer los pesos de los pisos W_i, las fuerzas laterales F_i y los desplazamientos u_i. Los pesos van a ser siempre conocidos pero no los desplazamientos y las fuerzas. Como ambos están relacionados por una única expresión, la Ec. (13.26), es necesario suponer uno de ellos. Por ejemplo, si para el edificio del ejemplo anterior suponemos que los *desplazamientos* son $u_1 = 1$; $u_2 = 3$, las *fuerzas* que producen estos desplazamientos se calculan multiplicando:

$$\begin{Bmatrix} F_1 \\ F_2 \end{Bmatrix} = k_o \begin{bmatrix} 3 & -1 \\ -1 & 1 \end{bmatrix} \begin{Bmatrix} 1 \\ 3 \end{Bmatrix} = \begin{Bmatrix} 0 \\ 2k_o \end{Bmatrix}$$

Reemplazando los pesos $W_1 = 2m_o g$, $W_2 = m_o g$, las fuerzas y los desplazamientos en la Ec. (13.31) se obtiene

$$\omega_1 = \sqrt{g \frac{F_1 u_1 + F_2 u_2}{W_1 u_1^2 + W_2 u_2^2}} = \sqrt{g \frac{0 \cdot 1 + 2k_o \cdot 3}{2m_o g \cdot 1 + m_o g \cdot 9}} = \sqrt{\frac{6}{11} \frac{k_o}{m_o}} = 0.7385 \sqrt{\frac{k_o}{m_o}}$$

Si el resultado se eleva al cuadrado se obtiene $\omega_1^2 = 0.5455 \, k_o/m_o$, que es el mismo valor que obtuvimos en el caso **III** del ejemplo anterior. Esto no debería sorprendernos dado que lo único que se hizo al derivar la fórmula de Rayleigh es escribir el cociente de Rayleigh en término de otros parámetros, pero en esencia ambos son una misma fórmula.

13.8.1 Iteración con la fórmula de Rayleigh

Usualmente si se escoge un vector de prueba $\{u\}$ o un vector de fuerzas $\{F\}$ razonable, el valor del periodo natural fundamental estimado con la fórmula de Rayleigh es muy cercano al verdadero. Sin embargo, es posible mejorar este valor mediante un proceso iterativo. Generalmente el proceso permite determinar un valor muy cercano al exacto, dependiendo de la tolerancia requerida. A continuación se explica el proceso y luego se presenta su aplicación mediante un ejemplo.

Se comienza escogiendo un vector de fuerzas $\{F\}$ o un vector de desplazamientos $\{u\}$ que sea similar al primer modo.

1)- Si se escoge un vector de fuerzas, los desplazamientos se calculan resolviendo el siguiente sistema de ecuaciones (13.26). Si se elige un vector de desplazamientos, el vector de fuerzas simplemente se calcula haciendo el producto matricial en la Ec. (13.26):

$$[K]\{u\} = \{F\} \tag{13.26}$$

2)- Se estima el periodo natural con la fórmula de Rayleigh:

$$T = 2\pi\sqrt{\frac{\sum_{i=1}^{n} W_i u_i^2}{g \sum_{i=1}^{n} F_i u_i}} \tag{13.25}$$

3)- Si se desea mejorar la estimación se recalculan las fuerzas F_i usando la siguiente ecuación (véase la nota abajo):

$$F_i = \frac{1}{g}\left(\frac{2\pi}{T}\right)^2 W_i u_i \quad ; \quad i = 1, 2, \ldots, n \tag{13.32}$$

4)- Se regresa al paso **1)** y se recalculan los desplazamientos u_i resolviendo el sistema de ecuaciones (13.26). Luego se calcula un nuevo valor estimado del periodo con la Ec. (13.25). Se compara este periodo con el anterior, y si la diferencia está dentro de una tolerancia preestablecida, se acepta el último periodo calculado. De otra manera. se vuelven a calcular las fuerzas y se repite el proceso.

NOTA: Las fuerzas definidas en la Ec. (13.32) provienen del lado derecho del problema de autovalores $[K]\{u\} = \omega^2[M]\{u\}$, el que se modifica teniendo en cuenta que la matriz de masa es diagonal y en el cual se escribe la frecuencia natural en función del periodo (como $\omega = 2\pi/T$).

13.8.2 Ejemplo 13.4:

Consideremos el edificio de cinco pisos que se muestra en la Figura 13.7. La estructura se ha modelado como un sistema discreto en donde los grados de libertad son los desplazamientos laterales de los pisos. Los coeficientes de rigidez y los pesos W_i de los pisos se indican en la figura.

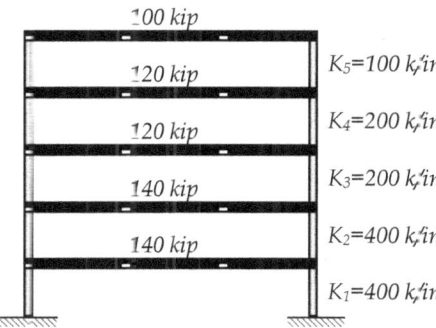

Figura 13.7 **Modelo de edificio de corte de 5 pisos.**

Primero aplicaremos la fórmula de Rayleigh en su forma original. Vamos a escoger un vector de fuerzas y calcularemos los desplazamientos que este produce. Para enfatizar que el método no es sensible a la selección de este parámetro, vamos a escoger un vector de fuerzas uniforme:

$$\left\{ \begin{array}{c} F_1 \\ F_2 \\ F_3 \\ F_4 \\ F_5 \end{array} \right\} = \left\{ \begin{array}{c} 10 \\ 10 \\ 10 \\ 10 \\ 10 \end{array} \right\} (kip) \tag{a}$$

1)- Calculamos los desplazamientos que estas fuerzas producen resolviendo el sistema de ecuaciones (13.26). En este caso el sistema de ecuaciones a resolver es:

$$\begin{bmatrix} 800 & -400 & 0 & 0 & 0 \\ -400 & 600 & -200 & 0 & 0 \\ 0 & -200 & 400 & -200 & 0 \\ 0 & 0 & -200 & 300 & -100 \\ 0 & 0 & 0 & -100 & 100 \end{bmatrix} \left\{ \begin{array}{c} u_1 \\ u_2 \\ u_3 \\ u_4 \\ u_5 \end{array} \right\} = \left\{ \begin{array}{c} 10 \\ 10 \\ 10 \\ 10 \\ 10 \end{array} \right\} \tag{b}$$

La solución es:

$$\left\{ \begin{array}{c} u_1 \\ u_2 \\ u_3 \\ u_4 \\ u_5 \end{array} \right\} = \left\{ \begin{array}{c} 0.125 \\ 0.225 \\ 0.375 \\ 0.475 \\ 0.575 \end{array} \right\} (in) \tag{c}$$

2)- Con $\{F\}$ y $\{u\}$ calculamos el periodo natural con la fórmula (13.25):

$$T = 2\pi \sqrt{\frac{86.2875}{386.4 \cdot 17.75}} = 0.70475 \; s \qquad (d)$$

3)- Vamos a continuación a mejorar el valor estimado del periodo calculando nuevas fuerzas F_i con la Ec. (13.32):

$$\left\{ \begin{array}{c} F_1 \\ F_2 \\ F_3 \\ F_4 \\ F_5 \end{array} \right\} = \frac{1}{386.4} \left(\frac{2\pi}{0.70475} \right)^2 \left\{ \begin{array}{c} 140 \cdot 0.125 \\ 140 \cdot 0.225 \\ 120 \cdot 0.375 \\ 120 \cdot 0.475 \\ 100 \cdot 0.575 \end{array} \right\} = \left\{ \begin{array}{c} 3.5999 \\ 6.4798 \\ 9.2568 \\ 11.7253 \\ 11.8282 \end{array} \right\} \qquad (e)$$

4)- Volvemos a calcular el vector de desplazamientos resolviendo el sistema de ecuaciones (b) del paso **1)** pero ahora usando el vector de fuerzas recién obtenido. Al resolver el sistema de ecuaciones se obtiene:

$$\left\{ \begin{array}{c} u_1 \\ u_2 \\ u_3 \\ u_4 \\ u_5 \end{array} \right\} = \left\{ \begin{array}{c} 0.1072 \\ 0.2055 \\ 0.3695 \\ 0.4873 \\ 0.6056 \end{array} \right\} (in) \qquad (f)$$

2)- Usando $\{F\}$ de la Ec. (e) y $\{u\}$ de la Ec. (f) en la fórmula de Rayleigh (13.25) se obtiene el nuevo valor estimado del periodo:

$$T = 2\pi \sqrt{\frac{89.0640}{386.4 \cdot 18.0137}} = 0.71074 \; s \qquad (g)$$

Calculemos la diferencia relativa con el periodo anterior:

$$dif(\%) = \left| \frac{0.71074 - 0.70475}{0.71074} \right| \cdot 100 = 0.843 \; \% \qquad (h)$$

La diferencia es menos del uno por ciento y por lo tanto, para todos los fines prácticos es aceptable. No obstante, si queremos todavía mejorar este valor podemos hacer una iteración más. Repitiendo el proceso se obtiene que los nuevos vectores de fuerza y de desplazamientos son:

$$\left\{ \begin{array}{c} F_1 \\ F_2 \\ F_3 \\ F_4 \\ F_5 \end{array} \right\} = \left\{ \begin{array}{c} 3.0362 \\ 5.8175 \\ 8.9681 \\ 11.8264 \\ 12.2476 \end{array} \right\} (kip) \quad ; \quad \left\{ \begin{array}{c} u_1 \\ u_2 \\ u_3 \\ u_4 \\ u_5 \end{array} \right\} = \left\{ \begin{array}{c} 0.1047 \\ 0.2019 \\ 0.3671 \\ 0.4875 \\ 0.6099 \end{array} \right\} (in) \qquad (i)$$

El valor del periodo calculado con la fórmula de Rayleigh es:

$$T = 2\pi \sqrt{\frac{89.0640}{385.4 \cdot 18.0137}} = 0.71089 \ s \tag{j}$$

Y la diferencia con el valor de T anterior es:

$$dif(\%) = \left| \frac{0.71089 - 0.71074}{0.71074} \right| \cdot 100 = 0.021 \ \% \tag{k}$$

Si se calcula el periodo natural resolviendo el problema de autovalores, el valor obtenido es 0.71089 s. Esto significa que con dos iteraciones hemos obtenido el valor exacto del periodo hasta cinco cifras significativas. El método también permite obtener el primer modo de forma muy precisa: es el vector $\{u\}$ en la Ec. (i). Si se compara este vector con el primer autovector exacto usando la *norma-2* explicada en un ejemplo anterior, se halla que el error porcentual es 0.208 %. Como era de esperar, el error en el autovector es un orden de magnitud por arriba del de T. Los valores numéricos del ejemplo se calcularon con el programa de *Matlab* denominado *RayleighIter.m* que se lista en el Apéndice.

Para concluir, debemos mencionar que el proceso iterativo que se presentó no es otra cosa que una versión de un método muy conocido en álgebra numérica para calcular el autovalor dominante y que se conoce como el método de iteración por potencias ("power iteration" en inglés).

13.9 Problemas sugeridos

Nota: para resolver los problemas de autovalores en los siguientes problemas se sugiere usar un programa de computadoras (como Matlab, Maple, MathCad o Mathematica). También se puede modificar el programa *ProbAutovalores.m* de Matlab que se incuye en el Apéndice.

Problema # 13.1:

Considere la viga simple uniforme con dos voladizos que se muestra en la figura del Problema 13.1. La masa de la viga se ha concentrado en tres nodos o juntas como se indica en la figura. El sistema tiene ahora tres grados de libertad dinámicos: los desplazamientos verticales de las masas. Las ecuaciones de movimiento para la viga sin amortiguamiento y vibrando libremente son:

$$\rho AL \begin{bmatrix} \frac{1}{2} & 0 & 0 \\ 0 & 1 & 0 \\ 0 & 0 & \frac{1}{2} \end{bmatrix} \begin{Bmatrix} \ddot{u}_1 \\ \ddot{u}_2 \\ \ddot{u}_3 \end{Bmatrix} + \frac{EI}{28L^3} \begin{bmatrix} 45 & 72 & 3 \\ 72 & 384 & 72 \\ 3 & 72 & 45 \end{bmatrix} \begin{Bmatrix} u_1 \\ u_2 \\ u_3 \end{Bmatrix} = \begin{Bmatrix} 0 \\ 0 \\ 0 \end{Bmatrix}$$

La viga se construirá de hormigón armado con una sección rectangular de 12" x 18" y $E = 522,000 \ k/ft^2$. La longitud L es 12 ft. Calcule las frecuencias naturales, los periodos naturales, y los modos de vibración normalizados respecto a la matriz de masa.

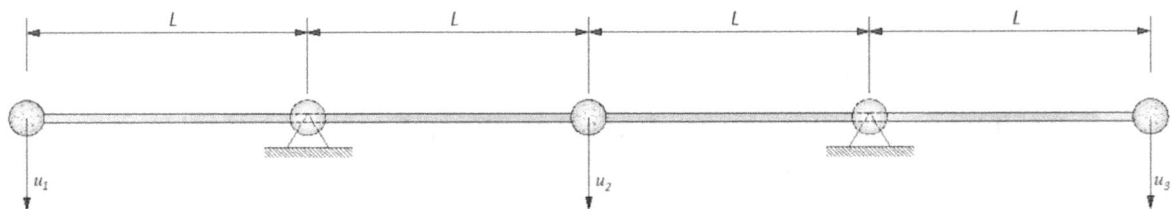

Figura del Problema 13.1

Problema # 13.2:

Considere el enrejado o emparrillado plano en forma de T que se muestra en la figura del Problema 13.2 formado por tres barras idénticas con longitud L. Las barras tienen momento de inercia I respecto al eje neutro, momento polar de inercia J y área transversal A. Este modelo se usa para estudiar las vibraciones fuera del plano.

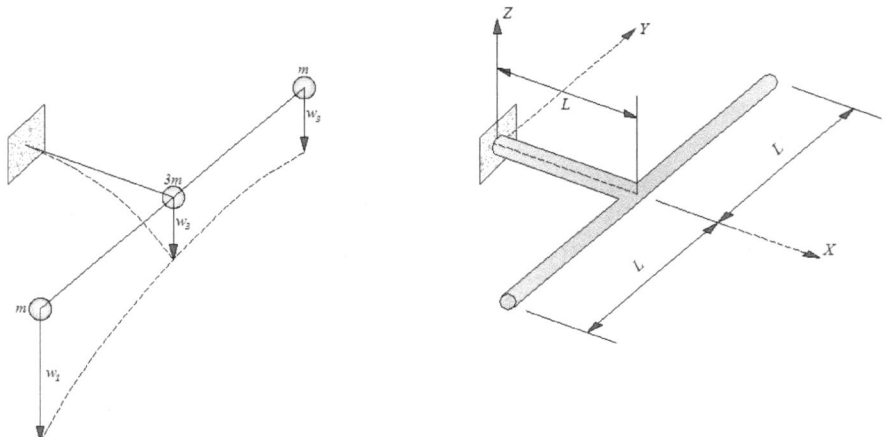

Figura del Problema 13.2

El enrejado tiene 9 grados de libertad estáticos (un desplazamiento en la dirección Z y dos giros alrededor de los ejes X y Y en cada junta). Si se concentra la masa de las barras en las juntas se obtiene un sistema discreto con tres grados de libertad dinámicos: los desplazamientos w_1, w_2 y w_3. Una vez que se condensan los giros se obtiene que las ecuaciones de movimiento para vibraciones libres son:

$$\begin{bmatrix} m & 0 & 0 \\ 0 & 3m & 0 \\ 0 & 0 & m \end{bmatrix} \begin{Bmatrix} \ddot{w}_1 \\ \ddot{w}_2 \\ \ddot{w}_3 \end{Bmatrix} + k \begin{bmatrix} 3+\alpha & -(6+\alpha) & 3 \\ -(6+\alpha) & 3(6+\alpha) & -(6+\alpha) \\ 3 & -(6+\alpha) & 3+\alpha \end{bmatrix} \begin{Bmatrix} w_1 \\ w_2 \\ w_3 \end{Bmatrix} = \begin{Bmatrix} 0 \\ 0 \\ 0 \end{Bmatrix}$$

donde α es la razón entre las rigideces flexionales y rotacionales, m es la masa concentrada en los extremos y k es una constante auxiliar:

$$\alpha = \frac{GJ}{EI} \quad ; \quad m = \frac{\rho A L}{2} \quad ; \quad k = \frac{3}{6+\alpha}\frac{EI}{L^3}$$

Suponga que la estructura está construida con barras con longitud $L = 3\ m$, y sección circular de diámetro $d = 3\ cm$. El material es una aleación de aluminio con $E = 72\ GPa$, densidad $\rho = 2,800\ kg/m^3$ y razón de Poisson $\nu = 1/3$. Calcule las frecuencias naturales en rad/s y en $ciclos/s$ y los correspondientes modos de vibración normalizados respecto a la matriz de masa $[M]$.

Problema # 13.3:

La figura del Problema 13.3 muestra un modelo discreto de tres grados de libertad de una viga uniforme simplemente soportada. La matriz de masa se define concentrando la masa distribuida de la viga en las juntas y la matriz de rigidez se obtiene condensando los giros de las juntas libres. Las ecuaciones de movimiento son:

$$\begin{bmatrix} m & 0 & 0 \\ 0 & m & 0 \\ 0 & 0 & m \end{bmatrix} \begin{Bmatrix} \ddot{u}_1 \\ \ddot{u}_2 \\ \ddot{u}_3 \end{Bmatrix} + \frac{197}{7}\frac{EI}{L^3} \begin{bmatrix} 23 & -22 & 9 \\ -22 & 32 & -22 \\ 9 & -22 & 23 \end{bmatrix} \begin{Bmatrix} u_1 \\ u_2 \\ u_3 \end{Bmatrix} = \begin{Bmatrix} 0 \\ 0 \\ 0 \end{Bmatrix}$$

donde $m = \rho A L/4$. La viga tiene longitud total $L = 18\ ft$, y está construida con un doble angular con área transversal $A = 2.8425\ in^2$, momento de inercia respecto al eje neutro $I = 2.1494\ in^4$. El material tiene un módulo elástico $E = 29,000\ ksi$ y un peso unitario $\gamma = 0.489\ k/ft^3$. Calcule en forma numérica las frecuencias naturales y los modos de vibración.

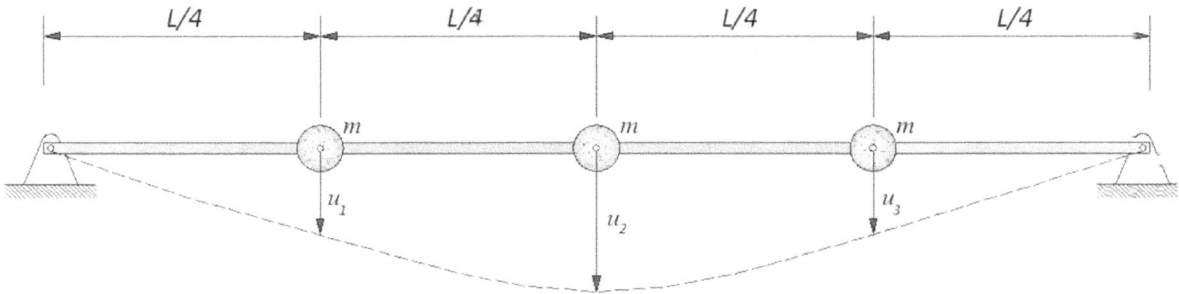

Figura del Problema 13.3

Problema # 13.4:

Considere la chimenea cónica de concreto reforzado que se muestra en la figura del Problema 13.4. La chimenea tiene un espesor constante igual a 8 in y una altura total $L = 200$ ft. Los diámetros exteriores de la base y del tope son 18 y 8 ft, respectivamente. La resistencia a compresión del hormigón f'_c se estima en 3,500 psi ($E\,[ksi] = 57\sqrt{f'_c\,[psi]}$).

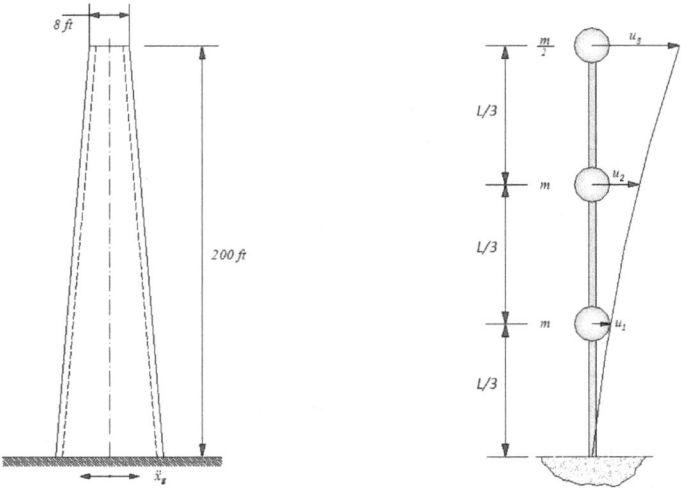

Figura del Problema 13.4

Se va a modelar la estructura como una viga empotrada uniforme con área transversal *promedio A* y un momento de inercia *promedio I*. Para el análisis dinámico se va a representar la chimenea mediante un sistema de tres grados de libertad: los desplazamientos horizontales de las juntas u_1, u_2 y u_3. Una vez que se han condensado los grados de libertad asociados a las rotaciones de las juntas, la ecuación de movimiento de la estructura es la siguiente:

$$
\begin{bmatrix} m & 0 & 0 \\ 0 & m & 0 \\ 0 & 0 & \frac{m}{2} \end{bmatrix}
\begin{Bmatrix} \ddot{u}_1 \\ \ddot{u}_2 \\ \ddot{u}_3 \end{Bmatrix}
+ \frac{EI}{13L^3}
\begin{bmatrix} 6480 & -3726 & 972 \\ -3726 & 3564 & -1296 \\ 972 & -1296 & 567 \end{bmatrix}
\begin{Bmatrix} u_1 \\ u_2 \\ u_3 \end{Bmatrix}
= \begin{Bmatrix} 0 \\ 0 \\ 0 \end{Bmatrix}
$$

donde $m = \rho AL/3$. Calcule las frecuencias naturales, los periodos naturales, y los modos de vibración normalizados respecto a la matriz de masa.

Problema # 13.5:

La cercha plana que se muestra en la figura del Problema 13.5 está construida con cinco barras idénticas de rigidez axial AE. Una vez aplicadas las condiciones de apoyo, y usando unidades de *metros*, la matriz de rigidez de la cercha es:

$$[K] = AE \begin{bmatrix} 0.5000 & 0 & 0 & 0 \\ 0 & 0.3333 & 0 & -0.3333 \\ 0 & 0 & 0.2560 & 0 \\ 0 & 0 & 0 & 0.4773 \end{bmatrix}$$

Concentrando la masa distribuida de las barras en las juntas de la cercha se obtiene que la matriz de masa es:

$$[M] = \rho A \begin{bmatrix} L_1 + L_5/2 & 0 & 0 & 0 \\ 0 & L_1 + L_5/2 & 0 & 0 \\ 0 & 0 & L_3 + L_5/2 & 0 \\ 0 & 0 & 0 & L_3 + L_5/2 \end{bmatrix}$$

donde L_1, L_3 y L_5 son las longitudes de las barras [1], [3] y [5].

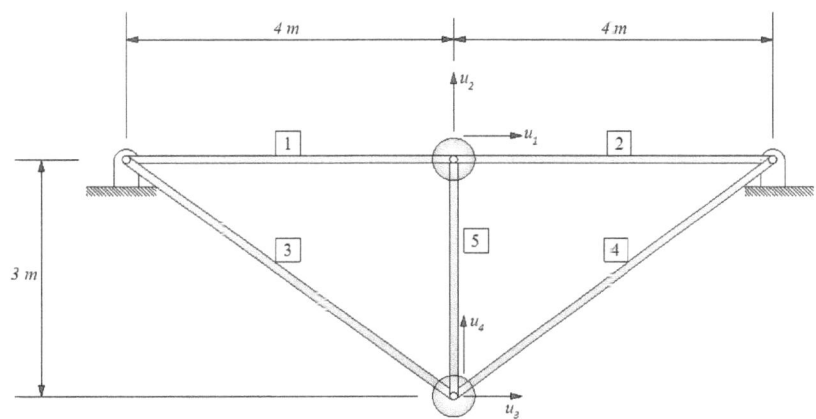

Figura del Problema 13.5

Suponga que la cercha está construida con barras con área transversal $A = 0.0015$ m^2 de acero ($E = 200\ GPa$, $\rho = 7,850\ kg/m^3$). Calcule en forma numérica las frecuencias y periodos naturales de la cercha y los modos de vibración. Grafique en forma aproximada y a mano los modos.

Problema # 13.6:

Para estudiar el comportamiento dinámico de un poste de hormigón para transmisión de energía eléctrica incluyendo la flexibilidad del suelo en la porción enterrada, se usa el modelo de 4 grados de libertad que muestra en la figura del Problema 13.6. Una vez que se han condensado los grados de libertad rotacionales, las ecuaciones de movimiento (para vibraciones libres) son:

$$\begin{bmatrix} \frac{m}{2} & 0 & 0 & 0 \\ 0 & m & 0 & 0 \\ 0 & 0 & m & 0 \\ 0 & 0 & 0 & \frac{m}{2} \end{bmatrix} \begin{Bmatrix} \ddot{u}_1 \\ \ddot{u}_2 \\ \ddot{u}_3 \\ \ddot{u}_4 \end{Bmatrix} + \frac{k_f}{13} \begin{bmatrix} 93+13\alpha & -138 & 54 & -9 \\ -138 & 240 & -138 & 36 \\ 54 & -138 & 132 & -48 \\ -9 & 36 & -48 & 21 \end{bmatrix} \begin{Bmatrix} u_1 \\ u_2 \\ u_3 \\ u_4 \end{Bmatrix} = \begin{Bmatrix} 0 \\ 0 \\ 0 \\ 0 \end{Bmatrix}$$

donde:

$$m = \rho A \ell \quad ; \quad k_f = \frac{EI}{\ell^3} \quad ; \quad \alpha = \frac{k_s}{k_f} \quad ; \quad \ell = \frac{L}{3}$$

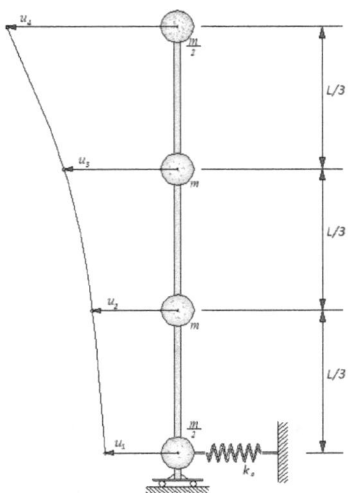

Figura del Problema 13.6

1) Usando las siguientes propiedades para el poste:

$$A = 169 \; in^2 \quad ; \quad I = 2,380 \; in^4 \quad ; \quad L = 534 \; in \quad ; \quad k_s = 5 \; k/in$$
$$E = 3,600 \; ksi \quad ; \quad \rho = 2.247 \text{ x } 10^{-7} \; kip.s^2/in^4$$

calcule las frecuencias naturales y los modos de vibración.

2) Usando las mismas propiedades anteriores pero considerando ahora los siguientes cinco valores para el parámetro α:

$$\alpha = 0 \quad ; \quad \alpha = 0.5 \quad ; \quad \alpha = 1 \quad ; \quad \alpha = 5 \quad ; \quad \alpha = 10$$

grafique la variación de la primera frecuencia natural ω_1 en función del parámetro α. Establezca alguna conclusión del gráfico que obtuvo.

Problema # 13.7:

El edificio de cinco pisos que se muestra en la figura del Problema 13.7 se va a modelar como un edificio de corte. Los coeficientes de rigidez por piso son los siguientes:

$$k_1 = k_2 = 100,000 \; \frac{k}{in} \quad ; \quad k_3 = k_4 = 80,000 \; \frac{k}{in} \quad ; \quad k_5 = 60,000 \; \frac{k}{in}$$

Las masas concentradas en cada piso son:

$$m_1 = m_2 = m_3 = 65 \; \frac{k.s^2}{in} \quad ; \quad m_4 = 60 \; \frac{k.s^2}{in} \quad ; \quad m_5 = 45 \; \frac{k.s^2}{in}$$

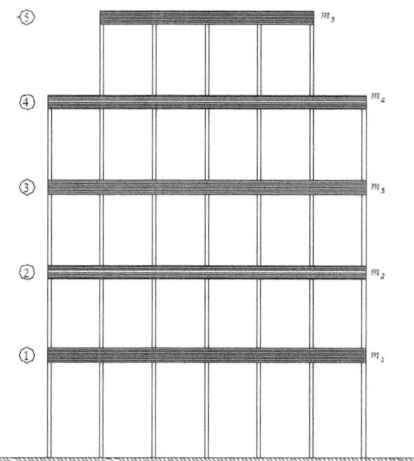

Figura del Problema 13.7

Obtenga un valor estimado para el periodo fundamental del edificio usando la fórmula de Rayleigh con el siguiente vector de desplazamientos:

$$\{u\} = \left\{ \begin{array}{c} 1.0 \\ 2.0 \\ 3.0 \\ 4.0 \\ 5.0 \end{array} \right\} [in]$$

A través de la solución del problema de autovalores se encuentra que la primera frecuencia natural "exacta" es $\omega_1 = 11.4876 \; rad/s$. Obtenga una mejor estimación del periodo natural usando otro vector $\{u\}$ o un vector de fuerzas $\{F\}$. Para los dos casos calcule el error porcentual en el periodo natural.

Capítulo 14

Respuesta de sistemas de múltiples
grados de libertad no amortiguados

CAPÍTULO 14: Respuesta de sistemas de múltiples grados de libertad no amortiguados

14.1 Respuesta a condiciones iniciales: el método de Análisis Modal

Vamos a estudiar el método más usado para calcular la respuesta de estructuras modeladas como sistemas de múltiples grados de libertad y que tienen comportamiento lineal. El método se basa en dos ideas: **a)** una transformación de coordenadas y **b)** las propiedades de ortogonalidad de los modos de vibración o autovectores. Este método se conoce con los nombres de *Análisis Modal*, *Descomposición Modal*, o *Superposición Modal* ("Modal Analysis", "Modal Decomposition", o "Modal Superposition" en inglés). Vamos a aplicar primero el método al caso más sencillo: el de vibraciones libres de estructuras sin amortiguamiento. En otras palabras, aprenderemos cómo calcular la respuesta de estructuras a las que se les da un desplazamiento o una velocidad inicial. Luego vamos a ver cómo se puede aplicar el método de Análisis Modal a cargas dinámicas arbitrarias, en particular a un terremoto, y cómo tener en cuenta el amortiguamiento.

La respuesta que queremos obtener es un vector $\{u(t)\}$ que contiene los desplazamientos $u_i(t)$ en función del tiempo de todos los n grados de libertad del sistema estructural. Para esto debemos resolver la siguiente ecuación de movimiento:

$$[M]\ \{\ddot{u}(t)\} + [K]\ \{u(t)\} = \{0\} \tag{14.1}$$

Este es un sistema de ecuaciones diferenciales de segundo orden *acoplado*, o sea que no es posible resolver para una de las variables, digamos $u_1(t)$ sin tener en cuenta las otras n-1 variables $u_i(t)$. Dado que no hay fuerzas externas aplicadas, para que la estructura vibre debe estar sometida a un desplazamiento inicial o a una velocidad inicial. Estos desplazamientos y velocidades iniciales se agrupan en un vector $\{u_o\}$ y en $\{\dot{u}_o\}$, respectivamente:

$$\{u(0)\} = \{u_o\} \tag{14.2.a}$$

$$\{\dot{u}(0)\} = \{\dot{u}_o\} \tag{14.2.b}$$

Para resolver el sistema de ecuaciones (14.1) con el método de Análisis Modal vamos a introducir primero una **transformación de coordenadas**. Vamos a reemplazar las n coordenadas físicas $u_i(t)$ (aquellas que representan desplazamientos o giros reales de la estructura) por unas coordenadas matemáticas que no tienen ningún significado físico aparente. Estas coordenadas $\eta_i(t)$ (representadas por la letra griega "*eta*") se conocen como "*coordenadas modales*", "*desplazamientos modales*", o "*coordenadas principales*". Para efectuar la transformación lineal de coordenadas físicas a modales necesitamos una matriz de transformación que relacione ambas coordenadas. Conceptualmente queremos hacer lo siguiente:

$$\left\{ \begin{array}{c} coordenadas \\ físicas\ u_i(\text{t}) \end{array} \right\} = \left[\begin{array}{c} Matriz \\ de \\ Transformación \end{array} \right] \left\{ \begin{array}{c} coordenadas \\ modales\ \eta_i(\text{t}) \end{array} \right\}$$

La clave de todo el método se basa en escoger como matriz de transformación a la matriz modal o de autovectores $[\Phi]$. La expresión anterior es así:

$$\{u(\text{t})\} = [\Phi]\{\eta(\text{t})\} \tag{14.3}$$

Derivando dos veces este vector obtenemos la transformación correspondiente para el vector de aceleraciones:

$$\{\ddot{u}(\text{t})\} = [\Phi]\{\ddot{\eta}(\text{t})\} \tag{14.4}$$

Reemplacemos el vector de desplazamientos $\{u(\text{t})\}$ y de aceleraciones $\{\ddot{u}(\text{t})\}$ en la Ec. (14.1):

$$[M][\Phi]\{\ddot{\eta}(\text{t})\} + [K][\Phi]\{\eta(\text{t})\} = \{0\} \tag{14.5}$$

Premultipliquemos cada término de la expresión anterior por la transpuesta $[\Phi]^T$ de la matriz de autovectores:

$$[\Phi]^T[M][\Phi]\{\ddot{\eta}(\text{t})\} + [\Phi]^T[K][\Phi]\{\eta(\text{t})\} = \{0\} \tag{14.6}$$

Recordemos las propiedades de ortogonalidad de la matriz de autovectores que se estudiaron en el Capítulo 12:

$$[\Phi]^T[M][\Phi] = \begin{bmatrix} \ddots & & \\ & m_i^* & \\ & & \ddots \end{bmatrix} \tag{14.7.a}$$

$$[\Phi]^T[K][\Phi] = \begin{bmatrix} \ddots & & \\ & k_i^* & \\ & & \ddots \end{bmatrix} \tag{14.7.b}$$

donde m_i^* y k_i^* se conocen, respectivamente, como la masa modal y rigidez modal asociadas al modo "i". El punto importante es que los triples productos en las Ecs. (14.7) conducen a matrices *diagonales*. Si los modos de vibración están normalizados respecto a la matriz de masa, los triple productos resultan en:

$$[\Phi]^T[M][\Phi] = [I] \tag{14.8.a}$$
$$[\Phi]^T[K][\Phi] = [\Lambda] \tag{14.8.b}$$

donde $[I]$ y $[\Lambda]$ son dos matrices diagonales n x n que contienen, respectivamente, 1 y los autovalores $\lambda_j = \omega_j^2$ en sus diagonales.

Teniendo en cuenta las Ecs. (14.7), las ecuaciones de movimiento (14.6) resultan:

$$\left[\diagdown m_i^*\diagdown\right]\{\ddot{\eta}(t)\} + \left[\diagdown k_i^*\diagdown\right]\{\eta(t)\} = \{0\} \tag{14.9}$$

y si se usan modos normalizados respecto a $[M]$, las ecuaciones de movimiento (14.6) asumen la forma:

$$[I]\{\ddot{\eta}(t)\} + [\Lambda]\{\eta(t)\} = \{0\} \tag{14.10}$$

Debido a que las matrices $\left[\diagdown m_i^*\diagdown\right]$ y $\left[\diagdown k_i^*\diagdown\right]$ son diagonales, la Ec. (14.9) es un sistema de n ecuaciones diferenciales de segundo orden **desacoplado**. En otros palabras, la Ec. (14.9) representa en realidad n ecuaciones con la forma:

$$
\begin{aligned}
m_1^*\ddot{\eta}_1(t) + k_1^*\eta_1(t) &= 0 \\
m_2^*\ddot{\eta}_2(t) + k_2^*\eta_2(t) &= 0 \\
&\vdots \\
m_j^*(t) + k_j^*\eta_j(t) &= 0 \\
&\vdots \\
m_n^*(t) + k_n^*\eta_n(t) &= 0
\end{aligned}
\tag{14.11}
$$

En forma similar, la Ec. (14.10) para modos normalizados representa n ecuaciones desacopladas cuya forma general, para la *j-ésima* ecuación, tiene la forma:

$$\ddot{\eta}_j(t) + \omega_j^2\eta_j(t) = 0 \qquad ; \qquad j = 1, 2, \ldots, n \tag{14.12}$$

Las ecuaciones (14.11) y (14.12) nos deberían resultar familiares. En efecto, comparemos una de las ecuaciones (14.1) con la de un oscilador simple no amortiguado, o sea:

$$m\,\ddot{u}(t) + k\,u(t) = 0 \tag{14.13}$$

Concluímos así que las Ecs. (14.1) representan las ecuaciones de movimiento de n osciladores no amortiguados en donde las masas modales m_j^* son equivalentes a la masa del oscilador m y las rigideces modales k_j^* son equivalentes a la constante del resorte k.

En lo que respecta a las ecuaciones desacopladas (14.12), éstas son equivalentes a la Ec. (14.13) si se divide esta ecuación por la masa, o sea:

$$\ddot{u}(t) + \omega_n^2 u(t) = 0 \tag{14.14}$$

La equivalencia entre las Ecs. (14.11) y (14.13) (o entre las Ecs. (14.12) y (14.14)) es muy útil porque esto implica que ya conocemos la solución de las ecuaciones diferenciales (14.11) (o (14.12). En efecto, si recordemos que la solución de la Ec. (14.13) es:

$$u(t) = A \sin \omega_n t + B \cos \omega_n t \qquad (14.15)$$

A base de la equivalencia podemos escribir la solución de la j-ésima ecuación de movimiento (14.11) o (14.12) como:

$$\eta_j(t) = A_j \sin \omega_j t + B_j \cos \omega_j t \qquad ; \quad j = 1, 2, \ldots, n \qquad (14.16)$$

donde A_j y B_j son constantes que deben obtenerse usando los desplazamientos y velocidades iniciales (14.2). Supongamos por el momento que conocemos las constantes A_j y B_j, con lo cual conocemos los n desplazamientos **modales** $\eta_j(t)$. ¿Cómo podemos obtener o recuperar los desplazamientos **físicos** $u_i(t)$?

Los desplazamientos o coordenadas **físicas** $\{u(t)\}$ se recuperan aplicando nuevamente la transformación (14.3): $\{u(t)\} = [\Phi] \{\eta(t)\}$. Es conveniente notar que esta ecuación se puede escribir también como una sumatoria de n términos:

$$\{u(t)\} = [\Phi] \{\eta(t)\} = \left[\{\phi_1\} \,|\, \ldots \,|\, \{\phi_j\} \,|\, \ldots \,|\, \{\phi_n\} \right] \begin{Bmatrix} \eta_1(t) \\ \vdots \\ \eta_j(t) \\ \vdots \\ \eta_n(t) \end{Bmatrix}$$

$$\{u(t)\} = \sum_{j=1}^{n} \{\phi_j\} \, \eta_j(t) \qquad (14.17)$$

Reemplazando aquí $\eta_j(t)$ dada por la Ec. (14.16), el vector con las coordenadas físicas resulta:

$$\{u(t)\} = \sum_{j=1}^{n} \{\phi_j\} \left(A_j \sin \omega_j t + B_j \cos \omega_j t \right) \qquad (14.18.a)$$

El desplazamiento del grado de libertad "i" se obtiene de la i-ésima fila de esta expresión:

$$u_i(t) = \sum_{j=1}^{n} \varphi_{i,j} \left(A_j \sin \omega_j t + B_j \cos \omega_j t \right) \qquad (14.18.b)$$

Vamos a dar una interpretación física al método de Análisis Modal. Para esto vamos a considerar una estructura específica: supongamos que hemos discretizado una columna usando tres elementos y masas concentradas como se muestra en la Figura 14.1 a la izquierda. Conceptualmente, el desplazamiento del grado de libertad, junta o masa i se obtiene como muestra la Figura 14.1.

El método de Análisis Modal consiste en calcular la respuesta de una estructura como una combinación lineal de las respuestas de sistemas de **un** grado de libertad con masa m_j^* y frecuencia natural ω_j. Los desplazamientos de cada uno de estos osciladores son las coordenadas o desplazamientos modales $\eta_j(t)$. Los factores por los cuales se multiplican estos desplazamientos modales para obtener el desplazamiento físico $u_i(t)$ son los elementos ϕ_{ij} o sea las filas i de los modos de vibración $\{\phi_j\}$. En teoría, si la estructura tiene n grados de libertad, hay que sumar las respuestas de n de estos osciladores, representados en la Figura 14.1 por columnas con su masa concentrada en el extremo. En la práctica, basta con sumar un número $p < n$ de términos, donde p depende del problema en particular. Vamos a volver sobre este tema más adelante.

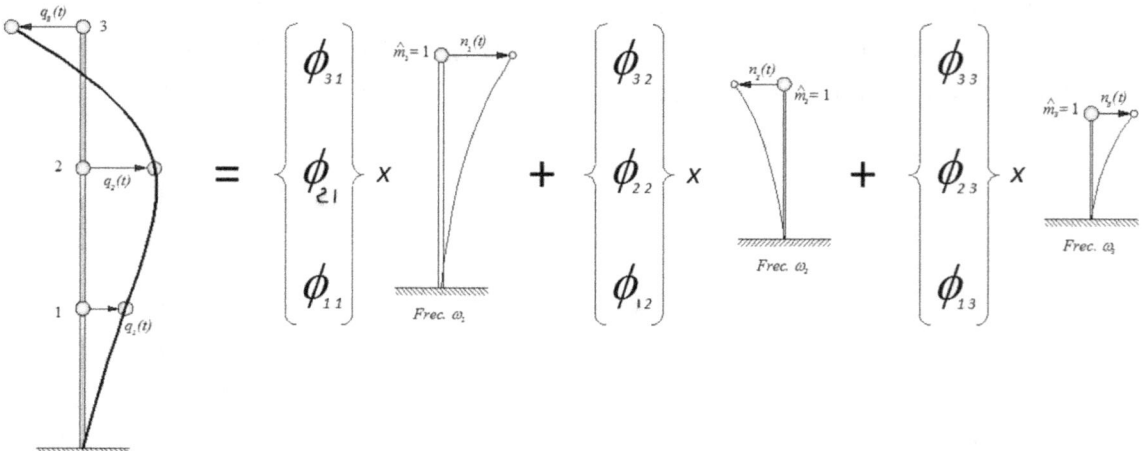

Figura 14.1 **Respuesta dinámica como combinación de coordenadas modales.**

Las constantes A_j y B_j:

Vamos a ver ahora cómo obtener las constantes A_j y B_j en la Ec. (14.16) o (14.18). Dijimos que estas constantes dependen de las condiciones iniciales en las Ecs. (14.2). Si evaluamos la Ec. (14.18.a) en $t = 0$, obtenemos:

$$\{u_o\} = \sum_{j=1}^{n} \{\phi_j\} B_j \tag{14.19}$$

Vamos ahora a despejar B_j. Para esto vamos nuevamente a hacer uso de las propiedades de ortogonalidad de los modos. Comenzamos premultiplicando por $\{\phi_i\}^T [M]$ ambos términos de la Ec. (14.19):

$$\{\phi_i\}^T [M] \{u_o\} = \sum_{j=1}^{n} \{\phi_i\}^T [M] \{\phi_j\} B_j \qquad (14.20)$$

Dividamos la sumatoria en un término donde $j = i$ y en términos con $j \neq i$:

$$\{\phi_i\}^T [M] \{u_o\} = \{\phi_i\}^T [M] \{\phi_i\} B_i + \sum_{j=1,\ j\neq i}^{n} \{\phi_i\}^T [M] \{\phi_j\} B_j \qquad (14.21)$$

Debido a la propiedad de ortogonalidad de los modos respecto a $[M]$, todos los términos de la sumatoria se anulan. El primer término es la masa modal del modo "i". Entonces:

$$\{\phi_i\}^T [M] \{u_o\} = m_i^* B_i \qquad (14.22)$$

Las constantes A_j se pueden obtener siguiendo un procedimiento similar. Comenzamos derivando la Ec. (14.18.a) para obtener las velocidades:

$$\{\dot{u}(t)\} = \sum_{j=1}^{n} \omega_j \{\phi_j\} (A_j \cos \omega_j t - B_j \sin \omega_j t) \qquad (14.23)$$

Evaluamos esta expresión en $t = 0$:

$$\{\dot{u}_o\} = \sum_{j=1}^{n} \omega_j \{\phi_j\} A_j \qquad (14.24)$$

Premultiplicamos por $\{\phi_i\}^T [M]$ y separamos de la sumatoria el término con $j = i$ de los términos con $j \neq i$:

$$\{\phi_i\}^T [M] \{\dot{u}_o\} = \omega_i \{\phi_i\}^T [M] \{\phi_i\} A_i + \sum_{j=1,\ j\neq i}^{n} \omega_j \{\phi_i\}^T [M] \{\phi_j\} A_j \qquad (14.25)$$

Usando las propiedades de ortogonalidad de los modos y la definición de masa modal, de la Ec. (14.25) se obtiene:

$$\{\phi_i\}^T [M] \{\dot{u}_o\} = \omega_i m_i^* A_i \qquad (14.26)$$

Resumiendo, de acuerdo a las Ecs. (14.22) y (14.26) las constantes que aparecen en la fórmula (14.18) de las coordenadas modales son:

$$A_j = \frac{1}{m_i^* \omega_j} \{\phi_j\}^T [M] \{\dot{u}_o\} \qquad ; \quad j = 1, 2, \dots, n \qquad (14.27.a)$$

$$B_j = \frac{1}{m_i^*} \{\phi_j\}^T [M] \{u_o\} \qquad ; \quad j = 1, 2, \dots, n \qquad (14.27.b)$$

y si los modos $\{\phi_j\}$ están normalizados respecto a la matriz de masa, las masas modales m_j^* en las Ecs. (14.27) son 1.

14.1.1 Ejemplo 14.1:

Vamos a simular un ensayo dinámico de vibraciones libres de un edificio regular de tres pisos. La estructura se va a modelar como un edificio de corte como se muestra en la Figura 14.2. El edificio es de acero y consta de cuatro columnas idénticas de momento de inercia igual a 248 in^4 y el peso asignado a cada piso es 22 kip. Supongamos que queremos medir el periodo natural T_1. Sólo por simplicidad vamos a ignorar el amortiguamiento.

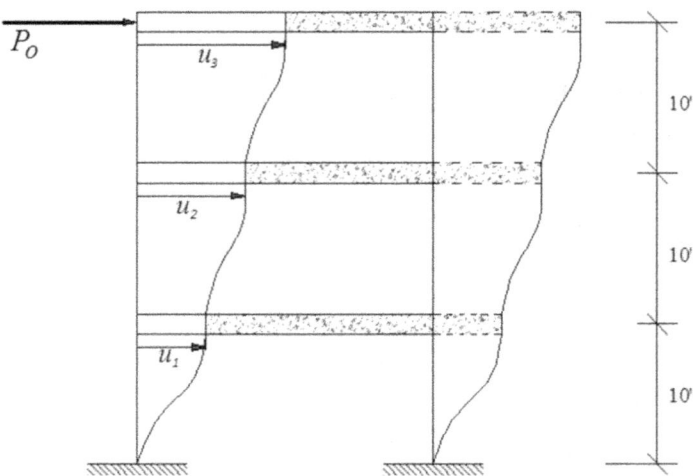

Figura 14.2 Edificio de tres pisos con carga estática para producir desplazamientos iniciales.

Vamos a aplicar una carga $P_o = 8\ kip$ en el último piso. La carga se aplica en forma estática: incrementando su valor desde 0 a 8 kip en forma muy lenta. Una vez que la carga llegó a 8 kip y la estructura está deformada, sacamos abruptamente la carga y el edificio comenzará a vibrar libremente debido a los desplazamientos inciales que le impusimos. Necesitamos calcular estos desplazamientos iniciales debido a la carga P_o. Para un caso estático la ecuación de equilibrio que es necesario resolver para obtener los desplazamientos iniciales $\{u_o\}$ es:

$$[K]\{u_o\} = \{F_o\} \tag{a}$$

En este ejemplo la Ec. (a) es, específicamente:

$$k \begin{bmatrix} 2 & -1 & 0 \\ -1 & 2 & -1 \\ 0 & -1 & 1 \end{bmatrix} \begin{Bmatrix} u_{o_1} \\ u_{o_2} \\ u_{o_3} \end{Bmatrix} = \begin{Bmatrix} 0 \\ 0 \\ 8 \end{Bmatrix} \tag{b}$$

donde la constante k es la rigidez de todas las columnas de un piso:

$$k = 4 \left(\frac{12EI}{h^3} \right) = \frac{48 \cdot 29000 \cdot 248}{120^3} = 199.78 \; \frac{k}{in} \tag{c}$$

Resolviendo el sistema de ecuaciones simultáneas (b) obtenemos los desplazamientos iniciales:

$$\left\{ \begin{array}{c} u_{o_1} \\ u_{o_2} \\ u_{o_3} \end{array} \right\} = \left\{ \begin{array}{c} 0.04 \; in \\ 0.08 \; in \\ 0.12 \; in \end{array} \right\} \tag{d}$$

Vimos que la respuesta del sistema se calcula con la expresión (14.18.a):

$$\{u(t)\} = \sum_{j=1}^{3} \left\{ \phi_j \right\} \left(A_j \sin \omega_j t + B_j \cos \omega_j t \right)$$

Las constantes A_j se calculan con la Ec. (14.27.a) repetida aquí:

$$A_j = \frac{1}{m_j^* \omega_j} \left\{ \phi_j \right\}^T [M] \{ \dot{u}_o \} = 0 \qquad ; \qquad j = 1, 2, 3 \tag{14.27.a}$$

y las constantes B_j, definidas por la Ec. (14.27.b), son cero dado que las velocidades iniciales son todas cero:

$$B_j = \frac{1}{m_j^*} \left\{ \phi_j \right\}^T [M] \{ u_o \} \qquad ; \qquad j = 1, 2, 3 \tag{14.27.b}$$

Para obtener $\{u(t)\}$ necesitamos calcular primero las frecuencias naturales ω_j, los modos de vibración $\left\{ \phi_j \right\}$ y las masas modales m_j^*. Para esto necesitamos antes calcular la matriz de masa:

$$[M] = m \begin{bmatrix} 1 & 0 & 0 \\ 0 & 1 & 0 \\ 0 & 0 & 1 \end{bmatrix} \tag{e}$$

donde:

$$m = \frac{W}{g} = \frac{22}{386.4} = 0.0569 \; \frac{k}{in/s^2} \tag{f}$$

El problema de autovalores es entonces:

$$k \begin{bmatrix} 2 & -1 & 0 \\ -1 & 2 & -1 \\ 0 & -1 & 1 \end{bmatrix} \left\{ \begin{array}{c} \phi_{1,j} \\ \phi_{2,j} \\ \phi_{3,j} \end{array} \right\} = \lambda_j \, m \begin{bmatrix} 1 & 0 & 0 \\ 0 & 1 & 0 \\ 0 & 0 & 1 \end{bmatrix} \left\{ \begin{array}{c} \phi_{1,j} \\ \phi_{2,j} \\ \phi_{3,j} \end{array} \right\} \tag{g}$$

Usaremos *Matlab* para calcular los autovalores y autovectores. Se obtiene así que los autovalores son:

$$\lambda_1 = 0.198\frac{k}{m}$$

$$\lambda_2 = 1.555\frac{k}{m} \tag{h}$$

$$\lambda_3 = 3.247\frac{k}{m}$$

Las frecuencias naturales son:

$$\omega_1 = 26.36\ rad/s \quad ; \quad \omega_2 = 73.865\ rad/s \quad ; \quad \omega_2 = 106.74\ rad/s \tag{i}$$

y los modos de vibración son:

$$\{\phi_1\} = \left\{ \begin{array}{c} 1.3746 \\ 2.4769 \\ 3.0886 \end{array} \right\} \quad ; \quad \{\phi_2\} = \left\{ \begin{array}{c} 3.0886 \\ 1.3746 \\ -2.4769 \end{array} \right\} \quad ; \quad \{\phi_3\} = \left\{ \begin{array}{c} -2.4769 \\ 3.0886 \\ -1.3746 \end{array} \right\} \tag{j}$$

Cuando se calculan las masas modales se obtiene que $m_1^* = m_2^* = m_3^* = 1$, por lo que los modos están normalizados respecto a la matriz de masa (y sus unidades son $1/\sqrt{k.s^2/in}$).

Las constantes B_j se calculan con la Ec. (14.27.b). Aquí usaremos la forma matricial de la Ec. (14.27.b) que permite calcular todas las constantes simultáneamente:

$$\left\{ \begin{array}{c} B_1 \\ B_2 \\ B_3 \end{array} \right\} = [\Phi]^T [M] \{u_o\} = \left\{ \begin{array}{c} 0.0355 \\ -0.0036 \\ -0.0010 \end{array} \right\} \tag{k}$$

Como las constantes A_j son cero, los desplazamientos se obtiene reemplazando $\{\phi_j\}$ y B_j en:

$$\{u(\text{t})\} = \sum_{j=1}^{3} \{\phi_j\}\, B_j \cos\omega_j t \tag{l}$$

Se obtiene así:

$$\left\{ \begin{array}{c} u_1(\text{t}) \\ u_2(\text{t}) \\ u_3(\text{t}) \end{array} \right\} = 0.0355 \left\{ \begin{array}{c} 1.3746 \\ 2.4769 \\ 3.0886 \end{array} \right\} \cos\omega_1 t - 0.0036 \left\{ \begin{array}{c} 3.0886 \\ 1.3746 \\ -2.4769 \end{array} \right\} \cos\omega_2 t$$

$$- 0.001 \left\{ \begin{array}{c} -2.4769 \\ 3.0886 \\ -1.3746 \end{array} \right\} \cos\omega_3 t$$

Efectuando los productos arriba indicados y reemplazando las frecuencias ω_j se llega finalmente a:

$$
\left\{ \begin{array}{c} u_1(\text{t}) \\ u_2(\text{t}) \\ u_3(\text{t}) \end{array} \right\} = \left\{ \begin{array}{c} 0.0488 \\ 0.0880 \\ 0.1097 \end{array} \right\} \cos 26.36t + \left\{ \begin{array}{c} -0\,0112 \\ -0\,0050 \\ 0\,0090 \end{array} \right\} \cos 73.865t
$$

$$
+ \left\{ \begin{array}{c} 0.0024 \\ -0.0030 \\ 0.0013 \end{array} \right\} \cos 106.74t \qquad \text{(n)}
$$

Estas expresiones se usaron en *Matlab* para generar los gráficos de los desplazamientos $u_1(\text{t})$, $u_2(\text{t})$ y $u_3(\text{t})$, los que se muestran en la Figura 14.3.

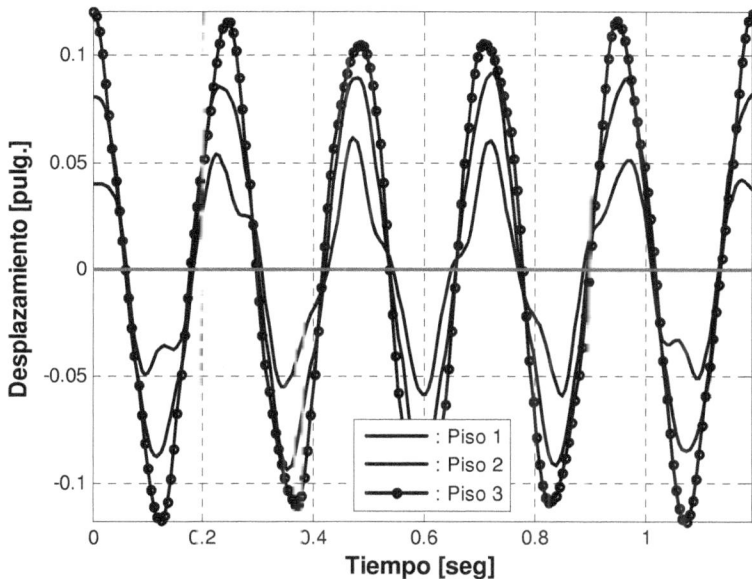

Figura 14.3 **Variación de los desplazamientos de los pisos.**

Observando las Ecs. (b) y los gráficos podemos concluir lo siguiente:

▶ El desplazamiento del último piso $u_3(\text{t})$ está muy influenciado por el primer modo, o en otras palabras el modo 1 es el que más contribuye a esta respuesta. El gráfico de $u_3(\text{t})$ se asemeja bastante a un coseno: es aproximadamente igual a $0.1097 \cos 26.36t$.

▶ En cambio, en el desplazamiento del primer piso $u_1(\text{t})$ la contribución de los modos superiores (el 2do y 3rc) es más significativa. Esto es evidente porque el gráfico se aparta del de un coseno puro, y por los coeficientes de cada modo $(0.0488, -0.0112, 0.0024)$ en la Ec. (n).

▶ Si los gráficos en la Figura 14.3 se hubieran obtenido experimentalmente, el periodo natural T_1 se debería obtener del que corresponde al tercer piso. Procediendo así obtenemos que $T_1 \simeq 0.24\ s$.

14.2 Respuesta de sistemas de múltiples grados de libertad no amortiguados a excitaciones arbitrarias

En la Sección 14.1 vimos un método para calcular la respuesta de una estructura modelada como un sistema de múltiples grados de libertad debido a condiciones iniciales (desplazamientos y velocidades). El método que usamos se conoce como "análisis modal" o "superposición modal". Este mismo método se puede aplicar para obtener la respuesta de la estructura a fuerzas dinámicas arbitrarias (o sea con una variación cualquiera en el tiempo). Esto es lo que vamos a hacer en esta sección. A continuación vamos a demostrar el método, pero cuando se desee aplicar el mismo *no* hay que repetir el desarrollo que veremos a continuación: esto es sólo para demostrar la técnica del análisis modal aplicado a este caso. Esto quedará claro cuando veamos unos ejemplos en las próximas secciones.

Vamos a estudiar la solución de ecuaciones de movimiento de la forma:

$$[M]\ \{\ddot{u}(t)\} + [K]\ \{u(t)\} = \{F(t)\} \tag{14.28}$$

Nótese que por ahora no estamos considerando el amortiguamiento: en la Ec. (14.28) sólo hay fuerzas inerciales ($[M]\{\ddot{u}\}$) y elásticas ($[K]\{u\}$). Para hallar la respuesta $\{u(t)\}$ mediante análisis modal, introducimos una transformación de coordenadas usando la matriz de autovectores $[\Phi]$ como matriz de transformación:

$$\{u(t)\} = [\Phi]\ \{\eta(t)\} \tag{14.29}$$

El vector $\{\eta(t)\}$ contiene las llamadas "*coordenadas normales o principales*" $\eta_j(t)$, por ahora desconocidas.

Reemplacemos $\{u(t)\}$ y su segunda derivada en la Ec. (14.28) y premultipliquemos por la transpuesta $[\Phi]^T$ de la matriz de autovectores:

$$[\Phi]^T\,[M]\,[\Phi]\,\{\ddot{\eta}(t)\} + [\Phi]^T\,[K]\,[\Phi]\,\{\eta(t)\} = [\Phi]^T\,\{F(t)\} \tag{14.30}$$

Recordando las propiedades de ortogonalidad de la matriz de autovectores,

$$[\Phi]^T\,[M]\,[\Phi] = \left[\diagdown m_i^*\diagdown\right] \qquad ; \qquad [\Phi]^T\,[K]\,[\Phi] = \left[\diagdown k_i^*\diagdown\right] \tag{14.31}$$

las ecuaciones de movimiento resultan:

$$\left[\diagdown m_i^*\diagdown\right]\{\ddot{\eta}(t)\} + \left[\diagdown k_i^*\diagdown\right]\{\eta(t)\} = \{N(t)\} \tag{14.32}$$

donde m_i^* y k_i^* son, respectivamente, la masa modal y la rigidez modal del modo "i", y $\{N(t)\}$ es un vector de fuerzas modales. Comparando el lado derecho de las Ecs. (14.30) y (14.32) es evidente que:

$$\{N(t)\} = [\Phi]^T \{F(t)\} \tag{14.33.a}$$

Los elementos de $\{N(t)\}$ son las *fuerzas modales* $N_j(t)$ asociadas a cada modo "j":

$$N_j(t) = \{\phi_j\}^T \{F(t)\} \qquad ; \qquad j = 1, \ldots, n \tag{14.33.b}$$

La Ec. (14.32) es un sistema de n ecuaciones diferenciales de segundo orden *desacoplado*. Una ecuación típica tiene la forma:

$$m_j^* \ddot{\eta}_j(t) + k_j^* \eta_j(t) = N_j(t) \qquad ; \qquad j = 1, \ldots, n \tag{14.34}$$

Comparando esta ecuación con la de un oscilador simple no amortiguado,

$$m\,\ddot{u}(t) + k\,u(t) = F(t)$$

vemos que la Ec. (14.34) representa un oscilador con *masa* m_j^* y con *rigidez* k_j^*. Por lo tanto la respuesta de los n osciladores representados en la Ec. (14.34) se puede calcular usando los mismos métodos que para un oscilador de un grado de libertad. Si la estructura tiene desplazamientos o velocidades iniciales, las coordenadas modales $\eta_j(t)$ se pueden obtener como la suma de dos casos:

$$\eta_j(t) = \eta_{CI_j}(t) + \eta_{F_j}(t) \tag{14.35}$$

donde $\eta_{CI_j}(t)$ es la respuesta debido a las condiciones iniciales del movimiento. Como vimos en el Capítulo 4, esta respuesta para un oscilador no amortiguado se calculaba como:

$$r_{CI_j}(t) = A_j \sin \omega_j t + B_j \cos \omega_j t \tag{14.36}$$

donde A_j y B_j son constantes que deben obtenerse usando los desplazamientos y velocidades iniciales, y $\eta_{F_j}(t)$ es la respuesta debido a la fuerza externa, la que se calcula con la integral de Duhamel. El desplazamiento de un oscilador con frecuencia natural $\omega_n = \sqrt{k/m}$ sometido a una fuerza $F(t)$ se podía calcular resolviendo la integral de Duhamel. Si el oscilador no tiene amortiguamiento esta integral es:

$$u(t) = \int_0^t F(\tau)\, h(t - \tau)\, d\tau = \frac{1}{m\omega_n} \int_0^t F(\tau) \sin \omega_n (t - \tau)\, d\tau$$

Por comparación, la respuesta forzada de los n osciladores en la Ec. (14.34) es:

$$\eta_{F_j}(t) = \frac{1}{m_j^* \omega_j} \int_0^t N_j(\tau) \sin \omega_j (t - \tau)\, d\tau \tag{14.37}$$

La respuesta en términos de las coordenadas **físicas** $\{u(t)\}$ se recupera aplicando nuevamente la transformación (14.29), escrita ahora como una sumatoria:

$$\{u(t)\} = \sum_{j=1}^{n} \{\phi_j\} \, \eta_j(t) \tag{14.38}$$

Reemplazando $\eta_j(t)$ en términos de las Ecs. (14.35), (14.36) y (14.37) el vector de desplazamientos físicos resulta:

$$\{u(t)\} = \sum_{j=1}^{n} \{\phi_j\} \left(A_j \sin \omega_j t + B_j \cos \omega_j t + \frac{1}{m_j^* \omega_j} \int_0^t N_j(\tau) \sin \omega_j(t-\tau)\, d\tau \right) \tag{14.39}$$

Introduciendo en la Ec. (14.38) la siguiente notación:

$$\{u_j(t)\} = \{\phi_j\} \, \eta_j(t) \tag{14.40}$$

se obtiene que el vector de desplazamientos se puede expresar como:

$$\{u(t)\} = \sum_{j=1}^{n} \{u_j(t)\} \tag{14.41}$$

donde la contribución de cada modo a la respuesta total es:

$$\{u_j(t)\} = \{\phi_j\} \left(A_j \sin \omega_j t + B_j \cos \omega_j t + \frac{1}{m_j^* \omega_j} \int_0^t N_j(\tau) \sin \omega_j(t-\tau)\, d\tau \right) \tag{14.42}$$

Esto permite interpretar la respuesta total $\{u(t)\}$ como la suma de "n" respuestas modales $\{u_j(t)\}$, cada una de las cuales es la contribución del modo de vibración "j" a la respuesta. Por lo general, a medida que aumenta "j", la contribución del modo disminuye en importancia. Por lo tanto, podemos truncar la sumatoria en "p" términos, donde $p < n$:

$$\{u(t)\} \simeq \sum_{j=1}^{p} \{u_j(t)\} \tag{14.43}$$

Esta propiedad es una de las razones debido a la cual el método de análisis modal es tan útil: en la inmensa mayoría de los casos **no** se necesitan conocer todos los modos y frecuencias, sino sólo una fracción correspondiente usualmente a las frecuencias más bajas. En los ejemplos que estudiaremos usaremos, en general, todos los n modos porque los sistemas tendrán un número reducido de grados de libertad. Sin embargo, en muchos problemas reales, los grados de libertad n pueden ser cientos o miles, y en estos casos el ahorro al usar sólo los p primeros modos para calcular la respuesta es muy significativo.

14.3 Ejemplos de respuesta de sistemas no amortiguados a fuerzas arbitrarias

14.3.1 Ejemplo 14.2:

Consideraremos nuevamente el edificio de corte de dos pisos que se muestra en la Figura 14.4 y al cual le calculamos anteriormente las frecuencias naturales y los modos de vibración. Supongamos ahora que el edificio está sometido a una fuerza del tipo escalón $f(t) = F_o U(t)$ actuando sobre el segundo piso, donde $U(t)$ es la *función escalón unitaria* definida como:

$$U(t) = \begin{cases} 0 & \text{para } t < 0 \\ 1 & \text{para } t \geq 0 \end{cases}$$

La fuerza $f(t)$ se muestra en la Figura 14.4 a la derecha. Se considerará que el edificio estaba en reposo antes de la aplicación de la fuerza. Se va a ignorar el amortiguamiento del sistema y se desea obtener los desplazamientos de los dos pisos en función del tiempo.

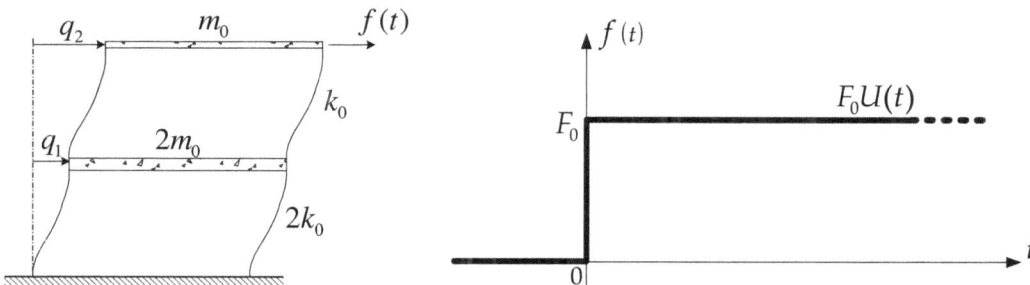

Figura 14.4 **Modelo de edificio de corte y fuerza escalón aplicada.**

Las frequencias naturales y los modos normalizados respecto a la matriz de masa son:

$$\omega_1 = \sqrt{\frac{1}{2}\frac{k_o}{m_o}} \qquad ; \qquad \omega_2 = \sqrt{2\frac{k_o}{m_o}} \tag{a}$$

$$\{\phi_1\} = \left\{ \begin{array}{c} \phi_{11} \\ \phi_{21} \end{array} \right\} = \frac{1}{\sqrt{6m_o}} \left\{ \begin{array}{c} 1 \\ 2 \end{array} \right\} \quad ; \quad \{\phi_2\} = \left\{ \begin{array}{c} \phi_{12} \\ \phi_{22} \end{array} \right\} = \frac{1}{\sqrt{3m_o}} \left\{ \begin{array}{c} 1 \\ -1 \end{array} \right\} \tag{b}$$

Las ecuaciones de movimiento desacopladas (modales) son:

$$\eta_j(t) + \omega_j^2 \eta_j(t) = N_j(t) \qquad ; \qquad j = 1, 2 \qquad \text{(c)}$$

en donde ya se consideró que las masas modales son unitarias.
El vector $\{F(t)\}$ con las fuerzas físicas es:

$$\{F(t)\} = \left\{ \begin{array}{c} F_1(t) \\ F_2(t) \end{array} \right\} = \left\{ \begin{array}{c} 0 \\ f(t) \end{array} \right\} \qquad \text{(c)}$$

y las fuerzas modales son:

$$N_j(t) = \{\phi_j\}^T \{F(t)\} = \left[\phi_{1j} \; ; \; \phi_{2j}\right] \left\{ \begin{array}{c} 0 \\ f(t) \end{array} \right\} = \phi_{2j} f(t) \qquad ; \qquad j = 1, 2 \qquad \text{(e)}$$

La solución de las ecuaciones desacopladas, esto es las coordenadas modales, se obtienen solo con la integral de Duhamel dado que el edificio está inicialmente en reposo:

$$\eta_j(t) = \eta_{F_j}(t) = \frac{1}{\omega_j} \int_0^t N_j(\tau) \sin \omega_j(t - \tau) \, d\tau \qquad \text{(f)}$$

Nuevamente la masa modal en la integral de Duhamel se tomó igual a 1. Reemplazando las fuerzas modales e integrando se obtienen los desplazamientos modales:

$$
\begin{aligned}
\eta_j(t) &= \frac{\phi_{2j}}{\omega_j} \int_0^t f(\tau) \sin \omega_j(t - \tau) \, d\tau = \frac{\phi_{2j} F_0}{\omega_j} \int_0^t U(\tau) \sin \omega_j(t - \tau) \, d\tau \\
&= \frac{\phi_{2j} F_0}{\omega_j} \int_0^t \sin \omega_j(t - \tau) \, d\tau = \frac{\phi_{2j} F_0}{\omega_j} \left[\frac{\cos \omega_j(t - \tau)}{\omega_j} \right]_0^t \\
\eta_j(t) &= \frac{\phi_{2j} F_0}{\omega_j^2} (1 - \cos \omega_j t) \qquad ; \qquad j = 1, 2
\end{aligned}
\qquad \text{(g)}
$$

Los desplazamientos de los dos pisos se obtienen combinando las coordenadas $\eta_j(t)$ usando los dos modos:

$$\{u(t)\} = \left\{ \begin{array}{c} \phi_{11} \\ \phi_{21} \end{array} \right\} \eta_1(t) + \left\{ \begin{array}{c} \phi_{12} \\ \phi_{22} \end{array} \right\} \eta_2(t) \qquad \text{(h)}$$

Reemplazando los modos de la Ec. (b) y las coordenadas modales de la Ec. (g), el vector con los desplazamientos físicos resulta:

$$\{u(t)\} = \frac{1}{\sqrt{6m_o}} \left\{ \begin{array}{c} 1 \\ 2 \end{array} \right\} \frac{2}{\sqrt{6m_o}} \frac{F_0}{\omega_1^2} (1 - \cos \omega_1 t) + \frac{1}{\sqrt{3m_o}} \left\{ \begin{array}{c} 1 \\ -1 \end{array} \right\} \frac{(-1)}{\sqrt{3m_o}} \frac{F_0}{\omega_2^2} (1 - \cos \omega_2 t)$$

$$\text{(i)}$$

Usando las frecuencias naturales de la Ec. (a), el vector $\{u(t)\}$ puede escribirse como la suma de dos términos, cada uno de los cuales representa la contribución de uno de los modos:

$$\{u(t)\} = \frac{F_0}{k_o}\left\{\begin{array}{c} \frac{2}{3} \\ \frac{4}{3} \end{array}\right\}\underbrace{\left(1 - \cos\sqrt{\frac{k_o}{2m_o}}\,t\right)} + \frac{F_0}{k_o}\left\{\begin{array}{c} -\frac{1}{6} \\ \frac{1}{6} \end{array}\right\}\underbrace{\left(1 - \cos\sqrt{\frac{k_o}{2m_o}}\,t\right)} \qquad (j)$$

$$\text{contribución del } 1^{er} \text{ modo: } u_1(t) \quad + \quad \text{contribución del } 2^{do}$$

modo: $u_2(t)$

Si se vuelve a escribir la expresión anterior de la siguiente forma,

$$\{u(t)\} = \frac{F_0}{k_o}\left(4\left\{\begin{array}{c} \frac{1}{6} \\ \frac{2}{6} \end{array}\right\}(1 - \cos\omega_1 t) + \left\{\begin{array}{c} -\frac{1}{6} \\ \frac{1}{6} \end{array}\right\}(1 - \cos\omega_2 t)\right) \qquad (k)$$

se puede observar que la contribución del modo más bajo es predominante (cuatro veces mayor).

Volviendo a la Ec. (j), escrita ahora de la forma:

$$\{u(t)\} = \left\{\begin{array}{c} u_1(t) \\ u_2(t) \end{array}\right\} = \frac{F_0}{k_o}\left\{\begin{array}{c} \frac{1}{2} \\ \frac{3}{2} \end{array}\right\} - \frac{F_0}{k_o}\left\{\begin{array}{c} \frac{2}{3} \\ \frac{4}{3} \end{array}\right\}\cos\omega_1 t - \frac{F_0}{k_o}\left\{\begin{array}{c} -\frac{1}{6} \\ \frac{1}{6} \end{array}\right\}\cos\omega_2 t \qquad (l)$$

podemos ver que esta expresión representa oscilaciones alrededor de la posición de equilibrio estático. La posición de equilibrio estático (los desplazamientos u_{10} y u_{20}) se encuentra resolviendo el siguiente sistema de ecuaciones algebraicas:

$$k_o\begin{bmatrix} 3 & -1 \\ -1 & 1 \end{bmatrix}\left\{\begin{array}{c} u_{10} \\ u_{20} \end{array}\right\} = \left\{\begin{array}{c} 0 \\ F_0 \end{array}\right\} \implies \left\{\begin{array}{c} u_{10} \\ u_{20} \end{array}\right\} = \frac{F_0}{k_o}\left\{\begin{array}{c} \frac{1}{2} \\ \frac{3}{2} \end{array}\right\} \qquad (m)$$

Nótese que en la Ec. (m) simplemente hemos resuelto un problema estático de Análisis Estructural. No debe confundirnos el hecho de que se supuso que el edificio estaba *inicialmente* (en $t = 0$) en reposo. Si la fuerza en el segundo piso, que tiene una magnitud F_0, se hubiera aplicado lentamente, al final (en $t \gg 0$) la estructura terminaría con los desplazamientos u_{10} y u_{20} que calculamos. Si hubiese amortiguamiento, los dos últimos términos en la Ec. (l) irían multiplicados por un exponencial decreciente en el tiempo y el sistema tendería a la posición de equilibrio estático u_{10} y u_{20} a medida que t aumenta.

A continuación vamos a resolver nuevamente el problema pero ahora con dos fuerzas $f(t)$ aplicadas a cada uno de los pisos. En este caso el vector de fuerzas es:

$$\{F(t)\} = \left\{\begin{array}{c} F_1(t) \\ F_2(t) \end{array}\right\} = \left\{\begin{array}{c} 1 \\ 1 \end{array}\right\}F_o U(t) \qquad (n)$$

y las fuerzas modales son:

$$N_1(t) = \frac{1}{\sqrt{6m_o}} \left\{ \begin{array}{cc} 1 & 2 \end{array} \right\} \left\{ \begin{array}{c} 1 \\ 1 \end{array} \right\} F_o U(t) = \frac{3F_o}{\sqrt{6m_o}} U(t) \qquad \text{(o)}$$

$$N_2(t) = \frac{1}{\sqrt{3m_o}} \left\{ \begin{array}{cc} 1 & -1 \end{array} \right\} \left\{ \begin{array}{c} 1 \\ 1 \end{array} \right\} F_o U(t) = 0 \qquad \text{(p)}$$

Por lo tanto, dado que $N_2(t) = 0$, la coordenada modal $\eta_2(t)$ es también cero. Se dice en estos casos que la estructura *responde en el primer modo* solamente. La coordenada $\eta_1(t)$ es:

$$\eta_1(t) = \frac{3F_o}{\sqrt{6m_o}} \frac{1}{\omega_1} \int_0^t \sin\omega_1(t-\tau)\,d\tau = \frac{3F_o}{\sqrt{6m_o}} \frac{1}{\omega_1^2} (1 - \cos\omega_1 t) \qquad \text{(q)}$$

Los desplazamientos físicos de los pisos se obtienen usando sólo el primer modo:

$$\{u(t)\} = \{\phi_1\}\,\eta_1(t) = \frac{1}{\sqrt{6m_o}} \left\{ \begin{array}{c} 1 \\ 2 \end{array} \right\} \frac{3F_o}{\sqrt{6m_o}} \frac{1}{\omega_1^2} (1 - \cos\omega_1 t) \qquad \text{(r)}$$

Sustituyendo ω_1^2 de la Ec. (a) y cancelando términos se obtiene finalmente:

$$\{u(t)\} = \left\{ \begin{array}{c} u_1(t) \\ u_2(t) \end{array} \right\} = \frac{F_o}{k_o} \left\{ \begin{array}{c} 1 \\ 2 \end{array} \right\} - \frac{F_o}{k_o} \left\{ \begin{array}{c} 1 \\ 2 \end{array} \right\} \cos\omega_1 t \qquad \text{(s)}$$

Vamos a considerar un caso específico para poder calcular numéricamente la respuesta. Supongamos que los pesos asignados a cada piso y las rigideces laterales de cada piso son:

$$W_1 = 140\ kip \quad ; \quad W_2 = 70\ kip$$

$$k_1 = 400\ kip/in \quad ; \quad k_2 = 200\ kip/in$$

Con estos datos las frecuencias naturales son:

$$\omega_1 = 23.495\ rad/s \quad ; \quad \omega_2 = 46.989\ rad/s$$

y los modos de vibración son:

$$\{\phi_1\} = \left\{ \begin{array}{c} 0.9592 \\ 1.9183 \end{array} \right\} \quad ; \quad \{\phi_2\} = \left\{ \begin{array}{c} 1.3565 \\ -1.3565 \end{array} \right\} \quad \text{en} \quad \frac{1}{\sqrt{k.s^2/in}}$$

La Figura 14.5 muestra la variación en el tiempo de los desplazamientos u_1 y u_2 para el primer caso de la fuerza aplicada en el segundo piso. Los máximos valores de los desplazamientos son $(u_1)_{max} = 0.133\ in$ y $(u_2)_{max} = 0.267\ in$. Nótese que los pisos están oscilando alrededor de $u_{10} = 0.05\ in$ y $u_{20} = 0.15\ in$. que son los valores que se obtienen con la Ec. (m).

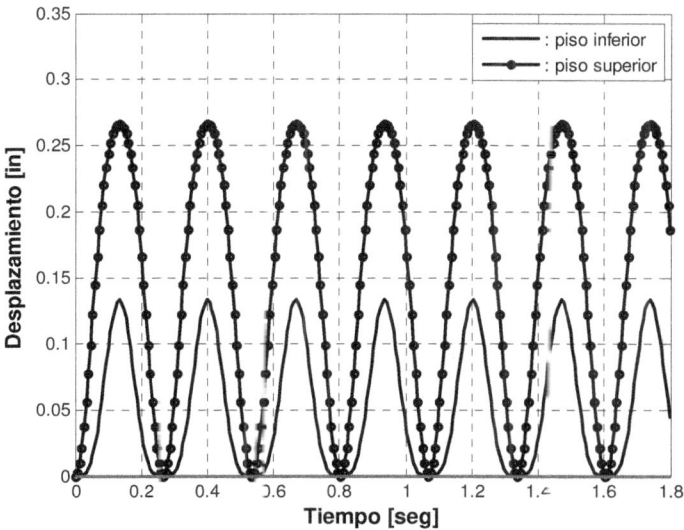

Figura 14.5 **Desplazamientos en función del tiempo del edificio de dos pisos.**

14.3.2 Ejemplo 14.3:

Consideremos una columna o pilote uniforme fijo en un extremo y sometido a una fuerza $P(t)$ en el otro extremo como se muestra en la Figura 14.5 a la izquierda. La fuerza tiene una variación armónica en el tiempo de la forma:

$$P(t) = P_0 \sin \Omega t \quad ; \quad t \geq 0$$
$$P(t) = 0 \quad ; \quad t = 0$$

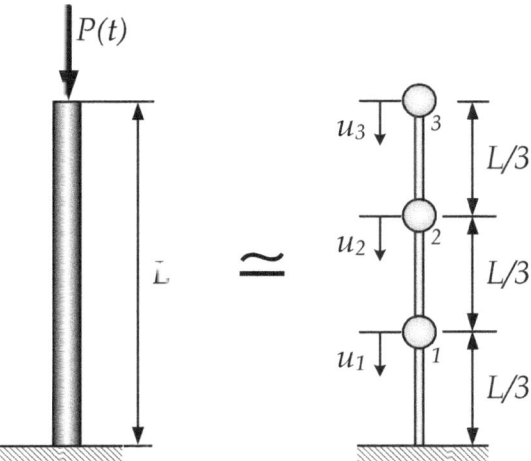

Figura 14.5 **Modelo de 3 grados de libertad de pilote sometido a una fuerza armónica.**

Nos interesa calcular los desplazamientos axiales en función del tiempo debido a esta fuerza. La columna tiene área transversal A, longitud L y está construida con un material con módulo elástico E y densidad ρ. Se va a considerar que la estructura está en reposo cuando se le aplica la fuerza.

Esta vez vamos a listar todos los pasos que es necesario seguir para calcular la respuesta. En algunos de ellos sólo se presentarán los resultados finales debido a que estos temas ya han sido estudiados en detalle anteriormente.

Paso 1: Definir un modelo de n grados de libertad para representar la columna. Por simplicidad, vamos a usar un modelo con $n = 3$ grados de libertad. Por lo tanto, la masa distribuida de la columna se va a concentrar en tres nodos; el nodo 3 del extremo tiene una masa $\bar{m}L/6$ y los otros tienen una masa $\bar{m}L/3$, donde $\bar{m}$ es la masa por unidad de longitud: $\bar{m} = \rho A$. La matriz de rigidez de la columna con tres elementos es la clásica que se obtiene ensamblando elementos de barra con deformación axial solamente. La matriz de rigidez de cada elemento e es:

$$[K_e] = \frac{EA}{\ell} \begin{bmatrix} 1 & -1 \\ -1 & 1 \end{bmatrix} \quad ; \quad e = 1, 2, 3 \tag{a}$$

donde ℓ es la longitud de cada elemento. Armando la matriz de masa y ensamblando la de rigidez se obtiene entonces:

$$[M] = \frac{\bar{m}L}{3} \begin{bmatrix} 1 & 0 & 0 \\ 0 & 1 & 0 \\ 0 & 0 & 1/2 \end{bmatrix} \quad ; \quad [K] = \frac{3EA}{L} \begin{bmatrix} 2 & -1 & 0 \\ -1 & 2 & -1 \\ 0 & -1 & 1 \end{bmatrix} \tag{b}$$

El vector con las fuerzas externas en el lado derecho de las ecuaciones de movimiento es:

$$\{F(t)\} = \begin{Bmatrix} 0 \\ 0 \\ P(t) \end{Bmatrix} \tag{c}$$

Paso 2: Resolver el problema de autovalores para calcular las frecuencias naturales y los modos de vibración. Se puede demostrar que las frecuencias en rad/s son:

$$
\begin{aligned}
\omega_1 &= 3\sqrt{2 - \sqrt{3}}\sqrt{\frac{E}{\rho L^2}} = 1.5529\sqrt{\frac{E}{\rho L^2}} \\[2mm]
\omega_2 &= 3\sqrt{2}\sqrt{\frac{E}{\rho L^2}} = 4.2426\sqrt{\frac{E}{\rho L^2}} \\[2mm]
\omega_3 &= 3\sqrt{2 + \sqrt{3}}\sqrt{\frac{E}{\rho L^2}} = 5.7956\sqrt{\frac{E}{\rho L^2}}
\end{aligned}
\tag{d}
$$

Los modos sin normalizar (obtenidos tomando $\hat{\phi}_{3j} = 1$) son:

$$\{\hat{\phi}_1\} = \left\{ \begin{array}{c} 1/2 \\ \sqrt{3}/2 \\ 1 \end{array} \right\} \quad ; \quad \{\hat{\phi}_2\} = \left\{ \begin{array}{c} -1 \\ 0 \\ 1 \end{array} \right\} \quad ; \quad \{\hat{\phi}_3\} = \left\{ \begin{array}{c} 1/2 \\ -\sqrt{3}/2 \\ 1 \end{array} \right\} \quad \text{(e)}$$

Paso 3: Normalizar los modos de vibración respecto a la matriz de masa. Este paso **no** es esencial, pero se recomienda implementarlo porque de esta forma las expresiones matemáticas resultan más sencillas. Para normalizar los modos se usan los vectores en la Ec. (e) para calcular tres factores α_j definidos en términos de las masas modales:

$$\alpha_j = \frac{1}{\sqrt{m_j^*}} = \frac{1}{\sqrt{\{\hat{\phi}_j\}^T [M] \{\hat{\phi}_j\}}} \quad ; \quad j = 1, 2, 3 \quad \text{(f)}$$

Realizando las operaciones indicadas en la Ec. (f) se encuentra que:

$$\alpha_1 = \alpha_2 = \alpha_3 = \frac{1}{\sqrt{\bar{m}L}} \sqrt{2} \quad \text{(g)}$$

Los modos normalizados $\{\phi_j\}$ se obtienen multiplicando los factores α_j por los modos sin normalizar de la Ec. (e). Se obtiene así,

$$\{\phi_1\} = \frac{1}{\sqrt{\bar{m}L}} \left\{ \begin{array}{c} 1/\sqrt{2} \\ \sqrt{3/2} \\ \sqrt{2} \end{array} \right\} ; \{\phi_2\} = \frac{1}{\sqrt{\bar{m}L}} \left\{ \begin{array}{c} -\sqrt{2} \\ 0 \\ \sqrt{2} \end{array} \right\} ; \{\phi_3\} = \frac{1}{\sqrt{\bar{m}L}} \left\{ \begin{array}{c} 1/\sqrt{2} \\ -\sqrt{3/2} \\ \sqrt{2} \end{array} \right\}$$

$$\text{(h)}$$

Paso 4: Calcular las fuerzas modales $N_j(t)$, vale decir las fuerzas transformadas que aparecen en el lado derecho de las ecuaciones de movimiento modales (las ecuaciones desacopladas). Como los modos están normalizados respecto a $[M]$, estas ecuaciones tienen la forma:

$$\ddot{\eta}_j(t) + \omega_j^2 \eta_j(t) = N_j(t) \quad ; \quad j = 1, 2, 3$$

De acuerdo a la Ec. (c) las fuerzas modales son:

$$N_j(t) = \{\phi_j\}^T \{F(t)\} = [\phi_{1j} | \phi_{2j} | \phi_{3j}] \left\{ \begin{array}{c} 0 \\ 0 \\ P(t) \end{array} \right\}$$

$$N_j(t) = \phi_{3j} P(t) = \phi_{3j} P_o \sin \Omega t \quad ; \quad j = 1, 2, 3 \quad \text{(i)}$$

Paso 5: Calcular las coordenadas modales resolviendo la integral de Duhamel para sistemas no amortiguados:

$$\eta_j(t) = \frac{1}{\omega_j} \int_0^t N_j(\tau) \sin \omega_j(t-\tau)d\tau = \frac{\phi_{3j}P_o}{\omega_j} \int_0^t \sin \Omega\tau \sin \omega_j(t-\tau)d\tau \; ; \; j = 1,2,3 \quad \text{(j)}$$

Resolviendo la integral (véase el Ejemplo 7.2 del Capítulo 7 en el Tomo I) se obtiene:

$$\eta_j(t) = \phi_{3j}P_o \frac{\Omega/\omega_j \sin \omega_j t - \sin \Omega t}{\Omega^2 - \omega_j^2} \qquad ; \qquad j = 1,2,3 \quad \text{(k)}$$

Paso 6: Calcular los desplazamientos físicos $u_i(t)$ de la columna como combinación lineal de las coordenadas modales a través de los modos de vibración:

$$\left\{ \begin{array}{c} u_1(t) \\ u_2(t) \\ u_3(t) \end{array} \right\} = \left\{ \begin{array}{c} \phi_{11} \\ \phi_{21} \\ \phi_{31} \end{array} \right\} \eta_1(t) + \left\{ \begin{array}{c} \phi_{12} \\ \phi_{22} \\ \phi_{32} \end{array} \right\} \eta_1(t) + \left\{ \begin{array}{c} \phi_{13} \\ \phi_{23} \\ \phi_{33} \end{array} \right\} \eta_3(t) \quad \text{(l)}$$

Por ejemplo, para el nodo 3 en el extremo libre de la columna se puede escribir:

$$u_3(t) = u_{31} + u_{32} + u_{33} \quad \text{(m)}$$

donde u_{3j} es la contribución del modo "j" a la respuesta total de la masa o grado de libertad 3. De acuerdo a las Ecs. (k), (l) y (m),

$$
\begin{aligned}
u_{31} &= \phi_{31}\eta_1(t) = \frac{\phi_{31}\phi_{31}P_o}{\Omega^2 - \omega_1^2} \left(\Omega/\omega_1 \sin \omega_1 t - \sin \Omega t \right) \\
u_{32} &= \phi_{32}\eta_2(t) = \frac{\phi_{32}\phi_{32}P_o}{\Omega^2 - \omega_2^2} \left(\Omega/\omega_2 \sin \omega_2 t - \sin \Omega t \right) \qquad \text{(n)} \\
u_{33} &= \phi_{33}\eta_3(t) = \frac{\phi_{33}\phi_{33}P_o}{\Omega^2 - \omega_3^2} \left(\Omega/\omega_3 \sin \omega_3 t - \sin \Omega t \right)
\end{aligned}
$$

Vamos ahora a usar valores numéricos para graficar la respuesta. Supongamos que la columna es de acero con módulo $E = 29,000 \; ksi$, densidad $\rho = 7.3386$ x 10^{-7} $k.s^2/in^4$, área transversal $A = 25 \; in^2$ y longitud $L = 50 \; ft = 600 \; in$. La magnitud de la fuerza externa es $P_o = 10 \; kip$. Las frecuencias naturales de la Ec. (d) son:

$$\omega_1 = 514.50 \; rad/s \quad ; \quad \omega_2 = 1,405.65 \; rad/s \quad ; \quad \omega_3 = 1,920.15 \; rad/s \quad \text{(o)}$$

Los modos de vibración, agrupados en la matriz de autovectores, son (en unidades de kip, in y s):

$$[\Phi] = \left[\begin{array}{c|c|c} 6.7396 & 13.4791 & -6.7396 \\ 11.6733 & 0 & 11.6733 \\ 13.4791 & -13.4791 & -13.4791 \end{array} \right] \quad \text{(p)}$$

Supongamos que la frecuencia de la carga es:

$$\Omega = \frac{\omega_1 + \omega_2}{2} = 960.08 \ rad/s$$

Con los valores numéricos, las Ecs. (o) resultan:

$$u_{31} = 2.7653 \times 10^{-3}(1.8660 \sin 514.50t - \sin 960.08t) \ [in]$$
$$u_{32} = 1.7236 \times 10^{-3}(-0.6830 \sin 1405.65t + \sin 960.08t) \ [in]$$
$$u_{33} = 0.6570 \times 10^{-3}(-0.5 \sin 1920.15t + \sin 960.08t) \ [in]$$

Observando las tres expresiones anteriores es evidente que la contribución de los modos disminuye a medida que el número de modo aumenta($u_{31} > u_{32} > u_{33}$). Esto también puede comprobarse graficando las ecuaciones de u_{31}, u_{32} y u_{33} como se muestra en la Figura 14.6.

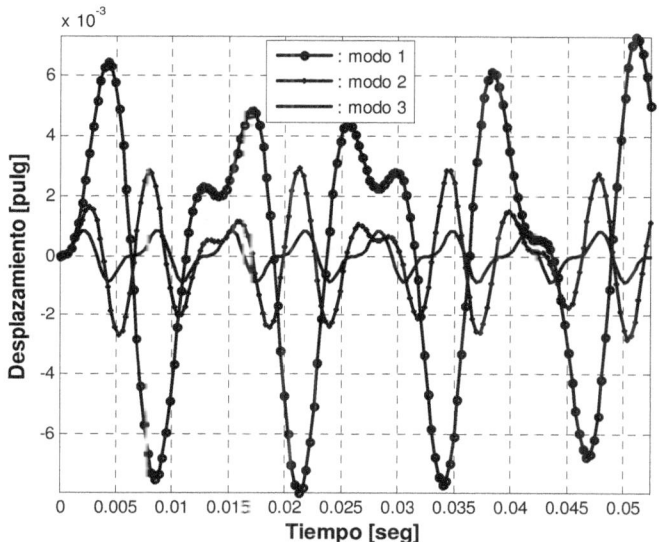

Figura 14.6 **Contribución de cada modo al desplazamiento del 3r nodo.**

La Figura 14.7 muestra el desplazamiento total $u_3(t)$ del nodo 3 obtenido como la suma de $u_{31} + u_{32} + u_{33}$. Obsérvese que la forma de la respuesta es muy similar a la del término u_{11} de la Figura 14.7.

Sin embargo, la situación es distinta si calculamos el desplazamiento $u_1(t)$ del nodo más cercano a la base. De la Ec. (l) se tiene:

$$u_1(t) = u_{11} + u_{12} + u_{13} \tag{q}$$

donde las expresiones para calcular las contribuciones u_{11}, u_{12} y u_{13} son las mismas que las de la Ec. (o) cambiando el primer elemento ϕ_{31}, ϕ_{32} y ϕ_{33} en cada ecuación por ϕ_{11}, ϕ_{12} y ϕ_{13}, respectivamente. Reemplazando los valores numéricos se llega a:

$$u_{11} = 1.38264 \times 10^{-3}(1.8660 \sin 514.50t - \sin 960.08t) \ [in]$$

$$u_{12} = 1.72362 \times 10^{-3}(0.6830 \sin 1405.65t - \sin 960.08t) \quad [in]$$
$$u_{13} = 0.32852 \times 10^{-3}(-0.5 \sin 1920.15t + \sin 960.08t) \quad [in]$$

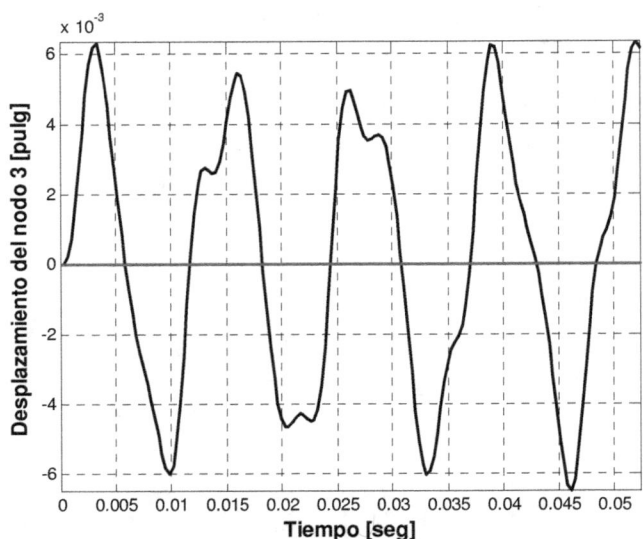

Figura 14.7 **Desplazamiento del nodo 3 de la columna.**

En este caso el segundo modo también contribuye significativamente a la respuesta. Esto puede comprobarse graficando los tres términos anteriores, u_{11}, u_{12} y u_{13}, como se presenta en la Figura 14.8.

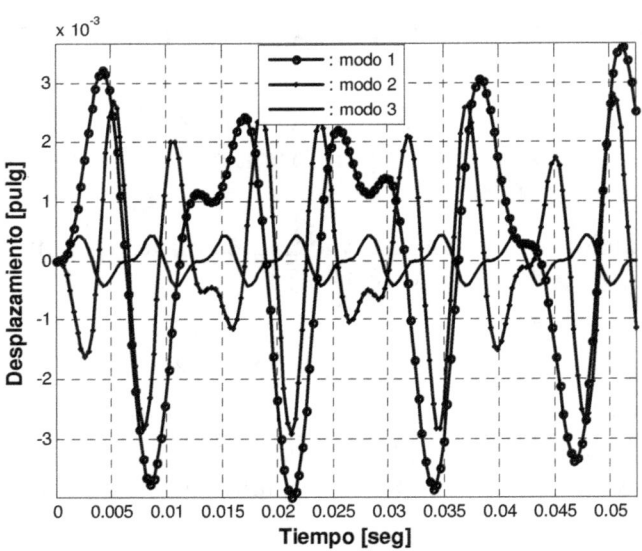

Figura 14.8 **Contribución de cada modo al desplazamiento del 1er nodo.**

14-24

El desplazamiento total del nodo 1 obtenido como:

$$u_1(t) = u_{11} + u_{12} + u_{13} \tag{r}$$

se grafica en la Figura 14.9. La variación de $u_1(t)$ es una combinación de estos tres términos en donde no hay un predominio evidente del primer modo.

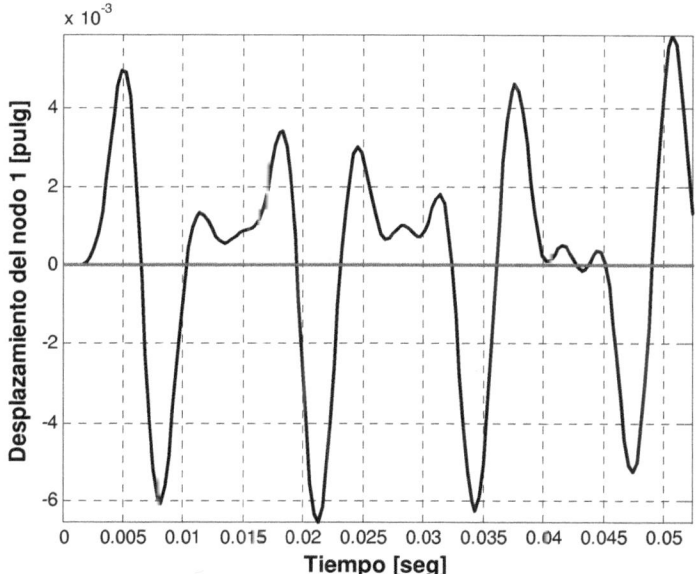

Figura 14.9 **Desplazamiento del nodo 1 de la columna.**

El hecho de que un modo superior pueda tener una contribución importante es necesario tenerlo en cuenta para calcular reacciones y fuerzas internas. Por ejemplo, los modos superiores son importantes para calcular la reacción en la base $R_1(t)$. El gráfico en la Figura 14.10 muestra la variación de la reacción $R_1(t)$ calculada multiplicando la rigidez del primer elemento por el desplazamiento del nodo (1):

$$R_1(t) = k\, u_1(t) = \frac{AE}{L/3} u_1(t) \tag{s}$$

En el cálculo de $u_1(t)$ y $R_1(t)$ se tuvo en cuenta la contribución de los tres modos. Debe mencionarse que el hecho de que los modos superiores tengan una contribución importante en las reacciones no es sólo una característica de este ejemplo, sino de muchas otras estructuras.

Nótese de la Figura 14.10 que el valor máximo de la reacción es aproximadamente 23.7 kip, o sea 2.4 veces mayor que el valor de la reacción estática, la que es igual a $F_o = 10$ kip.

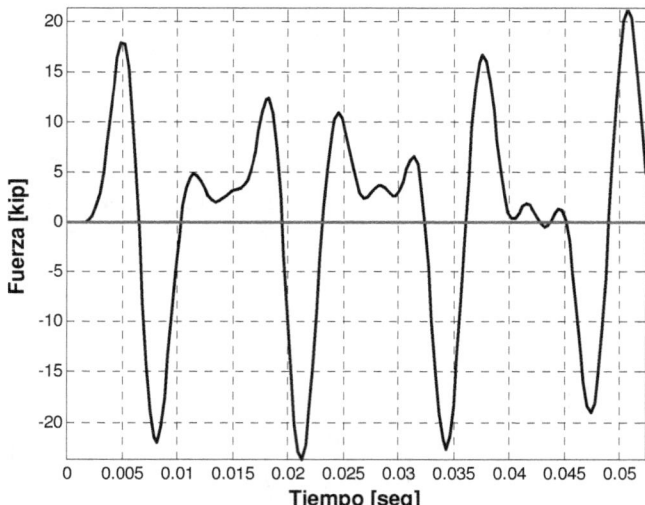

Figura 14.10 **Variación de la reacción de apoyo de la columna.**

Consideremos ahora el caso en que la frecuencia Ω de la fuerza armónica es igual a una de las frecuencias naturales, digamos a la primera $\omega_1 = 514.5\ rad/s$. En este caso la solución para $j = 1$ dada por la Ec. (i) de la integral de Duhamel no es válida y ésta debe resolverse nuevamente usando la condición $\Omega = \omega_1$. Se puede demostrar que al resolver la integral de Duhamel para este caso se llega a:

$$\eta_1(t) = \frac{\phi_{31}P_o}{\Omega}\int_0^t \sin\Omega\tau\sin\Omega(t-\tau)d\tau$$

$$\eta_1(t) = \frac{\phi_{31}P_o}{2\Omega^2}\left(\sin\Omega t - \Omega t\cos\Omega t\right) \tag{t}$$

Vamos a calcular el desplazamiento del nodo 3. Volvemos a usar la Ec. (k) con u_{32} y u_{33} dados por la Ec. (l), pero ahora la contribución del primer modo u_{31} se calcula como:

$$u_{31} = \phi_{31}\eta_1(t) = \frac{\phi_{31}\phi_{31}P_o}{2\Omega^2}\left(\sin\Omega t - \Omega t\cos\Omega t\right) \tag{u}$$

El gráfico en la Figura 14.11 muestra la variación de $u_3(t)$ en el tiempo, en donde se nota la condición de resonancia: a medida que transcurre el tiempo, el desplazamiento crece, en teoría sin límite. Por supuesto, sabemos que en la realidad la respuesta máxima está limitada por el amortiguamiento que aquí se ignoró. Además, una vez que los desplazamientos sobrepasan ciertos límites la estructura va a tener un comportamiento no lineal, lo que también tiene como resultado limitar la respuesta máxima. Nótese además que ahora la estructura está respondiendo básicamente en

14-26

la frecuencia de resonancia: el periodo del gráfico $u_3(t)$ es muy aproximadamente $T = 2\pi/\omega_1 = 0.012\ s$.

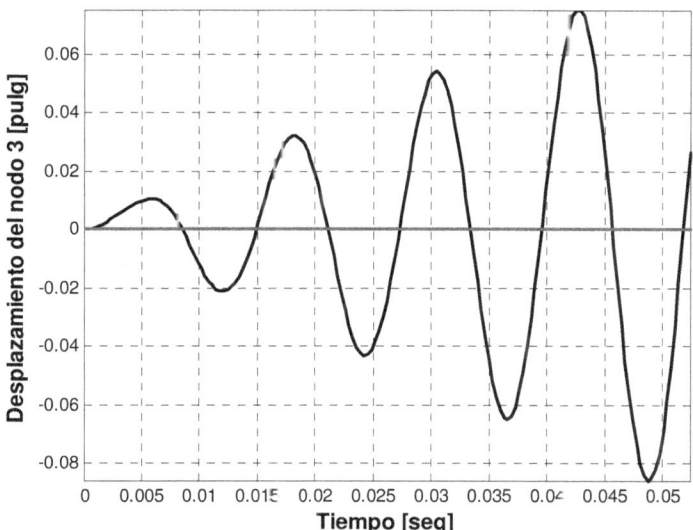

Figura 14.11 **Desplazamiento del nodo 3 en condiciones de resonancia.**

14.4 Cálculo aproximado de la respuesta máxima

Vimos que la respuesta de un sistema de múltiples grados de libertad se obtiene sumando respuestas modales. Por ejemplo, el desplazamiento del grado de libertad "i" de un sistema con "n" grados de libertad se calcula como:

$$u_i(t) = \sum_{j=1}^{n} u_{ij}(t) \tag{14 44}$$

donde $u_{ij}(t)$ es el j-ésimo desplazamiento modal del grado de libertad "i", o sea la contribución del modo "j" al desplazamiento total. El desplazamiento modal se calcula en términos de las coordenadas modales $\eta_j(t)$ del modo respectivo como:

$$u_{ij}(t) = \phi_{ij}\,\eta_j(t) \tag{14.45}$$

A su vez las coordenadas modales se obtienen resolviendo las ecuaciones de movimiento desacopladas:

$$m_j^* \,\ddot{\eta}_j(t) + k_j^* \,\eta_j(t) = N_j(t) \qquad ; \qquad j = 1, \ldots, n \tag{14.46}$$

mediante la integral de Duhamel calculada numérica o analíticamente. Si los modos están normalizados respecto a la matriz de masa, la masa modal m_j^* en la Ec. (14.46) es igual a 1 y el coeficiente de rigidez modal k_j^* es igual a la j-ésima frecuencia natural al cuadrado ω_j^2.

El término $N_j(t)$ es la fuerza modal que excita al modo "j" y vimos que se calcula como el producto del modo de vibración transpuesto por el vector de fuerzas:

$$N_j(t) = \left\{\phi_j\right\}^T \left\{F(t)\right\} \tag{14.47}$$

Vamos a restringir la excitación que actúa sobre la estructura a un caso en donde todas las fuerzas tienen igual variación en el tiempo pero distinta amplitud. Éste es un caso muy común en la práctica y de todos modos si hubiesen actuando sobre la estructura fuerzas con distinta variación en el tiempo, siempre es posible analizar los casos por separado y luego usar el principio de superposición. Con la condición impuesta el vector de fuerzas $\{F(t)\}$ puede escribirse como:

$$\{F(t)\} = \left\{ \begin{array}{c} F_1 \\ F_2 \\ \vdots \\ F_n \end{array} \right\} f(t) = \{F_o\}\, f(t) \tag{14.48}$$

El vector de constantes $\{F_o\}$ contiene los valores picos $F_1, \ldots, F_n$ de las fuerzas en cada grado de libertad. Por supuesto, éstos son cero en los grados de libertad en donde no hay fuerzas aplicadas. La función $f(t)$ describe la variación en el tiempo de las fuerzas y tiene un valor máximo unitario.

En este sección nos interesa analizar casos en los que las fuerzas aplicadas son de corta duración, o en otras palabras son del tipo impulsivo. De otra manera, el efecto del amortiguamiento comienza a ser importante y no debería despreciarse. La Figura 14.12 muestra la variación en el tiempo de una fuerza impulsiva típica.

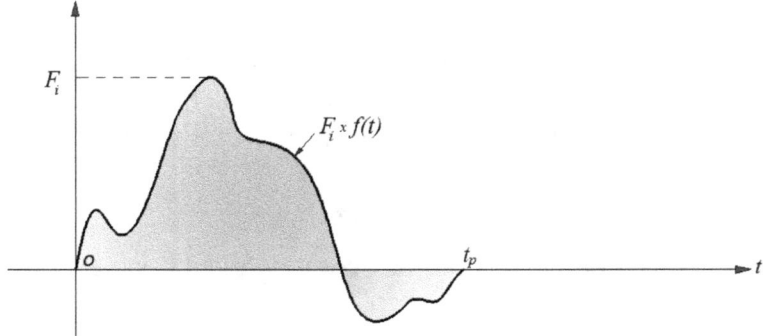

Figura 14.12 **Fuerza impulsiva típica con amplitud $\mathbf{F_i}$**

Reemplazando la Ec. (14.48) en la (14.47), las fuerzas modales resultan:

$$N_j(t) = \left\{\phi_j\right\}^T \left\{F_o\right\} f(t) = P_j\, f(t) \tag{14.49}$$

en donde el coeficiente P_j es la amplitud de la fuerza modal del modo "j":

$$P_j = \left\{\phi_j\right\}^T \left\{F_o\right\} \tag{14.50}$$

Las ecuaciones de movimiento desacopladas que deben resolverse tienen ahora la siguiente forma:

$$m_j^* \, \ddot{\eta}_j(t) + k_j^* \, \eta_j(t) = P_j\, f(t) \qquad ; \qquad j = 1, \ldots, n \tag{14.51}$$

Una vez que se conocen las funciones $\eta_j(t)$, las Ecs. (14.44) y (14.45) permiten obtener la respuesta física en el tiempo. Sin embargo, en la mayoría de los casos prácticos no nos interesa conocer la variación *en el tiempo* de la respuesta, por ejemplo la función $u_i(t)$, sino sólo el *valor máximo* $(u_i)_{\text{max}}$ en valor absoluto. Por supuesto, siempre podemos obtener las funciones $u_i(t)$ y buscar sus máximos examinando sus valores en cada instante. Sin embargo, vamos a estudiar un método que nos va a permitir evitar este largo proceso. Antes, y a modo de repaso porque vamos a usar luego los resultados para introducir los nuevos conceptos, vamos a estudiar un ejemplo.

14.4.1 Ejemplo 14.4:

Consideremos el pilote discretizado como un sistema de tres grados de libertad que consideramos anteriormente en el Ejemplo 14.3 y que se muestra en la Figura 14.13. Supongamos ahora que la fuerza aplicada en el extremo libre (el nodo 3) tiene una variación en el tiempo con la forma de un pulso triangular simétrico con duración total $t_p = 0.008\ s$ como se muestra en la Figura 14.13 a la derecha. El valor máximo de la fuerza es 40 *kip*.

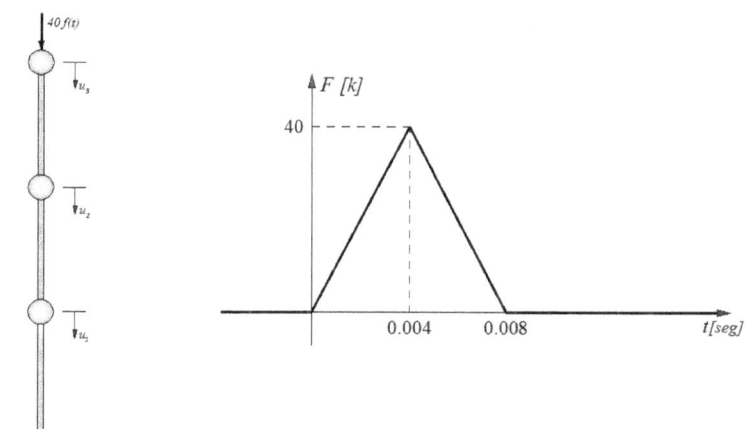

Figura 14.13 a) **Pilote de 3 grados de libertad ; b) Fuerza con variación triangular.**

Usando los datos del Ejemplo 14.3, las frecuencias naturales y la matriz de modos normalizados respecto a la matriz de masa son:

$$
\begin{aligned}
\omega_1 &= 514.50 \ rad/s \\
\omega_2 &= 1,405.65 \ rad/s \\
\omega_3 &= 1,920.15 \ rad/s
\end{aligned}
\tag{a}
$$

$$
[\Phi] = \begin{bmatrix} 6.7396 & 13.479 & -6.7396 \\ 11.673 & 0 & 11.673 \\ 13.479 & -13.479 & -13.479 \end{bmatrix} \sqrt{\frac{in}{k.s^2}}
\tag{b}
$$

El vector de fuerzas es:

$$
\{F(t)\} = \{F_o\} \ f(t) = \left\{ \begin{array}{c} 0 \\ 0 \\ 40 \end{array} \right\} f(t)
\tag{c}
$$

y los coeficientes P_j resultan

$$
P_j = \begin{bmatrix} \phi_{1j} & \phi_{2j} & \phi_{3j} \end{bmatrix} \left\{ \begin{array}{c} 0 \\ 0 \\ 40 \end{array} \right\} = \phi_{3j} \times 40
\tag{d}
$$

Reemplazando los elementos ϕ_{3j} de la matriz $[\Phi]$ se obtiene

$$
\begin{aligned}
P_1 &= 13.479 \times 40 = 539.16 \\
P_2 &= -13.479 \times 40 = -539.16 \\
P_3 &= -13.479 \times 40 = -539.16
\end{aligned}
\tag{e}
$$

Calculando las coordenadas modales $\eta_1(t)$, $\eta_2(t)$ y $\eta_3(t)$ mediante la solución numérica de la integral de Duhamel y usando las Ecs. (14.44) y (14.45), se obtiene el historial del desplazamiento $u_3(t)$ en el extremo libre del pilote presentado en la Figura 14.14.

Examinando la serie de tiempo de los valores de $u_3(t)$ que se usaron para preparar el gráfico en la Figura 14.14 se encuentra que el valor máximo en valor absoluto del desplazamiento es exactamente:

$$
(u_3)_{\max} = 0.03974 \ in
\tag{f}
$$

En la siguiente sección vamos a ver cómo obtener un valor aproximado para $(u_3)_{\max}$ sin tener que calcular $u_3(t)$ y buscar el máximo.

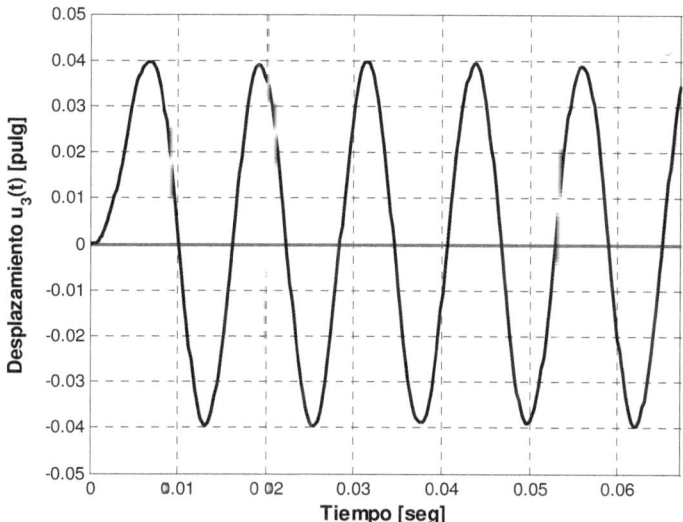

Figura 14.14 Variación en el tiempo del desplazamiento del nodo 3.

14.5 Las reglas de combinación modal

14.5.1 La regla SVA

Aún para este caso simple, calcular la respuesta en el tiempo es un proceso que puede ser largo y tedioso y que casi siempre debe hacerse usando un programa de computadoras. Queremos por lo tanto buscar un método alternativo que nos permita obtener la respuesta dinámica *máxima* de una estructura sin tener que efectuar un análisis en el tiempo. Existe tal método pero sólo sirve para estimar *en forma aproximada* la respuesta máxima. Este método es una extensión para sistemas de múltiples grados de libertad del concepto de *espectro de choque* que se estudió para osciladores de un grado de libertad. Ahora, sin embargo, hay una complicación que es la responsable de que no se pueda obtener la respuesta máxima exacta.

Supongamos que de alguna manera (aplicando conceptos que explicaremos más adelante) podemos obtener los valores máximos (en valor absoluto) de las coordenadas modales para todos los modos de interés, o sea conocemos $(\eta_j)_{\max}$. Estos se pueden usar para obtener los desplazamientos modales máximos $(u_{ij})_{\max}$ de acuerdo a la Ec. (14.45):

$$(u_{ij})_{\max} = |\phi_{ij}| \ (\eta_j)_{\max} \tag{14.52}$$

Nótese que hemos tomado el valor absoluto de ϕ_{ij} para ser consistentes dado que los $(\eta_j)_{\max}$ son cantidades siempre positivas. Ahora bien, si se conocen los valores máximos de los desplazamientos modales $(u_{ij})_{\max}$ $(j = 1, 2, \ldots, n)$: ¿cómo se puede obtener el desplazamiento físico máximo $(u_i)_{\max}$? Podríamos pensar en usar la Ec. (14.44), lo que implica sumar directamente los máximos desplazamientos modales:

$$(u_i)_{\max} \approx \sum_{j=1}^{n} (u_{ij})_{\max} = \sum_{j=1}^{n} |\phi_{ij}| \, (\eta_j)_{\max} \tag{14.53}$$

Sin embargo, esta expresión sólo provee, en el mejor de los casos, un valor aproximado del verdadero $(u_i)_{\max}$. Vamos a examinar por qué. Si la Ec. (14.53) es cierta, esto implica que:

1) todos los máximos de $(u_{ij})_{\max}$ y de $(\eta_j)_{\max}$ ocurren en el mismo instante de tiempo;

2) todos los valores máximos son positivos.

Estas dos condiciones por lo general no se cumplen, y por lo tanto la Ec. (14.53) sobrestima los verdaderos desplazamientos máximos.

La Ec. (14.53) es un ejemplo de lo que se conoce como una "*regla de combinación modal*": esta es una fórmula que indica cómo combinar los valores de las máximas respuestas *modales* para estimar la máxima respuesta *física*. La Ec. (14.53) es la más simple de todas las reglas y se conoce como la "*Suma de los Valores Absolutos*" (SVA). Vamos a investigar la calidad de la estimación obtenida con esta regla continuando con el ejemplo anterior.

14.5.2 Ejemplo 14.4 (Cont.):

Consideremos de nuevo el pilote sometido a una fuerza triangular. La variación en el tiempo de las tres coordenadas modales que se obtienen resolviendo las ecuaciones desacopladas (14.51) se muestra en las Figuras 14.15 a 14.17. En las figuras se señalan con círculos los valores máximos y los instantes de tiempo en que ocurren. Los valores precisos de los máximos y los tiempos en los que ocurren se resumen debajo de cada figura:

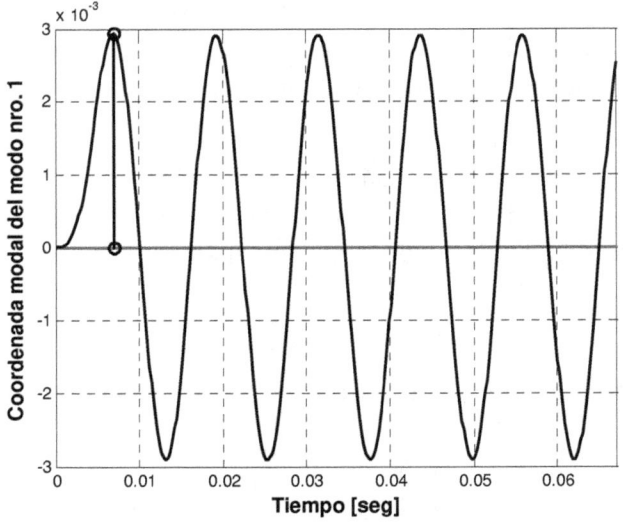

Figura 14.15 **Variación de la coordenada modal** $\eta_1(t)$.

Modo 1: $(\eta_1)_{\max} = 0.00293$ en $t = 0.007035\ s$

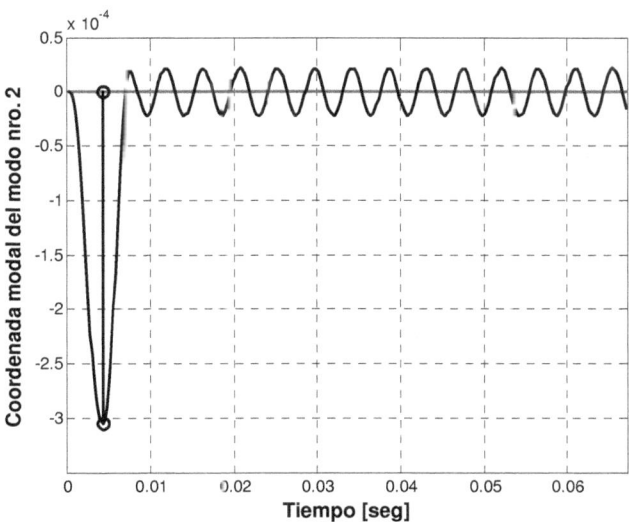

Figura 14.16 **Variación de la coordenada modal** $\eta_2(t)$.

Modo 2: $(\eta_2)_{\max} = 0.000305$ en $t = 0.004254\ s$

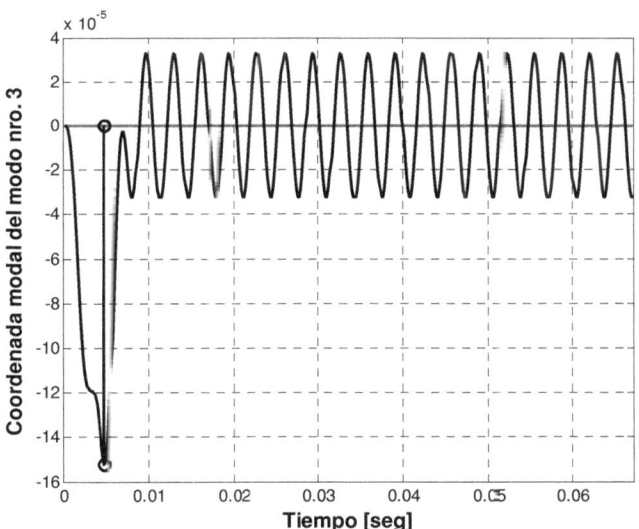

Figura 14.17 **Variación de la coordenada modal** $\eta_3(t)$.

Modo 3: $(\eta_3)_{\max} = 0.000152$ en $t = 0.00475\ s$

Implementemos la regla SVA, Ec. (14.53), con los valores máximos $\left(\eta_j\right)_{\max}$ dados por la Ec. (g) y los modos de vibración de la Ec. (b) para estimar el desplazamiento del nodo 3:

$$
\begin{aligned}
(u_3)_{\max} &\approx \sum_{j=1}^{3} |\phi_{3j}|\, \left(\eta_j\right)_{\max} \\
(u_3)_{\max} &\approx |13.479| \times 0.00293 + |-13.479| \times 0.000305 + |-13.479| \times 0.000152 \\
(u_3)_{\max} &\approx 0.04565 \; in \tag{h}
\end{aligned}
$$

Comparando este resultado con el valor exacto en la Ec. (f) se obtiene que el error al usar la combinación modal SVA es de aproximadamente 15%. Además, comprobamos que la regla SVA siempre *sobrestima* la respuesta máxima.

14.5.3 La regla SRSS o RCSC

Debido a que la regla *SVA* no parece dar resultados muy precisos, surge entonces la pregunta si es posible proponer otra regla con la cual se puedan obtener mejores estimaciones. Hay otra regla ampliamente usada en Dinámica Estructural, especialmente en aplicaciones de ingeniería sísmica. Con esta regla se intenta afinar la estimación que se obtiene sumando los valores absolutos. Esta regla de combinación modal se conoce como la "*Raíz Cuadrada de la Suma de los Cuadrados*" o *RCSC*. Para identificar la regla también se usa frecuentemente las siglas del nombre en inglés: *SRSS* (Square Root of the Sum of the Squares). Como su nombre lo indica, la regla consiste en elevar al cuadrado las respuestas modales, sumarlas y extraer la raíz cuadrada de la suma; matemáticamente:

$$
(u_i)_{\max} \simeq \sqrt{\sum_{j=1}^{n} (u_{ij})_{\max}^2} = \sqrt{\sum_{j=1}^{n} \left[\phi_{ij}\left(\eta_j\right)_{\max}\right]^2} \tag{14.54}
$$

En general, los resultados obtenidos con la regla *SRSS* son superiores a los provee la regla *SVA*, como comprobaremos en seguida. Sin embargo, tiene una desventaja, que dada la calidad de la estimación no es muy importante: no se puede saber a priori si la combinación modal sobrestima o subestima la respuesta máxima exacta. La regla *SRSS* surgió originalmente usando el "sentido común" y luego se comprobó que tiene fundamentos teóricos los que se basan en la teoría de las Vibraciones Aleatorias. Cuando se calcule la respuesta sísmica de estructuras en un próximo capítulo vamos a hacer uso extensivo de esta regla.

En algunos casos, por ejemplo si se sabe que uno de los modos de vibración tiene una contribución preponderante, se pueden combinar las dos reglas *SVA* y *SRSS* para mejorar la estimación. Por ejemplo, si se conoce que el modo 1 es el que más influye en la respuesta, se puede usar la siguiente combinación modal:

$$(u_i)_{max} \simeq (u_{i1})_{max} + \sqrt{\sum_{j=2}^{n} (u_{ij})_{max}^2} = |\phi_{i1}| \, (\eta_1)_{max} + \sqrt{\sum_{j=2}^{n} \left[\phi_{ij} \, (\eta_j)_{max} \right]^2} \quad (14.55)$$

14.5.4 Ejemplo 14.3 (Cont.):

Vamos a aplicar la regla *SRSS* al ejemplo del pilote de tres grados de libertad. Toda la información necesaria aparece en el ejemplo en que se consideró la regla *SVA*. Sólo hay que combinar los valores modales en forma diferente. De acuerdo a la Ec. (14.54), el desplazamiento máximo del nodo o masa 3 en el extremo superior es:

$$(u_3)_{max} \simeq \sqrt{\sum_{j=1}^{3} \left[\phi_{3j} \, (\eta_j)_{max} \right]^2}$$

$$(u_3)_{max} \simeq \sqrt{[13.479 \times 0.00293]^2 + [-13.479 \times 0.000305]^2 + [-13.479 \times 0.000152]^2}$$

$$(u_3)_{max} \simeq 0.03976 \; in \qquad\qquad\qquad\qquad\qquad (e)$$

Este valor es casi igual al exacto (0.03974 *in*). El error porcentual es del 0.05% y *en este caso* la regla *SRSS* sobrestimó levemente la respuesta máxima. Es necesario recordar que aún la llamada respuesta "exacta" es en realidad una aproximación, porque se obtuvo usando un modelo discreto aproximado de la estructura real despreciando el amortiguamiento. Además, si se consideran todas las incertidumbres en la definición de las cargas, propiedades de los materiales geometría de la estructura, etcétera, la regla *SRSS* da resultados que tienen una precisión muy aceptable.

14.5.5 Uso del espectro de choque

Ahora que sabemos cómo combinarlas, vamos a investigar cómo podemos obtener las máximas respuestas modales $(\eta_j)_{max}$. En los ejemplos anteriores usamos los valores máximos de las coordenadas modales obtenidos de los historiales en el tiempo. Obviamente, en un caso práctico no vamos a tener esta información (si la tuviésemos, podríamos usarla para obtener la respuesta física en el tiempo y hallar el máximo exacto). Dijimos que vamos a hacer uso del concepto de espectro de choque o de respuesta que estudiamos para sistemas de un grado de libertad. Para poder aplicar este método a estructuras de múltiples grados de libertad es esencial recordar el concepto original. Por consiguiente, a continuación se reseña la formulación para un oscilador con masa m y rigidez k sometido a una fuerza de corta duración que puede expresarse como $P_o f(t)$. Si se ignora el amortiguamiento la ecuación de movimiento del sistema dde un grado de libertad es:

$$m\ddot{u}(t) + ku(t) = P_o f(t) \tag{14.56}$$

El oscilador tiene una frecuencia natural $\omega_n = \sqrt{k/m}$ y un correspondiente periodo natural $T_n = 2\pi/\omega_n$.

Para no tener que resolver para cada caso la ecuación diferencial (14.56) para luego buscar la respuesta máxima, existen para muchos tipos de carga con formas sencillas, gráficos que se conocen como *espectros de choque* en donde se presenta el desplazamiento máximo $u_{\max}$ en función de una característica del oscilador, como por ejemplo su periodo natural T_n. Con el fin de aumentar la versatilidad de estos gráficos (para no tener que generar espectros para cada caso), conviene usar cantidades adimensionales. En el eje vertical se usa la razón R, definida como:

$$R = \frac{u_{\max}}{u_{est}} \tag{14.57}$$

donde u_{est} es el desplazamiento que se obtiene si la carga de magnitud P_o se aplica estáticamente. Este se calcula como:

$$u_{est} = \frac{P_o}{k} = \frac{P_o}{m\omega_n^2} \tag{14.58}$$

Para el eje horizontal se usa una razón de tiempo t_p/T_n donde t_p es la duración total de la carga. Como sólo nos interesa el máximo desplazamiento y la carga es de corta duración, se puede ignorar el amortiguamiento. Si se considerara el amortiguamiento, la respuesta máxima sería casi la misma, con la desventaja de que para una carga dada habría que disponer de una familia de gráficos para diversas razones de amortiguamiento ξ_1, ξ_2,...

La Figura 14.18 muestra un espectro de choque para una carga triangular simétrica de duración t_p.

Una vez que se conoce la razón t_p/T_n para un caso específico, del espectro de choque se obtiene R con el cual se calcula el desplazamiento máximo como:

$$u_{\max} = u_{est}\, R = \frac{P_o}{m\omega_n^2} R \tag{14.59}$$

Ahora aplicaremos estos conceptos a sistemas de múltiples grados de libertad. Sabemos que el análisis modal permite obtener la respuesta de estas estructuras como la suma de las respuestas de n osciladores desacoplados. Las ecuaciones de movimiento desacopladas son las Ecs. (14.51). Comparemos la Ec. (14.51) asociada al modo "j" con la del oscilador simple, la Ec. (14.56). De la comparación surge que existe la siguiente equivalencia entre los parámetros de ambos:

$$u(t) \equiv \eta_j(t) \tag{14.60.a}$$

$$\omega_n \equiv \omega_j \tag{14.60.b}$$

$$P_o \equiv P_j \tag{14.60.c}$$

$$m \equiv m_j^* \quad (m \equiv 1 \quad \text{para modos normalizados}) \tag{14.60.d}$$

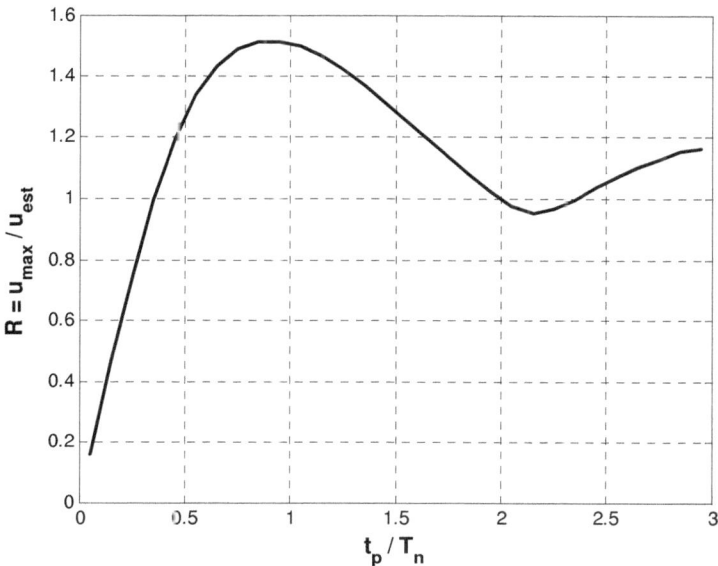

Figura 14.18 **Espectro de choque para una carga triangular simétrica.**

Por lo tanto, usando en la Ec. (14.59) las equivalencias en las Ecs. (14.60) obtenemos finalmente

$$\left(\eta_j\right)_{\max} = \frac{|P_j| \ R_j}{m_j^* \omega_j^2} \tag{14.61}$$

Debe notarse que como ahora hay n osciladores con distintos periodos naturales T_j, para cada uno de ellos hay una razón t_p/T_j y por consiguiente del espectro de choque se obtienen n valores distintos de R. Por esta razón se colocó un subíndice "j" a la razón R. Por otro lado, las amplitudes de las fuerzas modales P_j aparecen en valor absoluto porque el signo de estas debemos descartarlo dado que $\left(\eta_j\right)_{\max}$ es la coordenada modal máxima en valor absoluto.

Una vez que se conocen las máximas coordenadas modales $\left(\eta_j\right)_{\max}$, se puede estimar un desplazamiento físico máximo usando una de la reglas de combinación modal, preferiblemente la *SRSS*.

14.5.6 Ejemplo 14.4 (Cont.):

Vamos a emplear el espectro de choque anterior para la carga triangular para volver a calcular el desplazamiento máximo del nodo 3 del pilote. Vamos a usar el siguiente procedimiento paso a paso:

1) Calculamos los periodos naturales. De la solución del problema de autovalores se conocen las frecuencias naturales en rad/s, y por lo tanto,

$$T_1 = \frac{2\pi}{\omega_1} = 0.01221 \ s \ ; \ T_2 = \frac{2\pi}{\omega_2} = 0.00447 \ s \ ; \ T_3 = \frac{2\pi}{\omega_3} = 0.00327 \ s \qquad \text{(f)}$$

2) Calculamos las razones entre la duración de la carga y los periodos naturales:

$$\frac{t_p}{T_1} = \frac{0.008}{0.01221} = 0.655 \quad ; \quad \frac{t_p}{T_2} = \frac{0.008}{0.00447} = 1.79 \quad ; \quad \frac{t_p}{T_3} = \frac{0.008}{0.00327} = 2.45 \qquad \text{(g)}$$

3) Ingresamos al espectro de choque (véase la Figura 14.19) con cada una de la razones t_p/T_j calculadas en el paso anterior y obtenemos los coeficientes R_j:

$$
\begin{aligned}
\frac{t_p}{T_1} &= 0.655 \implies R_1 = 1.44 \\
\frac{t_p}{T_2} &= 1.79 \implies R_2 = 1.12 \\
\frac{t_p}{T_3} &= 2.45 \implies R_3 = 1.03
\end{aligned}
\qquad \text{(h)}
$$

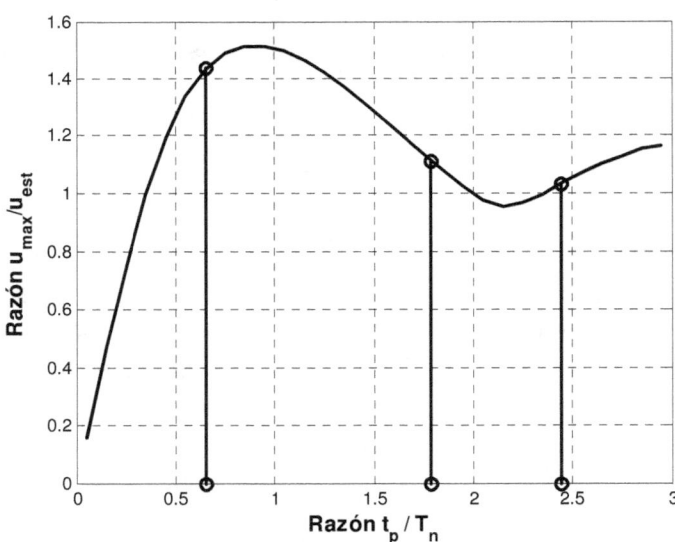

Figura 14.19 **Máxima respuesta para los osciladores de cada modo.**

4) Calculamos las amplitudes de las fuerzas modales P_j para cada modo con la Ec. (14.50) :

$$P_j = \begin{bmatrix} \phi_{1j} & \phi_{2j} & \phi_{3j} \end{bmatrix} \begin{Bmatrix} 0 \\ 0 \\ 40 \end{Bmatrix} = 40\,\phi_{3j} \quad ; \quad \begin{cases} P_1 = 40\phi_{31} = 539.16 \\ P_2 = 40\phi_{32} = -539.16 \\ P_3 = 40\phi_{33} = -539.16 \end{cases}$$

5) Calculamos los valores máximos de las coordenadas modales para cada modo con la Ec. (14.60). Las masas modales son unitarias porque los modos estaban normalizadcs respecto a la masa.

$$(\eta_1)_{\text{max}} = \frac{539.16 \times 1.44}{514.5^2} = 0.00293$$

$$(\eta_2)_{\text{max}} = \frac{539.16 \times 1.12}{1405.6^2} = 0.0C0306$$

$$(\eta_3)_{\text{max}} = \frac{539.16 \times 1.03}{1920.2^2} = 0.0C0151$$

6) Calculamos los máximos desplazamientos modales con la Ec. (14.52) y los sumamos usando la regla *SRSS*:

$$(u_3)_{\text{max}} \simeq \sqrt{\sum_{j=1}^{3} (u_{3j})_{\text{max}}^2} = \sqrt{\sum_{j=1}^{3} \left[\phi_{3j}\,(\eta_j)_{\text{max}} \right]^2} \tag{i}$$

$$(u_3)_{\text{max}} \simeq \sqrt{[13.479 \times 0.00293]^2 + [-13.479 \times 0.0003C6]^2 + [-13.479 \times 0.000151]^2}$$
$$(u_3)_{\text{max}} \simeq 0.03976\ in \tag{j}$$

Obviamente, hemos obtenido el mismo resultado que antes, pero ahora sin haber tenido que hacer un análisis en el tiempo.

14.6 Problemas sugeridos

Problema # 14.1:

Un edificio de dos pisos experimenta una presión dinámica generada por una explosión. Por simplicidad, se va a suponer que la fuerza que produce esta presión es la misma en ambos pisos y tiene la forma $F(t) = F_o e^{-\beta t}$ como se muestra en la figura del Problema 14.1 a la derecha. La estructura se va a modelar como un edificio de corte. Las rigideces laterales y las masas concentradas en los pisos son:

$$k_1 = k \quad ; \quad k_2 = \frac{3}{2}k \quad ; \quad m_1 = m \quad ; \quad m_2 = \frac{7}{8}m$$

con lo cual las ecuaciones de movimiento son:

$$m \begin{bmatrix} 1 & 0 \\ 0 & \frac{7}{8} \end{bmatrix} \left\{ \begin{array}{c} \ddot{u}_1 \\ \ddot{u}_2 \end{array} \right\} + \frac{k}{2} \begin{bmatrix} 5 & -3 \\ -3 & 3 \end{bmatrix} \left\{ \begin{array}{c} u_1 \\ u_2 \end{array} \right\} = \left\{ \begin{array}{c} F_o \\ F_o \end{array} \right\} e^{-\beta t}$$

Se puede demostrar que las frecuencias naturales en rad/seg son:

$$\omega_1 = 0.675391 \sqrt{\frac{k}{m}} \quad ; \quad \omega_2 = 1.93859 \sqrt{\frac{k}{m}}$$

y los modos de vibración normalizados respecto a la matriz de masa (usando como unidades kip y $pulgadas$) son:

$$\{\phi_1\} = \frac{1}{\sqrt{m}} \left\{ \begin{array}{c} 0.617271 \\ 0.841072 \end{array} \right\} \quad ; \quad \{\phi_2\} = \frac{1}{\sqrt{m}} \left\{ \begin{array}{c} -1.00276 \\ 0.841072 \end{array} \right\}$$

Calcule el desplazamiento del piso superior como función del tiempo usando los siguientes datos:

$$k = 160 \, \frac{kip}{in} \quad ; \quad m = 0.24 \, \frac{k.s^2}{in} \quad ; \quad F_o = 20 \, kip \quad ; \quad \beta = 6 \, \frac{1}{seg}$$

Grafique el desplazamiento hasta $t = 5T_1$ y obtenga el valor máximo en valor absoluto.

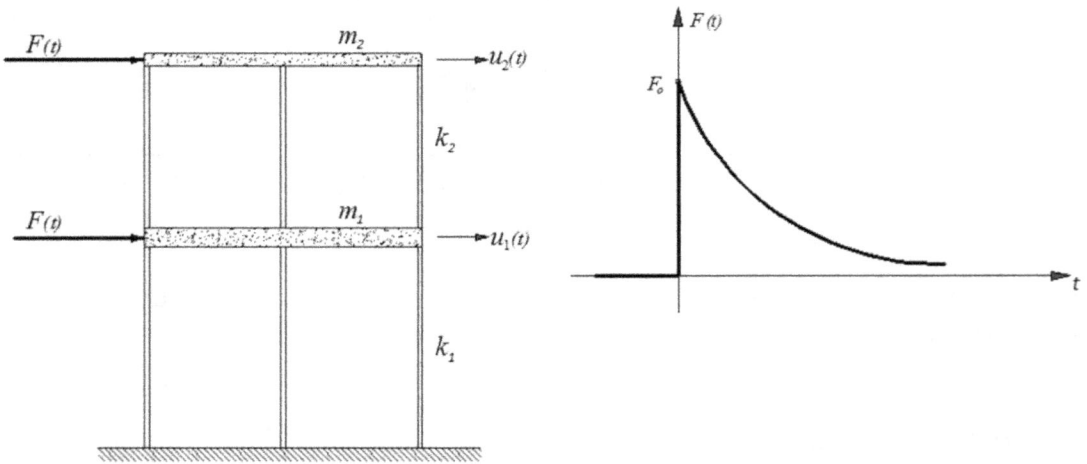

Figura del Problema 14.1

Problema # 14.2:

Sobre toda la luz de la viga doblemente empotrada que se muestra en la figura del Problema 14.2 se aplica una fuerza dinámica tipo escalón. Si se divide la viga en tres tramos y se condensan los giros, se obtiene un sistema de dos grados de libertad con las siguientes matrices de rigidez y masa:

$$[K] = \frac{EI}{5L^3} \begin{bmatrix} 2592 & -1782 \\ -1782 & 2592 \end{bmatrix} \quad ; \quad [M] = \frac{\rho A L}{3} \begin{bmatrix} 1 & 0 \\ 0 & 1 \end{bmatrix}$$

Resolviendo el problema de autovalores se puede demostrar que las frecuencias naturales son:

$$\omega_1 = \sqrt{486}\sqrt{\frac{EI}{\rho A L^4}} \quad ; \quad \omega_2 = \sqrt{\frac{1322}{5}}\sqrt{\frac{EI}{\rho A L^4}}$$

Y los autovectores o modos de vibración normalizados respecto a $[M]$ son:

$$\{\phi_1\} = \sqrt{\frac{3}{2\rho A L}} \left\{ \begin{array}{c} 1 \\ 1 \end{array} \right\} \quad ; \quad \{\phi_2\} = \sqrt{\frac{3}{2\rho A L}} \left\{ \begin{array}{c} -1 \\ 1 \end{array} \right\}$$

Calcule el desplazamiento $u_i(t)$ de una cualquiera de las dos masas si la viga es de acero y de sección circular con diámetro d. Use los siguientes datos numéricos:

$$E = 4,176,000 \; ksf \quad ; \quad \gamma = 0.49 \; \frac{k}{ft^3} \quad ; \quad L = 12 \; ft \quad ; \quad d = 0.25 \; ft \quad ; \quad F_o = 2 \; k$$

Examinando la expresión de $u_i(t)$ obtenga el valor máximo u_{max} en valor absoluto. Usando la matriz de rigidez dada, demuestre que las fuerzas estáticas equivalentes son:

$$P_1 = P_2 = 162\frac{EI}{L^3}u_{max}$$

Con estas fuerzas calcule el máximo momento flector en la viga (usando una tabla de momentos, por ejemplo).

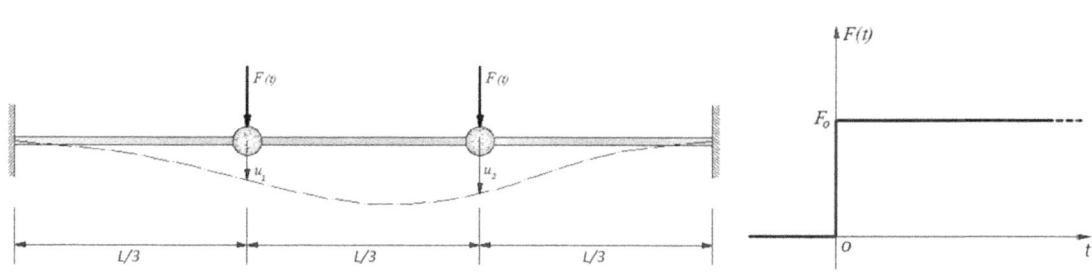

Figura del Problema 14.2

Problema # 14.3:

Una viga sobre fundación elástica con rigidez flexional EI, masa por unidad de longitud ρA y largo L está sometida a una fuerza armónica $F(t) = F_o \sin \Omega t$ aplicada en la mitad de su luz como se muestra en la figura del Problema 14.3. El efecto del suelo se va a tener en cuenta mediante tres resortes con igual rigidez (por simplicidad) k_s. Una vez que se han condensado las rotaciones de las juntas, las ecuaciones de movimiento son:

$$m \begin{bmatrix} \frac{1}{2} & 0 & 0 \\ 0 & 1 & 0 \\ 0 & 0 & \frac{1}{2} \end{bmatrix} \left\{ \begin{array}{c} \ddot{u}_1 \\ \ddot{u}_2 \\ \ddot{u}_3 \end{array} \right\} + k_f \begin{bmatrix} \frac{3}{2}+\alpha & -3 & \frac{3}{2} \\ -3 & 6+\alpha & -3 \\ \frac{3}{2} & -3 & \frac{3}{2}+\alpha \end{bmatrix} \left\{ \begin{array}{c} u_1 \\ u_2 \\ u_3 \end{array} \right\} = \left\{ \begin{array}{c} 0 \\ F_o \sin \Omega t \\ 0 \end{array} \right\}$$

donde:

$$m = \rho A \ell \quad ; \quad \ell = \frac{L}{2} \quad ; \quad k_f = \frac{EI}{\ell^3} \quad ; \quad \alpha = \frac{k_s}{k_f}$$

Se puede demostrar que las frecuencias naturales en rad/seg de este sistema son:

$$\omega_1 = \sqrt{96 + 24\alpha - 8\sqrt{144 + \alpha^2}} \, \sqrt{\frac{EI}{\rho A L^4}}$$

$$\omega_2 = \sqrt{32} \, \sqrt{\frac{EI}{\rho A L^4}}$$

$$\omega_3 = \sqrt{96 + 24\alpha + 8\sqrt{144 + \alpha^2}} \, \sqrt{\frac{EI}{\rho A L^4}}$$

Y los modos de vibración *sin* normalizar son:

$$\{\phi_1\} = \left\{ \begin{array}{c} 1 \\ \delta_1 \\ 1 \end{array} \right\} \quad ; \quad \{\phi_2\} = \left\{ \begin{array}{c} -1 \\ 0 \\ 1 \end{array} \right\} \quad ; \quad \{\phi_3\} = \left\{ \begin{array}{c} 1 \\ -\delta_2 \\ 1 \end{array} \right\}$$

donde las constantes auxiliares δ_1 y δ_2 son:

$$\delta_1 = \frac{-12 + \alpha + \sqrt{144 + \alpha^2}}{12 + \alpha - \sqrt{144 + \alpha^2}} \quad ; \quad \delta_2 = \frac{12 - \alpha + \sqrt{144 + \alpha^2}}{12 + \alpha + \sqrt{144 + \alpha^2}}$$

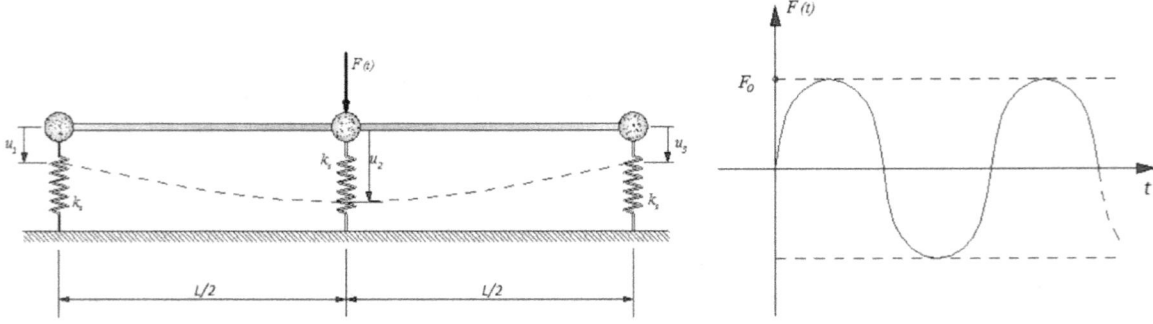

Figura del Problema 14.3

Suponga que la viga es de hormigón con sección cuadrada de 25 x 25 cm. Considere el caso en que $\alpha = 10$ y use los siguientes datos:

$$E = 26 \; GPa \quad ; \quad \rho = 2400 \; \frac{kg}{m^3} \quad ; \quad L = 10 \; m \quad ; \quad F_o = 1,600 \; N \quad ; \quad \Omega = 0.8 \, \omega_1$$

Normalice los modos y calcule el desplazamiento del punto donde está aplicada la fuerza. Grafique este desplazamiento hasta un tiempo $8 T_1$.

Capítulo 15

Respuesta de sistemas amortiguados de múltiples grados de libertad

CAPÍTULO 15: Respuesta de sistemas amortiguados de múltiples grados de libertad

15.1 Introducción

El cálculo de la respuesta de sistemas estructurales con amortiguamiento, donde se tiene en cuenta la capacidad de disipación de energía de la estructura, lo vamos a hacer siguiendo el mismo método que llamamos *Análisis Modal* o *Superposición Modal* y que usamos en el capítulo anterior. Tal como lo hicimos con los sistemas no amortiguados, el procedimiento para calcular la respuesta de un sistema de múltiples grados de libertad sometido a una o varias cargas arbitrarias $F_i(t)$ se basa en desacoplar las ecuaciones de movimiento. No obstante, la presencia de amortiguamiento trae complicaciones como veremos en la próxima sección.

Antes de proceder a aplicar el método debemos modelar el amortiguamiento de la estructura. Como lo hicimos con los sistemas de un grado de libertad, vamos a suponer que el sistema tiene amortiguamiento viscoso lineal: esto implica que sobre cada grado de libertad dinámico de la estructura hay actuando fuerzas $F_{d_i}(t)$ debido al amortiguamiento que son proporcionales a las velocidades $\dot{u}_i(t)$:

$$F_{d_i}(t) = c_i \cdot \dot{u}_i(t) \tag{15.1}$$

La Ec. (15.1) implicaría que en cada grado de libertad hay un amortiguador viscoso lineal con coeficiente c_i en el cual uno de los extremos está fijo. Por supuesto, si bien en algunas situaciones pueden existir realmente amortiguadores en la estructura, esto por lo general no ocurre así. Al igual que para los sistemas de un grado de libertad, este modelo de amortiguamiento viscoso se usa sólo porque es la manera más simple de tener en cuenta la disipación de energía en las estructuras.

Las fuerzas debido al amortiguamiento se pueden agrupar en un vector $\{F_d(t)\}$, el que se relaciona con las velocidades a través de una matriz $[C]$ a la que llamaremos *matriz de amortiguamiento* ("damping matrix" en inglés):

$$\{F_d(t)\} = [C]\{\dot{u}(t)\} \tag{15.2}$$

Si consideramos un modelo de un edificio de corte de tres pisos como el de la Figura 15.1, la Ec. (15.2) en forma explícita sería:

$$\left\{ \begin{array}{c} F_{d_1}(t) \\ F_{d_2}(t) \\ F_{d_3}(t) \end{array} \right\} = \left[\begin{array}{ccc} c_1 + c_2 & -c_2 & 0 \\ -c_2 & c_2 + c_3 & -c_3 \\ 0 & -c_3 & c_3 \end{array} \right] \left\{ \begin{array}{c} \dot{u}_1(t) \\ \dot{u}_2(t) \\ \dot{u}_3(t) \end{array} \right\}$$

En algunos casos especiales se usan amortiguadores ubicados en barras diagonales de los pórticos de un edificio para aumentar la disipación de energía y disminuir así las vibraciones inducidas por el viento o por un sismo. Este tipo de dispositivos de protección es muy efectivo pero no lo vamos a considerar en este texto introductorio. Por lo tanto, los amortiguadores que se muestran en la Figura 15.1 sólo tienen por objetivo indicar que la estructura tiene amortiguamiento, y por ende existe disipación de energía.

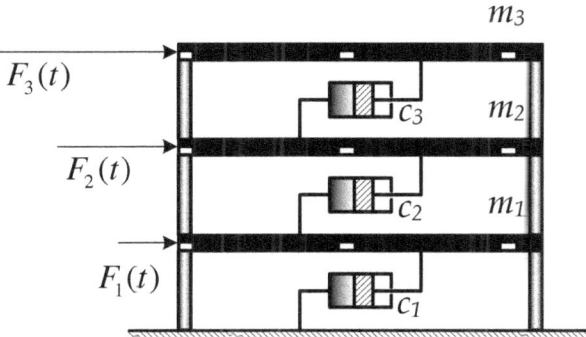

Figura 15.1 **Edificio de corte con amortiguadores viscosos.**

15.2 Transformación a coordenadas modales

Si las fuerzas asociadas a la disipación de energía se pueden expresar de la forma de la Ec. (15.2), las ecuaciones de movimiento de una estructura con amortiguamiento resultan entonces:

$$[M]\{\ddot{u}(t)\} + [C]\{\dot{u}(t)\} + [K]\{u(t)\} = \{F(t)\} \tag{15.3}$$

La clave para resolver el sistema de ecuaciones diferenciales simultáneas (15.3) es *desacoplarlo*, convirtiéndolo en un sistema de varias ecuaciones diferenciales individuales independientes unas de las otras. Para esto haremos uso de las propiedades de ortogonalidad de los autovectores $\{\phi_j\}$. El primer paso es entonces resolver el problema de autovalores correspondiente. Para una estructura con n grados de libertad éste es:

$$[K]\{\phi_j\} = \lambda_j[M]\{\phi_j\} \qquad ; \qquad j = 1,\ldots,n \tag{15.4}$$

Continuamos cambiando las coordenadas físicas en el vector $\{u(t)\}$ por unas coordenadas generalizadas modales $\{\eta(t)\}$ introduciendo para esto una transformación usando la matriz de autovectores $[\Phi]$:

$$\{u(t)\} = [\Phi]\{\eta(t)\} \tag{15.5}$$

Reemplazamos $\{u(t)\}$ y su primera y segunda derivada en la Ec. (15.3):

$$[M][\Phi]\{\ddot{\eta}(t)\} + [C][\Phi]\{\dot{\eta}(t)\} + [K][\Phi]\{\eta(t)\} = \{F(t)\}$$

Multiplicamos ambos lados de esta ecuación por la transpuesta de la matriz $[\Phi]$ desde la izquierda. Se obtiene así:

$$[\Phi]^T [M] [\Phi] \{\ddot{\eta}(t)\} + [\Phi]^T [C] [\Phi] \{\dot{\eta}(t)\} + [\Phi]^T [K] [\Phi] \{\eta(t)\} = [\Phi]^T \{F(t)\} \quad (15.6)$$

A continuación vamos a usar las propiedades de ortogonalidad de los autovectores respecto a la matriz de masa y de rigidez:

$$[\Phi]^T [M] [\Phi] = \left[\diagdown m_i^* \diagdown \right] \quad ; \quad [\Phi]^T [K] [\Phi] = \left[\diagdown k_i^* \diagdown \right] \quad (15.7)$$

donde como sabemos m_i^* y k_i^* son, respectivamente las masas modales y las rigideces modales. Si los modos están normalizados respecto a la matriz de masa, las Ecs. (15.7) se convierten en:

$$[\Phi]^T [M] [\Phi] = \left[\diagdown 1 \diagdown \right] \quad ; \quad [\Phi]^T [K] [\Phi] = \left[\diagdown \omega_i^2 \diagdown \right] \quad (15.8)$$

Reemplazando los triple productos de la Ec. (15.7) en la Ec. (15.6) se obtiene:

$$\left[\diagdown m_i^* \diagdown \right] \{\ddot{\eta}(t)\} + \left[\tilde{C} \right] \{\dot{\eta}(t)\} + \left[\diagdown k_i^* \diagdown \right] \{\eta(t)\} = \{N(t)\} \quad (15.9)$$

donde $\{N(t)\}$ es el vector de fuerzas modales:

$$\{N(t)\} = [\Phi]^T \{F(t)\} \quad (15.10)$$

La matriz $\left[\tilde{C} \right]$ en la Ec. (15.9) es:

$$\left[\tilde{C} \right] = [\Phi]^T [C] [\Phi] \quad (15.11)$$

15.3 Acoplamiento debido al amortiguamiento

Como los autovectores $\{\phi_j\}$ son sólo ortogonales respecto a las matrices $[M]$ y $[K]$, la matriz $[\tilde{C}\,]$ **no** es, en general, diagonal, o sea tiene la siguiente forma:

$$\left[\tilde{C} \right] = [\Phi]^T [C] [\Phi] = \begin{bmatrix} \tilde{c}_{11} & \tilde{c}_{12} & \cdots & \tilde{c}_{1n} \\ \tilde{c}_{21} & \tilde{c}_{22} & \cdots & \tilde{c}_{2n} \\ \vdots & \vdots & \ddots & \vdots \\ \tilde{c}_{n1} & \tilde{c}_{n2} & \cdots & \tilde{c}_{nn} \end{bmatrix} \quad (15.12)$$

Por lo tanto, tenemos un problema: el sistema de ecuaciones (15.9) **no** está desacoplado, sino que está acoplado a través de la matriz de amortiguamiento transformada $\left[\tilde{C} \right]$. Podríamos proponer alguna simplificación, por ejemplo, despreciar los términos $\tilde{c}_{ij}$ fuera de la diagonal en la Ec. (15.12) y con esto resolveríamos de una manera aproximada el problema.

En realidad, si se conoce la matriz de amortiguamiento $[C]$ es posible desacoplar las ecuaciones de movimiento (15.3) usando un método que es una extensión del Análisis Modal que estamos estudiando. Para desacoplar rigurosamente las ecuaciones de movimiento con amortiguamiento, es necesario transformar las ecuaciones diferenciales de segundo orden en ecuaciones de primer orden. Los autovalores y autovectores de este nuevo sistema son complejos porque las nuevas matrices no son simétricas. Este tema, por ser más complicado y especializado, no será cubierto en este libro de texto introductorio. Sin embargo, se debe tener presente que el problema principal no es la complejidad del método alternativo, sino el hecho de que *por lo general no se conoce la matriz de amortiguamiento* $[C]$.

Entonces, el problema continúa porque por lo general (salvo que realmente haya amortiguadores en la estructura), no se conoce la matriz $[C]$. Aún cuando no conozcamos la matriz de amortiguamiento, debemos de alguna manera, introducir amortiguamiento al sistema para modelar su comportamiento dinámico en forma realista. Una alternativa es *suponer* que, conociendo o no la matriz $[C]$, el triple producto en la Ec. (15.12) resulta ser una matriz diagonal. Vale decir,

$$[\Phi]^T [C] [\Phi] = \left[\searrow c_i^* \searrow \right] \tag{15.13}$$

Cuando se usa la simplificación en la Ec. (15.13), o sea cuando se supone que los modos o autovectores diagonalizan a la matriz de amortiguamiento $[C]$, se dice que el sistema tiene "*amortiguamiento clásico*". Para describir esta suposición también se dice a veces que el sistema tiene "*amortiguamiento proporcional*" pero rigurosamente el uso del término "proporcional" no es correcto. El amortiguamiento proporcional es, en realidad, un caso especial del amortiguamiento clásico donde se supone que la matriz $[C]$ es una combinación lineal de $[K]$ y $[M]$.

Usando la *suposición* de que la matriz de autovectores $[\Phi]$ diagonaliza a $[C]$, la Ec. (15.9) resulta:

$$\left[\searrow m_i^* \searrow \right] \{ \ddot{\eta}(t) \} + \left[\searrow c_i^* \searrow \right] \{ \dot{\eta}(t) \} + \left[\searrow k_i^* \searrow \right] \{ \eta(t) \} = \{ N(t) \} \tag{15.14}$$

La Ec. (15.14) representa un sistema de n ecuaciones diferenciales de segundo orden *desacoplado* (vale decir, independientes) con la forma general:

$$m_j^* \ddot{\eta}_j(t) + c_j^* \dot{\eta}_j(t) + k_j^* \eta_j(t) = N_j(t) \qquad ; \qquad j = 1, \ldots, n \tag{15.15}$$

Hasta ahora no hemos mencionado nada sobre cómo definir los coeficientes c_j^*. Como nuestro propósito es introducir de alguna manera amortiguamiento al sistema, podemos *por conveniencia* escoger los coeficientes c_j^* tal que:

$$c_j^* = 2 \xi_j \omega_j m_j^* \qquad ; \qquad j = 1, \ldots, n \tag{15.16}$$

donde cada uno de los coeficientes ξ_j se conoce como "*razón de amortiguamiento modal*".

Si se conociera explícitamente la matriz $[C]$, entonces los coeficientes c_j^* se podrían definir aproximadamente como los valores de la diagonal del triple producto en la Ec. (15.12) y los coeficientes ξ_j se obtendrían como:

$$\xi_j = \frac{c_j^*}{2\,\omega_j m_j^*} \tag{15.17}$$

Si, como en la mayoría de los casos, **no** se conoce $[C]$ y por consiguiente tampoco c_j^*, entonces debemos adoptar valores "razonables" de ξ_j a base de la experiencia, a la información disponible sobre el sistema estructural, etc. Por lo general, en la práctica se suele adoptar un valor constante para todos las razones de amortiguamiento modal ξ_j, por ejemplo $\xi_j = 0.05$ para estructuras sometidas a un terremoto fuerte.

15.4 Solución de las ecuaciones desacopladas

La razón por la cual se expresan los coeficientes (desconocidos) en la forma de la Ec. (15.16) es que de esta manera las ecuaciones de movimiento desacopladas tienen la misma forma que la de los osciladores simples amortiguados que estudiamos en los primeros capítulos. En efecto, si reemplazamos la Ec. (15.16) en la Ec. (15.15) y dividimos por m_j^* se obtiene:

$$\ddot{\eta}_j(t) + 2\,\xi_j\,\omega_j\,\dot{\eta}(t) + \omega_j^2 \eta_j(t) = \frac{1}{m_j^*} N_j(t) \qquad ; \qquad j = 1, \ldots, n \tag{15.18}$$

O sea que las ecuaciones desacopladas tienen la misma forma que la de un oscilador amortiguado con masa m_j^*, frecuencia natural ω_j y razón de amortiguamiento ξ_j sometido a una fuerza $N_j(t)$. Por lo tanto, la solución de estas ecuaciones desacopladas (15.18) se puede obtener en forma analítica usando la integral de Duhamel:

$$\eta_j(t) = \frac{1}{\omega_{dj}} \int_o^t N_j(\tau)\, e^{-\xi_j\,\omega_j(t-\tau)} \sin\omega_{dj}(t-\tau) d\tau \qquad ; \qquad j = 1, \ldots, n \tag{15.19}$$

donde se ha definido una frecuencia natural amortiguada ω_{dj} del modo "j" como:

$$\omega_{dj} = \omega_j \sqrt{1 - \xi_j^2} \tag{15.20}$$

La Ec. (15.19) supone que no hay desplazamientos o velocidades iniciales: de otra manera debemos sumar el desplazamiento modal debido a las condiciones iniciales.

En prácticamente todos los casos es necesario calcular la solución $\eta_j(t)$ en forma numérica en vez de usar la Ec. (15.19) directamente. Usando por ejemplo la ecuación recursiva basada en la solución de la integral de Duhamel por tramos, los desplazamientos modales en un tiempo t_{k+1} se obtienen con:

$$\left\{ \begin{array}{c} \eta_j\left(t_{k+1}\right) \\ \dot{\eta}_j\left(t_{k+1}\right) \end{array} \right\} = \left[\begin{array}{cc} a_{11} & a_{12} \\ a_{21} & a_{22} \end{array} \right] \left\{ \begin{array}{c} \eta_j\left(t_k\right) \\ \dot{\eta}_j\left(t_k\right) \end{array} \right\} + \left[\begin{array}{cc} b_{11} & b_{12} \\ b_{21} & b_{22} \end{array} \right] \left\{ \begin{array}{c} N_j\left(t_k\right) \\ N_j\left(t_{k+1}\right) \end{array} \right\} \; ; \; k = 1, 2, \ldots, nt$$

(15.21)

Los coeficientes a_{11}, a_{12},..., b_{22} se definieron en el Capítulo 8 del Tomo I en términos de la frecuencia natural, la razón de amortiguamiento y la masa del oscilador, y el intervalo de tiempo con el cual se discretizó la excitación.

Una vez que se conocen los desplazamientos modales para los tiempos discretos $\eta_j\left(t_{k+1}\right)$ o en forma analítica $\eta_j\left(t\right)$, los desplazamientos físicos se recuperan aplicando nuevamente la transformación de coordenadas (15.5). Por ejemplo, el vector de desplazamientos en el tiempo t_{k+1} es:

$$\left\{ u\left(t_{k+1}\right) \right\} = \left[\Phi \right] \left\{ \eta\left(t_{k+1}\right) \right\} = \sum_{j=1}^{n} \left\{ \phi_j \right\} \eta_j\left(t_{k+1}\right)$$

(15.22)

Nuevamente aquí no es necesario sumar todas las contribuciones de las n respuestas modales en la Ec. (15.22). En general, basta con usar un número reducido $p \ll n$ de modos porque, como ya se mencionó, la contribución de los modos superiores y la exactitud conque estos fueron calculados disminuye a medida que aumenta el número del modo.

15.5 Ejemplos de respuesta de sistemas de múltiples grados de libertad amortiguados

Vamos a presentar primero un ejemplo del cálculo de la respuesta de una estructura amortiguada sometida a fuerzas arbitrarias. El problema será resuelto "a mano", aunque es necesario hacer notar que son pocos los casos que se pueden resolver de esta manera. La razón es que obtener la solución de las ecuaciones de movimiento desacopladas es un proceso muy complicado cuando el sistema tiene amortiguamiento. En la gran mayoría de los casos los problemas deben resolverse con la ayuda de una computadora. A este fin en el segundo ejemplo se calcula la respuesta de una estructura más compleja mediante el uso de *Matlab*. En una siguiente sección se describe cómo calcular la respuesta de una estructura amortiguada de múltiples grados de libertad sometida a cargas dinámicas arbitrarias usando un programa comercial. En este caso vamos a usar el programa SAP2000.

15.51 Ejemplo 15.1:

Consideremos la columna uniforme de madera de la Figura 15.2 a la cual se le aplican en forma súbita dos fuerzas que alcanzan sus valores máximos 3.5 k y 0.5 k en un instante de tiempo muy breve (teóricamente cero) y luego permanecen constantes. La variación en el tiempo de las fuerzas pueden entonces representarse usando una función escalón $U(t)$ como se muestra en la Figura 15.2 a la derecha. Por lo tanto, las fuerzas pueden representarse como $F_1(t) = 3.5\,U(t)$ y $F_2(t) = 0.5\,U(t)$. La función $U(t)$ se define como:

$$U(t) = \left\{ \begin{array}{ll} 0 & \text{para } t < 0 \\ 1 & \text{para } t \geq 0 \end{array} \right.$$

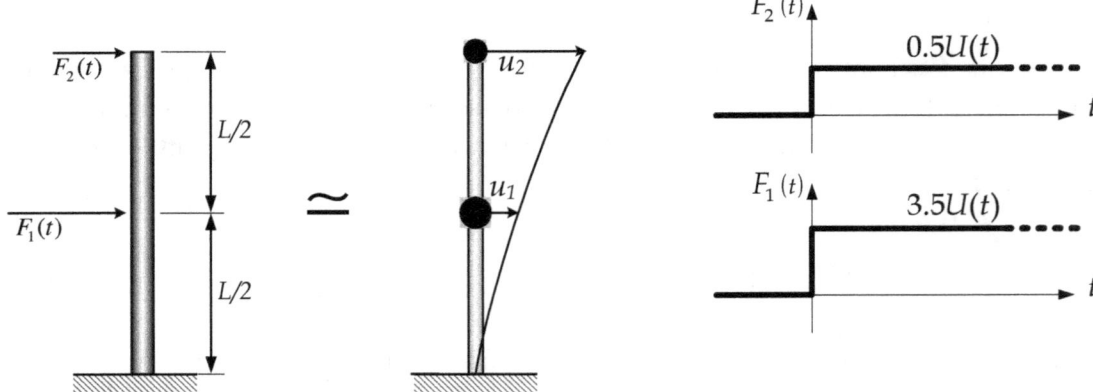

Figura 15.2 **Columna con dos fuerzas tipo escalón y modelo de 2 G. de L.**

Para simplificar el problema, la columna en flexión se va a representar mediante un modelo de dos grados de libertad: los desplazamientos laterales u_1 y u_2. Condensando la matriz de rigidez y repartiendo la masa de la viga en los dos nodos las ecuaciones de movimiento resultan:

$$\frac{\rho AL}{4} \begin{bmatrix} 2 & 0 \\ 0 & 1 \end{bmatrix} \left\{ \begin{array}{c} \ddot{u}_1 \\ \ddot{u}_2 \end{array} \right\} + \frac{EI}{7L^3} \begin{bmatrix} 768 & -240 \\ -240 & 96 \end{bmatrix} \left\{ \begin{array}{c} u_1 \\ u_2 \end{array} \right\} = \left\{ \begin{array}{c} 3.5\,U(t) \\ 0.5\,U(t) \end{array} \right\} \qquad \text{(a)}$$

La columna tiene una longitud de 6 ft, una sección circular con diámetro $d = 12$ in, y está construída con una madera con módulo $E = 1,800$ ksi y peso unitario $\gamma = 40$ lb/ft^3. La razón de amortiguamiento modal ξ se va a considerar que es la misma para los dos modos e igual a 0.05.

Se debe calcular:

a) Los desplazamientos en función del tiempo $u_1(t)$ y $u_2(t)$.

b) El cortante en función del tiempo $V(t)$ en la base de la columna.

c) El momento flector en función del tiempo $M(t)$ en la base de la columna.

a) Comenzamos calculando las frecuencias naturales y los modos de vibración. La matriz de rigidez reducida para una columna (o viga en voladizo) se obtuvo en un capítulo anterior y la matriz de masa se obtiene concentrando la masa de la columna en tres puntos. Esto nos lleva al siguiente problema de autovalores:

$$\frac{EI}{7L^3} \begin{bmatrix} 768 & -240 \\ -240 & 96 \end{bmatrix} \begin{Bmatrix} \phi_{1j} \\ \phi_{2j} \end{Bmatrix} = \omega_j^2 \frac{\rho AL}{4} \begin{bmatrix} 2 & 0 \\ 0 & 1 \end{bmatrix} \begin{Bmatrix} \phi_{1j} \\ \phi_{2j} \end{Bmatrix} \quad ; \quad j = 1, 2 \quad \text{(b)}$$

Se puede demostrar que las frecuencias naturales son:

$$\omega_1 = 3.1562 \sqrt{\frac{EI}{\rho AL^4}} \qquad ; \qquad \omega_2 = 16.258 \sqrt{\frac{EI}{\rho AL^4}} \qquad \text{(c)}$$

Los modos de vibración (o autovectores) normalizados respecto a la matriz de masa son:

$$\{\phi_1\} = \frac{1}{\sqrt{\rho AL}} \begin{Bmatrix} 0.59414 \\ 1.81494 \end{Bmatrix} \quad ; \quad \{\phi_2\} = \frac{1}{\sqrt{\rho AL}} \begin{Bmatrix} -1.28340 \\ 0.84024 \end{Bmatrix} \qquad \text{(d)}$$

Las fuerzas modales son:

$$N_j(t) = \{\phi_j\}^T \{F(t)\} = [\phi_{1j} \; ; \; \phi_{2j}] \begin{Bmatrix} 3.5U(t) \\ 0.5U(t) \end{Bmatrix} = (3.5\phi_{1j} + 0.5\phi_{2j}) U(t) \quad ; \quad j = 1, 2$$

(e)

Reemplazando aquí los valores de ϕ_{1j} y ϕ_{2j} de la Ec. (d) y llamando P_1 y P_2 a los valores máximos de las fuerzas modales $N_1(t)$ y $N_2(t)$ se obtiene:

$$N_1(t) = \frac{2.9870}{\sqrt{\rho AL}} U(t) = P_1 U(t) \qquad ; \qquad N_2(t) = -\frac{4.0716}{\sqrt{\rho AL}} U(t) = P_2 U(t) \qquad \text{(f)}$$

Debemos ahora calcular las coordenadas modales resolviendo las dos ecuaciones de movimiento desacopladas de la Ec. (g) a continuación. Obsérvese que en este instante se va introducir el amortiguamiento en la estructura mediante el coeficiente ξ.

$$\ddot{\eta}_j(t) + 2\xi\omega_j\dot{\eta}_1(t) + \omega_j^2\eta_1(t) = N_j(t) = P_jU(t) \quad ; \quad j = 1, 2 \qquad \text{(g)}$$

En teoría, las coordenadas modales $\eta_j(t)$ se pueden obtener usando la integral de Duhamel. Sin embargo, para sistemas con amortiguamiento sólo es posible resolver analíticamente la integral en muy pocos casos. Una fuerza tipo escalón es uno de estos casos y por esta razón se usó en este ejemplo. En un ejemplo en el Capítulo 7 del Tomo I vimos que para un oscilador con masa m, frecuencia natural ω_n, frecuencia amortiguada ω_d, razón de amortiguamiento ξ, y sometido a una fuerza $F(t) = P_oU(t)$, resolviendo la integral de Duhamel se obtuvo que el desplazamiento era:

$$u\left(t\right) = \frac{P_o}{m\omega_d}\int_0^t e^{-\xi\omega_n(t-\tau)}\sin\omega_d\left(t-\tau\right)d\tau$$

$$u\left(t\right) = \frac{P_o}{m\omega_n^2}\left[1 - e^{-\xi\omega_n t}\left(\cos\omega_d t + \frac{\xi}{\sqrt{1-\xi^2}}\sin\omega_d t\right)\right] \tag{h}$$

En nuestro ejemplo el desplazamiento $u\left(t\right)$ es $\eta_j\left(t\right)$, ω_n es la frecuencia natural ω_j, ω_d es ω_{dj}, m es la masa modal m_j^* que es 1 para modos normalizados respecto a $[M]$ y la amplitud de la fuerza P_o es P_j. Por lo tanto podemos escribir:

$$\eta_j\left(t\right) = \frac{P_j}{\omega_j^2}\left[1 - e^{-\xi\omega_j t}\left(\cos\omega_{dj}t + \frac{\xi}{\sqrt{1-\xi^2}}\sin\omega_{dj}t\right)\right] \tag{i}$$

Esta expresión se puede simplificar un poco notando que en la mayoría de los casos, la razón de amortiguamiento es pequeña y por lo tanto, $\sqrt{1-\xi^2}\simeq 1$ y $\omega_{dj} = \omega_j\sqrt{1-\xi^2}\simeq\omega_j$. En nuestro caso, $\sqrt{1-\xi^2} = 0.99875$. Por lo tanto con estas simplificaciones la Ec. (i) se reduce a

$$\eta_j\left(t\right) = \frac{P_j}{\omega_j^2}\left[1 - e^{-\xi\omega_j t}\left(\cos\omega_j t + \xi\sin\omega_j t\right)\right] \tag{j}$$

El vector de desplazamientos físicos se obtiene sumando los productos de los modos por las coordenadas $\eta_j\left(t\right)$:

$$\{u(t)\} = \{\phi_1\}\,\eta_1\left(t\right) + \{\phi_2\}\,\eta_2\left(t\right) \tag{k}$$

Expandiendo esta ecuación, los desplazamientos de las masas 1 y 2 vienen dados por:

$$\begin{cases} u_1(t) = \phi_{11}\eta_1(t) + \phi_{12}\eta_2(t) \\ \\ u_2(t) = \phi_{21}\eta_1(t) + \phi_{22}\eta_2(t) \end{cases} \tag{l}$$

Vamos ahora a reemplazar los valores numéricos. El área transversal, el momento de inercia de la columna y la densidad de la madera son:

$$A = \frac{\pi d^2}{4}\simeq 113\ in^2 \quad ; \quad I = \frac{\pi d^4}{64}\simeq 1,018\ in^4 \quad ; \quad \rho = \frac{\gamma}{g} = 5.99\ \text{x}\ 10^{-8}\ \frac{k.s^2}{in^4}$$

Usando estos valores junto con $E = 1,800\ ksi$ y $L = 72\ in$, las frecuencias naturales, los modos de vibración y las amplitudes de las fuerzas modales resultan:

$$\omega_1 = 316.76\ rad/s \quad ; \quad \omega_2 = 1,631.7\ rad/s$$

$$\{\phi_1\} = \left\{ \begin{array}{c} 26.912 \\ 82.208 \end{array} \right\} \sqrt{\frac{in}{k.s^2}} \quad ; \quad \{\phi_2\} = \left\{ \begin{array}{c} -58.130 \\ 38.059 \end{array} \right\} \sqrt{\frac{in}{k.s^2}}$$

$$P_1 = 135.3 \sqrt{\frac{k.in}{s^2}} \quad ; \quad P_2 = -184.4 \sqrt{\frac{k.in}{s^2}}$$

Reemplazando estas cantidades en las Ec. (j) y (l), los desplazamientos de la columna resultan:

$$
\begin{aligned}
u_1 \quad = \quad & 0.03629 \left[1 - e^{-15.838t}(\cos 316.76t + 0.05 \sin 316.76t) \right] \\
& + 0.00403 \left[1 - e^{-81.584t}(\cos 1631.7t + 0.05 \sin 1631.7t) \right] \quad \text{(m)} \\
u_2 \quad = \quad & 0.11085 \left[1 - e^{-15.838t}(\cos 316.76t + 0.05 \sin 316.76t) \right] \\
& - 0.00264 \left[1 - e^{-81.584t}(\cos 1631.7t + 0.05 \sin 1631.7t) \right] \quad \text{(n)}
\end{aligned}
$$

Estos desplazamientos se han graficado en la Figura 15.3.

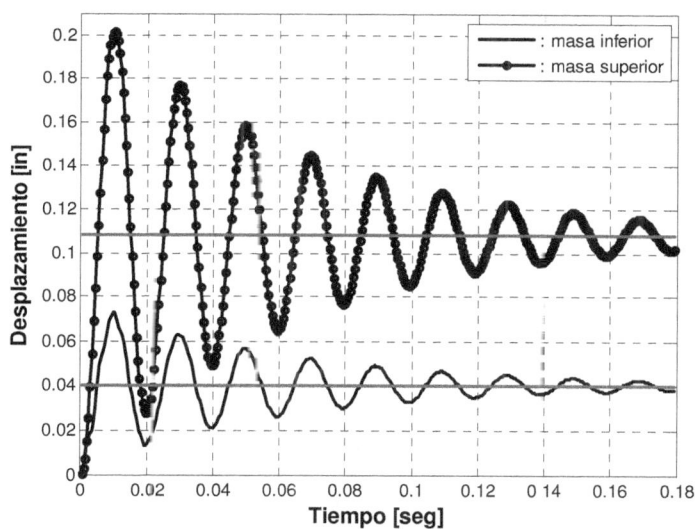

Figura 15.3 **Desplazamientos de los dos nodos de la columna.**

Nótese que los términos en las Ecs. (m) y (n) que están multiplicados por los exponenciales tienden a desaparecer a medida que transcurre el tiempo. Para un tiempo suficientemente grande, los desplazamientos se vuelven constantes e iguales a u_{01} y u_{02}:

$$u_{01} = 0.03629 + 0.00403 = 0.04032 \ in$$

$$u_{02} = 0.11085 - 0.00264 = 0.10821 \ in$$

Estos son los desplazamientos que se obtienen si las dos cargas se aplican en forma estática. Por lo tanto, el resultado anterior también se puede obtener resolviendo el sistema de ecuaciones lineales:

$$\frac{EI}{7L^3} \begin{bmatrix} 768 & -240 \\ -240 & 96 \end{bmatrix} \begin{Bmatrix} u_{01} \\ u_{02} \end{Bmatrix} = \begin{Bmatrix} 3.5 \ k \\ 0.5 \ k \end{Bmatrix} \tag{o}$$

Los máximos desplazamientos debido a las cargas dinámicas son $0.0731 \ in$ y $0.2019 \ in$, valores que son un poco menos del doble que los desplazamientos estáticos.

b) Para calcular el cortante en la base de la columna (y otras fuerzas internas) es conveniente usar el concepto de "*fuerzas equivalentes*". Este concepto es muy útil y será muy usado para el caso de estructuras con un movimiento de la base debido a sismos, como veremos más adelante. La idea básica es la siguiente:

Sabemos (lo verificamos en este ejemplo) que los desplazamientos debido a las fuerzas dinámicas, además de tener una variación en el tiempo, tienen magnitudes que por lo general son mayores que aquellos debido a las fuerzas aplicadas de forma estática. Ahora bien, si se conocen estos desplazamientos *dinámicos* calculados resolviendo las ecuaciones de movimiento: ¿es posible encontrar fuerzas que varían en el tiempo y que al ser aplicadas en forma estática produzcan los mismos desplazamientos que los causados por las fuerzas dinámicas? La respuesta es **sí**, y estas fuerzas, denominadas "*equivalentes*", se pueden calcular usando la matriz de rigidez. Para nuestro ejemplo, una vez que se conocen $u_1(t)$ y $u_2(t)$, las fuerzas equivalentes $Q_1(t)$ y $Q_2(t)$ se pueden calcular como:

$$\frac{EI}{7L^3} \begin{bmatrix} 768 & -240 \\ -240 & 96 \end{bmatrix} \begin{Bmatrix} u_1(t) \\ u_2(t) \end{Bmatrix} = \begin{Bmatrix} Q_1(t) \\ Q_2(t) \end{Bmatrix} \tag{p}$$

Aunque pueda resultar obvio, es importante reconocer que las fuerzas $Q_1(t)$ y $Q_2(t)$ **no** son iguales a las fuerzas externas $F_1(t)$ y $F_2(t)$. Esto debería resultar evidente comparando las Ecs. (a) y (p). También resulta instructivo comparar las Ecs. (o) y (p) para apreciar la diferencia entre las fuerzas equivalentes y las fuerzas dinámicas aplicadas en forma estática.

Expandiendo la Ec. (p) se obtiene:

$$\begin{cases} Q_1(t) = \frac{EI}{7L^3} \left(768 \, u_1(t) - 240 \, u_2(t) \right) \\ \\ Q_2(t) = \frac{EI}{7L^3} \left(-240 \, u_1(t) + 96 \, u_2(t) \right) \end{cases} \tag{q}$$

Una vez que se conocen las fuerzas equivalentes, estas se pueden usar para calcular fuerzas internas, empleando ahora los métodos del *Análisis Estructural* para cargas

estáticas o para estructuras determinadas como la columna de este ejemplo directamente usando *Estática*.

c) Por ejemplo, refiriéndonos a la Figura 15.4 donde se muestran las fuerzas equivalentes, el cortante en la base se puede calcular como:

$$V(t) = Q_1(t) + Q_2(t) \tag{r}$$

y usando la Ec. (q),

$$V(t) = \frac{EI}{7L^3} \left(528\ u_1(t) - 144\ u_2(t)\right) \tag{s}$$

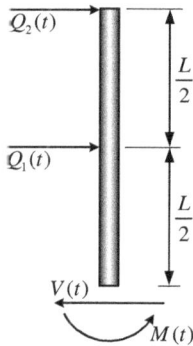

Figura 15.4 **Fuerzas equivalentes y cortante y momento en la base.**

La variación del cortante en el tiempo se ha graficado en la Figura 15.5. El valor
máximo de $V(t)$ es 6.705 *kip*, mientras que el máximo cortante estático es $3.5 + 0.5$
$= 4\ kip$.

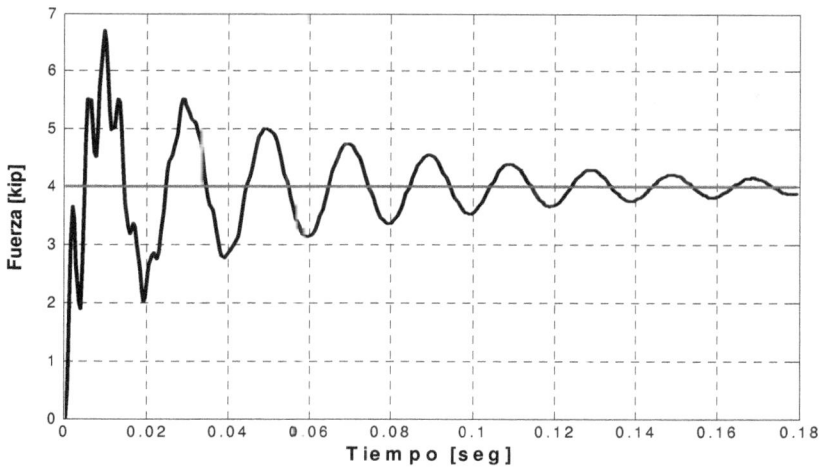

Figura 15.5 **Variación de la fuerza cortante en la base de la columna.**

El momento flector en la base también se puede encontrar simplemente usando Estática y las fuerzas equivalentes:

$$M(t) = Q_1(t)\,\frac{L}{2} + Q_2(t)L \tag{t}$$

Reemplazando las fuerzas equivalentes de la Ec. (q), se obtiene finalmente

$$M(t) = \frac{EI}{7L^2}\left(144\,u_1(t) - 24\,u_2(t)\right) \tag{u}$$

El momento flector en la base de la columna en $kip.ft$ calculado con la Ec. (u) se presenta en la Figura 15.6. En el límite, cuando $t \to \infty$, el momento tiende a 13.5 $kip.ft$, que es el momento debido a las cargas estáticas de 0.5 k y 3.5 k. El máximo valor en el caso dinámico es 23.9 $k.ft$.

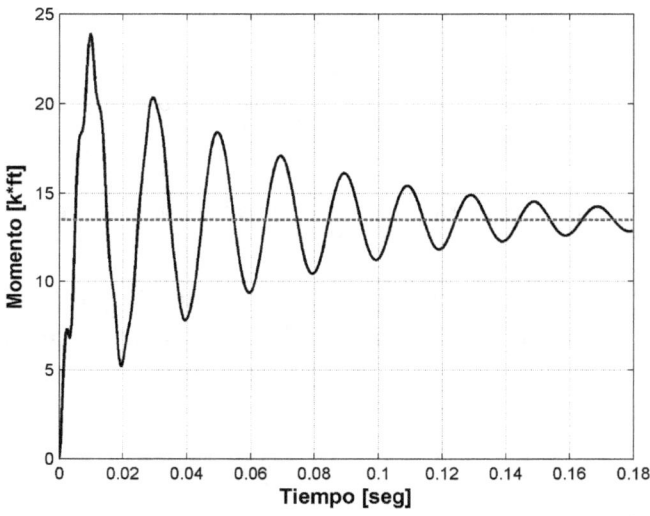

Figura 15.6 **Variación del momento flector en la base de la columna.**

15.5.2 Ejemplo 15.2:

Como se comentó anteriormente y se pudo comprobar en el ejemplo anterior, hallar la respuesta de modelos estructurales de múltiples grados de libertad con amortiguamiento es un proceso laborioso y en la mayoría de los casos no se puede hacer en forma analítica. Una alternativa es programar el procedimiento (o parte de este) para obtener la respuesta en forma numérica en un programa como *Matlab*. El procedimiento completo basado en el método de Análisis Modal para determinar la respuesta de una estructura particular ha sido implementado en el programa de *Matlab RespEdifConAmort.m* que se adjunta en el Apéndice.

El programa calcula y grafica la respuesta de un *edificio de corte* de un número arbitrario "n" de pisos sometido a fuerzas dinámicas aplicada a uno o varios pisos. La Figura 15.7 muestra un edificio de este tipo de cinco pisos que se va a usar como ejemplo. Sin embargo, si se modifica apropiadamente el armado de las matrices de rigidez y masa, el programa puede calcular la respuesta de cualquier otra estructura (distinta de un edificio de corte). El programa sigue los pasos que se indican a continuación, que son los que deben seguirse para obtener la respuesta de una estructura mediante el método que se estudió:

I) Definir las propiedades de la estructura. En este caso se necesita conocer los pesos W_i de cada piso, los coeficientes de rigidez k_i de todas las columnas de cada piso, las razones de amortiguamiento ξ_i, la duración de la carga t_d, su valor pico F_o y el piso "r" donde ésta actúa. Las rigideces totales y el peso asignado a cada piso se listan en la Figura 15.7 a la izquierda. El valor máximo y la duración de la fuerza se indican en la Figura 15.7 a la derecha. La razón de amortiguamiento se tomará igual a 4% para todos los modos.

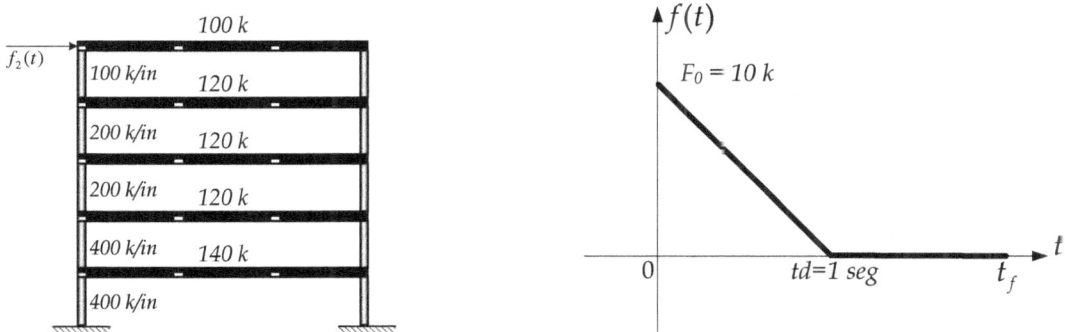

Figura 15.7 **a) Edifico de corte de 5 pisos ; b) fuerza rampa decreciente.**

II) Armar las matrices de masa $[M]$ y de rigidez $[K]$. En este caso se usaron las "recetas" para las matrices de un edificio de corte que se estudiaron oportunamente.

$$[M] = \begin{bmatrix} m_1 & & & & \\ & m_2 & & & \\ & & m_3 & & \\ & & & m_4 & \\ & & & & m_5 \end{bmatrix}$$

15-15

$$[K] = \begin{bmatrix} k_1 + k_2 & -k_2 & & & \\ -k_2 & k_2 + k_3 & -k_3 & & \\ & -k_3 & k_3 + k_4 & -k_4 & \\ & & -k_4 & -k_4 + k_5 & -k_5 \\ & & & -k_5 & k_5 \end{bmatrix}$$

III) Calcular los autovalores λ_j y los autovectores o modos de vibración $\{\phi_j\}$ resolviendo el problema de autovalores. En *Matlab* esto se hace simplemente invocando el comando *eig(K, M)*. Si hace falta, se deben normalizar los modos respecto a la matriz de masa multiplicándolos por las constantes α_j (*Matlab* lo hace automáticamente si se usa el comando *eig*):

$$\alpha_j = \frac{1}{\sqrt{\{\phi_j\}^T [M] \{\phi_j\}}}$$

IV) Calcular las frecuencias naturales como $\omega_j = \sqrt{\lambda_j}$ y los periodos naturales $T_j = 2\pi/\omega_j$. Si el programa no entrega las frecuencias ordenadas, estas se deben reagrupar tal que $\omega_1 < \omega_2 < \ldots < \omega_n$. En tal caso se deben ordenar también los modos de acuerdo a las frecuencias. Las más recientes versiones de *Matlab* entregan los autovalores ya ordenados de menor a mayor, si estos se calculan con el comando *eig*. La salida del programa para este paso es:

```
*** Frecuencias naturales en rad/s:

 8.8784   21.497   31.399   43.383   58.065

*** Periodos naturales en seg:

 0.7077 0.29229 0.20011 0.14483 0.10821

*** Modos de vibración normalizados:

 -0.21536    0.52802   -0.82375   -0.64964   -1.15510
 -0.41535    0.83503   -0.91189   -0.19178    1.21730
 -0.76448    0.84986    0.30782    1.28440   -0.41087
 -1.02000    0.25487    1.05630   -0.99311    0.11194
 -1.28150   -1.30090   -0.68085    0.25656   -0.01449
```

V) Definir la función que describe la variación de la carga. Si la carga no se puede describir en forma analítica, se debe leerla de algún archivo. En el programa la carga está aplicada en el último piso ($r = 5$) y tiene la forma de una rampa decreciente descrita por la siguiente ecuación:

$$f(t) = \begin{cases} -\dfrac{F_o}{t_d}t + F_o & ; \quad \text{si } t \le t_d \\ 0 & ; \quad \text{si } t > t_d \end{cases}$$

y el vector de carga total es:

$$\{F(t)\} = \left\{ \begin{array}{c} 0 \\ 0 \\ 0 \\ 0 \\ f(t) \end{array} \right\}$$

VI) Repetir los siguientes pasos, comenzando con el modo 1 hasta el máximo modo (n o $p < n$) que se desea considerar:

a) Calcular la fuerza modal del modo "j" como:

$$N_j(t) = \left\{ \phi_j \right\}^T \{F(t)\}$$

b) Calcular el desplazamiento modal del modo "j" resolviendo numéricamente la integral de Duhamel. En el programa esto se hace en forma separada usando la subrutina o "function" *Duhamel.m*.

VII) Calcular los desplazamientos físicos $\{u(t)\}$ aplicando la transformación de coordenadas:

$$\{u(t)\} = [\Phi]\{\eta(t)\}$$

VIII) Graficar los desplazamientos que se desee y calcular otras respuestas que interesen, como por ejemplo los cortantes por piso, el cortante total en la base, etc. En la versión actual el programa sólo calcula los desplazamientos en función del tiempo y los valores máximos.

Es necesario aclarar que, salvo que uno esté familiarizado con la programación en *Matlab*, el significado de varios de los comandos que aparecen en el programa *RespEdifConAmort.m* puede no ser evidente. Esto se debe a que el programa trata de aprovechar al máximo la capacidad de manejo matricial de *Matlab*.

A continuación se presentan algunos de los gráficos que genera el programa de *Matlab*. En las Figuras 15.8, 15.9 y 15.10 se presentan la variación en el tiempo de las coordenadas modales $\eta_j(t)$ para el primer, segundo y quinto modo, respectivamente.

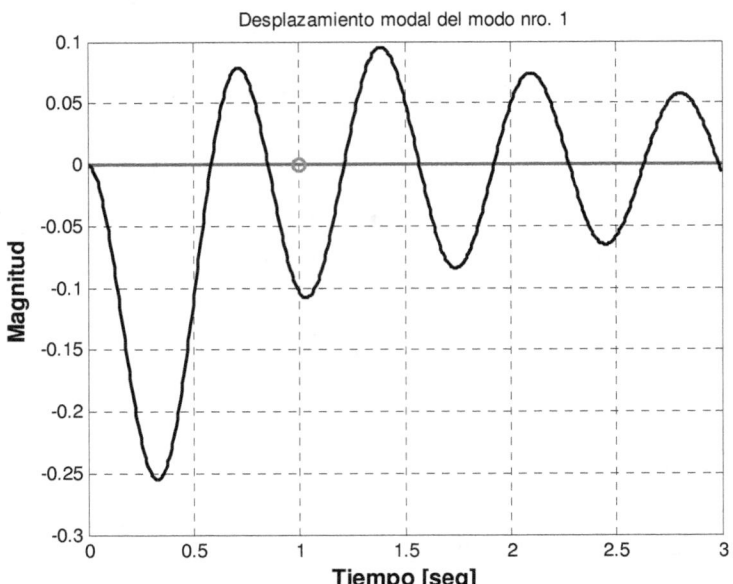

Figura 15.8 **Variación de la coordenada modal** $\eta_1(t)$.

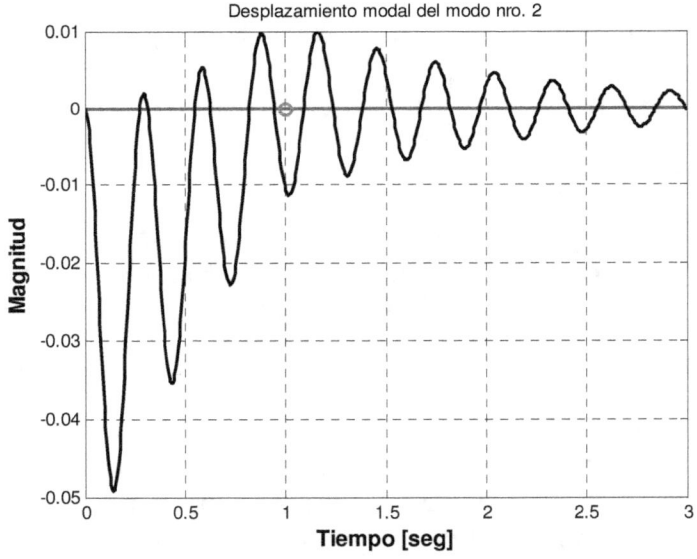

Figura 15.9 **Variación de la coordenada modal** $\eta_2(t)$.

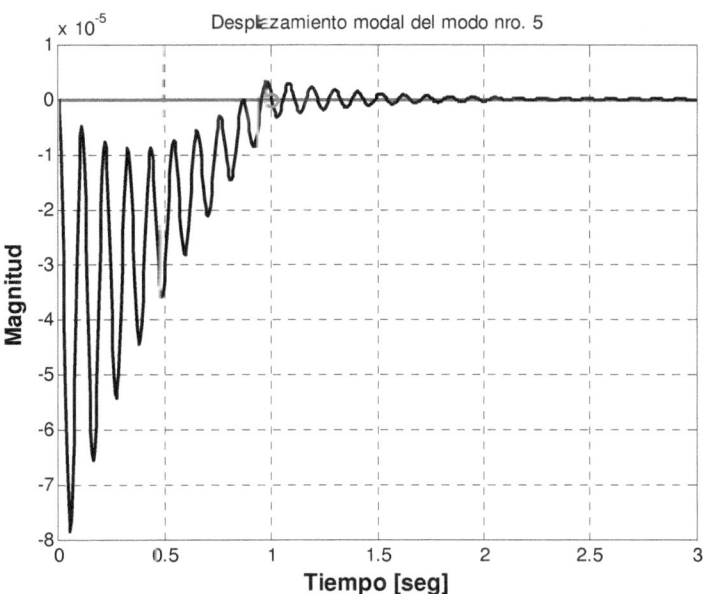

Figura 15.10 **Variación de la coordenada modal** $\eta_5(t)$.

Es interesante observar las diferencias entre las distintas coordenadas modales $\eta_i(t)$. Primero, es evidente que la magnitudes decrecen en forma dramática. El programa entrega los máximos valores de las coordenadas para todos los modos. Estos son:

$$(\eta_1)_{\max} = 0.2552$$

$$(\eta_2)_{\max} = 0.0492$$

$$(\eta_3)_{\max} = 0.0123$$

$$(\eta_4)_{\max} = 0.0025$$

$$(\eta_5)_{\max} = 0.0001$$

Es necesario aclarar que si bien las coordenadas modales tienen unidades, estas no se indicaron en las expresiones anteriores porque no tienen interés. El hecho de que $(\eta_5)_{\max} \ll (\eta_4)_{\max} \ll (\eta_3)_{\max} \cdots$ implica, como ya se mencionó en varias ocasiones, que no es necesario sumar la contribución de todos los modos para calcular la respuesta. En este ejemplo posiblemente si se incluyen sólo dos modos se podría obtener una respuesta suficientemente precisa.

Además vemos que cada coordenada modal $\eta_j(t)$ tiene un periodo dominante que corresponde al periodo natural correspondiente a cada modo. Luego del tiempo de aplicación de la carga (1 s, indicado con un símbolo "$\odot$" en los gráficos), la respuesta modal corresponde a vibraciones libres y se amortigua rápidamente para los modos altos.

Por último se presentan en la Figura 15.11 la variación de los desplazamientos en el piso superior e inferior. En esta figura hay información interesante que es necesario resaltar. El hecho de que los desplazamientos en el piso inferior sean menores que los del superior era de esperar y no merece destacarse. Sin embargo, es instructivo observar que los modos superiores contribuyen más a la respuesta del piso inferior que a la del superior: este efecto puede identificarse porque el gráfico de $u_1(t)$ (de trazo continuo) se asemeja menos a un *seno puro decreciente* comparado con la curva de $u_5(t)$. Esto es una indicación de que en la función $u_1(t)$ hay otro seno superpuesto de periodo más corto que representa la contribución de un modo superior, muy probablemente el segundo.

Otro punto interesante es que el piso inferior comienza a vibrar un poco tiempo después que el piso superior, que es donde se aplicó la carga dinámica. Físicamente esto se puede explicar considerando al problema dinámico como uno de propagación de ondas: usando una definición simple, una *onda* es una perturbación que se propaga con velocidad constante por un medio continuo. Como se aplicó una fuerza de corta duración en el piso superior, se generó allí inmediatamente una "perturbación", vale decir una onda que comenzó a propagarse hacia los pisos inferiores. A pesar de que la onda se mueve a gran velocidad (la cual depende del material del medio), le lleva un tiempo llegar al piso inferior, lo que explica el desfase inicial entre $u_5(t)$ y $u_1(t)$ que se observa en la Figura 15.11 en las primeras décimas de segundo.

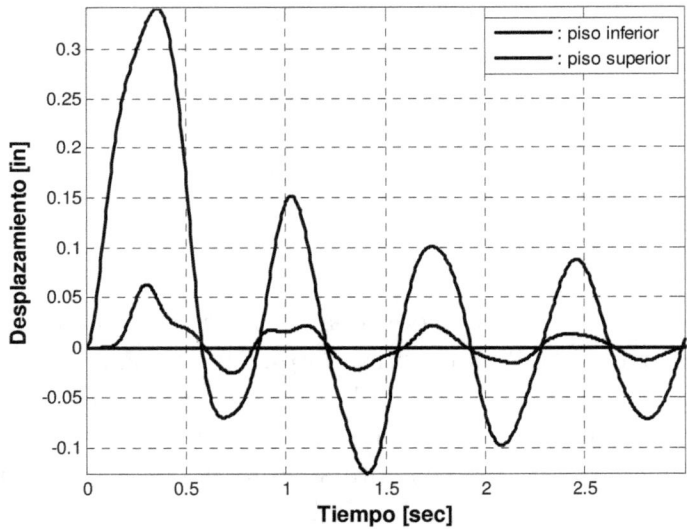

Figura 15.11 **Desplazamientos del primer y quinto piso.**

15.6 Ejemplo de cálculo de respuesta a una fuerza dinámica con SAP2000

Vamos a estudiar cómo calcular la respuesta de una estructura a una carga dinámica usando un programa comercial de análisis estructural. Entre los diversos programas disponibles vamos a usar SAP2000. Este programa es muy poderoso cuando se desea obtener la respuesta dinámica, en especial cuando la excitación es un sismo. Además es un programa que permite considerar un gran número de estructuras especiales, no estando limitado a edificios. El programa SAP2000 se actualiza prácticamente todos los años, por lo que el procedimiento que aquí se presenta puede estar desactualizado en algunos comandos o nombres de las ventanas cuando el lector lea este material. Aquí se ha usado la versión 15.0.1, que era la versión actual al momento de preparse este material. Si bien a continuación se explica paso a paso el procedimiento para el análisis de una estructura sometida a una fuerza dinámica arbitraria, es muy conveniente que el lector tenga conocimientos previos sobre el uso del programa para el análisis con cargas estáticas.

Se desea calcular la respuesta dinámica (por ejemplo, los desplazamientos, las fuerzas internas) de la viga continua de tres tramos iguales de 20 ft cada uno que se muestra en la Figura 15.12. La viga es una tubería de acero con un diámetro externo de 6 in y con un espesor de la pared del tubo de 1/2-in. En el medio del tramo de la izquierda de la viga se aplica una fuerza dinámica impulsiva (o sea de corta duración). La fuerza que se muestra en la Figura 15.13 tiene una variación en el tiempo con la forma de un triángulo simétrico. La duración total de la carga es de 0.1 s con una amplitud máxima de 5 kip.

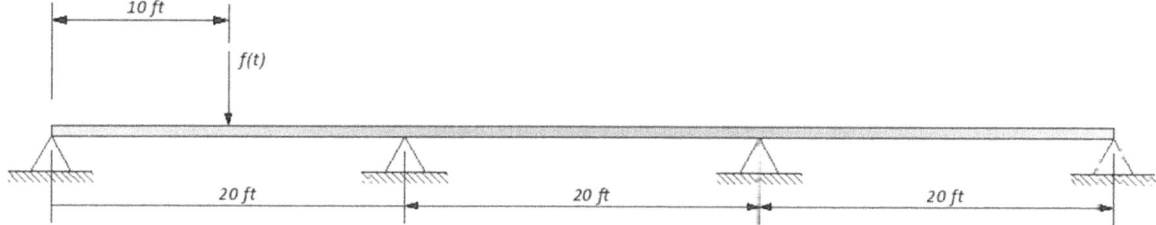

Figura 15.12 **Viga continua de tres tramos con carga dinámica puntual.**

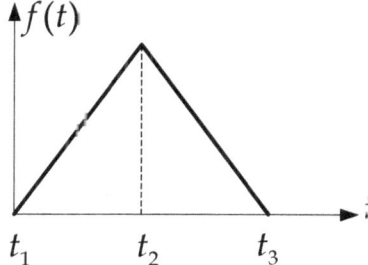

Figura 15.13 **Variación en el tiempo de la carga triangular.**

▶ Creación del modelo:

Vamos al menú principal (la fila de comandos en la parte superior de la pantalla), abrimos *File* y seleccionamos *New Model...* . En la ventana que se abre y en el casillero con las unidades escogemos *Kip, ft, F*. Luego seleccionanos una viga ("Beam") entre las plantillas disponibles ("templates" en inglés). Se abre así una nueva ventana en donde podemos escoger las propiedades de la viga. En nuestro caso vamos a seleccionar:

> *Number of spans: 3*
> *Span length: 20*

Vamos al casillero *Section Properties* y presionado el signo [+] abrimos la ventana *Frame Properties*. Presionamos la tecla *Add New Property...* lo cual abre la ventana *Add Frame Section Properties*. El material de la sección por omisión debe ser *Steel* (acero). Si no lo es, lo cambiamos en el casillero *Frame Section Property Type*. Vamos a escoger una tubería ("pipe" en inglés) como sección entre las que ofrece SAP2000 (Tube, Tee, Angle, etc.). En la ventana *Pipe Section* que abrimos le damos las dimensiones a la tubería. Como las unidades activas son pies, cuando entramos el diámetro externo y el espesor de la pared debemos indicar que las unidades deben ser pulgadas. Escribimos entonces:

> *Outside diameter (t3): 6in*
> *Wall thickness (tw): 0.5in*

Obsérvese que el programa automáticamente cambia las unidades a pies. En la parte superior de la ventana, donde dice *Section Name* ingresamos un nombre representativo de la sección, como por ejemplo: *Tubo6in*.

El material de la sección es acero: en el casillero de *Material* debe decir *A992Fy50* . Apretamos *OK* para que se guarde esta informacion y cerrar la ventana. En la ventana *Section Properties* debe haber ahora una nueva sección: *Tubo6in*. Apretamos *OK* para regresar a la ventana con la viga. Apretamos *OK* para cerrarla.

Aparecen en la pantalla dos ventanas: la de la izquierda tiene una vista 3D y la de la derecha es una vista en el plano X-Z. Conviene cerrar la ventana *3-D View* porque vamos a trabajar con una estructura plana.Vamos a pedirle al programa que no nos muestre la cuadrícula ("grid" en inglés) con las letras y números porque no sirven para una estructura plana. Para esto vamos a *View* en el menú principal y presionamos el comando *Show Grid*.

Cambiamos los apoyos tipo rodillo ("roller") por otros articulados. Seleccionamos los apoyos a cambiar con un "click" encima de cada uno de ellos y luego comenzando en el menú principal seguimos la secuencia:

> *Assign* -> *Joint* -> *Restraints...* -> y escogemos como apoyo al segundo en la lista de íconos: Δ

Vamos a pedirle a SAP2000 que nos muestre explícitamente las juntas o nodos donde el programa va a colocar las masas concentradas. Para esto seleccionamos en el menú principal el ícono ☑ (marca de cotejo o "check mark" en inglés). Esto hace abrir la ventana *Display Options for Active Window*. De la primera columna con la información de las juntas ("*Joints*") deseleccionamos *Invisible* (le quitamos la marca de cotejo). Apretamos *OK* para regresar a la pantalla principal.

Observando nuestra viga podemos verificar lo siguiente. SAP2000 va a colocar masas sobre los apoyos que es donde están ubicadas las juntas. Por lo tanto, estas masas no se van a mover (sólo tienen movimiento de rotación). Esto a su vez implica que no hay *ningún* grado de libertad dinámico (el programa va a condensar los giros en los extremos de los elementos para el análisis dinámico). Obviamente, hay que corregir esto. Vamos a dividir cada uno de los tres elementos de la viga en dos subelementos de igual longitud: esto va a crear una nueva junta (con masa) en la mitad de cada tramo. Para esto hacemos lo siguiente: primero seleccionamos los elementos que queremos dividir (todos en este caso). Luego vamos al menú principal a *Edit* y buscamos en el menú que se abre la opción *Edit Lines*. Al pararse con el cursor en la subventana que se abre se debe seleccionar *Divide Frames...* Esto abre una nueva ventana llamada *Divide Selected Frames*. La opción *Divide into Specified Number of Frames* debe estar seleccionada. Allí en el casillero *Number of Frames* debe haber un 2. En el casillero de abajo, *Last/First Length Ratio*, debe haber un 1. Apretamos *OK* para regresar al menú principal. Vemos que ahora hay tres masas (juntas nuevas) ubicadas en la mitad de cada tramo que pueden moverse transversalmente (y también en dirección axial pero esto no nos interesa).

Este es un buen momento para guardar el modelo. Esto lo hacemos con el comando *Save*, escogemos el subdirectorio donde vamos a guardar el archivo y le damos un nombre, por ejemplo *Viga3Tramos*. Al nombre del archivo el programa le agrega la extensión *.sdb*.

▶ Definición de las cargas:

Señalamos la junta donde va a actuar la fuerza externa (la masa en la mitad del tramo de la izquierda). Colocamos allí una **carga estática** P_o con una magnitud **unitaria**. El verdadero valor pico de la **carga dinámica** $P(t)$ se dará cuando se defina la variación en el tiempo. Para colocar esta carga seguimos los mismos pasos que cuando se colocan cargas externas. Una vez señalada la junta, comenzamos en el menú principal con *Assign*. Luego se escoge *Joint Loads*, y a continuación *Forces....* En la ventana que se abre colocamos −1 en *Force Global Z*. En el casillero de *Units* las unidades debe ser *Kip, ft, F*. Bajo *Options* dejar seleccionado ⊙ *Replace existing loads* (o sea, reemplazar las cargas ya existentes, pero no hay ninguna). El nombre del tipo o patrón de carga (*Load Pattern Name*) debe decir, por omisión, *DEAD*. Si bien nuestra fuerza no es una carga muerta, podemos dejar este nombre, o cambiarlo presionando el + al lado del nombre, según se desee. Por último, al apretar *OK* debe aparecer dibujada en la junta superior una fuerza con magnitud 1.00 y dirigida hacia abajo.

Indicamos a continuación cómo varía en el tiempo esta fuerza (hasta ahora estática) con la siguiente secuencia. Comenzamos en el menú principal con *Define*. Allí en el menú tipo "pull down" seleccionamos *Functions* y luego *Time History...* Se abre así la ventana *Define Time History Functions*. En el casillero *Choose Function Type to Add* se debe escoger *User*. Luego se presiona el botón *Add New Function....* Esto abre una ventana llamada *Time History Function Definition*. En la ventana *Function Name* aparece el nombre por omisión ("default") *FUNC1*. Podemos aceptar este nombre para la función $f(t)$ que se va a definir o mejor cambiarlo por otro más apropiado como por ejemplo *PulsoTriangular*.

En las ventanas de *Time* y *Value* se entrarán los valores del tiempo t_k en segundos y el valor de la función $f(t_k)$ correspondiente. Cada vez que se entran un par de valores en las ventanas, se debe apretar el botón de *Add*. Entre cada par de puntos el programa supone que la función $f(t)$ varía en forma lineal y por lo tanto sólo se necesitan indicar los valores donde la función cambia de pendiente. En nuestro caso para definir la función triangular sólo necesitamos definir tres pares de puntos:

$$
\begin{aligned}
t_1 &= 0 & f(t_1) &= 0 \\
t_2 &= 0.05 \ s & f(t_2) &= 5 \\
t_3 &= 0.1 \ s & f(t_3) &= 0
\end{aligned}
$$

Cada vez que ingresamos un tiempo y el respectivo valor de la función debemos presionar el botón *Add* para que se acepten estos datos. El programa irá dibujando abajo la función ingresada.

Si la función $f(t)$ es complicada, conviene generarla fuera del programa SAP2000, usando por ejemplo EXCEL o *Matlab* y luego leerla. Apretamos *OK* dos veces para regresar a la pantalla principal.

Una vez definida la función $f(t)$ se le deben asignar sus propiedades. Por ejemplo, se debe indicar si $f(t)$ está asociada a una fuerza o a una aceleración de la base, se debe escoger el intervalo de tiempo Δt, etc. Esto se hace con la siguiente secuencia. Comenzamos desde el menú principal con *Define*. De ese menú se escoge *Load Cases...* lo cual abre la ventana *Define Load Cases*. En esta ventana presionamos el botón *Add New Load Case....*

Aparece ahora una ventana llamada *Load Case Data*. Por omisión, el tipo de carga será lineal y estático (*Linear Static*) lo cual poviamente no es nuestro caso. En el casillero *Load Case Type* buscamos y seleccionamos *Time History*. La ventana va a cambiar y va a aparecer nueva información. Las siguientes opciones están prefijadas:

Initial Conditions: ⊙ Zero Initial Conditions
Analysis Type: ⊙ Linear
Time History Type: ⊙ Modal
Time History Motion Type: ⊙ Transient
Use Modes from Case: [Modal]

En el casillero superior de *Load Case Name* se puede asignarle un nombre relevante a esta carga dinámica, como por ejemplo *CargaTriangular*. A continuación debemos trabajar con las opciones bajo en el cuadro *Loads Applied*.

En la subventana *Load Type* se debe escoger: *Load Pattern*. La otra opción es *Acceleration* que no es nuestro caso.

En la subventana *Load Name* debe aparecer *DEAD* si no se cambió esto en el paso anterior. En la subventana *Function* se debe escoger: *PulsoTriangular*. Este es el nombre que le dimos a la función $f(t)$ cuando se definió la función triangular en un paso anterior.

En la subventana *Scale Factor* se debe escoger: *1*. Este es un factor que va a multiplicar a $f(t)$. Si la función $f(t)$ se hubiera definido con amplitud máxima unitaria, aquí podríamos darle el valor correcto.

Apretamos el botón *Add* para que estas cuatro opciones sean aceptadas (deben pasar a la parte inferior de la ventana).

Por último debemos escoger en esta ventana el intervalo (constante) de tiempo Δt y el número de tiempos discretos que el programa va a usar para mostrarnos los resultados. El intervalo de tiempo (que SAP2000 llama *Output Time Step Size*) se debe escoger con cuidado. Este no es el intervalo que el programa va a usar para los cálculos internos, sino el que adoptará para mostrarnos los resultados. Se recomienda usar $\Delta t \leq T_m/8$ donde T_m es el periodo del modo más alto que nos interesa considerar. Por supuesto, todavía no conocemos los periodos naturales de la estructura, por lo que por ahora vamos a escoger un valor tentativo. Si luego, cuando se ya se conocen los periodos naturales, vemos que el valor seleccionado de Δt no es adecuado, lo cambiamos y volvemos a correr el programa. Por ahora vamos a escoger:

Number of Output Time Steps: 1000 (o sea que el tiempo final para el análisis será: $1000 \cdot \Delta t = 1\ s$)
Output Time Step Size: 0.001

Por último, se debe escoger las razones de amortiguamiento modal ξ_j ; donde $j = 1, 2, \ldots, n$ y n es el número de modos que se van a incluir para calcular la respuesta (se definirá más adelante). Por omisión las razones de amortiguamiento modal que usa SAP2000 son 0.05. Esto puede ser muy alto si la carga no es un sismo fuerte o una fuerza que lleve la estructura cercana a los esfuerzos de cedencia. Para cambiar los ξ_j se debe presionar el botón *Modify/Show...* al lado de *Modal Damping*. En la ventana que se abre podemos asignar una razón distinta para cada modo o como es más común, escoger el mismo valor de ξ_j para todos los n modos. Por lo tanto en el casillero *Constant Damping for all Modes* entramos (por ejemplo) 0.02 y apretamos

OK. La ventana debe lucir como la que se muestra en la Figura 15.14. Salimos de esta ventana presionando *OK* y de la que sigue con otro *OK*.

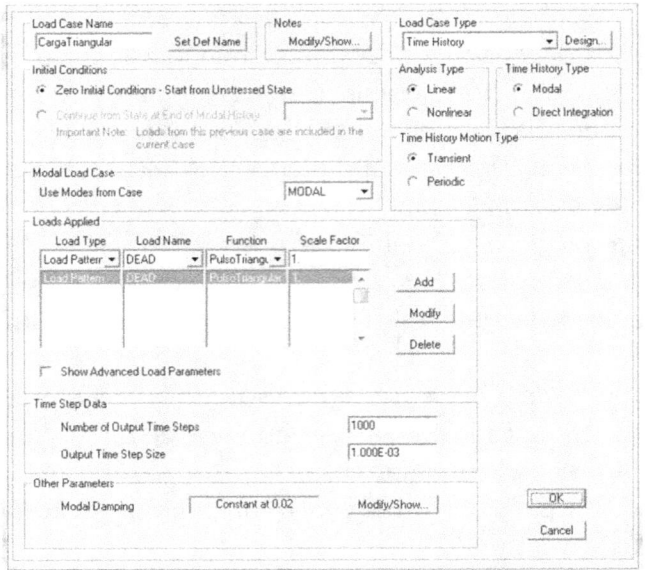

Figura 15.14 Ventana de SAP2000 con datos para definir la carga dinámica.

▶ Ejecución del programa:

Antes de ejecutar el programa necesitamos decirle a SAP2000 cuántos modos de vibración (o "eigenvectors") queremos que se calculen y usen para calcular la respuesta. Por omisión, o sea si no le decimos lo contrario, SAP2000 va a intentar usar 12 modos. Nuestra estructura tiene 6 grados de libertad dinámicos: tres desplazamientos en la dirección Z (vertical) y otros tres en la dirección X (horizontal). Por lo tanto, el máximo número de modos que podemos pedir es 6. Sin embargo, para una carga vertical como la nuestra sólo tres modos van a contribuir: aquellos asociados a los desplazamientos verticales. No obstante, no sabemos si los modos que nos interesan son los primeros tres. Por lo tanto, lo mejor es dejar que SAP2000 calcule todos los modos que pueda. En otras circunstancias, para seleccionar el número de modos a calcular se debe proceder de la siguiente manera. Comenzamos con *Define* desde el menú principal. Buscamos *Load Cases...* para abrir la ventana *Define Load Cases*. Allí seleccionamos *MODAL* entre las opciones en la lista debajo del cuadro *Load Case Name*. Apretamos el botón *Modify/Show Case...* para abrir la ventana *Load Case Data - Modal*. En el casillero *Maximum Number of Modes* colocamos, por ejemplo, 3 o el número de modos que se desea. Apretamos *OK* dos veces para regresar al menú principal.

Estamos casi listos para correr el programa. Nos falta decirle a SAP2000 que la estructura es plana, porque de otra manera el programa calcularía modos fuera del plano, porque va a permitir que las masas se muevan en dirección perpendicular a la pantalla (en el eje Y). Para evitar esto en el menú principal escogemos *Analyze* y luego *Set Analysis Options...* Se abre la ventana *Analysis Options* y allí se selecciona: *Plane Frame*. Regresamos con *OK* a la pantalla principal.

Ahora corremos el programa comenzando con *Analyze* y *Run Analysis*. Esto abre la ventana *Set Load Cases to Run*. Allí seleccionamos (con un "click") los casos *MODAL* y *CargaTriangular* (o el nombre que le pusimos a la carga dinámica). Luego apretamos el botón *Run/Do Not Run Case*. Queremos que al lado de los dos casos anteriores aparezca activada la opción *Run*. Una vez que hacemos esto presionamos el botón *Run Now*.

▶ Presentación de los resultados:

El programa va a mostrar los modos de vibración. Es conveniente examinar los modos para ver si son los que se esperaban. En la ventana *Deformed Shape* a la que se llega con la secuencia *Display -> Show Deformed Shape...* podemos pedirle al programa que nos muestre los modos. Para esto en el casillero *Case/Combo Name* elegimos el caso *MODAL*. Para que el programa nos muestra la estructura sin deformar y para que dibuje los modos con la forma de una curva suave, marcamos las opciones: ☑ *Wire Shadow* y ☑ *Cubic Curve*. También podemos abrir la ventana *Deformed Shape* con el ícono que muestra un pórtico deformado en el menú principal. El programa nos mostrará el primer modo de la viga con periodo $T_1 = 0.024\ s$ que se presenta en la Figura 15.15.

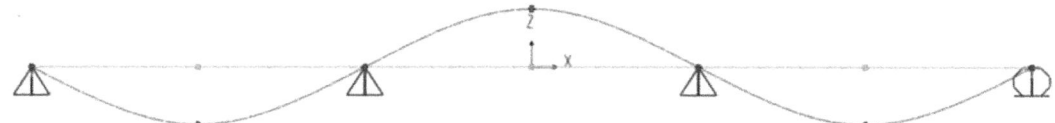

Figura 15.15 Primer modo de vibración de la viga de tres tramos calculado con SAP2000.

Para ver los **historiales en el tiempo** de las diversas respuestas de la estructura debemos proceder como sigue:

a) Usamos la secuencia, comenzando en el menú principal:

Display -> Show Plot Functions... o la techa F12. Se abre la ventana *Plot Function Traced Display Definition*.

b) Allí debemos hacer lo siguiente. Apretamos el botón *Define Plot Functions*. Aparece una ventana llamada *Plot Functions* y a la derecha de esta ventana, abajo de *Choose Function Type to Add*, escogemos *Add Joint Disps/Forces*.

c) Apretamos el botón *Add Plot Function...* para abrir la ventana *Joint Plot Function*. Allí podemos escoger qué tipo de respuesta queremos ver y qué componente de esta respuesta. Por ejemplo, en *Vector Type* escogemos ⊙ *Displ* y en *Component* seleccionamos ⊙ *UZ*. En *Joint ID* se debe ingresar el número de la junta que nos interesa. Si queremos los desplazamientos del punto en la mitad del tramo medio, la junta correspondiente es la 6 y por lo tanto entramos ese valor. El lector debe verificar si ese es el número de la junta del medio en su caso: conviene pedirle a SAP2000 que nos muestre los números de las juntas de la viga y de los elementos antes de comenzar el proceso de graficar.

d) Con *OK* salimos de esta ventana y regresamos a la *Plot Functions* donde vemos que ahora aparece *Joint6* bajo *Plot Functions*. Con *OK* regresamos a la ventana *Plot Function Traced Display Definition*.

e) En esta ventana seleccionamos *Joint6* del cuadro *List of Functions* y apretamos el botón de *Add→*. Con esto *Joint6* pasó a la ventana de la derecha llamada *Vertical Functions*. En los dos casilleros de *Time Range* aparecen los tiempos inicial (*From: 0*) y final (*To: 0*) que se usarán para graficar. Entramos el tiempo final, por ejemplo 0.3 (en segundos), y el tiempo inicial si se desea (generalmente nos interesa que sea 0). Podemos además agregarle nombres a los ejes de abcisas y ordenadas en el cuadro *Axis Labels*. La ventana final debería tener la forma que se muestra en la Figura 15.16. Hemos cambiado el color usado por omisión para graficar el desplazamiento por otro más oscuro presionando la opción *Line Color*.

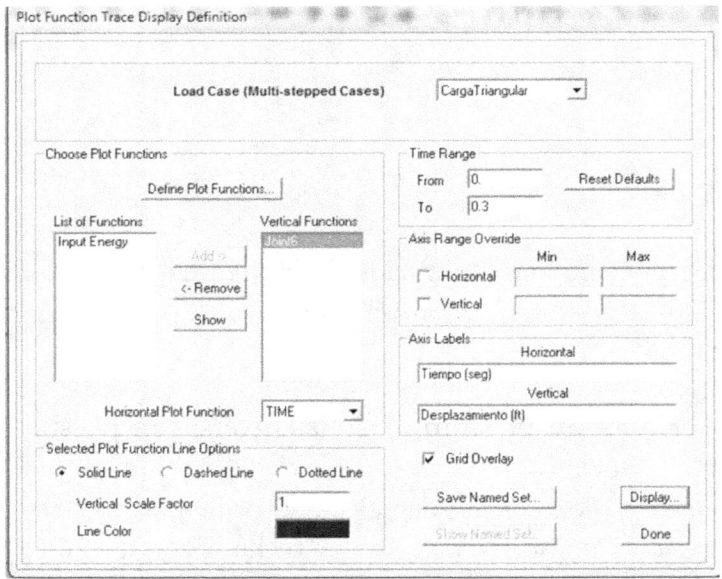

Figura 15.16 Ventana de SAP2000 con la información para graficar la variación en el tiempo de un desplazamiento.

f) Por último presionamos *Display* para ver el gráfico de $u(t)$. SAP2000 nos va a mostrar la pantalla que se reproduce en la Figura 15.17.

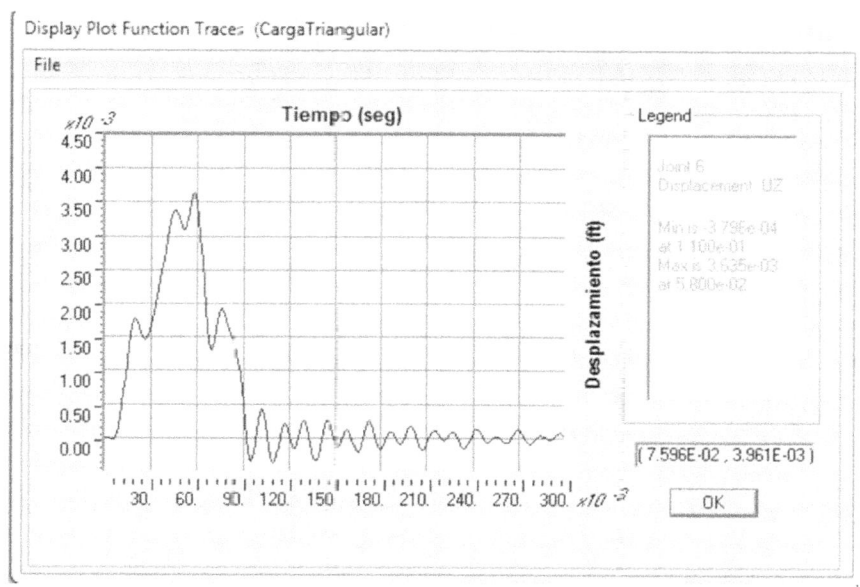

Figura 15.17 Variación del desplazamiento de la junta del medio de la viga con SAP2000.

Procediendo de manera similar podemos graficar las fuerzas internas (cortantes, momentos, fuerzas axiales) y otras cantidades como velocidades, etc. Por ejemplo, supongamos que queremos ver la variación del momento flector en un punto. En la ventana *Plot Function Traced Display Definition* (véase la Figura 15.16) presionamos el botón *Define Plot Functions...* para abrir la ventana *Plot Functions*. Allí escogemos *Add Frame Forces*, presionamos *Add Plot Function...* y escogemos en la ventana *Frame Plot Function* seleccionamos la opción que nos interesa. Por ejemplo para ver la variación del momento flector escogemos *Moment 3-3* y seleccionamos el número del elemento en el casillero *Element ID*. Por ejemplo, para ver el momento en el primer tramo desde la izquierda escribimos allí 1 (o el número de elemento que corresponda). Por último, definimos el punto en el cual se desea ver el momento. Esto último se hace a base de la distancia a la junta más cercana usando distancias relativas (entre 0 y 1) o absolutas (en pulgadas, pies, etc.). Vamos a escoger 0.8 como ejemplo. Luego hay que regresar a la ventana *Plot Function Traced Display Definition*, seleccionar la opción nueva *Frame1*, apretar *Add->* para pasarla a la ventana de la derecha. Además debemos seleccionar *Joint6* y presionar el botón *<- Remove* porque sino el programa va a dibujar dos respuestas (el desplazamiento y el momento flector). Las unidades del momento serán las activas en la caja inferior derecha de la pantalla (K, ft, F en este caso). El momento flector en el primer elemento a $0.8 \times 10 = 8\ ft$ del apoyo izquierdo varía como se muestra en la Figura 15.18.

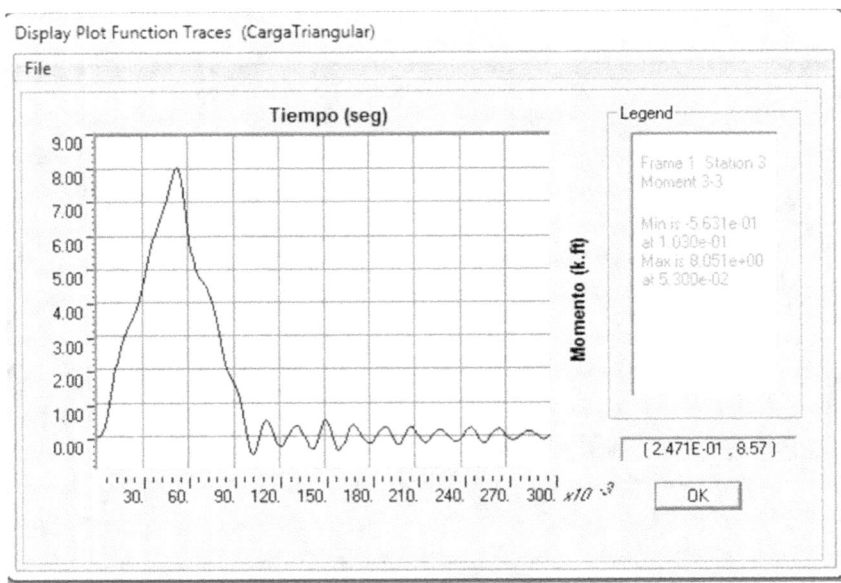

Figura 15.18 Variación del momento en el primer elemento de la viga con SAP2000.

15.7 Problemas sugeridos

Problema # 15.1:

Para estudiar las vibraciones axiales de una columna se discretizó la misma mediante el modelo simple de dos grados de libertad que se muestra en la figura del Problema 15.1. El amortiguamiento en el sistema se tuvo en cuenta mediante dos amortiguadores viscosos lineales con el mismo coeficiente c. La correspondiente matriz de amortiguamiento $[C]$ es la que aparece en el segundo término de las ecuaciones de movimiento. Si se aplica una fuerza dinámica $P(t)$ al extremo libre, las ecuaciones de movimiento son:

$$\begin{bmatrix} m & 0 \\ 0 & m/2 \end{bmatrix} \left\{ \begin{array}{c} \ddot{u}_1 \\ \ddot{u}_2 \end{array} \right\} + \begin{bmatrix} 2c & -c \\ -c & c \end{bmatrix} \left\{ \begin{array}{c} \dot{u}_1 \\ \dot{u}_2 \end{array} \right\} + \begin{bmatrix} 2k & -k \\ -k & k \end{bmatrix} \left\{ \begin{array}{c} u_1 \\ u_2 \end{array} \right\} = \left\{ \begin{array}{c} 0 \\ -P(t) \end{array} \right\}$$

donde los coeficientes k y m son:

$$k = \frac{2EA}{L} \qquad ; \qquad m = \frac{\rho AL}{2}$$

15-30

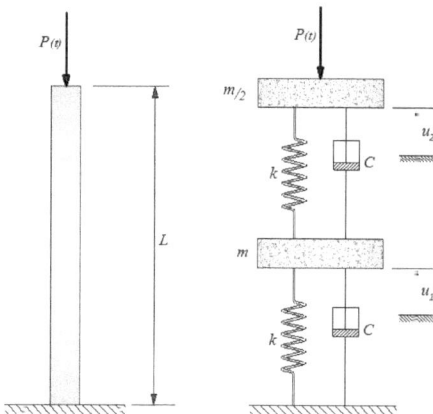

Figura del Problema 15.1

Si se ignora el amortiguamiento y se resuelve el problema de valores propios se encuentra que las frecuencias naturales son:

$$\omega_1 = \sqrt{2 - \sqrt{2}}\sqrt{\frac{k}{m}} \quad ; \quad \omega_2 = \sqrt{2 + \sqrt{2}}\sqrt{\frac{k}{m}}$$

y los modos de vibración normalizados respecto a la matriz de masa son:

$$\{\phi_1\} = \frac{1}{\sqrt{m}}\left\{ \begin{array}{c} \frac{1}{\sqrt{2}} \\ 1 \end{array} \right\} \quad ; \quad \{\phi_2\} = \frac{1}{\sqrt{m}}\left\{ \begin{array}{c} -\frac{1}{\sqrt{2}} \\ 1 \end{array} \right\}$$

a) Verifique que para este caso particular en donde la matriz de amortiguamiento $[C]$ es proporcional a la matriz de rigidez, se cumple que el producto $[\Phi]^T [C] [\Phi]$ es diagonal, o sea:

$$[\Phi]^T [C] [\Phi] = \begin{bmatrix} \hat{c}_1 & 0 \\ 0 & \hat{c}_2 \end{bmatrix} \quad \text{donde:} \quad [\Phi] = \begin{bmatrix} \{\phi_1\} & \{\phi_2\} \end{bmatrix}$$

b) Usando las constantes $\hat{c}_1$ y $\hat{c}_2$ junto con los siguientes datos:

$$E = 20\ GPa \quad ; \quad \rho = 2400\ \frac{kg}{m^3} \quad ; \quad A = 0.7\ m^2 \quad ; \quad L = 16\ m$$

determine el valor de las razones de amortiguamiento ξ_1 y ξ_2 que se obtienen, si la constante c de los amortiguadores es $126,730\ N.seg$.

Problema # 15.2:

Considere nuevamente la barra con dos grados de libertad del problema anterior. La fuerza aplicada tiene la forma de una rampa creciente como se muestra en la figura del Problema 15.2. Las frecuencias naturales y las formas modales son las dadas en el Problema # 15.2. Usando las mismas propiedades para E, ρ, I, A y L y tomando $\xi_1 = \xi_2 = 0.01$, calcule los desplazamientos de las dos masas en función del tiempo hasta el tiempo t_o que dura la aplicación de la carga. El valor máximo de la carga es $P_o = 3,000 \, kN$ y su duración es $t_o = 2T_1$, donde T_1 es el periodo natural fundamental de la barra.

NOTA: Para calcular las respuestas modales $\eta_j(t)$, use la siguiente información. Si a un oscilador de frecuencia natural ω_n, masa m y razón de amortiguamiento ξ se le aplica una carga tipo rampa creciente de duración t_o y amplitud máxima F_o, el desplazamiento $u(t)$ mientras actúa la carga es, aproximadamente:

$$u(t) = \frac{P_o}{m\omega_n^3 t_o} \left[\omega_n t - 2\xi + e^{-\xi\omega_n t} \left(2\xi \cos \omega_d t - \sin \omega_d t \right) \right]$$

donde $\omega_d = \omega_n \sqrt{1 - \xi^2}$ y la aproximación mejora a medida que ξ disminuye.

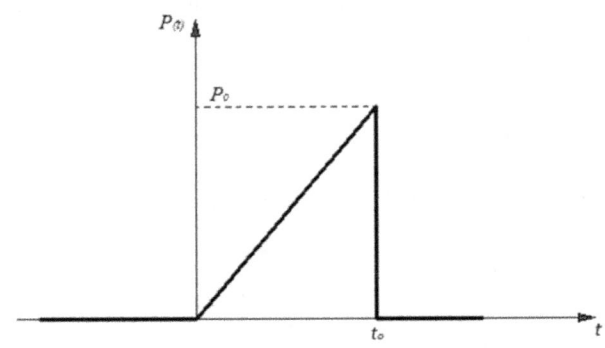

Figura del Problema 15.2

Problema # 15.3:

Una columna empotrada en ambos extremos forma parte de varias que componen la fachada de una estructura que debe resistir las presiones debidas a una explosión externa. Las cargas se van a representar mediante una variación exponencial decreciente $F(t) = F_o e^{-\beta t}$ como se muestra en la figura del Problema 15.3. La columna se ha discretizado usando el modelo de dos grados de libertad (los desplazamientos horizontales de las masas m_1 y m_2) que se muestra en la figura del Problema 15.3. Se puede demostrar que las ecuaciones de movimiento son:

$$\frac{\bar{m}L}{3} \begin{bmatrix} 1 & 0 \\ 0 & 1 \end{bmatrix} \begin{Bmatrix} \ddot{u}_1 \\ \ddot{u}_2 \end{Bmatrix} + \frac{EI}{5L^3} \begin{bmatrix} 2592 & -1782 \\ -1782 & 2592 \end{bmatrix} \begin{Bmatrix} u_1 \\ u_2 \end{Bmatrix} = \begin{Bmatrix} F(t) \\ 2F(t) \end{Bmatrix}$$

donde $\bar{m} = \rho A$ es la masa por unidad de longitud. Las frecuencias naturales y modos de vibración normalizados respecto a la matriz de masa de este modelo de la viga son:

$$\omega_1 = \sqrt{486}\sqrt{\frac{EI}{\bar{m}L^4}} \qquad ; \qquad \omega_2 = \sqrt{2624.4}\sqrt{\frac{EI}{\bar{m}L^4}}$$

$$\{\phi_1\} = \sqrt{\frac{3}{2\bar{m}L}}\left\{\begin{array}{c} 1 \\ 1 \end{array}\right\} \qquad ; \qquad \{\phi_2\} = \sqrt{\frac{3}{2\bar{m}L}}\left\{\begin{array}{c} 1 \\ -1 \end{array}\right\}$$

Para una viga con las siguientes propiedades:

$$E = 10,000\ ksi \quad ; \quad \gamma = \frac{\rho}{g} = 0.18\ k/ft^3 \quad ; \quad \xi_1 = \xi_2 = 0.01$$
$$I = 2.8\ in^4 \quad ; \quad A = 6.8\ in^2 \quad ; \quad L = 12\ ft$$

y para una fuerza definida por los siguientes parámetros:

$$F_o = 0.5\ k \quad ; \quad \beta = 1.314$$

calcule los desplazamientos $u_1(t)$ y $u_2(t)$.

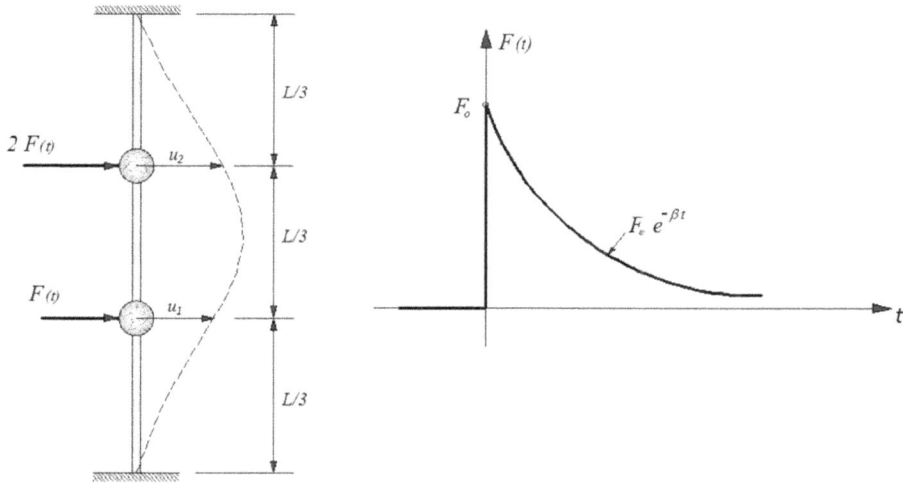

NOTA: Para calcular las coordenadas modales $\eta_j(t)$, se provee la siguiente información. Si a un oscilador de frecuencia natural ω_n, masa m y razón de amortiguamiento ξ se le aplica una carga exponencial decreciente $F_o e^{-\beta t}$, el desplazamiento $u(t)$ es, aproximadamente:

$$u(t) = \frac{F_o}{m\omega_n^2}\,\frac{e^{-\beta t} - e^{-\xi\omega_n t}\left[\cos\omega_n t + (\beta/\omega_n - \xi)\sin\omega_n t\right]}{1 + (\beta/\omega_n)^2 - 2\xi\,\beta/\omega_n}$$

Problema # 15.4:

Considere la viga de hormigón simplemente soportada que se muestra en la figura del Problema 15.4. En un punto a un tercio de su luz, se le aplicó a la viga una fuerza impulsiva $F(t)$ de muy corta duración Δt y amplitud F_o, como se muestra en la figura. La variación en el tiempo de $F(t)$ puede aproximarse como un rectángulo en un intervalo de tiempo Δt muy pequeño. La viga se discretizó usando un modelo con dos grados de libertad dinámicos: los desplazamientos transversales $u_1(t)$ y $u_2(t)$. La ecuación de movimiento es:

$$\frac{\bar{m}L}{3}\begin{bmatrix} 1 & 0 \\ 0 & 1 \end{bmatrix}\begin{Bmatrix} \ddot{u}_1 \\ \ddot{u}_2 \end{Bmatrix} + \frac{EI}{5L^3}\begin{bmatrix} 1296 & -1134 \\ -1134 & 1296 \end{bmatrix}\begin{Bmatrix} u_1 \\ u_2 \end{Bmatrix} = \begin{Bmatrix} F(t) \\ 0 \end{Bmatrix}$$

donde $\bar{m} = \rho A$. Las frecuencias naturales y los respectivos modos de vibración normalizados respecto a la matriz de masa son:

$$\omega_1 = \sqrt{486/5}\sqrt{\frac{EI}{\bar{m}L^4}} \quad ; \quad \omega_2 = \sqrt{1458}\sqrt{\frac{EI}{\bar{m}L^4}}$$

$$\{\phi_1\} = \sqrt{\frac{3}{2\bar{m}L}}\begin{Bmatrix} 1 \\ 1 \end{Bmatrix} \quad ; \quad \{\phi_2\} = \sqrt{\frac{3}{2\bar{m}L}}\begin{Bmatrix} 1 \\ -1 \end{Bmatrix}$$

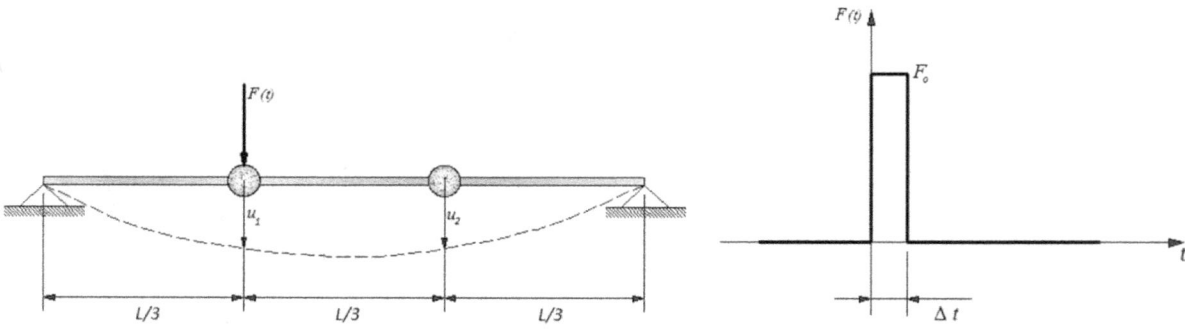

Figura del Problema 15.4

Usando los siguientes datos:

$$E = 3,600\ ksi \quad ; \quad \gamma = \frac{\rho}{g} = 0.15\ k/ft^3 \quad ; \quad \xi_1 = \xi_2 = 0.05$$

$$I = 7776\ in^4 \quad ; \quad A = 288\ in^2 \quad ; \quad L = 20\ ft \quad ; \quad F_o = 0.8\ k \quad ; \quad \Delta t = 0.01\ s$$

calcule los desplazamientos de los dos nodos en función del tiempo.

NOTA: Para calcular la respuesta modal $\eta_j(t)$, considere lo siguiente. Si a un oscilador de frecuencia natural ω_n, masa m y razón de amortiguamiento ξ se le aplica una carga impulsiva de muy corta duración Δt y amplitud F_o, el desplazamiento $u(t)$ después que actúa la carga es, aproximadamente:

$$u(t) = \frac{F_o \Delta t}{m \omega_d} e^{-\xi \omega_n t} \sin \omega_d t$$

donde $\omega_d = \omega_n \sqrt{1 - \xi^2}$ y la aproximación mejora a medida que $\Delta t \to 0$.

Problema # 15.5:

Un edificio de dos pisos se representó para su análisis dinámico mediante el modelo de edificio de corte que se muestra en la figura del Problema 15.5. El amortiguamiento se va a introducir a través de razones de amortiguamiento modal. Sobre el segundo piso actúa una fuerza tipo escalón $F(t) = F_o U(t)$. La masa m_2 y la rigidez total k_2 del segundo nivel se expresan en términos de las correspondientes cantidades del primer nivel. En este caso, las ecuaciones de movimiento del sistema son:

$$\begin{bmatrix} m1 & 0 \\ 0 & \alpha m1 \end{bmatrix} \begin{Bmatrix} \ddot{u}_1 \\ \ddot{u}_2 \end{Bmatrix} + \begin{bmatrix} (1+\beta)k1 & -k1 \\ -k1 & k1 \end{bmatrix} \begin{Bmatrix} u_1 \\ u_2 \end{Bmatrix} = \begin{Bmatrix} 0 \\ F_o U(t) \end{Bmatrix}$$

Si se escoge $\alpha = 0.8$ y $\beta = 1.2$, del problema de autovalores se obtiene que las frecuencias naturales son:

$$\omega_1 = 0.68078 \sqrt{\frac{k_1}{m_1}} \quad ; \quad \omega_2 = 1.79904 \sqrt{\frac{k_1}{m_1}}$$

Los modos normalizados respecto a la matriz de masa son:

$$\{\phi_1\} = \frac{1}{\sqrt{m_1}} \begin{Bmatrix} 0.61138 \\ 0.88474 \end{Bmatrix} \quad ; \quad \{\phi_2\} = \frac{1}{\sqrt{m_1}} \begin{Bmatrix} 0.79134 \\ -0.68355 \end{Bmatrix}$$

Si las propiedades del edificio son las siguientes:

$$k_1 = 300 \, \frac{k}{in} \quad ; \quad W_1 = \frac{m_1}{g} = 400 \, k \quad ; \quad \xi_1 = \xi_2 = 0.05$$

y la magnitud de la carga es $F_o = 40 \, k$, calcule:

a) Los desplazamientos $u_1(t)$ y $u_2(t)$ de los pisos.

b) El cortante basal $V(t)$, o sea la suma del cortante en todas las columnas en la base. ¿A qué valor tiende $V(t)$ cuando $t \to \infty$?

NOTA: La coordenada modal $\eta_j(t)$ se puede calcular usando la expresión de la respuesta a una carga escalón de amplitud F_o de un oscilador de frecuencia natural ω_n, masa m y razón de amortiguamiento ξ. Se demostró en un capítulo anterior que el desplazamiento $u(t)$ está definido por la siguiente expresión:

$$u(t) = \frac{F_o}{m\omega_n^2}\left[1 - e^{-\xi\omega_n t}\left(\frac{\xi\omega_n}{\omega_d}\sin\omega_d t + \cos\omega_d t\right)\right]$$

donde $\omega_d = \omega_n\sqrt{1-\xi^2}$.

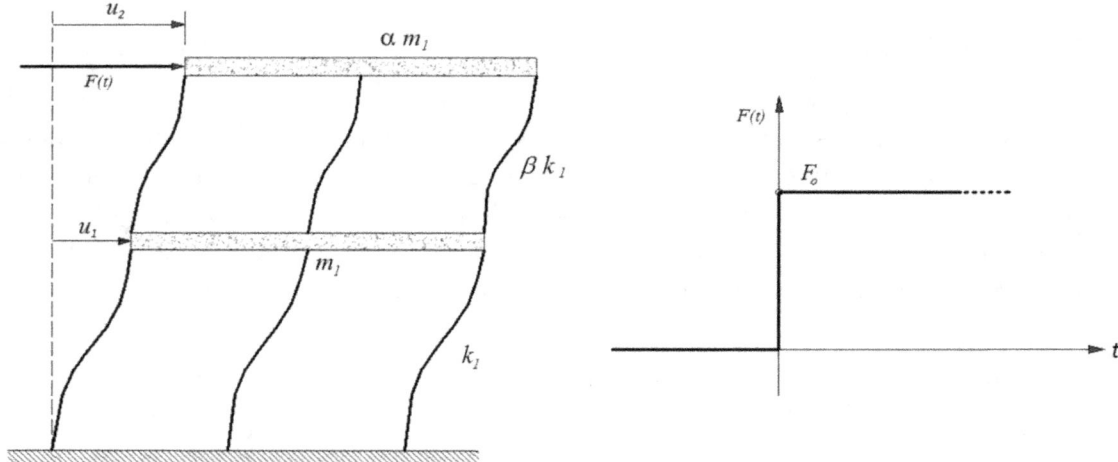

Figura del Problema 15.5

Capítulo 16

Respuesta de sistemas de múltiples
grados de libertad a fuerzas armónicas

CAPÍTULO 16: Respuesta de sistemas de múltiples grados de libertad a fuerzas armónicas

16.1 La respuesta en régimen

En los capítulos anteriores vimos cómo calcular la respuesta de una estructura modelada como un sistema de múltiples grados de libertad a una fuerza armónica, por ejemplo $F(t) = F_0 \sin \Omega t$. En estos casos la fuerza se suponía que comenzaba a actuar a partir de un cierto tiempo inicial. Antes de este tiempo, que en general se tomaba como $t = 0$, la fuerza era cero. En la mayoría de los casos en que actúa una fuerza armónica sobre una estructura, esta carga se origina por una maquinaria por lo que la fuerza está aplicada durante un tiempo prolongado. En otras ocasiones la fuerza armónica representa el efecto del viento soplando sobre una estructura en forma estacionaria (o sea durante un tiempo prolongado). Estas oscilaciones, además de que podrían causar malestar a los ocupantes de la estructura, tienen el efecto potencial de producir fallas por fatiga en los elementos estructurales. Por lo tanto en estos casos no nos interesa tanto lo que le ocurre a la estructura durante los instantes iniciales siguientes a la aplicación de la fuerza sino lo que se conoce como la "respuesta en régimen". La respuesta en régimen ("steady state response" en inglés) es la respuesta en tiempos suficientemente alejados del instante en que comenzó a actuar la excitación sobre la estructura. En vez de calcular la respuesta para un tiempo $t \to \infty$ conviene considerar el caso equivalente en que la fuerza está ya actuando desde un tiempo prolongado anterior a $t = 0$, en teoría desde $t \to -\infty$ como se muestra en la Figura 16.1.

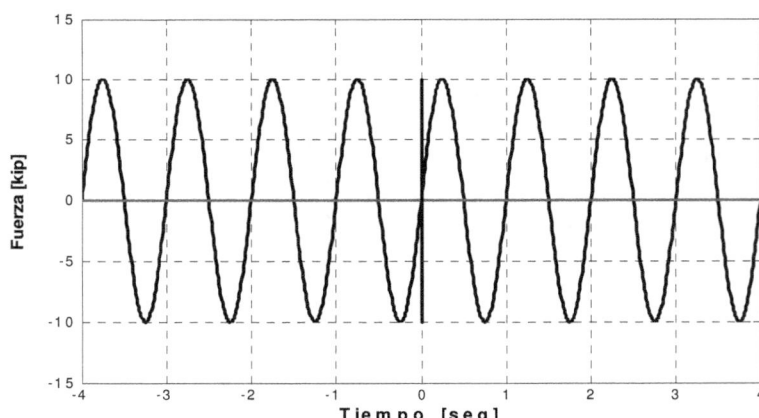

Figura 16.1 **Fuerza armónica para calcular la respuesta en régimen.**

El cálculo de la respuesta en régimen a una excitación armónica como la de la Figura 16.1 ya lo habíamos estudiado para sistemas de un grado de libertad. En este capítulo vamos a generalizar el estudio a sistemas de múltiples grados de libertad, comenzando con el caso sin amortiguamiento. Como se hizo con los sistemas de un grado de libertad, en vez de considerar una fuerza $P(t) = F_0 \sin \Omega t$ vamos a usar una excitación de la forma $P(t) = F_0\, e^{i\Omega t}$. Como se sabe, esto se hace simplemente para simplificar los desarrollos matemáticos. Por supuesto, usar una excitación compleja nos va a conducir a una respuesta también *compleja*, que no tiene un sentido físico. Sin embargo, recordemos que de acuerdo a la fórmula de Euler, $F_0\, e^{i\Omega t}$ se puede expresar como:

$$P(t) = F_0\, e^{i\Omega t} = F_0 \cos \Omega t + iF_0 \sin \Omega t \tag{16.1}$$

Por lo tanto, si la excitación es $F_0 \sin \Omega t$, vale decir la parte *imaginaria* de $F_0\, e^{i\Omega t}$, la respuesta verdadera es la parte *imaginaria* de la respuesta compleja. Igualmente, si la fuerza externa fuese $F_0 \cos \Omega t$, o sea la parte *real* de $F_0\, e^{i\Omega t}$, la respuesta verdadera sería la parte *real* de la respuesta compleja.

Supongamos para generalizar que, como muestra la Figura 16.2, sobre una estructura de n grados de libertad actúan n fuerzas armónicas de amplitudes P_1, P_2, ..., P_n. Estas amplitudes de las fuerzas armónicas las vamos a agrupar en un vector $\{P_o\}$:

$$\{P_o\} = \begin{Bmatrix} P_1 \\ P_2 \\ \vdots \\ P_n \end{Bmatrix} \tag{16.2}$$

Las ecuaciones de movimiento que nos interesa resolver tienen la forma:

$$[M]\{\ddot{u}(t)\} + [K]\{u(t)\} = \{P_o\}\, e^{i\Omega t} \tag{16.3}$$

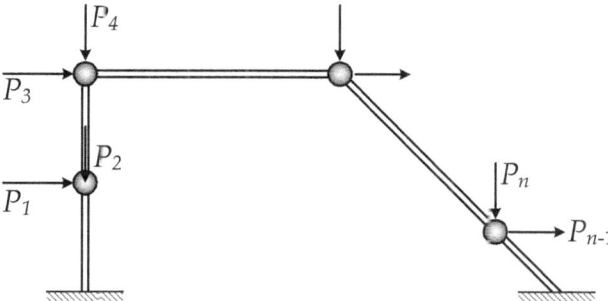

Figura 16.2 **Fuerzas armónicas sobre una estructura de n grados de libertad.**

Hay dos maneras de resolver el problema, el cual consiste en obtener el vector de desplazamientos en régimen $\{u(t)\}$. A estos dos procedimientos los vamos a llamar el

16-3

método *directo* y el *modal*. Vamos a comenzar estudiando la respuesta de sistemas sin amortiguamiento, para lo cual aplicaremos el método directo. El segundo método se basa en la aplicación del análisis modal, lo que implica calcular las frecuencias naturales y modos de vibración y usar estos últimos para desacoplar las ecuaciones (16.3). Este segunda técnica será explicada más adelante cuando se consideren sistemas con amortiguamiento: estos se analizarán usando ambos métodos.

16.2 Respuesta de sistemas no amortiguados mediante el método directo

El llamado método directo para obtener la respuesta en régimen a cargas armónicas consiste en proponer una *solución particular* para el sistema de ecuaciones diferenciales (16.3) sin desacoplar. Propongamos una solución con la misma forma que la excitación, vale decir:

$$\{u(t)\} = \{U_o\} e^{i\Omega t} = \left\{ \begin{array}{c} U_1 \\ U_2 \\ \vdots \\ U_n \end{array} \right\} e^{i\Omega t} \tag{16.4}$$

donde las constantes complejas $U_1, U_2, \ldots, U_n$ que forman el vector $\{U_o\}$ son por ahora desconocidas. Reemplazando la solución propuesta $\{u(t)\}$ y su segunda derivada,

$$\{\ddot{u}(t)\} = -\Omega^2 \{U_o\} e^{i\Omega t} \tag{16.5}$$

en la Ec. (16.3) se obtiene

$$-\Omega^2 [M] \{U_o\} e^{i\Omega t} + [K] \{U_o\} e^{i\Omega t} = \{P_o\} e^{i\Omega t}$$

Cancelando y reordenando términos obtenemos un sistema de ecuaciones lineales:

$$[[K] - \Omega^2 [M]] \{U_o\} = \{P_o\} \tag{16.6}$$

La matriz en el lado izquierdo se conoce como la "*matriz de rigidez dinámica*" $[Z(\Omega)]$:

$$[Z(\Omega)] = [[K] - \Omega^2 [M]] \tag{16.7}$$

El vector de constantes $\{U_o\}$ se puede calcular entonces como:

$$\{U_o\} = [Z(\Omega)]^{-1} \{P_o\} \tag{16.8}$$

La inversa de la matriz de rigidez dinámica se conoce como la "*matriz de Funciones Respuesta en Frecuencia*" o "*matriz de receptancias*":

$$[H(\Omega)] = [Z(\Omega)]^{-1} = [[K] - \Omega^2 [M]]^{-1} \tag{16.9}$$

con lo cual la Ec. (16.8) se puede escribir como:

$$\{U_c\} = [H(\Omega)]\{P_o\} \tag{16.10}$$

En conclusión: la solución propuesta (16.4) es válida si el vector de constantes $\{U_o\}$ se calcula de acuerdo a la Ec. 16.(10).

El cálculo de la inversa de la matriz de rigidez dinámica, la matriz $[H(\Omega)]$, sólo puede hacerse de manera analítica para casos muy sencillos y en otros casos debe efectuarse en forma numérica. Si se conocen los modos de vibración y frecuencias es posible evitar el cálculo explícito de la inversa, como se explicará más adelante.

16.3 Ejemplo 16.1:

Consideremos un sistema de dos grados de libertad consistente en un edificio de dos pisos modelado como un edificio de corte que se muestra en la Figura 16.3. Supongamos que en la masa (o piso) 1 actúa una fuerza armónica $P_1 \sin \Omega t$. Queremos calcular la amplitud del movimiento U_1 y U_2 de las dos masas.

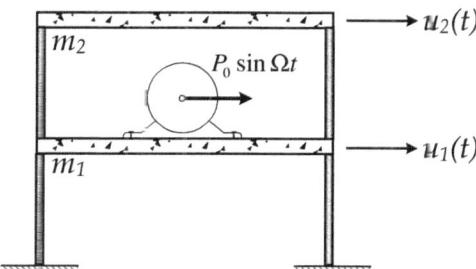

Figura 16.3 **Edificio de dos pisos con fuerza armónica.**

En este caso el vector $\{P_o\}$ es:

$$\{P_o\} = \left\{ \begin{array}{c} P_1 \\ 0 \end{array} \right\} \tag{a}$$

y como la fuerza es senoidal, la respuesta física es la parte imaginaria de la Ec. (16.4). Para este ejemplo:

$$\{u(t)\} = \mathrm{Im}\left[\{U_o\}e^{i\Omega t}\right] = \left\{ \begin{array}{c} U_1 \\ U_2 \end{array} \right\} \sin \Omega t \tag{b}$$

Para definir la matriz de rigidez dinámica necesitamos las matrices de rigidez y masa. Para el sistema estructural de la Figura 16.3 éstas son:

$$[K] = \left[\begin{array}{cc} k_1 + k_2 & -k_2 \\ -k_2 & k_2 \end{array} \right] \quad ; \quad [M] = \left[\begin{array}{cc} m_1 & 0 \\ 0 & m_2 \end{array} \right] \tag{c}$$

La matriz de impedancias es:

$$[Z(\Omega)] = \begin{bmatrix} z_{11} & z_{12} \\ z_{21} & z_{22} \end{bmatrix} = \begin{bmatrix} k_1 + k_2 - \Omega^2 m_1 & -k_2 \\ -k_2 & k_2 - \Omega^2 m_2 \end{bmatrix} \tag{d}$$

En este caso la inversa de $[Z(\Omega)]$, o sea la matriz de Funciones Respuesta en Frecuencia se puede calcular de forma sencilla:

$$[H(\Omega)] = \begin{bmatrix} H_{11} & H_{12} \\ H_{21} & H_{22} \end{bmatrix} = \begin{bmatrix} z_{11} & z_{12} \\ z_{21} & z_{22} \end{bmatrix}^{-1} = \frac{1}{\Delta} \begin{bmatrix} z_{22} & -z_{12} \\ -z_{12} & z_{11} \end{bmatrix} \tag{e}$$

donde Δ es el determinante de la matriz $[Z(\Omega)]$:

$$\Delta = z_{11} z_{22} - z_{12}^2 \tag{f}$$

De acuerdo a las Ecs. (16.10) y (a), las amplitudes de los desplazamientos en régimen son:

$$\left\{ \begin{matrix} U_1 \\ U_2 \end{matrix} \right\} = \frac{1}{\Delta} \begin{bmatrix} z_{22} & -z_{12} \\ -z_{12} & z_{11} \end{bmatrix} \left\{ \begin{matrix} P_1 \\ 0 \end{matrix} \right\} = \frac{P_1}{\Delta} \left\{ \begin{matrix} z_{22} \\ -z_{12} \end{matrix} \right\} \tag{g}$$

Reemplazando z_{11}, z_{12} y z_{22} definidos en la Ec. (d), las amplitudes de los desplazamientos resultan:

$$U_1 = \frac{z_{22}}{\Delta} P_1 = \frac{k_2 - \Omega^2 m_2}{(k_1 + k_2 - \Omega^2 m_1)(k_2 - \Omega^2 m_2) - k_2^2} P_1 \tag{h}$$

$$U_2 = -\frac{z_{12}}{\Delta} P_1 = \frac{k_2}{(k_1 + k_2 - \Omega^2 m_1)(k_2 - \Omega^2 m_2) - k_2^2} P_1 \tag{i}$$

Consideremos ahora para simplificar las fórmulas el caso en que $k_1 = k_2 = k_o$ y $m_1 = m_2 = m_o$. En este caso las expresiones (h) e (i) se reducen a:

$$U_1 = \frac{k_o - \Omega^2 m_o}{(2k_o - \Omega^2 m_o)(k_o - \Omega^2 m_o) - k_o^2} P_1 \tag{j}$$

$$U_2 = \frac{k_o}{(2k_o - \Omega^2 m_o)(k_o - \Omega^2 m_o) - k_o^2} P_1 \tag{k}$$

Asignemos los siguientes valores a las constantes:

$$k_o = 10 \ \frac{kip}{in} \qquad ; \qquad m_o = 0.01 \ \frac{kip.s^2}{in} \qquad ; \qquad P_1 = 10 \ kip$$

Remplazando estos valores en las Ecs. (j) y (k) y expandiendo el denominador se obtiene:

$$U_1 = \frac{100 - 0.1\Omega^2}{100 - 0.3\Omega^2 + 0.0001\Omega^4}$$ (l)

$$U_2 = \frac{100}{100 - 0.3\Omega^2 + 0.0001\Omega^4}$$ (m)

Vamos a graficar el valor absoluto de estas dos amplitudes U_1 y U_2 en función de la frecuencia de la excitación Ω. Los gráficos se presentan en la Figura 16.4.

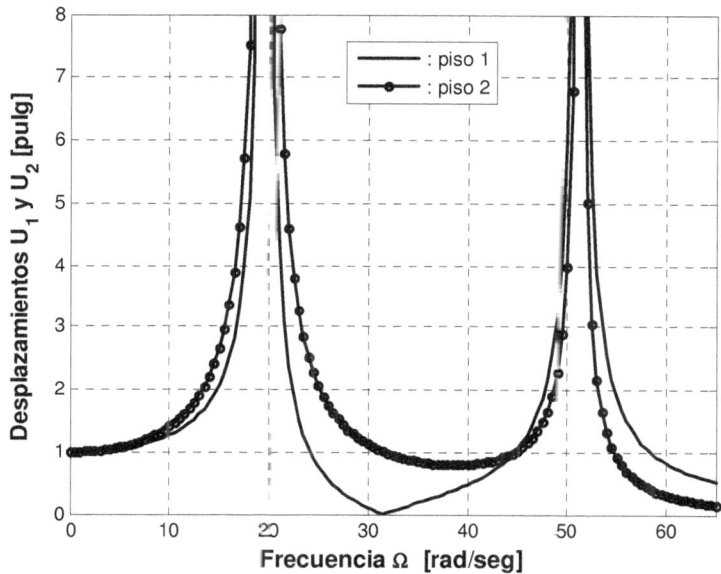

Figura 16.4 **Amplitudes de los desplazamientos de los dos pisos.**

Examinando la Figura 16.4 observamos lo siguiente. Hay dos valores de la frecuencia de la carga Ω que hacen que las amplitudes de U_1 y U_2 tiendan a infinito: $\Omega_1 = 19.54$ rad/s y $\Omega_2 = 51.17$ rad/s. Estos valores corresponden a las frecuencias naturales del sistema de dos grados de libertad y los picos sin límites están indicando una condición de resonancia. También es interesante señalar algo que no era obvio: vemos que cuando $\Omega = 31.62$ rad/s, la amplitud del desplazamiento U_1 se hace **cero**. De acuerdo a la Ec. (j), este valor de Ω es igual a $\sqrt{k_o/m_o}$. Esta condición se conoce como *antiresonancia* y tiene aplicaciones muy útiles, como veremos en la próxima sección. Cuando $\Omega = \sqrt{k_o/m_o}$, la amplitud del desplazamiento de la masa 2 no es cero y es igual, en valor absoluto, a P_1/k_o, según la Ec. (k).

16.4 El absorbedor de vibraciones

Consideremos primero un sistema de un grado de libertad de masa m_1 y rigidez k_1 sometido a una fuerza armónica $P(t) = P_1 \sin \Omega t$ como el que se muestra en la Figura 16.5. Vamos a llamar a este sistema la estructura principal o primaria. Su ecuación de movimiento es

$$m_1 \ddot{u}(t) + k_1 u_1(t) = P_1 \sin \Omega t \tag{16.11}$$

y, como vimos en un capítulo anterior, la solución en régimen se obtiene proponiendo una solución de la forma:

$$u_1 = \hat{U}_1 \sin \Omega t \tag{16.12}$$

y reemplazando en la ecuación de movimiento. Se obtiene así que la amplitud del movimiento, o sea la constante $\hat{U}_1$, debe ser tal que

$$\hat{U}_1 = \frac{P_1}{k_1 - m_1 \Omega^2} \tag{16.13}$$

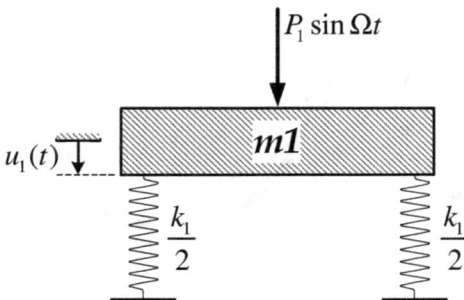

Figura 16.5 **Sistema de una masa y un resorte con fuerza armónica.**

Si llamamos ω_n a la frecuencia natural de la estructura,

$$\omega_n = \sqrt{\frac{k_1}{m_1}} \tag{16.14}$$

la amplitud del desplazamiento $\hat{U}_1$ se puede escribir como

$$\hat{U}_1 = \frac{P_1}{k_1 \left(1 - \frac{m_1}{k_1}\Omega^2\right)} = \frac{P_1}{k_1 \left(1 - \frac{\Omega^2}{\omega_n^2}\right)} \tag{16.15}$$

Vamos a denominar U_{est1} al desplazamiento causado por la fuerza de magnitud P_1 actuando estáticamente, o sea:

$$U_{est1} = \frac{P_1}{k_1} \qquad (16.16)$$

con lo que de la Ec. (16.15) se obtiene que la razón entre las amplitudes de los desplazamientos debido a la fuerza aplicada dinámica y estáticamente es:

$$\frac{\hat{U}_1}{U_{est1}} = \frac{1}{1 - \left(\frac{\Omega}{\omega_n}\right)^2} \qquad (16.17)$$

Si se grafica el valor absoluto de la razón $\hat{U}_1/U_{est1}$ se obtiene el gráfico que ya conocemos del Capítulo 6 del Tomo I. Como sabemos, la amplitud $\hat{U}_1$ muestra un pico que tiene hacia infinito cuando $\Omega \to \omega_n$.

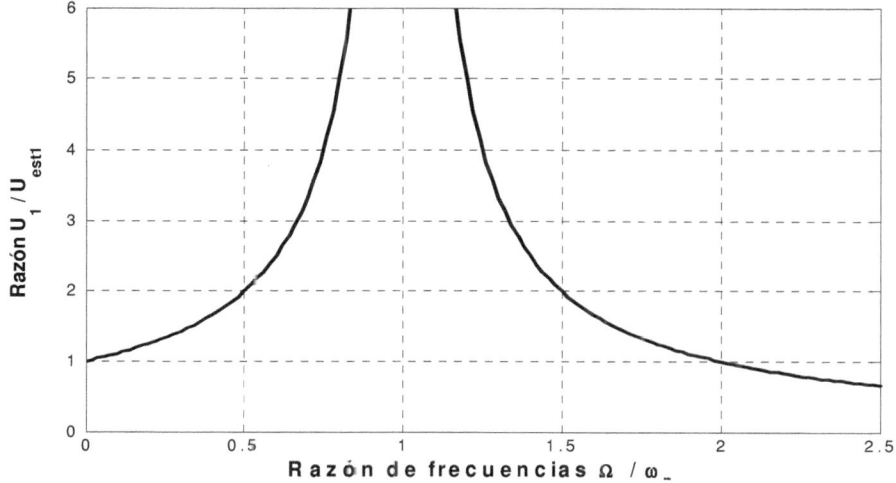

Figura 16.6 **Razón de desplazamientos para el sistema de un grado de libertad.**

Supongamos que nuestra estructura, modelada como un sistema de un grado de libertad, tiene aplicada una fuerza armónica, por ejemplo debido a un equipo mecánico, tal que su frecuencia Ω es cercana a ω_n, vale decir está en una situación cercana a resonancia. Por lo tanto, las amplitudes de los desplazamientos causados por la fuerza son inaceptablemente altos y se desea disminuirlos. Si no se puede modificar la frecuencia de la excitación Ω hay, en teoría, dos alternativas para sacar al sistema de resonancia: modificando la rigidez o la masa de la estructura. Si bien esto es posible, puede que no resulte conveniente debido a consideraciones económicas, estructurales, etc.

Se podría disminuir la respuesta aumentando el amortiguamiento, pero este tema no nos interesa por ahora, dado que por simplicidad estamos ignorándolo. Otra opción, que surge del ejemplo anterior del sistema de dos masas, y la que nos interesa explorar ahora, es colocar a la estructura un *absorbedor de vibraciones*. Éste es simplemente un oscilador con una cierta masa y rigidez, escogidas de tal manera de lograr el efecto deseado. Este sistema masa-resorte se monta sobre la estructura principal: la Figura 16.7 muestra un absorbedor de masa m_2 y coeficiente de rigidez k_2 montado sobre una estructura modelada como un sistema de un grado de libertad. Los absorbedores de vibraciones merecen, por sí solos, de un estudio separado, por lo que esta sección únicamente se va a enfocar en los aspectos de la teoría relacionada con la Dinámica Estructural.

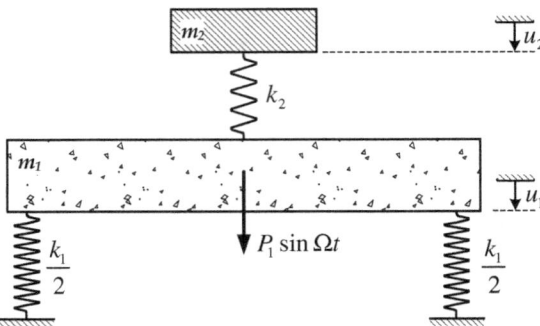

Figura 16.7 **Estructura primaria con un absorbedor de vibraciones.**

Vimos en el ejemplo anterior que en un sistema de dos grados de libertad no amortiguado existe una frecuencia Ω de la carga para la cual el desplazamiento de la masa m_1 es cero. Por lo tanto, si tenemos un problema de vibraciones excesivas de nuestra estructura debido a una carga armónica, podríamos colocar un sistema con masa m_2 y rigidez k_2 escogidas en forma tal que para una excitación de frecuencia Ω se reduzca la respuesta de la estructura principal, en teoría a cero. En la práctica, debido a que siempre hay amortiguamiento presente y a que puede haber varios modos contribuyendo a la respuesta, no se va a lograr un desplazamiento cero para la estructura original. Sin embargo, es posible reducir significativamente la amplitud del mismo. No obstante, es necesario tener en cuenta lo siguiente. Observando la Figura 16.4 del ejemplo anterior, surge un problema potencial del absorbedor como un medio para reducir las vibraciones. Si por alguna razón la frecuencia Ω de la fuerza armónica varía y se acerca a alguna de las frecuencias naturales del sistema de dos grados de libertad, el problema original puede repetirse o inclusive agravarse. Por lo tanto, un absorbedor de vibraciones, en teoría, debería usarse para excitaciones armónicas de frecuencia constante o con poca variación.

Para diseñar un absorbedor de vibraciones es conveniente introducir una serie de definiciones y notaciones. Éstas se van a usar para transformar las ecuaciones que definen la respuesta y otros parámetros a una forma adimensional.

Vamos a llamar ω_a a la frecuencia natural del absorbedor, o sea la frecuencia si éste estuviera apoyado en una superficie rígida estacionaria (como en el suelo, por ejemplo):

$$\omega_a = \sqrt{\frac{k_2}{m_2}} \qquad (16.18)$$

La razón entre las frecuencias naturales del absorbedor ω_a, dada por la Ec. (16.18), y la de la estructura ω_n, definida en la Ec. (16.14), se denominará r:

$$r = \frac{\omega_a}{\omega_n} \qquad (16.19)$$

A la razón entre las masas del absorbedor y de la estructura principal (o entre los pesos respectivos W_2 y W_1) se la llamará μ:

$$\mu = \frac{m_2}{m_1} \qquad (16.20)$$

Usando esta definición escribamos ahora la masa m_2 en términos de μ y m_1. A su vez, de la Ec. (16.14) la masa m_1 se puede expresar en función de k_1 y ω_n. Por último, usando la Ec. (16.19) ω_n se expresa en términos de r y ω_a. Se obtiene así que las masa m_2 se puede escribir como sigue:

$$m_2 = \mu m_1 = \mu \frac{k_1}{\omega_n^2} = \frac{\mu r^2 k_1}{\omega_a^2} \qquad (16.21)$$

Despejando m_1 de la Ec. (16.14) y expresando ω_n en términos de r de la Ec. (16.19), la masa m_1 se puede expresar como:

$$m_1 = \frac{k_1}{\omega_n^2} = \frac{k_1 r^2}{\omega_a^2} \qquad (16.22)$$

Procediendo de manera similar, usando las Ecs. (16.18), (16.20) y (16.19), la rigidez k_2 del absorbedor se puede escribir de la siguiente manera:

$$k_2 = m_2\omega_a^2 = (\mu m_1)\left(r^2\omega_n^2\right) = (\mu m_1)\left(r^2\frac{k_1}{m_1}\right) = \mu r^2 k_1 \qquad (16.23)$$

Usando las expresiones obtenidas para k_2, m_1 y m_2, el denominador en las Ecs. (j) y (k) del ejemplo anterior (el determinante Δ de la matriz $[Z]$) se puede expresar como sigue:

$$
\begin{aligned}
\Delta &= \left(k_1 + k_2 - \Omega^2 m_1\right)\left(k_2 - \Omega^2 m_2\right) - k_2^2 \\
\Delta &= \left(k_1 + \mu r^2 k_1 - \Omega^2\frac{k_1 r^2}{\omega_a^2}\right)\left(\mu r^2 k_1 - \Omega^2\frac{\mu r^2 k_1}{\omega_a^2}\right) - \mu^2 r^4 k_1^2 \\
\Delta &= k_1^2\mu r^2\left\{\left[1 + \mu r^2 - \left(\frac{\Omega}{\omega_a}\right)^2 r^2\right]\left[1 - \left(\frac{\Omega}{\omega_a}\right)^2\right] - \mu r^2\right\} \qquad (16.24)
\end{aligned}
$$

Reemplazando k_2 y m_2 de las Ecs. (16.23) y (16.21), el numerador en la Ec. (j) que define a U_1 resulta:

$$k_2 - \Omega^2 m_2 = \mu r^2 k_1 - \Omega^2 \frac{\mu r^2 k_1}{\omega_a^2}$$

$$k_2 - \Omega^2 m_2 = \mu r^2 k_1 \left[1 - \left(\frac{\Omega}{\omega_a} \right)^2 \right] \tag{16.25}$$

Ahora podemos re-escribir la expresión de la amplitud U_1 en la Ec. (j) como sigue:

$$U_1 = \frac{k_2 - \Omega^2 m_2}{\Delta} P_1 = \frac{\mu r^2 k_1 \left[1 - \left(\frac{\Omega}{\omega_a} \right)^2 \right]}{k_1^2 \mu r^2 \left\{ \left[1 + \mu r^2 - \left(\frac{\Omega}{\omega_a} \right)^2 r^2 \right] \left[1 - \left(\frac{\Omega}{\omega_a} \right)^2 \right] - \mu r^2 \right\}} P_1$$

$$U_1 = \frac{\left[1 - \left(\frac{\Omega}{\omega_a} \right)^2 \right]}{k_1 \mu \left\{ \left[1 + \mu r^2 - \left(\frac{\Omega}{\omega_a} \right)^2 r^2 \right] \left[1 - \left(\frac{\Omega}{\omega_a} \right)^2 \right] - \mu r^2 \right\}} P_1 \tag{16.26}$$

Y teniendo en cuenta la definición de U_{est1} en la Ec. (16.16), la razón entre las magnitudes de los desplazamientos dinámico y estático de la estructura principal se puede escribir como,

$$\frac{U_1}{U_{est1}} = \frac{1 - \left(\frac{\Omega}{\omega_a} \right)^2}{\left[1 + \mu r^2 - \left(\frac{\Omega}{\omega_a} \right)^2 r^2 \right] \left[1 - \left(\frac{\Omega}{\omega_a} \right)^2 \right] - \mu r^2} \tag{16.27}$$

Es evidente de esta ecuación que la frecuencia del absorbedor ω_a debe coincidir con la de la excitación Ω para minimizar (hacer cero) la respuesta de la estructura. En este caso se dice que el absorbedor de vibraciones está *sintonizado* ("tuned" en inglés).

Procediendo en forma similar ä comose hizo con U_1, se puede demostrar que la razón entre las magnitudes de los desplazamientos dinámico y estático del absorbedor, o sea de la masa 2, es:

$$\frac{U_2}{U_{est1}} = \frac{1}{\left[1 + \mu r^2 - \left(\frac{\Omega}{\omega_a} \right)^2 r^2 \right] \left[1 - \left(\frac{\Omega}{\omega_a} \right)^2 \right] - \mu r^2} \tag{16.28}$$

De esta expresión vemos que cuando la estructura primaria está en reposo debido a que se le ha colocado un absorbedor con $\omega_a = \Omega$, el absorbedor se mueve con una amplitud dada por:

$$\frac{U_2}{U_{est1}} = -\frac{1}{\mu r^2} \tag{16.29}$$

En la práctica, al escoger un absorbedor debe verificarse que su amplitud del movimiento U_2 no sobrepase un valor razonable que depende del absorbedor en particular.

Es útil conocer las dos frecuencias naturales ω_1 y ω_2 del sistema masa-absorbedor. Las frecuencias naturales se pueden calcular como siempre igualando a cero el siguiente determinante:

$$\det\left([K] - \omega_j^2\,[M]\right) = 0$$

En este caso las frecuencias naturales también se pueden calcular encontrando los valores de la frecuencia de la carga Ω para los cuales los desplazamientos U_1 y U_2 tienden a infinito. Esto equivale a encontrar los valores de Ω para los cuales *se anula* el denominador de las Ecs. (16.27) o (16.28). Vamos a usar este método y para simplificar las expresiones introduciremos un nuevo parámetro llamado α:

$$\alpha = \left(\frac{\Omega}{\omega_a}\right)^2 = \left(\frac{\omega_j}{\omega_a}\right)^2 \tag{16.30}$$

Nótese que ahora Ω no representa la frecuencia de la carga armónica sino una cualquiera de las frecuencias naturales ω_j que queremos hallar. Usando esta notación en el denominador de las Ecs. (16.27) o (16.28) e igualando este a cero resulta:

$$\left[1 + \mu r^2 - \alpha^2 r^2\right]\left[1 - \alpha^2\right] - \mu r^2 = 0$$

Expandiendo esta expresión se obtiene la ecuación de segundo orden:

$$r^2\alpha^2 - \left[1 + r^2\left(1 + \mu\right)\right]\alpha + 1 = 0 \tag{16.31}$$

Las dos raíces de la ecuación polinómica son:

$$\left.\begin{matrix}\alpha_1\\\alpha_2\end{matrix}\right\} = \frac{1}{2r^2}\left\{1 + r^2\left(1 + \mu\right) \pm \sqrt{\left[1 + r^2\left(1 + \mu\right)\right]^2 - 4r^2}\right\} \tag{16.32}$$

De acuerdo a la Ec. (16.30), una vez que se conocen los valores de α_1 y α_2, las frecuencias naturales son,

$$\omega_1 = \sqrt{\alpha_1}\,\omega_a \qquad ; \qquad \omega_2 = \sqrt{\alpha_2}\,\omega_a \tag{16.33}$$

Por ejemplo, tomemos el caso en que la razón de masas μ es $1/10$ (un valor típico) y la razón de frecuencias $r = \omega_a/\omega_n$ es 1. En este caso α_1 y α_2 resultan:

$$\left.\begin{matrix}\alpha_1\\\alpha_2\end{matrix}\right\} = \frac{21 \pm \sqrt{41}}{20}$$

Y las frecuencias naturales de la estructura con el absorbedor de vibraciones son:

$$\omega_1 = \sqrt{\alpha_1}\,\omega_a = 0.8543\,\omega_a$$
$$\omega_2 = \sqrt{\alpha_2}\,\omega_a = 1.1705\,\omega_a$$

Veamos ahora físicamente porqué la estructura principal deja de vibrar cuando se le coloca un absorbedor sintonizado. Consideremos para esto los Diagramas de Cuerpo Libre de la estructura y del absorbedor que están representados en la Figura 16.8.

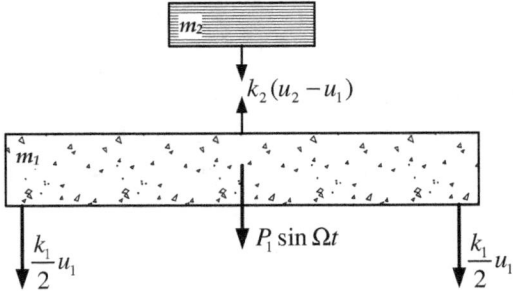

Figura 16.8 **Diagramas de Cuerpo Libre de la estructura y el absorbedor.**

El desplazamiento en el tiempo (en régimen) del absorbedor se puede calcular con las Ecs. (b) e (i) del Ejemplo 16.1. Para que se anule la respuesta de la estructura vimos que se debe cumplir la condición $k_2 = \Omega^2 m_2$. En este caso la Ec. (i) se reduce a:

$$u_2(\text{t}) = U_2 \sin \Omega t = -\frac{P_1}{k_2}\sin \Omega t \qquad (16.34)$$

La fuerza en el resorte del absorbedor es $k_2\left[u_2(\text{t}) - u_1(\text{t})\right]$. Como $u_1(\text{t})$ es cero y con $u_2(\text{t})$ dado por la expresión anterior tenemos que:

$$k_2\left[u_2(\text{t}) - u_1(\text{t})\right] = -P_1 \sin \Omega t \qquad (16.35)$$

Por lo tanto, cuando la frecuencia ω_a del absorbedor es igual a la frecuencia Ω de la carga, la fuerza en el resorte del absorbedor es *igual y opuesta* a la fuerza externa. Como además la fuerza en el resorte de la estructura $k_1 u_1(\text{t})$ también es cero (porque $u_1 = 0$), las fuerzas dinámicas en la masa m_1 se anulan lo que explica porqué la estructura principal no se mueve.

16.4.1 Ejemplo 16.2:

Consideremos una losa de piso de un edificio de hormigón usado para laboratorios que tiene las dimensiones que se indican en la Figura 16.9. Cuando se enciende uno de los equipos del laboratorio, se sienten vibraciones molestas en el piso que afectan a las personas y a otros instrumentos. Se observó que el equipo que causa el problema tiene masas rotantes con velocidad de operación de $3,600\ rpm$. Se desea diseñar un absorbedor de vibraciones para reducir el nivel de las oscilaciones. Por simplicidad, se va a ignorar el amortiguamiento.

Calculemos la frecuencia Ω de la fuerza que genera el equipo, usando la velocidad de rotación en *rpm*:

$$\Omega = \frac{2\pi}{60}r = \frac{2\pi}{60}3,600 \simeq 377 \,\frac{rad}{s} \tag{a}$$

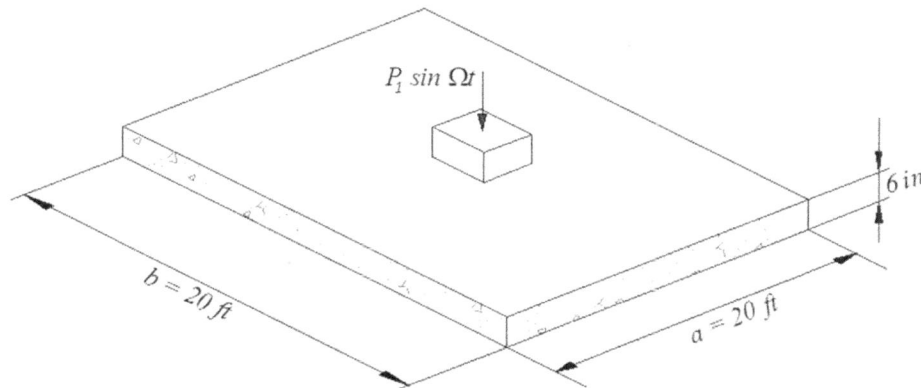

Figura 16.9 **Losa de piso con una carga armónica.**

Necesitamos conocer la primera frecuencia natural de la losa de piso. Se va a considerar que la losa se puede modelar como una placa plana en flexión de un grado de libertad, que está simplemente soportada en los dos lados opuestos de longitud b y libre a lo largo de los lados de ancho a. Para este caso es posible calcular la frecuencias naturales exactas usando un modelo continuo. Las fórmulas se pueden obtener de manuales como por ejemplo: *Formulas for Natural Frequency and Mode Shapes*, de Robert Blevins, Krieger Publishing Co, 1995. De acuerdo a esta fuente, y para una razón $a/b = 20/30 = 2/3$, la frecuencia natural fundamental exacta f_n en *Hertz* se puede calcular con la siguiente fórmula:

$$f_n = \frac{9.698^2}{2\pi a^2}\sqrt{\frac{Eh^2 g}{12\gamma\left(1-\nu^2\right)}} \tag{b}$$

donde h es el espesor de la placa, g es la aceleración de la gravedad, y E, γ y ν son, respectivamente, el módulo de elasticidad, el peso unitario y la razón de Poisson del material. Vamos a usar los siguientes valores:

$$E = 3,600 \; ksi = 518.4 \times 10^6 \,\frac{lb}{ft^2} \quad ; \quad \gamma = 150 \,\frac{lb}{ft^3} \quad ; \quad \nu = 0.20$$

Reemplazando estos valores junto con a, h y g en la Ec. (b) se obtiene:

$$f_n = \frac{9.698^2}{2\pi(20)^2}\sqrt{\frac{518.4 \text{ x } 10^6 (0.5)^2 32.2}{12(150)(1-0.2^2)}} = 58.15 \; Hertz \tag{c}$$

Y la frecuencia natural en rad/s es

$$\omega_n = 2\pi f_n = 365.4 \; \frac{rad}{s} \tag{d}$$

A este sistema de un grado de libertad con frecuencia natural $365.4 \; rad/s$ se le va a colocar el absorbedor no amortiguado (de masa m_2 y rigidez k_2) como se muestra en la Figura 16.10.

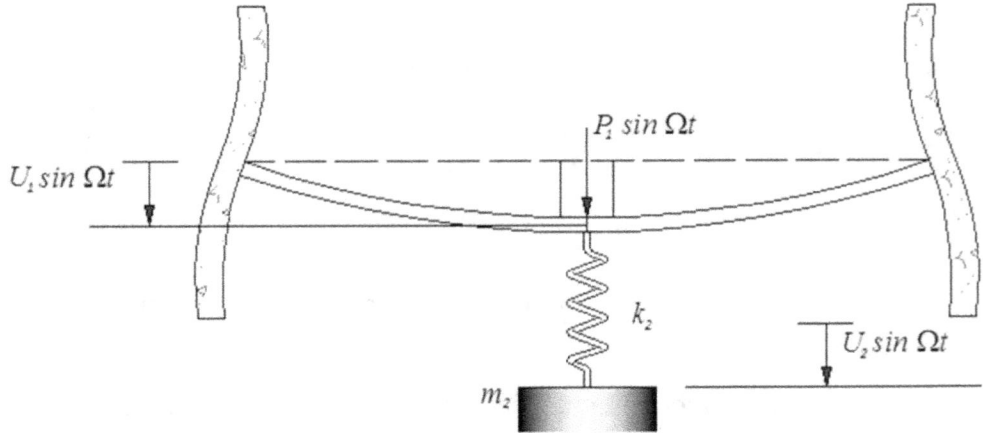

Figura 16.10 **Losa de un grado de libertad con el absorbedor en el centro.**

La Ec. (16.17) se puede usar para predecir la amplificación dinámica en la estructura original (la losa de piso):

$$\left|\frac{\hat{U}_1}{U_{est1}}\right| = \frac{1}{\left|1-\left(\frac{377}{365.4}\right)^2\right|} = 15.5$$

Para "diseñar" el absorbedor debemos obtener los valores de k_2 y m_2. Usualmente, se escoge un valor para la razón de masas μ no mayor de $1/10$. Tomemos por ejemplo $\mu = 1/20$. Calculemos primero el peso W_1 de la losa (vamos a despreciar el peso del equipo):

$$W_1 = \gamma(a \text{ x } b \text{ x } h) = 150(20 \text{ x } 30 \text{ x } 0.5) = 45,000 \; lb$$

El peso W_2 del absorbedor se obtiene usando la razón de masas (o de pesos) μ:

$$W_2 = \mu W_1 = 2,250 \; lb \tag{e}$$

Dijimos que la frecuencia natural del absorbedor ω_2 debe ser igual a la de la fuerza armónica Ω:

$$\omega_a = \sqrt{\frac{k_2}{m_2}} = \sqrt{\frac{k_2 g}{W_2}} = \Omega$$

Por lo tanto, de aquí se puede despejar la rigidez requerida del absorbedor :

$$k_2 = \frac{W_2}{g}\Omega^2 = \frac{2,250}{32.2}377^2 = 9.931 \times 10^6 \frac{lb}{ft} = 828 \frac{kip}{in} \tag{f}$$

Instalando un absorbedor con estos valores de k_2 y m_2 (o W_2), la amplitud de las vibraciones del piso se reduce, *en teoría*, a cero.

Debemos verificar la amplitud de las oscilaciones del absorbedor. Para esto necesitamos conocer la razón r:

$$r = \frac{\omega_a}{\omega_n} = \frac{\Omega}{\omega_n} = \frac{377}{365.4} = 1.032$$

y con $\omega_a = \Omega$, de la Ec. (16.18) se obtiene

$$\left|\frac{U_2}{U_{est1}}\right| = \frac{1}{\mu r^2} = \frac{1}{(1/20)1.032^2} = 18.8$$

Para conocer U_2 con unidades se necesita calcular U_{est1} para lo cual se requiere saber la magnitud P_1 de la fuerza externa. En un caso práctico, es necesario asegurarse que el absorbedor pueda resistir esta amplificación dinámica y que la misma no produzca problemas de fatiga, etc.

El absorbedor de vibraciones es un dispositivo muy útil para atenuar las oscilaciones de una estructura flexible (o una máquina) sometida a excitaciones armónicas. Se suele usar en casos en donde las alternativas para atenuar las vibraciones no son factibles por razones arquitectónicas, económicas, constructivas, etc. Si bien en un caso real no es posible lograr que la estructura principal permanezca inmóvil, un absorbedor ayuda a atemperar notablemente la amplitud de las oscilaciones. El ejemplo que vimos aquí solo sirve como una introducción al tema porque en la realidad el problema es aún más complejo. Por ejemplo, la teoría del absorbedor de vibraciones requiere que tanto la estructura como el absorbedor se representen como sistemas de un grado de libertad. Esto a su vez requiere que la estructura, por ejemplo un edificio multipisos, se reduzca adecuadamente a un sistema de un grado de libertad, usando algún procedimiento como el método de Ritz que vimos en el Capítulo 3 del Tomo I. Además, para una modelación más realista hay que considerar el amortiguamiento tanto de la estructura principal como la del absorbedor. En una estructura complicada también se debe que considerar cuál es la mejor posición para colocar el absorbedor. Todo esto hace el análisis más complejo por lo que un desarrollo más detallado se sale de los objetivos de este libro.

16.5 Respuesta de sistemas amortiguados a excitaciones armónicas

16.5.1 Introducción

En la sección 16.1 se estudió el cálculo de la respuesta en régimen de estructuras sin amortiguamiento modeladas como sistemas de múltiple grados de libertad y con cargas armónicas. En esa ocasión se mencionó que la respuesta de la estructura se podía calcular usando un *método directo*, o sea suponiendo una solución y verificando su validez, o a través del *análisis modal*. No obstante, sólo se consideró el primer método. Ahora vamos a estudiar en detalle la solución mediante el análisis modal, para luego extender el método directo a sistemas amortiguados. En ambos casos vamos a usar el modelo de amortiguamiento que se ha adoptado a lo largo del libro: el modelo viscoso lineal. Consideremos un sistema de n grados de libertad con amortiguamiento viscoso sometido a fuerzas armónicas, como la viga que se muestra en la Figura 16.11.

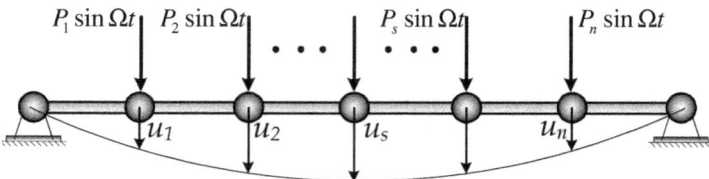

Figura 16.11 **Sistema de n grados de libertad con fuerzas armónicas.**

Las ecuaciones de movimiento que nos interesa resolver son:

$$[M]\{\ddot{u}\} + [C]\{\dot{u}\} + [K]\{u\} = \{P(\text{t})\} \tag{16.36}$$

donde $\{P(t)\}$ es un vector de fuerzas armónicas todas con la misma frecuencia Ω. Por conveniencia matemática, la variación en el tiempo de las fuerzas, ya sea $\sin\Omega t$ o $\cos\Omega t$, la vamos a expresar en la forma usual como un exponencial complejo:

$$\{P(\text{t})\} = \{P_o\}\, e^{i\Omega t} \qquad \text{donde:} \begin{cases} Re\left(e^{i\Omega t}\right) = \cos\Omega t \\ Im\left(e^{i\Omega t}\right) = \sin\Omega t \end{cases} \tag{16.37}$$

El vector $\{P_o\}$ es un vector con las magnitudes de las n fuerzas armónicas:

$$\{P_o\} = \left\{ \begin{array}{c} P_1 \\ P_2 \\ \vdots \\ P_n \end{array} \right\} \tag{16.38}$$

Como ya sabemos, para que la respuesta en régimen tenga sentido, es necesario suponer que las fuerzas armónicas están actuando desde un tiempo prolongado, o que la respuesta se calcula para un tiempo t suficientemente alejado del instante en que se aplicaron las fuerzas. En cualquier caso, la parte transitoria de la respuesta ya debe haber desaparecido y la estructura estará vibrando de forma armónica con la misma frecuencia de las cargas Ω.

Vamos ahora a considerar el primer método de análisis, el que es una aplicación del método general que estudiamos para excitaciones arbitrarias. Este método es únicamente válido si la estructura tiene amortiguamiento de tipo "*clásico*" (a veces llamado "*proporcional*"). Este caso, como vimos en el Capítulo 15, obliga a suponer que los autovectores o modos de vibración pueden diagonalizar la matriz de amortiguamiento $[C]$. Como en la gran mayoría de los casos no conocemos la matriz $[C]$, esto no es una limitación grande.

16.5.2 El método de análisis modal

Para calcular la solución de las ecuaciones de movimiento (16.36) con este método debemos primero obtener las frecuencias y los modos de vibración de la estructura. El vector de desplazamientos se obtiene sumando las contribuciones de cada uno de los n modos:

$$\{u(t)\} = \sum_{j=1}^{n} \{\phi_j\} \, \eta_j(t) \tag{16.39}$$

donde las coordenadas modales $\eta_j(t)$ son la solución de las ecuaciones diferenciales desacopladas. Considerando que el amortiguamiento del sistema es clásico, las ecuaciones desacopladas son:

$$\ddot{\eta}_j(t) + 2\xi_j \, \omega_j \, \dot{\eta}_j(t) + \omega_j^2 \, \eta_j(t) = N_j(t) \qquad ; \qquad j = 1, 2, ..., n \tag{16.40}$$

y $N_j(t)$ son las cargas modales, que en este caso resultan:

$$N_j(t) = \{\varphi_j\}^T \{P(t)\} = \{\phi_j\}^T \{P_o\} \, e^{i\Omega t} = P_j \, e^{i\Omega t} \tag{16.41}$$

Vamos a llamar P_j a las constantes que resultan de multiplicar los vectores $\{\phi_j\}$ y $\{P_o\}$:

$$P_j = \{\phi_j\}^T \{P_o\} \qquad ; \qquad j = 1 \; 2, ..., n \tag{16.42}$$

Reemplazando la expresión de $N_j(t)$ en la Ec. (16.40) se obtiene

$$\ddot{\eta}_j(t) + 2\xi_j \, \omega_j \, \dot{\eta}_j(t) + \omega_j^2 \, \eta_j(t) = P_j \, e^{i\Omega t} \qquad ; \qquad j = 1, 2, ..., n \tag{16.43}$$

Para cargas transitorias las coordenadas modales $\eta_j(t)$ se obtienen resolviendo la integral de Duhamel. No obstante, ahora nos interesa solamente la solución particular o *en régimen* de la Ec. (16.43). Propongamos entonces una solución de la forma:

$$\eta_j(t) = A_j \, e^{i\Omega t} \tag{16.44}$$

Reemplazando la solución propuesta en la Ec. (16.43):

$$\left[-\Omega^2 + \, i2\xi_j\omega_j\Omega + \omega_j^2 \right] A_j \, e^{i\Omega t} = P_j \, e^{i\Omega t}$$

obtenemos que la constante A_j es:

$$A_j = \frac{P_j / \omega_j^2}{1 - \left(\frac{\Omega}{\omega_j}\right)^2 + i2\xi_j \left(\frac{\Omega}{\omega_j}\right)} = \frac{P_j}{\omega_j^2} \, H_j\left(\Omega\right) \tag{16.45}$$

donde la función compleja $H_j\left(\Omega\right)$ se conoce como la *Función Respuesta en Frecuencia* correspondiente al modo "j":

$$H_j\left(\Omega\right) = \frac{1}{1 - \left(\frac{\Omega}{\omega_j}\right)^2 + i2\xi_j \left(\frac{\Omega}{\omega_j}\right)} \qquad ; \qquad j = 1, 2, ..., n \tag{16.46}$$

Remplazando A_j en la Ec. (16.44), la solución particular o en régimen es:

$$\eta_j(\mathrm{t}) = \frac{P_j}{\omega_j^2} \, H_j\left(\Omega\right) \, e^{i\Omega t} \tag{16.47}$$

Usando las coordenadas modales $\eta_j(\mathrm{t})$ en la Ec. (16.39), el vector de desplazamientos físicos resulta:

$$\{u(\mathrm{t})\} = \sum_{j=1}^{n} \{\phi_j\} \, \frac{P_j}{\omega_j^2} \, H_j\left(\Omega\right) \, e^{i\Omega t} \tag{16.48}$$

Teniendo en cuenta la definición de P_j en la Ec. (16.42), el vector $\{u(\mathrm{t})\}$ se puede escribir como:

$$\{u(\mathrm{t})\} = \left[\sum_{j=1}^{n} \{\phi_j\} \{\phi_j\}^T \, \frac{H_j\left(\Omega\right)}{\omega_j^2}\right] \{P_o\} e^{i\Omega t} \tag{16.49}$$

y usando la Ec. (16.46):

$$\{u(\mathrm{t})\} = \left[\sum_{j=1}^{n} \frac{\{\phi_j\} \{\phi_j\}^T}{\omega_j^2 - \Omega^2 + i2\xi_j\omega_j\Omega}\right] \{P_o\} e^{i\Omega t} \tag{16.50}$$

El término en corchetes es una matriz compleja función de Ω de dimensión n x n que llamaremos $[H(\Omega)]$:

$$[H(\Omega)] = \sum_{j=1}^{n} \frac{\{\phi_j\} \{\phi_j\}^T}{\omega_j^2 - \Omega^2 + i2\xi_j\omega_j\Omega} \tag{16.51}$$

con lo cual el vector de desplazamientos resulta:

$$\{u(\mathrm{t})\} = [H(\Omega)] \, \{P_o\} e^{i\Omega t} \tag{16.52}$$

El producto $[H(\Omega)] \{P_o\}$ es un vector de amplitudes complejas que llamaremos $\{U_o\}$:

$${U_o} = [H(\Omega)] \ {P_o} \qquad\qquad (16.53)$$

Con esta notación el vector de desplazamientos se puede escribir como:

$${u(t)} = {U_o}\, e^{i\Omega t} \qquad\qquad (16.54)$$

Por ser de mucha importancia vamos a examinar la matriz $[H(\Omega)]$ en más detalle. Para esto supongamos a continuación que hay una única fuerza aplicada de magnitud F_0 en el grado de libertad c coordenada "s" como se muestra en la Figura 16.12. En este caso el vector de fuerzas constantes ${P_o}$ es:

$${P_o} = \left\{ \begin{array}{c} 0 \\ 0 \\ \vdots \\ F_o \\ \vdots \\ 0 \end{array} \right\} \quad \Leftarrow \text{fila "}s\text{"} \qquad\qquad (16.55)$$

Por lo tanto, las constantes P_j en la Ec. (16.42) son para este caso particular:

$$P_j = \left\{\phi_j\right\}^T {P_o} = \phi_{sj}\, F_o \qquad ; \qquad j = 1,2,...,n \qquad\qquad (16.56)$$

Reemplazando la Ec. (16.56) en la (16.48) el vector de desplazamientos resulta:

$${u(t)} = \left[\sum_{j=1}^{n} \left\{\phi_j\right\} \frac{\phi_{sj}}{\omega_j^2} H_j(\Omega)\right] F_o\, e^{i\Omega t} \qquad\qquad (16.57)$$

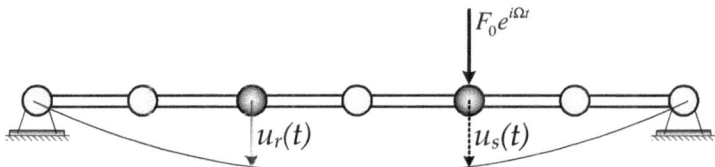

Figura 16.12 **Estructura con fuerza armónica en el grado de libertad 's"**

Nos interesa conocer el desplazamiento del grado de libertad o coordenada "r" (véase la Figura 16.12), para lo cual debemos considerar la fila "r" del vector ${u(t)}$ de la Ec. (16.57):

$$u_r(t) = \left[\sum_{j=1}^{n} \frac{\phi_{rj}\phi_{sj}}{\omega_j^2} H_j(\Omega)\right] F_c\, e^{i\Omega t} \qquad\qquad (16.58)$$

Esto puede escribirse en forma más compacta como:

$$u_r(\mathrm{t}) = H_{rs}\left(\Omega\right) F_o\, e^{i\Omega t} \qquad (16.59)$$

donde hemos llamado $H_{rs}\left(\Omega\right)$ a la *Función Respuesta en Frecuencia (FRF) entre los grados de libertad r y s*:

$$H_{rs}\left(\Omega\right) = \sum_{j=1}^{n} \frac{\phi_{rj}\phi_{sj}}{\omega_j^2} H_j\left(\Omega\right) \qquad (16.60)$$

Y reemplazando $H_j\left(\Omega\right)$ de la Ec. (16.46) la función $H_{rs}\left(\Omega\right)$ resulta:

$$H_{rs}\left(\Omega\right) = \sum_{j=1}^{n} \frac{\phi_{rj}\phi_{sj}}{\omega_j^2 - \Omega^2 + i2\xi_j\omega_j\Omega} \qquad (16.61)$$

Nótese que el primer subíndice ("r" en este caso) nos indica en qué grado de libertad estamos calculando la respuesta mientras que el segundo subíndice ("s" en este caso) nos indica dónde está aplicada la fuerza armónica.

La Ec. (16.59) permite definir a la Función Respuesta en Frecuencia $H_{rs}\left(\Omega\right)$ como:

La amplitud (compleja) del desplazamiento del grado de libertad "r" cuando se aplica una carga de magnitud unitaria $e^{i\Omega t}$ en el grado de libertad "s".

Notemos además que de acuerdo a la Ec. (16.61) las Funciones Respuesta en Frecuencia son simétricas, vale decir se cumple que:

$$H_{rs}\left(\Omega\right) = H_{sr}\left(\Omega\right) \qquad (16.62)$$

Dado que la *FRF* es una cantidad compleja, puede expresarse en forma polar, o sea en términos del módulo y fase, como:

$$H_{rs}\left(\Omega\right) = |H_{rs}\left(\Omega\right)|\, e^{i\theta_{rs}} \qquad (16.63)$$

donde el módulo o valor absoluto es:

$$|H_{rs}\left(\Omega\right)| = \sqrt{[\mathrm{Re}(H_{rs})]^2 + [\mathrm{Im}(H_{rs})]^2} \qquad (16.64)$$

y el ángulo de fase es:

$$\theta_{rs} = \tan^{-1}\left[\frac{\mathrm{Im}(H_{rs})}{\mathrm{Re}(H_{rs})}\right] \qquad (16.65)$$

Sustituyendo la Ec. (16.63) en la (16.59), el desplazamiento del grado de libertad "r" resulta:

$$u_r(t) = |H_{rs}(\Omega)| \; e^{i\theta_{rs}} F_o \; e^{i\Omega t}$$
$$u_r(t) = |H_{rs}(\Omega)| \; e^{i(\Omega t + \theta_{rs})} F_o \tag{16.66}$$

Si la carga fuese $F_o \sin \Omega t$, la respuesta sería la parte imaginaria de la expresión anterior:

$$u_r(t) = |H_{rs}(\Omega)| \; F_o \sin(\Omega t + \theta_{rs}) \tag{16.67}$$

La expresión (16.67) nos dice que el desplazamiento de un sistema de múltiples grados de libertad debido a una única carga armónica de frecuencia Ω tiene la misma variación armónica en el tiempo pero está desfasado en un ángulo θ_{rs}, y su magnitud es igual a la carga multiplicada por un "factor de amplificación" $|H_{rs}(\Omega)|$.

Examinando el denominador de la Ec. (16.61), vemos que la función FRF presentará un máximo toda vez que $\Omega = \omega_j$. Por lo tanto, como supusimos que la estructura tiene n grados de libertad, la función FRF tendrá n picos. La Figura 16.13 muestra un gráfico de la magnitud de una FRF típica. Nótese que la escala del eje vertical es logarítmica. Esto se hizo para poder resaltar los picos asociados a las frecuencias naturales más altas.

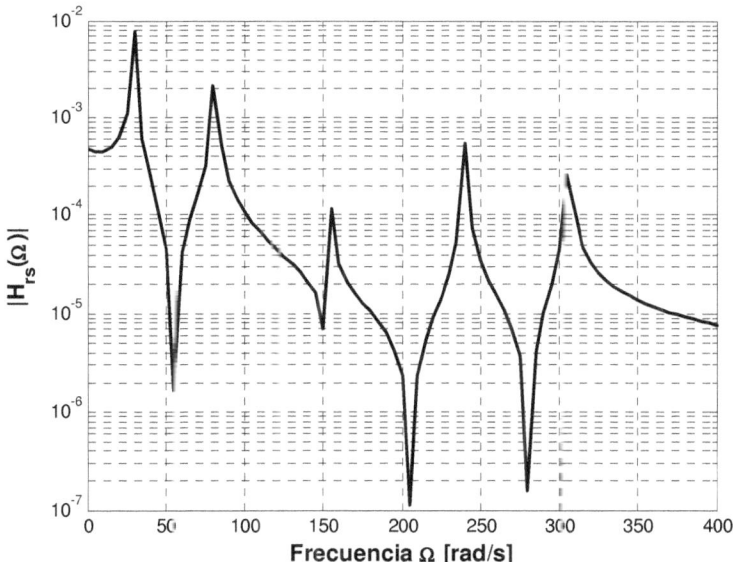

Figura 16.13 **Función Respuesta en Frecuencia típica de una estructura amortiguada.**

Si una estructura se modela como un sistema con n grados de libertad, podríamos definir, en principio, $n \times n$ Funciones Respuesta en Frecuencia $H_{rs}(\Omega)$. Sin embargo, debido a la simetría antes mencionada, sólo habrá $\frac{1}{2}n$ x $(n+1)$ funciones distintas. Estas funciones se pueden agrupar en una matriz $[H(\Omega)]$ $(n \times n)$ simétrica y compleja llamada *Matriz de Receptancias, Matriz de Funciones Respuesta en Frecuencia o* simplemente *Matriz FRF*:

$$[H(\Omega)] = \begin{bmatrix} H_{11} & H_{12} & \ldots & H_{1n} \\ H_{21} & H_{22} & \ldots & H_{2n} \\ \vdots & \vdots & \ddots & \vdots \\ H_{n1} & H_{n2} & \ldots & H_{nn} \end{bmatrix} \tag{16.68}$$

La matriz FRF completa $[H(\Omega)]$ puede obtenerse usando la Ec. (16.51). Examinando esta ecuación llegamos a la conclusión que la matriz $[H(\Omega)]$ también se puede escribir en términos de la matriz modal o matriz de autovectores $[\Phi]$ como:

$$[H(\Omega)] = [\Phi] \begin{bmatrix} \diagdown & & \\ & \frac{1}{\omega_j^2 - \Omega^2 + i2\xi_j\omega_j\Omega} & \\ & & \diagdown \end{bmatrix} [\Phi]^T \tag{16.69}$$

Se puede también demostrar, como veremos en una próxima sección, que para una estructura con amortiguamiento viscoso la matriz $[H(\Omega)]$ se puede expresar de la siguiente manera:

$$[H(\Omega)] = \left[[K] - \Omega^2 [M] + i\Omega [C]\right]^{-1} \tag{16.70}$$

En realidad, la expresión (16.70) es más general que la de la Ec. (16.69) porque esta última sólo es válida si se considera que el amortiguamiento del sistema es del tipo "clásico", vale decir si se cumple que los autovectores pueden diagonalizar la matriz $[C]$:

$$[\Phi]^T [C] [\Phi] = \begin{bmatrix} \diagdown & & \\ & 2\xi_j\omega_j & \\ & & \diagdown \end{bmatrix}$$

Se puede demostrar que si el triple producto $[\Phi]^T [C] [\Phi]$ genera una matriz diagonal, usando las propiedades de ortogonalidad de los autovectores normalizados es posible pasar de la Ec. (16.70) a la (16.69).

El cálculo y la graficación de las funciones $H_{rs}(\Omega)$ usando la Ec. (16.61) han sido programados en *Matlab* en el programa *FRFmodal.m*. Se incluye un listado del programa en el Apéndice. Esta versión del programa calcula las $\frac{1}{2}n$ x $(n+1)$ funciones $H_{rs}(\Omega)$ para un modelo discreto de $n = 3$ grados de libertad: la viga simplemente soportada que ha sido estudiada en un capítulo anterior. No obstante, si se cambia la definición de las matrices $[K]$ y $[M]$ se puede usar para obtener las FRF para otros modelos.

16.5.3 Otras Funciones Respuesta en Frecuencia

La función $H_{rs}(\Omega)$ juega un rol muy importante en Dinámica Experimental y en la medición de vibraciones. En estas áreas se la suele llamar también *Receptancia* ("receptance" en inglés) del sistema. Otros nombres que se usan para esta función son: *Admitancia* ("admittance") y *Flexibilidad Dinámica* ("dynamic flexibility"). Cuando las FRF se usan para obtener experimentalmente las frecuencias naturales, las razones de amortiguamiento modal y los modos de vibración, también se suelen usar otro tipo de funciones relacionadas a $H_{rs}(\Omega)$, las cuales veremos a continuación.

Si se aplica una fuerza armónica $\bar{F}_o\, e^{i\Omega t}$ en el grado de libertad "s", la *velocidad* en el grado de libertad "r" se obtiene a partir de la Ec. (16.59) derivando $u_r(t)$ respecto al tiempo:

$$\dot{u}_r(t) = \frac{d}{dt}\left[H_{rs}(\Omega)\, F_o\, e^{i\Omega t}\right] = i\Omega\, H_{rs}(\Omega)\, F_o\, e^{i\Omega t}$$

La expresión $i\Omega\, H_{rs}(\Omega)$ define la función *Movilidad* ("mobility" en inglés) del sistema, la que se suele denotar como $Y_{rs}(\Omega)$:

$$Y_{rs}(\Omega) = i\,\Omega\, H_{rs}(\Omega) = \sum_{j=1}^{n} \frac{i\,\Omega\,\phi_{rj}\phi_{sj}}{\omega_j^2 - \Omega^2 + i2\xi_j\omega_j\Omega} \qquad (16.71)$$

La relación entre la velocidad en un grado de libertad y la fuerza armónica aplicada en otro grado de libertad (o en el mismo punto) resulta así:

$$\dot{u}_r(t) = Y_{rs}(\Omega)\, F_o\, e^{i\Omega t} \qquad (16.72)$$

En forma similar, si se aplica una fuerza $F_o\, e^{i\Omega t}$ en el grado de libertad "s", la *aceleración* en el grado de libertad "r" se calcula como:

$$\ddot{u}_r(t) = \frac{d^2}{dt^2}\left[H_{rs}(\Omega)\, F_o\, e^{i\Omega t}\right] = -\Omega^2\, H_{rs}(\Omega)\, F_o\, e^{i\Omega t}$$
$$\ddot{u}_r(t) = A_{rs}(\Omega)\, F_o\, e^{i\Omega t} \qquad (16.73)$$

donde la función $A_{rs}(\Omega)$ se conoce como la *Acelerancia* ("accelerance" o "inertance" en inglés) del sistema:

$$A_{rs}(\Omega) = -\Omega^2\, H_{rs}(\Omega) = \sum_{j=1}^{n} \frac{-\Omega^2\,\phi_{rj}\phi_{sj}}{\omega_j^2 - \Omega^2 + i2\xi_j\omega_j\Omega} \qquad (16.74)$$

De la misma manera que se hizo con la receptancia en la Ec. (16.69), es posible definir unas matrices complejas y simétricas con las distintas funciones $Y_{rs}(\Omega)$ y $A_{rs}(\Omega)$. La *matriz de movilidad* se define como:

$$[Y(\Omega)] = [\Phi] \begin{bmatrix} \diagdown & & \\ & \dfrac{i\Omega}{\omega_j^2 - \Omega^2 + i2\xi_j\omega_j\Omega} & \\ & & \diagdown \end{bmatrix} [\Phi]^T = i\Omega \, [\Phi] \, [H(\Omega)] \, [\Phi]^T \qquad (16.75)$$

y la *matriz de acelerancia* es:

$$[A(\Omega)] = [\Phi] \begin{bmatrix} \diagdown & & \\ & \dfrac{-\Omega^2}{\omega_j^2 - \Omega^2 + i2\xi_j\omega_j\Omega} & \\ & & \diagdown \end{bmatrix} [\Phi]^T = -\Omega^2 \, [\Phi] \, [H(\Omega)] \, [\Phi]^T \qquad (16.76)$$

Las inversas de las matrices de receptancia, $[H(\Omega)]^{-1}$, de movilidad, $[Y(\Omega)]^{-1}$ y de acelerancia, $[A(\Omega)]^{-1}$, se conocen, respectivamente, como las matrices de *rigidez dinámica*, *impedancia mecánica* y de *masa aparente*.

16.5.4 El método directo

Como se hizo para sistemas de un grado de libertad y para modelos de múltiples grados de libertad no amortiguados, es también posible hallar la respuesta en régimen proponiendo una solución para las ecuaciones de movimiento *acopladas*. Probemos una solución con la misma forma que las cargas aplicadas:

$$\{u(\mathrm{t})\} = \{U_o\} \, e^{i\Omega t} \qquad (16.77)$$

Reemplacemos este vector de desplazamientos propuesto y sus dos derivadas,

$$\begin{aligned} \{\dot{u}(\mathrm{t})\} &= i\,\Omega\,\{U_o\}\, e^{i\Omega t} & (16.78\text{a}) \\ \{\ddot{u}(\mathrm{t})\} &= -\,\Omega^2\,\{U_o\}\, e^{i\Omega t} & (16.78\text{b}) \end{aligned}$$

en la Ec. (16.36). Se obtiene así,

$$\left[-\,\Omega^2\,[M]\ + i\,\Omega\,[C]\ + [K]\right]\ \{U_o\}\, e^{i\Omega t} = \{P_o\}\, e^{i\Omega t}$$

Por lo tanto, la solución propuesta es válida si, para una frecuencia Ω dada, el vector de constantes $\{U_o\}$ se obtiene resolviendo el siguiente sistema de ecuaciones algebraicas:

$$\left[[K] - \Omega^2\,[M]\ + i\,\Omega\,[C]\ \right] \{U_o\} = \{P_o\} \qquad (16.79)$$

La matriz compleja función de Ω en el lado izquierdo de la Ec. (16.79) se conoce como la *matriz de rigidez dinámica* $[Z(\Omega)]$:

$$[Z(\Omega)] = [[K] - \Omega^2[M] + i\Omega[C]] \tag{16.80}$$

Invirtiendo esta matriz el vector de amplitudes $\{U_o\}$ resulta:

$$\{U_o\} = [Z(\Omega)]^{-1}\{P_o\} \tag{16.81}$$

Comparando esta expresión con la Ec. (16.53) vemos que la inversa de la matriz de rigidez dinámica es la *matriz de Funciones Respuesta en Frecuencia* $[H(\Omega)]$:

$$[H(\Omega)] = [Z(\Omega)]^{-1} = [[K] - \Omega^2[M] + i\Omega[C]]^{-1} \tag{16.82}$$

Si se supone que la matriz de amortiguamiento $[C]$ se puede diagonalizar usando los modos de vibración, vale decir si se cumple que $[\Phi]^T[C][\Phi] = \lceil 2\xi_j\omega_j \rceil$, conviene calcular la matriz FRF usando las Ecs. (16.51) o (16.69). En otro caso se debería usar la Ec. (16.82). No obstante, el proceso de invertir una matriz compleja es computacionalmente costoso y no muy eficiente, en especial para sistemas de muchos grados de libertad o cuando se debe efectuar la inversión para numerosas frecuencias discretas $\Omega_1, \ldots, \Omega_k, \ldots, \Omega_N$ donde N es el número de frecuencias de interés.

En vez de invertir varias veces una matriz compleja, es más conveniente obtener los elementos H_{rs} de $[H(\Omega)]$ resolviendo un sistema de ecuaciones simultáneas para cada frecuencia Ω_k. Para explicar esto consideremos nuevamente la Ec. (16.53):

$$\{U_o\} = [H(\Omega)]\{P_o\}$$

y supongamos ahora que en el vector $\{P_o\}$ sólo hay una fuerza distinta de cero y unitaria en la fila "s". Expandiendo la expresión anterior obtenemos:

$$\begin{Bmatrix} U_1 \\ \vdots \\ U_s \\ \vdots \\ U_n \end{Bmatrix} = \begin{bmatrix} H_{11} & \ldots & H_{1s} & \ldots & H_{1n} \\ \vdots & \ddots & \vdots & & \vdots \\ H_{r1} & \ldots & H_{rs} & \ldots & H_{rn} \\ \vdots & & \vdots & \ddots & \vdots \\ H_{n1} & \ldots & H_{ns} & \ldots & H_{nn} \end{bmatrix} \begin{Bmatrix} 0 \\ \vdots \\ 1 \\ \vdots \\ 0 \end{Bmatrix} \tag{16.83}$$

Como ahora estamos evaluando los elementos de $[H(\Omega)]$ para una cierta frecuencia Ω_k, las cantidades $H_{rs} = H_{rs}(\Omega_k)$ son *números* complejos (no son funciones). Multiplicando la matriz por el vector a la derecha de la Ec. (16.83) se obtiene:

$$\begin{Bmatrix} U_1 \\ \vdots \\ U_s \\ \vdots \\ U_n \end{Bmatrix} = \begin{Bmatrix} H_{1s} \\ \vdots \\ H_{rs} \\ \vdots \\ H_{ns} \end{Bmatrix} \tag{16.84}$$

Llegamos a la siguiente conclusión: si para una cierta frecuencia fija Ω_k, resolvemos el sistema de ecuaciones (16.53) usando un vector de cargas con una fuerza unitaria en el grado de libertad "s", las amplitudes de los desplazamientos calculados coinciden con las Funciones Respuesta en Frecuencia H_{1s}, H_{2s}, ..., H_{rs}, ..., H_{ns} para esa frecuencia.

Cambiando la frecuencia Ω_k hasta cubrir el dominio de interés (de Ω_1 a Ω_N), podemos obtener las n FRF H_{rs} ($r = 1,...,n$) como función de las frecuencias discretas. Si se desea obtener todas las n x n Funciones Respuesta en Frecuencia, el proceso debe repetirse cambiando el grado de libertad "s". Este procedimiento se ha implementado en el programa *FRFdirecto.m* de *Matlab*, cuyo listado se incluye en el Apéndice. El programa considera el caso en que el modelo de la estructura es una edificio de corte (o un sistema de masas y resortes), pero si se cambia la generación de las matrices de rigidez y masa se puede usar para otras estructuras.

16.6 Ejemplos de respuesta de sistemas amortiguados a excitaciones armónicas

16.6.1 Ejemplo 16.3:

Vamos a calcular y graficar las amplitudes y fases de las funciones Respuesta en Frecuencia $H_{rs}(\Omega)$ para la viga simplemente soportada y modelada como un sistema de dos grados de libertad que se muestra en la Figura 16.14. Supondremos que la viga tiene un amortiguamiento clásico y que las razones de amortiguamiento modal ξ_j son las mismas para los dos modos e igual a 0.05. La viga es de hormigón (con módulo elástico $E = 3,600\ ksi$ y peso unitario $\gamma = 0.15\ kip/ft^3$). La viga tiene una longitud total $L = 30\ ft$, momento de inercia $I = 7,776\ in^4$ y área transversal $A = 288\ in^2$.

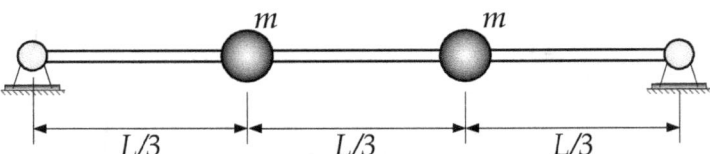

Figura 16.14 **Viga simplemente soportada con dos grados de libertad.**

Las FRF se pueden calcular con la Ec. (16.61). Sólo es necesario calcular las funciones H_{11} y H_{12} dado que se sabe que $H_{21} = H_{12}$. Además, debido a la simetría de esta estructura, en este caso $H_{22} = H_{11}$. La FRF entre dos grados de libertad r y s es:

$$H_{rs}(\Omega) = \sum_{j=1}^{2} \frac{\phi_{rj}\phi_{sj}}{\omega_j^2 - \Omega^2 + i2\xi_j\omega_j\Omega} = \frac{\phi_{r1}\phi_{s1}}{\omega_1^2 - \Omega^2 + i2\xi_1\omega_1\Omega} + \frac{\phi_{r2}\phi_{s2}}{\omega_2^2 - \Omega^2 + i2\xi_2\omega_2\Omega} \quad \text{(a)}$$

16-28

Por lo tanto, necesitamos calcular las frecuencias naturales y los autovectores o modos de vibración de la viga. Para armar el problema de autovalores necesitamos la matriz de rigidez condensada y la matriz de masa. La matriz de rigidez de esta viga se obtiene usando la condensación estática (Capítulo 11). La matriz de masa se obtiene concentrando la masa de un tramo de la viga de longitud $L/3$ en dos puntos. Las dos matrices están listadas en el Problema 12.1. El problema de autovalores resulta así:

$$\frac{EI}{5L^3} \begin{bmatrix} 1296 & -1134 \\ -1134 & 1296 \end{bmatrix} \left\{ \begin{array}{c} \phi_{1j} \\ \phi_{2j} \end{array} \right\} = \lambda_j \frac{\gamma AL}{3g} \begin{bmatrix} 1 & 0 \\ 0 & 1 \end{bmatrix} \left\{ \begin{array}{c} \phi_{1j} \\ \phi_{2j} \end{array} \right\} \tag{b}$$

Puede demostrarse que las frecuencias naturales en rad/s son:

$$\omega_1 = 9.859 \sqrt{\frac{EIg}{\gamma AL^4}} \qquad ; \qquad \omega_2 = 38.1338 \sqrt{\frac{EIg}{\gamma AL^4}} \tag{c}$$

Y los modos de vibración normalizados respecto a la matriz de masa son:

$$\{\phi_1\} = \left\{ \begin{array}{c} \phi_{11} \\ \phi_{21} \end{array} \right\} = \alpha \left\{ \begin{array}{c} 1 \\ 1 \end{array} \right\} \quad ; \quad \{\phi_2\} = \left\{ \begin{array}{c} \phi_{12} \\ \phi_{22} \end{array} \right\} = \alpha \left\{ \begin{array}{c} 1 \\ -1 \end{array} \right\} \tag{d}$$

donde α es una constante de normalización:

$$\alpha = \sqrt{\frac{3g}{2\gamma AL}} \tag{e}$$

Aplicando la Ec. (a) con $r = s = 1$, y reemplazando los elementos de los vectores modales de la Ec. (d) se obtiene que la función $H_{11}(\Omega)$ es

$$H_{11}(\Omega) = \frac{\phi_{11}^2}{\omega_1^2 - \Omega^2 + i2\xi\omega_1\Omega} + \frac{\phi_{12}^2}{\omega_2^2 - \Omega^2 + i2\xi\omega_2\Omega}$$

$$H_{11}(\Omega) = \frac{\alpha^2}{\omega_1^2 - \Omega^2 + i2\xi\omega_1\Omega} + \frac{\alpha^2}{\omega_2^2 - \Omega^2 + i2\xi\omega_2\Omega} \tag{f}$$

Para obtener separar la parte real $\mathrm{Re}(H_{11})$ e imaginaria $\mathrm{Im}(H_{11})$ de la función H_{11}, se multiplican el numerador y denominador de cada uno de los dos términos por el complejo conjugado del denominador. Luego se separan los términos reales y los imaginarios. El resultado es el siguiente:

$$\mathrm{Re}(H_{11}) = \alpha^2 \frac{\omega_1^2 - \Omega^2}{\left(\omega_1^2 - \Omega^2\right)^2 + \left(2\xi\omega_1\Omega\right)^2} + \alpha^2 \frac{\omega_2^2 - \Omega^2}{\left(\omega_2^2 - \Omega^2\right)^2 + \left(2\xi\omega_2\Omega\right)^2} \tag{g}$$

$$\mathrm{Im}(H_{11}) = -\alpha^2 \frac{2\xi\omega_1\Omega}{\left(\omega_1^2 - \Omega^2\right)^2 + \left(2\xi\omega_1\Omega\right)^2} - \alpha^2 \frac{2\xi\omega_2\Omega}{\left(\omega_2^2 - \Omega^2\right)^2 + \left(2\xi\omega_2\Omega\right)^2} \tag{h}$$

El módulo o valor absoluto se puede ahora calcular como:

$$|H_{11}(\Omega)| = \sqrt{[\text{Re}(H_{11})]^2 + [\text{Im}(H_{11})]^2} \tag{i}$$

Usando los valores de las propiedades dadas, las frecuencias naturales y la constante de normalización son:

$$
\begin{aligned}
\omega_1 &= 50.04\ \frac{rad}{s} \\
\omega_2 &= 193.80\ \frac{rad}{s} \\
\alpha &= 8.025\ \frac{ft}{lb.s^2}
\end{aligned}
\tag{j}
$$

Con estos valores y $\xi = 0.05$ se puede graficar la función $|H_{11}(\Omega)|$ usando las Ecs. (g), (h) e (i). Se presentan dos gráficos del módulo de la función H_{11}: en la Figura 16.15 se usa una escala normal y en la Figura 16.16 se presenta el eje vertical en escala logarítmica.

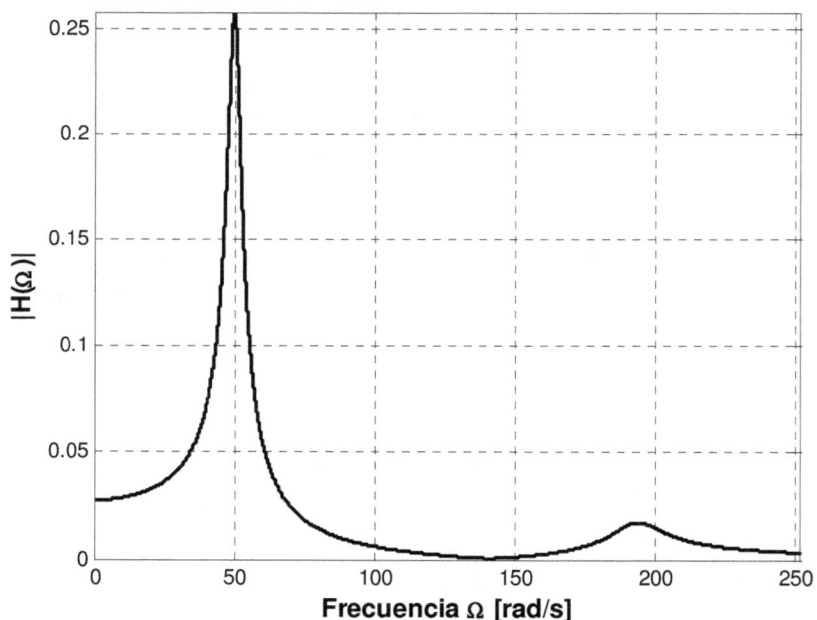

Figura 16.15 **Módulo de la FRF $H_{11}(\Omega)$ en escala lineal.**

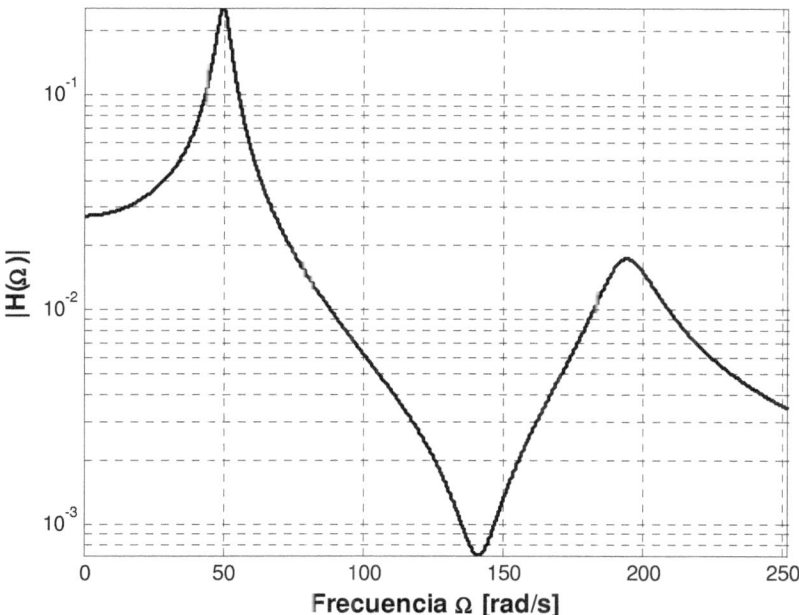

Figura 16.16 **Módulo de la FRF $H_{11}(\Omega)$ en escala semilogarítmica.**

En forma similar, usando la Ec. (a) y los modos de la Ec. (d), la función $H_{12}(\Omega)$ resulta:

$$H_{12}(\Omega) = \frac{\varphi_{11}\phi_{21}}{\omega_1^2 - \Omega^2 + i2\xi_1\omega_1\Omega} + \frac{\phi_{12}\phi_{22}}{\omega_2^2 - \Omega^2 + i2\xi_2\omega_2\Omega}$$

$$H_{12}(\Omega) = \frac{\alpha^2}{\omega_1^2 - \Omega^2 + i2\xi_1\omega_1\Omega} - \frac{\alpha^2}{\omega_2^2 - \Omega^2 + i2\xi_2\omega_2\Omega} \tag{j}$$

Y las partes real e imaginaria son:

$$\mathrm{Re}(H_{12}) = \alpha^2 \frac{\omega_1^2 - \Omega^2}{(\omega_1^2 - \Omega^2)^2 + (2\xi\omega_1\Omega)^2} - \alpha^2 \frac{\omega_2^2 - \Omega^2}{(\omega_2^2 - \Omega^2)^2 + (2\xi\omega_2\Omega)^2} \tag{k}$$

$$\mathrm{Im}(H_{12}) = -\alpha^2 \frac{2\xi\omega_1\Omega}{(\omega_1^2 - \Omega^2)^2 + (2\xi\omega_1\Omega)^2} + \alpha^2 \frac{2\xi\omega_2\Omega}{(\omega_2^2 - \Omega^2)^2 + (2\xi\omega_2\Omega)^2} \tag{l}$$

Usando la parte real e imaginaria podemos calcular la amplitud o módulo de la FRF $H_{12}(\Omega)$:

$$|H_{12}(\Omega)| = \sqrt{[\mathrm{Re}(H_{12})]^2 + [\mathrm{Im}(H_{12})]^2} \tag{m}$$

El gráfico de $|H_{12}(\Omega)|$ se muestra en la Figura 16.17 usando escala logarítmica para el eje vertical.

16-31

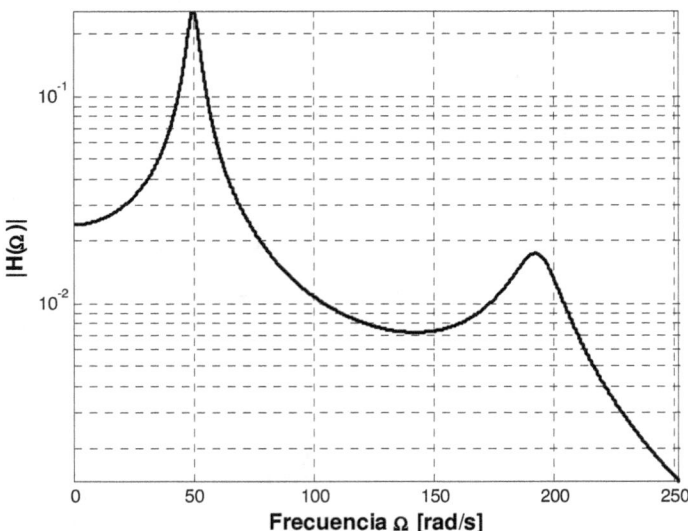

Figura 16.17 **Módulo de la FRF $H_{12}(\Omega)$ en escala semilogarítmica.**

Las Funciones de Respuesta en Frecuencia $H_{rs}(\Omega)$ son muy importantes en el área de Dinámica Experimental. Si se conocen las FRF de un sistema estructural es posible obtener mucha información sobre las propiedades dinámicas de la estructura. Experimentalmente la función $|H_{rs}(\Omega)|$ se puede obtener aplicando una fuerza armónica (con una determinada frecuencia Ω y amplitud F_o conocidas) en el grado de libertad s y midiendo el desplazamiento en el grado de libertad r. Sabemos que éste se podría calcular como:

$$u_r(\text{t}) = |H_{rs}(\Omega)| \, F_o \sin(\Omega t + \theta_{rs}) \tag{16.67}$$

Buscamos luego en la serie de tiempo del desplazamiento medido $u_r(\text{t})$ su máximo valor (en valor absoluto). Lo llamaremos U_{rs} para indicar que la fuerza se aplicó en el grado de libertad s. De la Ec. (16.67) tenemos:

$$U_{rs} = \max|u_r(\text{t})| = |H_{rs}(\Omega)| \, F_o$$

Y la función $H_{rs}(\Omega)$ en valor absoluto se calcula usando las cantidades medidas como:

$$|H_{rs}(\Omega)| = \frac{U_{rs}}{F_o} \tag{16.68}$$

Por supuesto, este proceso se debe repetir para todas las frecuencias Ω de interés. Con las funciones $H_{rs}(\Omega)$ se pueden estimar las frecuencias naturales, las razones de amortiguamiento, y los modos de vibración. Solo a modo de ejemplo vamos a obtener la razón de amortiguamiento del primer modo ξ_1.

Vimos en el Capítulo 5 del Tomo I. que la razón de amortiguamiento ξ de un sistema de un grado de libertad se podía obtener en forma experimental usando el método de la *Media Potencia*. Recordemos el procedimiento: se debía disponer de la Función Respuesta en Frecuencia $H(\Omega)$ obtenida en forma experimental y de allí se obtenían tres frecuencias. La primera era la frecuencia natural ω_n, en correspondencia con el valor pico H_{max} de $|H(\Omega)|$. Luego se dividía este valor pico por $\sqrt{2}$ y se encontraban en el eje de abscisas las dos frecuencias ω_a y ω_b correspondientes a $H_{max}/\sqrt{2}$. Con esta información la razón de amortiguamiento ξ se podía estimar usando la expresión:

$$\xi = \frac{\omega_b - \omega_a}{2\omega_n}$$

Apliquemos este concepto a sistemas de múltiples grados de libertad. Si se desprecia la contribución de los modos superiores al primer pico de $|H_{ij}(\Omega)|$, la razón de amortiguamiento del primer modo se podría obtener con una expresión similar a la que permite obtener ξ pero adaptada para este caso:

$$\xi_1 \simeq \frac{\omega_{b1} - \omega_{a1}}{2\omega_1} \tag{16.69}$$

Usualmente se usa una de las funciones $|H_{ii}(\Omega)|$ $(i = 1, \ldots, n)$ porque en ellas es que el primer modo es más dominante. Por ejemplo, del gráfico de $|H_{11}(\Omega)|$ (o mejor de una tabla con los valores discretos) se encuentra que para el ejemplo de la viga las tres frecuencias que nos interesan son:

$$\omega_1 = 50.0 \ rad/s; \quad \omega_{a1} = 47.3 \ rad/s \quad ; \quad \omega_{b1} = 52.3 \ rad/s$$

Reemplazando en la Ec. (16.69) se obtiene la razón de amortiguamiento para el primer modo:

$$\xi_1 = \frac{52.3 - 47.3}{2 \cdot 50.0} = 0.05$$

En este caso el método de la Media Potencia dió el valor exacto porque para esta viga el primer modo es muy dominante y además usamos una Función Respuesta en Frecuencia obtenida analíticamente (o sea no medida en el laboratorio o en el campo como en una situación real). Hay que hacer notar que existen métodos más precisos y elaborados para obtener las razones de amortiguamiento modal que no se describirán en este texto introductorio. Asimismo la determinación experimental de los modos de vibración a partir de las FRF también está más allá de los objetivos de este texto.

16.6.2 Ejemplo 16.4:

Consideremos el marco o pórtico de un edificio de tres pisos que se muestra en la Figura 16.18. Vamos a modelar el marco como un sistema de tres grados de libertad: los desplazamientos laterales $u_{i(t)}$ de cada piso. En otras palabras, se va a usar un modelo de edificio de corte. Las propiedades de la estructura se muestran en la Figura 16.18. Se va a suponer que la estructura tiene amortiguamiento modal con el mismo valor de 0.01 para todos los modos. El edificio está sometido a las tres cargas laterales que se muestran en la Figura 16.18 debido a las presiones del viento. Las cargas tienen una componente estática y otra variable en el tiempo de forma armónica con frecuencia Ω. Se desea conocer la amplitud de los desplazamientos totales debido a estas fuerzas. Para los desplazamientos dinámicos se va a considerar la respuesta en régimen.

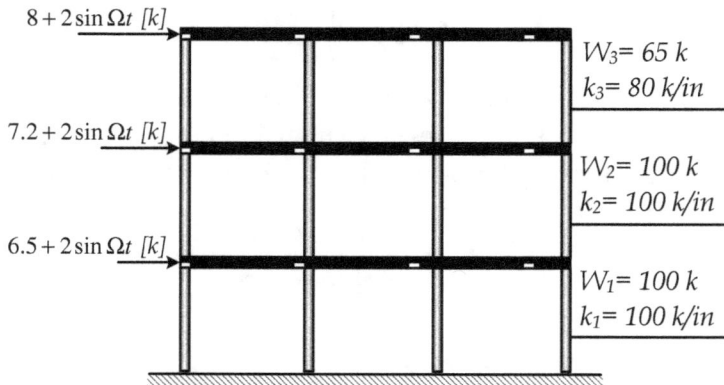

Figura 16.18 **Edificio con cargas laterales.**

Si la estructura se comporta en forma lineal, es posible separar el problema en dos casos estático y dinámico como se indica en la Figura 16.19. Los desplazamientos debido a las cargas estáticas se denotarán como U_{ei}, y como U_{di} a aquellos causados por las fuerzas armónicas, con $i = 1, 2, 3$.

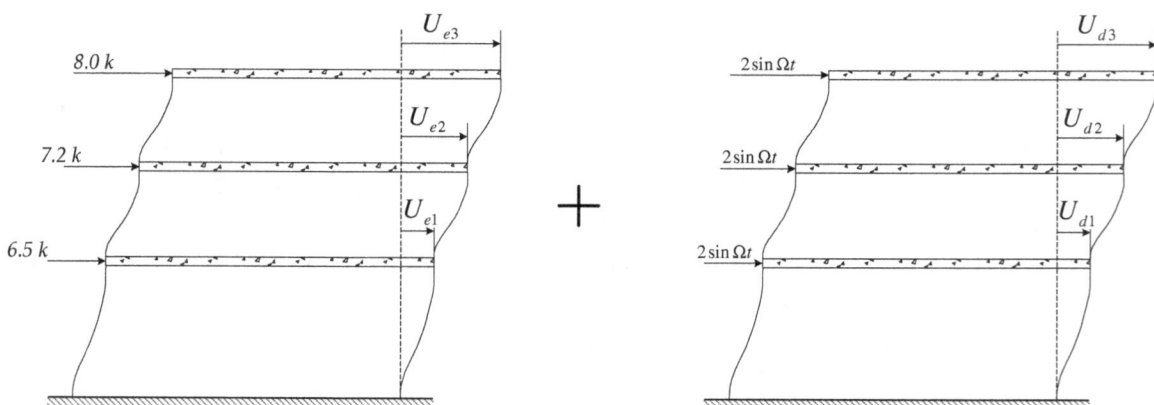

Figura 16.19 **Separación de la respuesta para las cargas estáticas y armónicas.**

Los desplazamientos totales como función del tiempo son entonces:

16-34

$$\left\{\begin{array}{c} u_1(t) \\ u_2(t) \\ u_3(t) \end{array}\right\} = \left\{\begin{array}{c} \bar{U}_{e1} \\ \bar{U}_{e2} \\ \bar{U}_{e3} \end{array}\right\} + \left\{\begin{array}{c} U_{d1}\sin\left(\Omega t + \psi_1\right) \\ U_{d2}\sin\left(\Omega t + \psi_2\right) \\ U_{d3}\sin\left(\Omega t + \psi_3\right) \end{array}\right\} \tag{a}$$

Como sólo se requiere calcular la amplitud de los desplazamientos no nos interesa calcular los ángulos de fase ψ_i (no obstante, se definirán más adelante).

Para calcular los desplazamientos estáticos sólo se necesita resolver un sistema de ecuaciones simultáneas de la forma

$$\begin{bmatrix} k_1+k_2 & -k_2 & 0 \\ -k_2 & k_2+k_3 & -k_3 \\ 0 & -k_3 & k_3 \end{bmatrix} \left\{\begin{array}{c} U_{e1} \\ U_{e2} \\ U_{e3} \end{array}\right\} = \left\{\begin{array}{c} P_{e1} \\ P_{e2} \\ P_{e3} \end{array}\right\} \tag{b}$$

donde P_{ei} son las componentes estáticas de las fuerzas. Con los datos de la Figura 16.18 el sistema de ecuaciones resulta:

$$\begin{bmatrix} 200 & -100 & 0 \\ -100 & 180 & -80 \\ 0 & -80 & 80 \end{bmatrix} \left\{\begin{array}{c} U_{e1} \\ U_{e2} \\ U_{e3} \end{array}\right\} = \left\{\begin{array}{c} 6.5 \\ 7.2 \\ 8.0 \end{array}\right\} (kip) \tag{c}$$

Resolviendo el sistema se obtiene:

$$\left\{\begin{array}{c} U_{e1} \\ U_{e2} \\ U_{e3} \end{array}\right\} = \left\{\begin{array}{c} 0.217 \\ 0.369 \\ 0.469 \end{array}\right\} (in) \tag{d}$$

Las amplitudes (complejas) de los desplazamientos dinámicos debido a tres fuerzas de la forma $F_o e^{i\Omega t}$ se calculan de acuerdo a la Ec. (16.53) como:

$$\left\{\begin{array}{c} \bar{U}_{d1} \\ \bar{U}_{d2} \\ \bar{U}_{d3} \end{array}\right\} = \begin{bmatrix} H_{11} & H_{12} & H_{13} \\ H_{21} & H_{22} & H_{23} \\ H_{31} & H_{32} & H_{33} \end{bmatrix} \left\{\begin{array}{c} F_o \\ F_o \\ F_o \end{array}\right\} = \left\{\begin{array}{c} (H_{11}+H_{12}+H_{13})\,F_o \\ (H_{21}+H_{22}+H_{23})\,F_o \\ (H_{31}+H_{32}+H_{33})\,F_o \end{array}\right\} \tag{e}$$

La barra sobre una variable se usa para indicar que se trata de una cantidad compleja. Los desplazamientos *en el tiempo* debido a las fuerzas *complejas* $F_o e^{i\Omega t}$ son:

$$\begin{aligned} \bar{u}_{d1}(t) &= \bar{U}_{d1}e^{i\Omega t} = (H_{11}+H_{12}+H_{13})\,F_o e^{i\Omega t} \\ \bar{u}_{d2}(t) &= \bar{U}_{d2}e^{i\Omega t} = (H_{21}+H_{22}+H_{23})\,F_o e^{i\Omega t} \\ \bar{u}_{d3}(t) &= \bar{U}_{d3}e^{i\Omega t} = (H_{31}+H_{32}+H_{33})\,F_o e^{i\Omega t} \end{aligned} \tag{f}$$

Si llamamos A_1, A_2, A_3 a las funciones complejas que resultan de sumar las FRF $H_{rs}(\Omega)$ y expresamos estas funciones en forma polar tenemos que:

$$A_1 = H_{11} + H_{12} + H_{13} = |A_1|\, e^{i\psi_1}$$
$$A_2 = H_{21} + H_{22} + H_{23} = |A_2|\, e^{i\psi_2} \qquad \text{(g)}$$
$$A_3 = H_{31} + H_{32} + H_{33} = |A_3|\, e^{i\psi_3}$$

donde $|A_i|$ y los ángulos ψ_i son, respectivamente, los módulos (o valores absolutos) y las fases de las funciones complejas A_i. Las Ecs. (g) permiten expresar los desplazamientos complejos $\bar{u}_{di}(t)$ como:

$$\bar{u}_{d1}(t) = |A_1|\, e^{i\psi_1} F_o e^{i\Omega t} = |A_1|\, F_o\, e^{i(\Omega t+\psi_1)}$$
$$\bar{u}_{d2}(t) = |A_2|\, F_o\, e^{i(\Omega t+\psi_2)} \qquad \text{(h)}$$
$$\bar{u}_{d3}(t) = |A_3|\, F_o\, e^{i(\Omega t+\psi_3)}$$

Si las fuerzas aplicadas son $F_o \sin \Omega t$, sabemos que los desplazamientos verdaderos son la parte imaginaria de las Ecs. (h):

$$u_{d1}(t) = |A_1|\, F_o \sin\left(\Omega t + \psi_1\right)$$
$$u_{d2}(t) = |A_2|\, F_o \sin\left(\Omega t + \psi_2\right) \qquad \text{(i)}$$
$$u_{d3}(t) = |A_3|\, F_o \sin\left(\Omega t + \psi_3\right)$$

Por lo tanto, la *amplitud* de los desplazamientos dinámicos en las Ecs. (a) son:

$$U_{d1} = |A_1|\, F_o$$
$$U_{d2} = |A_2|\, F_o \qquad \text{(j)}$$
$$U_{d3} = |A_3|\, F_o$$

Para obtener los cantidades $|A_i|$ necesitamos calcular la matriz $[H(\Omega)]$ o sus elementos $H_{rs}(\Omega)$. Éstos se pueden calcular usando las Ecs. (16.51) o (16.61), respectivamente. Necesitamos entonces las frecuencias naturales y los modos de vibración. Se puede demostrar que con los datos del problema las frecuencias resultan:

$$\omega_1 = 9.613\ rad/s$$
$$\omega_2 = 25.061\ rad/s \qquad \text{(k)}$$
$$\omega_3 = 34.977\ rad/s$$

y los modos de vibración normalizados respecto a la matriz de masa son:

$$[\Phi] = \begin{bmatrix} 0.7323 & 1.3805 & -1.1924 \\ 1.2895 & 0.5171 & 1.3906 \\ 1.6005 & -1.6128 & -0.8843 \end{bmatrix} \sqrt{\frac{in}{k.s^2}} \tag{1}$$

Si nos interesara calcular los desplazamientos del edificio para una frecuencia Ω específica, se podría usar la fórmula (16.61) para obtener las Funciones Respuesta en Frecuencia $H_{rs}(\Omega)$. En este caso los $H_{rs}(\Omega)$ serían números complejos. En este ejemplo, sin embargo, no se ha especificado la frecuencia de las cargas armónicas Ω.

Para obtener las constantes A_i definidas en las Ecs. (g) vamos a usar la Ec. (16.61) para determinar $H_{rs}(\Omega)$. Para calcular A_1 tomamos $r = 1$ en esta fórmula:

$$H_{1s}(\Omega) = \sum_{j=1}^{n} \frac{\phi_{1j}\phi_{sj}}{\omega_j^2 - \Omega^2 + i2\xi_j\omega_j\Omega} \quad ; \quad s = 1,2,3 \tag{m}$$

Por lo tanto, de acuerdo a las Ecs. (g) y (m), la variable A_1 es:

$$A_1 = H_{11} + H_{12} + H_{13} = \sum_{j=1}^{3} \frac{\phi_{1j}\left(\phi_{1j} + \phi_{2j} + \phi_{3j}\right)}{\omega_j^2 - \Omega^2 + i2\xi_j\omega_j\Omega} \tag{n}$$

Reemplazando los valores numéricos de los modos, frecuencias y razones de amortiguamiento se obtiene:

$$A_1 = -\frac{1.5800}{92.408 - \Omega^2 + i\,0.1923\Omega} + \frac{0.3933}{628.054 - \Omega^2 + i\,0.5012\Omega}$$
$$+\frac{0.8132}{1223.39 - \Omega^2 + i\,0.6995\Omega} \tag{o}$$

Con la constante A_1, la amplitud del desplazamiento en régimen del piso 1 debido a las fuerzas armónicas con una frecuencia genérica Ω y magnitud $F_o = 2\,kip$ se obtiene como:

$$U_{d1} = |A_1|\,F_o = \sqrt{\left(\operatorname{Re}A_1\right)^2 + \left(\operatorname{Im}A_1\right)^2} \times 2\,kip \tag{p}$$

Si no se conoce Ω como en este caso, no es práctico (o en general factible) obtener una expresión cerrada para el valor absoluto de A_1. En este caso se puede usar la Ec. (p) para graficar U_{d1} en función de Ω, asignando distintos valores a la frecuencia de la excitación. Procediendo de esta manera se obtiene el gráfico que se presenta en la Figura 16.20.

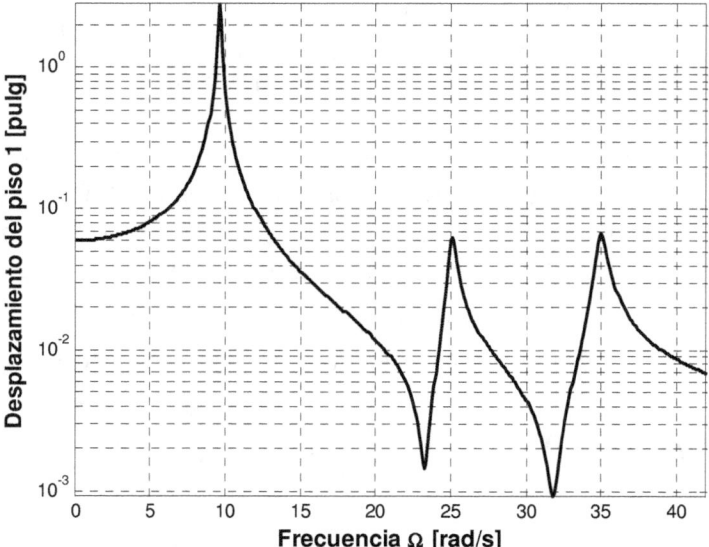

Figura 16.20 **Amplitud del desplazamiento dinámico del piso 1.**

Nótese que se ha usado una escala logarítmica para el eje de ordenadas. Si se usara una escala lineal, el pico correspondiente a la primera frecuencia natural ω_1 dominaría el gráfico.

De manera similar se pueden obtener las otras dos cantidades A_2 y A_3. La función A_2 se calcula con:

$$A_2 = H_{21} + H_{22} + H_{23} = \sum_{j=1}^{3} \frac{\phi_{2j}\left(\phi_{1j} + \phi_{2j} + \phi_{3j}\right)}{\omega_j^2 - \Omega^2 + i2\xi_j\omega_j\Omega} \tag{q}$$

Reemplazando las frecuencias naturales, modos y razones de amortiguamiento se llega a:

$$
\begin{aligned}
A_2 &= \frac{2.7822}{92.408 - \Omega^2 + i\,0.1923\Omega} + \frac{0.1473}{628.054 - \Omega^2 + i\,0.5012\Omega} \\
&\quad - \frac{0.9541}{1223.39 - \Omega^2 + i\,0.6995\Omega}
\end{aligned}
\tag{r}
$$

Finalmente la función A_3 se obtiene con:

$$A_3 = H_{31} + H_{32} + H_{33} = \sum_{j=1}^{3} \frac{\phi_{3j}\left(\phi_{1j} + \phi_{2j} + \phi_{3j}\right)}{\omega_j^2 - \Omega^2 + i2\xi_j\omega_j\Omega} \tag{s}$$

y sustituyendo valores A_3 resulta:

$$A_3 = \frac{3.4532}{92.408 - \Omega^2 + i\,0.1923\Omega} - \frac{0.4594}{628.054 - \Omega^2 + i\,0.5012\Omega}$$
$$+ \frac{0.6067}{1223.39 - \Omega^2 + i\,0.6995\Omega} \tag{t}$$

Usando estas expresiones en las Ecs. (j) se pueden calcular las amplitudes de los desplazamientos en régimen del segundo U_{d2} y tercer piso U_{d3} para fuerzas armónicas con frecuencia genérica Ω. Éstas se presentan en la Figura 16.21.

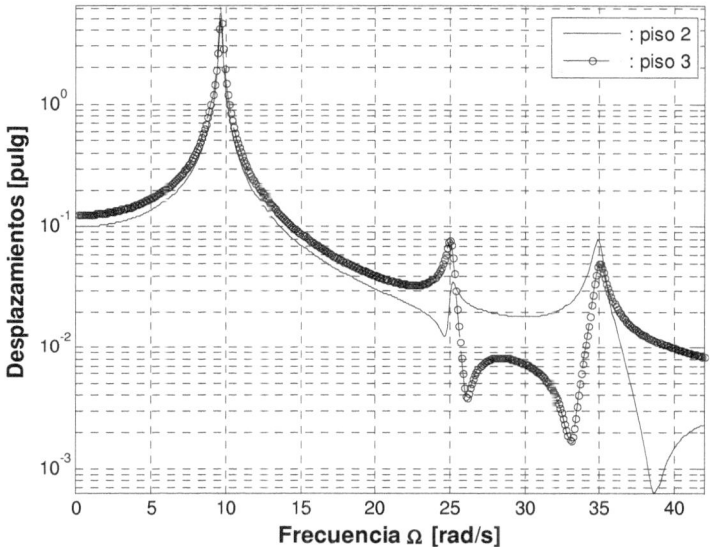

Figura 16.21 **Amplitud de los desplazamientos dinámicos de los pisos 2 y 3.**

Supongamos ahora que la frecuencia de las cargas del viento es cercana a la primera frecuencia natural del pórtico, digamos por ejemplo $\Omega = 10\ rad/s$. En este caso evaluando las Ecs. (o), (r) y (t) las amplitudes de los desplazamientos en régimen resultan:

$$U_{d1} = |A_1|\ F_o = 0.203 \times 2 = 0.406\ in \tag{u}$$
$$U_{d2} = |A_2|\ F_o = 0.356 \times 2 = 0.712\ in \tag{p}$$
$$U_{d3} = |A_3|\ F_o = 0.441 \times 2 = 0.882\ in$$

La amplitud de los desplazamientos totales se obtienen sumando los valores en las Ecs. (d) y (u):

$$\left\{ \begin{array}{c} U_1 \\ U_2 \\ U_3 \end{array} \right\} = \left\{ \begin{array}{c} 0.217 \\ 0.369 \\ 0.469 \end{array} \right\} + \left\{ \begin{array}{c} 0.406 \\ 0.712 \\ 0.882 \end{array} \right\} = \left\{ \begin{array}{c} 0.623 \\ 1.081 \\ 1.351 \end{array} \right\} (in) \qquad (q)$$

16.7 Problemas sugeridos

Problema # 16.1:

La viga bi-empotrada que se muestra en la parte superior de la figura del Problema 16.1 está sometida a una fuerza uniformemente distribuida a lo largo de su luz con una variación senoidal en el tiempo: $f(x,t) = f_o \sin \Omega t$ con $f_o = 0.1 \ k/ft$.

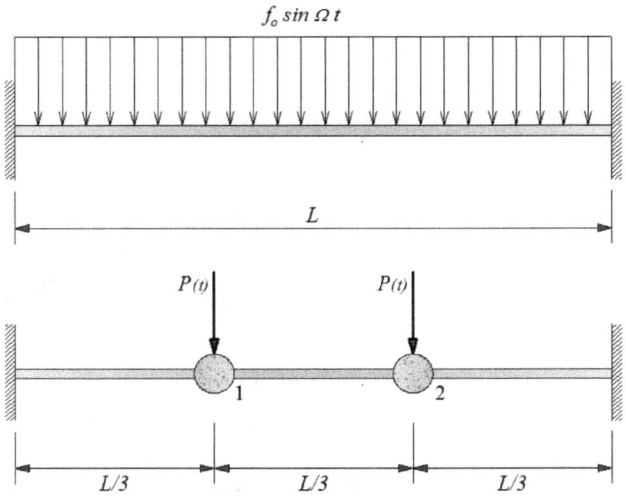

Figura del Problema 16.1

Para calcular la respuesta dinámica de la viga se usa el modelo de dos grados de libertad que se muestra en la parte inferior de la figura anterior, en donde $P(t) = \frac{f_o L}{3} \sin \Omega t$. La matriz de autovectores (normalizados respecto a la matriz de masa) y las frecuencias naturales son:

$$\omega_1 = \sqrt{486} \sqrt{\frac{EI}{\bar{m} L^4}} \quad ; \quad \omega_2 = \sqrt{2624.4} \sqrt{\frac{EI}{\bar{m} L^4}} \quad ; \quad [\Phi] = \sqrt{\frac{3}{2\bar{m}L}} \left[\begin{array}{c|c} 1 & 1 \\ 1 & -1 \end{array} \right]$$

La razón de amortiguamiento ξ se estimó en 6% para ambos modos. Usando los siguientes valores para las propiedades de la viga:

$$EI = 28,000 \ k.in^2 \quad ; \quad \bar{m} = 1.833 \times 10^{-6} \frac{k.s^2}{in^4} \quad ; \quad L = 12 \ ft$$

calcule el desplazamiento en régimen de uno de los dos nodos de la viga cuando la frecuencia de la fuerza armónica es igual a la primera frecuencia natural, es decir: $\Omega = \omega_1$. Calcule además el desplazamiento si la carga se hubiera aplicado en forma estática, tomando $\Omega = 0$ y determine la amplificación en el caso dinámico. Use el método del análisis modal.

Problema # 16.2:

Una viga de acero de un sistema de piso está sometida a una fuerza armónica de frecuencia $\Omega = 93\ rad/s$ en el medio de su luz. Se ha observado que carga produce vibraciones de una amplitud que si bien no pone en riesgo la integridad estructural, al ser persistente genera molestias y eventualmente podría producir una falla por fatiga. Para estudiar el comportamiento dinámico se ha propuesto usar el sistema de tres grados de libertad que se muestra en la Figura 1 del Problema 16.2.

Las frecuencias naturales y modos de vibración (normalizados respecto a la masa) de este sistema son:

$$\omega_1 = 9.99424\sqrt{\frac{EI}{\bar{m}L^4}} \quad ; \quad \omega_2 = 39.6989\sqrt{\frac{EI}{\bar{m}L^4}} \quad ; \quad \omega_3 = 84.2893\sqrt{\frac{EI}{\bar{m}L^4}}$$

$$\{\phi_1\} = \sqrt{\frac{1}{\bar{m}L}}\left\{\begin{array}{c} 1 \\ \sqrt{2} \\ 1 \end{array}\right\} \quad ; \quad \{\phi_2\} = \sqrt{\frac{1}{\bar{m}L}}\left\{\begin{array}{c} -\sqrt{2} \\ 0 \\ \sqrt{2} \end{array}\right\} \quad ; \quad \{\phi_3\} = \sqrt{\frac{1}{\bar{m}L}}\left\{\begin{array}{c} 1 \\ -\sqrt{2} \\ 1 \end{array}\right\}$$

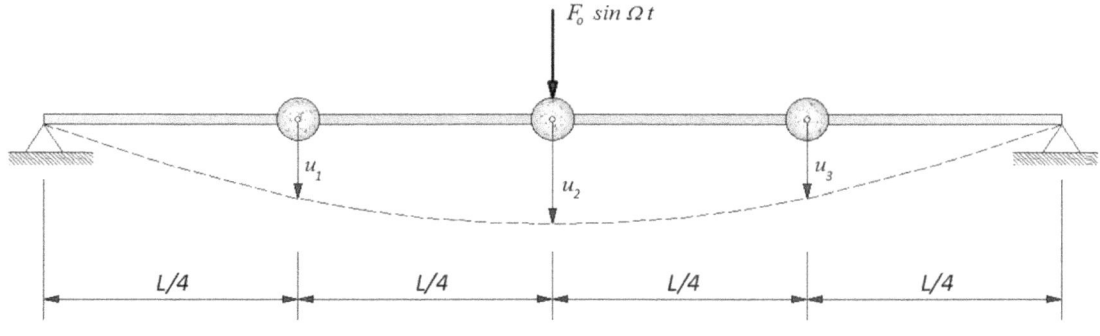

Figura 1 del Problema 16.2

La magnitud F_o de la carga es igual a $12\ kN$. Las razones de amortiguamiento para los tres modos se estiman iguales a 4%. Las propiedades del material y geométricas de la viga son las siguientes:

$$E = 200 \ GPa \ ; \quad \rho = 7,850 \ \frac{kg}{m^3} \ ; \quad L = 6 \ m \ ; \quad I = 164 \ \text{x} \ 10^{-6} \ m^4 \ ; \quad A = 0.045 \ m^2$$

Calcule la amplitud de las vibraciones en régimen del punto de aplicación de la carga. Para disminuir la amplitud de las vibraciones se propone reforzar la viga (véase la Figura 2 del Problema 16.1), aumentando su momento de inercia I en un 20% (es decir, el nuevo momento de inercia es $1.2\,I$). El correspondiente aumento en el área transversal A es de 10%. Investigue (calculando de nuevo la respuesta) si esta solución es viable y establezca conclusiones.

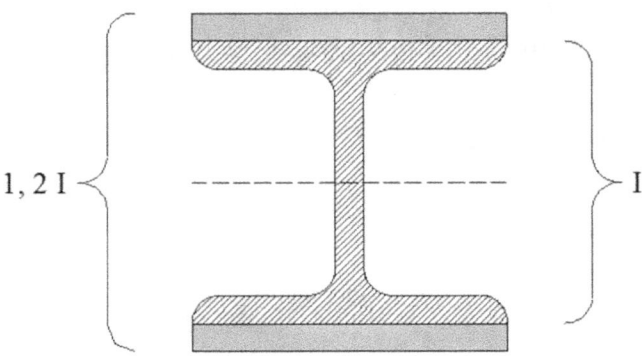

Problema # 16.3:

Una viga en voladizo tiene una fuerza armónica $P(t) = P_o \sin \Omega t$ aplicada en el extremo libre como se presenta en la figura del Problema 16.3. Debido a que la frecuencia de la viga está cercana a la primera frecuencia natural de la viga y a que el amortiguamiento natural de la estructura es bajo, esta fuerza produce vibraciones en régimen de gran amplitud. Para disminuir la respuesta dinámica se propone colocar un amortiguador en el punto de aplicación de la carga. Como el amortiguamiento que provee el amortiguador es significativamente más grande que el propio de la viga, se puede suponer que todo el amortiguamiento lo provee el dispositivo agregado.

Se va a usar un sistema discreto de dos grados de libertad para estudiar la disminución que se puede lograr con el amortiguador a instalar. Las ecuaciones de movimiento de este sistema son:

$$\begin{bmatrix} \frac{m}{2} & 0 \\ 0 & \frac{m}{4} \end{bmatrix} \begin{Bmatrix} \ddot{u}_1 \\ \ddot{u}_2 \end{Bmatrix} + \begin{bmatrix} 0 & 0 \\ 0 & c \end{bmatrix} \begin{Bmatrix} \dot{u}_1 \\ \dot{u}_2 \end{Bmatrix} + \frac{k}{7} \begin{bmatrix} 768 & -240 \\ -240 & 96 \end{bmatrix} \begin{Bmatrix} u_1 \\ u_2 \end{Bmatrix} = \begin{Bmatrix} 0 \\ -P_o \sin \Omega t \end{Bmatrix}$$

donde:

$$m = \rho A L \qquad ; \qquad k = \frac{EI}{L^3}$$

Las propiedades de la viga son:

$$E = 29,000 \, \frac{k}{in^2} \quad ; \quad \gamma = \rho g = 0.49 \, \frac{k}{ft^3} \quad ; \quad L = 7 \, ft \quad ; \quad I = 127 \, in^4 \quad ; \quad A = 10.3 \, in^2$$

La frecuencia y la amplitud de la carga externa son, respectivamente, $\Omega = 287 \, rad/s$ y $P_o = 0.5 \, k$. La constante del amortiguador es $c = 0.380 \, k.s/ft$. Calcule el desplazamiento en régimen (en pulgadas) del extremo libre de la viga antes y después que se coloca el amortiguador. Determine la reducción porcentual de la respuesta que se logra instalando el amortiguador.

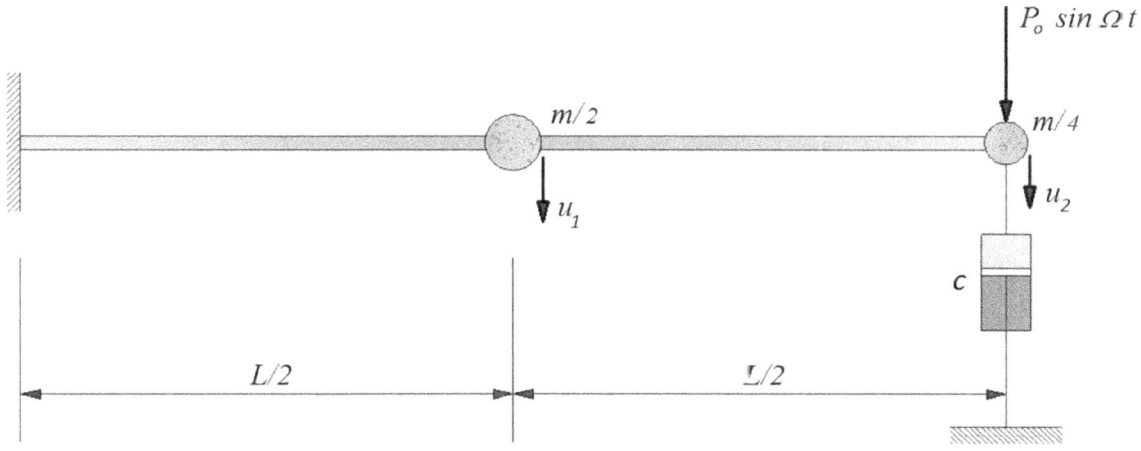

Figura del Problema 16.3

Problema # 16.4:

Considere el modelo de dos grados de libertad que muestra la figura del Problema 16.4. Este modelo se va a usar para calcular las vibraciones de un bloque de fundación de una máquina. La máquina está rígidamente montada sobre el bloque de hormigón de altura e. La masa total del sistema bloque-equipo es m y el momento de inercia de masa respecto a un eje que pasa por el centro de masa C del sistema completo es I_c. El punto C está a una altura h respecto a la base del bloque de fundación. El efecto de la flexibilidad del suelo se representa por dos resortes: uno lineal con coeficiente de rigidez k_x aplicado a la base del bloque de fundación, y otro de rigidez k_t adherido al centro de masa C. La disipación de energía en el suelo se tiene en cuenta mediante un amortiguador con constante c_x aplicado en el mismo lugar que el resorte lineal. La fuerza armónica actúa en el centro de masa del equipo C_e ubicado a una altura d del tope del bloque de fundación. Se puede demostrar que las ecuaciones de movimiento son:

$$\begin{bmatrix} m & 0 \\ 0 & I_c \end{bmatrix} \begin{Bmatrix} \ddot{u} \\ \ddot{\theta} \end{Bmatrix} + \begin{bmatrix} c_x & c_x h \\ c_x h & c_x h^2 \end{bmatrix} \begin{Bmatrix} \dot{u} \\ \dot{\theta} \end{Bmatrix} + \begin{bmatrix} k_x & k_x h \\ k_x h & k_t + k_x h^2 \end{bmatrix} \begin{Bmatrix} u \\ \theta \end{Bmatrix} = \begin{Bmatrix} F_o \sin \Omega t \\ -F_o a \sin \Omega t \end{Bmatrix}$$

donde u es el desplazamiento horizontal del centro de masa C, θ es el giro del cuerpo rígido y $a = d + e - h$.

Se ha estimado que los valores de los parámetros del sistema bloque-fundación son:

$$m = 5,125 \, \frac{lb.s^2}{ft} \quad ; \quad I_c = 71,580 \, lb.s^2.ft$$

$$k_x = 43,100 \, \frac{k}{ft} \quad ; \quad k_t = 2.344 \times 10^6 \, \frac{k.ft}{rad} \quad ; \quad c_x = 450 \, \frac{k.s}{ft}$$

$$h = 3.1 \, ft \quad ; \quad d = 3.0 \, ft \quad ; \quad e = 3.0 \, ft \quad ;$$

Calcule las amplitudes del desplazamiento en régimen $u_{\max}$ en pulgadas y la rotación $\theta_{\max}$ si la carga tiene un valor máximo $F_o = 0.8 \, k$ y su frecuencia es $\Omega = 95 \, rad/s$. Use el método directo.

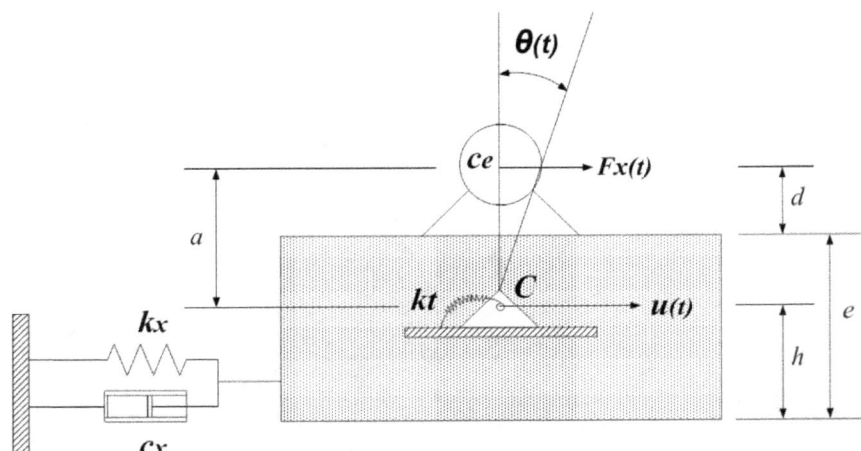

Figura del Problema 16.4

Capítulo 17

Respuesta en el tiempo de sistemas
de múltiples grados de libertad a
movimientos sísmicos

CAPÍTULO 17: Respuesta en el tiempo de sistemas de múltiples grados de libertad a movimientos sísmicos

17.1 Ecuaciones de movimiento

Vimos en el Capítulo 15 cómo calcular la respuesta de una estructura modelada como un sistema de múltiples grados de libertad a cargas dinámicas arbitrarias. Si la excitación dinámica proviene de un terremoto, todos los desarrollos anteriores son aplicables simplemente cambiando el vector de fuerzas dinámicas $\{F(t)\}$ por otro equivalente. Sin embargo, como este es un caso de extrema importancia práctica y hay algunos conceptos nuevos, se va a discutir este tema en forma separada. En este capítulo vamos a considerar el caso en que el sismo está definido por un registro de aceleraciones en función del tiempo. En el siguiente capítulo veremos el caso en que el sismo está definido mediante un espectro de respuesta o de diseño.

En esta sección vamos a considerar que sólo una de las componentes del terremoto, la aceleración horizontal, está afectando a la estructura. Se supone entonces que se conoce el registro de aceleraciones horizontales $\ddot{X}_g(t)$. En otra sección consideraremos el caso en que actúa también la componente vertical del sismo.

Vimos que las ecuaciones de movimiento de sistemas estructurales de múltiples grados de libertad sometidos a una aceleración en su base en la dirección X tienen la forma:

$$[M]\{\ddot{u}(t)\} + [C]\{\dot{u}(t)\} + [K]\{u(t)\} = -[M]\{r_x\}\ddot{X}_g(t) \qquad (17.1)$$

donde $\{r_x\}$ es el vector de coeficientes de influencia, concepto sobre el cual vamos a abundar en una próxima sección. Estamos suponiendo que el amortiguamiento del sistema es del tipo viscoso. La matriz de amortiguamiento $[C]$ no se conoce por el momento.

Para entender mejor los conceptos que aquí se presentan se va a considerar un ejemplo específico simultáneamente con los desarrollos teóricos. Consideremos el pórtico plano con tres barras que se muestra en la Figura 17.1.

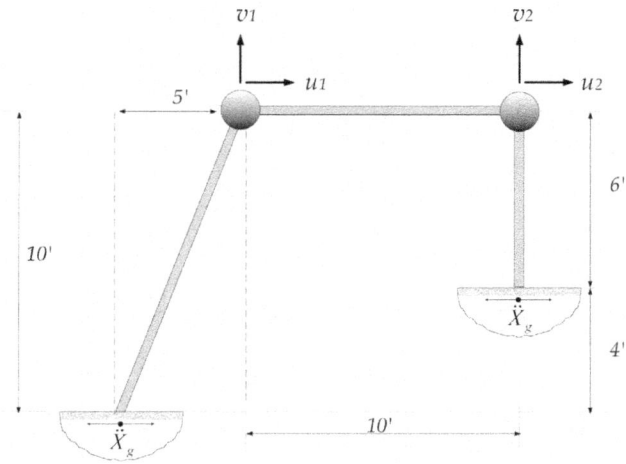

17.1.1 Ejemplo 17.1:

La geometría del pórtico está definida en la Figura 17.1. El pórtico está construído con un material con módulo de elasticidad $E = 10,000$ ksi y peso unitario $\gamma = 160$ lb/ft^3 (valores típicos para una aleación de aluminio, usada por simplicidad). Todas las barras tienen la misma sección de ancho 2 in y alto 3 in. Si se supone que la masa está concentrada en las juntas, este sistema tiene cuatro grados de libertad dinámicos: los desplazamientos horizontales $u_1(t)$, $u_2(t)$ y verticales $v_1(t)$, $v_2(t)$ de las dos juntas superiores. Por lo tanto el vector $\{u(t)\}$ de desplazamientos relativos es:

$$\{u(t)\} = \left\{ \begin{array}{c} u_1(t) \\ v_1(t) \\ u_2(t) \\ v_2(t) \end{array} \right\} \tag{a}$$

Como en un modelo de una estructura de barras también tenemos rotaciones $\theta_1(t)$ y $\theta_2(t)$ en las juntas, debemos condensar la matriz de rigidez como se explicó en el Capítulo 11. Se va a agregar a cada una de las dos juntas de la viga una masa equivalente a un peso de 500 lb que proviene de elementos soportados por la viga (parte del peso de un techo, por ejemplo). Sumando la contribución de las masas de cada barra a las dos masas concentradas en las juntas y agregando a esta la masa del peso de 500 lb es sencillo demostrar que la matriz de masa es:

$$[M] = \begin{bmatrix} 1.4767 & 0 & 0 & 0 \\ 0 & 1.4767 & 0 & 0 \\ 0 & 0 & 1.4320 & 0 \\ 0 & 0 & 0 & 1.4320 \end{bmatrix} \left(\frac{lb.s^2}{in}\right) \tag{b}$$

Obtener la matriz de rigidez condensada es más laborioso, pero se puede demostrar que esta resulta ser:

$$[K] = \begin{bmatrix} 5.8955 & 1.7875 & -4.9995 & 0.0008 \\ 1.7875 & 3.5501 & -0.0021 & -0.0018 \\ -4.9995 & -0.0021 & 5.0073 & 0.0019 \\ 0.0008 & -0.0018 & 0.0019 & 8.3347 \end{bmatrix} 10^5 \left(\frac{lb}{in}\right) \tag{c}$$

Para una aceleración del suelo en dirección horizontal (eje X), el vector de coeficientes de influencia $\{r_x\}$ del pórtico es:

$$\{r_x\} = \left\{ \begin{array}{c} 1 \\ 0 \\ 1 \\ 0 \end{array} \right\} \begin{array}{l} \leftarrow u_1 \\ \leftarrow v_1 \\ \leftarrow u_2 \\ \leftarrow v_2 \end{array} \tag{d}$$

17.2 Desacoplamiento de las ecuaciones de movimiento

Para resolver el sistema de ecuaciones diferenciales (17.1) conviene desacoplarlo. Para esto introducimos en las ecuaciones de movimiento (17.1) una transformación de coordenadas, pasando de las coordenadas físicas en el vector $\{u(t)\}$ a otras coordenadas modales agrupadas en el vector $\{\eta(t)\}$:

$$\{u(t)\} = [\Phi]\{\eta(t)\} \tag{17.2}$$

donde $[\Phi]$ es la matriz de autovectores, o sea una matriz en la que sus columnas son los modos de vibración (o autovectores) $\{\phi_j\}$ de la estructura. Este procedimiento, llamado Análisis o Descomposición Modal, lo aplicamos en capítulos anteriores para hallar la respuesta a fuerzas dinámicas.

17.2.1 Ejemplo 17.1 (Cont.):

Continuaremos considerando el pórtico plano con cuatro grados de libertad dinámicos. Para este pórtico, la Ec. (17.2) tiene la forma:

$$\left\{\begin{array}{c} u_1 \\ v_1 \\ u_2 \\ v_2 \end{array}\right\} = \left[\begin{array}{cccc} \{\phi_1\} & \{\phi_2\} & \{\phi_3\} & \{\phi_4\} \end{array}\right] \left\{\begin{array}{c} \eta_1 \\ \eta_2 \\ \eta_3 \\ \eta_4 \end{array}\right\} \tag{e}$$

Para determinar los autovectores $\{\phi_1\}$, $\{\phi_2\}$, $\{\phi_3\}$ y $\{\phi_4\}$ debemos resolver el problema de autovalores para el pórtico, esto quiere decir hallar las frecuencias naturales ω_j y autovectores tales que satisfagan:

$$[K]\{\phi_j\} = \omega_j^2 [M]\{\phi_j\} \quad ; \quad j = 1, 2, 3, 4 \tag{f}$$

En este caso, como el problema de autovalores es de 4 x 4, este se debe resolver numéricamente usando un algoritmo apropiado. Usando *Matlab* y las matrices en las Ecs. (b) y (c), se halla que las frecuencias naturales son:

$$\begin{array}{rcl} \omega_1 &=& 20.278 \; rad/s \\ \omega_2 &=& 505.476 \; rad/s \\ \omega_3 &=& 762.905 \; rad/s \\ \omega_4 &=& 857.570 \; rad/s \end{array} \tag{g}$$

y los modos de vibración agrupados en la matriz $[\Phi]$ son:

$$[\Phi] = \left[\begin{array}{cccc} 0.5525 & 0.0825 & 0.0004 & 0.6042 \\ -0.2760 & 0.7609 & -0.0001 & 0.1485 \\ 0.5522 & 0.3071 & -0.0002 & -0.5469 \\ -0.0002 & 0.0001 & 0.8357 & -0.0004 \end{array}\right] \left(\sqrt{\frac{in}{lb.s^2}}\right) \tag{h}$$

Los modos en la matriz de autovectores anterior han sido normalizados respecto a la matriz de masa como se explicó en un capítulo anterior. Nótese que los modos normalizados respecto a la matriz de masa tienen unidades de $1/\sqrt{masa}$.

17.3 Los factores de participación modal

Continuemos con el procedimiento para desacoplar las ecuaciones de movimiento reemplazando la Ec. (17.2) en la (17.1), y premultiplicando ambos lados de la misma por la transpuesta de la matriz de autovectores. Esto lleva a:

$$[\Phi]^T [M] [\Phi] \{\ddot{\eta}(t)\} + [\Phi]^T [C] [\Phi] \{\dot{\eta}(t)\} + [\Phi]^T [K] [\Phi] \{\eta(t)\} = - [\Phi]^T [M] \{r_x\} \ddot{X}_g(t) \tag{17.3}$$

Ahora recordemos las propiedades de ortogonalidad de los modos de vibración. El primer y tercer producto matricial a la izquierda de la Ec. (17.3) dan matrices diagonales. Si se normalizan los modos respecto a la matriz de masa se tiene que:

$$[\Phi]^T [M] [\Phi] = [I] \tag{17.4.a}$$

$$[\Phi]^T [K] [\Phi] = \left[\setminus \omega_{j \setminus}^2\right] \tag{17.4.b}$$

El segundo triple producto matricial en la Ec. (17.3) no lo podemos efectuar porque no conocemos a $[C]$: esta matriz se introdujo en las ecuaciones de movimiento sólo para tener en cuenta de manera formal el hecho de que hay disipación de energía en la estructura. Sin embargo, vimos que conviene suponer que el producto $[\Phi]^T [C] [\Phi]$ da una matriz diagonal y escribir los elementos en la diagonal de la forma $2\xi_j \omega_j$, $j = 1, \ldots, n$. Los coeficientes ξ_j son las razones de amortiguamiento modal que escogeremos a base de la experiencia práctica o alguna otra fuente de información (como los resultados de un ensayo, etc.). Suponemos entonces que:

$$[\Phi]^T [C] [\Phi] = \left[\setminus 2\xi_j \omega_{j \setminus}\right] \tag{17.5}$$

En el lado derecho de la ecuación de movimiento transformada (17.3) aparece el triple producto $[\Phi]^T [M] \{r_x\}$. Esto da como resultado un vector, al que llamaremos $\{\gamma_x\}$:

$$\{\gamma_x\} = [\Phi]^T [M] \{r_x\} \tag{17.6}$$

Éste se conoce como el "*vector de factores de participación modal*". La j-ésima fila de $\{\gamma_x\}$ contiene el factor de participación modal γ_{xj} ('modal participation factor" en inglés) correspondiente al modo "j" que se puede calcular como:

$$\gamma_{xj} = \left\{\phi_j\right\}^T [M] \{r_x\} \qquad ; \qquad j = 1, \ldots, n \tag{17.7}$$

Si los modos de vibración no están normalizados respecto a la matriz $[M]$, la definición de los factores de participación γ_{xj} cambia, como se indicará posteriormente. Además, si se desea considerar que sobre la estructura actúan las otras componentes de la aceleración del suelo (la vertical en el caso de un pórtico plano) hay que definir factores de participación para las otras direcciones. Este caso también lo vamos a considerar en un próxima sección.

17.3.1 Ejemplo 17.1 (Cont.):

Vamos a calcular el factor de participación $\gamma_{x1} = \{\phi_1\}^T [M] \{r_x\}$ correspondiente al primer modo normalizado del pórtico. Calculemos primero el producto de la matriz de masa por el vector de coeficientes de influencia:

$$[M]\{r_x\} = \begin{bmatrix} 1.4767 & 0 & 0 & 0 \\ 0 & 1.4767 & 0 & 0 \\ 0 & 0 & 1.4320 & 0 \\ 0 & 0 & 0 & 1.4320 \end{bmatrix} \begin{Bmatrix} 1 \\ 0 \\ 1 \\ 0 \end{Bmatrix} = \begin{Bmatrix} 1.4767 \\ 0 \\ 1.4320 \\ 0 \end{Bmatrix} \left(\frac{lb.s^2}{in}\right)$$

Y premultiplicando este vector por el primer modo $\{\phi_1\}$ transpuesto se obtiene:

$$\gamma_{x1} = \begin{bmatrix} 0.5525 & -0.2760 & 0.5522 & -0.0002 \end{bmatrix} \begin{Bmatrix} 1.4767 \\ 0 \\ 1.4320 \\ 0 \end{Bmatrix}$$

$$\gamma_{x1} = 0.5525 \cdot 1.4767 + 0.5522 \cdot 1.4320 = 1.6066 \sqrt{\frac{lb.s^2}{in}} \qquad \text{(i)}$$

Nótese que los factores de participación tienen unidades de $\sqrt{masa}$. Calculando en forma similar los restantes factores de participación, el vector completo $\{\gamma_x\}$ es:

$$\{\gamma_x\} = \begin{Bmatrix} 1.6066 \\ 0.5616 \\ 0.000304 \\ 0.10906 \end{Bmatrix} \left(\sqrt{\frac{lb.s^2}{in}}\right) \qquad \text{(j)}$$

17.4 Solución de las ecuaciones de movimiento desacopladas

Usando las propiedades de ortogonalidad (17.4.a) y (17.4.b), la suposición (17.5) y la definición de factores de participación modal (17.6), las ecuaciones de movimiento transformadas se pueden escribir como:

$$[I]\{\ddot{\eta}(t)\} + \left[\diagdown 2\xi_j\omega_j \diagdown\right]\{\dot{\eta}(t)\} + \left[\diagdown \omega_j^2 \diagdown\right]\{\eta(t)\} = -\{\gamma_x\}\ddot{X}_g(t) \qquad (17.8)$$

Notando que las matrices en el lado izquierdo son todas diagonales, concluimos que el sistema (17.8) es *desacoplado*, o sea que una coordenada modal cualquiera $\eta_j(t)$ no depende de las restantes y puede obtenerse resolviendo una sola ecuación diferencial. De esta forma, la j-ésima ecuación del sistema (17.8) es:

$$\ddot{\eta}_j(t) + 2\xi_j\omega_j\dot{\eta}_j(t) + \omega_j^2\eta_j(t) = -\gamma_{x_j}\ddot{X}_g(t) \tag{17.9}$$

Como sabemos, la solución de esta ecuación diferencial ordinaria se puede obtener usando la integral de Duhamel. Si las condiciones iniciales de la estructura son cero (como usualmente se asume en el análisis sísmico), la respuesta modal $\eta_j(t)$ se calcula tomando $-\gamma_{x_j}\ddot{X}_g(t)$ como la "fuerza" en la integral de Duhamel, o sea:

$$\eta_j(t) = -\gamma_{xj}\frac{1}{\omega_{dj}}\int_0^t \ddot{X}_g(\tau)\sin\omega_{dj}(t-\tau)\,\epsilon^{-\xi_j\omega_j(t-\tau)}d\tau \tag{17.10}$$

En todos los casos prácticos reales la integral (17.10) para cada modo se debe resolver en forma numérica. Por ejemplo se podría usar la fórmula recursiva que estudiamos para sistemas de un grado de libertad.

17.4.1 Ejemplo 17.1 (Cont.):

Para presentar un ejemplo simple que tenga solución analítica, vamos a suponer que la base de la estructura está sometida a una aceleración $\ddot{X}_g(t)$ tipo escalón con una amplitud $0.1g$ (donde g es la aceleración de la gravedad) como se muestra en la Figura 17.2. La función escalón se define como:

$$\ddot{X}_g(t) = \left\{ \begin{array}{ll} 0 & \text{para } t < 0 \\ 0.1g & \text{para } t \geq 0 \end{array} \right.$$

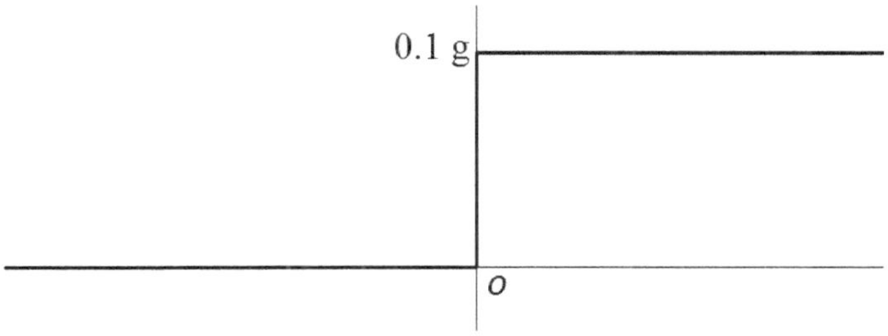

Figura 17.2 **Aceleración en la base en forma de un escalón.**

En este caso la integral de Duhamel (17.10) a resolver es:

$$\eta_j(t) = -\frac{(0.1g)\,\gamma_{xj}}{\omega_{dj}}\int_0^t \sin\omega_{dj}(t-\tau)\,e^{-\xi_j\omega_j(t-\tau)}d\tau \qquad \text{para } t \geq 0 \tag{k}$$

Se puede demostrar que la solución es:

$$\eta_j(\text{t}) = -\frac{(0.1g)\,\gamma_{xj}}{\omega_j^2} \left[1 - e^{-\xi_j \omega_j t} \left(\cos\omega_{dj} t + \frac{\xi_j}{\sqrt{1-\xi_j^2}}\sin\omega_{dj} t\right)\right] \qquad \text{para } t \geq 0 \quad (1)$$

Estudiando las unidades de las cantidades en esta expresión vemos que $\eta_j(\text{t})$ tiene unidades de *longitud* $\times \sqrt{masa}$. Este hecho no tiene mayor importancia siempre que se usen unidades consistentes.

17.5 Forma general de los factores de participación modal

Se mencionó que las definiciones del factor de participación modal dada por las Ecs. (17.6) y (17.7) (en forma de vector o escalar) eran válidas siempre y cuando los modos de vibración estuvieran normalizados con respecto a la matriz de masa. Vamos a ver cómo extender la definición para modos sin esta normalización. En este caso, y como vimos en el Capítulo 12, los triples productos en las Ecs. (17.4) resultan:

$$[\Phi]^T [M] [\Phi] = \left[\diagdown m_{j\diagdown}^*\right] \tag{17.11.a}$$

$$[\Phi]^T [K] [\Phi] = \left[\diagdown k_{j\diagdown}^*\right] \tag{17.11.b}$$

donde m_j^* y k_j^* son, respectivamente, la masa y rigidez modal del modo j. Las ecuaciones de movimiento transformadas (17.8) resultan ahora:

$$\left[\diagdown m_{j\diagdown}^*\right]\{\ddot{\eta}(\text{t})\} + \left[\diagdown 2\xi_j\omega_j m_{j\diagdown}^*\right]\{\dot{\eta}(\text{t})\} + \left[\diagdown k_{j\diagdown}^*\right]\{\eta(\text{t})\} = -[\Phi]^T [M]\{r_x\}\ddot{X}_g(\text{t}) \quad (17.12)$$

Observemos la *j-ésima* ecuación desacoplada:

$$m_j^*\ddot{\eta}_j(\text{t}) + 2\xi_j\omega_j m_j^*\dot{\eta}_j(\text{t}) + k_j^*\eta_j(\text{t}) = -\left\{\phi_j\right\}^T [M]\{r_x\}\ddot{X}_g(\text{t}) \tag{17.13}$$

Si dividimos esta ecuación por la masa modal m_j^*, y definimos ahora el factor de participación del modo j como:

$$\gamma_{xj} = \frac{\left\{\phi_j\right\}^T [M]\{r_x\}}{m_j^*} = \frac{\left\{\phi_j\right\}^T [M]\{r_x\}}{\left\{\phi_j\right\}^T [M]\left\{\phi_j\right\}} \qquad ; \qquad j = 1, \ldots, n \tag{17.14}$$

la Ec. (17.13) resulta idéntica a la Ec. (17.9) repetida abajo:

$$\ddot{\eta}_j(\text{t}) + 2\xi_j\omega_j\dot{\eta}_j(\text{t}) + \omega_j^2\eta_j(\text{t}) = -\gamma_{x_j}\ddot{X}_g(\text{t}) \tag{17.9}$$

Por lo tanto, la solución de las coordenadas modales $\eta_i(t)$ mediante la integral de Duhamel es la misma que la dada por la Ec. (17.10). La definición en la Ec. (17.14) es más general que la que habíamos usado antes, vale decir la Ec. (17.7). No obstante, esta última es un poco más simple y como acostumbramos normalizar los modos respecto a la masa, vamos a usar la definición en la Ec. (17.7). Siempre que sea necesario, en los desarrollos posteriores del presente y siguiente capítulo vamos a dar las expresiones alternativas cuando se usan modos sin normalizar.

17.6 Desplazamientos físicos en el tiempo

Una vez que se conoce la variación en el tiempo de las coordenadas modales $\eta_j(t)$, ya sea en forma numérica o analítica, se deben recuperar los desplazamientos físicos usando la transformación (17.2). Ésta se puede escribir en la forma matricial (17.2) o también como la suma de los productos de cada modo de vibración por la coordenada modal, o sea como:

$$\{u(t)\} = \sum_{j=1}^{n} \{\phi_j\} \, \eta_j(t) \tag{17.15}$$

17.6.1 Ejemplo 17.1 (Cont.):

En el caso del pórtico, usando los modos en las columnas de $[\Phi]$ de la Ec. (h), la expresión (17.15) es:

$$\left\{\begin{array}{c} u_1 \\ v_1 \\ u_2 \\ v_2 \end{array}\right\} = \left\{\begin{array}{c} 0.5525 \\ -0.2760 \\ 0.5522 \\ -0.0002 \end{array}\right\} \eta_1(t) + \left\{\begin{array}{c} 0.0825 \\ 0.7609 \\ 0.3071 \\ 0.0001 \end{array}\right\} \eta_2(t) + \left\{\begin{array}{c} 0.0004 \\ -0.0001 \\ -0.0002 \\ 0.8357 \end{array}\right\} \eta_3(t)$$

$$+ \left\{\begin{array}{c} 0.6042 \\ 0.1485 \\ -0.5469 \\ -0.0004 \end{array}\right\} \eta_4(t) \tag{m}$$

Lo único que resta aquí es reemplazar las coordenadas modales dadas por la Ec. (l). Si hacemos esto y graficamos el desplazamiento horizontal u_1 y vertical v_1 de la masa 1 se obtienen los gráficos que se presentan en la Figura 17.3.

Para obtener la respuesta del pórtico se usó una razón de amortiguamiento modal ξ_j constante para todos los cuatro modos e igual a 0.05. Nótese que alrededor de los 3 s los desplazamientos se vuelven constantes (-0.0834 in el horizontal y 0.0416 in el vertical). Los desplazamientos del pórtico para un tiempo largo pueden obtenerse resolviendo el sistema de ecuaciones lineales:

$$[K]\{u\} = -[M]\{r_x\}\,0.1g \qquad\qquad (m)$$

Se debe recordar que éstos son desplazamientos *relativos* medidos respecto a la base. Los desplazamientos absolutos crecen, en teoría sin límites, debido al tipo de aceleración del suelo que se aplicó. Por supuesto, esto no es realista y surge por la aceleración de tipo escalón que se empleó para simplificar el problema.

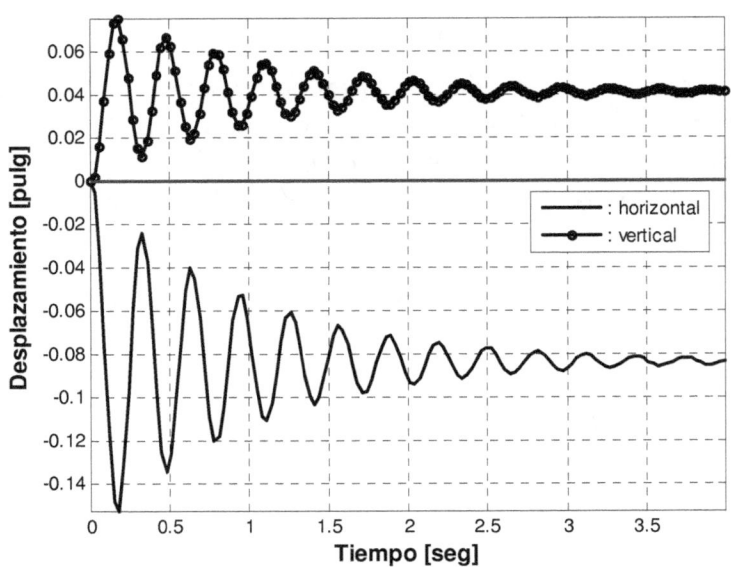

Figura 17.3 **Historial de los desplazamientos de la masa 1 del pórtico.**

Si uno mide el periodo de las oscilaciones en la Figura 17.3 va a encontrar que es aproximadamente igual a $0.31\ s$, que es el primer periodo natural, $T_1 = 2\pi/\omega_1$. Esto implica que para el tipo de aceleración aplicada (función escalón) y para la dirección considerada (horizontal), el primer modo del pórtico tiene una contribución dominante en la respuesta. En otras palabras, si se calculase la respuesta usando sólo el primer modo, o sea si en vez de la Ec. (m) se usa:

$$\left\{\begin{array}{c} u_1 \\ v_1 \\ u_2 \\ v_2 \end{array}\right\} \simeq \left\{\begin{array}{r} 0.5525 \\ -0.2760 \\ 0.5522 \\ -0.0002 \end{array}\right\} \eta_1(\mathrm{t}) \qquad\qquad (n)$$

se obtendrían prácticamente las mismas curvas anteriores. Vamos a ver porqué ocurre esto matemáticamente. Evaluemos la Ec. (1) para los cuatro modos del pórtico usando los valores de ω_j y γ_j antes calculados y tomado $\xi_j = 0.05$. Se obtiene así,

$$\eta_1(t) = -0.151 \left[1 - e^{-1.014t} \left(\cos 20.25t + 0.0501 \sin 20.25t\right)\right]$$

$$\eta_2(t) = -0.849 \times 10^{-4} \left[1 - e^{-25.274t} \left(\cos 504.84t - 0.0501 \sin 504.843t\right)\right]$$

$$\eta_3(t) = -0.2651 \times 10^{-7} \left[1 - e^{-38.145t} \left(\cos 761.95t + 0.0501 \sin 761.95t\right)\right]$$

$$\eta_3(t) = 0.57318 \times 10^{-5} \left[1 - e^{-42.879t} \left(\cos 856.50t + 0.0501 \sin 856.50t\right)\right]$$

Es evidente entonces que la contribución de las coordenadas modales η_2, η_3 y η_4 es muy pequeña comparada con la coordenada modal del primer modo η_1. Esto se debe fundamentalmente al factor γ_{xj}/ω_j^2 fuera del corchete en la Ec. (1). Los factores de participación γ_{xj} de los modos 2, 3 y 4 (véase la Ec. (j)) son mucho menores que los del primer modo, mientras que las frecuencias naturales ω_j crecen con el número de modo. Como los factores de participación aparecen multiplicando a la aceleración del suelo en las ecuaciones de movimiento desacopladas (17.9):

$$\ddot{\eta}\gamma_{xjj}(t) + 2\xi_j\omega_j\dot{\eta}_j(t) + \omega_j^2\eta_j(t) = -\gamma_{xj}\ddot{X}_g(t) \Rightarrow \begin{cases} -1.6066\,\ddot{X}_g(t) \\ -0.5616\,\ddot{X}_g(t) \\ -0.0003\,\ddot{X}_g(t) \\ -0.1091\,\ddot{X}_g(t) \end{cases}$$

los γ_{xj} actúan como *factores de escala* que aumentan o disminuyen la importancia de la excitación en cada modo. Esto explica la razón de su nombre: estos factores nos dan una idea de cómo *participa* cada *modo* en la respuesta física total.

Los resultados numéricos del ejemplo anterior fueron obtenidos usando el programa de *Matlat RespSisMarco.m* que se lista en el Apéndice. El programa calcula la respuesta sísmica (los desplazamientos relativos) de un pórtico con un número cualquiera de barras *consecutivas* en donde los extremos de las barras inicial y final están ambos empotrados. En la versión que se incluye la aceleración del suelo se puede definir internamente mediante una función (como la escalón) o también puede hacerse leyendo un registro de aceleraciones de un archivo de datos.

17.7 El cortante basal en estructuras de barras

Hemos estudiado cómo calcular la respuesta de una estructura de barras en términos de los desplazamientos de las masas concentradas en las juntas. Para diseñar (o más propiamente para verificar el diseño de la estructura) nos interesan las fuerzas internas. Entre todas las fuerzas internas, y como vimos para sistemas de un grado de libertad en el Capítulo 9, una particularmente importante es el llamado cortante total en la base, o cortante basal, $V(t)$. Sabemos que para un modelo compuesto por barras, como los pórticos clásicos o las cerchas, el cortante basal es la suma de las reacciones horizontales en todos los apoyos de la estructura.

17.7.1 Ejemplo 17.2:

Nuevamente vamos a usar un ejemplo específico para clarificar los conceptos que se presentan. El cortante basal en el pórtico de tres barras que usamos en un ejemplo anterior y que se muestra en la Figura 17.4 es:

$$V(\mathrm{t}) = R_{Ax}(\mathrm{t}) + R_{Bx}(\mathrm{t}) \tag{a}$$

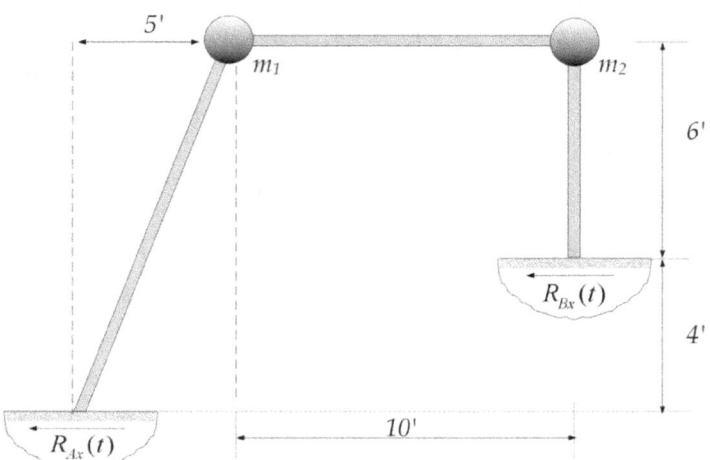

Figura 17.4 **Pórtico plano con las reacciones de apoyo horizontales.**

17.7.2 Las fuerzas equivalentes

Una manera simple de calcular el cortante $V(t)$ es a través de las llamadas *fuerzas equivalentes* que se estudiaron para los sistemas de un grado de libertad. A continuación vamos a volver a examinar este importante concepto pero enfocado a estructuras de barras de varios grados de libertad.

Supongamos que hemos calculado la respuesta sísmica resolviendo las ecuaciones diferenciales de movimiento, y por lo tanto conocemos en todo instante la variación en el tiempo del vector $\{u(\mathrm{t})\}$. Multipliquemos la matriz de rigidez $[K]$ (con las condiciones de borde ya consideradas: la que se empleó para calcular la respuesta) por el vector $\{u(\mathrm{t})\}$. El resultado es un vector de fuerzas $\{F(\mathrm{t})\}$ con fuerzas horizontales y verticales en cada junta libre y con masa de la estructura:

$$\{F(\mathrm{t})\} = [K]\{u(\mathrm{t})\} \tag{17.16}$$

Estas fuerzas son tales que, si *en un instante* $t = t_k$, el vector $\{F(t_k)\}$ se aplica a la estructura como fuerzas *estáticas*, dichas fuerzas producen los mismos desplazamientos $\{u(t_k)\}$ que el sismo en ese instante.

Si se conocen en cada instante las fuerzas $F_i(t)$ el cortante se puede calcular simplemente usando Estática, también en cada instante de tiempo. En otras palabras, $V(t)$ se puede obtener mediante el equilibrio de fuerzas horizontales.

17.7.3 Ejemplo 17.2 (Cont.):

La Figura 17.5 muestra las fuerzas equivalentes para el caso del pórtico del Ejemplo 17.2. Las fuerzas se dibujaron en el sentido positivo (el de los respectivos ejes coordenados).

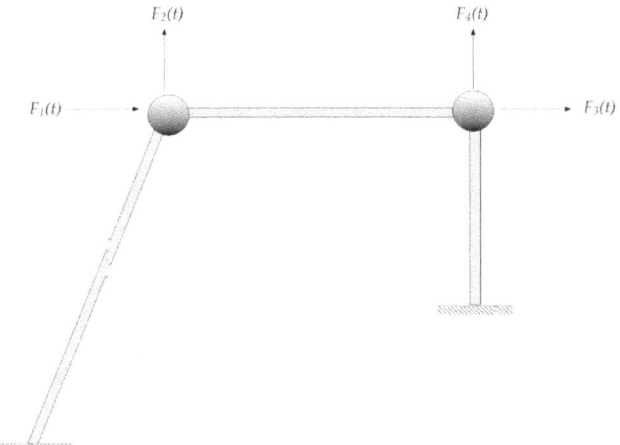

Figura 17.5 **Pórtico plano con las fuerzas equivalentes.**

El cortante basal se obtiene sumando las dos fuerzas horizontales:

$$V(t) = F_1(t) + F_3(t) \tag{o}$$

17.7.4 Cálculo de las fuerzas equivalentes

El vector de fuerzas $\{F(t)\}$ se puede expresar en función de los modos de vibración de la estructura y de las coordenadas modales, si se reemplaza $\{u(t)\}$ dado por la Ec. (17.15), repetida aquí:

$$\{u(t)\} = \sum_{j=1}^{n} \{\phi_j\} \eta_j(t) \tag{17.15}$$

en la Ec. (17.16):

$$\{F(\mathrm{t})\} = \sum_{j=1}^{n} [K] \{\phi_j\} \, \eta_j(\mathrm{t}) \qquad (17.17)$$

Recordando el problema de autovalores para un modo genérico "j",

$$[K] \{\phi_j\} = \omega_j^2 [M] \{\phi_j\} \qquad (17.18)$$

la Ec. (17.17) se puede escribir como:

$$\{F(\mathrm{t})\} = \sum_{j=1}^{n} \omega_j^2 [M] \{\phi_j\} \, \eta_j(\mathrm{t}) \qquad (17.19)$$

Para modelos de masa concentrada como los que estamos considerando, la matriz de masa es diagonal:

$$[M] = \begin{bmatrix} \diagdown & & \\ & m_i & \\ & & \diagdown \end{bmatrix} \qquad (17.20)$$

Por lo tanto, la fuerza en el grado de libertad "i" se obtiene tomando la fila "i" en la Ec. (17.19):

$$\begin{Bmatrix} F_1(\mathrm{t}) \\ \vdots \\ F_n(\mathrm{t}) \end{Bmatrix} = \sum_{j=1}^{n} \omega_j^2 \begin{bmatrix} \diagdown & & \\ & m_i & \\ & & \diagdown \end{bmatrix} \begin{Bmatrix} \phi_{1j} \\ \vdots \\ \phi_{nj} \end{Bmatrix} \eta_j(\mathrm{t})$$

vale decir,

$$F_i(\mathrm{t}) = \sum_{j=1}^{n} \omega_j^2 m_i \phi_{ij} \eta_j(\mathrm{t}) \qquad (17.21)$$

De todas estas fuerzas, nos interesan ahora las fuerzas **laterales**, o sea aquellas en la dirección X (el eje horizontal). Evidentemente, esto es así porque es la suma de estas fuerzas lo que nos da el cortante en la base.

17.7.5 Ejemplo 17.2 (Cont.):

En el caso del pórtico del ejemplo que estamos considerando (Figura 17.5), las fuerzas laterales son $F_1(\mathrm{t})$ y $F_3(\mathrm{t})$:

$$F_1(\mathrm{t}) = \sum_{j=1}^{4} \omega_j^2 m_1 \phi_{1j} \eta_j(\mathrm{t}) \qquad (c)$$

$$F_3(\text{t}) = \sum_{j=1}^{4} \omega_j^2 m_3 \phi_{3j} \eta_j(\text{t}) \tag{d}$$

Además en este caso $m_1 = m_2 = m_a$ y $m_3 = m_4 = m_b$. El cortante basal $V(\text{t})$ en cada instante de tiempo se puede obtener simplemente sumando estas dos fuerzas en cada tiempo discreto.

Notemos que las fuerzas equivalentes también se podrían usar para calcular otro tipo de respuesta. Por ejemplo, si quisiéramos obtener el diagrama de momentos flectores en el pórtico en función del tiempo, deberíamos usar las cuatro fuerzas equivalentes en un tiempo dado y realizar un análisis *estático* de la estructura en cada instante de tiempo. Nótese que el pórtico es estáticamente indeterminado, por lo que para efectuar la serie de análisis estructurales (para cada instante de tiempo) necesitaremos recurrir a un programa de computadora. En el caso de una estructura simple estáticamente determinada tal vez sería posible obtener expresiones analíticas para definir los puntos del diagrama de momentos.

17.7.6 El cortante basal en término de fuerzas equivalentes laterales

Calculemos entonces el cortante como la suma de las fuerzas $F_i(t)$ de la Ec. (17.21) en la dirección X (con la suposición de que el eje X es horizontal).

$$V(\text{t}) = \sum_{i=1,\,direcc.X}^{n} F_i(\text{t})$$

$$V(\text{t}) = \sum_{i=1,\,direcc.X}^{n} \sum_{j=1}^{n} \omega_j^2 m_i \phi_{ij} \eta_j(\text{t})$$

Intercambiando el orden de las dos sumatorias y reordenando términos el cortante se puede escribir como

$$V(\text{t}) = \sum_{j=1}^{n} \omega_j^2 \sum_{i=1,\,direcc.X}^{n} \left(m_i \phi_{ij} \right) \eta_j(\text{t}) \tag{17.22}$$

Para simplificar esta expresión recordemos la definición de factor de participación modal. Si la estructura estaba sometida a un movimiento en la base en la dirección horizontal X los factores de participación modal en esta dirección eran:

$$\gamma_{xj} = \left\{ \phi_j \right\}^T [M] \left\{ r_x \right\} \qquad ; \quad j = 1, \ldots, n \tag{17.23}$$

Recordemos que para usar esta definición de γ_{xj} los modos deben estar normalizados respecto a la matriz de masa.

Si se desea considerar la componente vertical del sismo, digamos aplicado en la dirección Y, deben definirse factores de participación modal para esta dirección. Esto se hace cambiando los vectores de coeficientes de influencia $\{r_x\}$ por otros para la dirección Y:

$$\gamma_{yj} = \{\phi_j\}^T [M] \{r_y\} \qquad ; \quad j = 1, \ldots, n \qquad (17.24)$$

Para movimientos de la base de traslación, los vectores $\{r\}$ contienen 1 en las filas correspondientes a los grados de libertad (no restringidos) que coinciden con la dirección de la excitación, y 0 en todos las otras filas. Este concepto será explicado en detalle en una sección más adelante.

17.7.7 Ejemplo 17.2 (Cont.):

Antes de continuar con el desarrollo para calcular el cortante basal, vamos a considerar el pórtico del ejemplo que estamos usando para observar unas características de los términos $[M]\{r_x\}$ y $[M]\{r_y\}$ en las Ecs. (17.23) y (17.24). Los vectores de coeficientes de influencia $\{r_x\}$ y $\{r_y\}$ para el pórtico son:

$$\{r_x\} = \begin{Bmatrix} 1 \\ 0 \\ 1 \\ 0 \end{Bmatrix} \qquad ; \qquad \{r_y\} = \begin{Bmatrix} 0 \\ 1 \\ 0 \\ 1 \end{Bmatrix} \qquad (e)$$

Y al premultiplicarlos por la matriz de masa se obtienen dos vectores con la siguiente forma:

$$[M]\{r_x\} = \begin{bmatrix} m_1 & 0 & 0 & 0 \\ 0 & m_1 & 0 & 0 \\ 0 & 0 & m_2 & 0 \\ 0 & 0 & 0 & m_2 \end{bmatrix} \begin{Bmatrix} 1 \\ 0 \\ 1 \\ 0 \end{Bmatrix} = \begin{Bmatrix} m_1 \\ 0 \\ m_2 \\ 0 \end{Bmatrix} \qquad (f)$$

$$[M]\{r_y\} = \begin{bmatrix} m_1 & 0 & 0 & 0 \\ 0 & m_1 & 0 & 0 \\ 0 & 0 & m_2 & 0 \\ 0 & 0 & 0 & m_2 \end{bmatrix} \begin{Bmatrix} 0 \\ 1 \\ 0 \\ 1 \end{Bmatrix} = \begin{Bmatrix} 0 \\ m_1 \\ 0 \\ m_2 \end{Bmatrix} \qquad (g)$$

17.7.8 El cortante basal en función del tiempo

Observando el ejemplo anterior, se puede afirmar que el vector $[M]\{r_x\}$ tiene ceros en todas las filas, *excepto* aquellas que contienen las masas de las juntas o nodos en la dirección X. Y en forma similar, el vector $[M]\{r_y\}$ contiene las masas en la dirección Y y ceros en las otras filas. A base de la primera observación, el factor de participación en la dirección X se puede escribir como una sumatoria que abarca las filas de $\{\phi_j\}$ en esta misma dirección, o sea:

$$\gamma_{xj} = \{\phi_j\}^T [M] \{r_x\} = \sum_{i,\,direcc.X}^{n} m_i \phi_{ij} \qquad (17.25)$$

donde se sobrentiende que la sumatoria sólo contiene los elementos correspondientes a la dirección X. En forma similar, el factor de participación del modo "j" para la dirección Y se puede escribir como:

$$\gamma_{yj} = \{\phi_j\}^T [M] \{r_y\} = \sum_{i,\,direcc.Y}^{n} m_i \phi_{ij} \qquad (17.26)$$

Retornando a la Ec. (17.22), y teniendo en cuenta la Ec. (17.25), el cortante en la base se puede escribir de la siguiente forma:

$$V(t) = \sum_{j=1}^{n} \omega_j^2\, \gamma_{xj}\, \eta_j(t) \qquad (17.27)$$

Las coordenadas modales $\eta_j(t)$ se obtienen resolviendo la integral de Duhamel para el modo respectivo. Considerando el amortiguamiento y para una aceleración en la base $\ddot{X}_g(t)$ en la dirección X, $\eta_j(t)$ se calcula como:

$$\eta_j(t) = -\gamma_{xj} \frac{1}{\omega_j\sqrt{1-\xi_j^2}} \int_0^t \ddot{X}_g(\tau) \sin\omega_{dj}(t-\tau)\, e^{-\xi_j\omega_j(t-\tau)} d\tau \qquad (17.28)$$

y la Ec. (17.27) resulta finalmente:

$$V(t) = \sum_{j=1}^{n} \gamma_{xj}^2 \left[\frac{\omega_j}{\sqrt{1-\xi_j^2}} \int_0^t \ddot{X}_g(\tau) \sin\omega_{dj}(t-\tau)\, e^{-\xi_j\omega_j(t-\tau)} d\tau \right] \qquad (17.29)$$

Los factores de participación γ_{xj}, en general, disminuyen a medida que el número de modo "j" aumenta. Sin embargo, el término entre corchetes en la Ec. (17.29) va multiplicado por la frecuencia ω_j del modo "j" que *siempre* crece con el modo. Por lo tanto, al calcular el cortante basal en estructuras sometidas a una excitación sísmica la contribución de los modos superiores no va a ser siempre despreciable, como por lo general ocurre con los desplazamientos.

17.7.9 Ejemplo 17.2 (Cont.):

Consideremos el pórtico de tres barras y supongamos que la aceleración $\ddot{X}_g(t)$ tiene la forma de un pulso rectangular de corta duración como el que se muestra en la Figura 17.5.

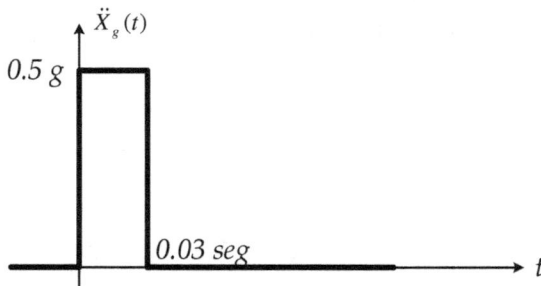

Figura 17.5 **Aceleración de la base tipo pulso rectangular.**

Calculemos el cortante en la base aplicando la fórmula (17.29). Si llamamos cortante modal $V_j(t)$ a cada término de la sumatoria:

$$V_j(t) = \gamma_{xj}^2 \frac{\omega_j}{\sqrt{1-\xi_j^2}} \int_0^t \ddot{X}_g(\tau) \sin \omega_{dj}(t-\tau) e^{-\xi_j \omega_j(t-\tau)} d\tau \qquad (h)$$

el cortante total se obtiene como una sumatoria:

$$V(t) = \sum_{j=1}^4 V_j(t) \qquad (i)$$

La Figura 17.6 muestra la contribución $V_j(t)$ al cortante $V(t)$ de cada uno de los cuatro modos del pórtico.

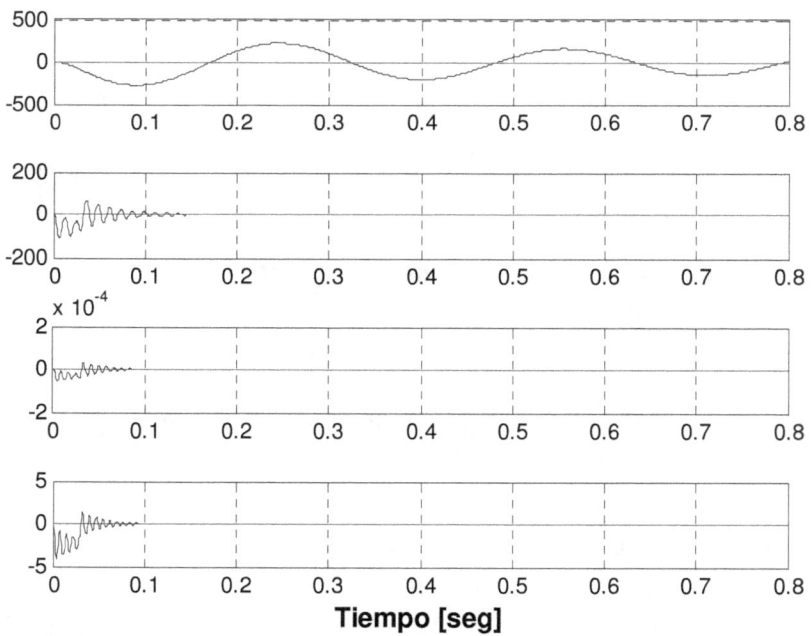

Figura 17.6 **Contribución de cada modo del pórtico al cortante basal.**

Nótese que en los instantes iniciales la contribución del segundo modo no es despreciable comparada con la del primer modo (compárense los dos gráficos superiores en la Figura 17.6). Sin embargo, como se puede observar, las contribuciones al cortante de los modos superiores decrecen rápidamente con el tiempo.

En la Figura 17.7 se muestra la variación en el tiempo del cortante total $V(t)$ calculado considerando un solo modo en la sumatoria, y considerando dos modos, esto es como:

$$V(t) = V_1(t) \qquad ; \qquad V(t) = V_1(t) + V_2(t) \tag{:}$$

Es evidente que al usar un solo modo estamos perdiendo las oscilaciones de alta frecuencia, las cuales son importantes en los instantes iniciales del movimiento, y que provienen de la contribución del segundo modo. Si se suman los cuatro modos no se observa ningún cambio apreciable en el gráfico de $V(t)$. Por lo tanto, en este ejemplo es suficiente sumar dos modos para obtener el cortante máximo con buena precisión. En general, más que la variación de $V(t)$ en el tiempo nos interesa su valor máximo (en valor absoluto). Si se considera un sólo modo, el cortante máximo $V_{\max}$ es 267.9 lb y si se consideran dos modos, $V_{\max}$ es 284.1 lb. Si bien en este caso la diferencia no es tan grande, en una estructura de un edificio irregular puede ser importante.

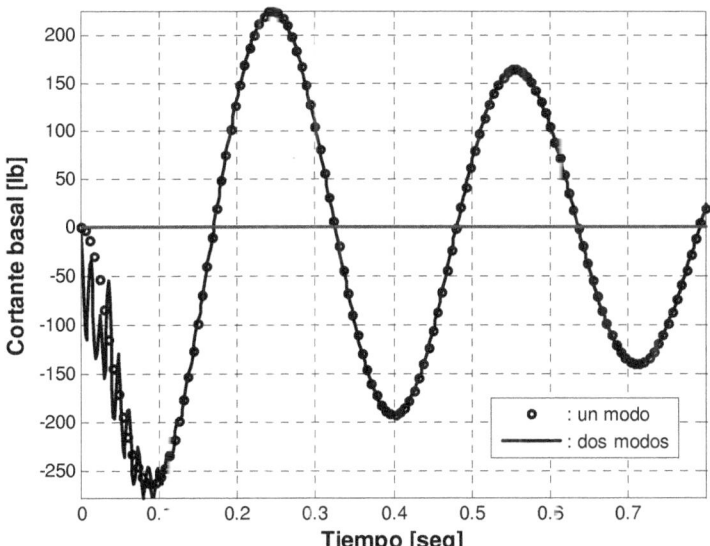

Figura 17.7 **Contribución al cortante del 1er modo y del 1er + 2do modo.**

17.8 La razón de masa participante modal

Vamos ahora a proseguir un poco más con el desarrollo teórico para tratar de establecer un método racional que nos ayude a decidir cuántos modos es necesario incluir en el cálculo de la respuesta sísmica. Para esto vamos a dar una notación especial al término entre corchetes en la Ec. (17.29). Como el término tiene unidades de *aceleración* vamos a llamarlo $\bar{a}_j(t)$:

$$\bar{a}_j(t) = \frac{\omega_j}{\sqrt{1-\xi_j^2}} \int_0^t \ddot{X}_g(\tau) \sin \omega_{dj}(t-\tau)\, e^{-\xi_j \omega_j(t-\tau)} d\tau \qquad (17.30)$$

La Ec. (17.29) puede entonces escribirse como:

$$V(t) = \sum_{j=1}^n \gamma_{xj}^2\, \bar{a}_j(t) \qquad (17.31)$$

Ahora vamos a introducir una nueva constante modal a la que que denotaremos α_j. Esta constante se conoce como **"razón de masa participante modal"** ("modal participating mass ratio" en inglés) o también como **"coeficiente de masa efectiva"** ("effective mass coefficient") y para una excitación sísmica actuando en la dirección X se define como:

$$\alpha_{xj} = \frac{\gamma_{xj}^2}{M_x} \qquad ; \qquad j = 1,\ldots,n \qquad (17.32)$$

donde M_x es la suma de las masas concentradas de la estructura en la dirección X:

$$M_x = \sum_{i,\, direcc.X}^n m_i \qquad (17.33)$$

Con la definición (17.32) el cortante en la base de la Ec. (17.31) puede calcularse como:

$$V(t) = \sum_{j=1}^n \alpha_{xj}\, \bar{a}_j(t)\, M_x \qquad (17.34)$$

Los coeficientes α_{xj} tienen una importante propiedad: si se suman las razones de masa participante de todos los modos, la suma es 1. Esto implica que se debe cumplir que:

$$\sum_{j=1}^n \alpha_{xj} = 1 \qquad (17.35)$$

Esta propiedad se va a demostrar más adelante en esta misma sección.

Si la estructura tiene también una excitación en la base en otra dirección, por ejemplo la vertical Y, se debe además calcular las razones de masa participante modal en esa dirección. Éstas se definen mediante las siguientes fórmulas:

$$\alpha_{yj} = \frac{\gamma_{yj}^2}{M_y} \quad ; \quad j = 1,\ldots,n \qquad ; \qquad M_y = \sum_{i,\, direcc.Y}^n m_i \qquad (17.36)$$

Las razones de masa participante modal en la dirección Y también satisfacen la propiedad de que su suma es igual a 1.

Muchos códigos recomiendan que para calcular el cortante basal se consideren un número de modos N como sea necesario para que se cumpla la siguiente condición:

$$\sum_{j=1}^{N} \alpha_j \geq 0.9 \tag{17.37}$$

Demostración de la propiedad de las razones de masa participante:

Para las aplicaciones prácticas, es suficiente con conocer la definición del concepto de razón de masa participante α_j y la propiedad descrita en la Ec. (17.35). No obstante, la demostración de esta propiedad nos puede ayudar a compenetrarnos mejor en los detalles de la Dinámica Estructural.

Para demostrar la Ec. (17.35) vamos a usar la definición de γ_{xj} en la Ec. (17.23). Como γ_{xj} es un escalar, el cuadrado se puede calcular como

$$\gamma_{xj}^2 = \left(\{r_x\}^T [M] \{\phi_j\} \right) \left(\{\phi_j\}^T [M] \{r_x\} \right) = \{r_x\}^T [M] \{\phi_j\} \{\phi_j\}^T [M] \{r_x\} \tag{17.38}$$

Si se suman todos los factores de participación elevados al cuadrado se obtiene:

$$\sum_{j=1}^{n} \gamma_{xj}^2 = \{r_x\}^T [M] \left(\sum_{j=1}^{n} \{\phi_j\} \{\phi_j\}^T \right) [M] \{r_x\}$$

El término dentro del paréntesis se puede escribir en forma matricial como el producto de la matriz modal por su transpuesta y por lo tanto:

$$\sum_{j=1}^{n} \gamma_{xj}^2 = \{r_x\}^T [M] [\Phi] [\Phi]^T [M] \{r_x\} \tag{17.39}$$

Los modos de vibración (cuando están normalizados respecto a la matriz de masa) tenían la siguiente propiedad:

$$[\Phi]^T [M] [\Phi] = [I] \tag{17.40}$$

Si se premultiplican ambos lados de esta expresión por la transpuesta e inversa de la matriz de autovectores $[\Phi]$ se obtiene:

$$[M] [\Phi] = [\Phi]^{-T} \tag{17.41}$$

Y por lo tanto usando este resultado en la Ec. (17.39) ésta se reduce a:

$$\sum_{j=1}^{n} \gamma_{xj}^2 = \{r_x\}^T [M] \{r_x\}$$

El término $[M]\{r_x\}$ es un vector con las masas concentradas en la dirección X. Al multiplicar este vector por $\{r_x\}^T$, que es un vector fila con 1 en las filas asociadas a los desplazamientos en X, se obtiene:

$$\sum_{j=1}^{n} \gamma_{xj}^2 = \sum_{i,\, direcc.X}^{n} m_i = M_x \qquad (17.42)$$

Sumando las n razones de masa participante modal en la ecuación (17.32) y usando la Ec. (17.42) se demuestra la propiedad (17.35):

$$\sum_{j=1}^{n} \alpha_{xj} = \frac{1}{M_x} \sum_{j=1}^{n} \gamma_{xj}^2 = \frac{M_x}{M_x} = 1$$

17.8.1 Ejemplo 17.2 (Cont.):

Para el pórtico de tres barras que estamos usando como ejemplo, la matriz de masa y los factores de participación γ_{xj} eran:

$$[M] = \begin{bmatrix} 1.4767 & 0 & 0 & 0 \\ 0 & 1.4767 & 0 & 0 \\ 0 & 0 & 1.4320 & 0 \\ 0 & 0 & 0 & 1.4320 \end{bmatrix} \left(\frac{lb.s^2}{in}\right) \; ; \; \{\gamma_x\} = \begin{Bmatrix} 1.6066 \\ 0.5616 \\ 0.000304 \\ 0.10906 \end{Bmatrix} \left(\sqrt{\frac{lb.s^2}{in}}\right)$$

$$(k)$$

Por lo tanto $M_x = 1.4767 + 1.4320 = 2.9087$ y usando la Ec. (17.32) los coeficientes α_{xj} en la dirección X son

$$\alpha_{x1} = 0.8874 \quad ; \quad \alpha_{x2} = 0.1084 \quad ; \quad \alpha_{x3} = 0.3177 \text{ x } 10^{-7} \quad ; \quad \alpha_{x4} = 0.0041 \qquad (l)$$

Las razones de masa participante también se suelen expresar en porciento, o sea por ejemplo: $\alpha_{x1} = 88.74\%$, etc.

Si se calculan las razones de masa participante modal en la dirección Y se obtiene

$$\alpha_{y1} = 0.0572 \quad ; \quad \alpha_{y2} = 0.4342 \quad ; \quad \alpha_{y3} = 0.4923 \quad ; \quad \alpha_{y4} = 0.01645 \qquad (m)$$

En este caso, para que se cumpla la condición (17.42) para el pórtico en dirección X deben sumarse:

$$\sum_{j=1}^{2} \alpha_{xj} = 0.8874 + 0.1084 = 0.9958 \geq 0.9 \qquad (\text{r})$$

por lo que aquí es suficiente considerar **dos** modos para calcular el cortante basal con una precisión aceptable cuando la componente horizontal del sismo actúa sobre la estructura. Esta conclusión coincide con lo que habíamos observado cuando calculamos el cortante en la base del pórtico. Si en cambio es la componente vertical la que excita a la estructura, para que se cumpla la condición (17.37) se deben sumar **tres** modos:

$$\sum_{j=1}^{3} \alpha_{yj} = 0.0572 + 0.4342 + 0.4923 = 0.9837 \geq 0.9 \qquad (\text{o})$$

17.9 Respuesta a sismos con múltiples componentes

Cuando comenzamos estudiando la respuesta de una estructura compuesta por elementos de pórticos consideramos que sólo la componente horizontal del sismo actuaba sobre la estructura. Vamos ahora a estudiar el caso en que actúa más de una componente del sismo, en particular el caso en que la aceleración horizontal y vertical del suelo excitan a la estructura. Los conceptos pueden generalizarse sin problemas para el caso de tres componentes.

Las ecuaciones de movimiento de una estructura modelada como un sistema de múltiples grados de libertad sometida a una aceleración $\ddot{X}_g(t)$ en la dirección horizontal tenían la forma de la Ec. (17.1). La excitación estaba definida mediante una fuerza equivalente en el lado derecho igual a $-[M]\{r_x\}\ddot{X}_g(t)$. Como estamos considerando sistemas estructurales con comportamiento lineal, la respuesta a un sismo con dos componentes será igual a la suma de las respuestas a cada una de las componentes. Si llamamos $\ddot{Y}_g(t)$ a la componente vertical de la aceleración del suelo, las ecuaciones de movimiento tienen ahora la siguiente forma:

$$[M]\{\ddot{u}(t)\} + [C]\{\dot{u}(t)\} + [K]\{v(t)\} = -[M]\{r_x\}\ddot{X}_g(t) - [M]\{r_y\}\ddot{Y}_g(t) \qquad (17.43)$$

donde $\{r_y\}$ es el vector de coeficientes de influencia en la dirección vertical.

Vamos ahora a dar una manera formal de calcular un vector de coeficientes de influencia:

> Los elementos de un vector de coeficientes de influencia $\{r_\alpha\}$ se obtienen desplazando una distancia unitaria y en forma muy lenta a todos los apoyos de la estructura en la dirección α en que actúa el sismo, donde α puede ser X, Y o Z.

Para estudiar el comportamiento de la estructura cuando actúa la componente vertical del sismo necesitamos entonces el vector de coeficientes de influencia en la dirección Y.

Siguiendo el mismo procedimiento que para el caso de la componente horizontal, es sencillo demostrar que las ecuaciones desacopladas asociadas a las ecuaciones de movimiento (17.43) tienen la forma:

$$\ddot{\eta}_j(t) + 2\xi_j\omega_j\dot{\eta}_j(t) + \omega_j^2\eta_j(t) = -\gamma_{x_j}\ddot{X}_g(t) - \gamma_{y_j}\ddot{Y}_g(t) \qquad ; \qquad j = 1, \ldots, n \quad (17.44)$$

Observando la Ec. (17.44) vemos que ahora en el lado derecho de la ecuación aparecen las constantes γ_{y_j} multiplicando a $\ddot{Y}_g(t)$. Estos son los factores de participación modal *para la dirección* Y, los que se definen como:

$$\gamma_{yj} = \left\{\phi_j\right\}^T [M] \left\{r_y\right\} \qquad ; \qquad j = 1, \ldots, n \quad (17.45)$$

en donde se supone que los modos de vibración $\left\{\phi_j\right\}$ están normalizados respecto a la matriz de masa.

La solución de las ecuaciones desacopladas (17.44), o sea la coordenada modal $\eta_j(t)$, se calcula con la integral de Duhamel y sumando las respuestas a las aceleraciones en las direcciones X y Y. Por lo tanto:

$$\eta_j(t) = -\frac{1}{\omega_{dj}} \int_0^t \left[\gamma_{xj}\ddot{X}_g(\tau) + \gamma_{y_j}\ddot{Y}_g(\tau)\right] \sin \omega_{dj}(t-\tau)\, e^{-\xi_j\omega_j(t-\tau)} d\tau \quad (17.46)$$

Los desplazamientos físicos se calculan en la forma usual como superposición de las respuestas modales. Por ejemplo, el desplazamiento del grado de libertad "i" es:

$$u_i(t) = \sum_{j=1}^{n} \phi_{ij}\, \eta_j(t) \quad (17.47)$$

17.9.1 Ejemplo 17.3:

Consideremos nuevamente el pórtico que se muestra en la Figura 17.8, correspondiente al ejemplo que estuvimos usando en este capítulo. La estructura tiene cuatro grados de libertad dinámicos: u_1, v_1, u_2 y v_2. Vimos que para definir las ecuaciones de movimiento de la estructura sujeta a una aceleración del suelo $\ddot{X}_g(t)$ en la dirección X, era necesario conocer el *vector de coeficientes de influencia* en esta dirección. Este era:

$$\{r_x\} = \left\{\begin{array}{c} 1 \\ 0 \\ 1 \\ 0 \end{array}\right\} \quad \text{(a)}$$

Si bien para el pórtico de la Figura 17.8 ya hemos mostrado el vector de coeficientes de influencia en la dirección vertical $\{r_y\}$ en un ejemplo anterior, vamos a recalcularlo usando la definición dada en la sección 17.9.

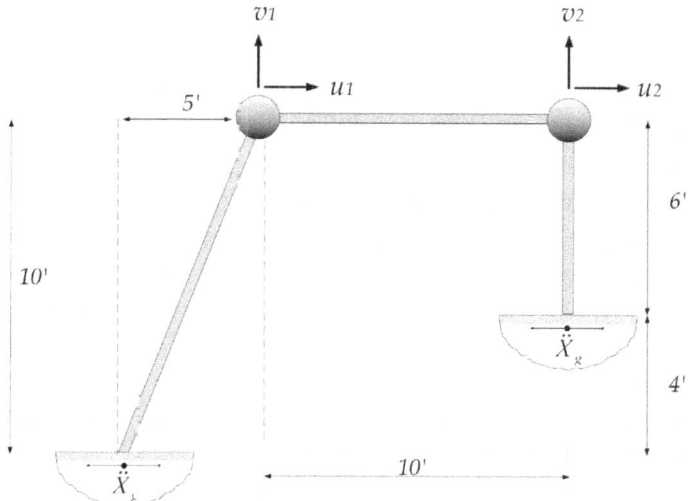

Figura 17.8 **Pórtico plano para calcular los coeficientes de influencia.**

Aplicando desplazamientos unitarios en la dirección vertical a ambos apoyos del pórtico (véase la Figura 17.9) y calculando los desplazamientos de todos los otros grados de libertad se obtiene que el vector de coeficientes de influencia en esta dirección es:

$$\{r_y\} = \left\{ \begin{array}{c} 0 \\ 1 \\ 0 \\ 1 \end{array} \right\} \tag{b}$$

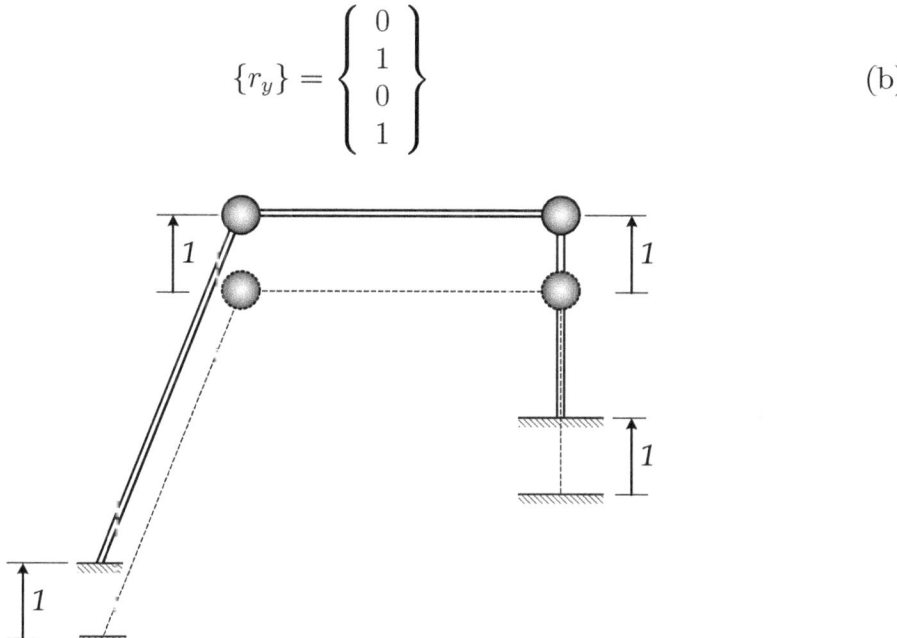

Figura 17.9 **Pórtico con movimiento vertical unitario de sus apoyos.**

Usando las propiedades del pórtico habíamos calculado en un ejemplo anterior el vector de factores de participación modal en la dirección horizontal $\{\gamma_x\}$. Este vector era:

$$\{\gamma_x\} = \left\{ \begin{array}{c} 1.6066 \\ 0.5616 \\ 0.000304 \\ 0.10906 \end{array} \right\} \left(\sqrt{\frac{lb.s^2}{in}} \right) \tag{c}$$

Calculemos el factor de participación modal γ_{yj} para el primer modo del pórtico. Usando la matriz de masa y el vector de coeficientes de influencia en la dirección Y tenemos:

$$[M]\{r_y\} = \left[\begin{array}{cccc} 1.4767 & 0 & 0 & 0 \\ 0 & 1.4767 & 0 & 0 \\ 0 & 0 & 1.4320 & 0 \\ 0 & 0 & 0 & 1.4320 \end{array} \right] \left\{ \begin{array}{c} 0 \\ 1 \\ 0 \\ 1 \end{array} \right\} = \left\{ \begin{array}{c} 0 \\ 1.4767 \\ 0 \\ 1.4320 \end{array} \right\} \left(\frac{lb.s^2}{in} \right)$$

Premultiplicando este vector por el primer modo $\{\phi_1\}$ transpuesto se obtiene:

$$\gamma_{y1} = \left[\begin{array}{cccc} 0.5525 & -0.2760 & 0.5522 & -0.0002 \end{array} \right] \left\{ \begin{array}{c} 0 \\ 1.4767 \\ 0 \\ 1.4320 \end{array} \right\}$$

$$\gamma_{y1} = -0.2760 \cdot 1.4767 - 0.0002 \cdot 1.4320 = -0.40786 \sqrt{\frac{lb.s^2}{in}} \tag{d}$$

Y si se hace lo mismo con los otros modos se llega a que el vector completo es:

$$\{\gamma_y\} = \left\{ \begin{array}{c} -0.40786 \\ 1.1238 \\ 1.1966 \\ 0.21872 \end{array} \right\} \left(\sqrt{\frac{lb.s^2}{in}} \right) \tag{e}$$

Si se comparan los factores de participación en la dirección horizontal y vertical en las Ecs. (c) y (e) respectivamente, vemos que estos presentan un patrón distinto. Los factores γ_{xj} decrecen en magnitud con el número de modo (excepto por el modo 4). En el caso de los factores γ_{yj}, los correspondientes al segundo y tercer modo son más altos que el del primer modo. Sabemos que los factores de participación hacen las veces de factores de escala que multiplican a la aceleración del suelo en las ecuaciones de movimiento desacopladas (véase la Ec. (17.44)). Por lo tanto, esto nos dice que, en general, para el caso del pórtico la contribución del segundo y tercer modo no va a ser despreciable comparada con la del primer modo. Por supuesto, la *forma* en que $\ddot{Y}_g(t)$

varía en el tiempo también va a afectar la contribución relativa de cada modo a la respuesta (porque esto afecta a las respuestas modales η_j). Además, un modo puede afectar en mayor o menor grado la respuesta dependiendo de qué *tipo de respuesta* estemos calculando (desplazamientos relativos, aceleraciones, fuerzas internas, etc.).

Es importante notar que en este ejemplo, y en todos los anteriores, se ha considerado implícitamente que *todos* los apoyos de la estructura están sometidos a la *misma* aceleración del suelo. Esto es razonable si la distancia entre apoyos no es muy grande. Sin embargo, para casos como puentes largos u otras estructuras con gran extensión espacial esta suposición puede no ser razonable. La formulación para el análisis sísmico de estructuras con distinta excitación en sus apoyos es diferente de la que estamos estudiando aquí y no será cubierta en este libro. No obstante, si se usa un programa de computadoras comercial para el cálculo de la respuesta sísmica es necesario estar alerta sobre las suposiciones que hace el mismo para el análisis. Por lo general, si se crea un modelo de una estructura como el que se muestra en la Figura 17.10 y se le entra al programa un registro sísmico, este lo va a aplicar en la dirección en que le indiquemos, pero *actuando en los tres apoyos*.

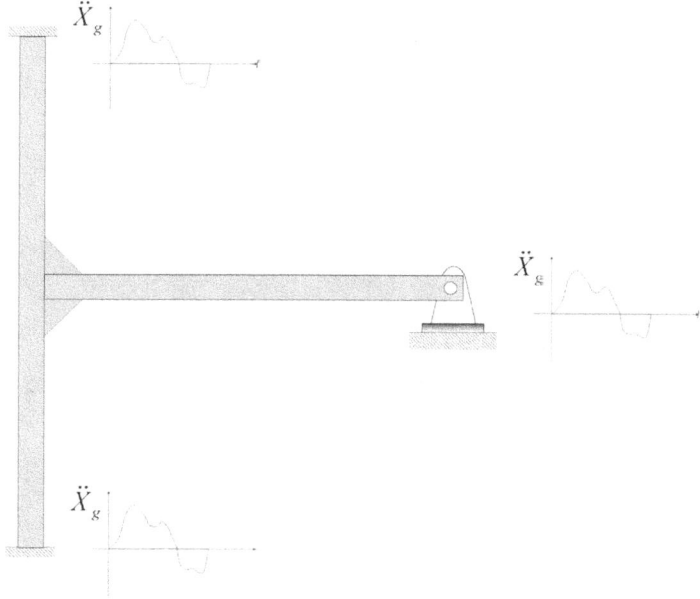

Figura 17.10 **Pórtico con aceleración horizontal en todos sus apoyos.**

17.10 El vector de coeficientes de influencia

Vamos a estudiar en esta sección ejemplos de coeficientes de influencia para otros tipos de estructuras. Comencemos considerando la cercha plana ideal con *siete* grados de libertad que se muestra en la Figura 17.11. Sometamos la estructura a un movimiento *lento* de sus apoyos de magnitud *unitaria* en una cierta dirección y observemos el desplazamiento de todos los grados de libertad.

Si el movimiento unitario se aplica en la dirección X, es evidente que los desplazamientos (y por lo tanto el vector $\{r_x\}$) serán :

$$
\left\{
\begin{array}{c}
u_1 \\
v_1 \\
u_2 \\
v_2 \\
u_3 \\
v_3 \\
u_4
\end{array}
\right\}
=
\left\{
\begin{array}{c}
1 \\
0 \\
1 \\
0 \\
1 \\
0 \\
1
\end{array}
\right\}
= \{r_x\}
$$

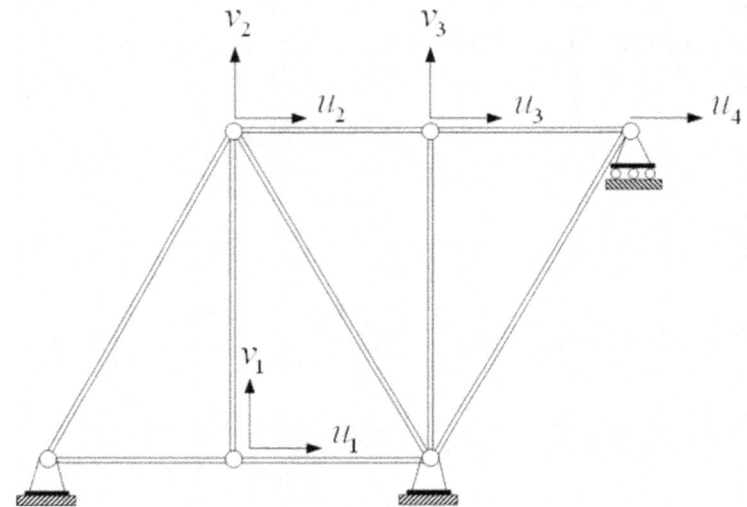

Figura 17.11 **Cercha plana con 7 grados de libertad.**

Si aplicamos el movimiento en la dirección Y se puede definir el vector de coeficientes de influencia en la dirección vertical:

$$
\left\{
\begin{array}{c}
u_1 \\
v_1 \\
u_2 \\
v_2 \\
u_3 \\
v_3 \\
u_4
\end{array}
\right\}
=
\left\{
\begin{array}{c}
0 \\
1 \\
0 \\
1 \\
0 \\
1 \\
0
\end{array}
\right\}
= \{r_y\}
$$

El "cálculo" de los desplazamientos debido al movimiento unitario lento de los apoyos es sencillo porque al mover simultáneamente *todos* los apoyos le estamos imponiendo a la estructura un *movimiento de cuerpo rígido*. Si no moviéramos todos los apoyos la misma cantidad, sino por ejemplo sólo uno de ellos, tendríamos un problema equivalente a uno de asentamiento de apoyos. En este último caso, si la estructura es estáticamente indeterminada, el problema de calcular los desplazamientos no es tan sencillo de resolver, al menos "a mano". Por otro lado, si el desplazamiento no fuese lento, tendríamos un problema dinámico, que es precisamente el tipo de problemas que estamos tratando de resolver. Por ejemplo, al mover una unidad de longitud en forma lenta el pórtico de la izquierda de la Figura 17.12 las tres masas en la viga se desplazan una unidad. En cambio, si se le aplica un desplazamiento unitario a un solo apoyo, por ejemplo al de la derecha como se muestra la misma figura, la estructura se deforma elásticamente y no se conocen a priori los desplazamientos de las tres masas. Si todos los apoyos se moviesen rápidamente, debido a la inercia de la estructura, ésta primero tendería a "quedarse" en su sitio y luego comenzaría a oscilar.

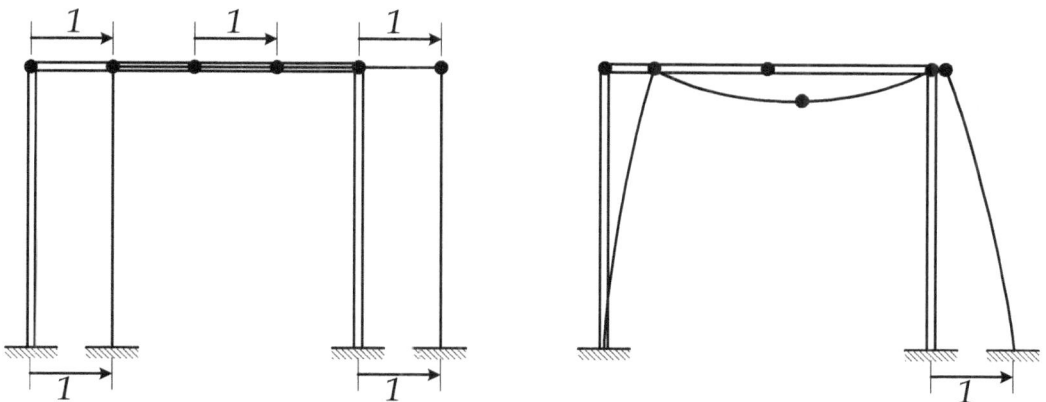

Figura 17.12 **Pórtico con: a) desplazamiento lento de todos sus apoyo; b) desplazamiento de un apoyo.**

Consideremos como siguiente ejemplo un edificio de dos pisos con losas rígidas como el que se muestra en la Figura 17.13. Vamos a suponer que las columnas son rígidas en la dirección vertical. Además vamos a considerar que la masa de los elementos elásticos (columnas y vigas) se puede agregar a la masa de las losas. En este caso los únicos elementos con masa son las losas rígidas, las que pueden moverse horizontalmente y rotar alrededor de un eje vertical. Por consiguiente esta estructura se puede modelar como un sistema con tres grados de libertad por cada piso "i": las traslaciones horizontales u_i, v_i del centro de masa según los ejes X, Y y una rotación θ_i alrededor del eje Z. Este tipo de modelo es muy útil para estudiar el comportamiento sísmico de edificios con planta irregular (por ejemplo, con forma de L, etc.). En estos edificios, si se les aplica una fuerza en una dirección horizontal, no sólo se deforman en esta dirección sino que también rotan alrededor del eje vertical.

Para un movimiento sísmico en la dirección X el vector de coeficientes de influencia es:

$$\{r_x\} = \left\{\begin{array}{c} u_1 \\ v_2 \\ \theta_1 \\ u_2 \\ v_2 \\ \theta_2 \end{array}\right\} = \left\{\begin{array}{c} 1 \\ 0 \\ 0 \\ 1 \\ 0 \\ 0 \end{array}\right\}$$

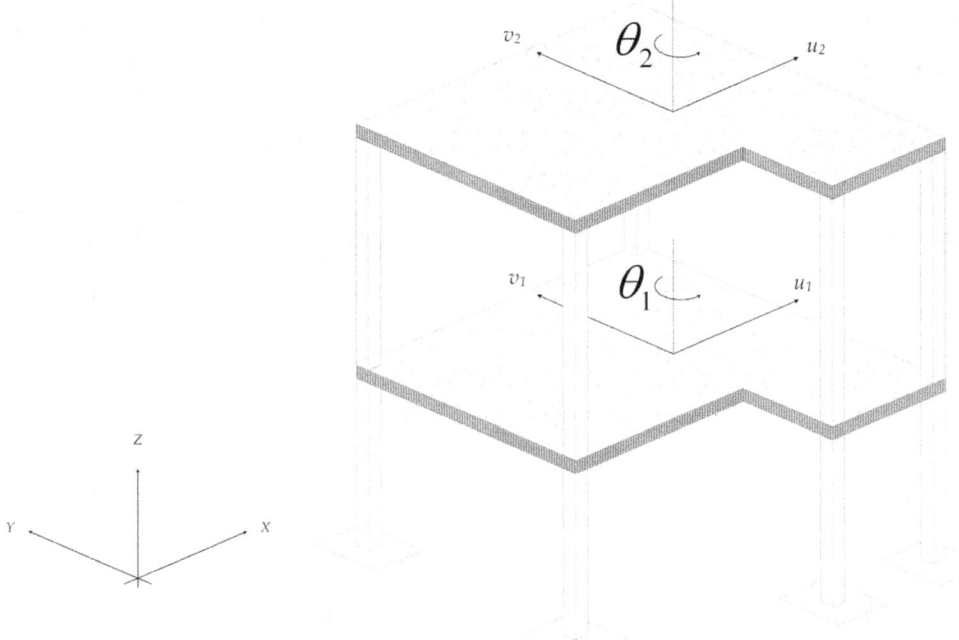

Figura 17.13 **Edificio con movimientos horizontales y de rotación acoplados.**

Y para un movimiento en la dirección Y,

$$\{r_y\} = \left\{\begin{array}{c} u_1 \\ v_2 \\ \theta_1 \\ u_2 \\ v_2 \\ \theta_2 \end{array}\right\} = \left\{\begin{array}{c} 0 \\ 1 \\ 0 \\ 0 \\ 1 \\ 0 \end{array}\right\}$$

Por último, consideremos un modelo de una columna con un apoyo articulado y con un resorte torsional en la base, como se muestra en la Figura 17.14. Este tipo de modelo puede ser útil cuando se desea considerar la influencia del suelo en una estructura fundada en un suelo blando (este efecto se conoce como interacción dinámica suelo-estructura). Supongamos que la columna se ha dividido en tres elementos de largo h_1, h_2 y h_3 como se muestra en la Figura 17.14. El sistema tiene tres grados de libertad dinámicos: los desplazamientos laterales u_1, u_2 y u_3 (las rotaciones se han condensado y la deformación axial se considera despreciable).

Supongamos que el sistema está sometido a una aceleración **angular** de la base $\ddot{\theta}_g(t)$. Para hallar el vector de coeficientes de influencia correspondiente para este caso aplicamos lentamente un *giro* θ a la columna y calculamos los desplazamientos horizontales de las masas.

$$\left\{ \begin{array}{c} u_1 \\ u_2 \\ u_3 \end{array} \right\} = \left\{ \begin{array}{c} h_1 \sin\theta \\ (h_1 + h_2)\sin\theta \\ (h_1 + h_2 + h_3)\sin\theta \end{array} \right\}$$

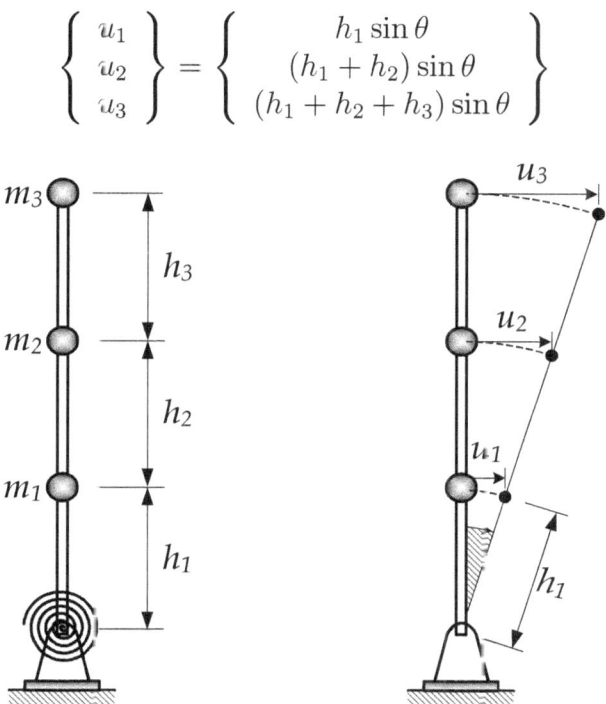

Figura 17.14 **Columna rígida con rotación de la base.**

Si el giro es pequeño se puede escribir:

$$\left\{ \begin{array}{c} u_1 \\ u_2 \\ u_3 \end{array} \right\} \simeq \left\{ \begin{array}{c} h_1\,\theta \\ (h_1 + h_2)\,\theta \\ (h_1 + h_2 + h_3)\,\theta \end{array} \right\}$$

Por último, tomado el giro θ como unitario se obtiene el vector de coeficientes de influencia buscado:

$$\{r_\theta\} = \left\{ \begin{array}{c} h_1 \\ h_1 + h_2 \\ h_1 + h_2 + h_3 \end{array} \right\}$$

17.11 Respuesta sísmica de edificios de corte

La metodología y las fórmulas que obtuvimos anteriormente usando como ejemplo un pórtico plano son válidas para calcular los desplazamientos relativos (respecto a la base) de *cualquier* estructura modelada como un sistema discreto de "n" grados de libertad. Hay no obstante un caso particular que merece atención especial. En muchos casos, y para simplificar el proceso, los análisis sísmicos de edificios multipisos se suelen realizar usando como modelo de la estructura el llamado "*edificio de corte*" ("shear building" en inglés). En este caso particular es posible simplificar las fórmulas y obtener expresiones adicionales sencillas para calcular la respuesta sísmica. Vamos a derivar estas expresiones comenzando con los factores de participación modal.

17.11.1 Factores de participación modal:

Vimos que si se usan los modos normalizados, la definición del factor de participación modal γ_j del modo "j" era:

$$\gamma_j = \left\{\phi_j\right\}^T [M] \{r\} \qquad (17.48)$$

Para un edificio de corte la aceleración del suelo es horizontal y el vector de coeficientes de influencia es un vector con *unos* en todas las filas:

$$\{r\} = \left\{\begin{array}{c} 1 \\ 1 \\ \vdots \\ 1 \end{array}\right\} \leftarrow fila\, n \qquad (17.49)$$

Como además la matriz de masa es diagonal, la Ec. (17.48) resulta:

$$\gamma_j = \left[\begin{array}{cccc} \phi_{1j} & \phi_{2j} & \cdots & \phi_{nj} \end{array}\right] \left[\begin{array}{cccc} m_1 & & & \\ & m_2 & & \\ & & \ddots & \\ & & & m_n \end{array}\right] \left\{\begin{array}{c} 1 \\ 1 \\ \vdots \\ 1 \end{array}\right\} =$$

$$\gamma_j = \left[\begin{array}{cccc} \phi_{1j} & \phi_{2j} & \cdots & \phi_{nj} \end{array}\right] \left\{\begin{array}{c} m_1 \\ m_2 \\ \vdots \\ m_n \end{array}\right\}$$

$$\gamma_j = \sum_{i=1}^{n} \phi_{i\,j}\, m_i \qquad ; \qquad j = 1, 2, \ldots, n \qquad (17.50)$$

En algunas ocasiones se suele escribir esta última ecuación en términos de los pesos de los pisos W_i, como:

$$\gamma_j = \sum_{i=1}^{n} \left(W_i\,\phi_{i\,j} \right)/g \qquad ; \qquad j = 1, 2, \ldots, n \qquad (17.51)$$

17.11.2 Deflexión lateral de los pisos:

Vimos que una vez que se conocen los desplazamientos modales $\eta_j(t)$ resolviendo la integral de Duhamel:

$$\eta_j(t) = -\frac{\gamma_j}{\omega_{dj}} \int_0^t \ddot{X}_g(\tau)\, e^{-\xi_j \omega_j(t-\tau)} \sin \omega_{dj}(t-\tau)\, d\tau$$

el vector de desplazamientos físicos de una estructura se puede obtener como:

$$\{u(t)\} = \sum_{j=1}^{n} \left\{ \phi_j \right\} \eta_j(t) \qquad (17.52)$$

El desplazamiento del grado de libertad "i", o en el caso de un edificio de corte, el desplazamiento lateral del piso "i" (medido respecto a la base) es:

$$u_i(t) = \sum_{j=1}^{n} \phi_{i\,j} \eta_j(t) \qquad (17.53)$$

De ahora en adelante vamos a expresar cada respuesta $R_{esp}(t)$ (desplazamiento, cortante basal, etc.) como la suma de "n" respuestas modales. Vale decir que el objetivo es escribir:

$$R_{esp}(t) = \sum_{j=1}^{n} \left(\hat{R}_{esp} \right)_j \qquad (17.54)$$

El tilde $\hat{}$ encima de una cantidad ($\hat{R}_{esp}$ en este caso) se usará para identificar a la respuesta *modal*. El subíndice "**j**" se empleará para indentificar al modo asociado a esa respuesta: $\left(\hat{R}_{esp} \right)_j$.

En el caso del desplazamiento del piso "i", de la Ec. (17.53) podemos escribir:

$$u_i(t) = \sum_{j=1}^{n} \hat{u}_{i\,j} \qquad (17.55)$$

donde el desplazamiento modal del piso "i" es:

$$\hat{u}_{i\,j} = \phi_{i\,j} \eta_j(t) \qquad (17.56)$$

17-33

17.11.3 Deriva o deformación relativa:

Una respuesta sísmica importante es el desplazamiento relativo de un piso respecto al piso inmediato inferior. No hay un nombre comúnmente aceptado en español para identificar a esta cantidad: por ejemplo se usan los términos deriva entre piso, deformación relativa de entrepiso, distorsión de entrepiso, o simplemente deriva. En estas notas vamos a usar *deriva* (en inglés se conoce como "*drift*"). Para identificar la deriva asociada al nivel "i" de un edificio vamos a emplear la notación $\delta_i(t)$. La Figura 17.15 muestra las derivas para un edificio de tres pisos.

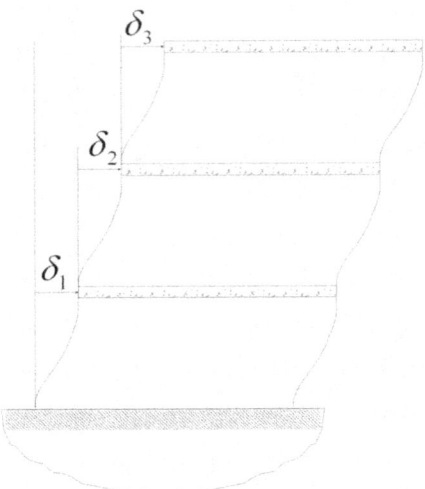

Figura 17.15 **Derivas en un edificio de tres pisos.**

Por definición, la deriva del piso o nivel "i" es:

$$\delta_i(t) = u_i(t) - u_{i-1}(t) \qquad ; \qquad i = 2, 3, \ldots, n \qquad (17.57)$$

y para el primer piso, $\delta_1(t) = u_1(t)$.

También se suele definir la deriva en forma *adimensional*, dividiendo la diferencia de los desplazamientos de los pisos consecutivos por la altura del piso respectivo. Para distinguirla de la deriva dimensional δ_i usaremos la notación δ_i^*:

$$\delta_i^*(t) = \frac{u_i(t) - u_{i-1}(t)}{h_i} \qquad ; \qquad i = 2, 3, \ldots, n \qquad (17.58)$$

$$\delta_1^*(t) = \frac{u_1(t)}{h_1}$$

Si se reemplazan $u_i(t)$ y $u_{i-1}(t)$ de la Ec. (17.55), $\delta_i(t)$ se puede escribir como:

$$\delta_i(t) = \sum_{j=1}^{n} \phi_{i,\,j}\eta_j(t) - \sum_{j=1}^{n} \phi_{i-1,\,j}\eta_j(t) = \sum_{j=1}^{n} \left(\phi_{i,\,j} - \phi_{i-1,\,j} \right)\eta_j(t) \qquad ; \qquad i = 2, 3, \dots, n$$

$$(17.59)$$

De manera que si llamamos $\hat{\delta}_{ij}(t)$ a la deriva modal,

$$\hat{\delta}_{ij}(t) = \left(\phi_{i,\,j} - \phi_{i-1,\,j} \right)\eta_j(t) \qquad ; \qquad i = 2, 3, \dots, n \qquad (17.60)$$

la Ec. (17.59) resulta:

$$\tilde{\delta}_i(t) = \sum_{j=1}^{n} \hat{\delta}_{ij}(t) \qquad (17.61)$$

17.11.4 Fuerzas laterales equivalentes:

Vamos a comenzar a calcular las fuerzas internas en las columnas. Para esto vamos a recurrir al muy importante concepto de "*fuerzas elásticas equivalentes*" o "*fuerzas laterales equivalentes*". Este concepto se había introducido cuando se estudió la respuesta de sistemas de un grado de libertad y para el ejemplo del pórtico plano de tres barras en este capítulo. Para un edificio de corte, a diferencia de un pórtico o de una cercha, estas fuerzas serán siempre horizontales.

Por definición, las *fuerzas laterales equivalentes* son las fuerzas que al ser aplicadas **estáticamente** (o sea en forma lenta) en cada piso del edificio, producen los mismos desplazamientos $u_1(t)$, $u_2(t)$,..., $u_n(t)$ que causa el terremoto. La Figura 17.16 muestra las fuerzas laterales equivalentes para el edificio de tres pisos.

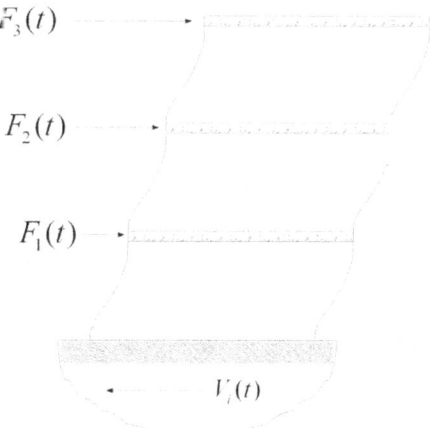

Figura 17.16 **Fuerzas laterales equivalentes para un edificio de tres pisos.**

Como lo hicimos en la sección 17.7, el vector de fuerzas equivalentes instante a instante se obtiene multiplicando la matriz de rigidez $[K]$ por el vector de desplazamientos $\{u(t)\}$ obtenido de la solución de las ecuaciones diferenciales de movimiento:

$$\{F(t)\} = [K]\{u(t)\}$$

Reemplazando $\{u(t)\}$ de la Ec. (17.52) y usando la relación $[K]\{\phi_j\} = \omega_j^2[M]\{\phi_j\}$ del problema de autovalores se llega a:

$$\{F(t)\} = \sum_{j=1}^{n} \omega_j^2 [M]\{\phi_j\}\,\eta_j(t) \tag{17.62}$$

Como la matriz de masa es diagonal, el término $[M]\{\phi_j\}$ resulta:

$$[M]\{\phi_j\} = \begin{bmatrix} m_1 & & & \\ & m_2 & & \\ & & \ddots & \\ & & & m_n \end{bmatrix} \begin{Bmatrix} \phi_{1j} \\ \phi_{2j} \\ \vdots \\ \phi_{nj} \end{Bmatrix} = \begin{Bmatrix} m_1\phi_{1j} \\ m_2\phi_{2j} \\ \vdots \\ m_n\phi_{nj} \end{Bmatrix} \tag{17.63}$$

Reemplazando este vector en la Ec. (17.62) y observando la fila "i", vale decir la fuerza en el piso "i" podemos escribir que:

$$F_i(t) = \sum_{j=1}^{n} m_i \omega_j^2 \phi_{ij}\,\eta_j(t) \tag{17.64}$$

Recordemos que queremos expresar esta fuerza como la suma de contribuciones de los "n" modos, o sea como:

$$F_i(t) = \sum_{j=1}^{n} \hat{F}_{ij} \tag{17.65}$$

Comparando las Ecs. (17.64) y (17.65) concluimos que las fuerzas modales en el piso "i" son:

$$\hat{F}_{ij} = m_i \omega_j^2 \phi_{ij}\,\eta_j(t) \tag{17.66}$$

17.11.5 Fuerzas cortantes por piso:

La razón por la cual introdujimos las fuerzas laterales equivalentes es para emplearlas para calcular las fuerzas cortantes por piso y los momentos de vuelco (que se definirán más adelante). Es importante resaltar que al definir y usar las fuerzas equivalentes, **no** estamos introduciendo ninguna aproximación: éstas se usan porque es la manera más sencilla de calcular las fuerzas internas en un edificio de corte (y en otras estructuras).

Si se conocen las fuerzas equivalentes, simplemente aplicando *Estática* se pueden obtener los cortantes y momentos de vuelco. Comencemos determinado el cortante en el piso "i", $V_i(t)$. De la Figura 17.17 vemos $V_i(t)$ es la suma de las fuerzas horizontales *por encima de este piso*:

$$V_i(t) = \sum_{s=i}^{n} F_s(t) \tag{17.67}$$

Debe prestarse atención al hecho de que la sumatoria en la Ec. (17.67) comienza en el subíndice del piso, vale decir en "i". Debe además notarse que $V_i(t)$ es la suma de las fuerzas cortantes en *todas las columnas* a un mismo nivel o piso.

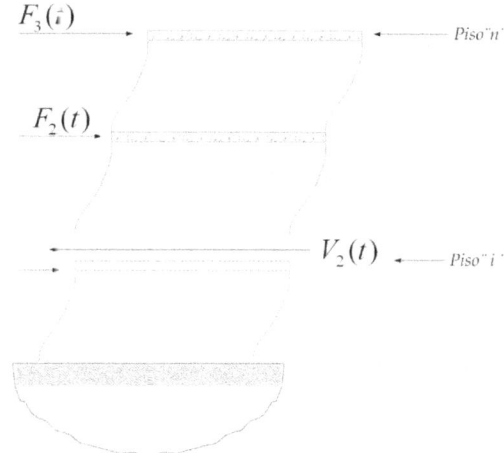

Figura 17.17 **Ejemplo de la fuerza cortante por piso.**

Si se han calculado las fuerzas equivalentes $F_s(t)$, la Ec. (17.67) es todo lo que se requiere para conocer los cortantes por piso. No obstante, es útil obtener una expresión alternativa en donde se exprese $V_i(t)$ en términos de las propiedades dinámicas del edificio y de los desplazamientos modales. A continuación vamos a obtener esta expresión. La fuerza en el piso "s" está dada por la Ec. (17.64), cambiando el subíndice "i" por "s". Sustituyendo $F_s(t)$, el cortante se puede escribir como:

$$V_i(t) = \sum_{s=i}^{n} \sum_{j=1}^{n} m_s \omega_j^2 \phi_{sj} \, \eta_j(t) = \sum_{j=1}^{n} \sum_{s=i}^{n} m_s \omega_j^2 \phi_{sj} \, \eta_j(t)$$

$$V_i(t) = \sum_{j=1}^{n} \left(\sum_{s=i}^{n} m_s \phi_{sj} \right) \omega_j^2 \eta_j(t) \tag{17.68}$$

Llamando $\hat{V}_{ij}(t)$ al cortante modal del piso "i":

$$\hat{V}_{ij}(\mathrm{t}) = \left(\sum_{s=i}^{n} m_s \phi_{sj} \right) \omega_j^2 \eta_j(\mathrm{t}) \tag{17.69}$$

la fuerza cortante en el piso "i" resulta:

$$V_i(\mathrm{t}) = \sum_{j=1}^{n} \hat{V}_{ij}(\mathrm{t}) \tag{17.70}$$

Esta expresión nos dice que la suma de las fuerzas cortantes en todas las columnas de un piso como el "i" se obtiene sumando las contribuciones $\hat{V}_{ij}(\mathrm{t})$ de cada modo "j".

17.11.6 Cortante total en la base:

Del estudio de la respuesta sísmica de sistemas de un grado de libertad, sabemos que una cantidad de fundamental importancia para el diseño es el *cortante basal* o *cortante en la base* ("base shear" en inglés). El cortante basal es simplemente la fuerza $V_i(\mathrm{t})$ correspondiente a $i = 1$. De la Ec. (17.68) se obtiene para este caso:

$$V_1(\mathrm{t}) = \sum_{j=1}^{n} \left(\sum_{s=1}^{n} m_s \phi_{sj} \right) \omega_j^2 \eta_j(\mathrm{t}) \tag{17.71}$$

De acuerdo a la Ec. (17.51), el término entre paréntesis es el factor de participación modal γ_j. Eliminando el subíndice 1 y llamando simplemente $V(\mathrm{t})$ al cortante $V_1(\mathrm{t})$, podemos escribir:

$$V(\mathrm{t}) = \sum_{j=1}^{n} \gamma_j \, \omega_j^2 \eta_j(\mathrm{t}) \tag{17.72}$$

Definiendo el cortante basal modal $\hat{V}_j(\mathrm{t})$ como:

$$\hat{V}_j(\mathrm{t}) = \gamma_j \, \omega_j^2 \eta_j(\mathrm{t}) \tag{17.73}$$

el cortante en la base total se puede expresar como la suma de la contribución de los "n" modos:

$$V(\mathrm{t}) = \sum_{j=1}^{n} \hat{V}_j(\mathrm{t}) \tag{17.74}$$

17.11.7 Momentos de vuelco por piso:

Vimos que las fuerzas laterales $F_s(\mathrm{t})$ son las responsables de los cortantes por piso $V_i(\mathrm{t})$, las que a su vez originan fuerzas cortantes y momentos flectores en cada viga y columna del edificio. Además de los cortantes por piso, las fuerzas laterales producen los llamados "*momentos de vuelco*" ("overturning moments" en inglés). Para un cierto nivel "i" del edificio, el momento de vuelco es el producto de las fuerzas laterales por encima de este nivel por las distancias verticales entre las fuerzas y el piso (véase la Figura 17.18). Si llamamos h_s a la altura del piso "s" medido desde la base, el momento de vuelco al nivel "i" del edificio es:

$$M_i(t) = \sum_{s=i+1}^{n} F_s(t)(h_s - h_i) \quad ; \quad i = 0, ..., n-1 \tag{17.75}$$

La fórmula (17.75) es todo lo que se necesita para calcular el momento de vuelco en el piso "i". Sin embargo, al igual que para los cortantes, a veces es conveniente disponer de una expresión para $M_i(t)$ donde aparezcan los desplazamientos modales $\eta_j(t)$. Ésta se consigue reemplazando en la Ec. (17.75) la fuerza $F_s(t)$ de la Ec. (17.64):

$$M_i(t) = \sum_{s=i+1}^{n} \sum_{j=1}^{n} m_s \omega_j^2 \phi_{sj}\, \eta_j(t)(h_s - h_i) = \sum_{j=1}^{n} \sum_{s=i+1}^{n} m_s \phi_{sj}(h_s - h_i)\, \omega_j^2\, \eta_j(t)$$

$$M_i(t) = \sum_{j=1}^{n} \left(\sum_{s=i+1}^{n} m_s \phi_{sj}(h_s - h_i) \right) \omega_j^2\, \eta_j(t) \tag{17.76}$$

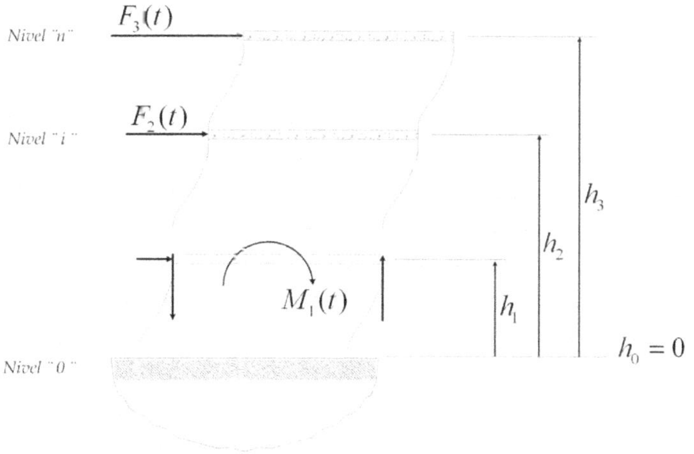

Figura 17.18 **Momento de vuelco en el piso 1.**

Usando la siguiente notación para la contribución del modo "j":

$$\hat{M}_{ij}(t) = \left(\sum_{s=i+1}^{n} m_s \phi_{sj}(h_s - h_i) \right) \omega_j^2\, \eta_j(t) \tag{17.77}$$

el momento de vuelco en el piso "i" es:

$$\hat{M}_i(t) = \sum_{j=1}^{n} \hat{M}_{ij}(t) \tag{17.78}$$

17-39

Los códigos sísmicos requieren el cálculo de los momentos de vuelco debido a que estos afectan las fuerzas axiales en las columnas causadas por las cargas gravitacionales. Este problema es especialmente importante en las columnas *exteriores* de un edificio. Para entender mejor esto, consideremos un caso simple: el de un edificio con un pórtico con dos columnas. A medida que el edificio oscila de un lado hacia otro durante un terremoto, los momentos de vuelco hacen alternativamente aumentar la fuerza axial estática (debido a las cargas muertas) en una columna y disminuir la fuerza axial en la otra columna. Este efecto puede originar una falla, ya sea por tensión o compresión, en las columnas de las esquinas de edificios altos (o en las fundaciones respectivas). Estas columnas son las más afectadas debido a que el sismo tiene dos componentes perpendiculares y a que las columnas de las esquinas son exteriores para los dos pórticos ortogonales, por lo que en ellas los efectos se suman.

17.11.8 Cortantes y momentos en las columnas individuales:

Si se conocen las derivas máximas para cada piso, con ellas se puede calcular las fuerzas cortantes y momentos flectores máximos en las columnas. En efecto, de acuerdo a la suposición que se usó para definir el edificio de corte, todas las columnas se deforman tal que no hay rotación en ninguno de los extremos como muestra la Figura 17.19.

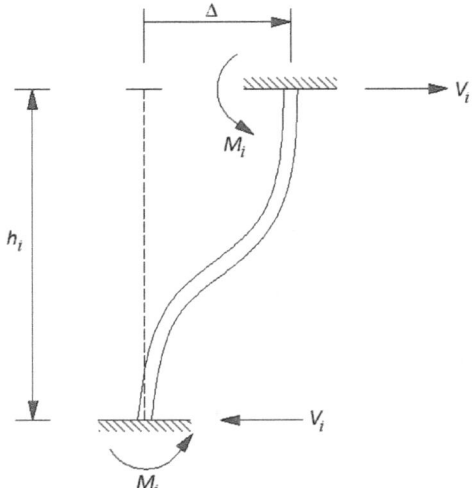

Figura 17.19 **Cortantes y momentos en una columna del piso "i".**

Hay que tener presente que todas las columnas de un mismo piso "i" tienen la misma deformación Δ_i (que no es otra cosa que la deriva en forma dimensional δ_i calculada antes). Consideremos una columna cualquiera del piso "i", que tiene un momento de inercia I_{col} y altura h_i. Usando el método del resorte equivalente que estudiamos en el Capítulo 2, el cortante en una columna del piso "i" se puede calcular como:

$$V_{\text{col}-i} = k_{\text{col}} \Delta_i = 12 \frac{EI_{\text{col}}}{h_i^3} \delta_i \qquad (17.79)$$

Además usando Estática y consideraciones de simetría (el momento en los dos empotramientos debe ser igual) encontramos que el momento flector en cada columna del piso "i" es:

$$M_{\text{col}-i} = \frac{V_{\text{col}-i} h_i}{2} = 6 \frac{EI_{\text{col}}}{h_i^2} \delta_i \qquad (17.80)$$

17.12 Procedimiento para calcular la respuesta en el tiempo de un edificio de corte

Vamos a presentar en esta sección un procedimiento paso a paso para calcular la respuesta sísmica de un edificio de n pisos modelado como un edificio de corte. La estructura está sometida a un historial de aceleraciones horizontales $\ddot{X}_g(t)$ en la base definido en nt puntos. Como en la práctica este procedimiento se debe implementar en un programa de computadora se presentan también los comandos de *Matlab* donde se programa cada paso. El programa trata de calcular todo de la manera más eficiente posible, por lo que los lectores que no están familiarizados con *Matlab* van a encontrar un tanto "herméticos" alguno de los comandos.

1 - Definir (o leer) las rigideces k_i, los pesos de cada piso W_i y sus alturas h_i ; $i = 1, 2, \ldots, n$.

```
W = [140; 120; 120; 120; 100];     % pesos de los pisos: kip
k = [400; 400; 200; 200; 100];     % coefs. de rigidez lateral:k/in
h = [12; 10; 10; 10; 10]*12;       % alturas de los pisos:  in
n = length(W);                     % nro. de pisos
```

2 - Definir (leer) las razones de amortiguamiento modal: ξ_j ; $j = 1, 2, \ldots, n$.

```
zj = [.05; .05; .05; .05; .05];    % razones de amortiguamiento
```

3 - Definir (leer) el registro de aceleraciones $\ddot{X}_g(t)$ muestreado en tiempos $t_k : \ddot{X}_g(t_k)$; $k = 1, 2, \ldots, nt$. Se va a suponer que el acelerograma está en fracciones de g.
Se debe ademas definir el intervalo de tiempo constante Δt. En este caso vamos a suponer que tenemos un archivo con extensión *.txt* con el registro del sismo de El Centro.

```
g = 386.4;                         % acelerac. de la gravedad:in/s^2
dt = 0.01;                         % intervalo de muestreo:  seg
xg = load ('ElCentro.txt');        % lectura de archivo con el registro
[nr,nc] = size(xg);                % # de filas y columnas del archivo
nt = nr*nc;                        % # de puntos del acelerograma
```

```
xg = reshape(g*xg',nt,1);        % vector con aceler.  con unidades
tf = (nt-1) * dt;                % tiempo final del registro
t = 0:  dt:  tf;                 % vector con tiempos discretos
```

4 - Calcular (armar) las matrices de rigidez $[K]$ y masa $[M]$.

```
M = diag( W/g );
K = diag(k) - diag(k(2:n),1) - diag(k(2:n),-1) + diag([k(2:n);0]);
```

5 - Obtener las frecuencias naturales ω_j y modos $\{\phi_j\}$; $j = 1, 2, \ldots, n$, resolviendo el problema de autovalores $[K]\{\phi_j\} = \omega_j^2 [M]\{\phi_j\}$.

```
[Phi,lam] = eig(K,M);        % cálculo de matriz modal y autovalores
wj = sqrt( diag(lam) );      % cálculo de las frecuencias naturales
```

6 - Normalizar los modos multiplicándolos por las constantes $\alpha_j = \left[\sum_{i=1}^{n} \phi_{i\,j}^2 m_i\right]^{-1/2}$; $j = 1, 2, \ldots, n$.

```
Phi = Phi * diag( 1 ./ sqrt( diag(Phi'*M*Phi) ) );
```

7 - Calcular los factores de participación modal : $\gamma_j = \sum_{i=1}^{n} \phi_{i\,j} m_i$; $j = 1, 2, \ldots, n$.

```
gam = Phi' * W/g;
```

8 - Calcular las coordenadas modales para cada uno de los "n" modos (o para los "p" modos inferiores) en cada instante de tiempo t_k hasta el tiempo t_{nt}.

El valor de la coordenada modal $\eta_j(t_k)$ se obtiene calculando numéricamente la integral de convolución:

$$\eta_j(t_k) = -\frac{\gamma_j}{\omega_j} \int_0^{t_k} \ddot{X}_g(\tau) e^{-\xi_j \omega_j (t_k - \tau)} \sin \omega_{dj}(t_k - \tau)\, d\tau$$

Esto puede hacerse, por ejemplo, usando la ecuación recursiva:

$$\left\{ \begin{array}{c} \eta_j(t_k) \\ \dot{\eta}_j(t_k) \end{array} \right\} = [A] \left\{ \begin{array}{c} \eta_j(t_{k-1}) \\ \dot{\eta}_j(t_{k-1}) \end{array} \right\} + [B] \left\{ \begin{array}{c} f_j(t_{k-1}) \\ f_j(t_k) \end{array} \right\} \quad ; \quad k = 2, 3, \ldots, nt$$

donde aquí $f_j(t_k) = \gamma_j \ddot{X}_g(t_k)$ y las matrices de coeficientes $[A]$ y $[B]$ tienen la forma estudiada anteriormente en el Capítulo 8 del Tomo I. Esta fórmula recursiva se programó en el programa auxiliar o subrutina (*function* en *Matlab*) Duhamel.m.

```
eta = zeros(n,nt);               % matriz n x nt con las coords.modales
for j = 1:n
        eta(j,:)  = Duhamel(wj(j),zj(j),1,dt,nt,0,0,-gam(j)*xg);
end
```

9 - Calcular los desplazamientos físicos instantáneos para los "n" pisos y para cada instante de tiempo t_k usando:

$$u_i(t_k) = \sum_{j=1}^{n} \phi_{i\,j}\eta_j(t_k) \qquad ; \quad i = 1, 2, \ldots, n$$

o bien calcular el vector de desplazamientos completo como:

$$\{u(t_k)\} = [\Phi]\{\eta(t_k)\}$$

```
u = Phi * eta;          % matriz n x nt con desplazamientos físicos
```

10 - Calcular las derivas instantáneas para los "n" pisos y para cada instante de tiempo t_k como:

$$
\begin{aligned}
\delta_1(t_k) &= u_1(t_k) \\
\delta_i(t_k) &= u_i(t_k) - u_{i-1}(t_k) \quad ; \quad i = 2, 3, \ldots, n
\end{aligned}
$$

o bien las derivas en forma adimensional como:

$$
\begin{aligned}
\delta_1(t_k) &= \frac{u_1(t_k)}{h_1} \\
\delta_i(t_k) &= \frac{u_i(t_k) - u_{i-1}(t_k)}{h_i} \quad ; \quad i = 2, 3, \ldots, n
\end{aligned}
$$

```
d = diag(1./h)*[u(1,:);(u(n:-1:2,:)-u(n-1:-1:1,:))]; % matriz n x nt
                                                con derivas en %h
```

11 - Calcular el cortante basal para cada instante de tiempo t_k como:

$$V(t_k) = k_1 * u1(t_k)$$

```
V = k(1)*u(1,:);                % vector con cortante basal en el tiempo
```

12 - Para calcular las respuestas máximas, comparar los valores $r_i(t_k)$ de las respuestas instantáneas hasta el tiempo t_k considerado y guardar los registros máximos.

```
[um,it] = max( abs(u') );    % máximos desplaz. e índice de tiempos
disp(' *** Máximo desplazamientos de los pisos :');disp(' ');disp(um)
disp(['en los instantes de tiempo ', num2str(t(it)),' seg']);disp(' ')

[dm,it] = max( abs(d') );    % máximas derivas e índice de tiempos
disp('*** Máximas derivas de los pisos (% h) :');disp(' ');disp(dm)
disp(['en los instantes de tiempo ', num2str(t(it)),' seg']);disp(' ')
[Vm,im] = max( abs(V) );      % máx. cortante e índice de tiempo
```

```
disp(['*** Máximo cortante basal = ', num2str(Vm),' kip']);disp(' ')
disp([' en el instante de tiempo t = ', num2str(t(im)),' seg'])
```

13 -Graficar los historiales de desplazamientos, derivas y cortante basal, si se desea.

El procedimiento arriba explicado, con algunas variaciones, ha sido implementado en el programa *RespSismoTiempoEdif.m* de *Matlab* que se lista en el Apéndice. A continuación en la Figura 17.20 se muestra una salida típica del programa, en este caso el cortante basal $V(t)$.

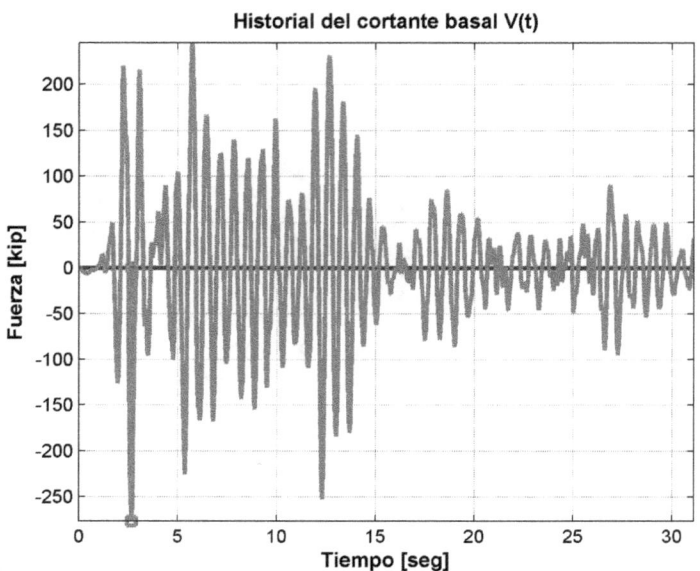

Figura 17.20 **Historial del cortante basal calculado con Matlab.**

17.13 Cálculo de la respuesta sísmica en el tiempo con SAP2000

En la inmensa mayoría de los casos prácticos para efectuar un análisis sísmico en el tiempo de una estructura es necesario recurrir a un programa de computadora. En esta sección vamos a mostrar cómo usar el popular programa comercial SAP2000 en la versión 15.0.1 para analizar una estructura sometida a una aceleración en la base. Es muy probable que en las versiones futuras hayan cambios en algunos de los pasos que se describen a continuación. Por supuesto, el objetivo de esta sección no puede ser enseñar a usar este programa. Se supone que el lector ya conoce cómo generar el modelo de una estructura en SAP2000 y hacer un análisis de la misma para cargas estáticas.

SAP2000 tiene una librería con acelerogramas de sismos históricos, usualmente guardados en el subdirectorio *Time History Functions*, que está dentro del directorio donde se instaló el programa. En este ejemplo vamos a suponer que hemos bajado de una base de datos de la Internet un archivo de texto con un acelerograma horizontal del conocido sismo de El Centro de 1940. Por ejemplo, se puede usar el siguiente portal: *http://peer.berkeley.edu/peer_ground_motion_database*).

Oficialmente este sismo se conoce como Imperial Valley 1940, El Centro Array #9. A continuación se muestran las primeras nueve líneas del archivo de texto, el que se supone que está guardado bajo el nombre *ElCentro.txt*. La información importante en este archivo son las unidades (fracciones de g) y el intervalo de tiempo constante ($\Delta t = 0.01 \ s$).

```
% PEER STRONG MOTION DATABASE RECORD. PROCESSING BY PACIFIC
% ENGINEERING.
% IMPERIAL VALLEY 5/19/40 0439, EL CENTRO ARRAY #9, 180 (USGS
% STATION 117)
% ACCELERATION TIME HISTORY IN UNITS OF G. FILTER POINTS:
% HP = 0.2 Hz LP = 15.0 Hz NPTS = 4000, DT = 0.010 SEC
 -.6403182E-02 -.6028715E-02 .5304162E-03 .7743260E-02 .6890377E-02
  .6876502E-02  .6705057E-02 .6473421E-02 .6274071E-02 .6152624E-02
  .6133863E-02  .6200313E-02 .6279394E-02 .6305463E-02 .6275532E-02
  .6230377E-02  .6200572E-02 .6188526E-02 .6182794E-02 .6171363E-02
```

Debe mencionarse que SAP2000 tiene dentro del subdirectorio *Time History Functions* un archivo llamado ELCENTRO que contiene una pequeña parte del registro del sismo de El Centro. Este es el registro original que no tiene intervalos de tiempo constantes por lo cual se proveen allí los tiempos y las respectivas aceleraciones (no usaremos este archivo)

Para presentar el procedimiento vamos a considerar una estructura particular: un pórtico plano de acero de un piso y dos vanos. Las tres columnas están construidas con una sección W27x94 mientras que las vigas del techo tienen una sección W27x84. Las columnas, de izquierda a derecha, tienen una altura igual a 10 *ft*, 12.5 *ft* y 15 *ft*. La distancia entre columnas es 20 *ft*. Además de las masas de las columnas (que el programa calcula automáticamente) se van a colocar masas adicionales en las tres juntas del techo. Estas masas tienen en cuenta parte de la losa de techo que es soportada por el pórtico. Las juntas de los extremos soportan 10 *kip* mientras que la junta del medio sostiene 20 *kip*. El programa SAP2000 permite entrar esta información como peso (y él los convierte a masa) o como masa, en cuyo caso debemos dividir los 10 y 20 *kip* por g. Aunque no se explica aquí, el programa también permite ingresar un peso *distribuido* (por ejemplo en *kip/ft*) sobre la viga que luego automáticamente lo cambia a masa y lo distribuye entre las juntas. Para asignar una masa o peso concentrado en una o varias juntas a la vez, se señala cada junta y luego se sigue la secuencia, desde el menú principal: *Assign* ⟶ *Joint* ⟶ *Masses....* En la ventana que se abre y en el cuadro *Specify Joint Mass* seleccionar *As Weight*.

En el cuadro *Mass Direction* se debe escoger *Global* en el casillero de *Coordinate System*. Ingresamos el peso (10 o 20 según corresponda) en los casilleros *Global X Axis Direction* y *Global Z Axis Direction*. Presionando *OK* regresamos al menú principal.

■ Comenzamos creando el modelo de la estructura de la manera usual: debemos definir su geometría, colocarle las condiciones de apoyo, asignar las secciones y el material de las barras. Se genera así el modelo que se presenta en la Figura 17.21.

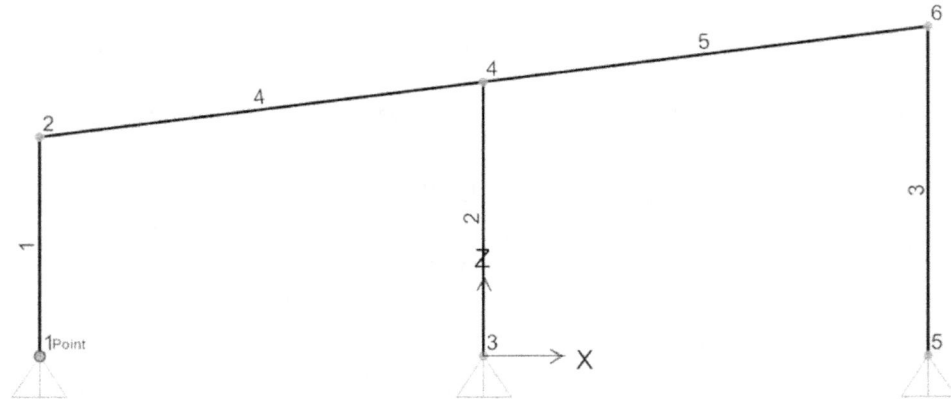

Figura 17.21 **Modelo del pórtico con dos vanos en SAP2000.**

Vamos ahora a definir el acelerograma aplicado a la base de la estructura. Se debe comenzar desde el menú principal comenzando con *Define*. En el menú que se abre escogemos *Functions* y luego *Time History...*

En la ventana *Define Time History Functions* que se abre, en el casillero debajo de *Choose Function Type to Add*, seleccionamos: *From file*. Luego apretamos el botón [*Add New Function*].

En la ventana *Time History Function Definition* que se abre, en el casillero de la derecha (*Function Name*), ingresamos un nombre para identificar el sismo, por ejemplo, `El Centro`. El nombre por omisión es `FUNC1`.

Buscamos el archivo que contiene el acelerograma (debe tener una extensión .dat o .txt) con el botón [*Browse*]: por ejemplo, `ElCentro.txt`.

Si el archivo contiene al comienzo información adicional a las aceleraciones,se debe ingresar el número de líneas con esta información en el casillero [*Header Lines to Skip*]. En nuestro caso debemos ingresar un 5 (véanse las primeras líneas del archivo que se mostró antes).

Si cada línea del archivo donde están los datos tiene algún caracter que no sean los números con los valores de las aceleraciones se lo debemos informar al programa en el casillero [*Prefix Character per Line to Skip*]. En nuestro caso no hace falta porque las filas con datos (de la sexta en adelante) solo contienen valores numéricos.

Debemos además ingresar el número de datos por línea del archivo en el casillero [*Number of Points per Line*]. En el presente ejemplo debemos ingresar 5 porque, como vimos antes, hay 5 valores de aceleraciones en cada línea.

Si no conocemos alguna de la información requerida arriba, podemos ver rápidamente el archivo de datos apretando el botón [*View Files*]. Esto va a abrir el archivo antes entrado (`ElCentro.txt` en nuestro ejemplo) usando Notepad.

Debemos entrar el intervalo de tiempo de muestreo del acelerograma (Δt en segundos) en el casillero [*Values at Equal Intervals of*]. Antes de esto debemos asegurarnos que está seleccionada la opción *Time at Equal Intervals of*. Obviamente, es importante conocer de antemano el valor de Δt y asegurarse que está correcto. Ingresamos 0.01 para este ejemplo.

El programa también permite ingresar los datos de la serie de tiempo con las aceleraciones, a_k, y de la serie con los tiempos discretos, t_k. Usualmente los acelerogramas modernos están definidos para intervalos de tiempo Δt constantes por lo que no es necesario usar la opción. De otra manera, habría que seleccionar la opción *Time and Function Values*.

Vamos a verificar si el acelerograma fue bien leído observando el gráfico del mismo que se crea con el botón [*Display Graph*]. Al mover el cursor sobre los datos podemos ver los valores de a_k y el tiempo respectivo t_k.

Una vez que verificamos que los datos del acelerograma fueron bien leídos, cerramos la ventana *Function Name* con *OK*. Cerramos la ventana *Define Time History Functions* con *OK*. Comprobar si los datos fueron correctamente leídos requiere un poco de experiencia (e.g., tener una idea de cuál es la forma aproximada del acelerograma), pero básicamente debemos asegurarnos que el gráfico que nos muestra SAP2000 se "parece a un sismo" (con una primera zona de baja intensidad, seguida por una zona de movimiento fuerte, terminando con una zona en donde las aceleraciones comienzan a decaer).

■ A continuación debemos informar a SAP2000 que se desea crear un nuevo estado de cargas correspondiente al sismo definido por un acelerograma. Empezamos desde el menú principal seleccionado *Define* seguido por la opción *Load Cases...*

En la ventana *Define Load Cases* que se abre, apretar el botón [*Add New Load Case...*].

Esto abre la ventana *Load Case Data*. Lo primero que debemos hacer en esta ventana es cambiar el tipo de caso que por omisión es Lineal Estático (*Linear Static*). Para esto, en el casillero [*Load Case Type*] a la derecha, escogemos: *Time History*.

Luego en el casillero [*Load Case Name*] a la izquierda vamos a asignar un nombre para identificar al tipo de carga (por omisión es `ACASE1`). Por ejemplo, usemos: `Sismo`.

Hay que ingresar ahora información en los cuatro casilleros de la subventana inferior llamada *Loads Applied*.

Comenzamos diciéndole al programa en el casillero *Load Type* que la serie de tiempo (el "time history") es una aceleración (podría ser una fuerza que varía en el tiempo). Escogemos:

Load Type: Accel

Ahora debemos informar en qué dirección actúa esta aceleración (podría ser en una de las dos direcciones horizontales o la vertical, e inclusive rotaciones a lo largo de los tres ejes). Para una aceleración horizontal en la dirección del eje X de SAP2000 escogemos:

Load Name: U1

Luego debemos entrar en el casillero *Function* el nombre que le asignamos a la función del tiempo en un paso anterior. Recordemos que habíamos cambiado el nombre por omisión FUNC1 por otro llamado El Centro. Por lo tanto ingresamos:

Function: El Centro

Hasta ahora no le dijimos al programa en qué unidades estaban los valores de las aceleraciones a_k (o si estaban en fracciones de g). Esto lo vamos a hacer a través de un "factor de escala" que entramos en el casillero *Scale Factor*. Este paso hay que hacerlo con cuidado porque es fácil cometer un error.

> Por ejemplo, si el acelerograma está en % de g y la ventana de las unidades (abajo y a la derecha) está en [**kip, ft, F**] hay que entrar el valor de la aceleración de la gravedad en ft/s (o sea 32.2).

> Si el acelerograma está en % de g, y la ventana de las unidades tiene otras unidades de longitud, se debe dar el valor de g en las unidades activadas: 386.4 (para pulgadas), o 9.81 (para metros), o 981 (para mm), etc.

> Si el acelerograma leído sí venía con unidades, dividir por el valor de g en que estaba el sismo original y multiplicar por el g en las unidades deseadas. Por ejemplo, si el acelerograma estaba en cm/s^2 y la ventana de unidades tiene *pulgadas* como unidad de longitud usamos el factor: 386.4/981 para tener el acelerograma en in/s^2.

> Si no queremos hacer esto último, cerramos todas las ventanas, volvemos al menú principal, y cambiamos la ventana de unidades a otra con centímetros, por ejemplo a [**KN, cm, C**]. Luego debemos repetir el proceso pero ahora el factor de escala debe ser 1 (porque el acelerograma ya venía con unidades y le estamos diciendo ahora al programa que las mismas son cm/s^2).

> En este ejemplo vamos a suponer que la ventana con las unidades activas aparece **ft**, por lo que entramos:

Scale Factor: 32.2

Apretamos el botón [*Add*] para que se acepten estos cuatro datos.

En los respectivos casilleros inferiores, debemos entrar la siguiente información. Comenzamos con el número de intervalos de tiempo para los resultados. El acelerograma tenía una cierta cantidad de puntos (usualmente miles), pero es posible que no nos interese que el programa analice la estructura para todos estos tiempos. En una estructura compleja el análisis puede llevar mucho tiempo y además usualmente no nos interesa conocer la respuesta una vez que pasa la parte del movimiento intenso del sismo. Entonces para escoger el número de puntos debemos seleccionar un tiempo final para el análisis (por ejemplo, digamos $t_f = 20\ s$) y luego dividimos este tiempo por el intervalo de tiempo Δt. Por ejemplo, $20/0.01 = 2000$ (si no da un número entero obviamente debemos redondear el valor). Entramos entonces:

Number of Output Time Steps: 2000

A continuación debemos ingresar el intervalo de tiempo constante con el cual se presentarán los resultados. Usualmente este tiempo es igual al Δt acelerograma. En nuestro caso:

Output Time Step Size: 0.01

Hay otros parámetros en los restantes casilleros que se pueden dejar con los valores por omisión. Por ejemplo, *Time History Motion Type* (en nuestros caso es Transient), *Use Modes from Case* (en nuestro caso es Modal).

Por último, aquí podemos asignarle valores a las razones de amortiguamiento modal ξ_j. Los valores por omisión son 0.05 para todos los modos. Si quisiéramos cambiar esto, abrimos el casillero *Modal Damping* e ingresamos los valores para cada modo (usualmente vamos a estar adivinando...) o podemos cambiar el valor de $\xi_j = 0.05$ a otro constante para todos los modos.

Apretamos *OK* para cerrar la ventana *Load Case Data*. Con *OK* cerramos la siguiente ventana *Define Load Cases*.

■ Antes de correr el programa, debemos informarle a SAP2000 que la estructura es plana. De otra manera va a calcular los modos, las frecuencias naturales, etc., para vibraciones fuera del plano *X-Z*, lo que no nos interesa. Esto se hace usando la secuencia *Analyze* $\longrightarrow$ *Set Analysis Options....* En la ventana de *Analysis Options* que se abre se debe presionar el botón de *Plane Frame*.

■ Corremos el programa en la forma usual: desde el menú principal usamos la secuencia *Analyze* $\longrightarrow$ *Run Analysis*. Esta vez entre las opciones que aparecerán en la Ventana estarán *Modal* y *Sismo* (o el nombre con el cual se identificó la carga de terremoto). Si aparecen cargas estáticas (*DEAD*, por ejemplo) podemos correr este caso o no, según nos interese. No obstante, sí es imprescindible correr el caso *Modal* (o sea el cálculo de las frecuencias naturales y modos) siempre que se le entren cargas dinámicas al programa.

■ Cuando se ejecuta el programa va a mostrar inmediatamente los modos (si no se ha corrido el caso de cargas estáticas). De otra manera, hay que ir al menú principal, a *Display*, luego a *Show Deformed Shape* y en el ventana que se abre, en *Case/Combo Name* escoger MODAL. Las Figuras 17.22 a 17.24 muestran los tres primeros modos del pórtico (de un total de seis). Observando los modos vemos que intuitivamente podemos afirmar que el primero es el que más va a contribuir a la respuesta sísmica.

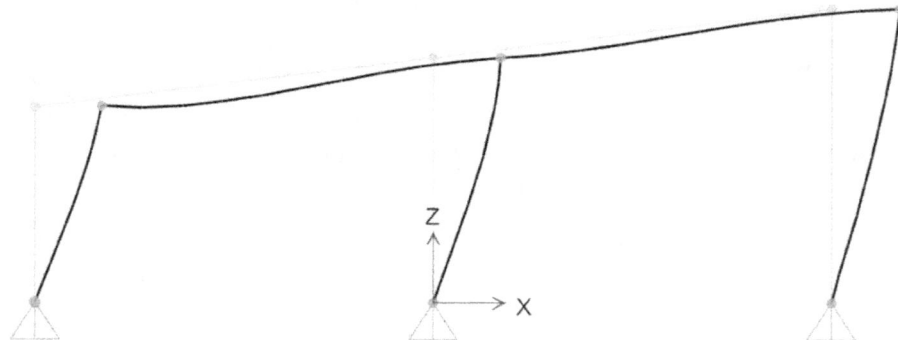

Figura 17.22 **Primer modo del pórtico: T = 0.182 s.**

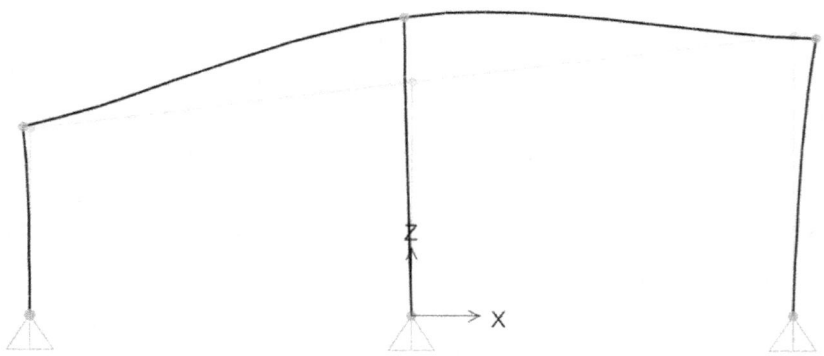

Figura 17.22 **Segundo modo del pórtico: T = 0.021 s.**

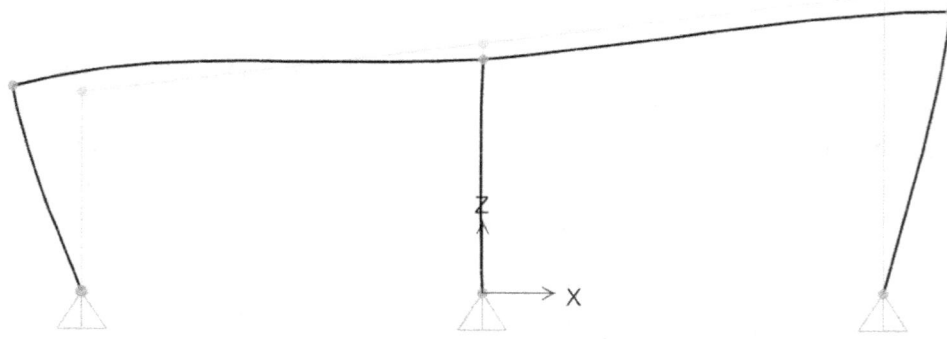

Figura 17.24 **Tercer modo del pórtico: T = 0.020 s.**

Además de la forma de los modos y sus respectivos periodos naturales, el programa también provee las otras propiedades dinámicas de la estructura. Para esto hay que generar unas tablas con la opción *Print Tables...* dentro del comando *File* en el menú principal. Por ejemplo, seleccionando las opciones ⊠ *Structure Output* y ⊠ *Modal Information* se genera la tabla con los periodos naturales T_j, las frecuencias naturales en Hertz f_j y en rad/seg ω_j y los autovalores λ_j que se muestran en la Figura 17.25.

Table: Modal Periods And Frequencies

OutputCase	StepType	StepNum	Period	Frequency	CircFreq	Eigenvalue
			Sec	Cyc/sec	rad/sec	rad2/sec2
MODAL	Mode	1.000000	0.181660	5.5048E+00	3.4588E+01	1.1963E+03
MODAL	Mode	2.000000	0.020630	4.8473E+01	3.0457E+02	9.2760E+04
MODAL	Mode	3.000000	0.020036	4.9910E+01	3.1359E+02	9.8341E+04
MODAL	Mode	4.000000	0.016199	6.1733E+01	3.8788E+02	1.5045E+05
MODAL	Mode	5.000000	0.013986	7.1502E+01	4.4926E+02	2.0183E+05
MODAL	Mode	6.000000	0.012921	7.7392E+01	4.8627E+02	2.3646E+05

Figura 17.25 **Tabla con frecuencias y periodos naturales del pórtico.**

También es interesante imprimir la tabla con los factores de participación modal (esto se logra usando las opciones *Structure Output* y *Modal Information* antes explicadas). Esta tabla se muestra en la Figura 17.26. Allí se muestran los factores de participación en la dirección horizontal, γ_{xj}, y en la dirección vertical γ_{zj}. Los factores en la dirección Y son cero porque la estructura es plana. Nótese que para una excitación sísmica *horizontal* el factor de participación del *primer* modo es preponderante, mientras que para una aceleración de la base *vertical* es el segundo modo el dominante, pero seguido por el cuarto, sexto, tercero y quinto modo en ese orden. En otras palabras, si únicamente nos interesa la respuesta a la componente horizontal del terremoto, hubiera bastado con incluir sólo un modo (SAP2000 los incluyó a todos), pero para la componente vertical hay cinco modos que influyen y deben considerarse. Si para este último caso solo se incluyera el primero, los resultados serían incorrectos.

Table: Modal Participation Factors, Part 1 of 2

OutputCase	StepType	StepNum	Period	UX	UY	UZ
			Sec	Kip-s2	Kip-s2	Kip-s2
MODAL	Mode	1.000000	0.181660	1.184816	0.000000	-0.002004
MODAL	Mode	2.000000	0.020630	-0.001081	0.000000	-0.789048
MODAL	Mode	3.000000	0.020036	-0.008854	0.000000	-0.256895
MODAL	Mode	4.000000	0.016199	0.002729	0.000000	0.626790
MODAL	Mode	5.000000	0.013986	-0.003587	0.000000	0.204239
MODAL	Mode	6.000000	0.012921	0.003268	0.000000	-0.529835

Figura 17.26 **Tabla con factores de participación modal del pórtico.**

■ Además de las cantidades mencionadas que corresponden al "caso de carga" MODAL, como resultado del análisis en el tiempo el programa SAP2000 genera una cantidad muy grande de información. Excepto por los modos, frecuencias naturales, etcétera, los otros resultados son *series de tiempo*. Si queremos ver las series de tiempo de desplazamientos, velocidades, aceleraciones o fuerzas internas (que se presentan en forma gráfica), debemos especificar en qué punto de la estructura queremos ver estos gráficos que son función del tiempo. Para verlos debemos proceder como se indica a continuación. Supongamos que queremos ver los desplazamientos relativos (respecto a la base) en una junta.

Vamos primero a cambiar las unidades a [**Kip, in, F**] en la ventana inferior derecha para ver los desplazamientos en *in* y las aceleraciones en in/s^2.

Luego seleccionamos el comando *Display* en el menú principal. Entre las opciones que aparecen elegimos *Show Plot Functions*. Esto abre la ventana *Plot Function Trace Display Definition* .

En la parte de la ventana llamada *Choose Plot Functions* apretamos el botón [*Display Plot Functions...*].

Se abre una ventana llamada *Plot Functions*. Allí en el casillero *Choose Function Type to Add* seleccionamos *Add Joint Disp/Forces* y apretamos el botón [*Add Plot Functions*].

Se abre la ventana *Joint Plot Function*. Allí debemos indicar qué tipo de respuesta queremos ver y en qué lugar.

En el casillero *Joint ID* entramos el número del nodo o junta. En nuestro ejemplo vamos a ver los desplazamientos horizontales de la junta **2** (véase la Figura 17.21). Entramos:

Joint ID: 2

Para ver los desplazamientos relativos en la zona *VectorType* seleccionamos:

⊙ Displ

La dirección del desplazamiento la indicamos en la zona *Component*:

⊙ UX.

Apretamos *OK*. Observemos que en el casillero *Plot Function Name* arriba aparece ahora: Joint2.

Regresamos a la ventana *Plot Function Trace Display Definition*. De la ventana a la izquierda *List of Functions* seleccionamos Joint2 y apretamos el botón [*Add->*]. Esto hace que en la subventana *Vertical Functions* de la derecha aparezca ahora Joint2.

A la derecha de la misma ventana *Plot Function Trace Display Definition*, en donde dice *Time Range* debemos entrar en el casillero *From* el tiempo inicial (en segundos) a partir del cual queremos ver los resultados . El tiempo final se ingresa en el casillero *To*. Por ejemplo, en nuestro caso escogeremos:

From: 0

To: 15

En la subventana *Axis label* podemos ingresar un texto identificatorio para el eje horizontal y vertical. Por ejemplo, escribimos:

Horizontal: Tiempo [seg]

Vertical: Desplazamiento [pulg]

Si se desea se puede cambiar el color del gráfico en en casillero *Line Color* y también el tipo de línea (sólida, con trazos, con puntos) escogiendo uno de los círculos respectivos. Por omisión está selecionada: ⊙ *Solid Line.* La ventana debe tene la forma que se muestra en la Figura 12.27.

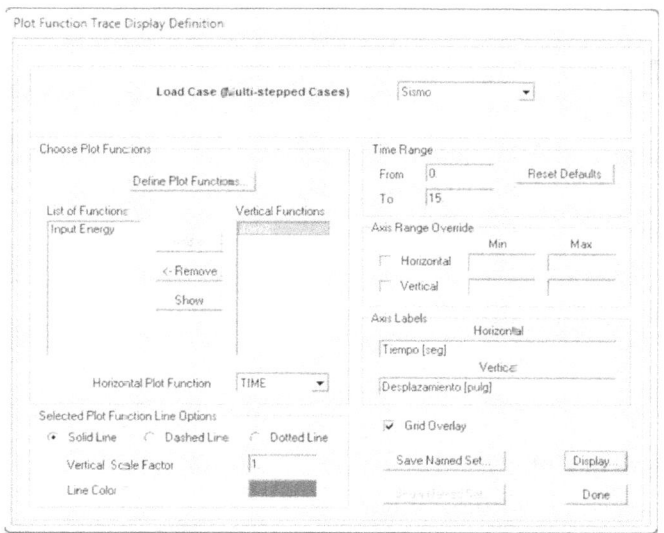

Figura 17.27 **Ventana de SAP2000 con datos para graficar series de tiempo.**

Finalmente para ver el gráfico deseado oprimimos el botón [*Display*]. En este ejemplo se obtiene el gráfico de la Figura 17.28. Presionando el botón [*Done*] volvemos al menú principal.

Si se desea ver otra respuesta (el cortante o el momento flector en una columna, por ejemplo), se debe repetir el proceso anterior comenzando con la secuencia *Display* en el menú principal y luego *Show Plot Functions.* Se presiona el botón *Define Plot Functions...* y se escoge la opción *Add Frame Forces.* A continuación se presiona el botón *Add Plot Function...* Esto abrirá la ventana *Frame Plot Function.* Allí se debe seleccionar la fuerza interna que se desea visualizar, por ejemplo *Moment 3-3.* En el casillero *Element ID* debemos indicar el elemento donde queremos ver el momento.

También se debe informar a qué distancia en este elemento se desea ver la respuesta en el tiempo, ya sea en forma de distancia relativa (de 0 a 1) o absoluta (en ft, por ejemplo).

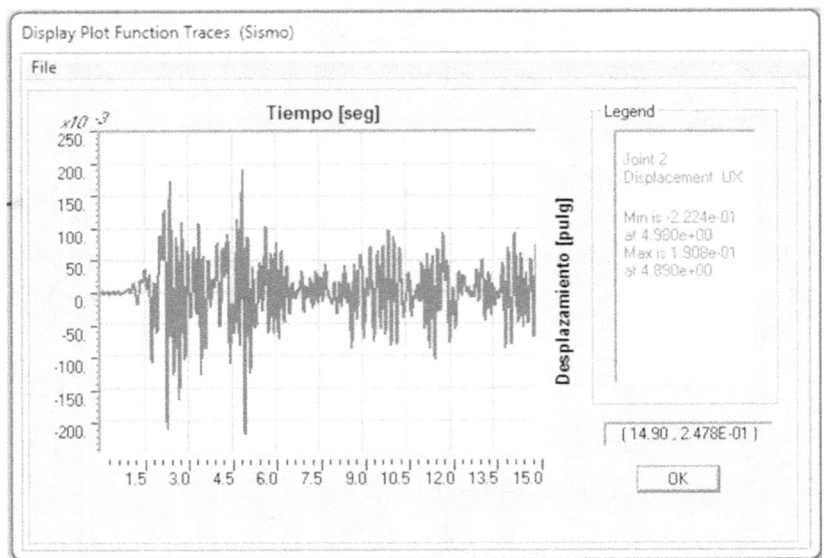

Figura 17.28 **Desplazamiento horizontal del nodo 2.**

17.14 Problemas sugeridos

Problema # 17.1:

Se desea estudiar la respuesta sísmica del pórtico de cuatro barras que se muestra en la figura del Problema 17.1 a un sismo con componente horizontal $\ddot{X}_g(t)$ y vertical $\ddot{Y}_g(t)$. Las ecuaciones de movimiento son:

$$[M]\{\ddot{u}\} + [C]\{\dot{u}\} + [K]\{u\} = -[M]\{r_x\}\ddot{X}_g(t) - [M]\{r_y\}\ddot{Y}_g(t)$$

La estructura está construida con barras de momento de inercia $I = 4\ in^4$ y área transversal $A = 7\ in^2$. El material tiene un módulo de elasticidad $E = 10,000\ ksi$ y un peso unitario $\gamma = 160\ lb/ft^3$. Con estos datos la matriz de masas concentradas es:

$$[M] = \begin{bmatrix} 0.21317 & 0 & 0 & 0 \\ 0 & 0.21317 & 0 & 0 \\ 0 & 0 & 0.16509 & 0 \\ 0 & 0 & 0 & 0.16509 \end{bmatrix} \frac{lb.s^2}{in}$$

La matriz de modos normalizados respecto a la matriz $[M]$ son:

$$[\Phi] = \begin{bmatrix} -1.2057 & 0.60167 & -1.4171 & 0.9313 \\ 0.60227 & -1.7206 & -1.1632 & 0.12133 \\ -1.2044 & -0.26134 & -0.45412 & -2.0814 \\ -1.5038 & -1.3034 & 1.2292 & 0.76565 \end{bmatrix} \sqrt{\frac{in}{lb.s^2}}$$

Calcule los factores de participación modal para un sismo en la dirección X y Y.

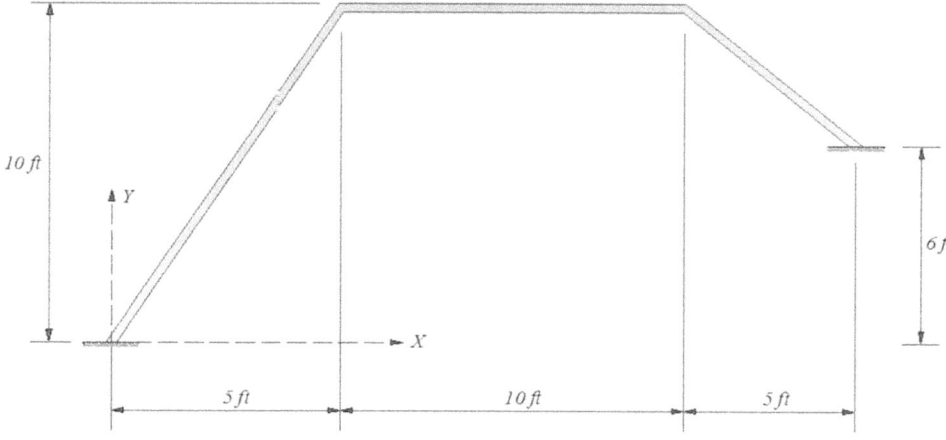

Figura del Problema 17.1

Problema # 17.2:

Considere el edificio de dos pisos de la figura del Problema 17.2, el que está sometido a una aceleración en la base producida por un sismo. Para simplificar el problema, se va a suponer que la aceleración tiene la forma de un pulso rectangular de magnitud $\ddot{X}_o$ y duración t_d como el que se muestra en la figura. La estructura se va a modelar como un edificio de corte y por lo tanto las ecuaciones de movimiento son:

$$\begin{bmatrix} m & 0 \\ 0 & \frac{3}{4}m \end{bmatrix} \begin{Bmatrix} \ddot{u}_1 \\ \ddot{u}_2 \end{Bmatrix} + k \begin{bmatrix} 2 & -1 \\ -1 & 1 \end{bmatrix} \begin{Bmatrix} u_1 \\ u_2 \end{Bmatrix} = - \begin{bmatrix} m & 0 \\ 0 & \frac{3}{4}m \end{bmatrix} \begin{Bmatrix} 1 \\ 1 \end{Bmatrix} \ddot{X}_g(t)$$

Se conoce que las frecuencias naturales en rad/seg son:

$$\omega_1 = \sqrt{\frac{5-\sqrt{13}}{3}}\sqrt{\frac{k}{m}} \qquad ; \qquad \omega_2 = \sqrt{\frac{5+\sqrt{13}}{3}}\sqrt{\frac{k}{m}}$$

y los modos de vibración normalizados respecto a la matriz de masa son:

$$\{\phi_1\} = \frac{1}{\sqrt{m}} \begin{Bmatrix} 0.601103 \\ 0.922804 \end{Bmatrix} \qquad ; \qquad \{\phi_2\} = \frac{1}{\sqrt{m}} \begin{Bmatrix} -1.0625 \\ 0.922804 \end{Bmatrix}$$

17-55

El amortiguamiento de la estructura se va a tener en cuenta mediante razones de amortiguamiento modales $\xi_1 = \xi_2 = \xi$. Para el caso de un pulso rectangular de corta duración, la solución de las ecuaciones de movimiento modales:

$$\ddot{\eta}_j(t) + 2\xi\omega_j\dot{\eta}_j(t) + \omega_j^2\eta_j(t) = -\gamma_j\ddot{X}_g(t) \quad ; \quad j = 1, 2$$

se puede determinar en forma aproximada mediante la expresión:

$$\eta_j(t) = -\ddot{X}_o\Delta t \frac{\gamma_j}{\omega_j}e^{-\xi\omega_j t}\sin\omega_j t \quad ; \quad j = 1, 2$$

Usando esta solución aproximada, determine el desplazamiento de los dos pisos como función del tiempo usando los siguientes datos:

$$k = 140 \frac{kip}{in} \quad ; \quad m = 0.30 \frac{k.s^2}{in} \quad ; \quad \ddot{X}_o = 0.4g \quad ; \quad \xi = 0.05 \quad ; \quad \Delta t = 0.02 \ s$$

Grafique los desplazamientos hasta $t = 6T_1$ donde T_1 es el periodo fundamental del edificio.

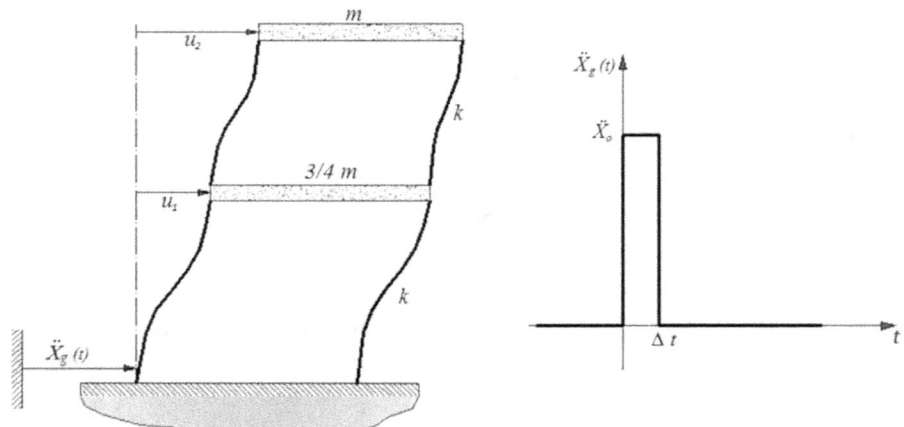

Figura del Problema 17.2

Problema # 17.3:

Considere el edificio de tres pisos regular que se muestra en la figura del Problema 17.3, en donde las masas concentradas en los tres pisos y las rigideces laterales son iguales.

Resolviendo el problema de autovalores asociado a un modelo de edificio de corte de esta estructura:

$$\begin{bmatrix} 2k & -k & 0 \\ -k & 2k & -k \\ 0 & -k & k \end{bmatrix} \begin{Bmatrix} \phi_{1j} \\ \phi_{2j} \\ \phi_{3j} \end{Bmatrix} = \omega_j^2 \begin{bmatrix} m & 0 & 0 \\ 0 & m & 0 \\ 0 & 0 & m \end{bmatrix} \begin{Bmatrix} \phi_{1j} \\ \phi_{2j} \\ \phi_{3j} \end{Bmatrix}$$

se obtiene que las frecuencias naturales son:

$$\omega_1 = 0.445042\sqrt{\frac{k}{m}} \quad ; \quad \omega_2 = 1.24698\sqrt{\frac{k}{m}} \quad ; \quad \omega_3 = 1.80194\sqrt{\frac{k}{m}}$$

La matriz de autovectores con los modos de vibración normalizados respecto a la matriz de masa es:

$$[\Phi] = \frac{1}{\sqrt{m}} \begin{bmatrix} 0.327985 & 0.736976 & -0.591009 \\ 0.591009 & 0.327985 & 0.736976 \\ 0.736976 & -0.591009 & -0.327985 \end{bmatrix}$$

Para que la solución de las ecuaciones de movimiento modales (desacopladas) sea sencilla se va a despreciar el amortiguamiento. Por la misma razón se va a considerar una aceleración de la base de la forma de un escalón, o sea:

$$\ddot{X}_g(t) = \begin{cases} 0 & \text{para } t < 0 \\ \ddot{X}_o & \text{para } t \geq 0 \end{cases}$$

Calcule y grafique el desplazamiento del primer piso $u_1(t)$ de tres maneras: sumando la contribución de uno, dos y tres modos. Use los siguientes datos:

$$k = 300\,\frac{kip}{in} \quad ; \quad m = 0.3\,\frac{kip.s^2}{in} \quad ; \quad \ddot{X}_o = 0.4g$$

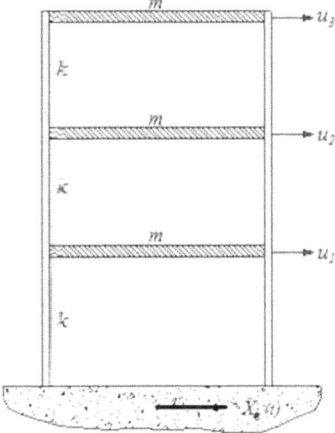

Figura del Problema 17.3

Capítulo 18

Respuesta de sistemas de múltiples grados de libertad con el método del Espectro de Respuesta

CAPÍTULO 18: Respuesta de sistemas de múltiples grados de libertad con el método del Espectro de Respuesta

18.1 Introducción

Generalmente el método de análisis en el tiempo para calcular la respuesta sísmica sólo se usa para estructuras no convencionales o que por su función se consideran de especial importancia. Una de las razones por las cuales no se acostumbra usar este método en estructuras comunes es que consume demasiado tiempo como para ser usado en el diseño. Además para una esructura compleja, la cantidad de datos que se genera como resultado del análisis en el tiempo puede ser abrumadora, y en buena parte, innecesaria. Por otro lado, existe el problema de qué acelerograma se debe usar para representar la posible carga sísmica. Debido al carácter eminentemente aleatorio de la excitación sísmica, es necesario usar un *conjunto* de terremotos, ya sea registrados o sintéticos (generados artificialmente), que sean representativos de la posible fuente del sismo, de la trayectoria desde la fuente al sitio, y de las condiciones geológicas predominantes en el lugar. Usualmente se recomienda usar un mínimo de tres acelerogramas distintos para estimar de forma confiable los valores máximos de las fuerzas internas y los desplazamientos de los miembros de la estructura.

Los análisis en el tiempo proveen de más información de la que se necesita para el diseño: usualmente basta con conocer los valores *máximos* de las respuestas. Cuando se estudió la respuesta sísmica de sistemas de un grado de libertad en el Capítulo 9 (Tomo I), vimos que mediante el uso de espectros de respuesta sísmicos se podía conseguir directamente estas máximas respuestas. Este concepto se puede extender a sistemas de múltiples grados de libertad como se explicará en este capítulo. Este procedimiento, conocido como el *método del Espectro de Respuesta*, es el preferido para el cálculo de la respuesta sísmica de la gran mayoría de las estructuras.

18.1.1 Ejemplo 18.1:

Consideremos un ejemplo específico para introducir el tema: el poste de hormigón usado para transmisión de energía eléctrica que se muestra en la Figura 18.1. El poste tiene en la realidad una sección circular variable pero por simplicidad se va a representar como una columna con sección transversal constante de 12 *in* de diámetro. Vamos a discretizar la estructura usando un modelo de dos grados de libertad concentrando la masa a la mitad de la altura y en el tope: los grados de libertad dinámicos son entonces los dos desplazamientos horizontales $u_1(t)$ y $u_2(t)$ de estas masas. La ecuación de movimiento del modelo es:

$$\begin{bmatrix} m_1 & 0 \\ 0 & m_2 \end{bmatrix} \begin{Bmatrix} \ddot{u}_1 \\ \ddot{u}_2 \end{Bmatrix} + \begin{bmatrix} 3.635 & -1.136 \\ -1.136 & 0.454 \end{bmatrix} \begin{Bmatrix} u_1 \\ u_2 \end{Bmatrix} = -\begin{bmatrix} m_1 & 0 \\ 0 & m_2 \end{bmatrix} \begin{Bmatrix} 1 \\ 1 \end{Bmatrix} \ddot{X}_g(t) \tag{a}$$

donde $m_1 = 6.098 \times 10^{-3}\ k.s^2/in$ y $m_2 = 3.049 \times 10^{-3}\ k.s^2/in$. Las unidades de los coeficientes de rigidez son k/in. La matriz de rigidez se obtuvo condensando los giros como se explicó en el Capítulo 11.

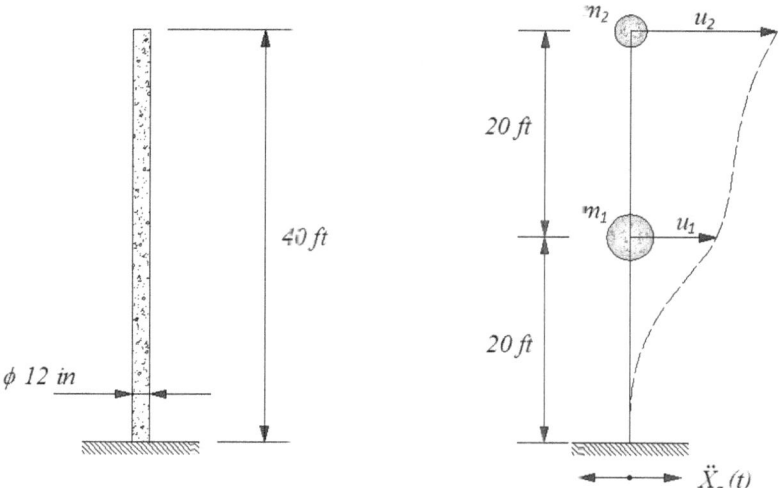

Figura 18.1 **Poste de hormigón y su modelo de dos grados de libertad.**

Como ocurre cuando se desea resolver cualquier problema dinámico, necesitamos conocer las frecuencias naturales y modos de vibración. Se puede demostrar que las frecuencias y periodos naturales son:

$$\omega_1 = 5.203\ \frac{rad}{s} \quad ; \quad \omega_2 = 26.798\ \frac{rad}{s} \tag{b}$$

$$T_1 = 1.208\ s \quad ; \quad T_2 = 0.2345\ s \tag{c}$$

Y los modos de vibración normalizados respecto a la matriz de masa son:

$$\{\phi_1\} = \left\{ \begin{array}{c} 5.380 \\ 16.434 \end{array} \right\} \sqrt{in/(k.s^2)} \quad ; \quad \{\phi_2\} = \left\{ \begin{array}{c} -11.621 \\ 7.608 \end{array} \right\} \sqrt{in/(k.s^2)} \tag{d}$$

Para calcular la respuesta sísmica necesitamos además los factores de participación modal. Usando la matriz de masa y los modos es sencillo demostrar que los factores de participación son:

$$\gamma_1 = 0.0829\ \sqrt{k.s^2/in} \quad ; \quad \gamma_2 = -0.0476\ \sqrt{k.s^2/in} \tag{e}$$

Si se dispone del registro de aceleraciones del suelo $\ddot{X}_g(t)$, usando el método del análisis modal la variación en el tiempo de los desplazamientos se calcula como:

18-3

$$\begin{cases} u_1(\mathrm{t}) = \phi_{11}\,\eta_1(\mathrm{t}) + \phi_{12}\,\eta_2(\mathrm{t}) \\ u_2(\mathrm{t}) = \phi_{21}\,\eta_1(\mathrm{t}) + \phi_{22}\,\eta_2(\mathrm{t}) \end{cases} \tag{f}$$

Supongamos que el acelerograma $\ddot{X}_g(\mathrm{t})$ corresponde a una componente horizontal del sismo de Managua, Nicaragua, del 23 de diciembre de 1972. El acelerograma, que tiene una aceleración pico de $0.421g$, se muestra en la Figura 18.2. El espectro de respuesta de (seudo) aceleraciones para una razón de amortiguamiento de 5% se muestra en la Figura 18.3.

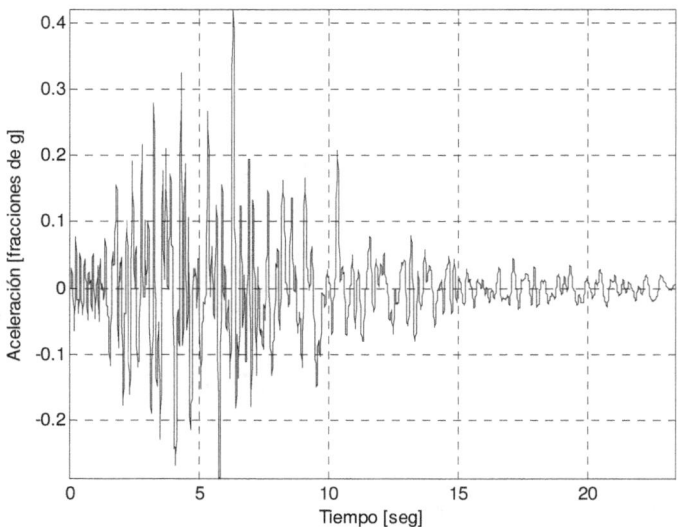

Figura 18.2 **Acelerograma del sismo de Managua, Nicaragua, de 1972.**

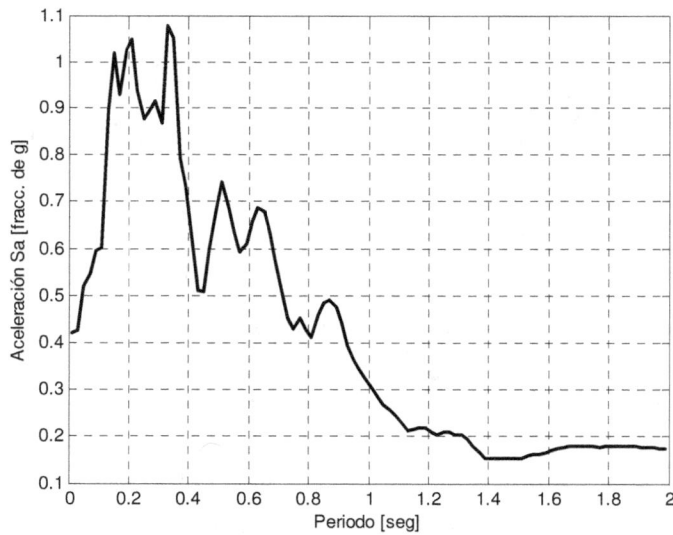

Figura 18.3 **Espectro de seudoaceleraciones del sismo de Managua de 1972.**

El historial de los desplazamientos $u_1(t)$ y $u_2(t)$ calculados mediante la Ec. (f) se presenta en la Figura 18.4. De esta figura (en realidad examinando los registros numéricos) obtenemos que los máximos valores en valor absoluto son:

$(u_1)_{\max} = 1.450$ in en el instante de tiempo $t = 6.63$ s

$(u_2)_{\max} = 4.233$ in en el instante de tiempo $t = 6.71$ s

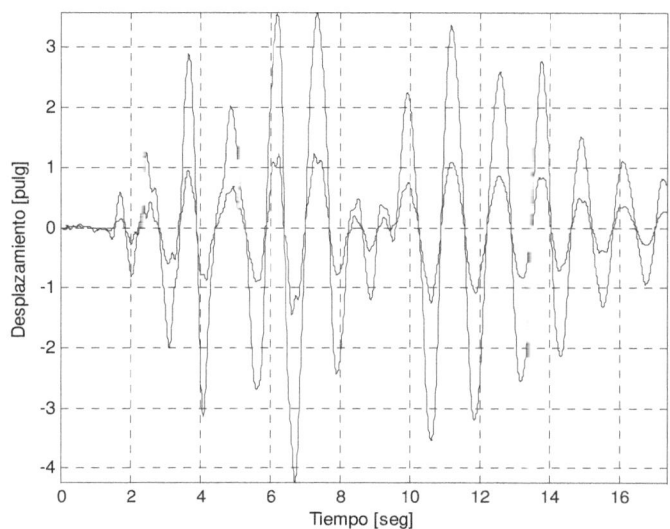

Figura 18.4 **Historial de los desplazamientos de las masas.**

Vamos a continuación examinar cómo podríamos estimar los máximos desplazamientos de las masas **sin** tener que hacer un análisis en el tiempo. Para comprender mejor el procedimiento comencemos observando el historial de los desplazamientos modales $\eta_1(t)$ y $\eta_2(t)$ calculado con un análisis en el tiempo resolviendo numéricamente la integral de Duhamel (como se explicó en el Capítulo 8 del Tomo I). La variación en el tiempo de $\eta_1(t)$ y $\eta_2(t)$ se provee en las Figuras 18.5 y 18.6 respectivamente. Los desplazamientos modales $\eta_j(t)$ tienen unidades pero no nos interesan, siempre y cuando seamos consistentes. Los máximos desplazamientos modales (con signo) se pueden obtener examinando esta variación en el tiempo. Estos son:

Para el primer modo: $(\eta_1)_{max} = 0.250$ en el instante de tiempo $t = 6.70$ s

Para el segundo modo: $(\eta_2)_{max} = -0.023$ en el instante de tiempo $t = 6.48$ s

El siguiente paso hacia el objetivo de obtener la máxima respuesta sísmica (los máximos desplazamientos relativos en este ejemplo) es usar estos máximos desplazamientos modales. Antes de esto vamos a estudiar cómo obtenerlos sin tener que hacer un análisis en el tiempo. Evidentemente, si nos tomamos el trabajo de efectuar un análisis paso a paso en el tiempo directamente podemos obtener cualquier respuesta máxima (como $(u_1)_{\max}$, etc) observando su variación temporal.

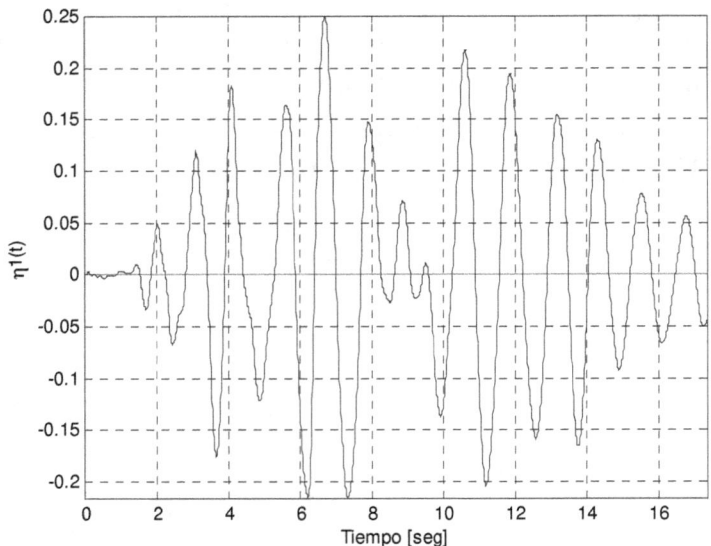

Figura 18.5 **Variación del desplazamiento modal del primer modo.**

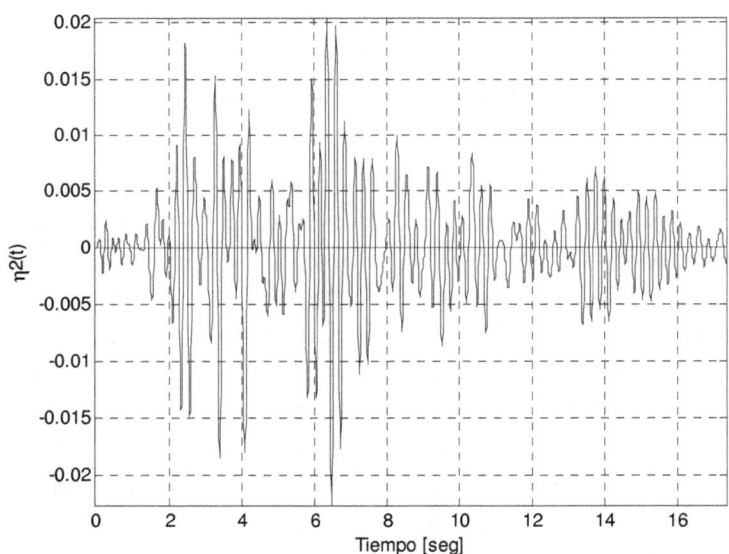

Figura 18.6 **Variación del desplazamiento modal del segundo modo.**

18.2 Cálculo de los máximos desplazamientos modales

Los máximos desplazamientos modales $((\eta_1)_{\max}, (\eta_2)_{\max}, ...)$ también se pueden obtener directamente sin tener que hacer un análisis en el tiempo si se dispone del espectro de respuesta del sismo. En efecto, como vimos en el capítulo anterior, la coordenada modal $\eta_j(t)$ es el desplazamiento relativo de un oscilador de frecuencia ω_j y razón de amortiguamiento ξ_j sometido a una aceleración del suelo igual a la sismo original $\ddot{X}_g(t)$ modificada por un factor de participación modal γ_j. La ecuación de movimiento de este oscilador es:

$$\ddot{\eta}_j(t) + 2\xi_j\omega_j\dot{\eta}_j(t) + \omega_j^2\eta_j(t) = -\gamma_j\ddot{X}_g(t) \tag{18.1}$$

Por lo tanto, si se conoce el espectro de respuesta de desplazamientos $S_d(T)$ para el sismo con aceleración $\ddot{X}_g(t)$ y lo evaluamos en el periodo T_j, el máximo desplazamiento modal es:

$$(\eta_j)_{max} = \gamma_j\, S_d(T_j) \tag{18.2}$$

Nótese que el *verdadero* signo del máximo desplazamiento $(\eta_j)_{max}$ calculado con la Ec. (18.2) no se puede conocer porque el desplazamiento espectral $S_d(T_j)$ es siempre positivo.

Si la excitación sísmica se define mediante el espectro de aceleraciones $PSA(T_j)$ en vez del espectro de desplazamientos relativos, debemos usar la relación entre los dos espectros. Esta puede ser expresada en términos de la frecuencia ω_j o del periodo T_j:

$$PSA(T_j) = \omega_j^2 S_d(T_j) = \left(\frac{2\pi}{T_j}\right)^2 S_d(T_j) \tag{18.3}$$

Por lo tanto el espectro de desplazamientos relativos se puede expresar como:

$$S_d(T_j) = \frac{1}{\omega_j^2} PSA(T_j) = \left(\frac{T_j}{2\pi}\right)^2 PSA(T_j) \tag{18.4}$$

Y el máximo desplazamiento modal de acuerdo a la Ec. (18.2) es:

$$(\eta_j)_{max} = \frac{\gamma_j}{\omega_j^2} PSA_j = \gamma_j \left(\frac{T_j}{2\pi}\right)^2 PSA_j \tag{18.5}$$

Las aceleraciones espectrales PSA_j son función de los periodos naturales (a los que llamamos T_j). De aquí en adelante, para simplificar la notación vamos sólo a usar un subíndice "j" para indicar esta dependencia. Además, usualmente los espectros de seudoaceleraciones se definen en forma adimensional (dividiéndolos por la aceleración de la gravedad g). Si llamamos Sa_j a los espectros adimensionales la relación entre ambos es:

$$PSA_j = Sa_j\, g \tag{18.6}$$

con lo cual la Ec. (18.5) resulta:

$$(\eta_j)_{max} = \frac{\gamma_j}{\omega_j^2} Sa_j\, g = \gamma_j \left(\frac{T_j}{2\pi}\right)^2 Sa_j\, g \qquad (18.7)$$

18.2.1 Ejemplo 18.2:

Retornemos al ejemplo del poste de hormigón que estábamos estudiando. Entrando al espectro de aceleraciones del sismo de Managua con los periodos naturales $T_1 = 1.208\ s$ y $T_2 = 0.2345\ s$ obtenemos, como se muestra en la Figura 18.7, que las aceleraciones espectrales (adimensionales) son:

$$Sa_1 = 0.211 \qquad ; \qquad Sa_2 = 0.887 \qquad\qquad (g)$$

Reemplazando en la Ec. (18.7) estos valores junto con los de los factores de participación modal y periodos naturales se obtiene:

$$(\eta_1)_{\max} = 0.0829 \left(\tfrac{1.208}{2\pi}\right)^2 0.211(386.4) = 0.250$$

$$(\eta_2)_{\max} = -0.0476 \left(\tfrac{0.2345}{2\pi}\right)^2 0.887(386.4) = -0.023$$

$$(h)$$

que son los mismos valores de los máximos desplazamientos modales obtenidos antes en el Ejemplo 18.1 mediante el análisis en el tiempo. Recordamos nuevamente que los desplazamientos modales tienen unidades, pero no las indicamos porque no nos interesan (y son un tanto "extrañas": $\sqrt{masa} \cdot longitud$).

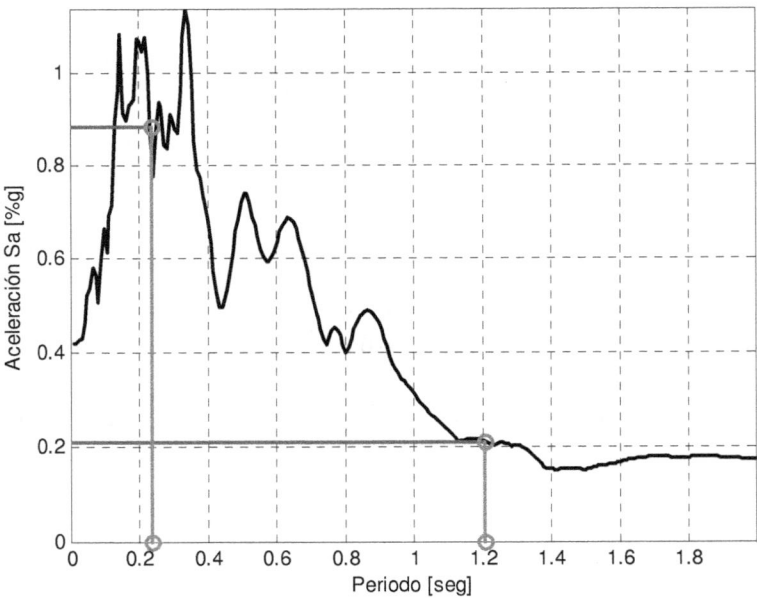

Figura 18.7 **Aceleraciones espectrales para los periodos $\mathbf{T}_j$ de la columna y el sismo de Managua.**

18-8

Prosigamos ahora con el objetivo final que es determinar los máximos desplazamientos físicos $(u_1)_{\max}$ y $(u_2)_{\max}$ de la estructura. Se supone que ya se conocen los máximos desplazamientos espectrales obtenidos usando un espectro de respuesta. Para *estimar* los máximos desplazamientos físicos podríamos usar la Ec. (f) modificada como sigue:

$$\begin{cases} (u_1)_{\max} \simeq |\phi_{11}(\eta_1)_{\max}| + |\phi_{12}\,(\eta_2)_{\max}| \\[2mm] (u_2)_{\max} \simeq |\phi_{21}\,(\eta_1)_{\max}| + |\phi_{22}\,(\eta_2)_{\max}| \end{cases} \qquad \text{(i)}$$

Nótese que el signo "igual" en las ecuaciones anteriores se reemplazó por un signo de "aproximadamente igual" ($\simeq$) por dos razones:

• Primero, observemos que el producto de los modos de vibración ϕ_{ij} por las coordenadas modales máximas $(\eta_j)_{\max}$ están en *valor absoluto* porque (como se explicó antes) no se conoce el verdadero signo de los desplazamientos modales. No sería razonable usar los signos de los ϕ_{ij} si no se conocen los verdaderos signos de los $(\eta_j)_{\max}$. Por lo tanto, al sumar cantidades todas positivas vamos a sobrestimar los verdaderos valores de $(u_1)_{\max}$ y $(u_2)_{\max}$.

• Segundo, los máximos valores de $(\eta_1)_{\max}$ y $(\eta_2)_{\max}$ ocurren en distintos instantes de tiempo (como se demostró en el ejemplo de la columna). Por consiguiente, esta es otra razón por la cual las expresiones propuestas, las Ecs. (i), sobrestiman los valores correctos de $(u_1)_{\max}$ y $(u_2)_{\max}$.

Vamos a estimar los máximos desplazamientos físicos para el poste de transmisión de energía eléctrica usando las Ecs. (i). Reemplazando los valores (en valor absoluto) de ϕ_{ij} de las Ecs. (d) y los de $(\eta_j)_{\max}$ de las Ecs. (h) se obtiene:

$$\begin{cases} (u_1)_{\max} \simeq 5.380 \cdot 0.250 + 11.621 \cdot 0.023 = 1.612 \; in \\[2mm] (u_2)_{\max} \simeq 16.434 \cdot 0.250 + 7.608 \cdot 0.023 = 4.284 \; in \end{cases} \qquad \text{(j)}$$

Como en este caso conocemos los verdaderos valores de los máximos desplazamientos (calculados en el Ejemplo 18.1) podemos obtener los errores (la sobrestimación) al usar la Ec. (j):

$$e_1 \;=\; \frac{1.612 - 1.450}{1.450}100 = 11\,2\%$$

$$e_2 \;=\; \frac{4.284 - 4.233}{4.233}100 = 1.21\%$$

18.3 Combinación de máximas respuestas modales: la regla SAV

Las Ecs. (i) del ejemplo anterior que se propusieron para calcular los máximos desplazamientos $(u_i)_{max}$ pueden generalizarse para un sistema estructural de n grados de libertad de la siguiente manera. Observando las Ecs. (i), introduciremos la siguiente notación:

$$u_{ij} = \phi_{ij}\,(\eta_j)_{max} \tag{18.8}$$

donde u_{ij} es el máximo desplazamiento del grado de libertad "i" (o equivalentemente, de la masa concentrada "i") debido al modo "j". Usando las Ecs. (18.7) y (18.8) la contribución u_{ij} del modo "j" al desplazamiento total u_i se puede escribir como:

$$u_{ij} = \frac{\phi_{ij}\,\gamma_j}{\omega_j^2} Sa_j\,g = \phi_{ij}\,\gamma_j \frac{T_j^2}{4\pi^2} Sa_j\,g \tag{18.9}$$

El máximo desplazamiento relativo del grado de libertad "i" puede entonces calcularse como:

$$(u_i)_{max} = \sum_{j=1}^{n} |u_{ij}| \tag{18.10}$$

Los errores al usar la fórmula en la Ec. (18.10) varían con la estructura que se considere (con sus frecuencias naturales, modos de vibración, amortiguamiento) y con el sismo (su duración, contenido de frecuencias).

La fórmula en la Ec. (18.10) se conoce como la regla de la *Suma de los Valores Absolutos*. Usualmente para abreviar se la identifica como la regla *SAV* (por las siglas en inglés de *S*um-of-*A*bsolute-*V*alues). Esta fórmula es un caso particular de lo que se conoce como *reglas de combinación modal*. Se han propuesto varias de estas reglas de combinación modal, o sea fórmulas para estimar la máxima respuesta sísmica de una estructura si se conocen las máximas respuestas modales. Vamos a presentar a continuación una regla mucho más usada que la *SAV*.

18.4 Combinación de máximas respuestas modales: la regla SRSS

Vimos que una vez conocidos los máximos desplazamientos u_{ij} de un grado de libertad "i" debido a cada modo "j" debemos combinarlos para poder obtener los máximos desplazamientos *físicos* u_i. Es aquí precisamente donde nos vemos obligados a introducir una aproximación. Como se discutió antes, las máximas respuestas modales no ocurren en los mismos instantes de tiempo, por lo que sería deseable, si fuera posible, evitar sumar estas cantidades directamente. Además, como también se mencionó anteriormente, los verdaderos signos de las máximas respuestas modales no se conocen porque se obtienen leyendo valores de un espectro, los que como se sabe son todos positivos. Para las estructuras comunes es costumbre en ingeniería sísmica usar otra regla de combinación modal distinta de la *SAV*. Esta nueva regla se conoce como la *Raíz Cuadrada de la Suma de los Cuadrados*. En la práctica se la acostumbra indentificar como la regla *SRSS* (por la siglas en inglés de *Square-Root-of-the-Sum-of-the-Squares*).

El máximo desplazamiento relativo del grado de libertad "i" con la regla *SRSS* se calcula como:

$$(u_i)_{\max} = \sqrt{\sum_{j=1}^{n} (u_{ij})_{\max}^2} \qquad (18.11)$$

En general, llamando r a una respuesta cualquiera (por ejemplo, un desplazamiento, aceleración, deriva, cortante basal, momento flector) y r_j a la correspondiente respuesta debido al modo "j" , de acuerdo a la regla *SRSS*, la respuesta máxima $(r)_{\max}$ se estima como:

$$(r)_{\max} = \sqrt{\sum_{j=1}^{n} (r_j)_{\max}^2} \qquad (18.12)$$

A diferencia de la regla *SAV* que siempre sobrestima la respuesta, no es posible saber si la regla *SRSS* sobrestima o subestima la respuesta. Esto, en principio, podría parecer una desventaja de esta formulación, pero la precisión de la regla *SRSS* es, por lo general, superior a la *SAV*.

18.4.1 Ejemplo 18.3:

Vamos a usar la regla *SRSS* para estimar los máximos desplazamientos de las masas de la columna de dos grados de libertad sometida al sismo de Managua de 1972 que estábamos estudiando. Con la información de los Ejemplos 18.1 y 18.2 los máximos desplazamientos modales $u_{ij} = \phi_{ij} (\eta_j)_{\max}$ son:

$u_{11} = 5.380 \cdot 0.250 = 1.345 \; in$; $u_{12} = (-11.621) \cdot (-0.023) = 0.2673 \; in$

$u_{21} = 16.434 \cdot 0.250 = 4.1085 \; in$; $u_{22} = 7.608 \cdot (-0.023) = -0.1750 \; in$

Y usando la Ec. (18.11) los máximos desplazamientos físicos son:

$$(u_1)_{\max} = \sqrt{1.345^2 + 0.2673^2} = 1.371 \; in$$

$$(u_2)_{\max} = \sqrt{4.1085^2 + 0.1750^2} = 4.112 \; in$$

Calculemos los errores en porciento en la estimación de $(u_1)_{\max}$ y $(u_2)_{\max}$:

$$e_1 = \frac{1.371 - 1.450}{1.450} 100 = -5.45\%$$

$$e_2 = \frac{4.112 - 4.233}{4.112} 100 = -2.86\%$$

Examinando estos resultados podemos concluir que para ambos desplazamientos la combinación modal *SRSS* subestimó la respuesta máxima (obsérvense los signos negativos de los errores). Además, comparando estos resultados con los obtenidos con la regla *SAV* (Ejemplo 18.2), vemos que el error en la estimación del desplazamiento de la masa en la mitad de la columna mejoró, y el de la masa en el extremo superior subió levemente. Estas dos observaciones son particulares de este ejemplo específico y no se debe concluir que algo similar va a ocurrir en otros casos.

En una próxima sección vamos a abundar un poco más sobre las reglas de combinación modal y mencionar otras reglas disponibles.

18.5 Cálculo de las máximas fuerzas internas

En esta sección vamos a estudiar cómo calcular los valores máximos de las fuerzas internas (cortantes, momentos flectores, fuerzas axiales, etc) y reacciones de apoyo usando el método del Espectro de Respuesta. En particular, para estructuras de barras queremos averiguar cómo podemos trazar diagramas de cortantes, momentos flectores y fuerzas axiales (y de torsión si la hubiera). Por supuesto, sólo vamos a poder determinar los valores máximos de estos diagramas y en forma aproximada .

El concepto clave para calcular fuerzas internas es obtener primero las *fuerzas equivalentes*. Este concepto se explicó en el Capítulo 17 para el caso del análisis en el tiempo de estructuras sometidas a sismos, pero vamos a repasar muy brevemente las ideas principales. La idea es obtener una serie de fuerzas $F_i(t)$ actuando en todos los grados de libertad dinámicos que al ser aplicadas *en forma estática* produzcan los mismos desplazamientos $u_i(t)$ que el sismo. Cuando se dice en forma estática no nos referimos a que no varíen en el tiempo sino a que se deben despreciar los efectos dinámicos (puede pensarse que la estructura no tiene masa). Con estas consideraciones el vector de fuerzas equivalentes se calcula como:

$$\{F(t)\} = [K] \{u(t)\} \tag{18.13}$$

donde $[K]$ es la matriz de rigidez condensada (sin giros). El vector de desplazamientos se obtiene sumando los productos de los modos de vibración $\{\phi_j\}$ por los desplazamientos modales $\eta_j(t)$. Reemplazando $\{u(t)\} = \sum_{j=1}^{n} \{\phi_j\} \eta_j(t)$ en la Ec. (18.13):

$$\{F(t)\} = \sum_{j=1}^{n} [K] \{\phi_j\} \eta_j(t) \tag{18.14}$$

y usando el problema de autovalores ($[K] \{\phi_j\} = \omega_j^2 [M] \{\phi_j\}$) para expresar las fuerzas en términos de la matriz de masa $[M]$ se llega a:

$$\{F(t)\} = \sum_{j=1}^{n} \omega_j^2 [M] \{\phi_j\} \eta_j(t) \tag{18 15}$$

Si de aquí recuperamos la i-ésima fila del vector $\{F(t)\}$, la fuerza en el grado de libertad "i" es:

$$F_i(t) = \sum_{j=1}^{n} \omega_j^2 m_i \phi_{ij} \eta_j(t) \tag{18 15}$$

Cada uno de los términos en la sumatoria anterior es la contribución del modo "j" a la fuerza equivalente en el grado de libertad "i". A esta importante cantidad vamos a llamarla $F_{ij}(t)$:

$$F_{ij}(t) = \omega_j^2 m_i \phi_{ij} \eta_j(t) \tag{18.17}$$

En este capítulo no nos interesa la variación en el tiempo de $F_{ij}(t)$ sino sólo sus valores máximos $(F_{ij})_{\max}$. Estas cantidades se obtienen simplemente sustituyendo $\eta_j(t)$ por su valor máximo $(\eta_j)_{\max}$:

$$(F_{ij})_{\max} = \omega_j^2 m_i \phi_{ij} (\eta_j)_{\max} \tag{18.13}$$

Para simplificar la notación de ahora en adelante vamos a omitir el subíndice "max" de la fuerza (F_{ij}). Sustituyendo $(\eta_j)_{\max}$ de la Ec. (18.7) se obtiene:

$$\begin{aligned} F_{ij} &= \omega_j^2 m_i \phi_{ij} \frac{\gamma_j}{\omega_j^2} Sa_j \, g \\ F_{ij} &= m_i \phi_{ij} \, \gamma_j Sa_j \, g \end{aligned} \tag{18.19}$$

Se suele definir las fuerzas F_{ij} en términos de los pesos W_i en vez de las masas m_i. En este caso la expresión se simplifica levemente:

$$F_{ij} = W_i \phi_{ij} \, \gamma_j Sa_j \tag{18.20}$$

Una vez que conocemos los valores de las máximas fuerzas equivalentes modales, para obtener la máxima fuerza modal actuando en el grado de libertad "i" podríamos combinarlas usando una de las reglas de combinación modal. Por ejemplo, aplicando la regla *SRSS* se tiene:

$$(F_i)_{\max} = \sqrt{\sum_{j=1}^{n} (F_{ij})^2} \tag{18.21}$$

Sin embargo, no vamos a usar estas fuerzas $(F_i)_{\max}$ para nada, simplemente porque no se necesitan. Para calcular fuerzas internas (o esfuerzos internos en un modelo de elementos finitos) y trazar diagramas en estructuras de barras sólo se necesitan las máximas fuerzas modales F_{ij}. Es importante que el lector tenga siempre presente este hecho.

Vamos inmediatamente a explicar lo anterior con un ejemplo.

18.5.1 Ejemplo 18.4:

Consideremos nuevamente el poste de hormigón que estábamos estudiando. Vamos a obtener el diagrama de fuerzas cortantes y de momento flector (los valores máximos) si se somete la estructura al sismo de Managua de 1972. Siempre el primer paso es obtener las fuerzas equivalentes modales con la Ec. (18.19) o (18.20).

Los pesos de las dos masas son:

$$W_1 = 386.4 \cdot \left(6.098 \times 10^{-3}\right) = 2.356 \; k \quad ; \quad W_2 = 386.4 \cdot (3.049 \times 10^{-3}) = 1.178 \; k \quad \text{(k)}$$

Para el modo 1 las fuerzas equivalentes son:

masa 1: $F_{11} = W_1 \phi_{11} \, \gamma_1 Sa_1 = 2.356 \cdot 5.380 \cdot 0.0829 \cdot 0.211 = 0.2217 \; k$

masa 2: $F_{21} = W_2 \phi_{21} \, \gamma_1 Sa_1 = 1.178 \cdot 16.434 \cdot 0.0829 \cdot 0.211 = 0.3386 \; k$

Para el modo 2:

masa 1: $F_{12} = W_1 \phi_{12} \, \gamma_2 Sa_2 = 2.356 \cdot (-11.621) \cdot (-0.0476) \cdot 0.887 = 1.1560 \; k$

masa 2 : $F_{22} = W_2 \phi_{21} \, \gamma_2 Sa_2 = 1.178 \cdot (7.608) \cdot (-0.0476) \cdot 0.887 = -0.3784 \; k$

Con las fuerzas F_{11} y F_{21} trazamos un diagrama de cortante usando los principios de la Estática. Es conveniente dibujar las fuerzas como se hizo en la Figura 18.8 a la izquierda. Con ellas se obtiene el diagrama de cortante que se muestra a la derecha de la Figura 18.8. Éste es el diagrama de cortante para la columna *debido a la contribución del primer modo*. También podemos pensarlo como el diagrama de cortante si sólo existiese el modo 1.

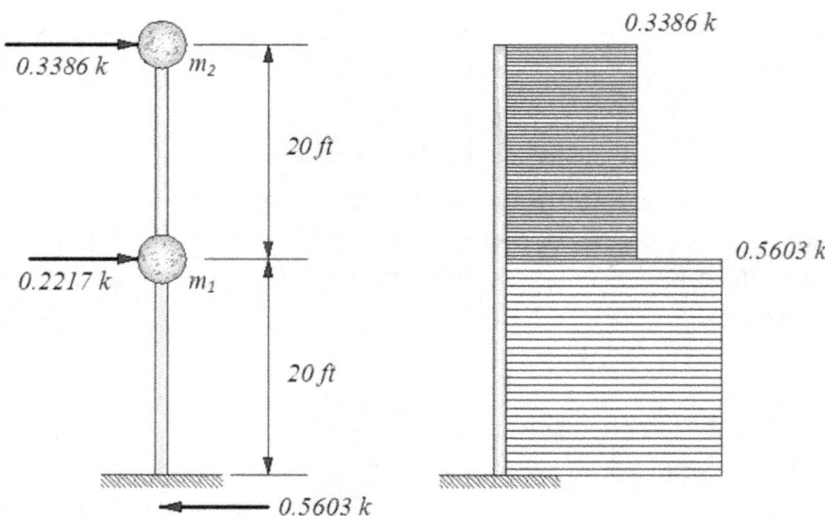

Figura 18.8 **Fuerzas equivalentes y diagrama de V para el 1er modo.**

A continuación con las fuerzas F_{12} y F_{22} dibujamos otro diagrama de cortante, el que se presenta en la Figura 18.9 a la derecha. Este diagrama es la aportación del segundo modo de la columna.

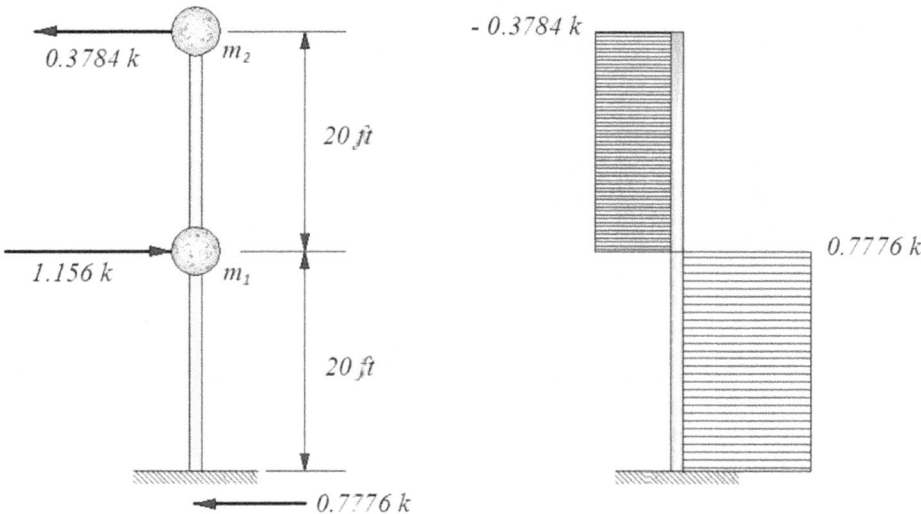

Figura 18.9 **Fuerzas equivalentes y diagrama de V para el 2do modo.**

Una vez que tenemos los diagramas para el modo 1 y para el modo 2, debemos combinarlos. Ahora podemos escoger la regla de combinación modal de nuestra preferencia. Si usamos la regla *SRSS*, el cortante en la parte inferior de la columna (lo llamaremos elemento [1]) es:

$$V_{[1]} = \sqrt{(0.5603)^2 + (0.7776)^2} = 0.958 \ k$$

El cortante en la zona de la columna entre la masa 1 y 2 (lo llamaremos elemento [2]) es:

$$V_{[2]} = \sqrt{(0.3386)^2 + (-0.3784)^2} = 0.508 \ k$$

El cortante basal V es el valor del cortante en el elemento [1], vale decir $V = 0.958$ k. El diagrama de cortante total para la columna se muestra en la Figura 18.10.

Con las mismas fuerzas que se muestran en las Figuras 18.8 y 18.9 a la izquierda podemos trazar los diagramas de momento para el primer y segundo modo, simplemente usando Estática. Los diagramas de momento para la columna debido a cada modo se muestran en la Figura 18.11. Si la estructura fuese estáticamente indeterminada, evidentemente no podemos usar Estática y por consiguiente dibujar los diagramas no sería tan sencillo. En tal caso habría que usar algún método del análisis estructural para trazar los diagramas.

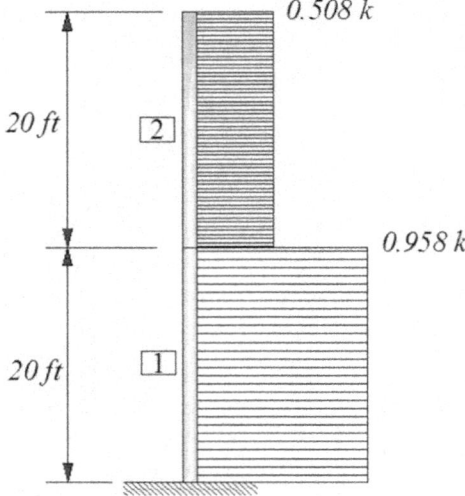

Figura 18.10 **Diagrama de cortantes máximos para el poste.**

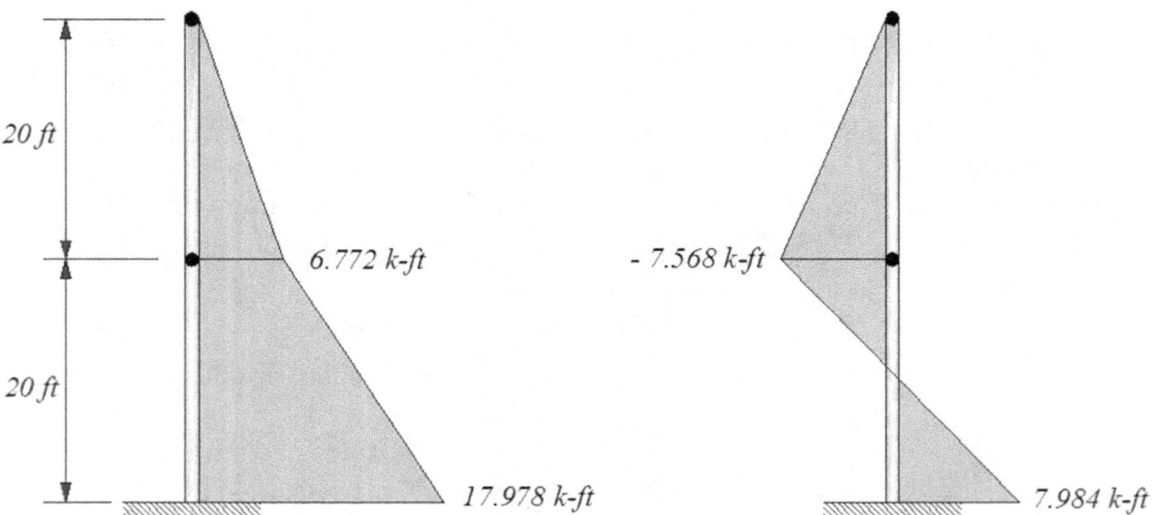

Figura 18.11 **Diagramas de momento para el 1er y 2do modo.**

A continuación debemos combinar los valores de los momentos flectores de cada modo para obtener el diagrama de momentos máximos. A la altura de la masa 1 el momento total es:

$$M_{masa1} = \sqrt{(6.772)^2 + (-7.568)^2} = 10.16 \ k.ft$$

El momento flector total en la base del poste es:

$$M_{base} = \sqrt{(17.978)^2 + (7.984)^2} = 19.67 \ k.ft$$

Usando los valores de M_{masa1} y M_{base} podemos dibujar el diagrama de momentos flectores para la columna que tiene en cuenta la contribución de los dos modos. Este diagrama se muestra en la Figura 18.12.

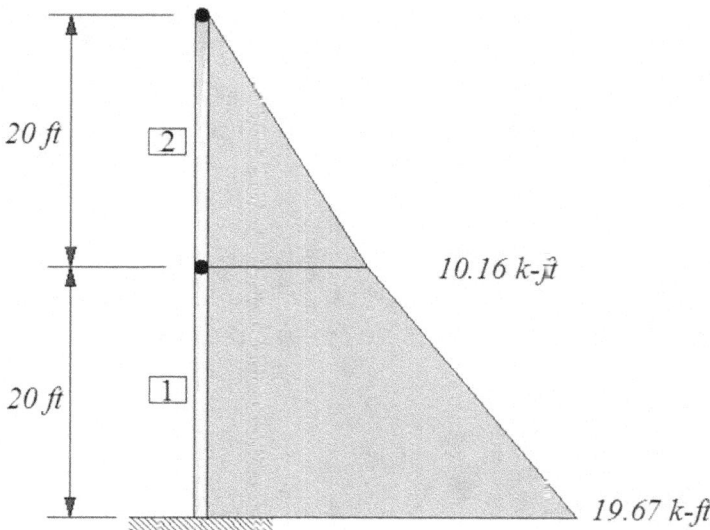

Figura 18.12 **Diagrama de momentos flectores máximos para el poste.**

Es importante resaltar lo siguiente: los diagramas de V y M obtenidos con el método del Espectro de Respuesta van a ser siempre *positivos*. No conocemos los verdaderos signos y además como la estructura vibra debido al sismo, en otro instante de tiempo los diagramas tendrían signos contrarios. Por lo tanto, para verificar el diseño hay que considerar que la columna va a tener tensión en el lado derecho y en otro instante, tensión en la superficie izquierda.

En un modelo de un pórtico o de una cercha habría fuerzas horizontales y verticales. En este caso podríamos también trazar diagramas de fuerzas axiales, como veremos en un ejemplo en una próxima sección.

18.6 Cálculo del cortante basal mediante el espectro de respuesta

Vimos en el ejemplo anterior que el cortante basal se puede obtener directamente del diagrama de cortante sumando los cortantes en las barras que llegan a la base de la estructura. No obstante, es interesante y puede ser útil para una verificación de los resultados, disponer de una fórmula para calcular directamente el cortante basal V.

De acuerdo al Capítulo 17 el máximo cortante basal en el tiempo se puede calcular usando la fórmula:

$$V(t) = \sum_{j=1}^{n} \omega_j^2 \gamma_j \eta_j(t) \tag{18.22}$$

Como se estudió en el Capítulo 17, si una estructura está sometida a la componente horizontal y vertical del sismo, hay que definir dos factores de participación modal, uno para cada dirección, γ_{xj} y γ_{yj}. En este caso, en la sumatoria que define el cortante basal en la Ec. (18.22) hay que usar los factores γ_{xj} en la dirección del eje X.

Vamos a llamar V_j a un término genérico en la sumatoria anterior. Este es la contribución del modo "j" al cortante basal total:

$$V_j(t) = \omega_j^2 \gamma_j \eta_j(t) \tag{18.23}$$

El valor máximo de $V_j(t)$ ocurrirá cuando $\eta_j(t)$ tome su valor máximo $(\eta_j)_{\max}$. De acuerdo a la Ec.(18.7), este es igual $\gamma_j Sa_j\, g/\omega_j^2$. Sustituyendo en la Ec. (18.23) se obtiene:

$$(V_j)_{\max} = \omega_j^2 \gamma_j (\eta_j)_{\max} = \omega_j^2 \gamma_j \frac{\gamma_j Sa_j\, g}{\omega_j^2}$$

$$(V_j)_{\max} = \gamma_j^2 Sa_j\, g \tag{18.24}$$

Algunos códigos para el cálculo de la respuesta sísmica definen una constante adimensional para cada modo llamada *coeficiente de masa efectiva* α_j ("effective mass coefficient" en inglés). Este coeficiente se define como:

$$\alpha_j = \frac{\gamma_j^2}{W/g} \tag{18.25}$$

donde W es el peso total de la estructura. Para un caso más general, W es la suma de los pesos asociados a las masas que tienen movimiento en la dirección de sismo (las masas concentradas en los grados de libertad dinámicos).

Despejando γ_j^2 de la Ec. (18.25) y reemplazándolo en la Ec. (18.24) se obtiene una fórmula alternativa para el cortante basal del modo "j":

$$(V_j)_{\max} = \alpha_j\ Sa_j W \tag{18.26}$$

Esta fórmula expresa el cortante modal como una porción $\alpha_j Sa_j$ del peso total de la estructura W.

El último paso para calcular el cortante basal total V es emplear una regla de combinación modal para sumar las contribuciones de cada modo. Usando la regla *SRSS* tenemos:

$$V = \sqrt{\sum_{j=1}^{n} (V_j)^2_{\max}} \qquad (18.27)$$

18.6.1 Ejemplo 18.5:

Vamos a calcular el cortante basal para el poste de hormigón de dos grados de libertad usando las Ecs. (18.26) y (18.27). Comenzamos calculando W. Usando W_1 y W_2 en la Ec. (k) del Ejemplo 18.4, el peso W es:

$$W = W_1 + W_2 = 2.356 + 1.178 = 3.534 \ k \qquad (l)$$

Con W y los factores de participación modal γ_j de la Ec. (e), los coeficientes de masas efectivas α_j de la Ec. (18.25) son:

$$\alpha_1 = \frac{0.0829^2}{3.534/386.4} = 0.7514 \quad ; \quad \alpha_1 = \frac{0.0476^2}{3.534/386.4} = 0.2477 \qquad (m)$$

Comprobemos que (como se demostró en el Capítulo 17) la suma de los coeficientes de masas efectivas es 1:

$$\alpha_1 + \alpha_2 = 0.7514 + 0.2477 = 0.9991 \simeq 1$$

Necesitamos también las aceleraciones espectrales Sa_j para cada periodo natural. Estas están dadas en la Ec. (g) del Ejemplo 18.2: $Sa_1 = 0.211$ y $Sa_2 = 0.887$.

De acuerdo a la Ec. (18.26), los cortantes basales modales son:

$$(V_1)_{\max} = 0.7514 \cdot 0.211 \cdot 3.534 = 0.5603 \ k$$

$$(V_2)_{\max} = 0.2477 \cdot 0.887 \cdot 3.534 = 0.7765 \ k$$

Finalmente usando la regla *SRSS* el cortante basal total es:

$$V = \sqrt{0.5603^2 + 0.7765^2} = 0.958 \ k \qquad (n)$$

valor que coincide con el calculado antes usando los diagramas de cortante para cada modo.

Siempre es una buena costumbre calcular el cociente V/W para comprobar que los valores sean "razonables". En este caso, de las Ecs. (l) y (n) el cociente es:

$$\frac{V}{W} = \frac{0.958}{3.534} = 0.271$$

Los valores de la razón V/W dependen de la estructura y del sismo, pero usualmente el orden de magnitud suele estar entre 10^{-2} y 10^0. Se recuerda que en el método estático de los códigos sísmicos el objetivo es calcular el cortante basal V como una fracción (por ejemplo, llamada C_d) del peso W de la estructura. Esto es:

$$V = C_d \cdot W$$

Para un edificio, una vez que se conoce V, este se distribuye entre los distintos pisos como fuerzas laterales. Aquí el cortante basal es una de las diversas respuestas sísmicas que se pueden calcular con el método del Espectro de Respuesta.

18.7 Ejemplo del cálculo de la respuesta sísmica de una cercha plana

Vamos a demostrar mediante un ejemplo la aplicación del método del Espectro de Respuesta para una cercha plana. Las cerchas son estructuras livianas y muy rígidas y por lo general presentan un buen comportamiento ante un sismo. Consideremos la cercha plana formada por tres barras que se muestra en la Figura 18.13.

La cercha está construida con barras con la misma área transversal $A = 3 \; in^2$. La estructura es de acero y por simplicidad el módulo de elasticidad E se tomará igual a $30,000 \; ksi$. El peso unitario del acero es $\gamma = 490 \; lb/ft^3$. Vamos a considerar que en la junta (**1**) hay un peso agregado de $15 \; kip$, el cual representa una carga muerta que debe soportar la cercha.

La estructura se va a modelar como una cercha ideal, vale decir se supondrá que las juntas están unidas por pasadores sin fricción y solo hay cargas en las juntas. Como de costumbre, la masa de las barras se supondrá concentrada en las juntas. Con estas consideraciones el sistema tiene tres grados de libertad dinámicos: los desplazamientos u_1, u_2 de la junta (**1**) y u_3, de la junta (**2**).

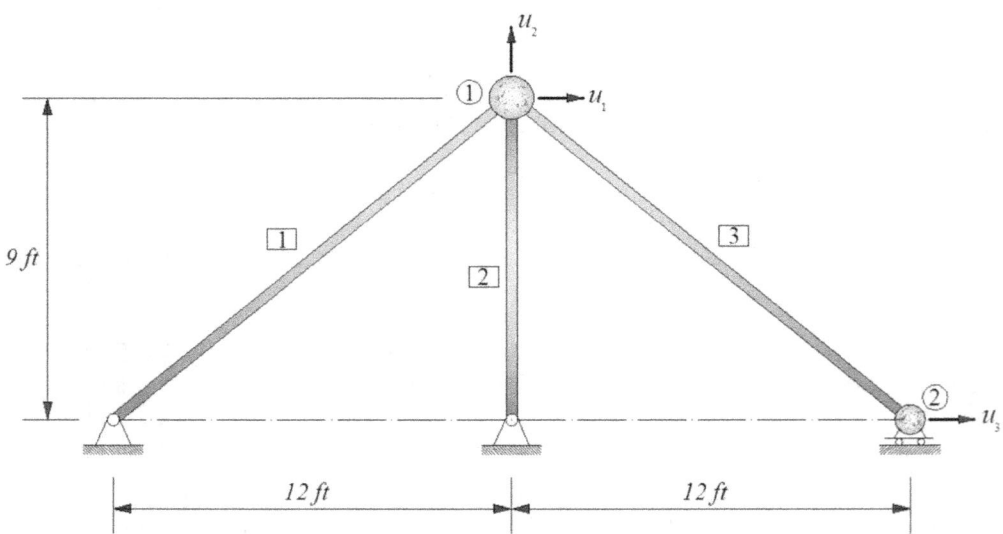

Figura 18.13 **Cercha plana con tres grados de libertad.**

18-20

La excitación sísmica está definida por un espectro de respuesta suavizado que fue desarrollado para el sitio. La aceleración del suelo se supone que actúa en la dirección horizontal. El espectro para una razón de amortiguamiento de 0.05 está definido en forma analítica por la siguiente expresión:

$$Sa(T) = 2\,e^{(0.18+T^2)}(0.18 + T) \quad \text{en fracciones de g} \tag{a}$$

La máxima aceleración de suelo es 0.349. El gráfico del espectro definido por la Ec. (a) se muestra en la Figura 18.14.

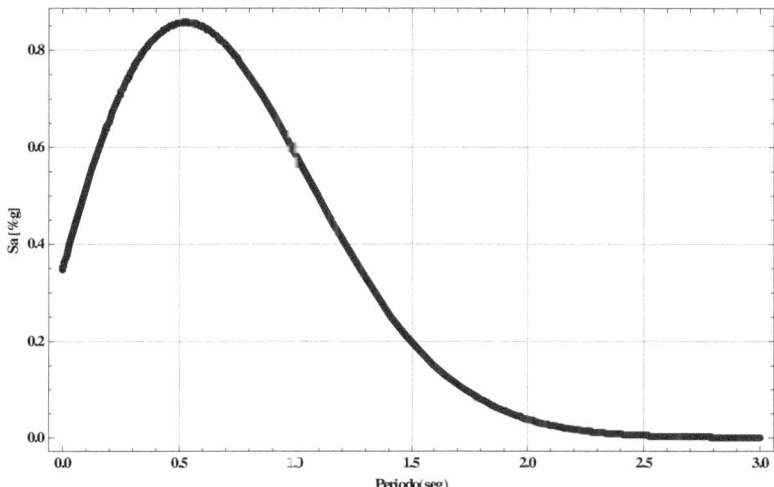

Figura 18.14 **Espectro de diseño para el sitio de la cercha.**

Como en una cercha ideal no hay giros en las juntas, no es necesario condensar los giros y la matriz de rigidez se obtiene directamente ensamblando las matrices de rigidez de cada una de las tres barras y aplicando las condiciones de borde o de apoyo. La matriz de masa se obtiene concentrando la masa $m = (\gamma/g)A(L/2)$ de cada barra en sus dos juntas y sumando (cuando sea necesario) las masas de las otras barras que concurren a la junta. Además, en la junta (**2**) hay que sumar a las masas de las barras, la masa asociada al peso de 15 kip. Se puede demostrar que las matrices de rigidez (en unidades de k/in) y de masa (en unidades de $k.s^2/in$) son:

$$[K] = \begin{bmatrix} 640 & 0 & -320 \\ 0 & 1193.3 & 240 \\ -320 & 240 & 320 \end{bmatrix} \quad ; \quad [M] = \begin{bmatrix} 0.0393 & 0 & 0 \\ 0 & 0.0393 & 0 \\ 0 & 0 & 0.0002 \end{bmatrix} \tag{b}$$

Las ecuaciones de movimiento son:

$$[M]\{\ddot{u}(t)\} + [C]\{\dot{u}(t)\} + [K]\{u(t)\} = -[M]\{r_x\}\ddot{X}_g(t) \tag{c}$$

18-21

La matriz de amortiguamiento $[C]$ no se conoce por lo que el amortiguamiento se introducirá mediante razones de amortiguamiento modal igual a 5% para todos los modos, para que sean consistentes con el espectro dado. La aceleración del suelo $\ddot{X}_g(t)$ actúa en los dos apoyos articulados en la dirección horizontal. Si se considerara la componente vertical del sismo $\ddot{Y}_g(t)$, esta aceleración estaría aplicada en los tres apoyos.

Resolviendo el problema de autovalores (para lo cual se usó *Matlab*) se encuentra que las frecuencias naturales son:

$$\omega_1 = 78.65\ \frac{rad}{s} \quad ; \quad \omega_2 = 166.26\ \frac{rad}{s} \quad ; \quad \omega_3 = 1275.8\ \frac{rad}{s} \tag{d}$$

con las cuales los periodos naturales resultan:

$$T_1 = 0.080\ s \quad ; \quad T_2 = 0.038\ s \quad ; \quad T_3 = 0.005\ s \tag{e}$$

Los modos de vibración normalizados respecto a la matriz de masa y en unidades de $\sqrt{in/(k.s^2)}$ son:

$$\{\phi_1\} = \left\{ \begin{array}{c} -4.7948 \\ 1.5016 \\ -5.9437 \end{array} \right\} \quad ; \quad \{\phi_2\} = \left\{ \begin{array}{c} 1.5182 \\ 4.8057 \\ -2.1224 \end{array} \right\} \quad ; \quad \{\phi_3\} = \left\{ \begin{array}{c} -0.35721 \\ 0.27027 \\ 70.760 \end{array} \right\} \tag{f}$$

La Figura 18.15 muestra el primer modo de vibración de la cercha. Se ha usado el programa SAP2000 para graficar los modos (los resultados son idénticos a los obtenidos usando *Matlab*). Observando la forma modal vemos que el primer modo está asociado a un movimiento horizontal de las dos juntas libres del pórtico.

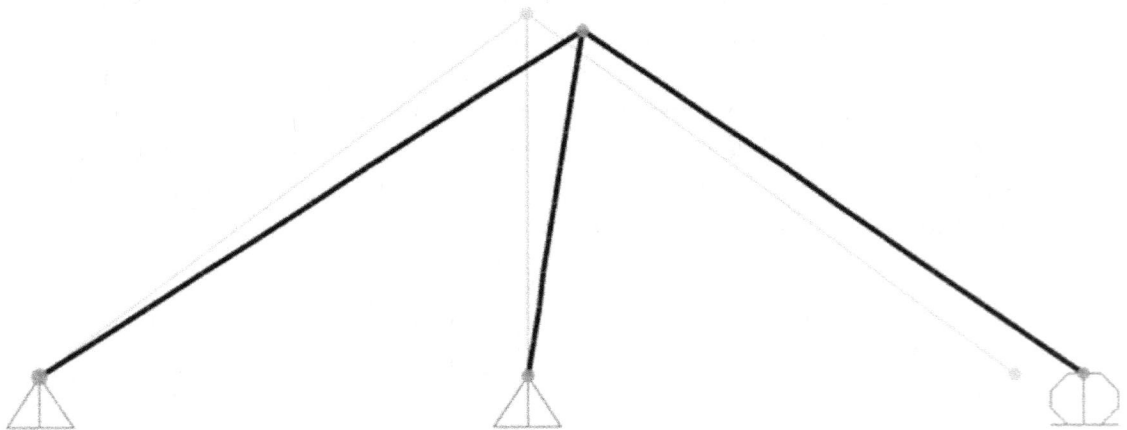

Figura 18.15 **Primer modo de vibración de la cercha.**

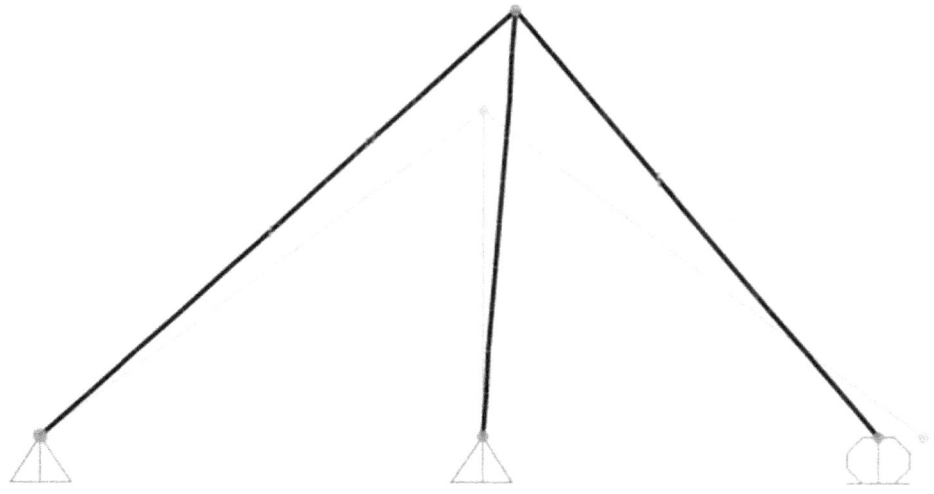

Figure 1: Figura 18.16 **Segundo modo de vibración de la cercha.**

El segundo modo se muestra en la Figura 18.16 mientras que el tercer modo se presenta en la Figura 18.17 Nótese que el segundo modo corresponde mayormente a un movimiento vertical de la junta superior (**1**). El tercer modo (representado en la Figura 18.17) está asociado a un movimiento de la barra inclinada a la derecha de la cercha. Obsérvese que las restantes barras están prácticamente inmóviles: esto puede comprobarse examinando los elementos de $\{\phi_3\}$ en la Ec. (f).

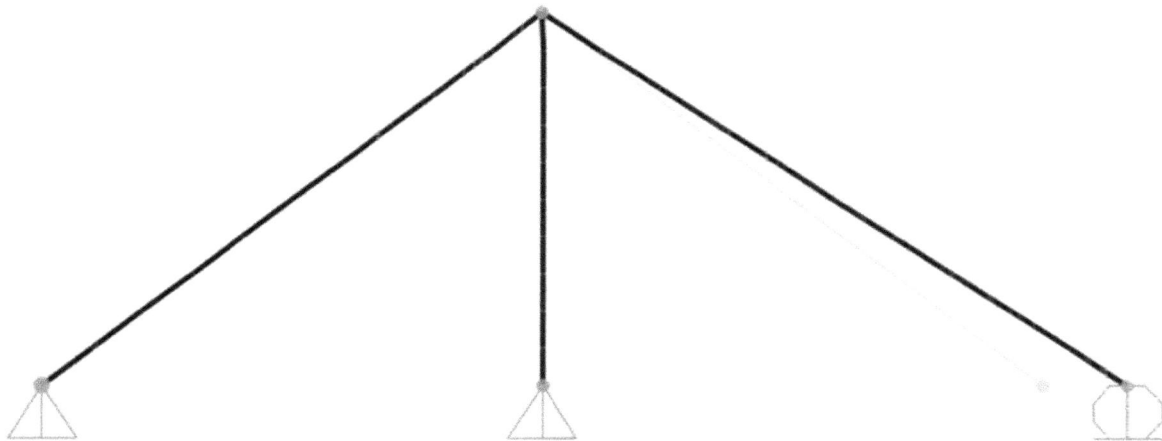

Figura 18.17 **Tercer modo de vibración de la cercha.**

Para calcular la respuesta a la componente horizontal de un sismo se necesita el vector de coeficientes de influencia $\{r_x\}$. Observando los tres grados de libertad de la cercha concluimos que $\{r_x\}$ es:

$$\{r_x\} = \left\{ \begin{array}{c} 1 \\ 0 \\ 1 \end{array} \right\} \tag{g}$$

Recuérdese que para definir el vector $\{r_x\}$ hay que mover los apoyos una cantidad unitaria en la dirección del sismo en forma lenta y observar los desplazamientos de las masas libres. Con el vector $\{r_x\}$ calculamos el vector de factores de participación modal:

$$\{\gamma_x\} = [\Phi]^T [M] \{r_x\} = \left\{ \begin{array}{c} -0.1898 \\ 0.0593 \\ -0.00003 \end{array} \right\} \sqrt{\frac{k.s^2}{in}} \tag{h}$$

Usando la Ec. (a) se obtienen las aceleraciones espectrales para cada uno de los periodos naturales:

$$
\begin{array}{lllll}
\text{Para } T_1 & = & 0.080 \ s & \Longrightarrow & Sa_1 = 0.486 \\
\text{Para } T_2 & = & 0.038 \ s & \Longrightarrow & Sa_2 = 0.416 \\
\text{Para } T_3 & = & 0.005 \ s & \Longrightarrow & Sa_2 = 0.358
\end{array} \tag{i}
$$

Desplazamientos relativos:

De acuerdo al método del espectro de respuesta, los máximos desplazamientos relativos u_i se obtienen combinando con una regla de combinación modal los desplazamientos modales u_{ij}. Calculemos entonces los desplazamientos modales usando su definición en la Ec. (18.9):

$$u_{ij} = \phi_{ij} \left(\frac{T_j}{2\pi} \right)^2 \gamma_{xj} \, Sa_j \, g \qquad ; \qquad i,j = 1,2,3 \tag{j}$$

• Para el 1er modo ($j = 1$):

$$u_{11} = \phi_{11} \left(\frac{T_1}{2\pi} \right)^2 \gamma_{x1} \, Sa_1 \, g = -4.7948 \left(\frac{0.080}{2\pi} \right)^2 (-0.1898) \cdot 0.486 \cdot 386.4 = 0.0277 \ in$$

$$u_{21} = \phi_{21} \left(\frac{T_1}{2\pi} \right)^2 \gamma_{x1} \, Sa_1 \, g = 1.5016 \left(\frac{0.080}{2\pi} \right)^2 (-0.1898) \cdot 0.486 \cdot 386.4 = -0.00868 \ in$$

$$u_{31} = \phi_{31} \left(\frac{T_1}{2\pi} \right)^2 \gamma_{x1} \, Sa_1 \, g = -5.9437 \left(\frac{0.080}{2\pi} \right)^2 (-0.1898) \cdot 0.486 \cdot 386.4 = 0.0343 \ in$$

- Para el 2do modo ($j = 2$):

$$u_{12} = \phi_{12} \left(\frac{T_2}{2\pi} \right)^2 \gamma_{x2} \, Sa_2 \, g = 1.5132 \left(\frac{0.038}{2\pi} \right)^2 \cdot 0.0593 \cdot 0.416 \cdot 386.4 = 0.00053 \; in$$

$$u_{22} = \phi_{22} \left(\frac{T_2}{2\pi} \right)^2 \gamma_{x2} \, Sa_2 \, g = 4.8057 \left(\frac{0.038}{2\pi} \right)^2 \cdot 0.0593 \cdot 0.416 \cdot 386.4 = 0.00168 \; in$$

$$u_{32} = \phi_{32} \left(\frac{T_2}{2\pi} \right)^2 \gamma_{x2} \, Sa_2 \, g = -2.1224 \left(\frac{0.038}{2\pi} \right)^2 \cdot 0.0593 \cdot 0.416 \cdot 386.4 = -0.00074 \; in$$

- Para el 3er modo ($j = 3$):

$$
\begin{aligned}
u_{13} &= \phi_{13} \left(\frac{T_3}{2\pi} \right)^2 \gamma_{x3} \, Sa_3 \, g = -0.35721 \left(\frac{0.005}{2\pi} \right)^2 (-0.00003) \cdot 0.358 \cdot 386.4 \\
&= 9.39 \times 10^{-10} \; in
\end{aligned}
$$

$$
\begin{aligned}
u_{23} &= \phi_{23} \left(\frac{T_3}{2\pi} \right)^2 \gamma_{x3} \, Sa_3 \, g = 0.27027 \left(\frac{0.005}{2\pi} \right)^2 (-0.00003) \cdot 0.358 \cdot 386.4 \\
&= -7.10 \times 10^{-10} \; in
\end{aligned}
$$

$$
\begin{aligned}
u_{33} &= \phi_{33} \left(\frac{T_3}{2\pi} \right)^2 \gamma_{x3} \, Sa_3 \, g = 70.760 \left(\frac{0.005}{2\pi} \right)^2 (-0.00003) \cdot 0.358 \cdot 386.4 \\
&= -1.86 \times 10^{-7} \; in
\end{aligned}
$$

Ahora podemos calcular los desplazamientos totales de las juntas libres de la cercha usando la regla *SRSS*:

$$u_i = \sqrt{\sum_{j=1}^{3} (u_{ij})^2} \tag{x}$$

Se obtiene así:

$$
\begin{aligned}
u_1 &= \sqrt{(0.0277)^2 + (0.00053)^2 + (9.39 \times 10^{-10})^2} = 0.0277 \; in \\
u_2 &= \sqrt{(-0.00868)^2 + (0.00168)^2 + (-7.10 \times 10^{-10})^2} = 0.0088 \; in \\
u_3 &= \sqrt{(0.0343)^2 + (-0.00074)^2 + (-1.86 \times 10^{-7})^2} = 0.0343 \; in
\end{aligned}
$$

Cuando se usan los máximos desplazamientos calculados con el método del Espectro de Respuesta para graficar la estructura deformada, para algunas estructuras se puede obtener una forma deformada que podría tener un aspecto un tanto extraño. Esto resulta por el hecho de graficar una deformada usando desplazamientos que son todos positivos.

Fuerzas equivalentes:

Para calcular las fuerzas *axiales* máximas en la cercha (o el correspondiente diagrama) podríamos proceder de la siguiente manera:

- Calcular todas las fuerzas modales correspondientes a un modo, por ejemplo las F_{ij} del modo "j".
- Asignar estas fuerzas a la cercha y analizar estáticamente la estructura.
- Trazar los diagramas de fuerza axial.
- Repetir este proceso para cada modo.
- Combinar los resultados para cada barra usando (por ejemplo) la regla *SRSS*.

Comencemos calculando las fuerzas equivalentes modales. Vimos que la fuerza equivalente máxima F_{ij} en el grado de libertad "i" debido a la aportación del modo "j" es:

$$F_{ij} = W_i \, \phi_{ij} \, \gamma_{xj} \, Sa_j \qquad ; \qquad i,j = 1,2,3 \tag{1}$$

Para aplicar la fórmula necesitamos los pesos W_i asociados a las masas en las juntas (**1**) y (**2**). Usando las masas de la matriz de masa en la Ec. (a) se tiene que:

$$
\begin{aligned}
W_1 &= W_2 = 0.0393 \cdot 386.4 = 15.2 \; k \\
W_3 &= 0.0002 \cdot 386.4 = 0.077 \; k
\end{aligned}
$$

Nótese que necesitamos conocer el peso en la junta (**1**) en la "dirección horizontal y vertical". A estos pesos los hemos identificado con los mismos subíndices que los desplazamientos respectivos (u_1 y u_2). Usando la Ec. (1) para cada modo obtenemos:

- Para el 1er modo ($j = 1$):

$$
\begin{aligned}
F_{11} &= W_1 \phi_{11} \, \gamma_{x1} \, Sa_1 = 15.2 \cdot (-4.7948) \cdot (-0.1898) \cdot 0.486 = 6.723 \; k \\
F_{21} &= W_2 \phi_{21} \, \gamma_{x1} \, Sa_1 = 15.2 \cdot (1.5016) \cdot (-0.1898) \cdot 0.486 = -2.105 \; k \\
F_{31} &= W_3 \phi_{31} \, \gamma_{x1} \, Sa_1 = 0.077 \cdot (-5.9437) \cdot (-0.1898) \cdot 0.486 = 0.042 \; k
\end{aligned}
$$

- Para el 2do modo ($j = 2$):

$$
\begin{aligned}
F_{12} &= W_1 \phi_{12} \, \gamma_{x2} \, Sa_2 = 15.2 \cdot (1.5182) \cdot (0.0593) \cdot 0.416 = 0.569 \; k \\
F_{22} &= W_2 \phi_{22} \, \gamma_{x2} \, Sa_2 = 15.2 \cdot (4.8057) \cdot (0.0593) \cdot 0.416 = 1.802 \; k \\
F_{32} &= W_3 \phi_{32} \, \gamma_{x2} \, Sa_2 = 0.077 \cdot (-2.1224) \cdot (0.0593) \cdot 0.416 = -0.004 \; k
\end{aligned}
$$

- Para el 3er modo ($j = 3$):

$$F_{13} = W_1 \phi_{13}\, \gamma_{x3}\, Sa_3 = 15.2 \cdot (-0.35721) \cdot (-0.00003) \cdot 0.358 = 5.83 \text{ x } 10^{-5}\ k$$

$$F_{23} = W_2 \phi_{23}\, \gamma_{x3}\, Sa_3 = 15.2 \cdot (0.27027) \cdot (-0.00003) \cdot 0.358 = -4.412 \text{ x } 10^{-5}\ k$$

$$F_{33} = W_3 \phi_{33}\, \gamma_{x3}\, Sa_3 = 0.077 \cdot (70.760) \cdot (-0.00003) \cdot 0.358 = -5.852 \text{ x } 10^{-5}\ k$$

Recordemos que no nos interesan las fuerzas equivalentes máximas F_i debido a todos los modos, sino las fuerzas **modales** máximas F_{ij} que calculamos porque son estas últimas (y **no** las fuerzas máximas *totales*) las que se deben usar para calcular las fuerzas internas y las reacciones. A continuación habría que aplicar el procedimiento explicado al comienzo de esta sección para hallar el diagrama de fuerzas axiales (no obstante, vamos a aplicar el procedimiento alternativo que se explica en la próxima sección).

Fuerzas axiales en las barras:

En el caso de una cercha podemos calcular las fuerzas axiales debido a la contribución de cada modo de una manera simple, sin tener que analizar estáticamente la cercha (además, al ser una estructura indeterminada, este análisis es más complicado). Para esto vamos a recordar lo siguiente. En los libros de texto de Análisis Matricial se demuestra que la fuerza axial N_e en un elemento [**e**] se puede calcular usando los desplazamientos en X y Y de los extremos de la barra y la rigidez axial AE/L mediante la siguiente expresión:

$$N_e = \frac{AE}{L_e} \left[\cos\theta_x \left(u_{fx} - u_{ix} \right) + \cos\theta_y \left(u_{fy} - u_{iy} \right) \right] \qquad \text{(m)}$$

donde:

L_e es la longitud de la barra [**e**],

u_{ix} y u_{iy} son los desplazamientos en las direcciones X y Y de la junta *inicial* (**i**),

u_{fx} y u_{fy} son los desplazamientos en X y Y de la junta *final* (**f**),

$\cos\theta_x$ y $\cos\theta_y$ son los cosenos de los ángulos que forma la barra con los ejes X y Y, considerando a la barra como un "vector" que va desde la junta inicial (**i**) hacia la junta final (**f**) (se conocen como cosenos directores).

Para usar la Ec. (m) para nuestro caso, los desplazamientos u_{ix}, u_{iy}, u_{fx} y u_{fy} deben ser los desplazamientos *modales* u_{ij}. Por ejemplo, si el elemento [**1**] es la primera barra a la izquierda y la junta final es la (**1**), los desplazamientos de la junta inicial son cero y la Ec. (m) es:

$$N_{1j} = \frac{AE}{L_1} \left[\cos\theta_x \left(u_{1j} - 0 \right) + \cos\theta_y \left(u_{2j} - 0 \right) \right] \qquad ; \qquad j = 1, 2, 3 \qquad \text{(n)}$$

El subíndice "j" en una cantidad indica que ésta está asociada al modo "j". Vamos a calcular las fuerzas axiales barra por barra, y en cada caso para los tres modos.

▶ **Barra [1]:**

Para esta barra los valores de las variables que aparecen en la Ec. (n) son:

$$L_1 = 15 \; ft = 180 \; in \quad ; \quad \cos\theta_x = \frac{12}{15} = 0.8 \quad ; \quad \cos\theta_y = \frac{9}{15} = 0.6 \quad ; \quad AE = 90,000 \; k$$

Sustituyéndolos en la Ec. (n) y reemplazando los desplazamientos modales u_{1j} y u_{2j} obtenemos:

• Para el modo 1:

$$
\begin{aligned}
N_{11} &= \frac{90,000}{180}\left[0.8\,(u_{11}) + 0.6\,(u_{21})\right] \\
N_{11} &= 500\left[0.8\,(0.0277) + 0.6\,(-0.00868)\right] = 8.48 \; k
\end{aligned}
$$

• Para el modo 2:

$$
\begin{aligned}
N_{12} &= \frac{90,000}{180}\left[0.8\,(u_{12}) + 0.6\,(u_{22})\right] \\
N_{12} &= 500\left[0.8\,(0.00053) + 0.6\,(0.00168)\right] = 0.72 \; k
\end{aligned}
$$

• Para el modo 3:

$$
\begin{aligned}
N_{13} &= \frac{90,000}{180}\left[0.8\,(u_{13}) + 0.6\,(u_{23})\right] \\
N_{13} &= 500\left[0.8\,(9.39 \times 10^{-10}) + 0.6\,(-7.10 \times 10^{-10})\right] = 1.63 \times 10^{-7} \; k
\end{aligned}
$$

▶ **Barra [2]:**

La Ec. (m) para este caso es:

$$N_{2j} = \frac{AE}{L_2}\left[\cos\theta_x\,(u_{1j} - 0) + \cos\theta_y\,(u_{2j} - 0)\right] \quad ; \quad j = 1,2,3 \qquad (o)$$

La longitud, cosenos directores y rigidez axial son:

$$L_2 = 9 \; ft = 108 \; in \quad ; \quad \cos\theta_x = 0 \quad ; \quad \cos\theta_y = 1 \quad ; \quad AE = 90,000 \; k$$

Reemplazando estos valores y los desplazamientos modales en la Ec. (o) se obtiene:

• Para el modo 1:

$$
\begin{aligned}
N_{21} &= \frac{90,000}{108}\left[0\,(u_{11}) + 1\,(u_{21})\right] = \frac{2500}{3}\,u_{21} \\
N_{21} &= \frac{2500}{3}\cdot(-0.00868) = -7.23 \; k
\end{aligned}
$$

- Para el modo 2:

$$N_{22} = \frac{90,000}{108}\left[0\left(u_{12}\right) + 1\left(u_{22}\right)\right] = \frac{2500}{3}\, u_{22}$$
$$N_{22} = \frac{2500}{3} \cdot (0.00168) = 1.40\ k$$

- Para el modo 3:

$$N_{23} = \frac{90,000}{108}\left[0\left(u_{13}\right) + 1\left(u_{23}\right)\right] = 1250\, u_{23}$$
$$N_{23} = \frac{2500}{3} \cdot \left(-7.10 \times 10^{-10}\right) = -5.92 \times 10^{-7}\ k$$

▶ **Barra [3]:**

Comenzamos escribiendo la Ec. (m) para la barra [3] que va de la junta (1) hacia la (2). Nótese que en este caso sólo el desplazamiento vertical de la junta final (2) es cero:

$$N_{3j} = \frac{AE}{L_3}\left[\cos\theta_x\left(u_{3j} - u_{1j}\right) + \cos\theta_y\left(0 - u_{2j}\right)\right] \quad ; \quad j = 1, 2, 3 \qquad (\text{p})$$

Calculamos los valores de las distintas cantidades que aparecen en la Ec. (p);

$$L_3 = 15\ ft = 180\ in \quad ; \quad \cos\theta_x = 0.8 \quad ; \quad \cos\theta_y = -0.6 \quad ; \quad AE = 90,000\ k$$

Al reemplazarlos en la Ec. (p) junto con los desplazamientos u_{1j}, u_{2j} y u_{3j} se obtiene:

- Para el modo 1:

$$N_{31} = \frac{90,000}{180}\left[0.8\left(u_{31} - u_{11}\right) + 0.6u_{21}\right] = 400(u_{31} - u_{11}) + 300u_{21}$$
$$N_{31} = 400 \cdot (0.0343 - 0.0277) + 300 \cdot (-0.00868) = 0.036\ k$$

- Para el modo 2:

$$N_{32} = \frac{90,000}{180}\left[0.8\left(u_{32} - u_{12}\right) + 0.6u_{22}\right] = 400(u_{32} - u_{12}) + 300u_{22}$$
$$N_{32} = 400 \cdot (-0.00074 - 0.00053) + 300 \cdot 0.00168 = -0.004\ k$$

- Para el modo 3:

$$N_{33} = \frac{90,000}{180} \left[0.8 \left(u_{33} - u_{13} \right) - 0.6 u_{23} \right] = 400(u_{33} - u_{13}) - 300 u_{23}$$

$$N_{33} = 400 \cdot \left(-1.86 \text{ x } 10^{-7} - 9.39 \text{ x } 10^{-10} \right) - 300 \cdot \left(-7.10 \text{ x } 10^{-10} \right) = -7.46 \text{ x } 10^{-5} \ k$$

El último paso es combinar, para cada barra, las fuerzas axiales modales recién calculadas usando la regla *SRSS*. Llamemos N_{kj} a la fuerza axial modal en la barra $[\mathbf{k}]$ debido al modo "j". La máxima fuerza axial o normal en esta barra se obtiene como:

$$N_k = \sqrt{ \sum_{j=1}^{3} \left(N_{kj} \right)^2 } \qquad ; \qquad k = 1 \text{ al nro. de barras} \qquad \text{(q)}$$

Reemplazando las fuerzas axiales modales N_{kj} obtenemos que las máximas fuerzas axiales en cada barra son:

$$N_1 = \sqrt{ (8.48)^2 + (0.72)^2 + (1.63 \text{ x } 10^{-7})^2 } = 8.51 \ k$$

$$N_2 = \sqrt{ (-7.23)^2 + (1.40)^2 + (-5.92 \text{ x } 10^{-7})^2 } = 7.36 \ k$$

$$N_3 = \sqrt{ (0.036)^2 + (-0.004)^2 + (-7.46 \text{ x } 10^{-5})^2 } = 0.036 \ k$$

Con estos resultados se puede trazar el diagrama de máximas fuerzas axiales, el que se muestra en la Figura 18.18. Ahora bien, para interpretar los resultados hay que tener presente lo siguiente:

El método del Espectro de Respuesta combina las fuerzas axiales modales usando expresiones como $\sqrt{\sum(...)^2}$ o $\sqrt{\sum |...|}$ y evidentemente cuando se usen las fuerzas así calculadas para trazar diagramas, estos van a ser siempre positivos, o sea que las barras estarían en tensión. No obstante, a los efectos del diseño se debe considerar que las fuerzas axiales en cada barra pueden ser positivas (en tensión) y negativas (en compresión). Esto es así no sólo porque no sabemos los verdaderos signos sino además porque en la realidad las cargas sísmicas cambian de dirección con el tiempo, de izquierda a derecha y viceversa. Por lo tanto, para el diseño o la verificación, debe considerarse que las barras de una cercha van a estar en tensión y en compresión, usando como magnitud de las fuerzas los valores obtenidos con la regla SRSS.

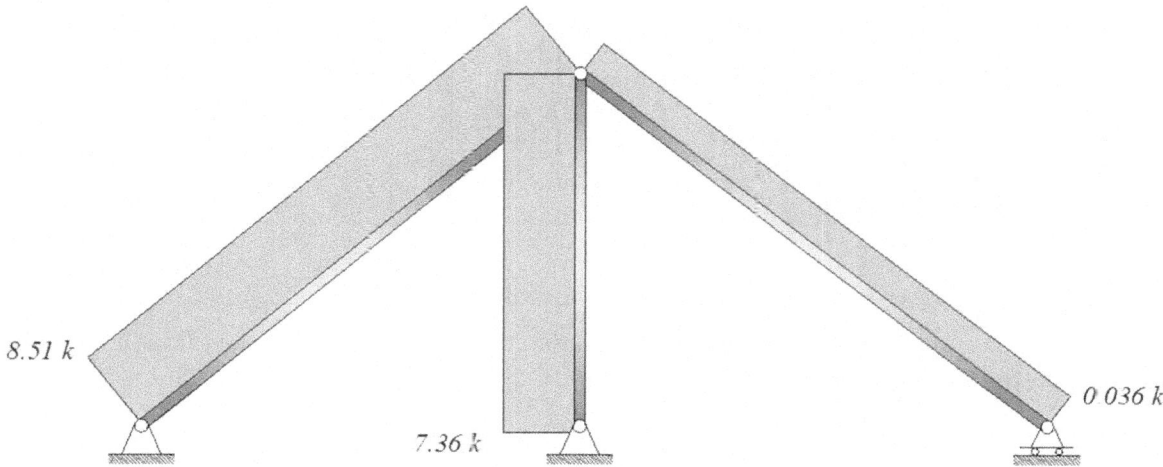

8.51 k

7.36 k

0 036 k

Figura 18.18 **Diagrama de máximas fuerzas axiales en la cercha.**

18.8 El método del Espectro de Respuesta para edificios de corte

La formulación que se presentó en las secciones 18.3, 18.4 y 18.5 es todo lo que se necesita para hallar la respuesta sísmica de cualquier estructura. En particular, este procedimiento se podría aplicar a uno de los modelos más usados para el análisis sísmico de edificios multipisos: el llamado *"edificio de corte"* que presentamos originalmente en el Capítulo 10. No obstante, para este modelo particular algunas de las fórmulas que vimos se pueden simplificar y además hay otras respuestas que no habíamos estudiado porque no aplicaban a estructuras generales. Por consiguiente es conveniente presentar el procedimiento del método del Espectro de Respuesta para los modelos de edificio de corte por separado.

Recordemos que un modelo de edificio de corte se caracteriza porque:

- Las masas están concentradas a nivel de las losas.
- Estas masas incluyen las de la losa y vigas a este nivel, más (si se desea) parte de las masas de las columnas.
- Las masas sólo tienen movimiento de traslación horizontal (no pueden girar). Las vigas y losas son rígidas en su plano.
- Con estas consideraciones, el sistema tiene tantos grados de libertad como pisos hay.

Como en los dos ejemplos anteriores, todo lo que se necesita obtener para aplicar el método del Espectro de Respuesta son las máximas respuestas *modales*. Una vez que estas se conocen, simplemente hay que combinarlas usando una regla como la *SRSS*. Como para todo análisis dinámico, se necesita conocer las frecuencias naturales y los correspondientes modos de vibración. Para un edificio de "n" pisos, estos se obtienen de resolver el siguiente problema de autovalores:

$$\begin{bmatrix} k_1 + k_2 & -k_2 & & \\ -k_2 & k_2 + k_3 & & \\ & & \ddots & -k_n \\ & & -k_n & k_n \end{bmatrix} \begin{Bmatrix} \phi_{1j} \\ \phi_{2j} \\ \vdots \\ \phi_{nj} \end{Bmatrix} = \omega_j^2 \begin{bmatrix} m_1 & & & \\ & m_2 & & \\ & & \ddots & \\ & & & m_n \end{bmatrix} \begin{Bmatrix} \phi_{1j} \\ \phi_{2j} \\ \vdots \\ \phi_{nj} \end{Bmatrix}$$

$$(18.28)$$

18.8.1 Máximo desplazamiento modal del piso "i":

Para un edificio de corte, los factores de participación modal γ_j se pueden calcular con la siguiente sumatoria:

$$\gamma_j = \frac{1}{g} \sum_{i=1}^{n} W_i \phi_{ij} \qquad ; \qquad j = 1, 2, \ldots, n \qquad (18.29)$$

donde W_i son los pesos asociados a las masas concentradas en cada piso. Esta expresión es válida **si** los modos está normalizados *respecto a la matriz de masa*. Si los modos **no** están normalizados, o si están normalizados de manera distinta, se debe usar la siguiente expresión:

$$\gamma_j = \frac{\sum_{i=1}^{n} W_i \phi_{ij}}{\sum_{i=1}^{n} W_i \phi_{ij}^2} \qquad ; \qquad j = 1, 2, \ldots, n \qquad (18.30)$$

El máximo desplazamiento modal del piso "i" se obtiene con la misma expresión que aquella derivada en la Sección 18.3 (la Ec. 18.9, repetida aquí) :

$$u_{ij} = \phi_{ij} \frac{\gamma_j}{\omega_j^2} Sa_j \, g \qquad ; \qquad i, j = 1, 2, \ldots, n \qquad (18.31)$$

También se suele expresar u_{ij} en términos del periodo del modo "j". En este caso el desplazamiento modal es:

$$u_{ij} = \phi_{ij} \, \gamma_j T_j^2 \, Sa_j \, \frac{g}{4\pi^2} \qquad ; \qquad i = 1, 2, \ldots, n \qquad (18.32)$$

Es importante recalcar que **no** hay ninguna aproximación en las expresiones (18.31) o (18.32), salvo la usual de que la estructura se comporta elásticamente. Además, como valor de Sa_j se puede usar ya sea un espectro de respuesta, o sea el gráfico que da la máxima respuesta (seudoaceleración) de un oscilador para un terremoto específico, o bien un espectro de diseño.

18.8.2 Ejemplo 18.6:

Vamos a calcular la respuesta sísmica de un edificio de tres pisos para un terremoto de diseño definido por el espectro del código *IBC-06* para San Juan, Puerto Rico. En esta primera parte vamos a calcular los desplazamientos modales u_{ij}. Vamos a suponer que el tipo de perfil de suelo en el sitio de la estructura es E. Las razones de amortiguamiento modal se tomarán igual a 0.05 para todos los modos. Las alturas de las columnas son iguales a 10 ft para todos los pisos. Las rigideces laterales de todas las columnas a cada nivel son:

$$k_1 = 550 \; \frac{k}{in} \qquad ; \qquad k_2 = 500 \; \frac{k}{in} \qquad ; \qquad k_1 = 475 \; \frac{k}{in} \qquad \text{(a)}$$

Los pesos asignados a cada nivel son:

$$W_1 = 180 \; k \qquad ; \qquad W_2 = 180 \; k \qquad ; \qquad W_3 = 140 \; k \qquad \text{(b)}$$

Para definir el espectro necesitamos primero las aceleraciones espectrales de mapa S_S y S_1. Éstas son:

$$S_S = 0.9 \qquad ; \qquad S_1 = 0.31 \qquad \text{(c)}$$

Los llamados *coeficientes de sitio* (los factores que tienen en cuenta el tipo de perfil de suelo) F_a y F_v se obtienen de tablas del código interpolando con los valores de S_S y S_1. Se puede demostrar que estos son:

$$F_a = 1.02 \qquad ; \qquad F_v = 2.76 \qquad \text{(d)}$$

Y siguiendo el código las aceleraciones espectrales de diseño resultan:

$$S_{DS} = \frac{2}{3} F_a S_S = 0.612 \qquad ; \qquad S_{D1} = \frac{2}{3} F_v S_{S1} = 0.5704 \qquad \text{(e)}$$

El espectro de diseño se define con las siguientes expresiones:

$$
\begin{aligned}
&\text{Para } 0 < T \leq T_o : \quad Sa(\text{T}) = \left(0.4 + \tfrac{0.6}{T_o} T\right) S_{DS} \\[6pt]
&\text{Para } T_o < T \leq T_s : \quad Sa(\text{T}) = S_{DS} \qquad\qquad\qquad \text{(f)} \\[6pt]
&\text{Para } T_s < T \leq T_L : \quad Sa(\text{T}) = \tfrac{S_{D1}}{T}
\end{aligned}
$$

donde los periodos de transición T_o, T_s y T_L son :

$$
\begin{aligned}
T_s &= \frac{S_{D1}}{S_{DS}} = \frac{0.5704}{0.612} = 0.932 \; s \\[4pt]
T_o &= 0.2 \, T_s = 0.2 \cdot 0.932 = 0.186 \; s \\[4pt]
T_L &= 12 \; s
\end{aligned}
$$

El espectro de diseño graficado usando los datos anteriores se muestra en Figura 18.19.

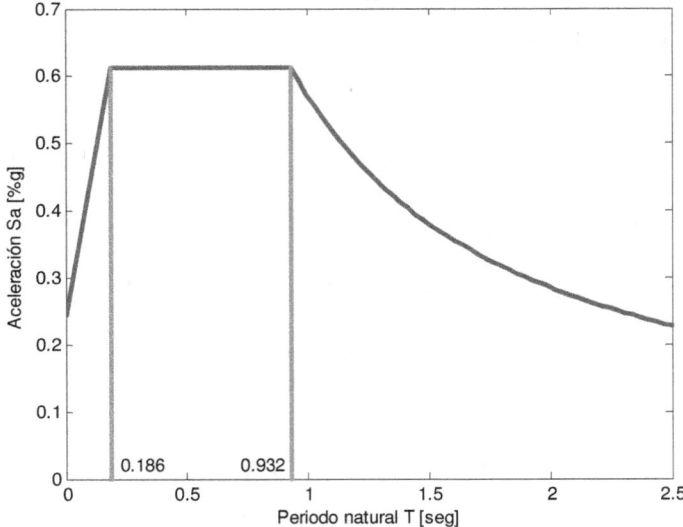

Figura 18.19 **Espectro de diseño de IBC-06 para San Juan, PR y suelo E.**

Resolviendo el problema de autovalores:

$$
\begin{bmatrix} 1050 & -500 & 0 \\ -500 & 975 & -475 \\ 0 & -475 & 475 \end{bmatrix} \begin{Bmatrix} \phi_{1j} \\ \phi_{2j} \\ \phi_{3j} \end{Bmatrix} = \omega_j^2 \begin{bmatrix} 0.4658 & 0 & 0 \\ 0 & 0.4658 & 0 \\ 0 & 0 & 0.3623 \end{bmatrix} \begin{Bmatrix} \phi_{1j} \\ \phi_{2j} \\ \phi_{3j} \end{Bmatrix} \quad (g)
$$

se encuentran las frecuencias naturales y los respectivos periodos naturales T_j son:

$$
\omega_1 = 15.916 \,\frac{rad}{s} \qquad ; \qquad \omega_2 = 42.893 \,\frac{rad}{s} \qquad ; \qquad \omega_3 = 59.707 \,\frac{rad}{s} \quad (h)
$$

$$
T_1 = 0.395 \; s \qquad ; \qquad T_2 = 0.1465 \; s \qquad ; \qquad T_3 = 0.105 \; s \quad (i)
$$

Los modos de vibración se muestran a continuación en la matriz de autovectores $[\Phi]$. Los modos están normalizados respecto a la matriz de masa. Nótese que los modos de vibración normalizados tienen unidades de $1/\sqrt{masa}$.

$$
[\Phi] = \begin{bmatrix} 0.49885 & 1.07402 & -0.86272 \\ 0.92986 & 0.41448 & 1.05370 \\ 1.15255 & -1.02762 & -0.61288 \end{bmatrix} \sqrt{\frac{in}{k.s^2}} \quad (j)
$$

Debemos calcular los factores de participación modal usando la fórmula (18.29). Notemos que los factores de participación tienen unidades de $\sqrt{masa}$.

$$\gamma_1 = \frac{1}{386.4} \left(180\text{x}\ 0.49885 + 180\text{x}\ 0.92986 + 140\text{x}\ 1.15255\right) = 1.0831 \sqrt{\frac{k.s^2}{in}}$$

$$\gamma_2 = \frac{1}{386.4} \left(180\text{x}\ 1.07402 + 180\text{x}\ 0.41448 - 140\text{x}\ 1.02762\right) = 0.3211 \sqrt{\frac{k.s^2}{in}} \quad \text{(k)}$$

$$\gamma_3 = \frac{1}{386.4} \left(-180\text{x}\ 0.86272 + 180\text{x}\ 1.05370 - 140\text{x}\ 0.61288\right) = -0.1331 \sqrt{\frac{k.s^2}{in}}$$

Usando la Figura 18.19 o las fórmulas (f), es sencillo demostrar que las aceleraciones espectrales para los tres periodos naturales son:

$$Sa_1 = 0.612 \quad ; \quad Sa_2 = 0.533 \quad ; \quad Sa_3 = 0.452 \tag{l}$$

Para calcular los desplazamientos modales es conveniente crear una tabla como la Tabla 18.1, a la cual llevamos los valores de γ_j, T_j, Sa_j para cada modo y ϕ_{ij} para cada piso y cada modo. Luego para cada modo "j" y cada piso "i" calculamos u_{ij} usando la Ec. (18.32).

Tabla 18.1 **Cálculo de los desplazamientos modales.**

	Modo $j = 1$	Modo $j = 2$	Modo $j = 3$
γ_j	1.0831	0.3211	-0.1331
T_j	0.395	0.1465	0.105
Sa_j	0.612	0.533	0.452
Piso 1: ϕ_{1j}	0.49885	1.07402	-0.86272
Piso 1: u_{1j}	0.50497	0.03861	0.00560
Piso 2: ϕ_{2j}	0.92986	0.41448	1.05370
Piso 2: u_{2j}	0.94126	0.01490	-0.00684
Piso 3: ϕ_{3j}	1.15255	-1.02762	-0.61288
Piso 3: u_{3j}	1.1667	-0.03695	0.00398

El último paso es aplicar una regla de combinación modal para calcular los máximos desplazamientos totales. Usando la regla *SRSS* se obtiene:

$$(u_1)_{\max} = \sqrt{0.50497^2 + 0.03861^2 + 0.00560^2} = 0.507 \ in$$

$$(u_2)_{\max} = \sqrt{0.94126^2 + 0.01490^2 + 0.00684^2} = 0.941 \ in \tag{m}$$

$$(u_3)_{\max} = \sqrt{1.1667^2 + 0.03695^2 + 0.00398^2} = 1.167 \ in$$

Nótese la contribución predominante del primer modo a los desplazamientos totales. Si despreciamos la contribución del segundo y tercer modo obtendríamos prácticamente el mismo resultado que usando sólo el primer modo.

18.8.3 Máxima deriva modal del piso "i":

Una cantidad importante para evaluar el comportamiento sísmico de un edificio (por ejemplo, el daño que produce el sismo) es la llamada *deriva, deformación de entrepisos o deformación lateral de las columnas* ("drift" en inglés). Como vimos en un capítulo anterior, la deriva es la diferencia entre los desplazamientos laterales de dos pisos consecutivos. Se puede expresar en unidades de longitud, o en forma adimensional dividiendo la diferencia de los desplazamientos por la altura de las columnas entre los dos pisos consecutivos. Para aplicar el método del Espectro de Respuesta necesitamos calcular la deriva modal para un piso o nivel genérico "i": esta es la diferencia entre los desplazamientos modales de este piso y el inferior.

$$\text{Para los pisos de } i \ = \ 2 \text{ a } n\text{:} \qquad \delta_{ij} = \frac{u_{ij} - u_{i-1,j}}{h_i} \qquad (18.33.\text{a})$$

$$\text{Para el 1er piso:} \qquad \delta_{1j} = \frac{u_{1,j}}{h_1} \qquad (18.33.\text{b})$$

Si se conocen los desplazamientos modales u_{ij}, las dos fórmulas anteriores es todo lo que se necesita para calcular las deformaciones modales. Si se desea, sin embargo, expresar δ_{ij} en términos de las propiedades dinámicas del edificio y del espectro de respuesta, usando la Ec. (18.31) podemos escribir las derivas modales como:

$$\text{Para los pisos de } i \ = \ 2 \text{ a } n\text{:} \qquad \delta_{ij} = \frac{\phi_{ij} - \phi_{i-1,\,j}}{h_i} \frac{\gamma_j}{\omega_j^2} Sa_j\, g \qquad (18.34.\text{a})$$

$$\text{Para el 1er piso:} \qquad \delta_{1j} = \frac{\phi_{ij}}{h_i} \frac{\gamma_j}{\omega_j^2} Sa_j\, g \qquad (18.34.\text{b})$$

Es importante que el lector tenga presente que las derivas $(\delta_i)_{\max}$ se deben calcular usando los desplazamientos *modales* para definir derivas *modales* δ_{ij} y luego combinándolas con una regla como la *SRSS* y **no** usando directamente los desplazamientos totales $(u_i)_{\max}$.

18.8.4 Ejemplo 18.7:

Vamos a continuar obteniendo la respuesta sísmica del edificio del Ejemplo 18.6. En este ejemplo vamos a calcular las derivas $(\delta_i)_{\max}$ expresadas en porciento de la altura de cada piso. Primero debemos calcular las derivas modales en cada nivel del edificio. Para ello podemos sustituir los desplazamientos modales u_{ij} calculados en el Ejemplo 18.6 en las Ecs. (18.33) y multiplicar el resultado por 100. Es conveniente hacer esto usando una tabla como la Tabla 18.2.

Tabla 18.2 **Cálculo de las derivas modales.**

	Modo $j = 1$	Modo $j = 2$	Modo $j = 3$
Piso 1: u_{1j} $h_1 = 120\ in$	0.50497	0.03861	0.00560
Piso 1: δ_{1j}	0.4208%	0.0322%	0.0047%
Piso 2: u_{2j} $h_2 = 120\ in$	0.94126	0.01490	-0.00684
Piso 2: δ_{2j}	0.3636%	-0.0198%	-0.0104%
Piso 3: u_{3j} $h_3 = 120\ in$	1.1667	-0.03695	0.00398
Piso 3: δ_{3j}	0.1879%	-0.0432%	0.0090%

Ahora debemos combinar las derivas de cada modo δ_{ij} para obtener las derivas totales de cada piso:

$$
\begin{aligned}
(\delta_1)_{\text{max}} &= \sqrt{0.4208^2 + 0.0322^2 + 0.0047^2} = 0.422 \ \% \\
(\delta_2)_{\text{max}} &= \sqrt{0.3636^2 + 0.0198^2 + 0.0104^2} = 0.364 \ \% \\
(\delta_3)_{\text{max}} &= \sqrt{0.1879^2 + 0.0432^2 + 0.0090^2} = 0.193 \ \%
\end{aligned} \tag{n}
$$

18.8.5 Máxima fuerza cortante modal en el piso 'i":

Nos interesa calcular la suma de las fuerzas cortantes en todas las columnas de un piso "i". Primero calculamos la contribución del modo "j" a este cortante, al que llamaremos V_{ij}. Estos cortantes se pueden calcular usando Estática, simplemente sumando las fuerzas equivalentes modales F_{ij} por encima del piso "i". Como se demostró en la Sección 18.5 las fuerzas equivalentes modales para el modo "j" están definidas por la siguiente expresión:

$$
F_{ij} = W_i \phi_{ij} \gamma_j Sa_j \tag{18.35}
$$

En el caso de un edificio de corte todas las fuerzas equivalentes son horizontales y están aplicadas en cada piso Los máximos cortantes modales en el piso "i" se pueden calcular con la sumatoria:

$$
V_{ij} = \sum_{r=i}^{n} F_{rj} \qquad ; \qquad i = 1, \ldots, n \tag{18.36}
$$

Si se desea obtener el cortante modal en el piso "i" en términos de las propiedades dinámicas y de las aceleraciones espectrales, reemplazando la Ec. (18.35) en la Ec. (18.36) se obtiene:

$$
V_{ij} = \left(\sum_{r=i}^{n} W_r \phi_{rj} \right) \gamma_j \, Sa_j \qquad ; \qquad i = 1, \ldots, n \tag{18.37}
$$

Al cortante *total* en la base de las columnas del piso "i" lo vamos a llamar $\hat{V}_i$ y se puede calcular aplicando la regla *SRSS*:

$$\hat{V}_i = \sqrt{\sum_{j=1}^{n} (V_{ij})^2} \qquad ; \qquad i = 1, \ldots, n \tag{18.38}$$

18.8.6 Máximo cortante basal modal:

Como se sabe, una cantidad importante para el diseño sísmico es el cortante en la base o cortante basal V. Como todas las respuestas sísmicas, éste se halla sumando (o mejor dicho, combinando) las contribuciones V_j de cada uno de los modos de la estructura. El cortante basal debido al modo "j" se puede obtener simplemente tomando $i = 1$ en la expresión de V_{ij}, Ec. (18.37):

$$V_j = V_{1j} = \left(\sum_{r=1}^{n} W_r \phi_{rj} \right) \gamma_j \, Sa_j \tag{18.39}$$

De la definición de factor de participación modal γ_j para un edificio de corte, Ec. (18.29), tenemos que:

$$\gamma_j \, g = \sum_{r=1}^{n} W_r \phi_{rj}$$

Y reemplazando la sumatoria en la Ec. (18.39) se obtiene que el cortante basal se puede calcular con la expresión:

$$V_j = \gamma_j^2 \, Sa_j \, g \tag{18.40}$$

que es la misma que habíamos obtenido para una estructura genérica en la sección 18.6. Si usamos el *coeficiente de masa efectiva* α_j:

$$\alpha_j = \frac{\gamma_j^2}{W/g} \tag{18.41}$$

el cortante basal modal se define por la siguiente fórmula alternativa:

$$V_j = \alpha_j \, Sa_j W \tag{18.42}$$

Esta fórmula es interesante porque permite expresar el cortante modal como una porción $\alpha_j Sa_j$ del peso total de la estructura W.

Las fuerzas laterales modales se pueden expresar como una fracción del máximo cortante modal como veremos a continuación. Es conveniente conocer esta expresión porque la misma se usa en algunos textos de ingeniería sísmica y en códigos como fórmula de cálculo para las fuerzas F_{ij} y además porque permite interpretar el método estático equivalente de los códigos sísmicos. Para derivar esta expresión multipliquemos y dividamos la Ec. (18.35) por el factor de participación γ_j y por la aceleración de la gravedad g:

$$F_{ij} = \frac{W_i \phi_{ij}}{g \, \gamma_j} \left(\gamma_j^2 Sa_j \, g \right)$$

Reemplazando γ_j de la Ec. (18.29) y usando la definición de V_j en la Ec. (18.40), las fuerzas F_{ij} se pueden escribir como:

$$F_{ij} = \frac{W_i \phi_{ij}}{\sum_{r=1}^n W_r \phi_{rj}} V_j \tag{18.43}$$

18.8.7 Ejemplo 18.8:

Las fuerzas laterales modales del edificio de tres pisos se calcularán con la Ec. (18.35). Para esto podemos agregar más filas a la Tabla 18.1 usada para los desplazamientos. Por razones de espacio vamos a repetir parte de la Tabla 18.1 en la Tabla 18.3, agregando filas para calcular los productos W_i x ϕ_{ij} y F_{ij}.

Tabla 18.3 **Cálculo de las fuerzas equivalentes modales.**

	Modo $j = 1$	Modo $j = 2$	Modo $j = 3$
γ_j	1.0831	0.3211	-0.1331
Sa_j	0.612	0.533	0.452
Piso 1: W_1 x ϕ_{1j}	180 x 0.49885	180 x 1.07402	-180 x 0.86272
F_{1j}	59.52	33.09	9.34
Piso 2: W_2 x ϕ_{2j}	180 x 0.92986	180 x 0.41448	180 x 1.05370
F_{2j}	110.95	12.77	-11.411
Piso 3: W_3 x ϕ_{3j}	140 x 1.15255	-140 x 1.02762	-140 x 0.61288
F_{3j}	106.96	-24.62	5.16

Con estas fuerzas podemos calcular los cortantes basales modales V_j. Nuevamente conviene usar una tabla como la Tabla 18.4 para el cálculo. Para facilitar los cómputos vamos a invertir el orden de los pisos en las filas de la Tabla 18.3, comenzando ahora por el tercer piso.

Ahora podemos calcular los cortantes totales en la base de las columnas de cada uno de los tres pisos $\hat{V}_i$ combinando los cortantes modales:

$$
\begin{aligned}
\hat{V}_1 &= \sqrt{277.43^2 + 21.24^2 + 3.09^2} = 278.3 \ k \\
\hat{V}_2 &= \sqrt{217.91^2 + 11.85^2 + 6.25^2} = 218.3 \ k \\
\hat{V}_3 &= \sqrt{106.96^2 + 24.62^2 + 5.16^2} = 109.9 \ k
\end{aligned}
\tag{o}
$$

Tabla 18.4 **Cálculo de los cortantes basales modales.**

	Modo $j = 1$	Modo $j = 2$	Modo $j = 3$
Piso 3: F_{3j}	106.96	−24.62	5.16
V_{3j}	106.96	-24.62	5.16
Piso 2: F_{2j}	110.95	12.77	−11.411
V_{2j}	217.91	-11.85	-6.25
Piso 1: F_{1j}	59.52	33.09	9.34
V_{1j}	277.43	21.24	3.09

Los cortantes basales modales V_j son aquellos en la fila de $V_{1,j}$ en la Tabla 18.4 y el cortante basal total es $\hat{V}_1$. No obstante, vamos a repetir el cálculo de los cortantes basales modales usando la Ec. (18.42). Además de servir como verificación, la razón para recalcular los cortantes V_j con la Ec. (18.42) es que queremos conocer las magnitudes de los coeficientes de masa efectiva α_j.

El peso total es: $W = 180 + 180 + 140 = 500\ k$. Usando los factores de participación modal y W en la Ec. (18.41), los coeficientes α_j resultan:

$$
\begin{aligned}
\alpha_1 &= \frac{\gamma_1^2}{W/g} = \frac{1.0831^2}{500/386.4} = 0.907 \\
\alpha_2 &= \frac{\gamma_2^2}{W/g} = \frac{0.3211^2}{500/386.4} = 0.080 \\
\alpha_3 &= \frac{\gamma_3^2}{W/g} = \frac{0.1331^2}{500/386.4} = 0.014
\end{aligned}
\tag{p}
$$

Y aplicando la Ec. (18.42) los cortantes basales para cada modo son:

$$
\begin{aligned}
V_1 &= \alpha_1\ Sa_1 W = 0.907 \text{ x } 0.612 \text{ x } 500 = 277.5\ k \\
V_2 &= \alpha_2\ Sa_2 W = 0.080 \text{ x } 0.533 \text{ x } 500 = 21.3\ k \\
V_3 &= \alpha_3\ Sa_3 W = 0.014 \text{ x } 0.452 \text{ x } 500 = 3.16\ k
\end{aligned}
\tag{q}
$$

Obsérvese que hay unas pequeñas diferencias entre los valores de V_j calculados con la Ec. (18.42) y los de la Tabla 18.4 debido al redondeo de decimales al efectuar los cálculos. El cortante basal total se obtiene aplicando la regla *SRSS*:

$$
V = \sqrt{277.5^2 + 21.3^2 + 3.16^2} = 278.3\ k
\tag{r}
$$

que coincide con el valor antes calculado de $\hat{V}_1$ (el cortante en la base de las columnas del piso 1).

18.8.8 Máximo momento de vuelco modal:

Otra respuesta sísmica que es típica de los modelos de edificios de corte es el llamado *momento de vuelco* ("overturning moment" en inglés). Este momento es simplemente el producto de las fuerzas laterales (equivalentes) debidas a un sismo por las distancias verticales entre las fuerzas y el punto de interés. Es evidente de esta definición la razón del nombre de "momento de vuelco": es el momento que trataría de voltear la estructura como si fuera un cuerpo rígido. No debe confundirse este momento con el momento flector en los extremos de las columnas. Los momentos de vuelco son útiles por dos motivos: 1) para diseñar o verificar la fundación del edificio, y 2) para calcular las fuerzas axiales adicionales en las columnas debido a un sismo.

Supongamos que estamos analizando uno de los pórticos de un edificio (modelado como un edificio de corte) y que el pórtico tiene dos columnas en la base separadas por una distancia L como se muestra en la Figura 18.20. Si se conoce el momento de vuelco M, las fuerzas axiales N en las columnas son:

$$N = \frac{M}{L} \tag{18.44}$$

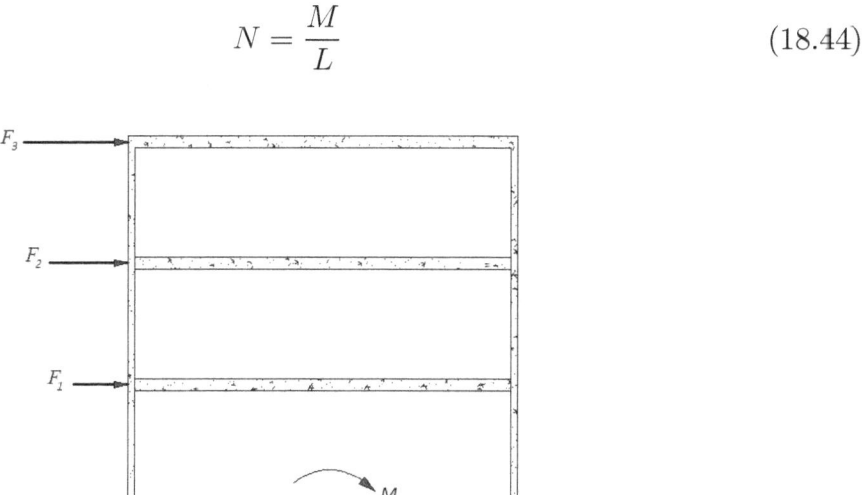

Figura 18.20 **Momento de vuelco y fuerzas axiales.**

Si el pórtico tiene más de dos columnas, para calcular las fuerzas axiales habría que conocer la rigidez axial de las columnas (recuérdese, no obstante, que inicialmente en el modelo del edificio de corte las columnas se habían considerado rígidas en la dirección axial). Dadas las simplificaciones introducidas, la incertidumbre en la definición de la carga sísmica, etc. es costumbre suponer que la variación de las magnitudes de las fuerzas axiales en las columnas es lineal entre las columnas extremas (véase la Figura 18.21). Con esta suposición, la fuerza axial N_x en una columna ubicada a una distancia x de una columna extrema se puede expresar en términos de la fuerza N en las columnas extremas:

$$N_x = N \left(1 - 2\frac{x}{L} \right) \tag{18.45}$$

La suma de los momentos de todas las fuerzas en las columnas de la base debe ser igual al momento de vuelco:

$$M = \sum_x N \left(1 - 2\frac{x}{L} \right) \left(\frac{L}{2} - x \right) \tag{18.46}$$

y despejando N de la Ec. (18.46) se concluye que la fuerza axial en las columnas extremas es:

$$N = M \frac{2L}{\sum\limits_x (L - 2x)^2} \tag{18.47}$$

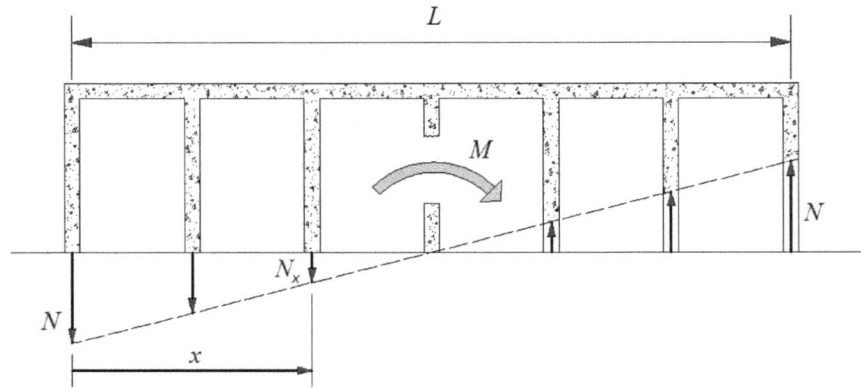

Figura 18.21 **Variación de la fuerza axial en las columnas.**

Vamos a continuación estudiar cómo calcular el momento de vuelco sísmico. Si se conocen las fuerzas equivalentes modales, el momento de vuelco modal para el piso "i" se puede simplemente calcular sumando los momentos de las fuerzas laterales equivalentes F_{rj} por arriba del piso "i". Llamando h_r a la altura de un piso "r" **medida desde la base**, el momento de vuelco modal de cada piso se calcula como (véase la Figura 18.22):

$$M_{ij} = \sum_{r=i}^{n} F_{rj} \left(h_r - h_{i-1} \right) \quad \text{para un nivel } i = 2, \ldots, n \tag{18.48.a}$$

$$M_{1j} = \sum_{r=1}^{n} F_{rj} \, h_r \quad \text{para la base} \tag{18.48.b}$$

Si se desea expresar el momento de vuelco modal en términos de las propiedades de la estructura y las aceleraciones espectrales se debe reemplazar las fuerzas modales de la Ec. (18.35) en las Ec. (18.48). Se obtiene así:

$$M_{ij} = \left[\sum_{r=i}^{n} (h_r - h_{i-1}) \, m_r \phi_{rj} \right] \gamma_j \, Sa_j \quad \text{para un nivel } i > 1 \quad (18.49.\text{a})$$

$$M_{1j} = \left(\sum_{r=i}^{n} h_r \, m_r \phi_{rj} \right) \gamma_j \, Sa_j \qquad \text{para el nivel } i = 1 \qquad (18.49.\text{b})$$

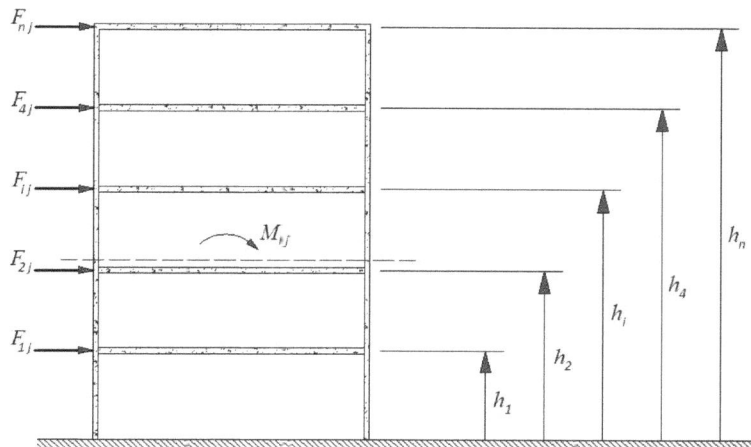

Figura 18.22 **Fuerzas equivalentes y el momento de vuelco en un piso "i".**

18.8.9 Ejemplo 18.9:

Para calcular los momentos de vuelco conviene tomar la Tabla 18.4 que se construyó anteriormente y agregarle una fila debajo de cada fuerza modal F_{ij}. Se obtiene así la Tabla 18.5: allí aplicamos las Ecs. (18.48) para el cómputo de los momentos M_{ij}.

Tabla 18.5 **Cálculo de los momentos de vuelco modales.**

	Modo $j = 1$	Modo $j = 2$	Modo $j = 3$
Piso 3: $(h_3 = 30 \; ft)$ $F_{3j} =$	106.96 k	-24.62 k	5.16 k
$M_{3j} = F_{3j}(h_3\text{-}h_2)$	1,069.6 $k.ft$	$-246.2 \; k.ft$	51.6 $k.ft$
Piso 2: $(h_2 = 20 \; ft)$ $F_{2j} =$	110.95 k	12.77 k	-11.411 k
$M_{2j} = F_{2j}(h_2\text{-}h_1) + F_{3j}(h_3\text{-}h_1)$	3,248.7 $k.ft$	$-364.7 \; k.ft$	$-10.91 \; k.ft$
Piso 1: $(h_1 = 10 \; ft)$ $F_{1j} =$	59.52 k	33.09 k	9.34 k
$M_{1j} = F_{1j}h_1 + F_{2j}h_2 + F_{3j}h_3$	6,023 $k.ft$	$-152.3 \; k.ft$	19.98 $k.ft$

Vamos a calcular los momentos de vuelco en la base de las columnas de cada piso usando la regla *SRSS* y los momentos modales de la Tabla 18.5:

$$M_3 = \sqrt{(1,069.6)^2 + (-246.2)^2 + (51.6)^2} = 1,098.8 \ k.ft$$
$$M_2 = \sqrt{(3,248.7)^2 + (-364.7)^2 + (-10.91)^2} = 3,269.1 \ k.ft \qquad \text{(s)}$$
$$M_1 = \sqrt{(6,023)^2 + (-152.3)^2 + (19.98)^2} = 6,025 \ k.ft$$

18.8.10 Cálculo de los cortantes y momentos flectores en las columnas:

Para verificar el prediseño de las columnas del edificio es necesario conocer las fuerzas cortantes y los momentos flectores en las columnas individuales del edificio. Como no hay fuerzas laterales a lo largo de la altura de una columna y se supone que los giros en los extremos de cada columna son cero (está empotrada en losas rígidas), el cortante es constante a lo largo de la altura de la columna y el momento flector varía linealmente (Figura 18.23).

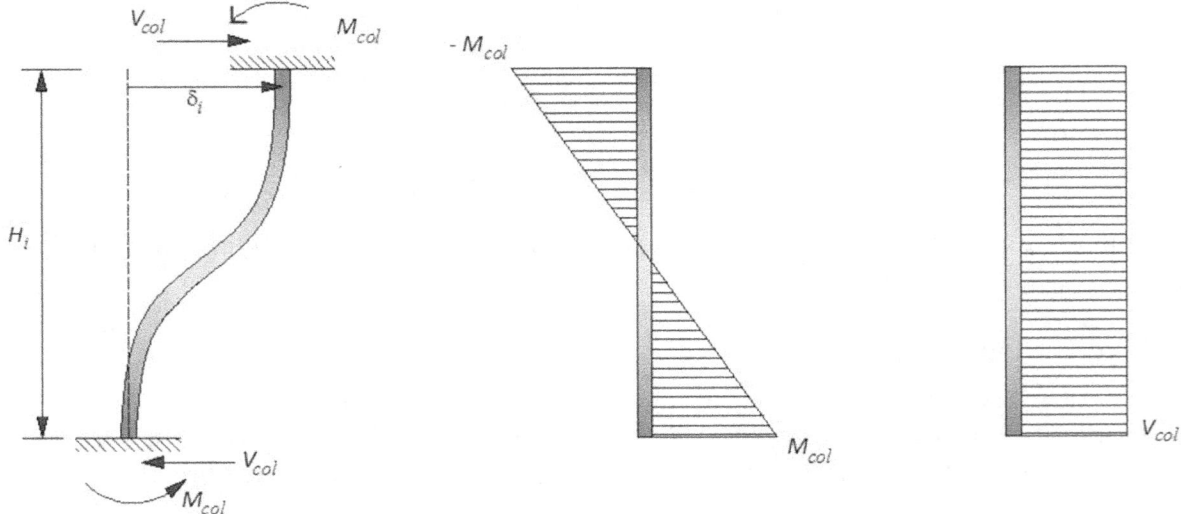

Figura 18.23 **Cortantes y momentos en una columna del piso "i".**

Supongamos que a nivel del piso "i" hay "nc" columnas de altura H_i. Una vez que se conoce el cortante $\hat{V}_i$ en la base de las columnas del piso "i" (calculado como se explicó en la sección 18.8.7), si las columnas en ese nivel tienen la misma rigidez k_i, el cortante V_{col} en cada columna es simplemente:

$$V_{\text{col}} = \frac{\hat{V}_i}{nc} \qquad (18.50)$$

Si las columnas tienen distinta rigidez, como se comportan como resortes en paralelos (tienen igual deformación, véase el Capítulo 9, Ejemplo 9.3), el cortante en la columna "r" se puede calcular como:

$$V_{\text{col}.\,r} = \frac{k_{\text{col}.\,r}}{k_i}\,\hat{V}_i \tag{18.51}$$

donde k_i es la suma de las nc rigideces flexionales del piso "i":

$$k_i = \sum_{r=1}^{nc} k_{\text{col}.\,r} \tag{18.52}$$

y $k_{\text{col}.\,r}$ es la rigidez de la columna "r":

$$k_{\text{col}.\,r} = \frac{12\,(EI)_r}{H_i^3} \tag{18.53}$$

El cortante en la columna $V_{\text{col}.\,r}$ también se puede calcular en término de la deriva (total) del piso "i" como:

$$V_{\text{col}.\,r} = k_{\text{col}.\,r}\,\delta_i = \frac{12\,(EI)_r}{H_i^3}\,\delta_i \tag{18.54}$$

El momento flector $M_{\text{col}.\,r}$ en los extremos de la columna "r" en el piso "i" se puede hallar usando el cortante en esa columna, o la deriva a ese nivel. En el primer caso, usando Estática ($\sum M = 0$ en la Figura 18.23) se obtiene que:

$$M_{\text{col}.\,r} = V_{\text{col}.\,r}\frac{H_i}{2} \tag{18.55}$$

Y en términos de la deriva, el momento flector es:

$$(M_{\text{col}})_r = \frac{6\,(EI)_r}{H_i^2}\delta_i \tag{18.56}$$

18.9 El método del Espectro de Respuesta y los códigos sísmicos

El material presentado en la sección 18.8 anterior describe los fundamentos y las fórmulas que constituyen el *método del Espectro de Respuesta* aplicado a edificios multipisos. Sin embargo, es importante hacer notar lo siguiente. Cuando este método se usa como parte de los requerimientos de un código para el diseño sísmico, como el IBC-06 por ejemplo, se le introducen modificaciones al procedimiento descrito. Por ejemplo, cuando se determina la aceleración espectral (o seudoaceleración) $Sa(T_j)$, el código IBC-06 y muchos otros códigos reducen este valor por un *factor de modificación de respuesta* $R > 1$ y lo multiplican por un *factor de importancia* $I \geq 1$. Por lo tanto, el valor a usar en los cálculos es $(Sa_j)_{red}$ definido como:

$$(Sa_j)_{red} = \frac{Sa_j \times I}{R} \tag{18.57}$$

Además, si el cortante V calculado con el análisis dinámico es *menor* que un porcentaje (90% para estructuras regulares) del cortante V_{est} calculado con la fórmula o procedimiento estático, el código requiere que se *escalen* las fuerzas laterales, cortantes y momentos tal que $V = V_{est}$. En otras palabras, el procedimiento a seguir es el siguiente:

- Si $V < 0.9V_{est}$ $\Rightarrow$ se calcula un factor de escala $\epsilon = \frac{V_{est}}{V}$ mayor que 1.

- Se multiplican las fuerzas laterales equivalentes $F_{i,j}$ por este factor ϵ y se recalculan los cortantes por piso $\hat{V}_i$ y momentos de vuelco por piso M_i ($i = 1, \ldots, n$).

Lo anterior se hace para que los resultados del análisis dinámico sean consistentes con el método de diseño estático. Este último método ha probado ser efectivo en el pasado, ya que los edificios diseñados con el mismo y que han estado sometidos a un terremoto fuerte se han comportado como se esperaba. No obstante hay quienes opinan que al escalar los resultados se pierden las ventajas de usar un método más preciso y riguroso.

Para implementar este requerimiento del código en forma eficiente, se podría proceder de la siguiente manera. Luego de calcular los máximos desplazamientos y deformaciones, se calculan los cortantes basales modales V_j con la Ec. (18.40) o (18.42) y el máximo cortante basal V con la regla *SRSS*. Se compara este valor con el cortante estático V_{est}, y si se requiere se calculan los cortantes modales amplificados ϵV_j. Con ϵV_j se calculan las nuevas fuerzas laterales usando la Ec. (18.43).

Los códigos también hacen recomendaciones en cuanto al *mínimo número de modos* p que debe usarse para calcular las respuestas máximas. Por ejemplo, usualmente se requiere que se incluyan *todos los modos significativos*. Como criterio para comprobar lo anterior, los códigos requieren que se incluya en el cálculo de la respuesta en cada dirección horizontal al menos el 90% de la *masa participante* de la estructura. Esta "masa participante" es el coeficiente de masa efectiva α_j definido anteriormente en la Ec. (18.41). En otras palabras, el número p de modos a incluir debe ser tal que se verifique que:

$$\sum_{j=1}^{p} \alpha_j \geq 0.90 \tag{18.58}$$

Si se toma $p = n$, la sumatoria anterior debe ser igual a 1, salvo por errores de redondeo.

En el ejemplo del edificio de tres pisos del Ejemplo 18.6, la condición anterior se logra sumando **un** modo:

$$\sum_{j=1}^{1} \alpha_j = 0.907 > 0.90$$

$$\sum_{j=1}^{2} \alpha_j = 0.907 + 0.080 = 0.987$$

$$\sum_{j=1}^{3} \alpha_j = 0.907 + 0.080 + 0.014 \simeq 1.00$$

18.10 Otras reglas de combinación modal

Sabemos que según el método del análisis modal, una respuesta cualquiera en el tiempo $r(t)$ de una estructura sometida a una aceleración de la base $\ddot{X}_g(t)$ se calcula instante a instante como la suma de respuestas modales $r_j(t)$:

$$r(t) = \sum_{j=1}^{n} r_j(t) \tag{18.59}$$

donde n es el número de modos considerados y $r_j(t)$ es la *respuesta modal*:

$$r_j(t) = \alpha_j \eta_j(t) \tag{18.60}$$

En esta expresión α_j es una constante que depende del tipo de respuesta $r_j(t)$. Por ejemplo, si $r(t)$ es el desplazamiento $u_i(t)$ del piso (o grado de libertad) "i", entonces $\alpha_j = \phi_{ij}$. El desplazamiento modal $\eta_j(t)$ se calcula resolviendo la integral de convolución:

$$\eta_j(t) = -\gamma_j \frac{1}{\omega_{d_j}} \int_0^t \ddot{X}_g(\tau) \, e^{-\xi_j \omega_j (t-\tau)} \sin \omega_{d_j}(t - \tau) \, d\tau \tag{18.61}$$

Para los efectos del diseño sólo nos interesan los valores **máximos** $r_{\max}$ de la respuesta $r(t)$. Si en vez de conocer la variación en el tiempo $r_j(t)$ de las n respuestas modales sólo conocemos los *valores máximos* (en valor absoluto) de las mismas, $(r_j)_{\max}$ para $j = 1, 2, \ldots, n$, obtenidas de un espectro de respuesta o de diseño, debemos combinarlas de alguna manera. Hemos visto dos maneras de combinar las máximas respuestas modales, a las que llamamos reglas de combinación modal.

Se sabe que los máximos valores de las respuestas modales $r_j(t)$ se dan en *distintos* instantes de tiempos t_k. Además si las máximas respuestas modales $(r_j)_{\max}$ se calculan usando un espectro de respuesta o de diseño, no se conocen los verdaderos signos de $(r_j)_{\max}$. En este caso, la regla más sencilla e intuitiva para estimar $r_{\max}$ consistiría en sumar las respuestas modales máximas en valor absoluto:

$$r_{\max} \simeq \sum_{j=1}^{n} |(r_j)_{\max}| \tag{18.62}$$

A esta regla la llamamos *SAV* (por las siglas en inglés de Suma de Valores Absolutos). Mencionamos en una sección anterior que esta regla provee un valor estimado del verdadero r_{max} que es siempre conservativo.

Para obtener una mejor aproximación a r_{max} estudiamos otra regla de combinación modal más "sofisticada" conocida como la *Raíz-Cuadrada-de-la-Suma-de-los-Cuadrados*, o *SRSS* por sus siglas en inglés. En esta caso la respuesta máxima se calcula como:

$$r_{max} \simeq \sqrt{\sum_{j=1}^{n} (r_j)_{max}^2} \qquad (18.63)$$

Se mencionó también que esta regla da, en general, resultados suficientemente precisos, aunque no podemos saber si estos resultados son conservadores o no. Se sabe, sin embargo, que si una estructura tiene dos o más modos con frecuencias cercanas, la regla *SRSS* no produce buenos resultados. Este es el caso de edificios con una pequeña falta de simetría en las dos direcciones perpendiculares en planta, o sea donde el centro de masa y rigidez no coinciden siendo la diferencia relativamente pequeña. También puede darse esta situación en puentes colgantes o atirantados, en estructuras de presas, estructuras marinas o de costa-afuera ("off-shore"), en sistemas de cañerías de centrales eléctricas, nucleares o petroquímicas, etc.

Es fácil verificar que cuando hay modos con frecuencias cercanas (y con razones de amortiguamiento similares), la regla *SRSS* va a subestimar la respuesta máxima. Por ejemplo, supongamos que en una estructura las dos primeras frecuencias naturales son $\omega_1 \simeq \omega_2$, que las respectivas razones de amortiguamiento son $\xi_1 \simeq \xi_2$ y que la contribución de los modos superiores al segundo es despreciable. En este caso las máximas respuestas modales $(r_1)_{max}$ y $(r_2)_{max}$ ocurren casi al mismo tiempo $t_1 \simeq t_2$, lo que puede comprobarse examinando la integral de Duhamel, Ec. (18.61). Por lo tanto, la respuesta máxima es muy aproximadamente,

$$r_{max} = (r_1)_{max} + (r_2)_{max}$$

en vez de:

$$r_{max} = \sqrt{(r_1)_{max}^2 + (r_2)_{max}^2}$$

Por ejemplo, si consideramos un caso donde r identifica a un desplazamiento y los desplazamientos modales son: $(r_1)_{max} = 4\ in$, $(r_2)_{max} = 3\ in$, el máximo valor es $r_{max} = 7\ in$, mientras que la regla *SRSS* nos daría:

$$r_{max} = \sqrt{16 + 9} = 5\ in$$

Para estas situaciones donde hay dos modos "acoplados" (o en otras palabras, con frecuencias próximas), si pudiésemos identificar estos modos, podríamos sumar las contribuciones de estos mediante una suma algebraica. Hay una alternativa para tener en cuenta estos casos y es recurrir a otras técnicas de combinación más avanzadas. En estos métodos avanzados el sismo se considera como un fenómeno aleatorio y la respuesta $r_{\max}$ se obtiene mediante expresiones de la forma:

$$r_{\max} = \sqrt{\sum_{i=1}^{n} \sum_{j=1}^{n} a_{ij} \, (r_i)_{\max} \, (r_j)_{\max}} \tag{18.64}$$

donde a_{ij} son constantes que dependen del método que se esté usando y tienen en cuenta la llamada *"correlación cruzada"* entre los modos.

Comenzando con los profesores de la UNAM Rosenbluth y Elorduy en el año 1969, diversos autores propusieron distintos métodos para obtener los coeficientes de correlación a_{ij}. Si suponemos que todos los modos de la estructura tienen la misma razón de amortiguamiento ξ, la expresión para los coeficientes a_{ij} propuesta por Rosenbluth y Elorduy asume la forma:

$$a_{ij} = \frac{\xi^2 (1 + \delta_{ij})^2}{(1 - \delta_{ij})^2 + 4\xi^2 \delta_{ij}} \tag{18.65}$$

donde δ_{ij} es la relación entre las frecuencias naturales ω_i y ω_j:

$$\delta_{ij} = \frac{\omega_i}{\omega_j} \tag{18.66}$$

Otra expresión similar que adquirió popularidad en los últimos años es la propuesta por el Prof. A. Der Kiureghian de Universidad de California en Berkeley. Esta regla de combinación modal se conoce como CQC (por las siglas en inglés de $Complete$ $Quadrature$ $Combination$) y está basada en la Ec. (18.64) con los coeficientes a_{ij} dados por:

$$a_{ij} = \frac{8\xi^2 (1 + \delta_{ij}) \, \delta_{ij}^{3/2}}{(1 - \delta_{ij}^2)^2 + 4\xi^2 \delta_{ij} (1 + \delta_{ij})^2} \tag{18.67}$$

La expresión anterior es válida para ξ constante para todos los modos. Si bien la derivación original de los coeficientes a_{ij} debida a Rosenbluth-Elorduy y a Der Kiureghian consideran razones de amortiguamiento distintas para cada modo, en la gran mayoría de los casos se suele usar un valor constante de ξ. Los coeficientes de correlación dados por las Ecs. (18.65) y (18.67) arrojan prácticamente los mismos resultados. Esto puede comprobarse observando la Figura 18.24 donde se muestra la variación de los coeficientes a_{ij} de Rosenbluth-Elorduy y de la regla CQC para un valor de ξ típico de 5% en función de δ_{ij}.

Debe mencionarse que que cuando $i = j$, la razón $\delta_{ij} = \omega_i / \omega_j = 1$ y los coeficientes a_{ij} son también iguales a 1. Esto significa que la doble sumatoria de la Ec. (18.64) se puede escribir como:

$$r_{\max} = \sqrt{\sum_{j=1}^{n} (r_j)_{\max}^2 + \sum_{i=1}^{n} \sum_{j=1, j\neq i}^{n} a_{i\,j} (r_i)_{\max} \, (r_j)_{\max}} \qquad (18.68)$$

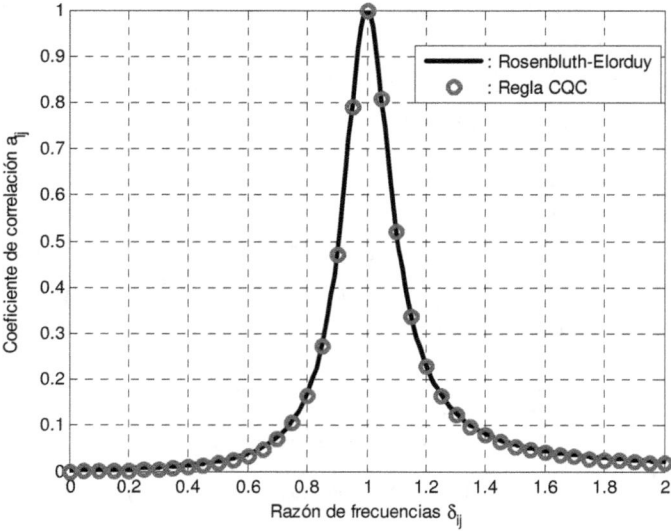

Figura 18.24 **Variación de los coeficientes de correlación a$_{ij}$.**

Comparando esta fórmula con la de la regla *SRSS*, Ec. (18.63), vemos que en la regla *SRSS* se desprecian los términos cruzados. Estos términos cruzados no son importantes si las frecuencias naturales de la estructura están bien separadas, pero comienzan a ser más importantes cuando ω_i tiende a ω_j con $i \neq j$.

Vamos a aplicar las reglas *SRSS*, *CQC* y *SAV* para calcular los desplazamientos relativos de un modelo de edificio de corte sometido a un sismo definido por un espectro del código IBC-06. El edificio tiene cinco pisos, las razones de amortiguamiento modal ξ_j son constantes e iguales a 0.05 y las frecuencias naturales son:

$$\omega_1 = 8.88 \ \frac{rad}{s} \ ; \ \omega_2 = 21.50 \ \frac{rad}{s} \ ; \ \omega_3 = 31.40 \ \frac{rad}{s} \ ; \ \omega_4 = 43.38 \ \frac{rad}{s} \ ; \ \omega_5 = 58.07 \ \frac{rad}{s}$$

Los resultados se presentan en la Figura 18.25. Se observa que las reglas *SRSS* y *CQC* predicen prácticamente iguales desplazamientos máximos, mientras que usando la regla *SAV* se obtienen desplazamientos mayores. Por supuesto, los valores similares predecidos por las reglas *SRSS* y *CQC* eran de esperar por el tipo de estructura a la cual se aplicaron (obsérvese que las frecuencias naturales de los modos están separadas). Los coeficientes de correlación a_{ij} de la regla *CQC* para el edificio de cinco pisos se presentan a continuación en forma de una matriz:

$$[a_{ij}] = \begin{bmatrix} 1.0000 & 0.0108 & 0.0045 & 0.0024 & 0.0014 \\ 0.0108 & 1.0000 & 0.0633 & 0.0180 & 0.0082 \\ 0.0045 & 0.0633 & 1.0000 & 0.0855 & 0.0239 \\ 0.0024 & 0.0180 & 0.0855 & 1.0000 & 0.1035 \\ 0.0014 & 0.0082 & 0.0239 & 0.1035 & 1.0000 \end{bmatrix}$$

Obsérvese que los coeficientes a_{ij} con $i \neq j$ son relativamente pequeños, lo que implica que los términos cruzados en la Ec. (18.68) no son importantes. Esto a su vez explica porqué los resultados obtenidos con la regla CQC para este ejemplo son similares a los de la regla $SRSS$.

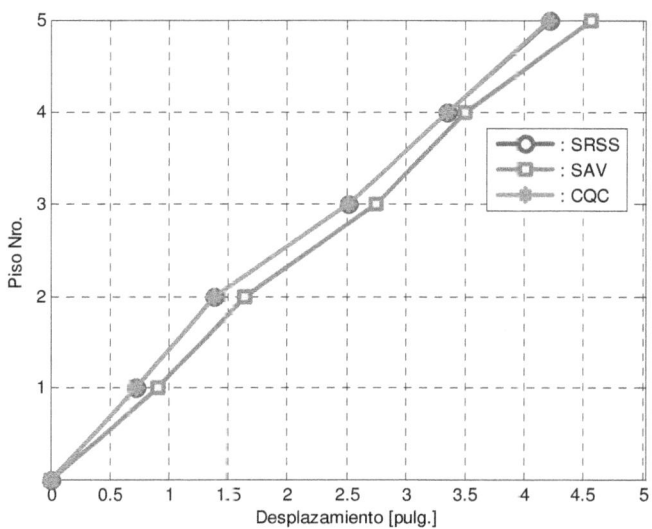

Figura 18.25 **Desplazamientos de un edificio de corte calculados con tres reglas de combinación modal.**

Hay otros métodos propuestos para combinar las máximas respuestas modales, de los cuales sólo vamos a mencionar uno de ellos. En la industria nuclear se usa un método llamado *NRC 10 Percent*. El acrónimo *NRC* está formado por las siglas en inglés de *N*uclear *R*egulatory *C*ommission (Comisión Reguladora Nuclear, de los Estados Unidos). El método *NRC 10 Percent* propone lo siguiente. Los modos de vibración se dividen en modos con espaciamiento *cercano* y con espaciamiento *lejano*, dependiendo si la diferencia porcentual entre las respectivas frecuencias naturales es, respectivamente, menor o mayor que 10%. Luego, los coeficientes a_{ij} se definen de la siguiente manera. Dadas dos frecuencias naturales ω_i y ω_j,

Si $|\omega_i - \omega_j|/\omega_i \cdot 100 \leq 10\%$ los modos "i" y "j" se consideran cercanos y:

$$\begin{cases} \text{Si } (r_i)_{\max} \cdot (r_j)_{\max} > 0 \Rightarrow a_{ij} = 1 \\ \text{Si } (r_i)_{\max} \cdot (r_j)_{\max} < 0 \Rightarrow a_{ij} = -1 \end{cases}$$

Si $|\omega_i - \omega_j| / \omega_i \cdot 100 \le 10\%$ los modos "i" y "j" se consideran espaciados y: $a_{ij} = 0$

Para un mismo modo "j": $a_{jj} = 1$

18.11 Respuesta sísmica mediante el espectro de respuesta y SAP2000

Si el lector tiene que estimar la respuesta sísmica de una estructura compleja, en la mayoría de los casos es probable que tenga que usar un programa comercial de análisis dinámico. A manera de un ejemplo del cálculo de la respuesta sísmica usando un programa comercial, en esta sección se explicará el procedimiento completo para el popular programa SAP2000. Para poder enfocarnos en los detalles del procedimiento, vamos a usar un ejemplo sencillo: el pórtico de hormigón de un piso y de un tramo que se muestra en la Figura 18.26.

Las columnas del pórtico tienen una sección cuadrada de 16-in x 16-in y la viga tiene un ancho de 16 in y una profundidad de 24 in. El hormigón tiene una resistencia a la compresión $f'_c = 4,000$ psi. El pórtico plano forma parte de un sistema estructural con dos pórticos que soportan una losa de hormigón. Si se hace un análisis en dos dimensiones se debe agregar a la masa propia de la viga y columnas del pórtico, parte de la masa de la losa (y de las terminaciones, conductos, equipos de aire acondicionado, etc.) Se considerará que el peso de la losa y los componentes no estructurales asignado al pórtico es $w = 0.71$ k/ft. Este peso está uniformemente distribuido sobre la viga. Se desea obtener la respuesta sísmica de la estructura cuando el terremoto está definido por el espectro de diseño del código $IBC\text{-}06$. No se conoce información sobre el perfil del suelo en donde está fundada la estructura.

Se supone que el lector está familiarizado con el programa SAP2000 para efectuar un análisis para cargas estáticas. Por lo tanto, en esta sección sólo se va a mostrar en detalle el proceso para el análisis sísmico usando el método del Espectro de Respuesta.

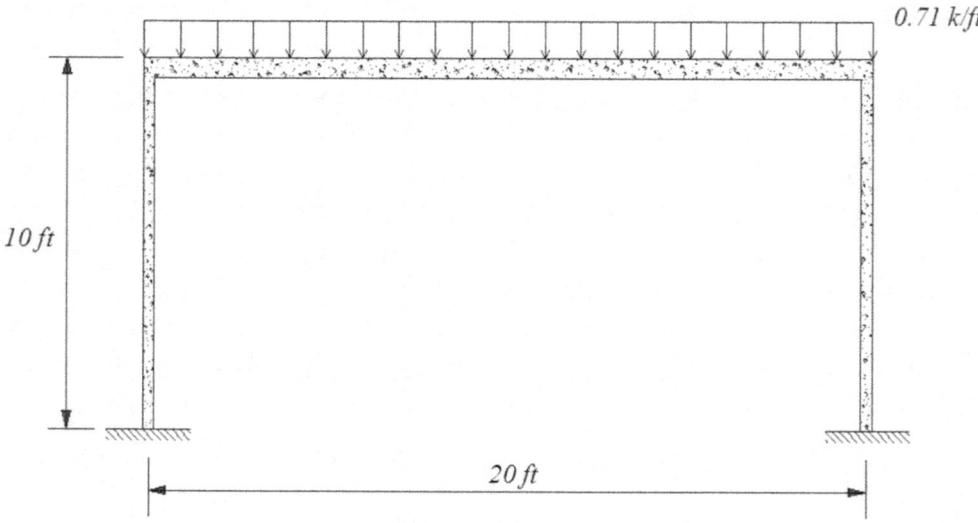

Figura 18.26 **Pórtico para el cálculo de la respuesta sísmica con SAP2000.**

■ Definición del modelo de la estructura:

• Creamos el modelo usando una plantilla de un pórtico plano (*2-D frames*). Escogemos la opción *Portal Frame* (un pórtico simple con uniones rígidas) y [*Kip*, *ft*, *F*] en la caja de unidades. La información a ingresar es:

$$\left| \begin{array}{ll} Number\ of\ Stories : 1 & Story\ Height : 10 \\ Number\ of\ Bays : 1 & Bay\ Width : \ 20 \end{array} \right|$$

Las secciones de las columnas y vigas las podemos escoger en la misma pantalla, en los casilleros *Beams* y *Columns*. Se supone que el lector está familiarizado con este procedimiento por lo que no se discutirá aquí. Aceptamos la información provista con el botón *OK*.

• Cerramos la ventana *3-D View* que se abre. Cambiamos los apoyos articulados a fijos (usando la secuencia *Assign* → *Joint* → *Restraint* y escogiendo como apoyo a: ⊥). Guardamos el modelo. Vamos a *Save* en el menú principal (o usamos el ícono con la forma de un "floppy disk"), escogemos el subdirectorio donde vamos a guardar el archivo y le damos un nombre apropiado.

• Se mencionó que se debe considerar en el modelo del pórtico parte de la masa de la losa que es soportada por el pórtico. El programa calcula automáticamente la masa de la viga y columnas y las distribuye entre las cuatro juntas del modelo. Se dió como dato el peso de la losa $w = 0.71\ k/ft$ aplicado en forma uniformemente distribuida sobre la viga. La masa correspondiente a este peso (también uniformemente distribuida) es: $\bar{m} = w/g = 0.022\ k.s^2/ft$. El programa SAP2000 dispone de dos opciones para asignarle masa adicional a un modelo: 1) es posible asignarle masa a determinadas juntas, o 2) agregarle masa distribuida a un elemento de barra.

▶ Si se desea asignarle masa a una junta, debemos señalar la junta y luego usar la secuencia:

$$Assign \rightarrow Joint \rightarrow Masses...$$

Se abrirá una ventana llamada *Joint Masses* y allí podemos asignar la masa a la junta. En este caso el programa permite asignar *una masa* o *un peso* (en este último caso el programa lo convertirá a masa), y además ofrece la posibilidad de agregar masa en cualquiera de los tres ejes coordenados. El programa permite también asignar un momento de inercia de masa asociado a la rotación alrededor de un eje coordenado (debe ser un momento de inercia *polar*). Si en nuestro ejemplo quisiéramos usar esta opción (asignar masa a una junta), deberíamos convertir la masa distribuida a masa concentrada. La masa a asignar a cada junta de la viga debería ser: $m = \bar{m} \cdot L/2 = 0.022 \cdot 20/2 = 0.22\ k.s^2/ft$. Esta masa se debería colocar en las direcciones de los ejes globales horizontal y vertical (X y Z). No obstante, es más sencillo usar la segunda opción que se describe a continuación.

▶ Si queremos que el programa asigne la masa distribuida a la viga, debemos señalar la viga, y luego usar la secuencia (comenzando en el menú principal):

$Assign \rightarrow Frame \rightarrow Line\ Mass...$

Esto abre la ventana *Assign Frame Mass* y aquí no hay muchas opciones: el programa requiere que se ingrese la *masa* por unidad de longitud (no existe la opción de ingresar el peso) y no hay ejes para escoger. Las únicas opciones son: *Add to Existing Masses* ("agregar a las masas existentes") y *Replace Existing Masses* ("reemplazar las masas existentes"). En nuestro caso cualquier opción es válida porque no habíamos asignado antes ninguna masa (las masas propias de las vigas son concentradas y el programa no las va a eliminar). Entramos entonces el valor de $\bar{m}$ (0.022). Es importante verificar que la ventana de unidades (en el extremo inferior derecho de la pantalla) aparezca [*kip, ft, F*]; de lo contrario hay que empezar de nuevo y cambiarla. Al cerrar la ventana apretando *OK* veremos que el valor de la masa distribuida aparece sobre la viga. El programa internamente va a cambiar esta masa distribuida a masas concentradas y las va a asignar a las juntas que corresponda.

■ Definición de la carga sísmica:

Vamos ahora a escoger o definir el espectro de respuesta o de diseño que queremos usar. El programa tiene una serie de espectros predefinidos tomados de diversos códigos (AASHTO 2006, AASHTO 2007, IBC 2003, IBC 2006, UBC-94, UBC 97, Eurocode, etcétera). Comenzamos en el menú principal y seguimos la secuencia:

$Define \rightarrow Functions \rightarrow Response\ Spectrum...$

Aparece una ventana (*Define Response Spectrum Functions*) que muestra a su izquierda los espectros que están activados (escogidos) hasta el momento (debería aparecer el espectro por omisión, llamado *UNIFRS*, que no nos interesa). Abriendo el casillero a la derecha (llamado *Choose Function Type to Add*) podemos ver los espectros de diseño predefinidos (alternativamente, también podríamos leerlo de un archivo). Entre las opciones que se nos presentan seleccionamos el espectro *IBC06* y luego debemos presionar el botón *Add New Function...*. Debemos completar la definición de este espectro para la zona que nos interesa. En particular, debemos ingresar los valores de las aceleraciones espectrales de mapa S_S y S_1 (véase el Capítulo 9 del Tomo I). Vamos a ingresar los valores que corresponden para la localización de la universidad del autor, en Mayagüez, Puerto Rico ($S_S = 1.19$; $S_1 = 0.39$). Luego debemos escoger el tipo de perfil de suelo (*Site Class*): vamos a considerar que el tipo es D dado que no se dispone de información sobre el mismo. SAP2000 automáticamente calcula los factores F_a y F_v que modifican el espectro en roca para tener en cuenta la presencia de suelo blando. El programa también calcula y muestra las aceleraciones espectrales de diseño S_{DS} y S_{D1} que son las que se usan para definir el espectro. La razón de amortiguamiento (en el casillero *Function Damping Ratio*) la dejamos en el valor preestablecido (0.05). El programa grafica el espectro en la parte inferior de la ventana, como se muestra en la Figura 18.27. Antes de cerrar la ventana vamos a asignarle un nombre representativo al espectro recién definido (por omisión se llama $FUNC1$): lo llamaremos *EspectroPR*. Con el botón de *OK* guardamos los datos ingresados y cerramos las dos ventanas para regresar a la pantalla principal.

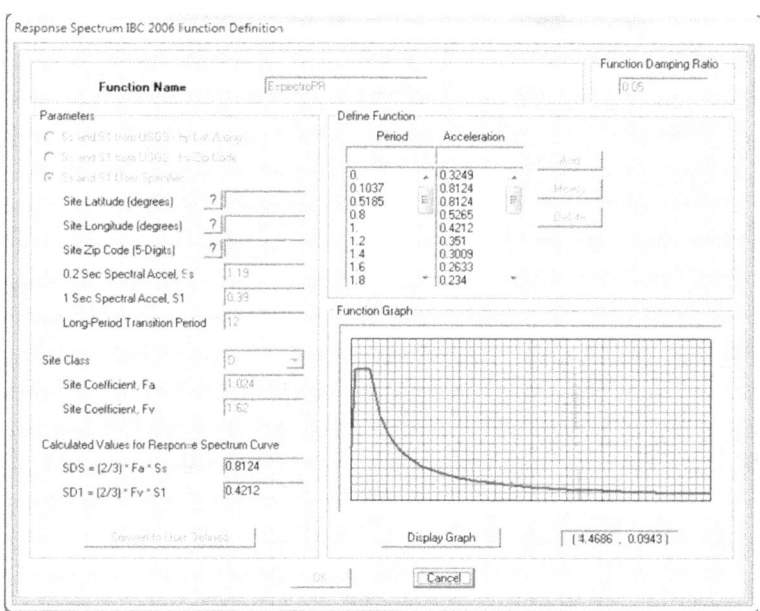

Figura 18.27 **Ventana de SAP2000 con el espectro IBC06.**

• A continuación debemos informar al programa que el caso de carga que deseamos correr es un análisis sísmico usando un espectro de respuesta para definir el terremoto. Para esto usamos la secuencia:

$$Define \rightarrow Load\ Cases...$$

En la ventana que se abre el programa muestra los dos casos de carga que por omisión siempre trata de correr (DEAD y MODAL). El caso MODAL es imprescindible para un análisis dinámico, pero el caso DEAD lo podemos borrar (con el botón *Delete Load Case*) si sólo queremos efectuar un análisis sísmico. Luego presionamos el botón [*Add New Load Case...*] con lo cual se abre la ventana *Load Case Data*. Por omisión, el programa supone que el caso de carga es lineal estático. Para cambiar esto buscamos entre las opciones en el casillero *Load Case Type* el caso *Response Spectrum*. En este momento la ventana va a cambiar y van a aparecer nuevas opciones para elegir. Por ejemplo, debemos escoger la combinación modal que queremos usar (por omisión, la que está activada es la *QCC*). Vamos a seleccionar la combinación *SRSS* entre las seis opciones debajo de *Modal Combination*. Vamos a cambiar el nombre del caso de carga (por omisión se llama $ACASE1$) en el casillero *Load Case Name*. Por ejemplo, podemos llamar $SismoX$ a este caso de carga.

En la parte inferior, en el cuadro *Loads Applied*, debemos indicar en qué dirección actúa la aceleración del suelo y el nombre del espectro a usar. Si se ha seguido el procedimiento antes descrito, debería aparecer el nombre del espectro (*EspectroPR*) en el casillero *Function*. En el segundo casillero (llamado *Load Name*) hay seis opciones: tres aceleraciones traslacionales ($U1$, $U2$, $U3$) y tres aceleraciones angulares ($R1$, $R2$, $R3$). Los subíndices se refieren a los ejes locales 1, 2 y 3 en donde la equivalencia con los ejes globales es la siguiente: $1 \equiv X$, $2 \equiv Y$ y $3 \equiv Z$. Por omisión, la aceleración está aplicada en la dirección X (o $U1$ como la llama SAP2000), la cual es la dirección que deseamos para nuestro ejemplo. El cuarto casillero (llamado *Scale Factor*) nos pide que ingresemos una constante por la cual se multiplicará el espectro que se escogió. Aquí hay que tener especial cuidado:

Si el espectro se ha definido en forma adimensional (o sea en fracciones de g), hay que indicar el valor de la aceleración de la gravedad g para que las aceleraciones espectrales tengan unidades. El valor de g a ingresar depende de las unidades activas (las que aparecen en el casillero en el extremo inferior derecho de la pantalla). Si allí dice [*Kip, ft, F*], debemos ingresar 32.2 en el casillero *Scale Factor*. Evidentemente, si las unidades activas fuesen *metros*, el casillero diría [*KN, m, C*] y habría que ingresar 9.81, etc. Por último, debemos presionar el botón [*Add*] para que el programa acepte las datos recién ingresados. La ventana debería tener la información que se muestra en la Figura 18.28. Presionando *OK* dos veces regresamos a la pantalla principal.

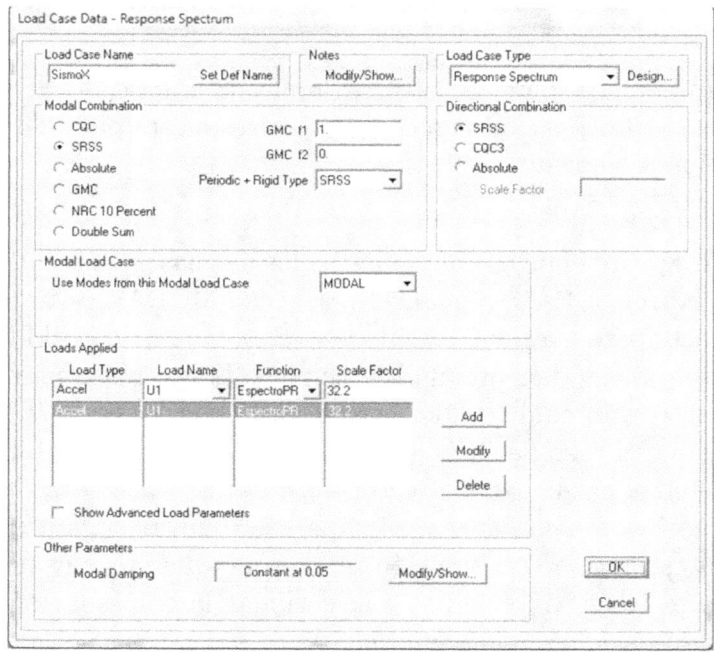

Figura 18.28 **Ventana de SAP2000 con datos para aplicar el método del Espectro de Respuesta.**

■ Ejecución del programa y revisión de resultados:

• Estamos casi listos para correr el programa. Con la secuencia:

Analyze → Set Analysis Options...

se abre la ventana *Analysis Options*. Allí vamos a seleccionar *Plane Frame*. La razón para hacer esto es evitar que el programa considere a la estructura como tridimensional dado que tal caso calcularía y mostraría modos de vibración fuera del plano (en la dirección del eje Y). Por supuesto, aún si se calculasen estos modos, éstos no van a participar en la respuesta a un sismo aplicado en la dirección X. Cerramos la ventana presionando *OK*.

• Ahora sí podemos correr el programa con la secuencia:

Analyze → Run Analysis

En la pantalla que se abre (*Set Load Cases to Run*) deberían aparecer dos casos: MODAL y *SismoX*. Si aparece el caso de carga muerta (DEAD) debemos seleccionarlo y presionar el botón [*Run/Do Not Run Case*] para que el programa no corra este caso.

Cuando termina la ejecución del programa, este nos muestra los modos de vibración (habrá 4 modos dado que hay dos juntas libres con dos grados de libertad en cada una). Es recomendable revisar los modos para asegurarse que son los que esperábamos. Para esto conviene usar la siguiente secuencia (también se puede usar el ícono en el menú principal que muestra un pórtico deformado):

Display → Show Deformed Shape...

para pedirle al programa que nos muestre, de manera superpuesta, los modos y la estructura sin deformar. Esto se logra seleccionando la opción *Wire Shadow* en la ventana *Deformed Shape* que se abre. El casillero *Case/Combo Name* debe mostrar MODAL.

• Estamos en condiciones de ver los resultados obtenidos del análisis sísmico con el método del Espectro de Respuesta. Comenzamos examinando la deformación máxima de la estructura. Esto se hace con la secuencia:

Display → Show Deformed Shape...

En la ventana que se abre (la misma del paso anterior) debemos escoger la carga que produce la deformación. Para ver los resultados debido a la carga por el terremoto seleccionamos *SismoX* en el casillero *Case/Combo Name*.

El programa muestra la estructura deformada y une las juntas con líneas rectas (en este caso no usa los polinomios cúbicos usuales para dibujar las deformaciones) como muestra la Figura 18.29. Si queremos conocer los desplazamientos o la rotación de una junta en particular, vamos a esa junta y la seleccionamos con un "click". Haciendo un "right-click" con el "mouse" se abre una ventana donde aparece la información deseada en el cuadro que se presenta en la Figura 18.29.

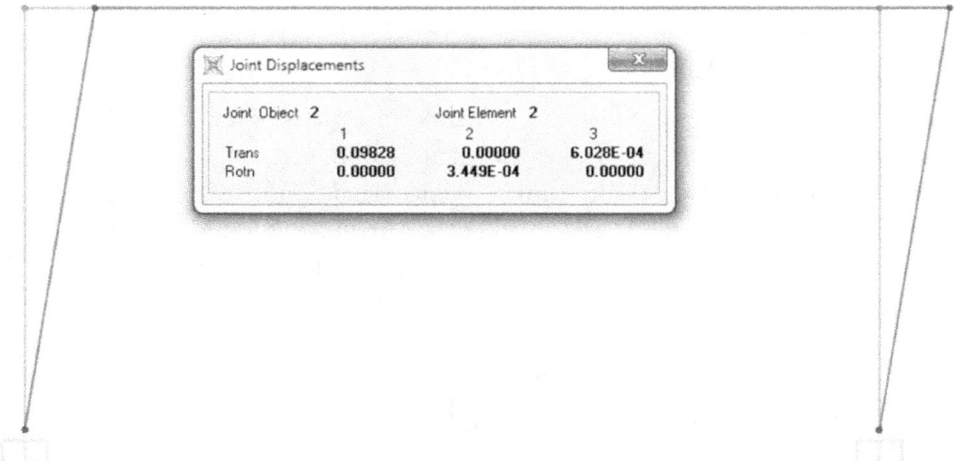

Figura 18.29 **Deformaciones máximas del pórtico.**

- Vamos a examinar las fuerzas en el pórtico comenzando por las reacciones. Para esto usamos la secuencia:

$$Display \rightarrow Show\ Element\ Forces/Stresses \rightarrow Joints...$$

En la ventana *Joint Reaction Forces* debemos escoger la carga que produce las reacciones que queremos ver (generalmente va a haber más de un caso de carga en el casillero *Case/Combo Name*). Elegimos allí *SismoX*. Si deseleccionamos la opción *Show Results as Arrows* entonces el programa mostrará en cada apoyo las dos fuerzas en las direcciones $1 \equiv X$ y $3 \equiv Z$ y el momento alrededor del eje $2 \equiv Y$. Las (máximas) reacciones en los apoyos en unidades de *kip* y *kip.ft* se muestran en la Figura 18.30.

Figura 18.30 **Reacciones en los apoyos del pórtico.**

La suma de las dos reacciones horizontales (10.09 k en cada apoyo) es el cortante basal V (igual a 20.18 k). Cuando se modela una estructura como un sistema de múltiples grados de libertad en un programa como SAP2000, el cortante basal no es tan importante porque el programa nos puede mostrar todas las deformaciones y fuerzas internas en todos los elementos. No obstante, para verificar si los resultados tienen sentido, siempre es aconsejable calcular la razón entre el cortante basal V y el peso total W correspondiente a las masas en las juntas libres. Este peso se puede obtener de las tablas que el programa puede generar. La razón V/W debería tener un valor "razonable" (que depende del sismo y de la estructura pero debería estar en un rango entre 0.01 a 1 en la mayoría de los casos).

Las masas totales asignadas a cada junta se puede obtener de unas tablas que puede crear el programa. Para crear las tablas con datos y resultados hay que usar la secuencia:

$File \rightarrow Print\ Tables...$

Para crear la tabla con las masas hay que seleccionar en la ventana que se abre las siguientes opciones:

[x] Joint Output
[x] Joint Masses

La tabla de masas en las juntas que el programa crea para el pórtico plano es la que se muestra en la Figura 18.31.

Las juntas libres (en la viga) son las 2 y 4, y por lo tanto de acuerdo a la tabla la suma de las masas en estas juntas es $0.39 \times 2 = 0.78\ k.s^2/ft$. El peso asociado a esta masa es: $W = 0.78 \times 32.2 = 25.116\ kip.$ y el cociente V/W es: $20.18/25.116 = 0.8$.

Table: Assembled Joint Masses

Table: Assembled Joint Masses

Joint	U1	U2	U3	R1	R2	R3
	Kip-s2/ft	Kip-s2/ft	Kip-s2/ft	Kip-ft-s2	Kip-ft-s2	Kip-ft-s2
1	4.144E-02	4.144E-02	4.144E-02	0.0000	0.0000	0.0000
2	0.39	0.39	0.39	0.0000	0.0000	0.0000
3	4.144E-02	4.144E-02	4.144E-02	0.0000	0.0000	0.0000
4	0.39	0.39	0.39	0.0000	0.0000	0.0000

Figura 18.31 **Tabla de SAP2000 con las masas concentradas.**

- También podemos ver las fuerzas internas (momento flector, cortantes, fuerzas axiales) graficadas en diagramas. Para esto usamos los comandos:

Display → *Show Forces/Stresses* → *Frames/Cables/Tendons...*

Se abre una ventana (*Member Force Diagram for Frames*) en donde nuevamente se nos pide que escojamos la carga que produce las fuerzas internas. Como antes, elegimos *SismoX*.

Luego en la misma ventana debemos escoger qué tipo de fuerza interna queremos graficar. Debajo del cuadro *Component* se presentan las siguientes opciones, todas referidas a un sistema de ejes locales de la barra:

Axial Force,   Shear 2-2,   Shear 3-3,   Torsion,   Moment 2-2,   Moment 3-3.

Recuérdese que el eje 1 es siempre axial, y los que cambian son los ejes 2 y 3. Para elementos horizontales y verticales, los ejes locales 2 y 3 son los que se muestran en la Figura 18.32.

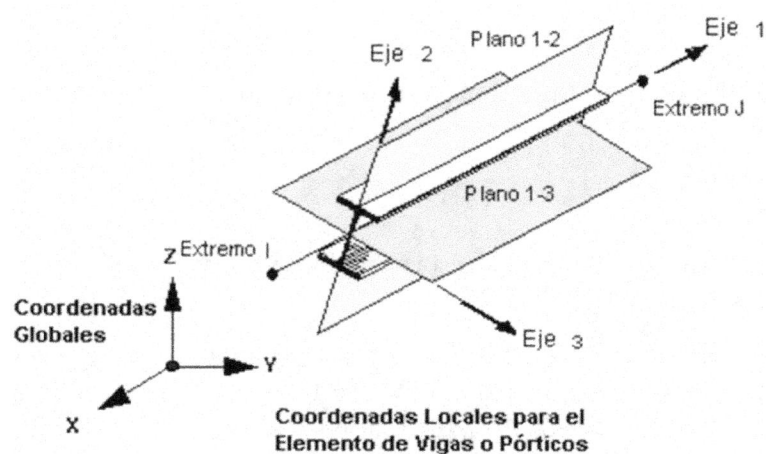

Figura 18.32 **Ejes locales en un elemento de barra.**

Por lo tanto, en el caso de un pórtico plano el cortante en las columnas y vigas actúa en la dirección 2-2. Para ver el diagrama de cortante escogemos entonces:

⊙ *Shear 2-2*

☐ *Show Values on Diagram*

Nótese que le pedimos al programa que nos muestre el diagrama de cortante con los valores (por omisión no hace esto). Aparecen así los diagramas pedidos sobre todas las barras los que se muestran en la Figura 18.33. Si se desea ver las magnitudes de las fuerzas internas en cada punto de un elemento, ubicamos el cursor sobre el elemento que nos interesa y con un "right-click" abrimos una ventana donde podemos ver las magnitudes en cada punto al mover el cursor sobre el elemento.

Figura 18.33 **Diagrama de fuerzas cortantes del pórtico.**

- Para ver otras fuerzas internas debemos repetir el paso anterior. Por ejemplo, para obtener el diagrama de momentos volvemos a usar la secuencia *Display → Show Forces/Stresses → Frames/Cables/Tendons...* y en la ventana *Member Force Diagram for Frames*, entre las opciones debajo de *Component*, escogemos:

⊙ *Moment 3-3*

El resultado se presenta en la Figura 18.34, con los momentos en unidades de $k.^{f}t$.

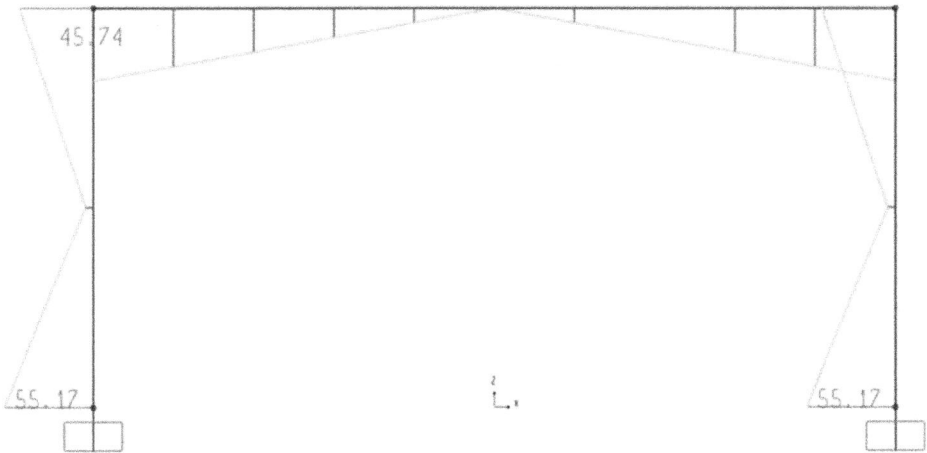

Figura 18.34 **Diagrama de momentos flectores del pórtico.**

Por último, y en forma similar a lo que se explicó en un ejemplo anterior en donde se analizó una cercha, es importante tener bien presente los conceptos que se resumen en el siguiente párrafo:

Al usar el método del espectro de respuesta nuestro objetivo es calcular aproximadamente la **máxima** respuesta **en valor absoluto** de una estructura a un terremoto específico representado por su espectro de aceleraciones, o a los posibles sismos de diseño representados por un espectro de diseño. En el caso de un pórtico plano, las máximas respuestas pueden ser, por ejemplo, los dos desplazamientos y el giro de las juntas, o la fuerza axial, cortante y momento en los extremos de cada barra. El método **no** nos da los signos de estas cantidades, o mejor dicho los resultados que se presentan son todos **positivos**. En la realidad, estas cantidades máximas pueden ser *positivas* o *negativas*. Si calculásemos la respuesta sísmica *en el tiempo* y buscamos el valor máximo, éste tendría un signo determinado, pero en un instante de tiempo posterior o anterior obtendríamos un valor similar pero de signo contrario. Esta situación tiene implicaciones importantes para el diseño. Por ejemplo, para diseñar la viga (o las columnas) del pórtico debemos considerar los dos posibles diagramas de momento con signos contrarios. Una situación similar ocurre con el diagrama de fuerzas axiales (no se mostró en este ejemplo). El diagrama va a mostrar todas las barras en tensión, pero para el diseño de las columnas debemos considerar que éstas van a estar en compresión en un instante y en tensión en otro tiempo.

18.12 Problemas sugeridos
Problema # 18.1:

La cercha plana de la figura del Problema 18.1 está construida de un material con $E = 30,000\ ksi$ y peso específico $\gamma = 490\ lb/ft^3$. El área transversal de la barra inclinada es $2.5\ in^2$ y la de la barra vertical es $2\ in^2$. En la unión de las dos barras hay un peso concentrado de $400\ lb$. Se desea calcular la respuesta de la estructura cuando está sometida a la componente horizontal de un terremoto. Las ecuaciones de movimiento (en unidades de *kip* y *pulgadas*) son:

$$10^{-3}\begin{bmatrix} 1.4865 & 0 \\ 0 & 14865 \end{bmatrix}\begin{Bmatrix} \ddot{u} \\ \ddot{v} \end{Bmatrix} + \begin{bmatrix} 410 & -120 \\ -120 & 90 \end{bmatrix}\begin{Bmatrix} u \\ v \end{Bmatrix} = -10^{-3}\begin{Bmatrix} 1.4865 \\ 0 \end{Bmatrix}\ddot{X}_g(t)$$

Las frecuencias naturales y los modos de vibración normalizados respecto a la masa (en unidades de $\sqrt{in/(k.s^2)}$) son:

$$\omega_1 = 183.4\ rad/s \qquad ; \qquad \omega_2 = 550.2\ rad/s$$

$$\{\phi_1\} = \begin{Bmatrix} 8.2019 \\ 24.606 \end{Bmatrix} \qquad ; \qquad \{\phi_2\} = \begin{Bmatrix} -24.606 \\ 8.2019 \end{Bmatrix}$$

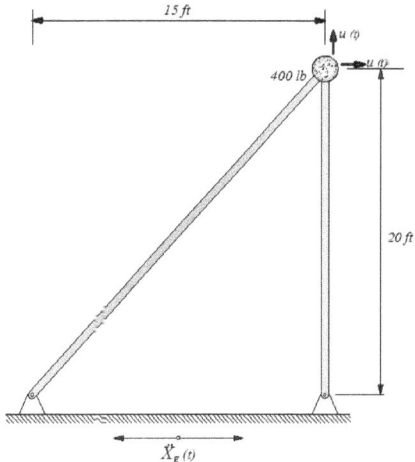

Figura 1 del Problema 18.1

Considere que la excitación sísmica está definida por un espectro de respuesta de seudo-aceleraciones suavizado definido por las siguientes expresiones (con PSA en fracciones de g):

$$\text{Para } 0 \ \leq \ T \leq 0.855 \ s : \ PSA = 0.3 + 2.159T + -2.182T^2$$
$$\text{Para } \ T \ > \ 0.855 \ s : \quad PSA = \frac{0.45655}{T^{1.2}}$$

Calcule:

a) Los máximos desplazamientos horizontal y vertical usando la regla $SRSS$.

b) Las fuerzas laterales equivalentes para cada modo.

c) Las máximas fuerzas axiales en las barras.

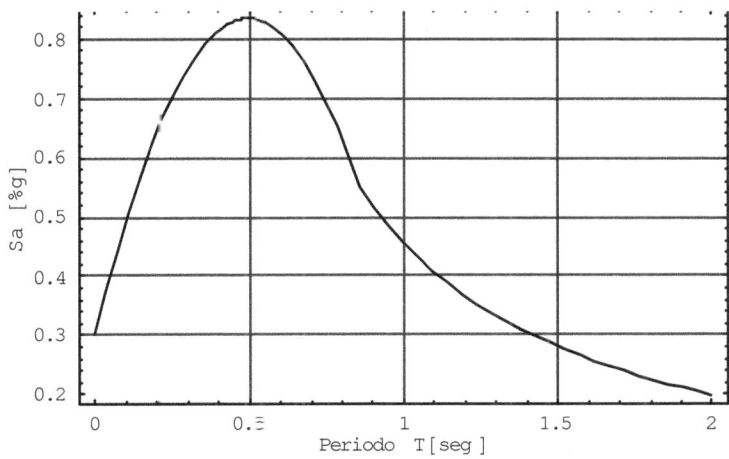

Figura 2 del Problema 18.1

Problema # 18.2:

Se desea verificar el prediseño sísmico de un edificio de dos pisos que se construirá en San Juan, Puerto Rico. La estructura se modelará como un edificio de corte como se muestra en la Figura 1 del Problema 18.2.

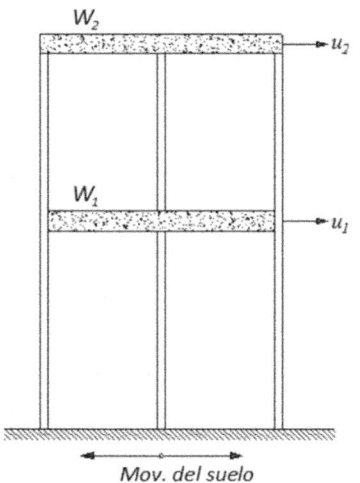

Figura 1 del Problema 18.2

Las propiedades del edificio son las siguientes:

• Las cargas muertas asignadas a cada pisos son:

$$W_1 = 350 \; kip \qquad ; \qquad W_2 = 300 \; kip$$

• Los periodos naturales son:

$$T_1 = 0.598 \; s \qquad ; \qquad T_2 = 0.248 \; s$$

• La matriz con los modos de vibración normalizados respecto a la matriz de masa y en unidades de $\sqrt{in \, / \, lb.s^2}$ son:

$$[\Phi] = \left[\begin{array}{c|c} 0.01745 & 0.02828 \\ 0.03054 & -0.0189 \end{array} \right]$$

• Los factores de participación modal en unidades de $\sqrt{lb.s^2/in}$ son:

$$\gamma_1 = 39.52 \qquad ; \qquad \gamma_2 = 10.98$$

La carga debida al terremoto se tiene en cuenta mediante el espectro de diseño para razón de amortiguamiento de 5% que se muestra en la Figura 2 del Problema 18.2. Usando el Método del Espectro de Respuesta y la regla *SRSS* calcule:

a) Los máximos desplazamientos de cada piso u_i .

b) Las máximas derivas de piso δ_i.

c) Las fuerzas laterales equivalentes F_i.

d) La fuerza cortante basal V.

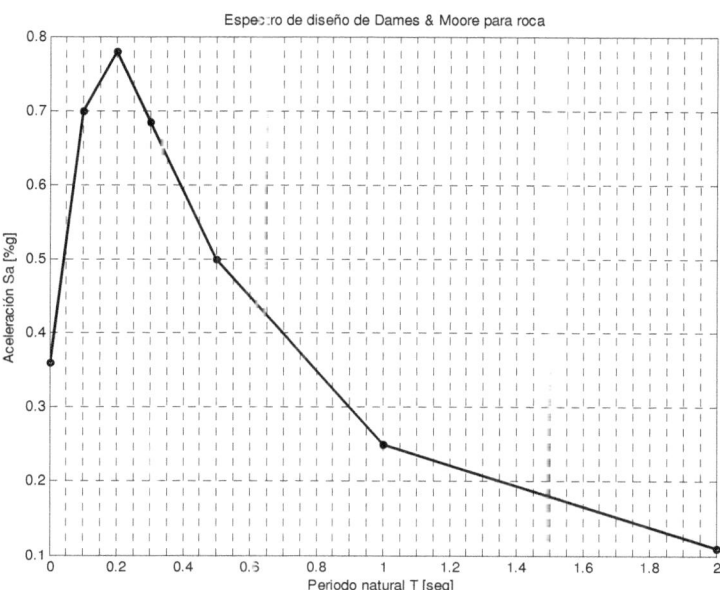

Figura 2 del Problema 18.2

Problema # 18.3:

La chimenea de hormigón que se muestra en la Figura 1 del Problema 18.3 está sometida a una aceleración en su base $\ddot{X}_g(t)$ debido a un sismo. La chimenea tiene un espesor constante e igual a 8 *in* y una altura total $L = 200$ *ft*. Los diámetros exteriores de la base y del tope son 18 y 8 *ft*, respectivamente. El módulo elástico E del hormigón usado se estima en $3,600$ *ksi* y su peso unitario es 150 *lb/ft³*. La estructura se ha modelado como una viga empotrada uniforme con área transversal *promedio* A y un momento de inercia *promedio* I.

Las ecuaciones de movimiento son las siguientes:

$$\begin{bmatrix} m & 0 & 0 \\ 0 & m & 0 \\ 0 & 0 & \frac{m}{2} \end{bmatrix} \begin{Bmatrix} \ddot{u}_1 \\ \ddot{u}_2 \\ \ddot{u}_3 \end{Bmatrix} + k \begin{bmatrix} 6480 & -3726 & 972 \\ -3726 & 3564 & -1296 \\ 972 & -1296 & 567 \end{bmatrix} \begin{Bmatrix} u_1 \\ u_2 \\ u_3 \end{Bmatrix} = - \begin{Bmatrix} m \\ m \\ \frac{m}{2} \end{Bmatrix} \ddot{X}_g(t)$$

donde:

$$m = \frac{\rho A L}{3} \qquad ; \qquad k = \frac{EI}{13 L^3}$$

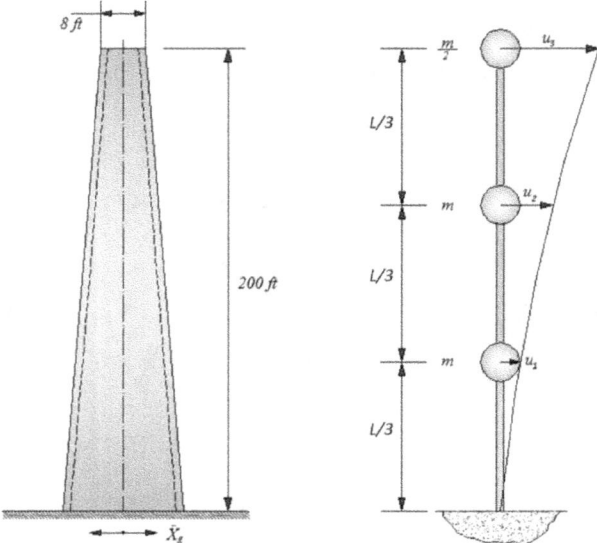

Figura 1 del Problema 18.3

Se puede demostrar que las frecuencias naturales del modelo de tres grados de libertad de la chimenea son:

$$\omega_1 = 3.34568\sqrt{\frac{EI}{\rho AL^4}} \quad ; \quad \omega_2 = 18.8859\sqrt{\frac{EI}{\rho AL^4}} \quad ; \quad \omega_3 = 47.0284\sqrt{\frac{EI}{\rho AL^4}}$$

y que los modos de vibración normalizados respecto a la matriz de masa son:

$$\{\phi_1\} = \frac{1}{\sqrt{3m}}\begin{Bmatrix} 0.30984 \\ 1.03443 \\ 1.91518 \end{Bmatrix} ; \{\phi_2\} = \frac{1}{\sqrt{3m}}\begin{Bmatrix} 1.02202 \\ 0.98862 \\ -1.39864 \end{Bmatrix} ; \{\phi_3\} = \frac{1}{\sqrt{3m}}\begin{Bmatrix} 1.36362 \\ -0.97601 \\ 0.61311 \end{Bmatrix}$$

A los fines de poder verificar el pre-diseño de la estructura, se pide obtener:

a) Los máximos desplazamientos relativos de los nodos (usando la regla $SRSS$).

b) Las fuerzas laterales equivalentes.

c) El cortante basal.

d) El momento de vuelco.

La carga sísmica está definida por el espectro de diseño del código UBC-97 para un perfil de suelo tipo S_E. Este espectro se muestra en la Figura 2 del Problema 18.3. Se pide resolver el problema *a mano* (usando una tabla, etc.). Luego puede usar un programa de computadora para verificar sus resultados.

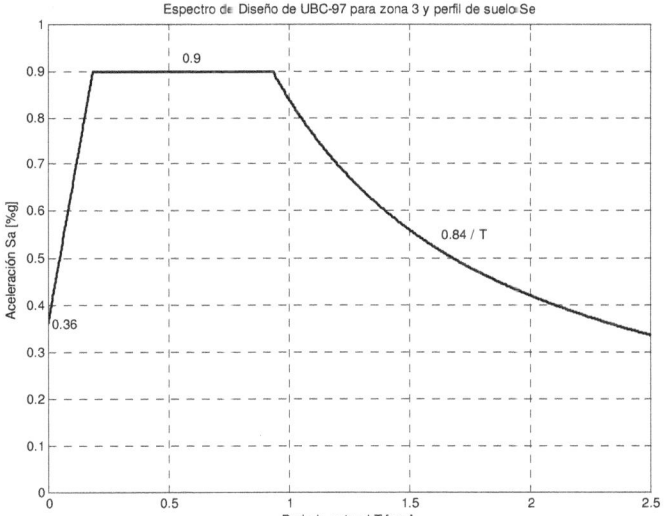

Figura 2 del Problema 18.3.

Problema # 18.4:

Se desea estudiar la respuesta sísmica de una compuerta de acero. En su posición cerrada, la compuerta se puede modelar como una viga (vertical) con un voladizo como se muestra en la Figura 1 del Problema 18.4. La compuerta es de acero y tiene una altura total $H = 15\ ft$. La sección transversal tiene un momento de inercia $I = 2,880\ in^4$ y un área $A = 720\ in^2$. Para efectuar el análisis dinámico la estructura se discretizó con tres elementos de viga de igual longitud ($h = 5\ ft$) como se muestra en la Figura 1.

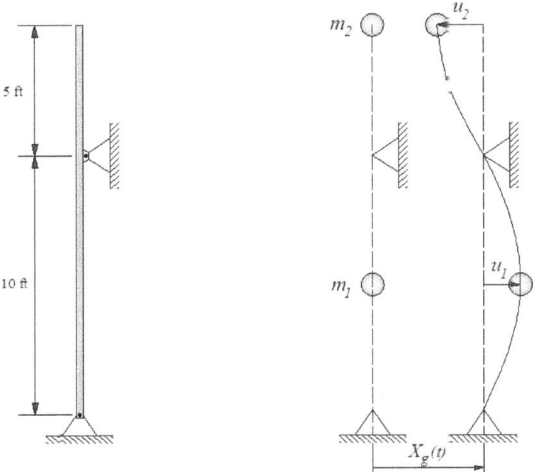

Figura 1 del Problema 18.4

Para el análisis sísmico se va a suponer que las razones de amortiguamiento modal son todas iguales a 0.05. Las ecuaciones de movimiento de la estructura sometida a una aceleración horizontal $\ddot{X}_g(t)$ en sus dos apoyos, y expresada en término de los desplazamientos relativos (respecto a los apoyos) de las masas libres $u_1(t)$ y $u_2(t)$, son:

$$\begin{bmatrix} \rho Ah & 0 \\ 0 & \frac{\rho Ah}{2} \end{bmatrix} \begin{Bmatrix} \ddot{u}_1(t) \\ \ddot{u}_2(t) \end{Bmatrix} + \frac{EI}{h^3} \begin{bmatrix} \frac{240}{13} & \frac{36}{13} \\ \frac{36}{13} & \frac{21}{13} \end{bmatrix} \begin{Bmatrix} u_1(t) \\ u_2(t) \end{Bmatrix} = - \begin{bmatrix} \rho Ah & 0 \\ 0 & \frac{\rho Ah}{2} \end{bmatrix} \begin{Bmatrix} 1 \\ 1 \end{Bmatrix} \ddot{X}_g(t)$$

Las frecuencias naturales y modos de vibración normalizados respecto a la matriz de masa de este modelo de dos grados de libertad son:

$$\omega_1 = 1.51089 \sqrt{\frac{EI}{\rho AH^4}} \qquad ; \qquad \omega_1 = 4.40562 \sqrt{\frac{EI}{\rho AH^4}}$$

$$[\Phi] = \frac{1}{\sqrt{\rho Ah}} \begin{bmatrix} -0.23527| & 0.97193 \\ +1.37452| & 0.33272 \end{bmatrix}$$

La excitación sísmica está definida mediante el espectro de respuesta suavizado para $\xi = 0.05$ que está graficado en la Figura 2 del Problema 18.4. Este espectro se puede expresar mediante la siguiente ecuación:

$$S_a = 0.3 + 2e^{-T}(1 - e^{-T}) \quad \text{(en fracciones de } g\text{)}$$

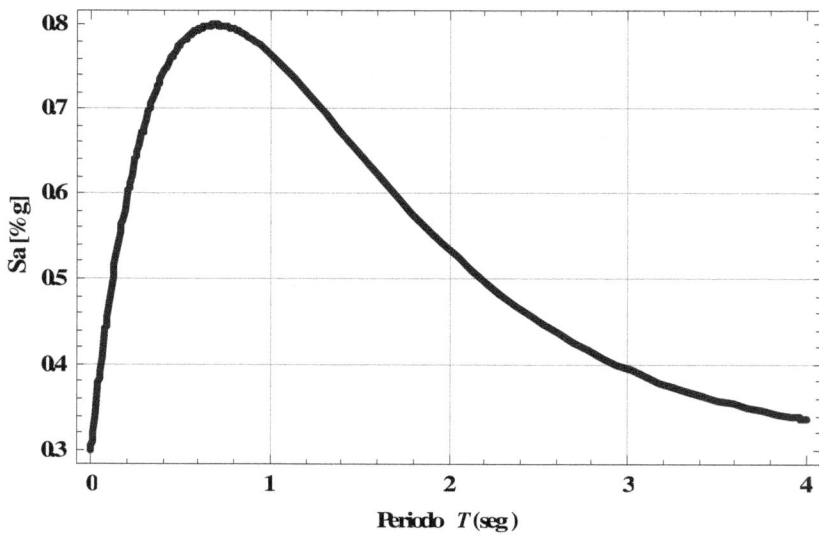

Figura 2 del Problema 18.4

Usando la información provista y el Método del Espectro de Respuesta y la regla de combinación modal $SRSS$, se pide:

1) Obtener los factores de participación modal γ_j para cada modo.

2) Obtener los máximos desplazamientos $(u_1)_{\max}$ y $(u_2)_{\max}$ debido al sismo.

3) Determinar las fuerzas modales equivalentes F_{ij} para cada modo.

4) Obtener los diagramas de fuerza cortante debido a cada modo y el diagrama de V total.

5) Obtener los diagramas de momento flector debido a cada modo y el diagrama de M total.

Problema # 18.5:

Considere la columna de hormigón reforzado ($E = 3,600\ ksi$ y $\gamma = 150\ lb/ft3$) que se usa para transmisición de energía eléctrica y que se muestran en la Figura 1 del Problema 18.5. La columna tiene una altura total de 40 ft. La sección transversal es cuadrada con lados que varían desde 15 in en la base hasta 9 in en el tope. Por simplicidad se va a considerar que la sección transversal es constante e igual al promedio de los lados extremos (o sea igual a 12 in). Para el análisis dinámico la columna se va a dividir en dos elementos de igual longitud y la masa distribuida se concentrará en tres puntos. De esta manera el modelo tiene dos grados de libertad dinámicos (con masa asociada): los desplazamientos $u_1(t)$ y $u_2(t)$ de las masas libres.

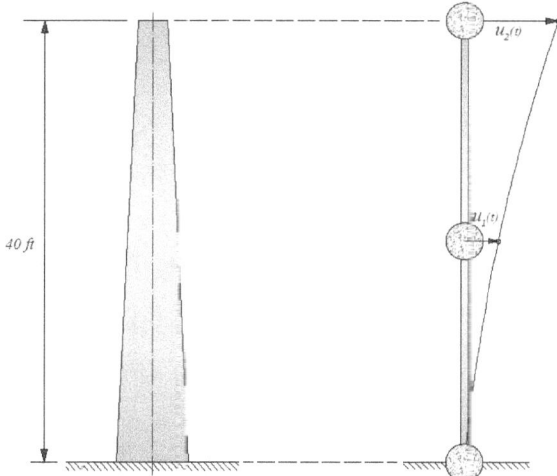

Figura 1 del Problema 18.5

Se sabe que las frecuencias naturales y los modos de vibración son:

$$\omega_1 = 6.01\ rad/s \qquad ; \qquad \{\phi_1\} = \left\{\begin{array}{c} 4.768 \\ 14\ 565 \end{array}\right\} \sqrt{\frac{in}{k.s^2}}$$

18-69

$$\omega_2 = 30.94 \ rad/s \qquad ; \qquad \{\phi_2\} = \left\{ \begin{array}{c} -10.300 \\ 6.743 \end{array} \right\} \sqrt{\frac{in}{k.s^2}}$$

Los modos provistos están normalizados respecto a la masa (por lo que las masas modales son unitarias).

Los factores de participación son:

$$\gamma_1 = 0.09356 \ \sqrt{k.s^2/in} \qquad ; \qquad \gamma_2 = -0.05378 \ \sqrt{k.s^2/in}$$

Se desea calcular la respuesta sísmica para un terremoto representado por el espectro de diseño del código IBC-06 para suelo D, el que se muestra en la Figura 2 del Problema 18.5. El espectro es el correspondiente a una estructura que va a estar localizada en Cabo Rojo, Puerto Rico. El amortiguamiento modal se supondrá igual a 5% para los dos modos.

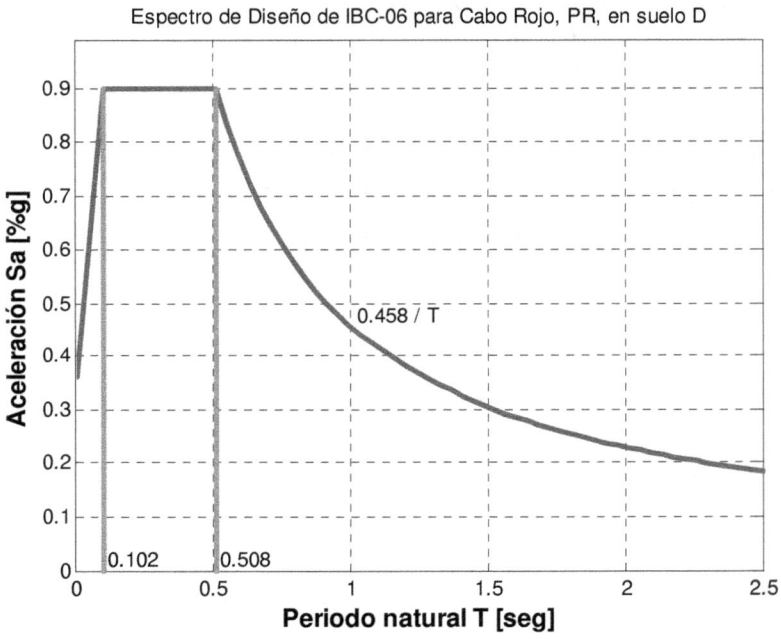

Figura 2 del Problema 18.5

Usando la información prevista se pide:

1) Obtener los máximos desplazamientos relativos $(u_1)_{\max}$ y $(u_2)_{\max}$ usando la regla *SRSS*.

2) Determinar las fuerzas equivalentes F_{ij} para cada modo y mostrarlas en un dibujo (para cada uno de los dos modos).

3) Calcular el diagrama de cortantes total (usando la regla *SRSS* para combinar los modos).

18-70

4) Identificar el máximo cortante basal V y expréselo como una fracción α del peso total, o sea $V = \alpha \cdot W$.

5) Calcular el diagrama de momentos total (usando la regla $SRSS$ para combinar los modos).

Apéndice B

Programas en Matlab – Tomo II

```
% ---------------------- Programa ProbAutovalores.m ----------------------%
% Programa para calcular las frecuencias naturales y modos de vibración de  %
% una estructura definida por su matriz de rigidez y de masa concentrada.   %
% Los modos se normalizan respecto a la matriz de masa. Se calculan también %
% los modos normalizados con otros esquemas (con elem. mayor = 1, etc.)     %
% -------------- Revisado en: 26 -febrero -2014 - Luis E. Suárez -----------%

clc; clear all; close all; format short g

% ------------------------- Datos a asignar al programa --------------------

g   = 386.4;                         % aceler. de la gravedad: in/s^2
E   = 10000;                         % módulo de elasticidad: ksi
gam =  0.23184;                      % peso unitario: k/ft^3
A   = 1.0;                           % área transversal: in^2
I   = 1.7237;                        % momento de inercia de área: in^4
ro  = gam/(12^3*g);                  % densidad: k.s^2/in^4
L   = 12*12;                         % longitud total: in
W   = 0.00;                          % peso adicional en las juntas: lb
uni = 'ft';                          % unidades p/ resultados: 'in' o 'ft'

% ----------- Cálculo de las matrices de rigidez y de masa ----------------

K = E*I/(7*L^3)*...
    [96 -240; -240 768];             % matriz de rigidez: modificar en c/caso
M = ro*A*L/2 * diag( [1/2 1] );      % matriz de masa: modificar en c/caso
M = M + diag( [W W]/g );             % matriz de masa con masas adicionales

if uni == 'ft'                       % cambia las unidades de [K] y [M] si
   K = 12*K;                         % se desea usar pies en lugar de pulg.
   M = 12*M;
end

% -------------- Cálculo de los autovalores y autovectores ----------------

[Phi,lam] =  eig(K,M);               % cálculo de autovalores y autovectores
mj  = diag( Phi'*M*Phi );            % cálculo de las masas modales
Phi = Phi * diag( 1./sqrt(mj) );     % normalización de los modos resp. a [M]
wj  = sqrt( diag(lam) );             % frecuencias naturales en rad/seg
[wj,id] = sort(wj);                  % ordenamiento de frecs.: menor a mayor
Phi = Phi(:,id);                     % ordenamiento de modos según frecs.
fj  = wj ./ (2*pi);                  % frecuencias naturales en ciclos/seg
Tj  = 1 ./ fj;                       % periodos naturales
fac = max( abs(Phi) );               % vector con máximos elementos de c/modo
Ph1 = Phi * diag(1./fac);            % modos normalizados con máx. elem. = 1
mmd = diag( Ph1'*M*Ph1 );            % masa modal p/modos con máx. elem. = 1
kmd = diag( Ph1'*K*Ph1 );            % rigidez modal p/modos con máx. elem.=1
phi = Phi * diag(1./Phi(1,:));       % modos normalizados con Phi(1,j) = 1
fpa = Phi'* M*ones(2,1);             % factores de participación modal

disp('******************** Programa ProbAutovalores ********************');
disp(' ')
disp(['*** Matriz de rigidez [kip/',uni,']:']); disp(' '); disp(K)
disp(['*** Matriz de masa [kip.s^2/',uni,']']); disp(' '); disp(M)
disp('*** Los autovalores en rad/s^2 son :') ; disp(' '); disp( diag(lam)' )
disp('*** Las frecuencias naturales en rad/seg son :') ; disp(' '); disp(wj')
disp('*** Las frecuencias naturales en ciclos/seg son :') ; disp(' ');
disp(fj')
disp('*** Los periodos naturales en seg son :'); disp(' '); disp(Tj')
disp('*** Las masas modales son :'); disp(' '); disp(mj')
disp('*** Los modos de vibración normalizados respecto a [M] son :');
disp(' '); disp(Phi)
```

```
disp('*** Los modos de vibración normalizados con el mayor elemento son :');
disp(' '); disp(Ph1)
disp('*** Las masas modales p/modos con máx. elem. = 1 son :'); disp(' ');
disp(mmd')
disp('*** Las rigideces modales =/modos con máx. elem. = 1 son :'); disp(' ');
disp(kmd')
disp('*** Modos de vibración con Phi(1,j) = 1:'); disp(' '); disp(phi)
disp('*** Los factores de participación modal son :'; disp(' '); disp(fpa')
```

```
% ----------------------- Programa RayleighIter.m ---------------------------%
% Programa para calcular el periodo natural fundamental de un edificio multi- %
% piso iterando con la fórmula de Rayleigh.                                   %
%                                                                             %
% ---------------- Revisado en: 18-abril-2013 - Luis E. Suárez --------------%

clc; clear all; close all

g = 386.4;                              % aceleración de la gravedad: in/s^2
W = [140; 140; 120; 120; 100];          % pesos de los pisos: kip
k = [400; 400; 200; 200; 100];          % coeficientes de rigidez: k/in
F = [ 10; 10; 10; 10; 10 ];             % fuerzas laterales iniciales: kip
n = length(W);                          % número de pisos
nt = 2;                                 % número máximo de iteraciones

% ------------------- Cálculo del periodo aproximado inicial -----------------%

K = diag(k) - diag(k(2:n),1) - diag(k(2:n),-1) + diag( [k(2:n) ; 0] );

u  = K \ F;                                    % desplazamientos
To = 2*pi * sqrt( (W' * u.^2) / (g * F' * u) );       % fórmula de Rayleigh

disp('*** Las fuerzas laterales iniciales son :'); disp(F)
disp('*** El modo de vibración inicial es :'); disp(u)
disp(['*** El periodo fundamental inicial es: ',num2str(To),' s']); disp(' ')

% ----- Proceso iterativo cambiando fuerzas y desplazamientos modales --------%

for j = 1 : nt

    disp(['===> Iteración nro. ', num2str(j)]); disp(' ')
    F   = (2*pi/To)^2/g * W .* u ;
    u   = K \ F;
    Tn  = 2*pi * sqrt( (W' * u.^2) / (g * F' * u) );
    err = abs(Tn-To)/Tn * 100;
    To  = Tn;
    disp('*** Las nuevas fuerzas laterales son :'); disp(F)
    disp('*** El nuevo modo de vibración es :'); disp(u)
    disp(['*** El nuevo periodo fundamental es: ',num2str(Tn),' s']); disp(' ')
    disp(['*** La diferencia relativa es: ',num2str(err),'%']); disp(' ')

end
```

```
%---------------------- Programa RespEdifConAmort.m -----------------------%
% Programa para calcular la respuesta dinámica de un edificio de corte     %
% sometido a una fuerza transitoria f(t) usando análisis modal y la solución %
% recursiva de la integral de Duhamel (se necesita la function Duhamel.m). %
% En la versión actual la fuerza f(t) tiene una variación en el tiempo con %
% la forma de una rampa decreciente y está aplicada en un solo piso.       %
%                                                                          %
% ------------- Revisado en: 26 -febrero -2014 - Luis E. Suárez ----------- %

clc; clear all; close all; format short g;

g  = 386.4;                              % acceler. de la gravedad: in/s^2
W  = [140; 120; 120; 120; 100];          % pesos de los pisos: kip
k  = [400; 400; 200; 200; 100];          % coefs. de rigidez total: k/in
zj = [.04; .04; .04; .04; .04];          % razones de amortiguam. modal
td = 1;                                   % duración de la carga: seg
tf = 3;                                   % tiempo final para la respuesta
F0 = 10;                                  % máximo valor de la carga: kip
r  = 5;                                   % piso con la fuerza externa
n  = length(W);                           % número de pisos o de Gr. de Lib

% ----------------- Cálculo de las matrices de masa y de rigidez -------------%

M = diag(W/g);
K = diag(k) - diag(k(2:n),1) - diag(k(2:n),-1) + diag( [k(2:n) ; 0] );

% ----------------- Cálculo de los autovalores y autovectores ----------------%

[Phi,lam] =  eig(K,M);
wj  = sqrt( diag(lam) );
Tj  = 2*pi ./ wj;

% --------------- Cálculo de los desplazamientos modales --------------------%

dt = Tj(n)/20;                            % intervalo de tiempo de muestreo: seg
t  = 0: dt: tf;                           % vector con tiempos discretos: seg
nt = length(t);                           % número de instantes de tiempo
np = round(td/dt)+1;                      % nro.de ptos.en que se aplica la carga
z0 = zeros(1,nt);                         % vector auxiliar con ceros
F  = zeros(n,nt);                         % matriz F(t) con las n fuerzas externas
F(r,1:np) = F0*(1-t(1:np)/td);            % fila de F(t) c/fuerza aplicada (cambiar)

figure; plot(t,z0, t,F(r,:),'o',[td,td],[0,F0],'--','MarkerSize',2); grid on;
title('Fuerza aplicada'); xlabel('Tiempo [seg]'); ylabel('Fuerza [kip]')

eta  = zeros(n,nt);                       % matriz (n x nt) con coordenadas modales
etam = zeros(n,1);                        % vector (n x 1) con máximas resp. Modales

for j = 1:n

   Nj = Phi(:,j)' * F;
   eta(j,:) = Duhamel( wj(j),zj(j),1,dt,nt,0,0,Nj );  % cálculo coord. modal "j"
   etam(j)  = max( abs(eta(j,:)) );                   % máxima coord. modal "j"

   figure;  set(gcf,'DefaultLineLineWidth',1.5);
   plot( t,z0, t,eta(j,:), td,0,'o' );
   grid on; title(['Desplazamiento modal del modo nro. ',num2str(j)]);
   xlabel('Tiempo [seg]','fontsize',12,'fontweight','b');
   ylabel('Magnitud','fontsize',12,'fontweight','b')

end
```

```
u  = Phi * eta;
um = max( abs(u') );

% ---------------- Gráficos de la respuesta en el tiempo -------------------%

figure; set(gcf,'DefaultLineLineWidth',1.5)
plot( t,u(1,:), t,u(n,:),'-*', t,z0,'k', 'MarkerSize',2 ); grid on;
axis tight; xlabel('Tiempo [sec]','fontsize',12,'fontweight','b');
ylabel('Desplazamiento [in]','fontsize',12,'fontweight','b');
legend(': piso inferior', ': piso superior')
title('Historial de desplazamientos del piso inferior y superior')


disp('******************** Programa RespEdifConAmort *********************');
disp(' ')
disp('*** Frecuencias naturales en rad/s:'); disp(' '); disp(wj')
disp('*** Periodos naturales en seg:'); disp(' '); disp(Tj')
disp('*** Modos de vibración normalizados:'); disp(' '); disp(Phi)
disp('*** Pesos de los pisos en kip:'); disp(' '); disp(W)
disp('*** Rigideces laterales en k/in:'); disp(' '); disp(k)
disp('*** Razones de amortiguamiento modal:'); disp(' '); disp(zj')
disp(' *** Valores máximos de las coordenadas modales:'); disp(' '); disp(etam')
disp(' *** Máximos desplazamientos de los pisos [in] :'); disp(' '); disp(um)
```

B-6

```
function [u] = Duhamel(wn,zi,m,dt,nt,u0,v0,f)

% Programa para efectuar la integración numérica de la ecuación de movimiento %
% de un sistema de un grado de libertad con amortiguamiento viscoso lineal    %
% usando la solución recursiva de la integral de Duhamel.                     %
% La excitación puede ser una fuerza o aceleración muestreada a intervalos    %
% iguales de tiempo. El programa entrega un vector de desplazamientos u(t).    %
% Se supone que la excitación varía linealmente entre 2 intervalos de tiempo. %

% --------------------- Datos para el programa ------------------------------%

% wn  = frecuencia natural del oscilador en rad/seg
% zi  = razón de amortiguamiento viscoso < 1
% m   = masa del oscilador
% dt  = intervalo de tiempo constante
% nt  = número de instantes de tiempo
% u0  = desplazamiento inicial en t = t0
% v0  = velocidad inicial en t = t0
% f   = vector con los valores de f(t) muestreada en nt instantes de tiempo

zk1 = [0 ; 0];
zk  = [u0 ; v0];

wd  = wn * sqrt(1-zi^2) ;
ex  = exp(-zi*wn*dt) ;
co  = cos(wd*dt) ;
si  = sin(wd*dt) ;
S   = sqrt(1-zi^2);
k   = 1 / (m * wn^3 * S * dt);

a11 = (co + zi/S * si) * ex ;
a12 = 1 / wd * si * ex ;
a21 = -wn/S * si * ex ;
a22 = (co - zi/S * si) * ex ;

b11 = 2*zi*S + ( (1-2*zi^2-zi*wn*dt)*si - (2*zi*S+wd*dt)*co ) * ex;
b12 = wd*dt - 2*zi*S + ( (2*zi^2-1)*si + (2*zi*S)*co ) * ex;
b21 = -wd + ( (wn*zi+wn^2*dt)*si + (wd)*co ) * ex;
b22 = wd - ( (wn*zi)*si + (wd)*co ) * ex;

A1 =      [a11, a12 ; a21, a22] ;
B1 = k * [b11, b12 ; b21, b22] ;

u(1) = u0;
for k = 2:nt
    zk1  = A1 * zk + B1 * [f(k-1) ; f(k)] ;
    u(k) = zk1(1);
    zk   = zk1;
end
```

```
% ------------------------- Programa FRFmodal.m ------------------------- %
% Programa para calcular y graficar las Funciones Respuesta en Frecuencia Hrs %
% de un modelo de edificio de corte con amortiguamiento clásico usando sus %
% frecuencias naturales y modos de vibración. %
% %
% -------------- Revisado en: 26 -febrero -2014 - Luis E. Suárez ------------%

clc; clear all; close all

% ---------------------- Propiedades de la estructura -------------------- %

g  = 386.4;                              % acelerac. de la gravedad: in/s^2
W  = [100; 100; 65];                     % pesos de los pisos: kip
k  = [100; 100; 80];                     % coefs. de rigidez lateral: kip/in
zj = [0.05; 0.05; 0.05];                 % razones de amortiguamiento modal
n  = length(W);                          % número de pisos o de Gr. de L.

% -------------- Generación de las matrices de masa y rigidez -------------- %

M = diag( W/g );
K = diag(k) - diag(k(2:n),1) - diag(k(2:n),-1) + diag( [k(2:n) ; 0] );

% ----------- Cálculo de las frecuencias naturales y modos ----------------- %

[Phi,lam] = eig(K,M);                    % soluc. problema de autovalores
wj = sqrt( diag(lam) );                  % frecuencias naturales en rad/s

% ----------- Cálculo de las Funciones Respuesta en Frecuencia Hrs ---------- %

dOm = 0.05;                              % incremento de frecuencias: rad/s
Omf = round(1.2*wj(n));                  % máxima frecuencia para gráficos
Om  = ones(n,1) * (0:dOm:Omf);           % frecs. discretas para calcular Hrs
nf  = size(Om,2);                        % número de frecuencias discretas

Hwj2 = 1 ./(diag(wj.^2)*ones(n,nf) - Om.^2 + 1i*diag(2*zj.*wj)*Om);
for r = 1 : n

  for s = r : n

    Hrs = Phi(r,:).*Phi(s,:) * Hwj2 ;

    frf  = ['Función Respuesta en Frecuencia H',num2str(r),num2str(s)] ;
    figure; set(gcf,'DefaultLineLineWidth',1.5)
    semilogy( Om,abs(Hrs) ); grid on; axis tight;
    title(frf); xlabel('Frecuencia \Omega [rad/s]'); ylabel('|H(\Omega)|')

  end

end

disp('*********************** Programa FRFmodal ***********************');
disp(' ')
disp('*** Matriz de masa [k/s^/in] :'); disp(' '); disp(M)
disp('*** Matriz de rigidez [k/in] :'); disp(' '); disp(K)
disp('*** Frecuencias naturales [rad/s] :'); disp(' '); disp(wj)
disp('*** Modos de vibración normalizados :'); disp(' '); disp(Phi)
```

```
% ------------------------- Programa FRFdirecto.m ------------------------- %
% Programa para calcular y graficar las Funciones Respuesta en Frecuencia Hrs %
% de una estructura usando el método directo.                                 %
%                                                                              %
% ------------ Revisado en: 26 -febrero- 2014 - Luis E. Suárez ------------ %

clc; clear all; close all

% ---------------------- Propiedades de la estructura -------------------- %

g  = 386.4;                              % aceleración de la gravedad: in/s^2
W  = [38.64; 38.64];                     % pesos de los pisos: kip
k  = [100; 100];                         % coefs. de rigidez lateral: kip/in
c  = [0.1; 0.01];                        % coefs. de los amortiguadores: k.s/in
n  = length(W);                          % número de pisos o de Gr. de L.

% --------- Generación de las matrices de masa, rigidez y amortig. --------- %

M = diag( W/g );
K = diag(k) - diag(k(2:n),1) - diag(k(2:n),-1) + diag( [k(2:n) ; 0] );
C = diag(c) - diag(c(2:n),1) - diag(c(2:n),-1) + diag( [c(2:n) ; 0] );

% ----------- Cálculo de las frecuencias naturales y modos ---------------- %

[Phi,lam] = eig(K,M);                    % soluc. problema de autovalores
wj  = sqrt( diag(lam) );                 % frecuencias naturales en rad/s

% ----------- Cálculo de las Funciones Respuesta en Frecuencia Hrs --------- %

dOm = 0.1;                               % incremento de frecuencias: rad/s
Omf = round(1.12*wj(n));                 % máxima frecuencia para gráficos
Om  = 0 : dOm : Omf;                     % frecs. discretas para calcular Hrs
nf  = length(Om);                        % número de frecuencias discretas

Hs = zeros(n,nf);
for s = 1 : n
    Fs     = zeros(n,1);
    Fs(s)  = 1;

    for j = 1 : nf
        Z = K - Om(j)^2*M + 1i*Om(j)*C;
        Hs(:,j) = Z \ Fs;
    end

    for r = s : n
        frf=['Función Respuesta en Frecuencia H',num2str(r),num2str(s)];
        figure; set(gcf,'DefaultLineLineWidth',1.5)
        semilogy( Om,abs(Hs(r,:))); axis tight; grid on;
        title(frf); xlabel('Frecuencia \Omega [rad/s]'); ylabel('|H(\Omega)|')
    end

end

disp('********************** Programa FRdirecto **********************');
disp(' ')
disp('*** Matriz de masa [k/s^/in] :'); disp(' '); disp(M)
disp('*** Matriz de rigidez [k/in] :'); disp(' '); disp(K)
disp('*** Matriz de amortiguamiento [k.s/in] :'); disp(' '); disp(C)
disp('*** Frecuencias naturales [rad/s] :'); disp(' '); disp(wj)
disp('*** Modos de vibración normalizados :'); disp(' '); disp(Phi)
```

```
% ------------------- Programa RespSisMarco.m ----------------------------- %
% Programa para calcular las frecuencias naturales, modos de vibracion y la    %
% respuesta sísmica en el tiempo de un pórtico plano formado por "n" barras    %
% consecutivas y empotradas en los dos extremos.                               %
% La masa de las barras se supone que está concentrada en las juntas.          %
% La matriz de rigidez se obtiene condensando estáticamente los grados de      %
% libertad traslacionales.                                                     %
%                                                                              %
% ------------ Revisado en: 16 -febrero- 2014 - Luis E. Suárez -------------- %

clc; clear all; close all; format short g

g   = 386.4;                        % aceleración de la gravedad [in/s^2]
E   = 10e6;                         % módulo de elasticidad [psi]
gam = 160 ;                         % peso unitario [lb/ft^3]
ro  = gam/(12^3*g);                 % densidad [lb.s^2/in^4]
nb  = 3;                            % número de barras
Nif = [1 2; 2 3; 3 4];             % matriz con conectividades
A   = [6, 6, 6];                    % vector con áreas transv. [in^2]
I   = [4.5, 4.5, 4.5];             % vector con momentos de iner. [in^4]
X   = [0,   5, 15, 15] *12;        % vector con coordenadas X [in]
Y   = [0, 10, 10, 4] *12;          % vector con coordenadas Y [in]
Wc  = [500, 500, 500, 500];        % pesos agregados [lb]
zi  = 0.05;                         % amortiguamiento modal constante
dt  = 0.01;                         % intervalo de tiempo del acelerograma
pt  = 1.0;                          % porciento del tiempo final p/el cálculo
PGA = 0.3*g;                        % máxima aceleración del suelo
tf  = 4;                            % tiempo final de la función aceleración
nom = 'ElCentro';                   % nombre del archivo con el acelerograma
fr  = 'funcion'                     % acelerograma es: 'funcion' o 'registro'

% -------- Cálculo de las matrices de rigidez y de masa globales  ----------- %

nd = 3*(nb+1);
Kt = zeros(nd,nd);
Mt = zeros(nd,nd);
L  = zeros(1,nb);

for e = 1 : nb
    i = Nif(e,1);
    j = Nif(e,2);
    [Ke,L(e)] = matriz( A(e),I(e),E,X(i),X(j),Y(i),Y(j) );
    Kt(3*e-2:3*e+3,3*e-2:3*e+3) = Kt(3*e-2:3*e+3,3*e-2:3*e+3) + Ke;
end

for e = 2 : nb
    m = ro* ( A(e-1)*L(e-1)+A(e)*L(e) )/2;
    Mt(3*e-2,3*e-2) = m;
    Mt(3*e-1,3*e-1) = m;
end
Mt(1,1) = ro* A(1)*L(1)/2;
Mt(2,2)   = Mt(1,1);
Mt(nd-2,nd-2) = ro* A(nb)*L(nb)/2;
Mt(nd-1,nd-1) = Mt(nd-2,nd-2);

K = Kt(4:nd-3,4:nd-3);
M = Mt(4:nd-3,4:nd-3);

% ------- Cálculo de las matrices de rigidez y de masa condensadas ---------- %

nn = size(K,1);
r  = 3 : 3 : nn;
k  = 1 : nn;
```

```
k(r) = [];

Kuu = K(k,k);
Koo = K(r,r);
Kuo = K(k,r);
Kin = inv(Koo);

Kc  = Kuu - Kuo*Kin*Kuo';
Mc  = M(k,k) + diag(Wc/g);

% --------------- Cálculo de los autovalores y autovectores ----------------- %

[Phi,lam] = eig(Kc,Mc);
wj  = sqrt( diag(lam) );
Tj  = 2*pi ./ wj;

n = length(k);
rx = zeros(n,1);
ry = zeros(n,1);
rx(1:2:n-1)   = 1;
ry(2:2:n) = 1;

gamx = Phi' * Mc * rx;
gamy = Phi' * Mc * ry;
Mx   = sum(Mc * rx);
My   = sum(Mc * ry);
alfx = gamx.^2 / Mx;
alfy = gamy.^2 / My;

% ---------------- Definición de la aceleración del suelo ------------------- %
switch fr
    case 'funcion'
    tp  = pt*tf;                              % tiempo final para el cálculo
    t   = 0 : dt : tp ;                       % vector con tiempos discretos
    np = length(t);                           % nro. puntos para el cálculo
    xg = zeros(1,np);                         % definición de la función (cambiar)
    npul = round(1.0/dt);                     % nro. de pts. del pulso rectang.
    xg(2:npul) = PGA*ones(1,npul-1);          % definición del pulso rectangular
    %xg = PGA*[0 , ones(1,np-1)];             % definición de la función escalón

    case 'registro'
    acc = load ([nom,'.txt']);                % lee el registro del terremoto
    [nr,nc]    = size(acc);                   % filas y columnas del archivo
    xg(1:nr*nc) = acc';                       % copia el archivo en un vector
    xm = max( abs(xg) );                      % máximo valor del acelerograma
    xg = PGA/xm * xg;                         % se escala el acelerograma
    tf = (nr*nc-1)*0.02;                      % tiempo final del acelerograma
    tp  = pt*tf;                              % tiempo final para el calculo
    t   = 0 : 0.02 : tp ;                     % vector con tiempos discretos
    np = length(t);                           % nro. de puntos para el cálculo
    if dt < 0.02
        tn = 0: dt : tp;
        xn = interp1(t,xg(1:np),tn);
        clear t xg
        t   = tn;
        xg  = xn;
        np = length(t);                       % nro. puntos para el cálculo
    end

    otherwise
    disp('Error: Seleccione función o registro'); break
end
```

```
xx = zeros(1,np);                                          % vector con 0 para graficar
figure; plot( t,xg/g, t,xx,'LineWidth',2 ); grid on;
xlabel('Tiempo [seg]'); ylabel('Aceleración [%g]')
title(['Acelerograma del movimiento del suelo'])

% --------------- Cálculo de la respuesta modal y física ------------------ %

eta  = zeros(n,np);                                        % matriz con coords. modales
for j = 1 : n

    eta(j,:) = Duhamel( wj(j),zi,1,dt,np,0,0,-gamx(j)*xg );
    figure; plot( t(1:np),xx, t(1:np),eta(j,1:np) ); grid on;
    title(['Desplazamiento modal del modo nro. ',num2str(j)]);
    xlabel('Tiempo [seg]'); ylabel('Magnitud')

end
u = Phi * eta;

Vj = diag( gamx.*wj.^2 ) * eta;
V  = cumsum(Vj);

um = max( abs(u') );
Vm = max( abs(V') );

% -------------- Gráfico de los desplazamientos y cortantes ---------------- %

figure; plot(t,u(1,:), t,u(2,:),'-+', t,xx, 'MarkerSize',2);
grid on; xlabel('Tiempo [seg]'); ylabel('Desplazamiento [pulg]')
title('Historial de desplazamientos de la masa 1')
legend(': horizontal', ': vertical')

figure; plot( t,V(1,:),'+k', t,V(2,:),'k', t,xx, 'MarkerSize',2 ); grid on;
xlabel('Tiempo [seg]'); ylabel('Cortante basal [lb]'); axis tight
legend(': un modo',': dos modos')
title('Historial del cortante basal')

plot(t,u,'k', t,zeros(1,nt),[t(np),t(np)],[0 u(np)],'-ok','LineWidth',2.0,...
'MarkerSize',3); grid on; axis([0 tf -1 1]); axis 'auto y';
xlabel('Tiempo`[seg]'); ylabel(['Desplazamiento [',unid,']']);

um = max(abs(u));

disp('********************** Programa RespSismoMarco **********************');
disp(' ')
disp('*** Coordenadas X y Y del marco:');disp(' '); disp([[1:nb+1]' X'/12 Y'/12])
disp('*** Conectividades:'); disp(' '); disp( Nif )
disp('*** Areas y mom. de inercia:'); disp(' '); disp([A' I'])
disp('*** Pesos agregados:'); disp(' '); disp( Wc )
disp('*** Matriz de rigidez condensada:'); disp(' '); disp(Kc)
disp('*** Matriz de masa condensada:'); disp(' '); disp(Mc)
disp('*** Las  frecuencias naturales [rad/s] son :') ; disp(' '); disp(wj')
disp('*** Los periodos naturales [seg] son :') ; disp(' '); disp(Tj')
disp('*** Los modos de vibración normalizados son :') ; disp(' '); disp(Phi)
disp('*** Los factores de participación en X son :') ; disp(' '); disp(gamx)
disp('*** Los factores de participación en Y son :') ; disp(' '); disp(gamy)
disp('*** Los factores alfa en X son :') ; disp(' '); disp(alfx)
disp('*** Los factores alfa en Y son :') ; disp(' '); disp(alfy)
disp(' * * * Máximos desplazamientos de las masas [in] :');disp(' ');disp(um)
disp(' * * * Máximo cortante basal aumentando el nro. de modos [kip]:');
disp(' '); disp(Vm)
```

```
%--------------------- Programa RespSismoTiempoEdif.m ----------------------- %
% Programa para calcular la respuesta en el tiempo de un edificio de corte    %
% sometido a un terremoto definido por un acelerograma leído de un archivo.   %
% Las coordenadas modales se calculan usando la solución recursiva de la      %
% integral de Duhamel aplicada a cada modo.                                   %
%                                                                             %
% ------------ Revisado en: 26 -febrero -2016 - Luis E. Suárez --------------%

clc; clear all; close all; format short g

g   = 386.4;                        % aceleración de la gravedad: in/s^2
W   = [140; 120; 120; 100];         % pesos de los pisos: kip
k   = [4; 4; 2; 1]*100;             % coefs. de rigidez lateral: k/in
h   = [12; 10; 10; 10]*12;          % alturas de los pisos: in
n   = length(W);                    % nro. de gr. de libertad (o pisos)
zj  = 0.04 * ones(1,n);             % razones de amortiguamiento modal
dt  = 0.01;                         % intervalo de muestreo: seg
PGA = 0.0;                          % máxima aceleración del suelo en %g
nom = 'Managua1972';                % nombre del archivo con acelerograma
por = 2/3;                          % fracción (<1) de puntos p/graficar

% ------------ Lectura y escalamiento del acelerograma original ------------ %

xg = load ([nom,'.txt']);           % lectura del archivo con el registro
[nr,nc] = size(xg);                 % filas y columnas del archivo
nt      = nr*nc;                    % nro. de puntos del acelerograma
xg = reshape(xg',nt,1);            % vector con los datos del archivo
if PGA ~= 0                         % escalado del aceler. si PGA no es 0
   fac = PGA / (max(abs(xg)));      % constante de normalización
   xg  = fac*xg*g;                  % aceler. escalado en unidades L/T^2
else
   xg  = xg*g;                      % aceleraciones en unidades de L/T^2
end

tf  = (nt-1) * dt;                  % tiempo final del registro
t   = 0: dt: tf;                    % vector con tiempos discretos
np  = round(por*nt);                % número de puntos para graficar

figure; plot( t(1:np),xg(1:np)/g ); grid on; axis tight;
xlabel('Tiempo [seg]'); ylabel('Aceleración [%g]');
title(['Registro de aceleraciones del terremoto de ',nom])

% --------- Matrices de masa y rigidez y soluc. problema de autovalores ----- %

M = diag( W/g );
K = diag(k) - diag(k(2:n),1) - diag(k(2:n),-1) + diag( [k(2:n) ; 0] );

[Phi,lam] = eig(K,M);
wj = sqrt( diag(lam) );
Tj  = 2*pi ./ wj;
gam = Phi' * W/g;

% --------- Cálculo de la respuesta modal y física en el tiempo ------------ %

xx = zeros(1,np);                   % vector con 0 para graficar
eta = zeros(n,nt);                  % matriz n x nt con coords.modales

for j = 1:n
   eta(j,:) = Duhamel(wj(j),zj(j),1,dt,nt,0,0,-gam(j)*xg);
   figure; plot( t(1:np),xx, t(1:np),eta(j,1:np) ); grid on; axis tight
   title(['Desplazamiento modal del modo nro. ',num2str(j)]);
   xlabel('Tiempo [seg]'); ylabel('Magnitud')
```

B-13

```
        [etam(j),tm(j)] = max( abs(eta(j,:)) ); % máxima coord. modal del modo "j"
End

u = Phi * eta;                              % matriz con desplazamientos físicos

d = diag(1./h)*[u(1,:);(u(n:-1:2,:)-u(n-1:-1:1,:))];        % matriz con derivas

[um,it] = max( abs(u') );                   % máximos desplazam. del edificio

[dm,it] = max( abs(d') );                   % máx. derivas e índice de tiempos

Vp = k' .* (dm .* h') ;                     % suma de máx. cortantes en cada piso

V = k(1)*u(1,:);                            % cortante basal en el tiempo
[Vm,im] = max( abs(V) );                    % máx. cortante basal e índice de t

% --------------- Gráfico de la respuesta en función del tiempo ---------------

for i = 1 : n
    figure; plot( t(1:np),u(i,1:np) ); axis tight;
    grid on; ylabel('Desplazamiento [pulg]'); xlabel('Tiempo [seg]');
    title(['Historial de desplazamientos del piso nro. ',num2str(i)]);
end

for i = 1 : n
    figure; plot( t(1:np),d(i,1:np) ); axis tight;
    grid on; ylabel('Desplazamiento [% de h]'); xlabel('Tiempo [seg]');
    title(['Historial de derivas del piso nro. ',num2str(i)]);
end

figure; plot( t(1:np),V(1:np),[t(im),t(im)],[0,V(im)],'-sr' );
grid on; axis tight; ylabel('Fuerza [kip]'); xlabel('Tiempo [seg]');
title('Historial del cortante basal V(t)');

disp('************* Programa RespSismoTiempoEdif ************') ; disp(' ')
disp('*** Pesos de los pisos en kip:') ; disp(' '); disp(W)
disp('*** Rigideces laterales en k/in:') ; disp(' '); disp(k)
disp('*** Periodos naturales en seg:') ; disp(' '); disp(Tj)
disp('*** Factores de participación:') ; disp(' '); disp(gam)
disp(' *** Valores máximos de las coordenadas modales:'); disp(' '); disp(etam')
disp(['      en los instantes de tiempo ', num2str(t(tm)),' seg']); disp(' ')
disp(' *** Máximo desplazamientos de los pisos en pulg. :');disp(' '); disp(um);
disp(['      en los instantes de tiempo ', num2str(t(it)),' seg']); disp(' ')
disp(' *** Máximas derivas de los pisos (en fracc. de h) :');disp(' ');disp(dm);
disp(' *** Máximas derivas de los pisos (en pulg.) :'); disp(' '); disp(dm.*h')
disp(['      en los instantes de tiempo ', num2str(t(it)),' seg']); disp(' ')
disp(' *** Máximos cortantes en todas las columnas de cada piso (kip) :');
disp(' '); disp(Vp);
disp(['      en los instantes de tiempo ', num2str(t(it)),' seg']); disp(' ')
disp([' *** Máximo cortante basal V = ', num2str(Vm),' kip']); disp(' ')
disp(['      en el instante de tiempo t = ', num2str(t(im)),' seg']); disp(' ')
disp('*** Razón Max._Cortante/Peso_Total:'); disp(' '); disp(Vm/sum(W))
```

```
% ----------------- Programa MetEspecRespEdifIBC.m ---------------------- %
% Programa para calcular y graficar las máximas respuestas sísmicas de una %
% estructura modelada como un edificio de corte usando el Método del        %
% Espectro de Respuesta y la regla de combinación modal SRSS.               %
% La excitación sísmica puede estar definida por el espectro de diseño del  %
% código IBC-06 o por un espectro de respuesta leído de un archivo.         %
%                                                                            %
% ----------- Revisado en: 26- Febrero- 2014 - Luis E. Suárez ------------ %

clc; clear all; close all; format short g

g   = 386.4;                          % aceleración de la gravedad: in/s^2
W   = [80.2; 75.3; 75.3; 75.3];       % pesos de los pisos: kip
k   = [85.26; 200.26; 170; 70];       % coefs. de rigidez total: k/in
h   = [18; 12; 12; 20];               % altura de las columnas: ft
ind = 0;                              % 0: usar espectro IBC; 1: leer espectro
nom = 'Managua72PSA';                 % nombre de archivo con espectro (si
aplica)

% -------------- Datos para definir el espectro IBC-06 para PR ---------------%

Ss  = 1.19;                           % aceler. espectral p/periodos cortos: %g
S1  = 0.39;                           % aceler. espectral p/periodos largos: %g
Sx  = 'D';                            % tipo de perfil de suelo
loc = 'Mayaguez, PR';                 % localidad del espectro
XSs= [0 0.25 0.5 0.75 1.0 1.25 5];    % valores de Ss para definir el coef. Fa
XS1= [0 0.10 0.2 0.30 0.4 0.50 5];    % valores de S1 para definir el coef. Fv
FA = [0.8 0.8 0.8 0.8 0.8 0.8 0.8; 1.0 1.0 1.0 1.0 1.0 1.0 1.0;
      1.2 1.2 1.2 1.1 1.0 1.0 1.0; 1.6 1.6 1.4 1.2 1.1 1.0 1.0;
      2.5 2.5 1.7 1.2 0.9 0.9 0.9];    % coeficientes de sitio para Fa
FV = [0.8 0.8 0.8 0.8 0.8 0.8 0.8; 1.0 1.0 1.0 1.0 1.0 1.0 1.0;
      1.7 1.7 1.6 1.5 1.4 1.3 1.3; 2.4 2.4 2.0 1.8 1.6 1.5 1.5;
      3.5 3.5 3.2 2.8 2.4 2.4 2.4];    % coeficientes de sitio para Fv

% ------------------ Cálculo de las matrices de masa y rigidez ---------------%

n  = length(W);                       % número de pisos
M = diag( W/g );
K = diag(k) - diag(k(2:n),1) - diag(k(2:n),-1) + diag( [k(2:n) ; 0] );

% ------------ Cálculo de las frecuencias naturales y modos -------------------%

[Phi, lambda] = eig(K,M);
wj  = sqrt( diag(lambda) );
Tj  = 2*pi ./ wj;
gam = 1/g * Phi'* W;
aj  = g * gam.^2 /sum(W);

disp('************** Programa MetEspRespEdifIBC **************'); disp(' ')
disp('*** Pesos de los pisos en kip:') ; disp(' '); disp(W)
disp('*** Rigideces laterales en k/in:') ; disp(' '); disp(k)
disp(['*** Índice para espectro (0 = IBC-06 ; 1 = de archivo) :',num2str(ind)])
disp(' '); disp('*** Frecuencias naturales [rad/s]:'); disp(' '); disp(wj')
disp('*** Periodos naturales [seg]:'); disp(' '); disp(Tj')
disp('*** Modos de vibración normalizados:'); disp(' '); disp(Phi)
disp('*** Factores de participación modal:'); disp(' '); disp(gam')
disp('*** Coeficientes de masa efectiva:'); disp(' '); disp(aj')

% ------- Definición o lectura del espectro de diseño o de respuesta ---------%

if ind == 1
    Esp = load([nom,'.txt']);
    Spec= [Esp(1,2); Esp(:,2)];
```

```
    T   = [0; Esp(:,1)];
    Sa  = interp1(T,Spec,Tj);
    Sa  = round(Sa'*100)/100;
    figure;
    plot(T,Spec, Tj,Sa,'o','MarkerFaceColor','c'); grid on; axis tight;
    xlabel('Periodo [seg']); ylabel('Aceleración [%g]');
    title(['Espectro de respuesta leído (',nom,')'])
else
    switch Sx                          % escoge un índice numérico para tipo de suelo
        case 'A'; j = 1; case 'B'; j = 2; case 'C'; j = 3; case 'D'; j = 4;
        case 'E'; j = 5;
        otherwise; disp('==> NOTA: El suelo debe ser A, B, C, D, o E'); disp(' ')
    end

    Fa  = interp1(XSs,FA(j,:),Ss);      % interpola Fa de la tabla del código
    Fv  = interp1(XS1,FV(j,:),S1);      % interpola Fv de la tabla del código
    Sds = 2/3*Fa*Ss;                    % acel. espectrales de diseño p/T cortos
    Sd1 = 2/3*Fv*S1;                    % acel. espectrales de diseño p/T largos
    Ts  = Sd1 /Sds;                     % segundos periodos de transición
    To  = 0.2 * Ts;                     % primeros periodos de transición
    Sa = zeros(1,n);
    for j = 1: n
        if Tj(j) <= To
            Sa(j) = ( 0.4 + 0.6*Tj(j)/To ) * Sds ;
        elseif Tj(j) <= Ts
            Sa(j) = Sds ;
        else
            Sa(j) = Sd1 / Tj(j) ;
        end
    end
    disp(['*** Datos para definir el espectro IBC-06 para ',loc,' ***']);
    disp(' ')
    disp(['*** Aceleración de mapa Ss = ',num2str(Ss,3)])
    disp(['*** Aceleración de mapa S1 = ',num2str(S1,3)])
    disp(['*** Tipo de perfil de suelo = ',Sx])
    disp(['*** Coeficiente Fa = ',num2str(Fa)])
    disp(['*** Coeficiente Fv = ',num2str(Fv)])
    disp(['*** Aceleración Sds = ',num2str(Sds,3)])
    disp(['*** Aceleración Sd1 = ',num2str(Sd1,3)]); disp (' ')

end
disp('*** Aceleraciones espectrales ***')
disp('*** Periodo       Sa [%g]:');disp(' '); disp([Tj Sa'])

% -------------------- Desplazamientos de los pisos ------------------------%

Uij = Phi * diag ( g/(4*pi^2)*gam.*Tj.^2.*Sa' );
um  = sqrt( sum(Uij'.^2) );
disp(' *** Desplazamientos de piso modales:'); disp(' '); disp(Uij)
disp('====> Máximos desplazamientos de los pisos [in]:'); disp(' '); disp(um')

x  = [0 , um]; xm = max(x); y  = (0:n);
figure; plot( x,y,'-o', zeros(1,n+1),y,'MarkerSize',8,'MarkerFaceColor','c');
grid on; title('Máximos desplazamientos laterales') ; axis([0 1.1*xm 0 n])
ylabel('Piso Nro.'); xlabel('Desplazamiento [in]'); set(gca,'YTick',1:n)

% --------------------- Derivas ('drifts') --------------------------------%

Dij(1,:) = Uij(1,:);
for i = 2: n
  Dij(i,:) = Uij(i,:)-Uij(i-1,:);
end
dm = sqrt( sum(Dij'.^2) );
```

```
dh = dm ./ (12*h')*100;

disp(' *** Derivas modales:'); disp(' '); disp(Dij)
disp('====> Máximas derivas [in]:'); disp(' '); disp(dm')
disp('====> Máximas derivas [%]:'); disp(' '); disp(dh')

x  = [0 , dh] ; xm = max(x) ;
figure; plot( x,y,'-o', zeros(1,n+1),y,'MarkerSize',8,'MarkerFaceColor','c');
grid on; title('Máximas derivas de los pisos'); axis([0 1.1*xm 0 n])
ylabel('Piso Nro.'); xlabel('Desplaz. entre pisos / altura  [%]');
set(gca,'YTick',1:n)

% --------------------- Fuerzas laterales equivalentes ---------------------%

Fij = diag(W) * Phi * diag ( gam .* Sa' );
fm  = sqrt( sum(Fij'.^2) );
disp(' *** Fuerzas laterales modales:'); disp(' '); disp(Fij)
disp('====> Máximas fuerzas laterales [kip]:'); disp ' '); disp(fm')

x  = [0 , fm] ; xm = max(x) ;
figure; plot( x,y,'-o', zeros(1,n+1),y,'MarkerSize',8,'MarkerFaceColor','c');
grid on; title('Máximas fuerzas laterales'); axis([0 1.1*xm 0 n])
ylabel('Piso Nro.'); xlabel('Fuerza[kip]'); set(gca,'YTick',1:n)

% ---------------------- Fuerzas cortantes ---------------------------------%

Vij = flipud( cumsum( flipud(Fij) ) );
Vm  = sqrt( sum(Vij'.^2) );
disp(' *** Fuerzas cortantes modales:'); disp(' '); disp(Vij)
disp('====> Máximas fuerzas cortantes [kip]:'); disp(' '); disp(Vm')
disp('====> Cortante basal [kip]:'); disp(' '); disp(Vm(1))
disp('====> Razón V/W:'); disp(' '); disp(Vm(1)/sum(W))

x(1:2:2*n) = Vm ; y(1:2:2*n) = (0:n-1);
x(2:2:2*n) = Vm ; y(2:2:2*n) = (1:n); xm = max(x);
figure; plot( x,y,'-o', zeros(2*n,1),y,'MarkerSize',8,'MarkerFaceColor','c');
grid on; title('Máximas fuerzas cortantes'); axis([0 1.1*xm 0 n])
ylabel('Piso Nro.'); xlabel('Fuerza [kip]'); set(gca,'YTick',1:n)

% ---------------------- Momentos de vuelco --------------------------------%

H = [0 ; cumsum(h)];
for i = 1: n
  Mij(i,:) = (H(i+1:n+1)'-H(i)) * Fij(i:n,:);
end
Mm  = sqrt( sum(Mij'.^2) );
disp(' *** Momentos de vuelco modales:'); disp(' '); disp(Mij)
disp('====> Máximos momentos de vuelco [kip.ft]:'); disp(' '); disp(Mm')

x(1:2:2*n) = Mm ; x(2:2:2*n) = Mm ; xm = max(x) ;
figure; plot( x,y,'-o', zeros(1,2*n),y,'MarkerSize',8,'MarkerFaceColor','c');
grid on; title('Máximos momentos de vuelco'); axis([0 1.1*xm 0 n])
xlabel('Momento [kip.ft]'); ylabel('Piso Nro.');set(gca,'YTick',1:n)
```